Universum Physik 2
Nordrhein-Westfalen

Dieses Buch gibt es auch auf **www.scook.de**

Es kann dort nach Bestätigung der Allgemeinen Geschäftsbedingungen genutzt werden.

Buchcode: **t694c-0x7j6**

Universum Physik

Band 2 Gymnasium Nordrhein-Westfalen

Autoren:
Dr. Ana Alboteanu-Schirner, Solingen; Ralf Buric, Oberhausen;
Dr. Christian Burisch, Essen; Anneke Emse, Krefeld; Eva-Maria Geck, Bochum;
Karla Käbbe, Leverkusen; Dr. Detlef Lauterjung, Solingen; Susanne Lauterjung, Solingen;
Josef Schöpper, Köln; Dr. Georg Trendel, Soest

Teile dieses Werkes beruhen auf Arbeiten von:
Sven Bengelsdorff, Benedict Bogenberger, Ruben Brand, Dr. Hans-Otto Carmesin,
Werner Hasler, Jens Kahle, Prof. Dr. Lutz Kasper, Dr. Reiner Kienle, Ulf Konrad, Dr. Josef Küblbeck,
Thorsten Mitschke, Carl-Julian Pardall, Prof. Bruno Rager, Stefan Ronellenfitsch, Torsten Trumme,
Dr. Gerhard Wenschkewitz, Dr. Ursula Wienbruch, Lutz Witte

Redaktion:
Jan Philipp Bornebusch

Redaktionelle Mitarbeit:
Thorsten Berndt, Dr. Andreas Hagedorn, Jonas Herrmann

Grafik:
igeldesign Franz Josef Domke; Karin Mall, Berlin;
Atelier tigercolor Tom Menzel, Scharbeutz/Klingenberg;
newVISION! GmbH Bernhard A. Peter, Pettensen

Layoutkonzept, Umschlaggestaltung:
SOFAROBOTNIK GbR, Augsburg & München

Layout und technische Umsetzung:
Jesse Konzept & Text GmbH, Hannover

www.cornelsen.de

1. Auflage, 1. Druck 2016

Alle Drucke dieser Auflage sind inhaltlich unverändert und können im Unterricht nebeneinander
verwendet werden.

© 2016 Cornelsen Schulverlag GmbH, Berlin

Das Werk und seine Teile sind urheberrechtlich geschützt. Jede Nutzung in anderen als den gesetzlich
zugelassenen Fällen bedarf der vorherigen schriftlichen Einwilligung des Verlages.
Hinweis zu den §§ 46, 52a UrhG: Weder das Werk noch seine Teile dürfen ohne eine solche Einwilligung
eingescannt und in ein Netzwerk eingestellt oder sonst öffentlich zugänglich gemacht werden.
Dies gilt auch für Intranets von Schulen und sonstigen Bildungseinrichtungen.

Soweit in diesem Buch Personen fotografisch abgebildet sind und ihnen von der Redaktion
Namen, Berufe, Dialoge und Ähnliches zugeordnet oder diese Personen in bestimmten Situationen
dargestellt werden, sind diese Zuordnungen und Darstellungen fiktiv und dienen ausschließlich
der Veranschaulichung und dem besseren Verständnis des Buchinhalts.

Druck:
Mohn Media Mohndruck, Gütersloh

ISBN 978-3-06-420095-1

PEFC zertifiziert
Dieses Produkt stammt aus nachhaltig
bewirtschafteten Wäldern und kontrollierten
Quellen.
www.pefc.de

INHALTSVERZEICHNIS

Optik hilft dem Auge — 6

WIEDERHOLUNG Weißt du es noch? — 8

1 Licht und Lichtleiter
Blick in die Spiegelwelt — 10
METHODE Konstruktionen am Spiegel — 11
BLICKPUNKT Hohlspiegel und Wölbspiegel — 12
Licht wird gebrochen — 14
METHODE Erstellen von Diagrammen — 16
Totalreflexion und Lichtleiter — 18
BLICKPUNKT Totalreflexion in der Technik — 20

2 Bildentstehung durch Linsen
Linsen machen Bilder — 22
⊕ Bilder lassen sich konstruieren — 26
⊕ METHODE Konstruktionen von Bildpunkten — 27
Auge und Sehen — 30
BLICKPUNKT Fehlsichtigkeit — 32
⊕ BLICKPUNKT Sehen und Wahrnehmen — 33
Optische Instrumente — 36
⊕ BLICKPUNKT Das Mikroskop — 37

3 Farben des Lichts
Licht und Farben — 40
BLICKPUNKT Unsichtbares sichtbar machen — 42
⊕ Welt der Farben — 44
⊕ BLICKPUNKT Abendrot und Himmelblau — 47
⊕ BLICKPUNKT Farben in der Kunst — 47

GRUNDWISSEN Optik hilft dem Auge auf die Sprünge — 50
ÜBERPRÜFE DICH SELBST — 52
BASISKONZEPTE — 53

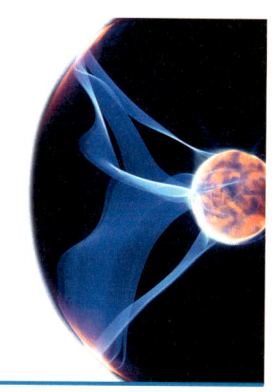

Spannungen und Ströme — 54

WIEDERHOLUNG Weißt du es noch? — 56

1 Elektrostatik
Die elektrische Ladung — 58
Ladungstrennung führt zu Spannung — 62
METHODE Magnetisches Feld als Analogie zum elektrischen Feld — 64
BLICKPUNKT Technische Anwendungen — 66
BLICKPUNKT Gewitterblitze — 67
Ladung und Strom — 68

2 Größen des elektrischen Stromkreises
Die elektrische Stromstärke — 72
BLICKPUNKT Elektrolyse — 75
METHODE Stromstärke im Experiment — 76
Die elektrische Spannung — 78
METHODE Messung der elektrischen Spannung — 80
Der elektrische Widerstand — 82
BLICKPUNKT Widerstände in der Technik — 85
METHODE Proportionale und antiproportionale Zusammenhänge erkennen — 88
BLICKPUNKT Elektrizität im Tierreich — 89

3 Arbeiten mit Schaltungen
Parallel- und Reihenschaltung — 90
BLICKPUNKT Widerstand als Geräteschutz und Spannungsteiler — 94
BLICKPUNKT Elektroinstallation im Haus — 96
Elektrische Energiequellen — 98

GRUNDWISSEN Spannungen und Ströme — 102
ÜBERPRÜFE DICH SELBST — 104
BASISKONZEPTE — 105

⊕ Zusatzangebot zur Erweiterung und Vertiefung des Unterrichts

INHALTSVERZEICHNIS

Bewegung, Kraft und Energie   106

    METHODE Messen von physikalischen Größen   108

1 Körper in Bewegung
Einfache Bewegungen   110
    METHODE Messfehler   112
Die Geschwindigkeit ändert sich   114
⊕ Die beschleunigte Bewegung   120

2 Wie Kräfte wirken
Körper sind träge und schwer   124
Kräfte messen   128
Kräfte ändern Bewegungen   132
⊕ Reibungskräfte   136
⊕ BLICKPUNKT Luftwiderstand   138
Schwerkraft und Masse   140
    BLICKPUNKT Schwerelosigkeit   142
Zusammenwirken von Kräften   144
    METHODE Die Kräfteaddition   147
Das Wechselwirkungsprinzip   150
⊕ Gleichgewicht halten   154

3 Werkzeuge erleichtern die Arbeit
Kleine Kräfte, lange Wege   158
    BLICKPUNKT Wozu brauchen Muskeln Energie?   160
    BLICKPUNKT Kräfte beim Autofahren   162
    BLICKPUNKT Energie beim Autofahren   163
Kraftwandler   164
⊕ BLICKPUNKT Getriebe – Wandeln von Drehmomenten und Drehzahlen   168

Mechanische Energieformen   170
⊕ METHODE Bilanzieren mit dem Energiekontenmodell   174
    BLICKPUNKT Energie im Sport   175
Die mechanische Leistung   176
    BLICKPUNKT Leistung beim Menschen   180

4 Tauchen in Natur und Technik
Druck in Gasen und Flüssigkeiten   182
Eine Gleichung für den Druck   188
Schweredruck   192
    BLICKPUNKT Luftdruck und Wetter   194
Auftrieb in Flüssigkeiten   196
    BLICKPUNKT Bewegung unter Wasser   198
GRUNDWISSEN Bewegung, Kraft und Energie   200
ÜBERPRÜFE DICH SELBST   202
BASISKONZEPTE   203

Radioaktivität und Kernenergie   204

1 Radioaktivität
Atom und Elektron   206
    BLICKPUNKT Atommodelle   208
    METHODE Präfixe und Exponentialschreibweise   208
Der Atomkern hat eine Struktur   210
Ionisierende Strahlung   214
    BLICKPUNKT Natürliche und zivilisatorische Strahlung   220
    METHODE Arbeiten mit der Nuklidkarte   221
Radioaktiver Zerfall   222

⊕ Zusatzangebot zur Erweiterung und Vertiefung des Unterrichts

INHALTSVERZEICHNIS

2 Nutzen und Gefahren der Kernphysik

Strahlenschäden und Strahlenschutz	**226**
BLICKPUNKT Strahlenmedizin	230
Kernenergie	**232**
BLICKPUNKT Kernwaffen	236
⊕ BLICKPUNKT Die Bausteine der Materie	238
GRUNDWISSEN Radioaktivität und Kernenergie	240
ÜBERPRÜFE DICH SELBST	242
BASISKONZEPTE	243

3 Ressourcen schonen

Regenerative Energiequellen	**290**
BLICKPUNKT Vom Niedrig- zum Plusenergiehaus	292
Die energetische Erneuerung	**294**
Der Energiehaushalt der Erde	**298**
Der Einfluss des Menschen	**302**
METHODE Messwerte interpretieren	304
GRUNDWISSEN Effiziente Energienutzung	306
ÜBERPRÜFE DICH SELBST	308
BASISKONZEPTE	309

Anhang

Basiskonzepte schaffen Ordnung	**310**
Wissen vernetzt	**312**
Tabellenanhang	**318**
Periodensystem der Elemente	**321**
Auszug aus der Nuklidkarte	**322**
Stichwortverzeichnis	**324**
Bildquellenverzeichnis	**328**

Energie effizient nutzen — 244

WIEDERHOLUNG Weißt du es noch?	246

1 Energie elektrisch übertragen

Magnetfelder durch elektrischen Strom	**248**
BLICKPUNKT Elektromagnete – vielfältig im Einsatz	250
Die elektromagnetische Induktion	**252**
BLICKPUNKT Gitarrenphysik	256
Elektromotor und Generator	**258**
Elektrische Energie und Leistung	**262**
Der Transformator	**266**
BLICKPUNKT Wechselspannung	270
Transport elektrischer Energie	**272**

2 Wärme nutzen

Wärme	**276**
Wärmekraftmaschinen	**280**
BLICKPUNKT Stirlingmotor	282
BLICKPUNKT Kühlschrank und Wärmepumpe	284
Verbrennungskraftwerke	**286**

⊕ Zusatzangebot zur Erweiterung und Vertiefung des Unterrichts

Optik hilft dem Auge auf die Sprünge

1 Licht und Lichtleiter 10
2 Bildentstehung durch Linsen 22
3 Farben des Lichts 40

In diesem Kapitel beschäftigst du dich mit

- grundlegenden Eigenschaften von Licht. Du lernst, wie sich Licht beim Auftreffen auf glatte Flächen und beim Übergang von einem Stoff in einen anderen verhält.

- der Entstehung von optischen Bildern durch Linsen. Du lernst, mithilfe von Lichtstrahlen optische Bilder zu konstruieren. Dabei erfährst du auch, wie das Auge funktioniert und wie optische Geräte Unsichtbares sichtbar machen.

- der Farbigkeit von Licht. Du lernst, dass weißes Licht aus farbigem Licht zusammengesetzt ist, und erfährst, wie der Farbeindruck von Gegenständen und Körpern entsteht.

WEISST DU ES NOCH?

Sehvorgang

Eine **Lichtquelle** sendet Licht aus, ohne dass sie beleuchtet wird. Du kannst einen Körper nur dann sehen, wenn er Licht aussendet oder beleuchtet wird und das Licht dein Auge erreicht.

Eigenschaften von Licht

Licht breitet sich **geradlinig** aus. Im **Lichtstrahlenmodell** zeichnet man Licht in Form von **Lichtbündeln** oder vereinfacht als **Lichtstrahlen**.

Wenn Licht auf die Oberfläche eines Körpers trifft, dann kann Folgendes geschehen:
- Bei der **Absorption** verschluckt die Oberfläche das Licht.
- Bei der **Reflexion** wird Licht in eine bestimmte Richtung zurückgeworfen.
- Bei der **Streuung** wird Licht in verschiedene Richtungen zurückgeworfen.

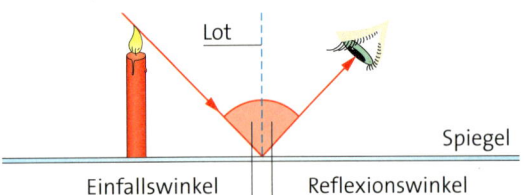

01 Reflexionsgesetz

Bei der Reflexion sind Einfalls- und Reflexionswinkel gleich groß. Der einfallende Lichtstrahl, der reflektierte Strahl und das Lot liegen in einer Ebene.

Mit Licht entstehen Bilder

Wenn Licht auf einen Körper trifft, dann bildet sich dahinter ein dunkler Raum, der **Schattenraum**. Auf einer Fläche im Schattenraum hinter dem Gegenstand kann das **Schattenbild** entstehen.

Gibt es mehrere oder eine ausgedehnte Lichtquelle, entstehen **Teilschatten**. In den **Kernschatten** gelangt von keiner dieser Lichtquellen Licht.

Mit einer Lichtquelle, einer **Lochblende** und einem Schirm kannst du Körper abbilden. Das Bild steht auf dem Kopf und die Seiten sind vertauscht. Durch Ändern der Gegenstandsweite und der Bildweite kannst du die Größe des Bildes ändern.

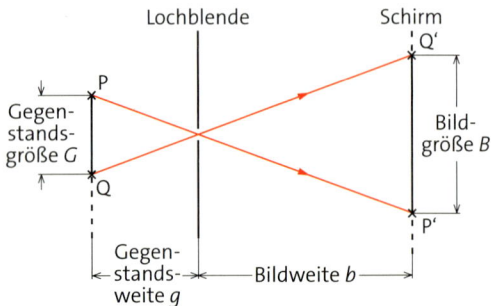

Bei **Spiegelbildern** ist hinten und vorn vertauscht. Oben und unten sowie links und rechts bleiben erhalten.

Finsternisse und Mondphasen

Unsere wichtigste Lichtquelle ist die Sonne.

Zusammen mit Erde und Mond erzeugt die Sonne verschiedene Schattenbereiche (▶ Bild 02). Bei einer **Sonnenfinsternis** fällt der Schatten des Mondes auf die Erde. Bei einer **Mondfinsternis** bewegt sich der Mond durch den Kernschatten der Erde.

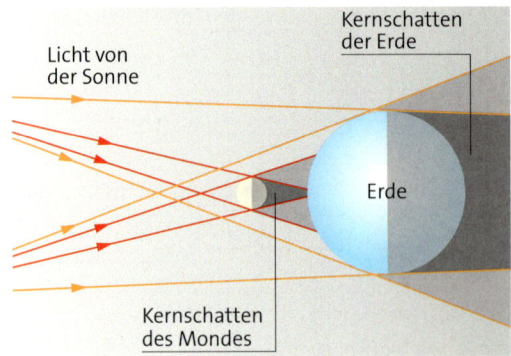

02 Schattenräume im All

Zu jedem Zeitpunkt wird eine Hälfte des Mondes von der Sonne beleuchtet. Wir sehen jedoch im Zeitraum von vier Wochen unterschiedliche Anteile der beleuchteten Oberfläche.
So ergeben sich die **Mondphasen**:
Neumond, Halbmond und Vollmond.

KANNST DU ES NOCH?

Sehen und Lichtausbreitung

1. **a)** Nenne fünf selbstleuchtende Körper.
   b) Entscheide, ob der Mond zu den selbstleuchtenden Körpern gehört. Begründe.

2.
   Erkläre, warum du die Lichtbündel sehen kannst. Überlege dir ein Experiment, mit dem du die geradlinige Ausbreitung von Licht untersuchen kannst.

3.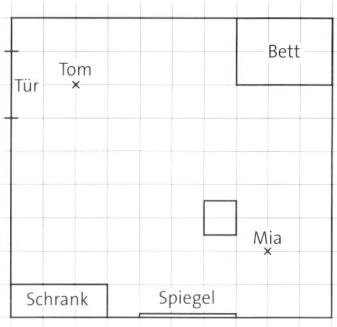
   Tom und Mia spielen Verstecken in einem Zimmer. Mia hat sich hinter dem Sessel versteckt.
   a) Übertrage den Grundriss in dein Heft. Kann Tom Mia im Spiegel sehen? Erläutere und zeichne den Lichtweg ein.
   b) Kann Mia Toms Spiegelbild ebenfalls sehen? Erläutere.
   c) Gibt es Orte im Zimmer, an denen sich Mia verstecken kann, ohne von Tom im Spiegel gesehen zu werden? Begründe.

4. Wenn Autoscheinwerfer eine nasse Straße beleuchten, dann erscheint sie dem Autofahrer dunkler als eine trockene. Erläutere, wie es dazu kommt.

5. Du beleuchtest mit einer Taschenlampe einen weißen, einen durchsichtigen, einen durchscheinenden und einen schwarzen Gegenstand. Beschreibe, was passiert. Verwende Fachbegriffe.

6.
   Das Schattenbild ist mithilfe der abgebildeten Pappschablonen sowie zweier Lichtquellen entstanden.
   a) Beschreibe, wie du vorgehen musst, um das Schattenbild vom Küken im Ei nachzustellen.
   b) Überlege, welche der beiden Lichtquellen du ausschalten musst, damit nur das Schattenbild des Kükens bzw. des Eies zu sehen ist. Begründe deine Entscheidung.

7.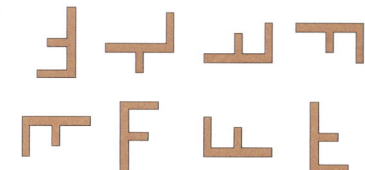
   Gianni hat mit einer Lochblende den Buchstaben „F" abgebildet. Gib an, welcher der Buchstaben die Abbildung zeigt.

8.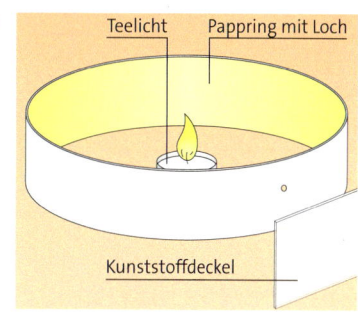
   Das Licht der Flamme fällt durch ein kleines Loch auf den Schirm.
   a) Beschreibe das Bild der Kerzenflamme auf dem Schirm.
   b) Beschreibe, wie sich das Bild auf dem Schirm verändert, wenn du die Bildweite oder die Gegenstandsweite änderst.

9. **a)** Im Bild unten steht eine Person vor einem Spiegel. Entscheide für jede Skizze, ob sie richtig oder falsch ist. Begründe deine Antwort jeweils.

   b) Probiere aus, wie du mit einem Metalllöffel ein Spiegelbild wie in ▶ **Bild** A erzeugen kannst. Finde eine Erklärung.

OPTIK HILFT DEM AUGE AUF DIE SPRÜNGE
LICHT UND LICHTLEITER

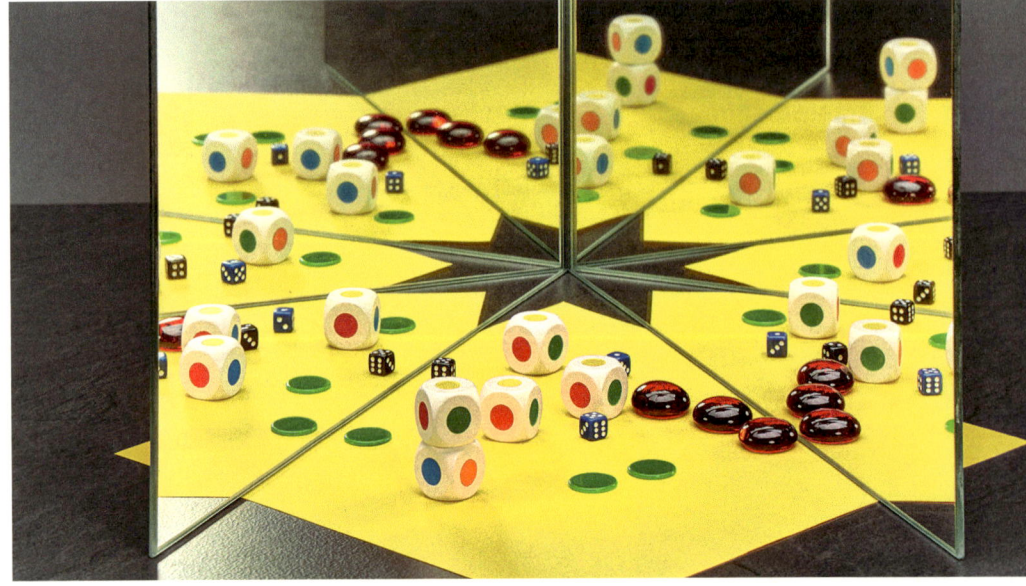

01 Wie viele Gegenstände befinden sich vor den Spiegeln?

Blick in die Spiegelwelt

Spiegel und ihre Spiegelbilder laden zum Experimentieren ein. Aber wie entsteht solch ein Spiegelbild?

LICHT WIRD REFLEKTIERT · Du hast bereits gelernt, dass sich Licht geradlinig ausbreitet. Wenn es dabei auf Oberflächen trifft, wird es je nach Beschaffenheit der Oberfläche nur in eine Richtung reflektiert oder in viele Richtungen gestreut. Wir wollen untersuchen, nach welchen Gesetzen die Reflexion erfolgt, und lassen dazu einen Laserstrahl unter verschiedenen Winkeln auf einen Spiegel fallen (▶ Bild 03 und ▶ Bild 04). In ▶ Bild 04 siehst du eine zusätzlich eingezeichnete Linie, das Lot. Das Lot steht senkrecht auf der spiegelnden Oberfläche. Einfalls- und Reflexionswinkel misst man immer relativ zum Lot. Wir tragen unsere Messwerte in eine Tabelle ein (▶ Bild 02) und stellen fest, dass Einfalls- und Reflexionswinkel bis auf kleine Abweichungen, z. B. in Folge von Ablesefehlern, gleich sind. Den Einfallswinkel nennen wir α, den Reflexionswinkel β. Dann können wir das **Reflexionsgesetz** in Form einer Gleichung schreiben.

> Bei der Spiegelung sind Einfallswinkel und Reflexionswinkel gleich groß. Es gilt: $\alpha = \beta$.

Einfallswinkel α	Reflexionswinkel β
0°	0°
10°	10°
21°	20°
29°	30°
40°	41°
45°	44°
50°	51°

02 Messwerte

03 Reflexion von Licht bei schrägem Lichteinfall

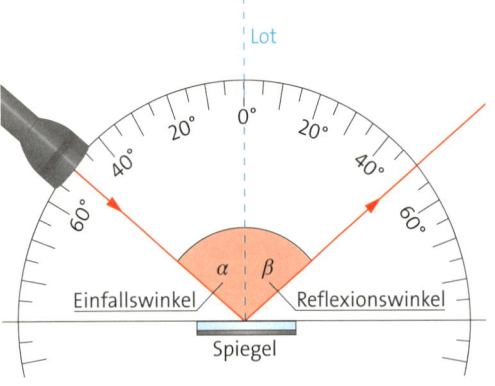

04 Messung von Einfalls- und Reflexionswinkel

ENTSTEHUNG DES SPIEGELBILDS · Wenn ein Gegenstand vor einem Spiegel steht, wird das von ihm ausgehende Licht nach dem Reflexionsgesetz reflektiert und gelangt erst dann in dein Auge (▸ Bild 05). Das Gehirn geht aber davon aus, dass sich das Licht geradlinig ausbreitet. Daher kommt das Licht für den Betrachter scheinbar von einem Punkt hinter dem Spiegel. Diesen Punkt erhältst du, wenn du die beiden Randstrahlen des Lichtbündels vom Auge aus rückwärts bis zu ihrem Schnittpunkt verlängerst. Diese Verlängerung ist in ▸ Bild 05 gestrichelt gezeichnet.

In ▸ Bild 05 erkennst du auch, dass der Abstand von der Kerze zum Spiegel genauso groß ist wie der vom Spiegel zum Spiegelbild.

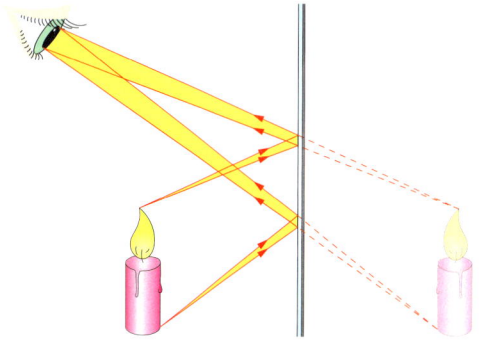

05 So entsteht das Spiegelbild.

Das Spiegelbild ist außerdem genauso groß wie das Original und steht aufrecht: Der Spiegel vertauscht nur vorn und hinten. Rechts und links, oben und unten bleiben erhalten.

METHODE

Konstruktionen am Spiegel
Mit dem Lichtstrahlenmodell und dem Reflexionsgesetz kannst du Lichtwege konstruieren.

Reflexion am ebenen Spiegel
Als Erstes musst du das Lot dort einzeichnen, wo das Licht auf den Spiegel trifft (▸ Bild 06A). Achte darauf, dass das Lot senkrecht auf der Linie steht, die den Spiegel darstellt, und bestimme den Winkel zwischen Lot und Lichtstrahl. Zeichne dann den gleichen Winkel auf der anderen Seite des Lots ein und ergänze den reflektierten Strahl (▸ Bild 06B).

Konstruktion des Lichtwegs am Spiegel
Du weißt bereits, dass ein Gegenstand und sein Spiegelbild den gleichen Abstand zum Spiegel haben und gleich groß sind. Aufgrund dieser Symmetrie kannst du das Spiegelbild des Gegenstands mithilfe einer Achsenspiegelung zeichnen. Dabei ist der Spiegel die Symmetrieachse. Zur Konstruktion des Lichtwegs markierst du die Position des Auges und zeichnest eine gestrichelte Hilfslinie vom Fuß des Spiegelbilds bis zum Auge. Diese Hilfslinie schneidet die Spiegelachse in einem Punkt. Der Lichtweg führt nun vom Fuß des Gegenstands zu diesem Punkt und weiter zum Auge. Wiederhole diese Konstruktion für die Spitze des Spiegelbilds bzw. des Gegenstands. Wenn du an den Schnittpunkten das Lot einzeichnest, kannst du zeigen, dass das Reflexionsgesetz in deiner Konstruktion erfüllt ist.

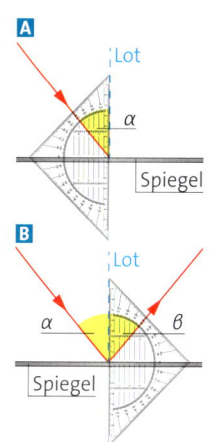

06 Reflexion konstruieren.

1) Jana steht vor dem Spiegel (▸ Bild 07). Die Oberkante des Spiegels befindet sich 1,80 m über dem Boden, die Unterkante 1,00 m. Jana ist 1,40 m groß, ihre Augenhöhe ist 10 cm niedriger. Kann sie ihre Füße im Spiegel betrachten? Konstruiere im Maßstab 1:10.

2) Julia ist 1,50 m groß und möchte sich im Spiegel vollständig betrachten. Konstruiere und zeige, dass der Spiegel nur halb so groß wie Julia sein muss und dass die Entfernung keine Rolle spielt.

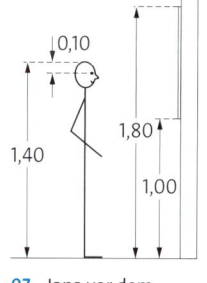

07 Jana vor dem Spiegel

OPTIK HILFT DEM AUGE AUF DIE SPRÜNGE
LICHT UND LICHTLEITER

BLICKPUNKT

Hohlspiegel und Wölbspiegel

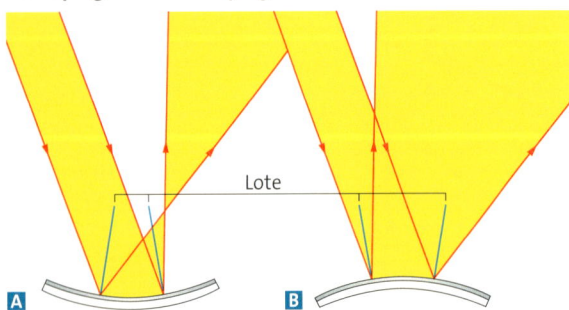

01 Licht trifft auf einen **A** Hohlspiegel, **B** Wölbspiegel.

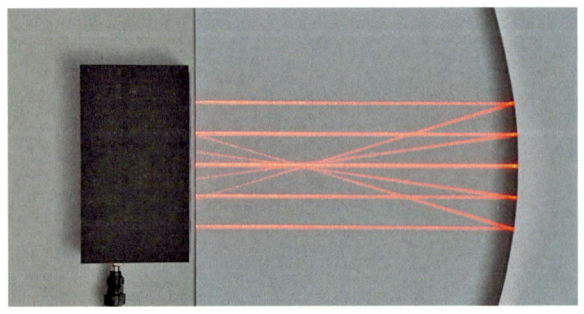

02 Brennpunkt des Hohlspiegels

Auch an gekrümmten Oberflächen wird Licht reflektiert. Im Gegensatz zur Reflexion an ebenen Spiegeln sind dann die Randstrahlen eines als paralleles Licht einfallenden Lichtbündels nach der Reflexion nicht mehr parallel zueinander (▸ Bild 01A und ▸ Bild 01B). Bei Hohlspiegeln ist die Spiegelfläche vom Gegenstand weg gekrümmt, bei Wölbspiegeln verhält es sich umgekehrt.

Hohlspiegel bündeln das Licht · Die besondere Form des Hohlspiegels führt dazu, dass parallele Lichtbündel vom Spiegel so reflektiert werden, dass sie in einem Punkt, dem Brennpunkt (▸ Bild 02), zusammengeführt werden. Befindet sich ein Gegenstand nahe am Hohlspiegel, so entsteht ein aufrechtes und vergrößertes Bild. Das nutzt man bei Kosmetik- (▸ Bild 03) und Zahnarztspiegeln.
Wenn ein Hohlspiegel Sonnenlicht bündelt, steigt am Brennpunkt die Temperatur. So kann man dort etwas Brennbares entzünden. Auch Sonnenöfen (▸ Bild 04) und spezielle Solarkraftwerke nutzen den Effekt.

Hohlspiegel erzeugen paralleles Licht · Der Strahlengang im Sonnenofen lässt sich umkehren. Deshalb enthalten viele Taschenlampen einen Hohlspiegel, in dessen Brennpunkt sich das Lämpchen befindet. Der Hohlspiegel reflektiert das vom Lämpchen auf ihn fallende Licht so, dass es die Taschenlampe als paralleles Lichtbündel verlässt.

Wölbspiegel schaffen Überblick · Im Verkehr oder bei der Kontrolle im Bus oder Supermarkt (▸ Bild 05) ist es wichtig, einen möglichst großen Bereich zu überblicken. Hier werden Wölbspiegel verwendet. Sie liefern immer aufrechte, aber verkleinerte Bilder, unabhängig davon, wie weit der Gegenstand vom Spiegel entfernt ist.

1 ⌐ Auch einen polierten Löffel kannst du als Spiegel benutzen. Untersuche, wie sich die Spiegelbilder auf Innen- und Außenfläche unterscheiden. Wähle eine der Flächen aus und beobachte, wie der Abstand zum Spiegel das Spiegelbild beeinflusst.

03 Hohlspiegel vergrößern.

04 Solarkocher: Hohlspiegel bündeln Licht.

05 Wölbspiegel geben Überblick.

MATERIAL

Material A ▸ Konstruktionen

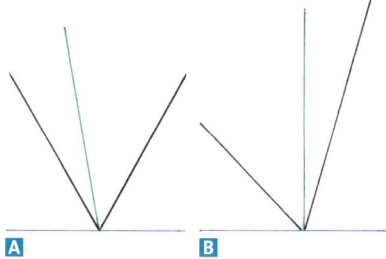
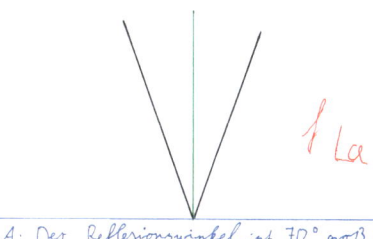
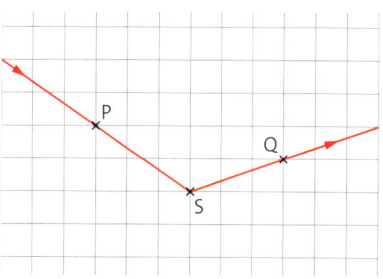

A1 a) Überlege, welche Fehler Frank in A und B gemacht hat. Übertrage die korrigierten Zeichnungen dann in dein Heft und beschrifte sie.

b) Frank hat seine Aufgabe zurückbekommen. Erkläre ihm, was er falsch gemacht hat, und notiere das richtige Ergebnis in deinem Heft.

A2 Ein Lichtstrahl wird an einem Spiegel an der Stelle S reflektiert. Übertrage die Zeichnung in dein Heft und ergänze den fehlenden Spiegel.

Material B ▸ Zaubertricks mit Spiegeln

B1 Hat eine Dame ihren Kopf verloren (▸ Bild 06)? Entscheide und erkläre, was im Bild zu sehen ist.

B2 Heidi hat sich gewünscht, unendlich oft geklont zu werden (▸ Bild 07). Trick oder Wirklichkeit? Erkläre.

06 Kopf ohne Körper

07 Unendlich oft geklont?

Material C ▸ Unerwünschte Reflexionen

C1 Steht die Sonne in einer bestimmten Position, so wird der schattige Bürgersteig in der Nähe des Walkie-Talkie-Hochhauses in London nicht nur hell erleuchtet, sondern auch so heiß, dass Fußmatten oder Kunststoffteile von Autos schmelzen. Der Architekt musste zugeben, dass die Fassade des Hauses dafür verantwortlich ist. Notiere, was in seinem Bericht stehen könnte.

C2 a) Wenn du tagsüber die Waren in einem Schaufenster betrachten möchtest, siehst häufig nur dein Spiegelbild. Abends dagegen spiegelst du dich nicht in der Scheibe. Probiere aus und erkläre.

b) Nena liest in einem Internetforum, dass jemand vorschlägt, einen Bildschirm durch Aufsprühen von Haarspray zu entspiegeln. Nimm dazu Stellung.

OPTIK HILFT DEM AUGE AUF DIE SPRÜNGE
LICHT UND LICHTLEITER

01   Zauberei?

Licht wird gebrochen

> *Svenja gießt Wasser in eine scheinbar leere Tasse. Wenn die Tasse gefüllt ist, dann erscheint dort, wo zunächst nichts zu sehen war, eine Münze.*

Unter Grenzfläche versteht man die Fläche zwischen zwei unterschiedlichen Stoffen, hier Wasser und Luft.

GEKNICKTE LICHTBÜNDEL · Die Münze war schon in der Tasse, sie war nur hinter der Tassenwand verborgen. Wir vermuten, dass das Wasser das von der Münze ausgehende Licht über die Tassenkante in das Auge des Betrachters lenkt.
Wir überprüfen unsere Vermutung mit einem Versuch: In einem mit Wasser gefüllten Behälter befindet sich eine Lampe. Von ihr trifft ein schmales Lichtbündel von unten auf die Wasseroberfläche. In ▶ Bild 02 siehst du ein Lichtbündel, das sich an der Grenze zwischen Wasser und Luft aufteilt. Ein Teil des Lichtbündels wird an der Grenzfläche reflektiert, ein anderer Teil verlässt das Wasser. Das Lichtbündel, das das Wasser verlässt, breitet sich in einer anderen Richtung aus als das ursprüngliche Lichtbündel: Es wurde **gebrochen.**
In Svenjas Experiment findet ohne Wasser keine Brechung statt. Das von der Münze ausgehende Licht erreicht das Auge des Betrachters nicht. In der mit Wasser gefüllten Tasse dagegen wird es am Übergang von Wasser zu Luft gebrochen: Die Lichtstrahlen ändern ihre Richtung und erreichen das Auge (▶ Bild 03).

02   Das Lichtbündel trifft auf die Wasseroberfläche.

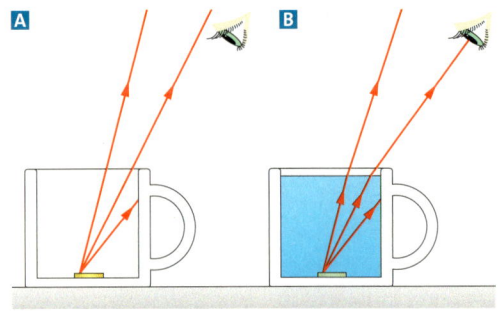

03   Lichtstrahlen **A** ohne und **B** mit Wasser

BRECHUNG AN GRENZFLÄCHEN · Licht wird beim Übergang von Wasser zu Luft gebrochen. Wir vermuten, dass es beim Übergang von Luft zu Wasser ähnlich ist. Um das zu prüfen, lassen wir in ▸ Bild 04 A ein Lichtbündel schräg auf die Grenzfläche zwischen Luft und Wasser treffen. Dort wird das Licht gebrochen und von einem auf dem Boden liegenden Spiegel reflektiert. Das reflektierte Lichtbündel trifft nun auf den Übergang von Wasser zu Luft und wird dort ein weiteres Mal gebrochen.

▸ Bild 04 B zeigt das Experiment von der Seite. Wir erkennen, dass der gesamte Lichtweg in einer Ebene senkrecht zur Wasseroberfläche verläuft.

▸ Bild 04 C zeigt eine Darstellung des Experiments im Lichtstrahlenmodell. Beim Übergang von Luft zu Wasser ist der Brechungswinkel im Wasser kleiner als der Einfallswinkel in Luft. Das Licht wird also zum Lot hin gebrochen. Beim Übergang von Wasser zu Luft ist es umgekehrt: Diesmal wird das Licht vom Lot weg gebrochen.

DER LICHTWEG IST UMKEHRBAR · ▸ Bild 04 C zeigt uns noch mehr: Aufgrund des Reflexionsgesetzes sind die im Wasser liegenden Winkel bei Brechung und Reflexion gleich groß. Messen wir die außerhalb des Wassers liegenden Winkel nach, stellen wir fest, dass sie ebenfalls gleich groß sind.

Wenn die Lampe rechts oben wäre, dann würde das Licht also denselben Weg in umgekehrter Richtung durchlaufen. Wie bei der Reflexion ist der Lichtweg bei der Brechung also umkehrbar.

BRECHUNG BEI ANDEREN STOFFEN · Was wir für Luft und Wasser festgestellt haben, gilt allgemein: Licht wird an der Grenzfläche zwischen unterschiedlichen durchsichtigen Stoffen, z.B. Luft und Glas, gebrochen. Wir unterscheiden: Wird das Licht beim Übergang zwischen zwei Stoffen zum Lot hin gebrochen, dann nennen wir den ersten Stoff **optisch dünner** als den zweiten Stoff. Der zweite Stoff ist **optisch dichter** als der erste Stoff. Wasser ist also optisch dichter als Luft. Weitere Experimente zeigen, dass Glas optisch noch dichter ist als Wasser.

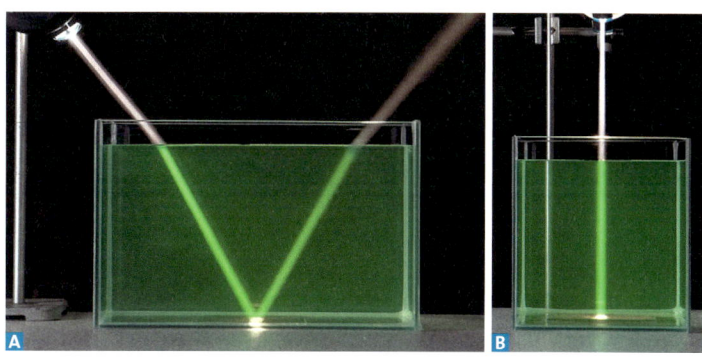

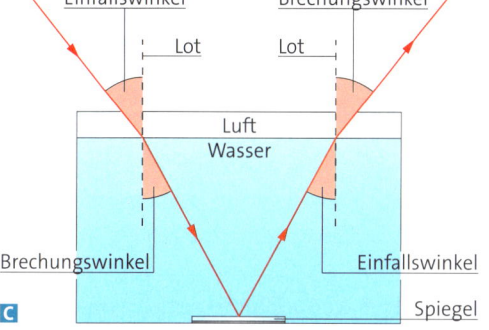

04 Licht wird an der Grenzfläche Wasser – Luft gebrochen: **A** Sicht von vorne, **B** Sicht von der Seite, **C** Zeichnung.

Beachte: Winkel werden immer zum Lot hin gemessen.

> Licht wird an der Grenzfläche zwischen zwei durchsichtigen Stoffen gebrochen.
> Das einfallende und das gebrochene Lichtbündel liegen mit dem Lot in einer Ebene.
> Beim Übergang vom optisch dünneren zum optisch dichteren Stoff wird das Licht zum Lot hin gebrochen. Dabei ist der Lichtweg umkehrbar.

1 Überlege dir, was passiert, wenn Licht senkrecht auf eine Glasoberfläche fällt.

2 Neles Spielzeugauto rollt über die glatten Fliesen im Flur auf den rauen Teppichboden in ihrem Zimmer (▸ Bild 05). Beschreibe, wie sich das Auto bewegt. Begründe, warum dies ein Modell für die Lichtbrechung ist.

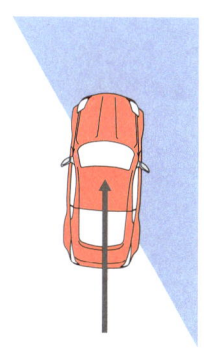

05 Neles Auto

OPTIK HILFT DEM AUGE AUF DIE SPRÜNGE
LICHT UND LICHTLEITER

METHODE

Erstellen von Diagrammen

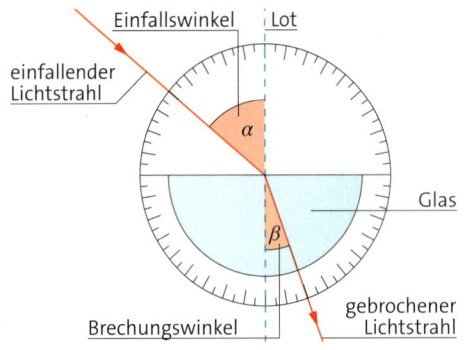

01 Messung an der Winkelscheibe

Trifft Licht senkrecht auf eine Grenzfläche, betragen Einfalls- und Brechungswinkel 0°.

α	β
0°	0°
10°	7°
20°	13°
30°	19°
40°	25°
50°	31°
60°	35°
70°	39°
80°	41°

02 Messwerte

In Diagrammen lassen sich Messwerte übersichtlich darstellen. Wie das funktioniert, erklären wir am Beispiel der Brechung.

In einem Versuch untersuchen wir folgende Frage: Wie verändert sich der Brechungswinkel in Glas, wenn sich der Einfallswinkel in Luft verändert? Dazu verwenden wir eine Winkelscheibe wie in ▶ Bild 01. Wir messen für verschiedene Einfallswinkel α in Luft jeweils den Brechungswinkel β in Glas. ▶ Tabelle 02 zeigt die Messwerte.
Aus diesen Messwerten erstellen wir nun ein Diagramm (▶ Bild 03): In einem Koordinatensystem verwenden wir die waagerechte Achse für den Einfallswinkel α in Luft und die senkrechte Achse für den Brechungswinkel β in Glas.

Die jeweils zusammengehörenden Werte (α, β) tragen wir als kleine Kreuze im Diagramm ein. In ▶ Bild 03 ist markiert, wie man den Punkt einträgt, der zum Einfallswinkel 30° gehört.
Das Diagramm zeigt auf einen Blick, wie Brechungswinkel und Einfallswinkel zusammenhängen. Das erkennt man bei der Tabelle nicht so leicht.

Wie groß ist z. B. der Brechungswinkel in Glas bei einem Einfallswinkel von 45° in Luft? Auch bei dieser Frage hilft das Diagramm weiter: Wir zeichnen eine möglichst glatte Kurve durch die eingetragenen Punkte. In ▶ Bild 03 ist sie rot dargestellt. Mit der Kurve können wir nun ablesen: Beim Einfallswinkel 45° beträgt der Brechungswinkel 28°.

Da der Lichtweg umkehrbar ist, können wir das Diagramm auch umgekehrt lesen. Wenn in Glas der Einfallswinkel 35° ist, dann beträgt der Brechungswinkel in Luft 60°.

In ▶ Bild 04 ist der Zusammenhang zwischen Einfallswinkel und Brechungswinkel für die Übergänge zwischen verschiedenen Stoffen dargestellt. Man erkennt leicht, dass Licht beim Übergang von Luft zu Diamant am stärksten gebrochen wird.

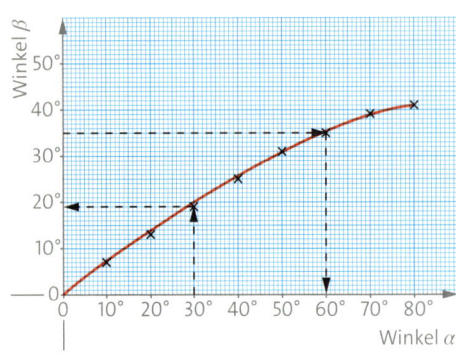

03 Messwerte werden im Diagramm dargestellt.

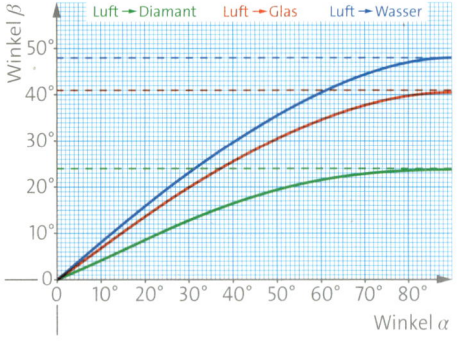

04 Winkel für verschiedene Übergänge

MATERIAL

VERSUCHE ▸ Lichtbrechung

Du untersuchst die Brechung von Licht an der Grenzfläche zwischen Wasser und Luft.

05 Zielversuch

Material:
breites Glasgefäß (Schüssel), Münze, Trinkhalm oder dünne Papierröhre, Stricknadel oder langer, dünner Stab

Durchführung:

V1 a) Lege die Münze in die Schüssel und fülle sie mit Wasser. Blicke vorsichtig durch den Trinkhalm auf die Münze (▸ Bild 05). Halte den Trinkhalm in dieser Stellung fest und schiebe die Stricknadel durch den Trinkhalm in Richtung Münze. Notiere deine Beobachtung.

b) Schreibe auf, wie du zielen musst, damit du die Münze triffst. Erkläre.

V2 Stelle die Stricknadel in das gefüllte Glasgefäß. Betrachte sie von schräg oben.
Notiere deine Beobachtungen. Erkläre.

Material A ▸ Lichtbrechung an verschiedenen Grenzflächen

A1 In den Zeichnungen ist jeweils ein Lichtstrahl beim Übergang zwischen verschiedenen Stoffen eingezeichnet. Entscheide und begründe, ob die Zeichnungen falsch oder richtig sind. Erstelle für die falschen Zeichnungen eine richtige in deinem Heft.

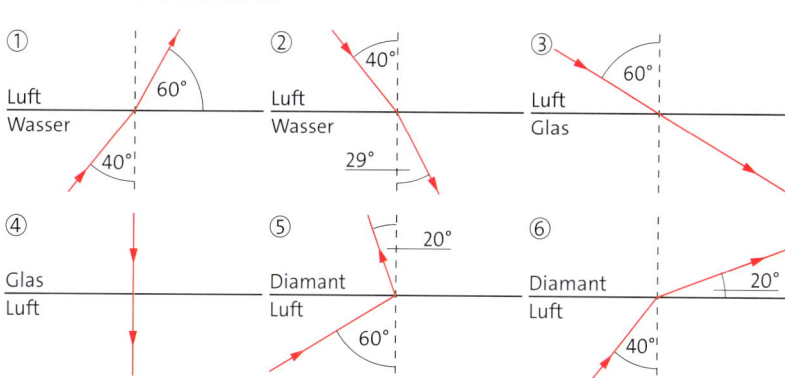

Material B ▸ Lichtbrechung am Prisma

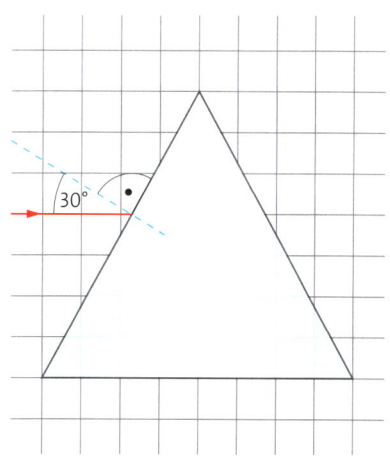

In der Optik untersucht man die Brechung von Licht häufig an einem Glasprisma (▸ Bild links).

B1 a) Übernimm die Zeichnung in dein Heft und zeichne den weiteren Verlauf des Lichtstrahls ein. Entnimm die dazu nötigen Werte aus ▸ Bild 04 auf der vorherigen Seite.

b) Der Lichtstrahl soll nun im Glasprisma parallel zur unteren Kante verlaufen. Bestimme den Einfallswinkel. Fertige eine Zeichnung an.

B2 Im ▸ Bild unten trifft Licht auf eine Glasplatte. Überprüfe die Aussage: Das Licht hat nach der Platte dieselbe Ausbreitungsrichtung wie davor.

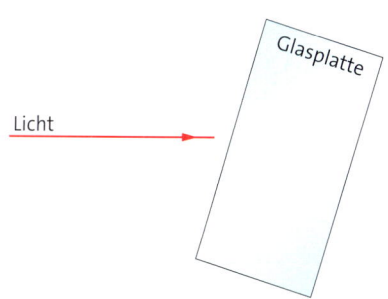

OPTIK HILFT DEM AUGE AUF DIE SPRÜNGE
LICHT UND LICHTLEITER

01 Eine Lampe aus Lichtleitern

Totalreflexion und Lichtleiter

Das Licht der Lampe folgt den Kurven der gekrümmten Glasfaser. Wie ist es möglich, dass das Licht in den Bögen geführt wird, obwohl es sich doch geradlinig ausbreitet?

LICHT FOLGT DER KRÜMMUNG · Du weißt bereits, dass sich Licht geradlinig ausbreitet. Wenn es dabei auf einen anderen durchsichtigen Stoff trifft, kannst du sowohl Reflexion als auch Brechung beobachten. Bei der Lampe scheint es aber keinen gebrochenen Anteil zu geben, denn das Licht bleibt bis zur Spitze in der Glasfaser. Dazu machen wir einen Versuch.

Wir benutzen den Aufbau, den du schon aus dem vorherigen Kapitel kennst. ▸ Bild 02 A zeigt, wie ein Teil des Lichts an der Grenzfläche von Wasser zu Luft reflektiert, der Rest aber gebrochen wird und das Wasser verlässt.
Wenn wir nun den Einfallswinkel vergrößern, wird der Anteil des gebrochenen Lichts kleiner, der Anteil des reflektierten Lichts größer. Ab einem bestimmten Winkel wird das Licht dann plötzlich vollständig reflektiert, sodass kein Licht mehr das Wasser verlässt (▸ Bild 02 C). Das nennt man **Totalreflexion** und den Winkel, ab dem dies geschieht, **Grenzwinkel.**

02 Ein Lichtbündel trifft auf die Grenzfläche von Wasser zu Luft: **A** und **B** zeigen Reflexion und Brechung, **C** Totalreflexion.

TOTALREFLEXION IN JEDEM FALL? · Wir betrachten den Versuch noch einmal genauer. Wenn das Licht vom optisch dichteren Wasser zur optisch dünneren Luft übergeht, dann ist der Brechungswinkel immer größer als der Einfallswinkel. Erreicht der Brechungswinkel 90° und das gebrochene Lichtbündel die Wasseroberfläche, verschwindet es und es gibt nur noch das reflektierte Lichtbündel der Totalreflexion.

Im umgekehrten Experiment betrachten wir den Übergang vom optisch dünneren Stoff (Luft) zum optisch dichteren Stoff (Wasser). Der größtmögliche Einfallswinkel beträgt 90°. Weil der Brechungswinkel immer kleiner als der Einfallswinkel ist, kann für jeden Einfallswinkel Licht ins Wasser eindringen: Wir beobachten hier keine Totalreflexion.

BESTIMMUNG DES GRENZWINKELS · In unserem Versuch haben wir die Brechung und die Reflexion bei verschiedenen Winkeln betrachtet. Wenn man die Winkel β und α für den Übergang von Wasser zu Luft misst und grafisch darstellt, erhält man ▸ Bild 03. In diesem Diagramm kann man für den Einfallswinkel $\alpha = 30°$ in Luft den Brechungswinkel $\beta = 22°$ in Wasser ablesen. Man kann das Diagramm aber auch umgekehrt nutzen. So beträgt bei einem Einfallswinkel $\beta = 35°$ in Wasser der Brechungswinkel in Luft $\alpha = 50°$ (Markierung in ▸ Bild 03).

Beim Übergang von Luft zu Wasser gehört zum maximalen Einfallswinkel von $\alpha = 90°$ der Brechungswinkel $\beta = 49°$ in Wasser (▸ Bild 03).

Weil der Lichtweg umkehrbar ist, beträgt also der Grenzwinkel der Totalreflexion für den Übergang von Wasser zu Luft 49°.

IST DER GRENZWINKEL IMMER GLEICH? · Wie verhält sich Licht an anderen Grenzflächen? Wir betrachten dazu den Übergang von Glas zu Luft (▸ Bild 04). Auch hier tritt Totalreflexion auf. Wir messen jetzt einen Grenzwinkel von 42°. Der Grenzwinkel hängt also von den beiden Stoffen ab, die die Grenzfläche bilden.

> Totalreflexion tritt dann auf, wenn Licht aus einem optisch dichteren Stoff auf die Grenzfläche zu einem optisch dünneren Stoff fällt und der Einfallswinkel größer als der Grenzwinkel ist. Die Größe des Grenzwinkels hängt von den Stoffen ab, die an der Grenzfläche aufeinanderstoßen.

Licht, das sich wie in ▸ Bild 01 in einer Glasfaser ausbreitet, wird totalreflektiert, wenn es auf die Außenwand der Faser trifft, und breitet sich dann wieder gradlinig aus. Beim nächsten Auftreffen tritt dann wieder Totalreflexion auf. Das Licht bewegt sich daher auf einem Zickzackkurs entlang der Faser (▸ Bild 05).

1) „Totalreflexion kann nur auftreten, wenn der Strahl vom Lot weg gebrochen wird." Nimm Stellung dazu.

2) Nenne Gemeinsames und Unterschiede von Reflexion und Totalreflexion.

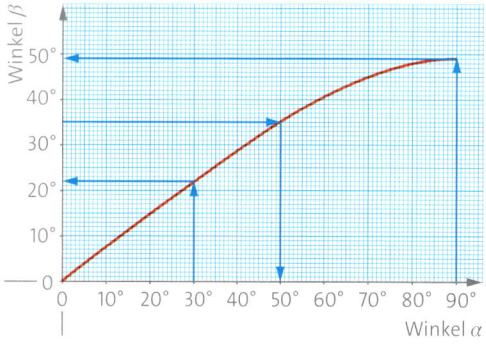

03 Winkelmessung in Wasser (β) und Luft (α)

04 Bestimmung des Grenzwinkels Glas – Luft

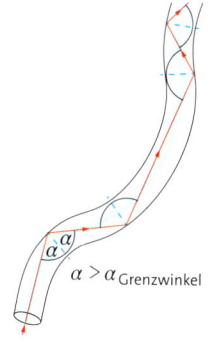

05 Licht in Glasfaser

OPTIK HILFT DEM AUGE AUF DIE SPRÜNGE
LICHT UND LICHTLEITER

BLICKPUNKT

Totalreflexion in der Technik

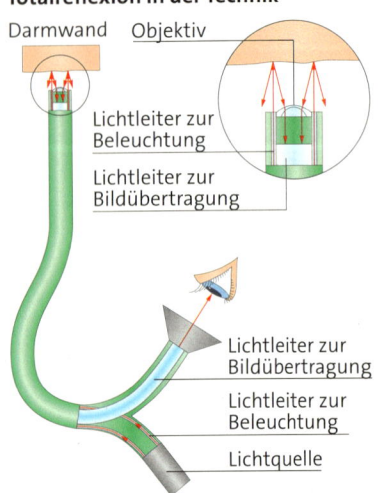

01 Aufbau eines Endoskops

02 Triebwerksuntersuchung per Endoskop

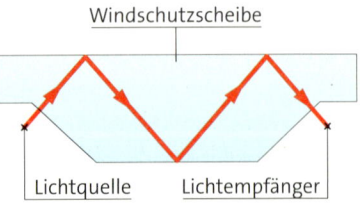
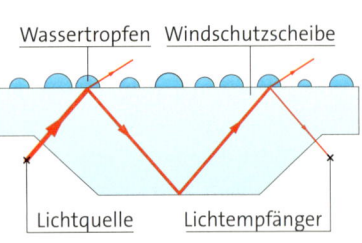

03 Prinzip eines Regensensors

Lenkt man Licht in eine Glasfaser, führt die Totalreflexion an der Wand dazu, dass das Licht auf einem Zickzackkurs entlang der Glasfaser weitergeleitet wird. Solche Lichtleiter werden in der Technik vielfältig genutzt.

Lichtleiter schaffen Lichteffekte · Mit Lichtleitern können besondere Effekte bei der Beleuchtung erzielt werden. Da sich Lichtleiter biegen lassen, sind Schriftzüge und Umrandungen von Gegenständen möglich. Selbst einen Sternenhimmel kannst du dir mit Lichtleitern in dein Zimmer zaubern.
Die Lichtleiter dienen aber auch als Lichtquelle ohne Wärmestrahlung. So werden wertvolle Gegenstände wie Gemälde schonend beleuchtet.

Einsatz in Medizin und Technik · Wenn ein Arzt innere Organe untersuchen oder operieren will, ohne große Schnitte zu setzen, bedient er sich eines Endoskops. Im Endoskop übertragen Lichtleiter Licht und Bild. ▶ Bild 01 zeigt den Aufbau.
Auch in der Technik werden Endoskope eingesetzt, wenn der zu untersuchende Ort nicht einsehbar oder schlecht zu erreichen ist. So lassen sich Rohre untersuchen, ohne die Straße aufzubaggern, oder Triebwerke, ohne sie zu zerlegen (▶ Bild 02). Endoskope ermöglichen auch heikle Wartungsarbeiten aus der Ferne, ohne dass sich ein Mensch in Gefahr bringen muss.

Informationsübertragung · Lichtleiter ermöglichen Datenübertragung mit hoher Geschwindigkeit auch über große Entfernungen. Als Tiefseekabel stellen sie eine Alternative zu Satelliten dar. Mit einer Länge von 15 000 km verbindet das Tiefseekabel „arctic fibre" Asien, die Britischen Inseln und Nordamerika. Es kann Daten mit einer Geschwindigkeit von 24 Terabits pro Sekunde zwischen London und Japan übertragen.

Sensortechnik · Totalreflexion wird auch genutzt, um Messgeräte zu bauen; zum Beispiel **Regensensoren**, mit denen die Scheibenwischer mancher Autos automatisch gesteuert werden. ▶ Bild 03 A zeigt den prinzipiellen Aufbau: Eine Lichtquelle sendet Licht so aus, dass es bei einer trockenen Scheibe totalreflektiert und von einem Empfänger registriert wird. Wenn Wassertropfen auf der Glasscheibe liegen, trifft das Licht nicht mehr auf den Übergang von Glas zu Luft, sondern von Glas zu Wasser. Dadurch verändert sich der Grenzwinkel und ein Teil des Lichts kann das Glas verlassen (▶ Bild 03 B): Am Empfänger kommt weniger Licht an und er meldet Regen. Je stärker der Regen ist, desto mehr Wassertropfen liegen auf der Scheibe und desto weniger Licht kommt beim Empfänger an. So kann der Regensensor sogar die Regenstärke messen und die Scheibenwischer entsprechend steuern.

VERSUCHE ▸ „Zaubertricks"

Die folgenden Versuche zeigen auf den ersten Blick ein überraschendes Verhalten von Licht.
Die Erklärung der angeblichen Zaubertricks sollst du selbst geben.

V1 Der leuchtende Wasserstrahl

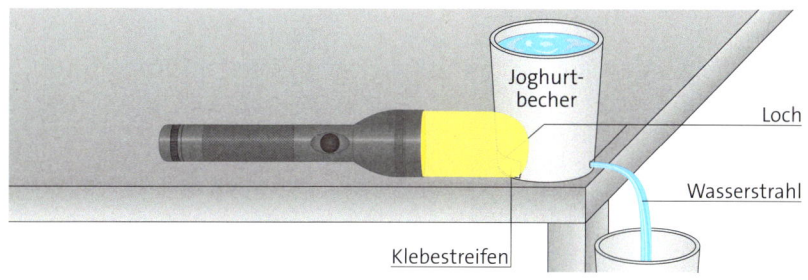

Material:
Joghurtbecher, Nagel, transparentes Klebeband, Lampe, Wasser

Durchführung:
Stich mit dem Nagel zwei Löcher in den Becher, die sich in etwa gegenüberliegen. Verschließe eines der Löcher wasserdicht mit Klebeband. Leuchte mit der Lampe mittels der Löcher durch den Joghurtbecher hindurch. Ob du die Lampe richtig hältst, kannst du daran erkennen, dass an der Wand ein Lichtfleck zu sehen ist.
Fülle dann Wasser in den Becher. Vergiss nicht, das Wasser aufzufangen!
Notiere deine Beobachtung und erkläre sie.

V2 Die verschwundene Münze

Material:
Glas, Münze, Wasser

Durchführung:
Befeuchte die Münze mit Wasser und stelle das Glas auf die Münze. Lass deinen Nachbarn von der Seite durch das Glas auf die Münze schauen. Sprich ein paar magische Worte und gieße Wasser ein. Notiere deine Beobachtung und erkläre sie.

Material A ▸ Konstruktionen

A1 Im ▸ Bild rechts trifft Licht von links auf verschiedene Glaskörper. Übertrage die Skizzen in dein Heft. Zeichne den weiteren Verlauf des Lichts ein.

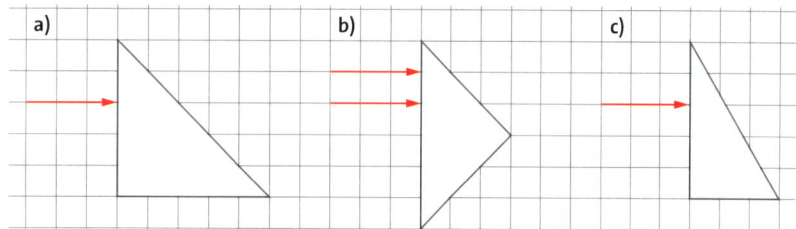

Material B ▸ Was sieht ein Taucher?

B1 Wenn ein Taucher nach unten oder zur Seite schaut, dann sieht er die Unterwasserwelt. Was sieht er aber, wenn er nach oben schaut? Als Hilfe kannst du dir zuerst anhand einer Zeichnung überlegen, wohin das Licht einer Taschenlampe gelangen kann, wenn der Taucher sie in verschiedene Richtungen hält.

OPTIK HILFT DEM AUGE AUF DIE SPRÜNGE
BILDENTSTEHUNG DURCH LINSEN

01 Von der Lochkamera zur modernen Fotografie

Linsen machen Bilder

Moderne Kameras erzeugen gestochen scharfe Bilder. Anders als eine Lochkamera besitzen sie eine Linse anstelle eines Lochs. Wie entsteht bei der Linse ein scharfes Bild?

ERSTE BILDER · Die Lochkamera hat einen großen Nachteil: Die Bilder sind entweder scharf und dunkel oder hell und unscharf. Dagegen kann eine Kamera, die mit Linsen arbeitet, Bilder erzeugen, die sowohl scharf als auch hell sind. Wie das geht, untersuchen wir mit einem Experiment wie in ▸ Bild 02.
Zwischen Kerze und Schirm befindet sich eine Linse, die wie eine Lupe geformt ist. Wir stellen die Linse vor eine brennende Kerze. Auf dem Schirm sehen wir einen hellen Fleck. Verschieben wir die Linse, finden wir irgendwann einen Ort, an dem ein scharfes, helles Bild entsteht (▸ Bild 03). Wie bei der Lochkamera steht das Bild auf dem Kopf. Anders als bei der Lochkamera erhalten wir aber nur dann ein scharfes Bild, wenn wir den Abstand zwischen Kerze und Linse, die **Gegenstandsweite,** und den zwischen Linse und Kerze, die **Bildweite,** richtig wählen.

> Für einen bestimmten Abstand zwischen Gegenstand und Schirm erzeugt eine Linse an genau einem Ort ein scharfes Bild.

02 Kein scharfes Bild erkennbar

03 Scharfes Bild auf dem Schirm

ORT UND GRÖSSE DES BILDES · Wovon hängt es ab, an welchem Ort ein scharfes Bild entsteht? Dazu stellen wir die Linse wie in ▸ Bild 03 auf. Wenn wir nun die Kerze von der Linse wegrücken, also die Gegenstandsweite vergrößern, wird das Bild unschärfer. Ein scharfes Bild ist erst dann wieder zu sehen, wenn wir den Schirm bewegen und die Bildweite verringern. Das Bild ist dadurch kleiner geworden. Größere Bilder bei größerer Bildweite erhalten wir dagegen, wenn wir die Gegenstandsweite verringern. Wenn wir die Kerze allerdings zu nah an die Linse heranrücken, gelingt es uns nicht mehr, ein Bild auf dem Schirm zu erzeugen.

> Je größer die Gegenstandsweite ist, desto kleiner sind Bildweite und Bildgröße.
> Je kleiner die Gegenstandsweite ist, desto größer sind Bildweite und Bildgröße.
> Es gibt eine untere Grenze für die Gegenstandsweite. Ist der Abstand kleiner, ist kein Bild mehr zu sehen.

BILDENTSTEHUNG IM MODELL · Von jedem Gegenstandspunkt der Kerze, zum Beispiel der Spitze S der Kerzenflamme, breitet sich Licht in alle Richtungen aus. Ein Teil dieses Lichts trifft auf die Linse. Die Linse ändert die Ausbreitungsrichtung dieses Lichtbündels so, dass es in einem Fleck zusammengeführt wird. Damit das Bild der Flamme scharf wird, müssen sich alle Strahlen des Bündels in einem Punkt S' vereinigen (▸ Bild 04). S' ist der Bildpunkt von S.

Die gleiche Überlegung gilt auch für jeden anderen Gegenstandspunkt: Für alle Gegenstandspunkte P mit gleicher Gegenstandsweite erhalten wir Bildpunkte P' mit gleicher Bildweite. Aus diesen Bildpunkten entsteht ein scharfes und helles Bild – anders als bei der Lochkamera, bei der sich ein helles Bild aus ausgedehnten Lichtflecken zusammensetzt und daher unscharf ist.

> Linsen erzeugen scharfe Bilder, indem sie für jeden Gegenstandspunkt das Licht, das auf sie trifft, in jeweils einem Bildpunkt vereinigen.

DER LICHTWEG DURCH LINSEN · Warum verändert eine Linse die Ausbreitungsrichtung des Lichts? Wir betrachten ein Lichtbündel, das von einem Punkt P ausgeht. In diesem Bündel verfolgen wir einzelne Lichtstrahlen, die unter verschiedenen Winkeln auf die Linse treffen (▸ Bild 05). Wir erkennen, dass das Licht sowohl beim Eindringen in die Linse als auch beim Austreten gebrochen wird. Anders als bei einem Durchgang durch eine Glasplatte sind die Lote auf den gekrümmten Oberflächen der Linse nicht parallel zueinander. Deshalb ändert die zweifache Brechung die Ausbreitungsrichtung des Lichts.

Übliche Abkürzungen:
G: Gegenstandsgröße
B: Bildgröße
g: Gegenstandsweite
b: Bildweite

1 Vergleiche die Bildentstehung bei Lochkamera und Linse.

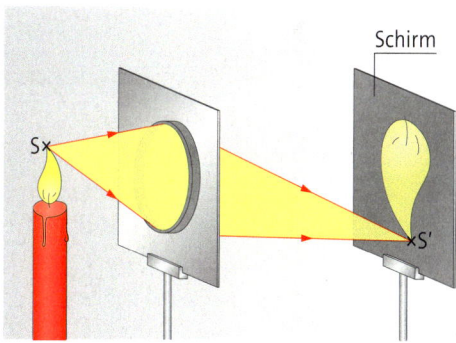

04 Ein Bild aus Punkten

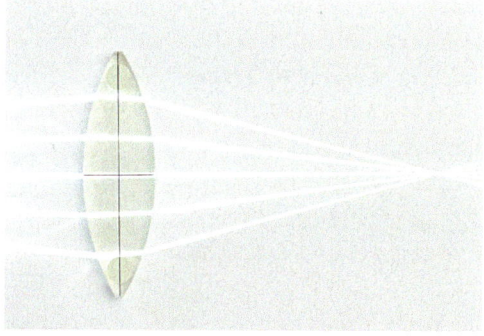

05 Licht wird in der Linse zweimal gebrochen.

OPTIK HILFT DEM AUGE AUF DIE SPRÜNGE
BILDENTSTEHUNG DURCH LINSEN

Mittelebene und Mittelpunkt M sind durch die Symmetrie der Linse festgelegt. Die optische Achse ist eine Hilfsgerade, die senkrecht auf der Mittelebene steht und durch den Mittelpunkt verläuft.

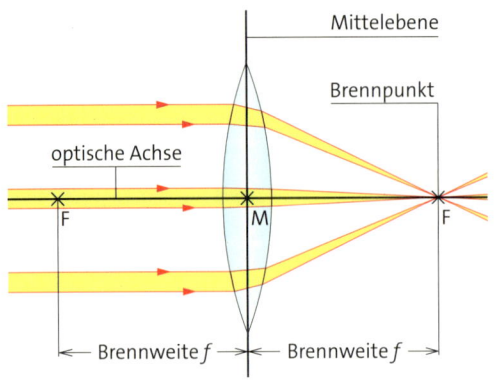

02 Brennweite und Brennpunkte einer Linse

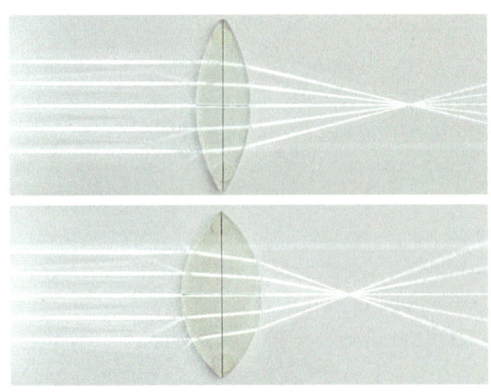

03 Die Form bestimmt die Brennweite.

HALBE LINSE – HALBE KERZE? · Was passiert, wenn wir eine Hälfte der Linse abdecken? Erhalten wir dann nur noch ein Bild der halben Kerze? Ein Versuch widerlegt dies: Die Kerze wird nach wie vor vollständig abgebildet, weil von jedem Punkt der Kerze Licht durch die Linse gelangt. Das Bild ist aber dunkler als zuvor, weil nur die Hälfte der Lichtmenge in den Bildpunkten vereinigt wird.

DIE BRENNWEITE · Mit einer Linse kannst du Licht in einem Punkt bündeln (▶ Bild 01). In diesem Punkt kann es so heiß werden, dass du dort ein Streichholz entzünden kannst.
In einem Versuch stellen wir die Situation nach und wählen drei schmale, zur optischen Achse parallele Lichtbündel aus (▶ Bild 02). Hinter der Linse treffen die Bündel alle in einem Punkt auf der optischen Achse zusammen. Diesen Punkt bezeichnet man als **Brennpunkt F** (von lateinisch *focus*). Den Abstand des Brennpunkts zur Mittelebene der Linse nennt man die Brennweite f. Sie ist charakteristisch für die Linse. In der Schnittzeichnung erkennst du die Mittelebene der Linse als Gerade senkrecht zur optischen Achse (▶ Bild 02).

01 Linse als Brennglas

/// Der Abstand des Brennpunkts zur Mittelebene einer Linse heißt Brennweite f.

Im Versuch zeigt sich, dass es gleichgültig ist, von welcher Seite wir die Linse beleuchten. In beiden Fällen wird das Licht gebündelt. Es gibt also zwei Brennpunkte. Bei symmetrischen Linsen liegen sie gleich weit von der Mittelebene entfernt.

DICK ODER DÜNN · Wir wollen nun noch untersuchen, wovon die Größe der Brennweite abhängt. In einem Versuch lassen wir dazu wieder schmale Lichtbündel parallel zur optischen Achse auf Linsen treffen (▶ Bild 03). Wir stellen fest: Die Linse mit starker Krümmung ändert die Ausbreitungsrichtung des Lichts stärker als die Linse mit schwacher Krümmung.

/// Je stärker eine Linse nach außen gekrümmt ist, desto kleiner ist ihre Brennweite.

1) Die Brennweite einer Linse ist nicht bekannt. Beschreibe ein Experiment, mit dem du die Brennweite bestimmen kannst.

2) David und Niklas experimentieren mit Linsen.
   a) Niklas ist unsicher, von welcher Seite aus das Licht durch die Linse treten soll. Gib ihm einen Tipp.
   b) David verdeckt die Linse in der Mitte mit einer Münze. Beschreibe, wie sich das Bild ändert, das Niklas beobachtet.
   c) Niklas verdeckt einen Teil des Gegenstands mit seiner Hand. Beschreibe, was David nun beobachtet.

MATERIAL

VERSUCHE ▸ Abbildungen mit Linsen

In den folgenden Versuchen untersuchst du, wie du mit Sammellinsen Bilder erzeugst und diese verändern kannst.

Material:
verschiedene Linsen, Kerze, Schirm

V1 Bilder mit Linsen

Durchführung:
a) Stelle Kerze, Linse und Schirm hintereinander auf (Abstand jeweils 25 cm). Verschiebe nun den Schirm, bis du ein scharfes Bild erhältst.
b) Decke einen Teil der Linse ab und beobachte das Bild. Schreibe auf, wie sich das Bild verändert hat.
c) Drehe die Linse um und prüfe, ob sich das Bild verändert hat. Notiere deine Beobachtungen.

V2 Gegenstandsweite und Bild

Durchführung:
a) Bilde die Kerzenflamme mit einer Linse auf dem Schirm ab. Rücke die Kerze schrittweise näher an die Linse und verschiebe den Schirm, bis du wieder ein scharfes Bild erhältst. Schreibe auf, wie der Schirm verschoben werden muss.
b) Formuliere Je-desto-Sätze zum Zusammenhang von Gegenstandsweite, Bildweite und Bildgröße. Findest du immer ein scharfes Bild?

V3 Brennweiten

Durchführung:
a) Bilde die Kerzenflamme mit einer Linse ab. Setze bei gleicher Gegenstandsweite Linsen mit anderen Brennweiten ein. Verschiebe den Schirm, bis du wieder ein scharfes Bild erhältst. Notiere, wie der Schirm verschoben werden muss.
b) Formuliere Je-desto-Aussagen zum Zusammenhang von Brennweite, Bildweite und Bildgröße. Findest du immer ein scharfes Bild?

V4 Ungewöhnliche Linsen

Kannst du auch mit durchsichtigen Gefäßen etwas abbilden?

Material:
durchsichtige Kugelvase, durchsichtige Flasche oder Zylinderglas, Wasser, Teelicht

Durchführung:
a) Fülle die Kugelvase mit Wasser und bilde damit eine Teelichtflamme auf einem Schirm ab. Vergleiche mit dem Bild durch eine Sammellinse. Untersuche auch, wie sich das Bild verändert, wenn die Vase nicht vollständig gefüllt ist.
b) Wiederhole den Versuch mit der gefüllten Flasche. Notiere deine Beobachtungen und vergleiche sie mit den Ergebnissen aus a). Untersuche auch, wie sich das Bild ändert, wenn du die Flasche kippst.
c) Welches Gefäß verhält sich wie eine Sammellinse? Begründe.

Material A ▸ Schusterkugel

04 Lesen mit Schusterkugel.

A1 Vor der Entwicklung der elektrischen Beleuchtung mussten Handwerker abends im Schein von Kerzen bzw. Öl- oder Gaslampen arbeiten. Aber diese Lichtquellen senden nur diffuses Licht aus und beleuchten den Arbeitsplatz nicht ausreichend. Verbreitet war deshalb der Einsatz von Schusterkugeln.
Erkläre, wie die Schusterkugel (▸ Bild 04) für eine bessere Beleuchtung sorgt.

Material B ▸ Physik im Garten

05 Tropfen an einem Grashalm

B1 Die Klasse 7a hat die Betreuung eines Beets im Schulgarten übernommen.
a) Tim findet in Omas Gartenbuch den Tipp: „Gieße nicht bei Sonnenschein!" Überlege, welche physikalische Begründung hinter diesem Tipp steckt.
b) Frau Lauterjung beschwert sich darüber, dass leere Glasflaschen auf dem Rasen liegen geblieben sind. Tom findet das nicht schlimm. Finde eine physikalische Begründung.

OPTIK HILFT DEM AUGE AUF DIE SPRÜNGE
BILDENTSTEHUNG DURCH LINSEN

01 Das Innenleben eines Kameraobjektivs

⊕ Bilder lassen sich konstruieren

Von den Linsen in einem Objektiv hängt es ab, ob du mit einer Kamera gute Bilder machen kannst. Für die Herstellung von Objektiven ist es notwendig, den Verlauf der Lichtbündel durch die Linsen vorherzusagen.

BESONDERE LICHTBÜNDEL · Die Bildentstehung haben wir in Experimenten untersucht und im Lichtstrahlenmodell beschrieben. Wir wissen: Licht, das von einem Gegenstandspunkt P ausgeht, wird hinter einer Linse wieder in einem Bildpunkt P' zusammengeführt. Im Versuch nach ▸ Bild 02 treffen drei schmale Lichtbündel mit besonderen Eigenschaften auf eine Linse.

Wir sehen:
1. Ein Lichtbündel parallel zur optischen Achse, der **Parallelstrahl,** verläuft hinter der Linse durch den Brennpunkt.
2. Ein Lichtbündel, das durch den Brennpunkt geht, der **Brennpunktstrahl,** verläuft nach der Brechung parallel zur optischen Achse.
3. Ein Lichtbündel, das durch den Mittelpunkt verläuft, der **Mittelpunktstrahl,** ändert seine Richtung nicht.

Diese drei besonderen Lichtbündel treffen sich hinter der Linse im Punkt P'. Damit haben wir den Bildpunkt P' des Gegenstandspunkts P gefunden.

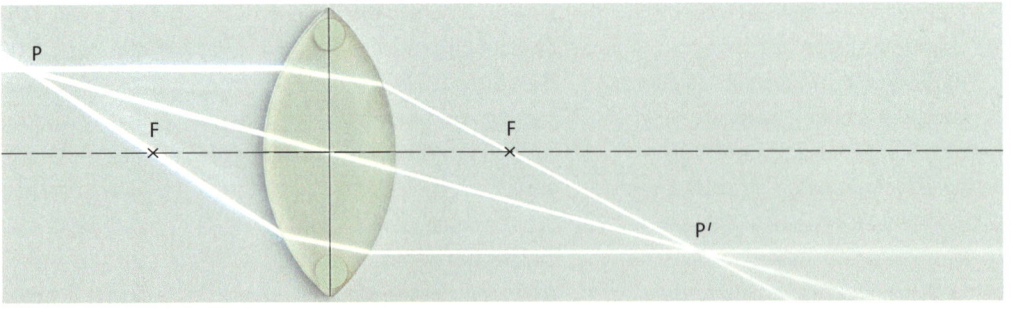

02 Drei besondere Lichtbündel helfen dabei, den Bildpunkt zu finden.

⫽⫽ METHODE

Konstruktion von Bildpunkten

Um Bildpunkte bei Linsen leicht konstruieren zu können, machen wir einige Vereinfachungen:

1. Wir denken uns schmale Lichtbündel als Lichtstrahlen.
2. Wir betrachten nur die drei besonderen Lichtstrahlen **Parallelstrahl, Mittelpunktstrahl** und **Brennpunktstrahl**.
3. Wir ersetzen die zweifache Brechung an den Grenzflächen der Linse durch eine einzige an der Mittelebene.

Dabei spielt es keine Rolle, ob die eingezeichneten Lichtstrahlen überhaupt die Linse treffen oder nicht, denn es handelt sich nur um Hilfslinien zur Konstruktion. Deswegen deuten wir die Linse in der Konstruktion nur an. Zwei Lichtstrahlen genügen. Mit dem dritten Strahl kannst du prüfen, ob du korrekt gezeichnet hast.

1. Schritt: Zeichne die optische Achse, die Mittelebene, die Brennpunkte und den Gegenstandspunkt P.

2. Schritt: Zeichne den Parallelstrahl. Er wird an der Mittelebene zum Brennpunktstrahl.

3. Schritt: Zeichne den Mittelpunktstrahl. Der Schnittpunkt mit dem Brennpunktstrahl ergibt den Bildpunkt P'.

4. Schritt: Zeichne zur Kontrolle den Brennpunktstrahl. Er wird an der Mittelebene zum Parallelstrahl.

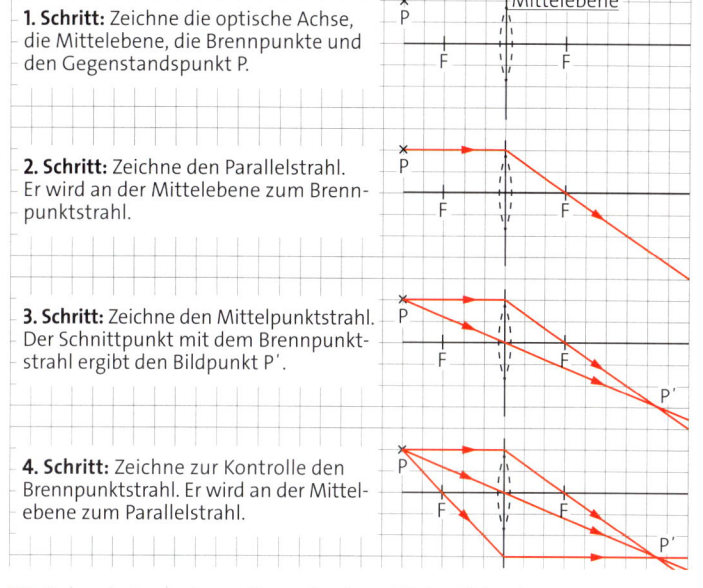

03 So konstruieren wir zum Gegenstandspunkt P den Bildpunkt P'.

UNTERSCHIEDLICHE BILDGRÖSSEN · Mit den besonderen Lichtstrahlen können wir erklären, warum das Bild bei kleinerer Gegenstandsweite größer wird, warum aber kein Bild mehr entsteht, wenn die Gegenstandsweite zu klein wird.

▸ Bild 04 zeigt die Konstruktion für verschiedene Gegenstandsweiten: Der Parallelstrahl ändert seinen Verlauf nicht. Der Mittelpunktstrahl verläuft mit kleiner werdender Gegenstandsweite immer steiler. Bildweite und Gegenstandsweite werden dabei immer größer. Ist die Gegenstandsweite schließlich genauso groß wie die Brennweite der Linse, dann verlaufen die Strahlen hinter der Linse parallel. Jetzt gibt es keinen Bildpunkt P' mehr. Bei noch kleinerer Gegenstandsweite laufen die Strahlen hinter der Linse auseinander. Die Gegenstandsweite muss also größer als die Brennweite sein, damit ein Bild entsteht.

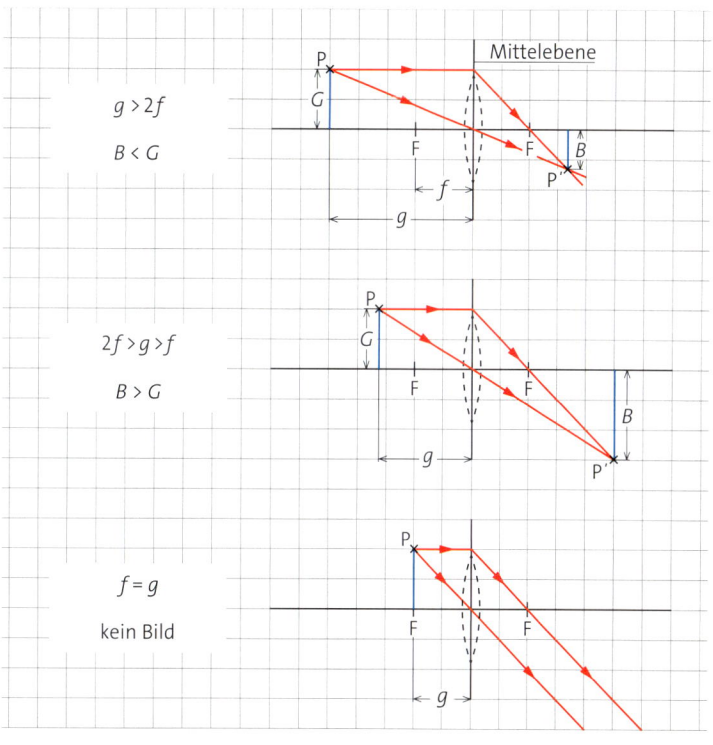

1 Bestimme durch eine Konstruktion die Bildgröße für $g = 2f$.

04 Die Gegenstandsweite bestimmt Bildweite und Bildgröße. Wird die Gegenstandsweite zu klein, entsteht kein Bild mehr.

OPTIK HILFT DEM AUGE AUF DIE SPRÜNGE
BILDENTSTEHUNG DURCH LINSEN

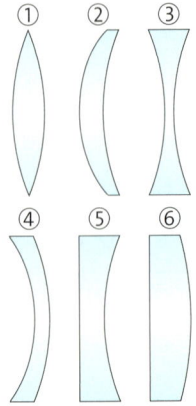

01 Verschiedene Linsenformen

02 Eine Zerstreuungslinse weitet ein paralleles Lichtbündel auf.

BERECHNUNGEN · Bei bekannter Gegenstandsweite g und Brennweite f kannst du die Bildweite b und die Bildgröße B ermitteln, indem du den Verlauf der Lichtstrahlen konstruierst. Das ist zeitaufwendig und möglicherweise nicht genau genug. Genauer als eine Konstruktion ist eine Rechnung. Dazu nutzen wir, dass Bildgröße und Bildweite proportional zueinander sind, und erhalten so die **Abbildungsgleichung,** die für jede Linsenabbildung gilt:

$$\frac{B}{G} = \frac{b}{g}.$$

Mit der Abbildungsgleichung kannst du jede der vier Größen berechnen, wenn du die drei übrigen kennst.

SAMMELN UND STREUEN VON LICHT · Die Linsen, die wir bisher untersucht haben, waren in der Mitte dicker als am Rand. Sie „sammeln" parallel auftreffendes Licht im Brennpunkt. Man nennt sie deshalb **Sammellinsen.** Es gibt aber auch Linsen, die in der Mitte dünner sind als am Rand. Wenn Lichtbündel auf eine solche Linse treffen, beobachten wir, dass auch diese Linse die Ausbreitungsrichtung des Lichts ändert. Im Gegensatz zur Sammellinse laufen die Lichtbündel hinter dieser Linse jedoch auseinander. Man nennt sie deshalb **Streulinsen** (▸ Bild 02).

BILDER, DIE ES NICHT GIBT · Bei der Streulinse stellst du fest, dass du mit einem Schirm nirgendwo ein Bild auffangen kannst. Trotzdem kannst du aus einem geeigneten Blickwinkel ein Bild des Gegenstands durch die Linse hindurch sehen. Solche Bilder nennen wir **virtuelle Bilder.** Sie lassen sich nach den gleichen Regeln konstruieren, die du schon bei den Sammellinsen kennengelernt hast (▸ Bild 03).

Mit Sammellinsen hast du bisher nur solche Bilder konstruiert, die du auch auf einem Schirm sichtbar machen konntest (**reelle Bilder**). Wenn du aber einen Gegenstand zwischen Brennpunkt und Linse aufstellst, dann entsteht auch bei der Sammellinse ein virtuelles Bild (▸ Bild 04).

1⌡ Bestimme, welche der Linsen in ▸ Bild 01 Sammellinsen, welche Streulinsen sind. Begründe.

2⌡ Bei der Linse einer Brille ist die Krümmung nicht zu erkennen. Beschreibe eine Möglichkeit herauszufinden, um was für eine Linse es sich handelt.

3⌡ Beschreibe die Unterschiede zwischen reellen und virtuellen Bildern. Unterscheide auch zwischen Sammel- und Streulinse (▸ Bild 03 und ▸ Bild 04).

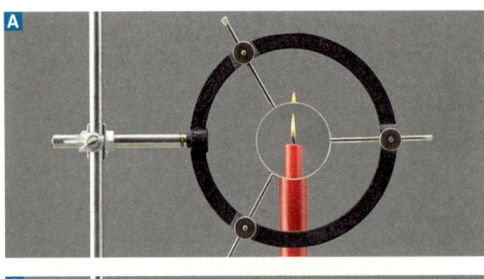

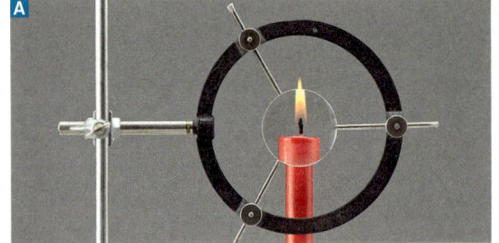

03 **A** Blick durch eine Streulinse **B** Konstruktion des virtuellen Bildes

04 **A** Blick durch eine Sammellinse **B** Konstruktion des virtuellen Bildes

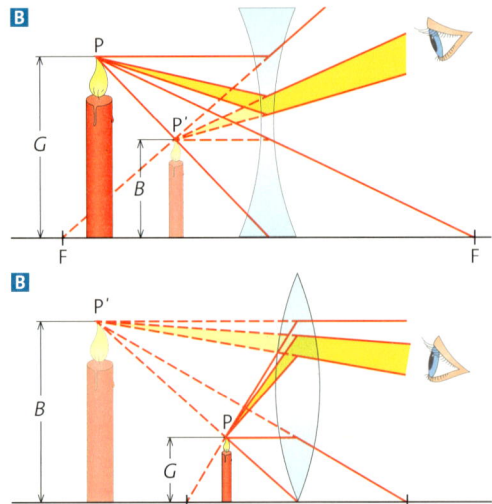

MATERIAL

VERSUCHE ▸ Brennweiten im Experiment

Mit den folgenden Versuchen untersuchst du Sammel- und Streulinsen genauer und bestimmst Brennweiten.

Material: verschiedene Linsen, z. B. einfache, alte Brillen, Lesebrillen oder Lupen, eine Lampe mit Schlitzblende

V1 Brennweiten einzelner Linsen

Durchführung:

a) Sortiere deine Linsen in „Sammellinsen" und „Streulinsen". Beschreibe, nach welchen Kriterien du die Linsen unterschieden hast.

b) Bestimme experimentell die Brennweiten deiner Linsen. Bei welcher Linsensorte gelingt dir dies nicht? Begründe.

V2 Brennweiten von Linsenkombinationen

Durchführung:

a) Wähle jeweils zwei Sammellinsen aus, stelle sie direkt hintereinander auf und bestimme die Brennweite deiner Linsenkombination. Halte die Messwerte in einer Tabelle fest.

b) Untersuche, mit welcher Linsenkombination du eine möglichst große bzw. kleine Brennweite erhältst.

c) Vergleiche die Brennweite der einzelnen Linsen mit der Brennweite der Linsenkombination. Fasse deine Ergebnisse in einem Merksatz zusammen.

d) Wiederhole den Versuchsteil a) mit einer Kombination aus Sammel- und Streulinsen. Beschreibe deine Beobachtung.

Material A ▸ Blackboxes

A1 Die Zeichnung zeigt vier verschiedene Situationen, in denen Lichtbündel durch eine Linse verlaufen. Ordne die drei Linsen a, b und c den Situationen 1 bis 4 zu. Begründe deine Zuordnung.

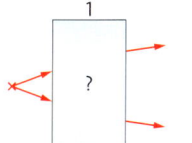
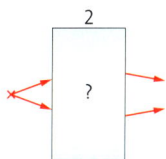
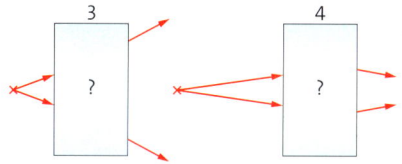

Material B ▸ Konstruktionen

B1 Ein Gegenstand ist 3 cm hoch und steht 6 cm vor einer Sammellinse mit einer Brennweite von 2 cm. Konstruiere das Bild in deinem Heft.

B2 Sortiere die Kärtchen in die Tabelle ein. Fertige dazu Konstruktionszeichnungen an. Vielleicht kommst du in manchen Fällen auch ohne Zeichnung aus.

B3 Ein Gegenstand wird abgebildet. Bei einer Gegenstandsweite von 4 cm ergibt sich eine Bildweite von 6 cm. Bestimme die Brennweite der Linse durch Konstruktion.

B4 Du kannst die Genauigkeit deiner Konstruktionen durch Rechnungen überprüfen. Dazu misst du z. B. die Bildweite in deiner Zeichnung aus B1 und verwendest die Abbildungsgleichung, um die Bildgröße auszurechnen.

Gegenstandsweite	Bildweite	Bildgröße
$g = f$	kein Bild	kein Bild
...	...	...

$g > 2f$ $2f > g > f$ $g < f$ $b = 2f$

$g = 2f$ $B > G$ $b > 2f$ $2f > b > f$

kein Bild $B = G$ kein Bild $B < G$

B5 Für alle Linsen gilt die Linsenformel: $\frac{1}{f} = \frac{1}{g} + \frac{1}{b}$.

Setze Gegenstandsweite und Bildweite aus B3 ein und vergleiche mit dem Ergebnis für die Brennweite f aus B3.

OPTIK HILFT DEM AUGE AUF DIE SPRÜNGE
BILDENTSTEHUNG DURCH LINSEN

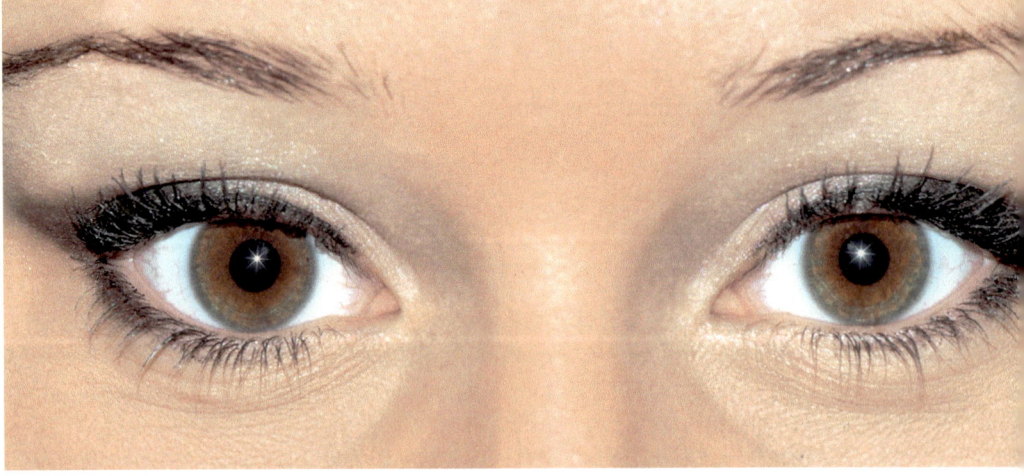

01 Blick in die Augen

Auge und Sehen

Das Licht von einem Gegenstand muss in dein Auge gelangen, damit du ihn sehen kannst. Aber was geschieht im Auge, damit tatsächlich ein Bild entsteht?

AUFBAU DES AUGES · Wenn du deine Augen in einem Spiegel betrachtest, siehst du die **Regenbogenhaut** bzw. Iris. Sie kann braun, blau oder grün sein und sieht bei jedem Menschen etwas anders aus. Durch die Öffnung in ihrer Mitte, die **Pupille,** gelangt Licht in das Auge. Damit wirkt die Iris wie eine Lochblende, deren Öffnung je nach Helligkeit groß oder klein wird.

Das Licht wird beim Eintritt in das Auge gebrochen. Den wesentlichen Anteil an der Brechung liefert die Kombination aus Hornhaut und Kammerwasser aus der vorderen Augenkammer. Beides befindet sich vor der Iris und wirkt wie eine Sammellinse (▶ Bild 02).

Hinter der Iris befindet sich die eigentliche **Augenlinse,** die zusammen mit der gekrümmten Hornhaut und dem Kammerwasser eine Linsenkombination mit einer Brennweite von etwa 1,7 cm bildet. Sie ist mit Zonulafasern am Ziliarmuskel befestigt.

Das Innere des Auges wird durch den gallertartigen Glaskörper gebildet. Er ist durchsichtig und besteht fast ausschließlich aus Wasser. An der Innenwand des Auges befindet sich die **Netzhaut.** Dort entsteht ein auf dem Kopf stehendes Bild des Gegenstands.

Die Netzhaut enthält sehr viele lichtempfindliche Zellen. Am **blinden Fleck** befinden sich keine lichtempfindlichen Zellen. Hier werden alle Nervenfasern zum **Sehnerv** gebündelt. Sie übertragen die Signale der lichtempfindlichen Zellen zum Gehirn, welches das auf dem Kopf stehende Bild wieder umdreht.

Die äußere Hülle des Auges bildet die sehr feste **Lederhaut.** Dort setzen **Muskeln** an, die das Auge bewegen.

> Auf der Netzhaut des Auges entsteht ein scharfes und auf dem Kopf stehendes Bild.

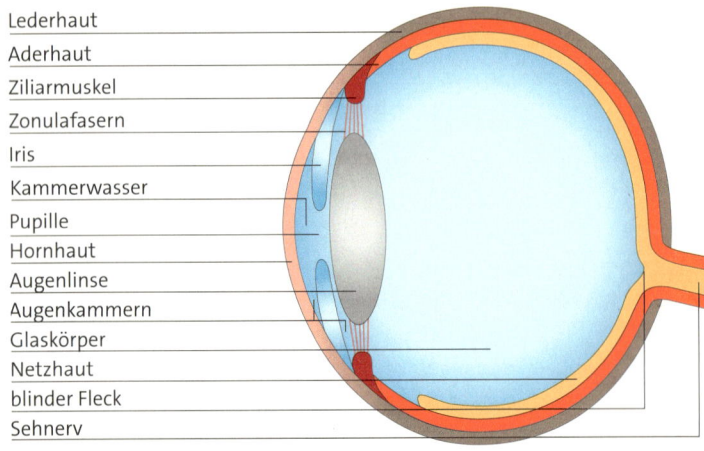

02 Aufbau des Auges

SCHARFE SICHT · Um den Strahlengang im Auge zu beschreiben, fassen wir alles, was zur Brechung beiträgt, in einem vereinfachenden Modell zu einer einzigen Linse zusammen. Die Netzhaut dient als Schirm (▶ Bild 03).

Anders als bei unseren bisherigen Experimenten ist beim Sehvorgang im Auge sowohl die Bildweite als auch die Gegenstandsweite vorgegeben. Das Scharfstellen muss daher durch Verformen der Augenlinse erfolgen. Bei der Verformung ändert sich ihre Brennweite. Diese Anpassung nennt man **Akkommodation**.

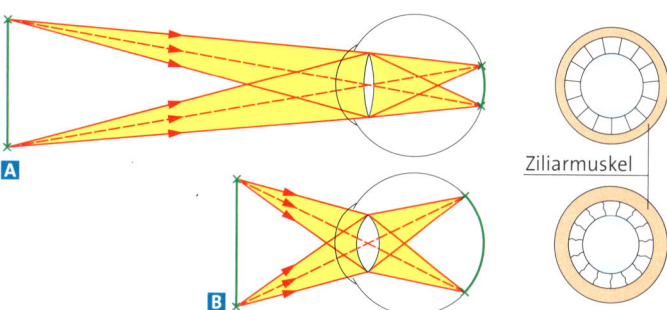

03 Verformung der Linse für Sehen **A** in der Ferne, **B** in der Nähe

FERN UND NAH · Wenn wir in die Ferne ($g > 1\,\text{m}$) sehen, ist der ringförmige Ziliarmuskel entspannt. Dadurch stehen die Zonulafasern unter Spannung und ziehen die Augenlinse straff. Diese ist dann nur schwach gekrümmt und hat die nötige große Brennweite (▶ Bild 03 A).

Beim Sehen in der Nähe zieht sich der Ziliarmuskel zusammen und sein Innendurchmesser wird kleiner. Dadurch sind die Zonulafasern weniger stark gespannt, die Augenlinse zieht sich zusammen und krümmt sich stärker. Ihre Brennweite wird dabei kleiner (▶ Bild 03 B).

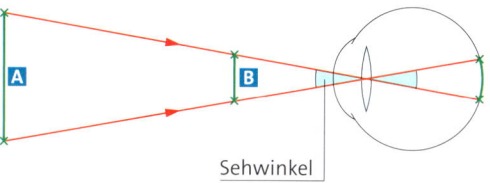

04 Gleicher Sehwinkel bei Gegenständen unterschiedlicher Größe

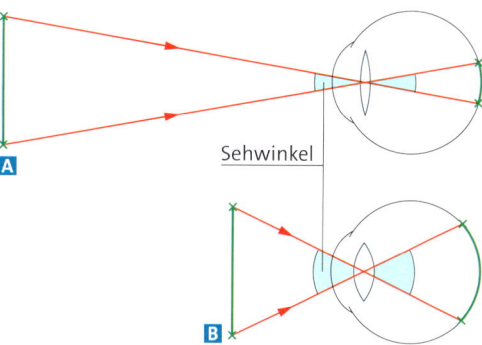

05 Sehwinkel für einen Gegenstand bei verschiedenen Gegenstandsweiten

Die Gegenstandsweite von etwa 25 cm wird als **deutliche Sehweite** bezeichnet: Hier kannst du Gegenstände ohne Überanstrengung längere Zeit betrachteten. Am **Nahpunkt,** einer Gegenstandsweite von etwa 10 cm, erschlaffen die Zonulafasern vollständig. Bei dieser Entfernung kannst du gerade noch ein scharfes Bild sehen.

/// Die Akkommodation der Augenlinse ermöglicht es, in verschiedenen Entfernungen scharf zu sehen.

GRÖSSENSEHEN UND SEHWINKEL · Wenn du abends den Vollmond siehst, dann kannst du ihn mit deinem Daumen vollständig verdecken, obwohl dein Daumen sehr viel kleiner ist als der Mond. Denn beide erzeugen ein gleich großes Bild auf der Netzhaut. Für beide Gegenstände ist der Winkel zwischen den Randstrahlen gleich groß (▶ Bild 04). Dieser Winkel wird als Sehwinkel bezeichnet.

Wenn du einen Gegenstand immer näher an dein Auge bringst, vergrößert sich der Sehwinkel. Gleichzeitig wird das Bild auf der Netzhaut ebenfalls immer größer (▶ Bild 05).

/// Der Sehwinkel bestimmt, wie groß wir einen Gegenstand sehen.

1 Bis zu welcher Entfernung kannst du deinen Daumen scharf sehen? Warum kann man nicht Daumen und Hintergrund gleichzeitig scharf sehen? Erkläre.

OPTIK HILFT DEM AUGE AUF DIE SPRÜNGE
BILDENTSTEHUNG DURCH LINSEN

BLICKPUNKT

Fehlsichtigkeit

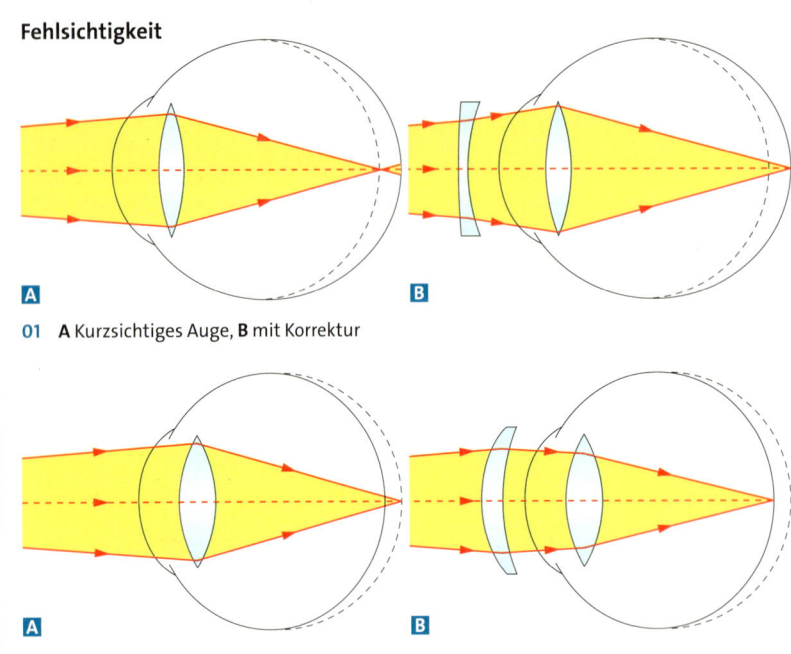

01 **A** Kurzsichtiges Auge, **B** mit Korrektur

02 **A** Weitsichtiges Auge, **B** mit Korrektur

Im fehlsichtigen Auge wird das Bild eines Gegenstands nicht scharf auf der Netzhaut abgebildet. Dies ist dann der Fall, wenn die Länge des Augapfels und die einstellbare Brennweite der Linse nicht zueinander passen. Wir betrachten zwei wichtige Fälle:

Das kurzsichtige Auge · Kurzsichtige Menschen sehen weit entfernte Gegenstände unscharf. Sie können ihre Augenlinse nicht genügend abflachen, um auf der Netzhaut ein scharfes Bild zu erzeugen. Das scharfe Bild entsteht vor der Netzhaut (▸ Bild 01A). Jeder weit entfernte Gegenstandspunkt wird daher auf der Netzhaut zu einem Bildfleck, der auf mehrere lichtempfindliche Zellen trifft. Nahe Gegenstände können dagegen scharf gesehen werden, da hier keine so starke Abflachung der Linse nötig ist.

Das weitsichtige Auge · Weitsichtige Menschen sehen Gegenstände, die sich dicht vor dem Auge befinden, unscharf. Im Vergleich zum gesunden Auge kann sich die Linse nicht genügend krümmen, um auf der Netzhaut ein scharfes Bild erzeugen. Das scharfe Bild entsteht dadurch etwas hinter der Netzhaut (▸ Bild 02A). Gegenstände in der Ferne können weitsichtige Personen jedoch scharf sehen, da sich die Linse hierzu nicht so stark krümmen muss.

Die Funktion der Brille · Brillen sorgen dafür, dass auf der Netzhaut scharfe Bilder entstehen. Im Fall der Kurzsichtigkeit muss jeder Bildpunkt etwas weiter nach hinten verschoben werden. Das ist der Fall, wenn das ins Auge gelangende Licht durch die Linse der Brille etwas aufgeweitet wird. Die Korrekturlinse ist also eine Streulinse (▸ Bild 01B). Umgekehrt muss die Brille für eine weitsichtige Person dafür sorgen, dass das einfallende Licht gebündelt wird. Hierfür wird eine Sammellinse eingesetzt (▸ Bild 02B).
Je nachdem wie ausgeprägt die Fehlsichtigkeit ist, muss die Brille das Licht mehr oder weniger stark brechen.

Altersweitsichtigkeit · Mit zunehmenden Alter gelingt die Anpassung der Linse eines gesunden Auges im Nahbereich nicht mehr so gut. Zum Lesen ist daher eine Brille mit Sammellinsen nötig. Kurzsichtige Menschen nutzen im Alter häufig Gleitsichtbrillen, in die Bereiche mit verschiedener Brennweite eingearbeitet sind, sodass sie sowohl nahe als auch weit entfernte Gegenstände scharf sehen können.

Die Dioptrie · Das Brechungsvermögen einer Linse wird durch den Begriff **Brechkraft** beschrieben. Die Brechkraft ist gleich dem Kehrwert der Brennweite und wird in der Einheit **Dioptrie** ($1\,\text{dpt} = \frac{1}{m}$) angegeben. Bei Sammellinsen ist die Brechkraft positiv, bei Streulinsen negativ.

Laserkorrektur · Durch eine Operation lässt sich die Brechkraft der Hornhaut verändern. Danach können leicht fehlsichtige Menschen auch ohne Brille wieder scharf sehen.

1) Wie kannst du herausfinden, ob eine Brille einer kurz- oder weitsichtigen Person gehört? Fertige eine Skizze an.

BLICKPUNKT

⊕ Sehen und Wahrnehmen

03   Vase oder Gesichter?

Gehirn und Sehen · Bisher haben wir uns überlegt, wie das Bild eines Gegenstands auf der Netzhaut entsteht. Damit ist aber noch nicht erklärt, wie wir den Gegenstand wahrnehmen. Hierbei spielt das Gehirn eine wesentliche Rolle. Die einzelnen lichtempfindlichen Zellen der Netzhaut leiten die Information, ob Licht auf sie trifft oder nicht, über Nerven an das Gehirn weiter. Hier werden diese Signale verarbeitet. Als Ergebnis zeigt sich ein Muster. Wenn du zuvor schon ein vergleichbares Muster gesehen hast, dann kannst du dieses wiedererkennen und dem optischen Eindruck einen Gegenstand oder eine Person zuordnen – du erkennst etwas oder jemanden. So kannst du in ▸ Bild 03 zwei Köpfe oder eine Vase sehen – obwohl es sich nur um eine weiße Fläche in einer schwarzen Fläche handelt.

Oben und unten · Von der Abbildung durch Linsen weißt du, dass das Bild auf der Netzhaut auf dem Kopf steht. Dies wird durch das Gehirn ausgeglichen. Wir haben gelernt, wo oben und unten ist, und können uns daher im Raum orientieren. Man hat in Versuchen sogar Folgendes zeigen können: Personen wurden sogenannte Umkehrbrillen aufgesetzt. Diese Brillen vertauschen lediglich oben und unten, so als würde man auf dem Kopf stehen. Damit war für die Personen zunächst eine Orientierung im Raum nur sehr schwer möglich. Nach einigen Tagen hatte sich das Gehirn aber an das veränderte Bild gewöhnt und die Orientierung war wieder genauso sicher wie zuvor.

Beidäugiges Sehen · Du kannst nicht nur Gegenstände sehen, sondern du erkennst auch, wo sie sich im Raum befinden. Dieses räumliche Sehen ist möglich, weil du mit beiden Augen gleichzeitig siehst. Dabei gelangt das

04   Rot-Grün-Aufnahme von Pferden

Licht aus etwas unterschiedlichen Richtungen in deine Augen. Als Ergebnis entstehen auf den beiden Netzhäuten etwas unterschiedliche Bilder. Im Gehirn werden die beiden zweidimensionalen Bilder dann zu einem dreidimensionalen Bild zusammengefügt. Diese Fähigkeit des Gehirns, aus zwei Bildern einen räumlichen Eindruck zu erzeugen, wird im 3D-Kino ausgenutzt: Dazu werden zwei Filme auf die Leinwand projiziert, einer für das linke und einer für das rechte Auge. Spezielle Brillen sorgen dafür, dass das Licht des einen Films in das linke Auge und das Licht des anderen Films in das rechte Auge gelangt. Das Gehirn macht daraus einen räumlichen Eindruck.

Eine Möglichkeit, einen räumlichen Eindruck zu erzeugen, zeigt ▸ Bild 04: Das Bild erscheint räumlich, wenn du mit dem linken Auge durch eine rote Folie und mit dem rechten Auge durch eine grüne Folie schaust.

Die Trägheit des Auges · Im Kino werden nicht nur dreidimensionale Bildeindrücke erzeugt. Es wird auch noch ein anderer Effekt ausgenutzt: Ein Film besteht aus einer Aneinanderreihung von einzelnen Bildern, dennoch sind Bewegungen zu sehen. Das liegt daran, dass das menschliche Auge nur etwa zwanzig Bilder in der Sekunde als einzelne Bilder wahrnehmen kann. Wenn mehr Bilder in der Sekunde gezeigt werden, dann werden sie als kontinuierliche Bewegung wahrgenommen.

MATERIAL

VERSUCHE ▸ Wie siehst du?

In den folgenden Versuchen findest du heraus, wie sich deine Augen an verschiedene Situationen anpassen.

 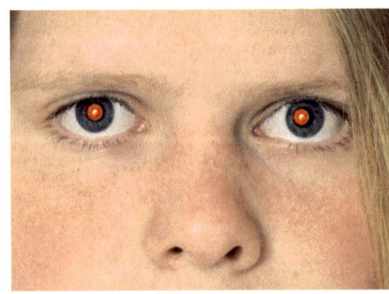 

V1 Minimale Sehweite des Auges

Bei einer Sammellinse wird ein Gegenstand nur auf dem Schirm abgebildet, wenn er einen Mindestabstand zur Linse hat. Ähnliches gilt auch für das Auge. Das kannst du in einem Experiment feststellen.

Material:
Papier, Lineal

Durchführung:
Schreibe verschieden große Buchstaben auf ein Blatt Papier und lege das Blatt auf den Tisch. Nähere dich langsam von oben dem Blatt und versuche festzustellen, bis zu welchem Abstand du die Buchstaben gerade noch scharf erkennen kannst. Miss mit einem Lineal den Abstand zwischen Auge und Papier.

V2 Hell-Dunkel-Sehen

Material:
dunkler Raum, Taschenlampe

Durchführung:
a) Gehe mit einem Partner in einen dunklen Raum und warte etwa fünf Minuten. Richte dann die Taschenlampe auf ein Auge des Partners und schalte sie ein.
Beschreibe, was du beobachtest.

b) Bei Blitzlichtaufnahmen sind die Pupillen oft rot, da bei weit geöffneter Pupille die gut durchblutete Netzhaut besonders gut zu sehen ist. Begründe, warum die Pupille bei Blitzlichtaufnahmen oft weit geöffnet ist.

c) Überlege dir, was nötig ist, damit du Fotos ohne rote Augen erhältst.

V3 Blinder Fleck

An einer Stelle der Netzhaut, dem blinden Fleck, befinden sich keine lichtempfindlichen Zellen. Wie diese Stelle deine Wahrnehmung beeinflusst, kannst du mit diesem Versuch erfahren.

Material:
die folgende Abbildung

    ●

Durchführung:
Halte dir das linke Auge mit der Hand zu und schaue mit dem rechten Auge auf den Stern. Nähere dich dem Buch immer weiter an. Beschreibe deine Beobachtung. Kannst du den Kreis während der ganzen Zeit sehen?
Erkläre deine Beobachtung.

V4 Räumliches Sehen

In beiden Augen entsteht ein Bild auf der Netzhaut. Wie beide Augen beim Sehen zusammenarbeiten, kannst du mit den folgenden Versuchen ausprobieren.

Material:
Papier

Durchführung:
a) Rolle ein Blatt Papier zu einer Röhre und halte sie direkt vor ein Auge. Halte die andere Hand so neben die Röhre, dass du sie mit dem anderen Auge sehen kannst. Beschreibe, was du siehst, wenn du deine Augen auf „in die Ferne sehen" einstellst.

b) Halte dir ein Auge zu und versuche verschiedene Gegenstände auf dem Tisch vor dir mit einem Finger der anderen Hand zu berühren. Begründe, warum dies schwierig ist.

c) Strecke einem Arm aus und stelle deinen Daumen auf. Peile nun einen entfernt liegenden Gegenstand nur mit einem Auge über den Daumen an. Wiederhole dies mit dem anderen Auge. Öffne beide Augen abwechselnd und in schneller Folge. Beschreibe und erkläre deine Beobachtung.

Material A ▸ Sehen ist mehr als optische Abbildung

01 Optische Täuschungen

A1 Sieh dir die beiden horizontalen Linien in ▸ Bild 01 A an. Welche der beiden Linien ist länger? Miss die Längen nach. Hattest du recht?

A2 Schätze die Größen der drei Figuren im ▸ Bild 01 B ab. Miss dann die Größen nach. Was stellst du fest? Erkläre die Unterschiede zwischen geschätzten und gemessenen Größenverhältnissen.

A3 Die Schienen im ▸ Bild 01 C scheinen zusammenzulaufen. Dies kann aber nicht richtig sein. Erkläre, wie dieser optische Eindruck entsteht.

A4 Beschreibe, was du auf dem ▸ Bild 01 D siehst. Besprich dich mit deinem Nachbarn oder deiner Nachbarin. Vergleicht eure Seheindrücke.

A5 Sieh dir ▸ Bild 01 F genau an. Erscheint dir etwas an diesem Bild ungewöhnlich? Schreibe auf.

A6 Beschreibe, was du auf dem ▸ Bild 01 G siehst.

A7 Ein Daumenkino besteht aus einer Reihe von Blättern, auf denen eine Abfolge von Bildern zu sehen ist (▸ Bild 01 E).
a) Wenn du ein Daumenkino schnell blätterst, dann siehst du eine Bewegung. Erkläre, warum das so ist.
b) Stelle selbst ein Daumenkino her, in dem z. B. zu sehen ist, wie ein Ball hochspringt und wieder herunterfällt.

OPTIK HILFT DEM AUGE AUF DIE SPRÜNGE
BILDENTSTEHUNG DURCH LINSEN

01 Mit der Lupe siehst du faszinierende Details.

Optische Instrumente

Die Sesam- und Mohnkörner auf deinem Brötchen sind so klein, dass du die Einzelheiten mit dem Auge allein nicht erkennen kannst. Warum siehst du beim Blick durch die Lupe viel mehr Details?

DIE GRENZE DES SEHENS · Einzelheiten von kleinen, nahen, aber auch von großen, weit entfernten Gegenständen kannst du kaum erkennen, weil das Bild der Gegenstände auf deiner Netzhaut winzig ist. In beiden Fällen ist auch der Sehwinkel, unter dem du den Gegenstand siehst, sehr klein.

Wenn der Sehwinkel zu klein ist, dann treffen Lichtbündel nahe beieinanderliegender Punkte dieselbe Sinneszelle auf der Netzhaut. Es wird nur ein Signal ans Gehirn weitergeleitet. Das bedeutet, dass man nur einen Punkt wahrnimmt. Damit zwei Punkte eines Gegenstands getrennt wahrgenommen werden, müssen die von ihnen ausgehenden Lichtbündel auf zwei unterschiedliche lichtempfindliche Zellen im Auge treffen.

AUFLÖSUNGSVERMÖGEN · Wenn du die Sesamkörner in ▸ Bild 01 aus immer größerer Entfernung betrachtest, dann siehst du sie irgendwann nicht mehr getrennt. Man sagt: Das Auge kann die Körner nicht mehr auflösen. Für die Grenze, bis zu der man zwei Punkte noch auflösen kann, ist aber nicht der Abstand der beiden Punkte entscheidend – dieser ändert sich nicht, wenn du das Brötchen weiter entfernst –, sondern der Sehwinkel, unter dem die zwei Punkte gesehen werden. Der minimale Sehwinkel hängt vom Aufbau des Auges ab und lässt sich nicht verkleinern. Beim menschlichen Auge beträgt die untere Grenze etwa $\frac{1}{60}$ Grad. Dieser Sehwinkel ist erreicht, wenn du die Quadrate in ▸ Bild 03, die einen Abstand von 1 mm haben, aus einer Entfernung von 5 m betrachtest.

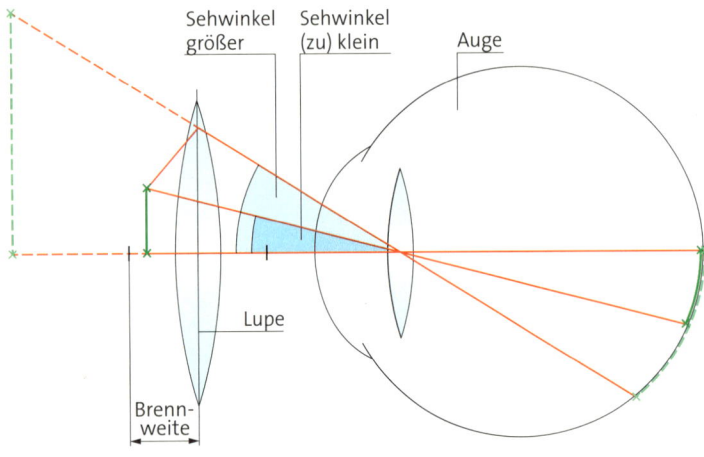

02 Sehwinkel ohne (blau) und mit Lupe (hellblau)

DIE LUPE · Wenn du Details eines Gegenstands sehen möchtest, die dein Auge allein nicht mehr auflösen kann, dann kannst du den Gegenstand mit einer Sammellinse vergrößert auf einem Schirm abbilden. Damit vergrößert sich für dich der Sehwinkel, unter dem du die Details siehst.

Wenn du die Sammellinse aber als Lupe einsetzt, kannst du den Gegenstand ohne störenden Schirm betrachten. Dazu bringst du den Gegenstand zwischen Brennpunkt und Lupe. Jetzt lenkt die Lupe das Licht so um, dass es unter einem größeren Sehwinkel auf die Netzhaut fällt. Der Gegenstand erscheint deutlich vergrößert (▸ Bild 02). Je stärker die Lupe vergrößert, desto besser kannst du nahe beieinanderliegende Punkte auflösen.

Als Maß für die Vergrößerung durch eine Lupe wird der **Vergrößerungsfaktor** angegeben. Er berechnet sich als Verhältnis von Bildgröße mit Lupe zur Bildgröße ohne Lupe und beträgt meist zwischen 2 und 10.

/// Lupen vergrößern den Sehwinkel.

1) Bestimme die Entfernung, aus der du die Quadrate gerade noch auflösen kannst (▸ Bild 03).
Stelle die Messwerte aus deiner Klasse grafisch dar und berichte.

03 Versuch zum Auflösungsvermögen

/// BLICKPUNKT ///

⊕ Das Mikroskop

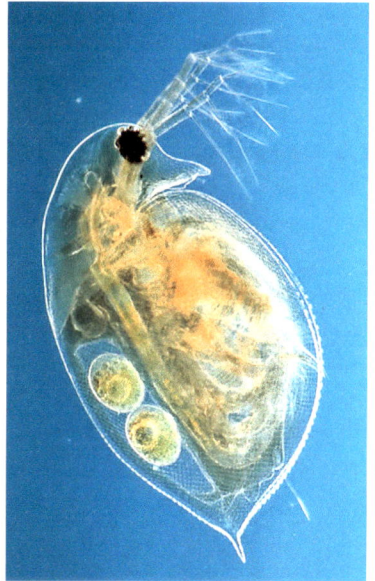

04 Wasserfloh unter dem Mikroskop

Zur Beobachtung von Kleinstlebewesen (▸ Bild 04) reicht die Vergrößerung einer Lupe nicht aus. Hier wird ein Mikroskop eingesetzt, das noch stärker vergrößern kann.

Das Mikroskop arbeitet nach dem Prinzip der zweimaligen Vergrößerung (▸ Bild 05). Die erste Linse, das Objektiv, erzeugt ein vergrößertes Bild des Gegenstands. Dieses reelle Zwischenbild wird dann mit einer Lupe, dem Okular, nochmals vergrößert.

Für den Vergrößerungsfaktor des Mikroskops sind die Brennweiten der Linsen und ihre Positionen entscheidend. Damit das Zwischenbild möglichst groß wird, muss sich der Gegenstand knapp außerhalb der Brennweite des Objektivs befinden. Das Zwischenbild muss dagegen knapp innerhalb der Brennweite des Okulars liegen, damit es wie mit einer Lupe betrachtet werden kann.

Mit verschiedenen Objektiven und Okularen passt man die Vergrößerung an. Aus dem Produkt der einzelnen Vergrößerungsfaktoren von Objektiv und Okular ergibt sich die gesamte Vergrößerung des Geräts.

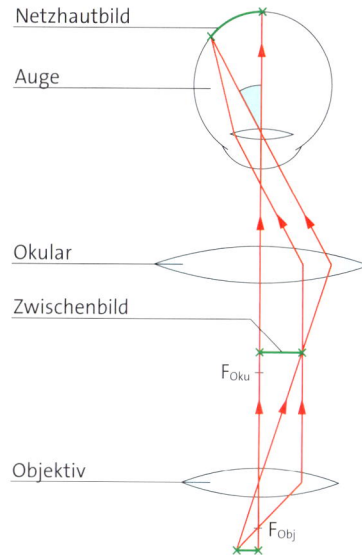

05 Strahlengang im Mikroskop

Mikroskope können etwa auf das 1000-Fache vergrößern. Damit sind zwei Punkte im Abstand von 0,0002 mm gerade noch unterscheidbar. Diese Auflösung ist stark genug, um Zellen und Bakterien zu beobachten.

OPTIK HILFT DEM AUGE AUF DIE SPRÜNGE
BILDENTSTEHUNG DURCH LINSEN

01 Kepler-Fernrohr

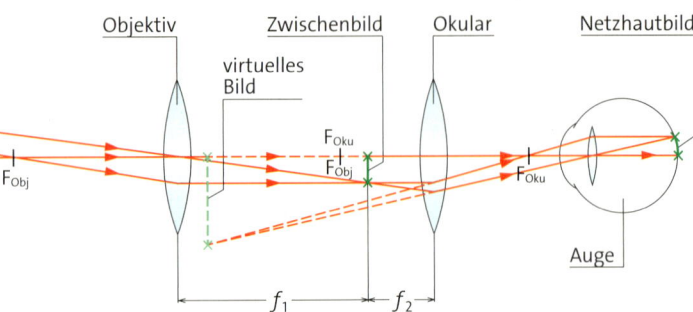

02 Strahlengang im Kepler-Fernrohr

DAS FERNROHR · Klein erscheinende Details von weit entfernten Gegenständen wie der Mondoberfläche kannst du nicht mit der Lupe vergrößern, weil der Mond zu weit entfernt ist. Wenn es dir aber gelingt, ein Bild der Mondoberfläche zu erzeugen, dann kannst du dieses Bild mit einer Lupe betrachten. Das **astronomische** oder **Kepler-Fernrohr** (▶ Bild 01) besteht daher aus zwei Sammellinsen: der Objektivlinse, die ein Bild macht, und der Okularlinse, die dieses Bild wie eine Lupe vergrößert.

▶ Bild 02 zeigt den Strahlengang in einen Kepler-Fernrohr. Das Licht fällt zunächst durch das Objektiv. Dahinter entsteht ein verkleinertes, auf dem Kopf stehendes, reelles Zwischenbild. Je größer die Brennweite des Objektivs ist, desto größer wird dieses Zwischenbild. Die Okularlinse wirkt wie eine Lupe und vergrößert das Zwischenbild.

Besonders günstig ist es, wenn das Zwischenbild nur knapp innerhalb der Brennweite des Okulars liegt und die Okularbrennweite im Vergleich zur Objektivbrennweite klein ist.

Das Kepler-Fernrohr eignet sich für Beobachtungen, bei denen es nicht stört, dass das Bild auf dem Kopf steht und seitenverkehrt ist.

Für Beobachtungen auf der Erde ist das Kepler-Fernrohr wenig geeignet. Hier verwendet man das **terrestrische** oder **Galilei-Fernrohr** (▶ Bild 03). Als Okularlinse dient hier anders als beim Kepler-Fernrohr eine Streulinse, die sich innerhalb der Brennweite des Objektivs befindet. Daher entsteht beim Galilei-Fernrohr kein Zwischenbild. In der Konstruktion im ▶ Bild 04 befinden sich der Brennpunkt von Objektiv und Okular an der gleichen Stelle.

1 „Schiff nähert sich von rechts!" Nach dem Ausruf des Steuermanns greift der Pirat zum Kepler-Fernrohr und ist verwirrt. Was hat er gesehen? Erkläre.

03 Galilei-Fernrohr

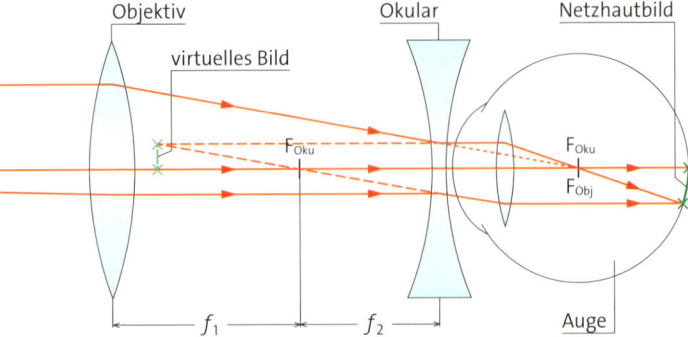

04 Strahlengang im Galilei-Fernrohr

MATERIAL

VERSUCHE ▸ Optische Instrumente näher betrachtet

In diesen Versuchen kannst du untersuchen, wie du mit einer Lupe oder einem Fernrohr gute Vergrößerungen erreichst.

V1 Vergrößerung bestimmen

Material:
Sammellinse, Stativ, Lineal

Durchführung:
Baue den Versuch wie in ▸ Bild 05 auf. Den Abstand zwischen Gegenstand und Lupe wählst du so, dass ein scharfes Bild entsteht.
a) Betrachte mit einem Auge das Lineal und gleichzeitig mit dem anderen Auge durch die Lupe einen Gegenstand. Bestimme, wie groß du den Gegenstand wahrnimmst. Wiederhole den Versuch ohne Lupe. Der Quotient deiner beiden Messwerte gibt die Vergrößerung an.
b) Verändere jetzt den Abstand zwischen Gegenstand und Lupe. Achte dabei darauf, dass der Abstand zwischen Auge und Lupe gleich bleibt. Wiederhole das Experiment aus Aufgabenteil a) mit verschiedenen Abständen. Vergleiche die Vergrößerungen und fasse dein Ergebnis in Form eines Merksatzes zusammen.

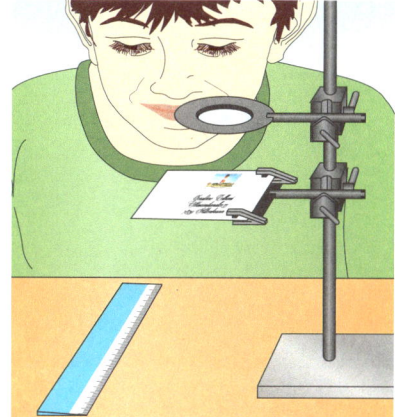

05 Bestimmung des Vergrößerungsfaktors einer Lupe

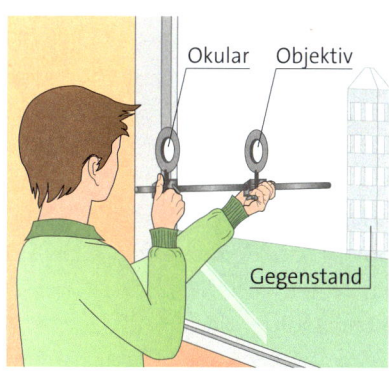

06 Bau eines Kepler-Fernrohrs

V2 Bau eines Kepler-Fernrohrs

Material:
Sammellinsen verschiedener Brennweite, Schiene

Durchführung:
a) Wähle zwei Linsen aus und befestige sie so auf der Schiene, dass du einen weit entfernten Gegenstand scharf siehst. Notiere in einer Tabelle, welche Linse du als Objektiv bzw. als Okular verwendet hast. Wiederhole den Versuch mit anderen Linsenkombinationen und markiere, welche Kombinationen ein vergrößertes Bild liefern.
b) Untersuche, mit welcher Linsenkombination dir der Gegenstand am größten erscheint. Versuche, eine Regel zu formulieren.
c) Drehe dein Fernrohr um und betrachte einen nahen Gegenstand. Beschreibe deine Beobachtung.
d) Durch das Kepler-Fernrohr siehst du alles auf dem Kopf stehen. Erkläre, wie du mit einer weiteren Linse aufrechte Bilder erhältst.

Material A ▸ Der Lesestein

Die ältesten Hilfsmittel zur Vergrößerung eines nahen Gegenstands sind Lesesteine. Bereits 1000 n. Chr. wurden in Asien solche Halbkugeln aus Beryll, einem durchsichtigen Kristall, hergestellt. Unsere Bezeichnung Brille erinnert noch heute an das ursprüngliche Material.

A1 a) Beschreibe, wie man Lesesteine vermutlich verwendet hat. Nenne Gemeinsamkeiten und Unterschiede im Vergleich zur Lupe.
b) Heute werden Lesesteine aus Kunststoff oder Glas in verschiedenen Formen verwendet. Überlege, welche Form für welche Anwendung geeignet ist.
c) Tim behauptet: Ein Wassertropfen wirkt wie ein Lesestein. Probiere aus und erkläre.

07 Ein Lesestein lässt die Schrift größer erscheinen.

OPTIK HILFT DEM AUGE AUF DIE SPRÜNGE
FARBEN DES LICHTS

01 Der Regenbogen – ein beeindruckendes Naturschauspiel

Licht und Farben

Es regnet und die Sonne scheint: Ein Regenbogen entsteht. Aber wie entstehen die Farben des Regenbogens? Offensichtlich geschieht etwas mit dem Sonnenlicht, denn von sich aus ist es nicht bunt.

02 Glasmedaillon und Regenbogenfarben

DIE FARBEN DES LICHTS · Wenn Sonnenlicht auf Wassertropfen trifft, werden Farben sichtbar. Ähnliches beobachten wir auch beim Zusammenspiel von Licht mit Glas (▶ Bild 02). Dieses Zusammenspiel untersuchen wir mit dem Versuch in ▶ Bild 03. Ein schmales Bündel aus weißem Licht trifft auf ein Glasprisma. Dort wird es an den beiden Grenzflächen gebrochen. Die Brechung an zwei parallelen Grenzflächen kennst du bereits. Dabei bleibt das Lichtbündel gewöhnlich schmal und weiß. Aber durch die besondere Anordnung der Grenzflächen beim Prisma weitet sich das Lichtbündel hier auf: Der obere Rand sieht rötlich und der untere bläulich aus. Trifft dieses Lichtbündel hinter dem Prisma auf einen Schirm, dann sieht man dort ein farbiges Lichtband, das **Spektrum.** Die Farben des Spektrums nennt man **Spektralfarben.**

Wenn wir Licht mit dem Prisma auffächern, dann können wir nicht entscheiden, ob das farbige Licht bereits im weißen Licht enthalten ist oder ob es vom Prisma erzeugt wird. Deshalb machen wir weitere Experimente.

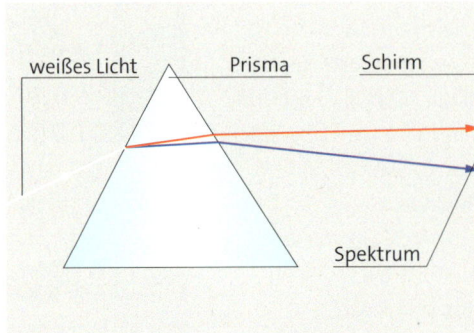

03 Zerlegung weißen Lichts durch ein Prisma

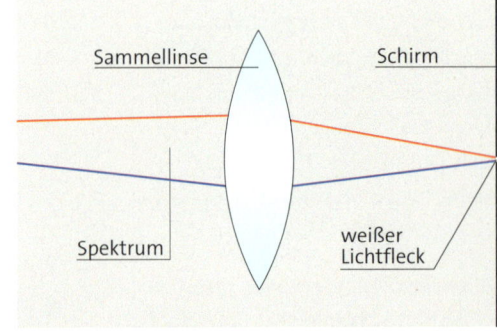

04 Zusammenführung von farbigem Licht

Zunächst lassen wir einfarbiges Laserlicht durch ein Prisma fallen: Wir stellen fest, dass es dahinter unverändert aussieht (▶ Bild 05). Das Prisma erzeugt also von sich aus keine neuen Farben. Die Spektralfarben müssen demnach schon im weißen Licht enthalten sein.

WEISSES LICHT AUS SPEKTRALFARBEN · Wenn die Vermutung richtig ist, dass weißes Licht alle Spektralfarben enthält, dann sollte sich das Licht des Spektrums auch wieder zu weißem Licht zusammenführen lassen.

Um das zu prüfen, halten wir eine Sammellinse in ein Spektrum (▶ Bild 04). Die Linse bündelt alle Spektralfarben in einem Punkt. Wenn wir hier einen Schirm hinstellen, dann ist tatsächlich ein weißer Lichtfleck zu sehen.

> Weißes Licht kann durch Brechung in Licht aller Spektralfarben zerlegt werden.
> Wenn Licht aller Spektralfarben zusammentrifft, dann entsteht weißes Licht.

BRECHUNG UND FARBE · Wir haben gelernt, dass die Stärke der Brechung vom Einfallswinkel und vom Material abhängt.

Die Entstehung der Spektralfarben zeigt uns eine weitere Abhängigkeit: Die Stärke der Brechung hängt auch von der Farbe des Lichts ab.

> Blaues Licht wird am stärksten gebrochen. Vom blauen zum roten Licht hin wird die Brechung immer schwächer.

DER REGENBOGEN · Jetzt können wir auch die Entstehung des Regenbogens erklären. Wir betrachten dazu nur diejenigen Anteile eines Lichtbündels, die für den Farbeindruck wichtig sind (▶ Bild 06):

Voraussetzung für die Entstehung des Regenbogens ist das Zusammentreffen von Sonnenlicht und Regentropfen, wobei wir das Sonnenlicht im Rücken haben müssen.

Trifft Sonnenlicht flach auf den Rand eines Regentropfen, wird es an der Grenzfläche von Luft zu Wasser stark gebrochen. Das in die Spektralfarben aufgespaltene Licht durchquert den Tropfen und wird an dessen Rückseite zum Teil reflektiert. Dieses reflektierte Licht trifft ein weiteres Mal auf die Grenzfläche von Wasser zu Luft. Hier wird das aus dem Tropfen austretende Licht ein zweites Mal gebrochen, wodurch sich die Auffächerung noch verstärkt.

Das farbige Lichtbündel, das aus dem Tropfen austritt, fällt nun in Richtung Erdoberfläche. Je nach Farbe bildet es einen Winkel zwischen 40° und 42° mit dem einfallenden Sonnenlicht.

Alle Tropfen, die wir unter diesem Winkel sehen, erzeugen gemeinsam den Regenbogen (▶ Bild 07). Von jedem Tropfen nehmen wir aber nur denjenigen Anteil farbigen Lichts wahr, der genau in unser Auge fällt – von einem Tropfen z.B. das rote Licht und vom anderen das blaue Licht. So entsteht für uns insgesamt der Eindruck eines vielfarbigen Regenbogens mit fester Farbreihenfolge.

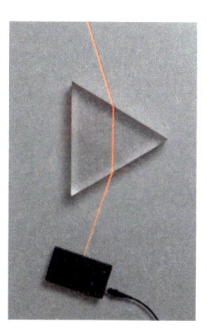

05 Einfarbiges Laserlicht wird nicht zerlegt.

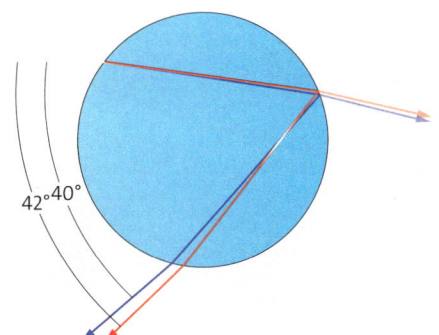

06 Sonnenlicht trifft auf einen Regentropfen.

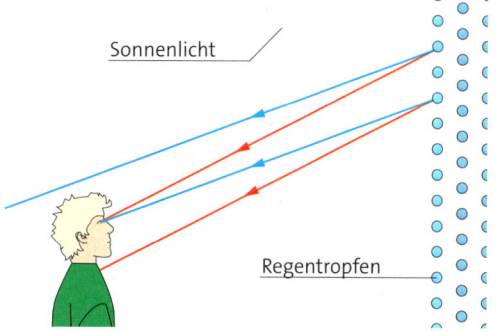

07 Entstehung des Regenbogens

OPTIK HILFT DEM AUGE AUF DIE SPRÜNGE
FARBEN DES LICHTS

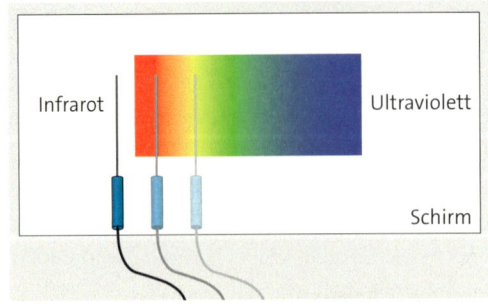

01 Nachweis der Infrarotstrahlung

Abkürzungen:
Infrarot: IR
Ultraviolett: UV

UNSICHTBARES LICHT · In der Akustik hast du gelernt, dass es auch Schall gibt, den wir nicht hören können. Gibt es auch so etwas wie Licht, das wir nicht sehen können?

Um eine Antwort zu finden, untersuchen wir das Spektrum einer Glühlampe mit einem empfindlichen Thermometer (▸ Bild 01): Wenn es vom Licht getroffen wird, zeigt es eine höhere Temperatur an. Je weiter wir es im Spektrum in Richtung Rot verschieben, desto höher wird die Temperatur. Erstaunlicherweise ist sie sogar noch höher, wenn wir das Thermometer neben das rote Ende halten. Dabei wird es gar nicht von sichtbarem Licht getroffen!

Das Ergebnis legt nahe, dass das Spektrum nicht nur aus sichtbarem Licht besteht. Das unsichtbare „Licht", das jenseits des roten Bereichs liegt, heißt **Infrarotstrahlung.** Im Alltag nennt man diese Strahlung häufig auch **Wärmestrahlung.**

Mit geeigneten Geräten kann man nachweisen, dass es auch auf der anderen Seite des Spektrums, jenseits des violetten Bereichs, unsichtbare Strahlung gibt, die **Ultraviolettstrahlung.**

▰ BLICKPUNKT

Unsichtbares sichtbar machen

Infrarotstrahlung · Infrarotstrahlung wird von allen Körpern unterschiedlich stark abgestrahlt. Sie wird z. B. in der Medizin genutzt, um Entzündungen zu erkennen. Denn entzündetes Gewebe ist wärmer als gesundes und sendet mehr Infrarotstrahlung aus. Das lässt sich mit Spezialkameras sichtbar machen (▸ Bild 02). Die Infrarotstrahlung ist aber nicht immer mit einer erhöhten Temperatur verbunden: Viele Fernbedienungen verwenden sie z. B. zur Signalübertragung.

Ultraviolettstrahlung · Einige Stoffe leuchten hell, wenn sie von Ultraviolettstrahlung getroffen werden. Diese Stoffe wandeln die Ultraviolettstrahlung in sichtbares Licht um. Sie sind z. B. in Waschmitteln enthalten. Deshalb leuchtet weiße Kleidung im Dunkeln, wenn sie mit „Schwarzlicht"-Lampen angestrahlt werden. Geldscheine werden gezielt mit solchen Stoffen gekennzeichnet, um sie fälschungssicher zu machen (▸ Bild 04).

Auch Hautschuppen und Körperflüssigkeiten leuchten, wenn Ultraviolettstrahlung auf sie trifft. So können in der Kriminalistik Spuren gesichert werden.

1⟩ **a)** Informiere dich über die Einsatzmöglichkeiten einer IR-Lampe (▸ Bild 03).
b) Manche Tiere können UV-Licht sehen. Finde ein Beispiel und beschreibe, welchen Nutzen das Tier dadurch hat.

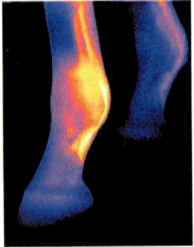

02 Entzündetes Gelenk bei einem Pferd

03 Infrarotlampe

04 Sicherheitsmerkmal eines Geldscheins

MATERIAL

VERSUCH ▸ Spektrum einer CD

Material:
CD, Taschenlampe (keine LED)

Durchführung:
a) Lege die CD so auf eine Unterlage, dass die bedruckte Seite verdeckt ist. Richte eine Taschenlampe schräg auf die CD, sodass das Licht auf die CD und von dort auf eine helle Wand trifft.
b) Notiere deine Beobachtungen.
c) Vergleiche deine Beobachtungen mit den Farben des Regenbogens.

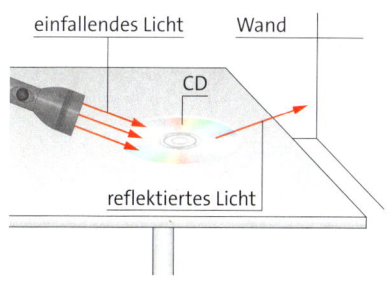

06 Beleuchtete CD

Material A ▸ Regenbogen

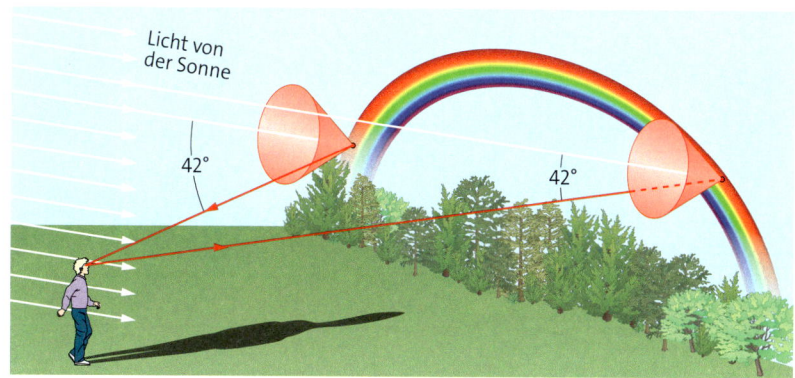

05 Entstehung der Form des Regenbogens

A1 An einem sonnigen Tag kannst du mit einem Rasensprenger einen künstlichen Regenbogen erzeugen. Schreibe auf, wie du vorgehen musst und welche Voraussetzungen nötig sind, damit du einen solchen Regenbogen sehen kannst.

A2 Zwischen dem von der Sonne auf einen Regentropfen fallenden weißen Licht und dem Lichtbündel, das ins Auge gelangt, besteht ein Winkel von 42°. Dies gilt für alle roten Lichtbündel, die in das Auge des Betrachters gelangen.
a) Erläutere und begründe, was bei den blauen Lichtbündeln anders ist, die in das Auge des Betrachters gelangen.
b) Erläutere mithilfe von ▸ Bild 05 die kreisförmige Gestalt des Regenbogens.

Material B ▸ Unsichtbare Strahlung

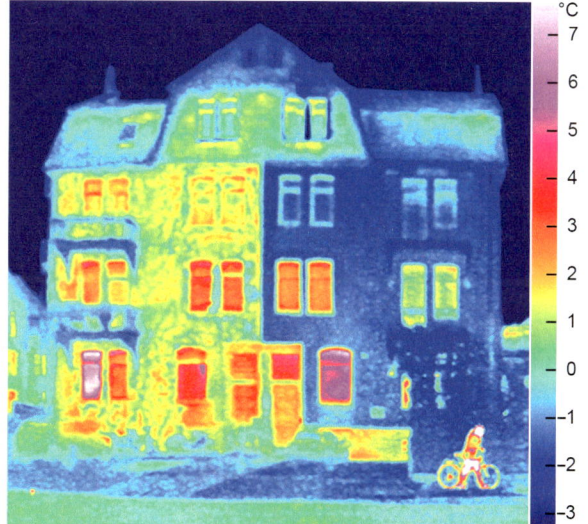

07 Aufnahme eines Gebäudes mit einer Infrarotkamera

B1 ▸ Bild 07 zeigt eine Infrarot-Aufnahme eines Gebäudes. Rechts neben dem Foto ist eine Skala, die im oberen Teil mit 7 °C gekennzeichnet ist, im gelben mit ca. 1,5 °C und im violetten mit −3 °C.
a) Beschreibe dieses Bild und interpretiere es.
b) Begründe, an welchen Stellen die größte Energieeinsparung möglich ist.

B2 a) Ultraviolettstrahlung ist lebensnotwendig. – Überprüfe diese Aussage, indem du positive Wirkungen des UV-Lichts auf den Körper zusammenträgst.
b) Ultraviolettstrahlung ist unter anderem dafür verantwortlich, dass sich unsere Haut bräunt, wenn wir uns in der Sonne aufhalten. Informiere dich über mögliche Gefahren übermäßiger Sonneneinstrahlung. Finde heraus, welche Schutzmaßnahmen geeignet sind, um diese Gefahren zu verringern.

OPTIK HILFT DEM AUGE AUF DIE SPRÜNGE
FARBEN DES LICHTS

01 Farben beim Farbbildschirm

⊕ Welt der Farben

Bunte Papageien auf dem Bildschirm – wie kommen diese vielen Farben eigentlich zustande? Und wie kann der Bildschirm so viele unterschiedliche Farben darstellen?

DIE FARBEN DES BILDSCHIRMS · Um zu verstehen, wie der Bildschirm Farben darstellt, betrachten wir einen Ausschnitt mit der Lupe. Der vergrößerte Ausschnitt des weißen Gefieders zeigt rote, grüne und blaue Flächen – mehr nicht. Dabei sind die Federn doch weiß!

Auch bei jedem anderen Ausschnitt beobachten wir wieder nur diese drei Farben, allerdings sind die roten, grünen und blauen Flecken unterschiedlich hell. Kann man aus diesen drei Farben alle anderen Farbeindrücke erzeugen?

FARBADDITION · Diese Vermutung überprüfen wir mit einem Versuch. Wir verwenden drei Lichtquellen, die rotes, grünes und blaues Licht aussenden. Die drei Lichtbündel richten wir so aus, dass sie sich auf einem weißen Schirm teilweise überlappen (▸ Bild 03).

Der Bereich, der von allen drei Lichtbündeln beleuchtet wird, erscheint uns weiß. Die Bereiche, die nur von je zwei Farben beleuchtet werden, erscheinen uns in neuen Farben (▸ Bild 02). Die Überlappung von Grün und Rot ergibt Gelb, von Rot und Blau ergibt Magenta, von Blau und Grün ergibt Cyan.

Tatsächlich kann man schon mit diesen drei Lichtbündeln der Farben Rot, Grün und Blau fast jeden Farbeindruck erzeugen. Diese Überlagerung der farbigen Lichter nennt man Farbaddition. Wenn wir nun die Helligkeit der drei Lichtquellen verändern, dann ergeben sich im Bereich der Überlappungen weitere Farben.

Anstelle von Licht der Farben Rot, Grün und Blau **(RGB-Modell)** können auch drei andere Farben als Grundfarben der Farbmischung dienen, z. B. Cyan, Magenta und Gelb.

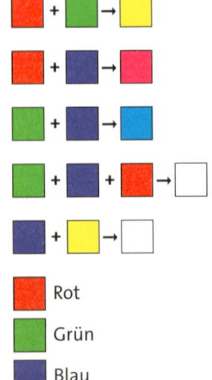

02 Mischungsregeln der Farbaddition

03 Farbiges Licht wird gemischt.

/// Die Überlagerung farbiger Lichter nennt man Farbaddition.
Aus drei Grundfarben können alle anderen Farben erzeugt werden. Mögliche Grundfarben sind Rot, Grün und Blau.

Die Farben auf dem Bildschirm entstehen also durch Farbaddition. Die einzelnen Pixel bestehen aus je drei farbigen Flächen, von denen rotes, grünes und blaues Licht ausgeht. Ohne Lupe kann unser Auge die Flächen nicht einzeln wahrnehmen, weil sie zu klein sind. Daher erscheint uns der Schnabel des Papageis weiß.

WAHRNEHMUNG DER FARBEN · Das menschliche Auge hat drei Arten von lichtempfindlichen Zellen für die Farbwahrnehmung: die **Zapfen.** Sie reagieren auf Licht bestimmter Farben unterschiedlich stark (▶ Bild 04). Nach der jeweiligen Grundfarbe, auf die sie am stärksten reagieren, nennen wir sie R-, G- und B-Zapfen. Wenn z.B. Licht aus dem gelben Spektralbereich auf die Netzhaut trifft, dann reagieren die R- und die G-Zapfen, nicht aber die B-Zapfen (▶ Bild 05 A). Folglich geben auch nur die R- und die G-Zapfen ein Signal ans Gehirn. Dies führt zur Farbwahrnehmung Gelb.
Dieselbe Farbwahrnehmung entsteht, wenn gleichzeitig rotes und grünes Licht auf die Netzhaut trifft. Wieder geben nur die R- und G-Zapfen ein Signal an das Gehirn ab. Es entsteht der Farbeindruck Gelb, obwohl kein Licht aus dem gelben Spektralbereich ins Auge gelangt (▶ Bild 05 B). Auf ähnliche Weise entstehen auch alle anderen Farbeindrücke.

FARBEN IM FARBKREIS · Angelehnt an den Versuch in ▶ Bild 03 mischen wir gleich hell erscheinendes Licht zweier farbiger Lichtquellen so, dass der Farbeindruck Weiß entsteht. Die Ergebnisse lassen sich zu einem Farbkreis zusammenführen, in dem Farben, die zusammen weißes Licht erzeugen, einander gegenüberliegen (▶ Bild 06). Man nennt sie **Komplementärfarben.**

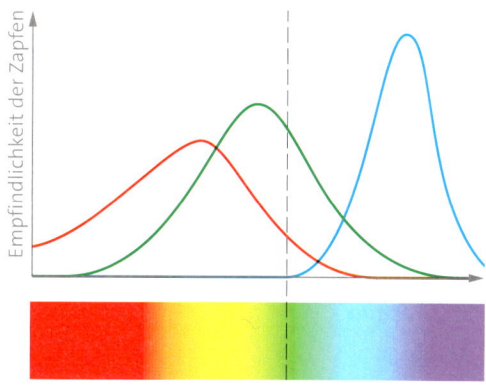

04 Die lichtempfindlichen Zapfen reagieren auf unterschiedliche Anteile des Spektrums.

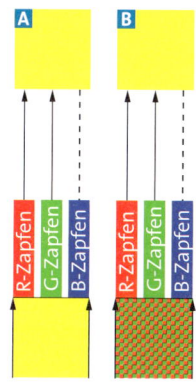

05 Farbwahrnehmung: **A** Gelbes und **B** Mischlicht aus rotem und grünem Licht führen zum selben Farbeindruck Gelb.

/// Komplementärfarben mischen sich zu weiß.

Die Addition zweier im Farbkreis dichter zusammenliegender Farben ergibt die Farbe mittig zwischen ihnen.

1) Nenne die Komplementärfarbe von:
   a) Cyan, **b)** Magenta.

2) Welche Farbe entsteht beim Mischen von rotem und gelbem Licht?

3) Überlege, welche Spektralfarbe dem menschlichen Auge am hellsten erscheint. Nutze dazu ▶ Bild 04.

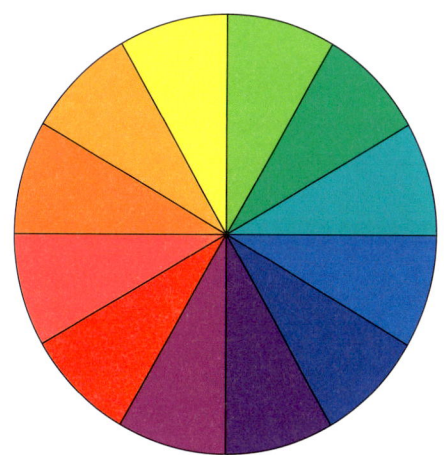

06 Farbkreis: Versetzt man ihn in schnelle Rotation, erscheint er weiß, weil sich die Farben im Auge addieren.

OPTIK HILFT DEM AUGE AUF DIE SPRÜNGE
FARBEN DES LICHTS

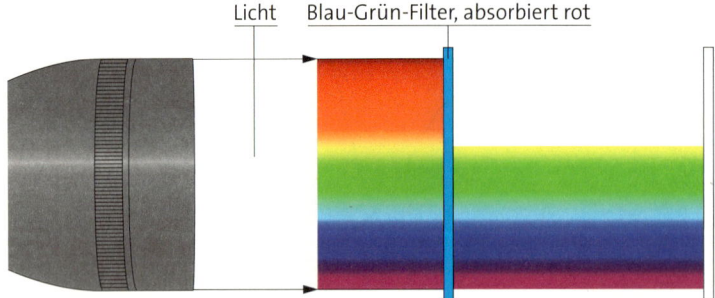

01 Taschenlampe mit Blau-Grün-Filter

FARBSUBTRAKTION · Man kann nicht nur durch Addition von Farben neue Farben erzeugen. Wenn man farbiges Glas in ein weißes Lichtbündel hält, dann ist das Licht dahinter nicht mehr weiß, sondern farbig. So etwas hast du bestimmt schon gesehen, etwa bei Fenstern in einer Kirche oder einer Moschee.

Wie das funktioniert, untersuchen wir mit einer Taschenlampe, die weißes Licht aussendet. Das weiße Licht der Taschenlampe kannst du dir aus den Regenbogenfarben zusammengesetzt vorstellen. Vor die Lampe halten wir ein blaugrünes Glas (▶ Bild 01). Vom gesamten Spektrum der Lampe kommen nur noch Blau, Grün und etwas Gelb hindurch. Der rote und der blauviolette Anteil wird absorbiert: Das Glas wirkt wie ein **Farbfilter**.

Die Bezeichnungen von Farbfiltern sind irreführend: Ein Rotfilter sieht rot aus, filtert aber nicht das rote Licht, sondern alles andere.

/// Farbfilter absorbieren einen Teil des einfallenden Lichts. Dies nennt man Farbsubtraktion. Farbfilter lassen ihre eigene Farbe und häufig auch benachbarte Farben des Spektrums hindurch.

KÖRPERFARBEN · In ▶ Bild 02 A sieht die Zitrone wie gewohnt gelb aus. Im ▶ Bild 02 B erscheint sie auf einmal dunkelgrau. Wie kommt es dazu?

Wenn man die Zitrone mit weißem Licht beleuchtet, dann erscheint sie gelb (▶ Bild 02 A). Ihre Oberfläche absorbiert das blaue Licht. In deine Augen gelangt also nur Licht, das die R- und die G-Zapfen reizt: Die Oberfläche wirkt wie ein Gelbfilter.

▶ Bild 02 B bestätigt diese Erklärung: Hier wird die Zitrone mit blauem Licht beleuchtet. Weil sie dieses absorbiert, gelangt kaum noch Licht zurück in dein Auge. Du nimmst die Zitrone als dunkelgrau wahr.

/// Die Farben lichtundurchlässiger Körper nennt man Körperfarben. Sie entstehen durch Farbsubtraktion.

Von Körperfarben spricht man auch beim Malen oder Drucken. Auf das Papier werden Farbteilchen aufgetragen. Vom auftreffenden Licht reflektieren sie nur bestimmte Farbanteile ins Auge, die zusammen den Farbeindruck ergeben.

1 **a)** Farbaddition: Blaues und gelbes Licht wird überlagert. Beschreibe, welche Farbe du wahrnimmst.
b) Farbsubtraktion: Blaue und gelbe Farbe aus dem Malkasten werden gemischt. Welche Farbe ergibt sich?
c) Erkläre die Unterschiede zwischen a) und b).

2 Hinter den Blau-Grün-Filter in ▶ Bild 01 wird noch ein zweiter, gelber Filter gehalten.
a) Erläutere, welche Farben des Spektrums noch hindurchkommen.
b) Entscheide mithilfe des Farbkreises, welche Mischfarbe auf einem Schirm zu sehen wäre.

02 Welche Farbe hat die Zitrone?

BLICKPUNKT

Abendrot und Himmelblau

Das Licht, das die Sonne aussendet, ist weiß. Auf ▸ Bild 03 sieht die Abendsonne jedoch rötlich aus und der Himmel tiefblau! Wie kommt das?

Das hat mit unserer Atmosphäre zu tun. Sie enthält unzählige Gas-, Wasser- und Staubteilchen, die das Licht der Sonne in alle Richtungen streuen. Blaues Licht wird dabei mehr gestreut als rotes.

Abends, wenn die Sonne nahe am Horizont steht, muss ihr Licht einen langen Weg durch die Atmosphäre zurücklegen, um in unser Auge zu gelangen. Dabei wird so viel Licht gestreut, dass die Sonne viel weniger blendet. Da der blaue Anteil des Lichts stärker gestreut wird als der rote, wird ein großer Anteil des blauen Lichts herausgefiltert und es gelangt weniger blaues Licht direkt in unsere Augen. Die Sonne erscheint uns rötlich.

Wenn wir nicht unmittelbar in die Sonne schauen, sehen wir hingegen nur das gestreute, blaue Licht als Himmelblau.

03 Sonnenuntergang

BLICKPUNKT

Farben in der Kunst

Maler und andere Künstler müssen häufig mit einer begrenzten Anzahl von Farben viele Farbeindrücke erzeugen. Das erreichen sie durch eine Kombination von Farbaddition oder Farbsubtraktion.

Der übliche Malstil · Die meisten Maler nutzen beim Mischen der Farben die Farbsubtraktion. Die Farben werden zuerst auf einer Palette gemischt und dann auf eine Leinwand aufgetragen. Dort wirken sie als Farbfilter. So arbeitest du normalerweise auch.

Pointillismus · Der wichtigste Maler des Pointillismus war GEORGES-PIERRE SEURAT (1859 bis 1891). Er malte keine zusammenhängenden Farbflächen, sondern kleine Farbtupfer. Kritiker nannten seinen Malstil deshalb auch „Fliegenmist"- oder „Konfetti"-Malerei.

Aus einiger Entfernung betrachtet, verschmelzen diese Farbtupfer für das menschliche Auge. Dabei entstehen mehr Farben, als für die Farbtupfer verwendet wurden. Der neue Farbeindruck entsteht durch additive Farbmischung im Auge des Betrachters.

Heutige Druckmaschinen arbeiten nach demselben Prinzip.

04 GEORGES PIERRE SEURAT: Ein Sonntagnachmittag auf der Insel Grande Jatte (1884–1886)

MATERIAL

VERSUCHE ▸ Sonnenuntergang im Glas

Material: Taschenlampe, Wasserglas, etwas Milch

Du stellst Abendrot und Himmelblau in einem Versuch nach.

V1 Fülle ein Wasserglas mit Wasser. Gib einige Tropfen Milch hinein, sodass du gerade noch erkennen kannst, was sich auf der anderen Seite befindet. Leuchte in einem dunklen Raum mit der Taschenlampe durch das Glas (▸ Bild 01).

Betrachte das Lichtbündel von der Seite (A) und von vorne (B). Beschreibe, wo du das „Himmelblau" und wo das „Abendrot" sehen kannst.

V2 Versuche, ein möglichst schönes „Abendrot" zu erzeugen. Halte deine Versuche hierzu schriftlich fest.

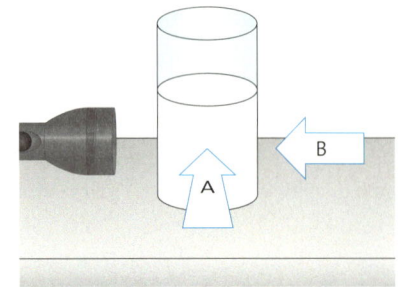

01 Himmelblau und Abendrot

Material A ▸ Farben wie gedruckt

02 Ein gedrucktes Bild

A1 Wenn in einem Buch farbige Bilder gedruckt werden, dann geht man hierbei so ähnlich vor wie bei den Farben des Bildschirms.
a) Betrachte ▸ Bild 02 mit einer Lupe. Betrachte es dann aus ein paar Metern Entfernung. Beschreibe.
b) Erkläre, wie die Farben entstehen, die du aus größerer Entfernung wahrnimmst.

A2 Farbdrucker verwenden als Druckfarben Magenta, Cyan und Gelb.
a) Erkläre, wie ein Drucker einen grünen (roten) Bildpunkt erzeugt.
b) Farbdrucker verwenden auch Schwarz als Druckfarbe. Eigentlich ist das überflüssig. Erkläre.

Material B ▸ Farben entstehen im Gehirn

Welche Farbe du wahrnimmst, hängt nicht nur davon ab, was deine Augen sehen, sondern auch davon, was dein Gehirn daraus macht.

03 Welche Flagge ist das?

B1 a) Schaue etwa eine halbe Minute lang auf das Kreuz in der Mitte von ▸ Bild 03. Blicke dann auf eine weiße Fläche und blinzle ein paarmal. Beschreibe, was du wahrnimmst. Achte insbesondere auf die Farbe.
b) Was würde passieren, wenn die Flagge blau wäre? Stelle eine Vermutung auf und überprüfe sie experimentell.

B2 a) In ▸ Bild 04 sind waagerecht zwei Streifen „eingewebt". Vergleiche die beiden Streifen. Nimmst du gleiche oder unterschiedliche Farben wahr?

b) Die beiden Streifen haben tatsächlich die gleiche Farbe! Stelle eine Vermutung auf, warum man sie unterschiedlich wahrnimmt.
c) Stelle aus Papier oder mit dem Computer selbst eine solche „Farbtäuschung" her. Kannst du damit deine Vermutung bestätigen?

04 Hellblau und Hellblau?

VERSUCHE ▸ Mischen von Farben

Du probierst verschiedene Arten der Farbmischung aus und erklärst sie mit dem Farbkreis.

V1 Farbkreisel

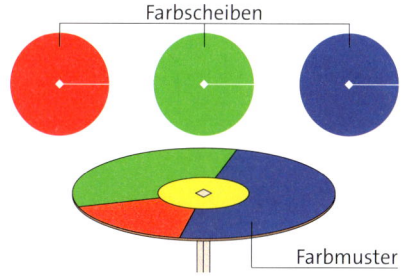

V2 Untersuchungen an Farbfolien

V3 Papierchromatografie

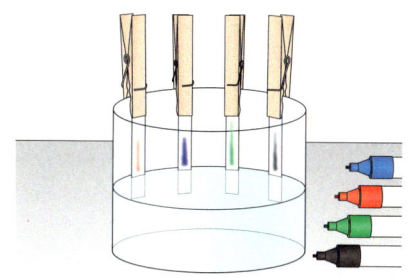

Material:
Bleistift, Zirkel, Schere, Tonpapier in Blau, Rot und Grün, Streichholz

Durchführung:
Fertige drei Kreisscheiben mit einem Radius von 3 cm an. Schneide jede Scheibe bis zum Mittelpunkt ein. Schiebe die Scheiben so ineinander, dass sich ein Muster wie im ▸ Bild oben ergibt. Stecke die Scheiben auf das Streichholz.
a) Stelle drei gleich große Flächen ein und versetze den Kreisel in schnelle Drehung. Notiere deine Beobachtungen. Erkläre mit deinem Wissen zur Farbaddition.
b) Experimentiere nun mit nur zwei verschiedenen Farbflächen. Erkläre deine Beobachtungen.

Material:
mindestens eine Taschenlampe, spezielle Folie für den Farbdrucker, Schere, weißer Schirm

Durchführung:
Erstelle mit einem Textverarbeitungsprogramm eine Tabelle mit einer Zeile und drei Spalten. Die einzelnen Felder müssen ausgedruckt größer sein als der Lampendurchmesser. Färbe die drei Felder rot, grün und blau. Kopiere die Zeile, bis das Blatt voll ist. Drucke und schneide aus.
a) Halte die Filter nacheinander vor eine Lampe. Notiere deine Beobachtungen. Verwende auch Kombinationen von Filtern.
b) Überlagere mithilfe dreier Lampen drei Farben auf einem weißen Schirm. Dazu brauchst du zwei Helfer. Notiere die Beobachtung.

Material:
weißes Filterpapier, Glas, Filzstifte (vier Farben), Wäscheklammern, Wasser

Durchführung:
Schneide das Filterpapier in ca. 2 cm breite und 10 cm lange Streifen. Achte darauf, die Streifen parallel zur Maserungsrichtung einzuschneiden. Zeichne mit jeder Farbe etwa 2 cm vom Ende einen deutlichen waagerechten Strich. Befestige den Streifen mit der Wäscheklammer so, dass er nur etwa 1 cm ins Wasser taucht.
a) Warte eine Weile und beobachte, was mit den Farben geschieht. Notiere.
b) Erkläre mit deinem Wissen zur Farbsubtraktion.
Tipp: Benutze das Bild zu Material A.

Material A ▸ Filter

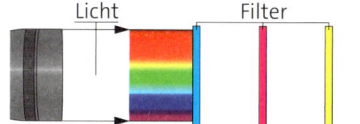

A1 Übertrage die Abbildung in dein Heft. Hinter den Filtern fehlen noch Farben. Zeichne sie ein.

A2 Die drei Filterfarben sind Mischfarben aus den Grundfarben der Addition. Erläutere.

GRUNDWISSEN: OPTIK HILFT DEM AUGE AUF DIE SPRÜNGE

Licht trifft auf Grenzflächen

Licht breitet sich **geradlinig** aus. Wenn Licht auf die Grenzfläche zwischen zwei Stoffen trifft, dann kann Folgendes geschehen:
- Bei der **Reflexion** wird Licht in eine bestimmte Richtung zurückgeworfen.
- Bei der **Streuung** wird Licht in verschiedene Richtungen zurückgeworfen.
- Bei der **Brechung** an durchsichtigen Stoffen dringt das Licht in den Stoff ein und ändert dabei seine Ausbreitungsrichtung.

Die Reflexion und die Brechung erfolgen nach bestimmten Gesetzmäßigkeiten:

Bei Reflexion und Brechung liegen das einfallende Lichtbündel, das reflektierte Lichtbündel und das Lot in einer Ebene.
Der Lichtweg ist dabei jeweils umkehrbar.

Reflexion: Bei der Reflexion sind Einfalls- und Reflexionswinkel gleich groß: $\alpha = \beta$.

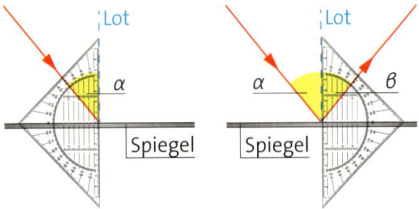

Brechung: Trifft Licht auf die Grenzfläche zwischen einem optisch dünneren Stoff (z. B. Luft) und einem optisch dichteren Stoff (z. B. Wasser), wird es zum Lot hin gebrochen.

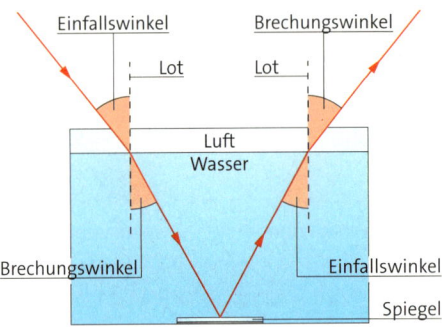

Wenn Licht aus einem optisch dichteren Stoff (z. B. Wasser) auf die Grenzfläche zu einem optisch dünneren Stoff (z. B. Luft) trifft, dann tritt bei einem Einfallswinkel, der größer als der Grenzwinkel ist, **Totalreflexion** auf, d. h., das Lichtbündel wird vollständig reflektiert.

Licht lässt Bilder entstehen

Spiegelbilder lassen sich mithilfe des Reflexionsgesetzes konstruieren.

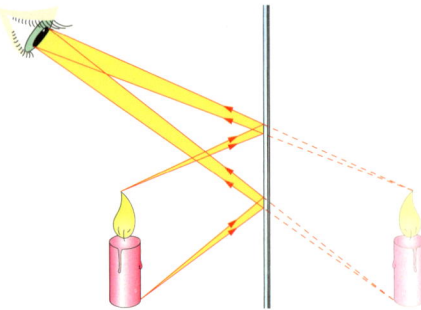

Bei Linsen unterscheidet man zwischen **Sammel-** und **Streulinsen.** Der Abstand des Brennpunkts zur Mittelebene einer Linse heißt Brennweite. Je stärker eine Linse gekrümmt ist, desto kleiner ist ihre Brennweite.

Für eine bestimmte **Gegenstandsweite** erzeugt eine Sammellinse ein scharfes Bild bei einer bestimmten **Bildweite.** Dabei vereinigt sie das Licht, das von einem Gegenstandspunkt auf sie trifft, in einem Bildpunkt.

Je kleiner die Gegenstandsweite ist, desto größer sind Bildweite und Bildgröße.

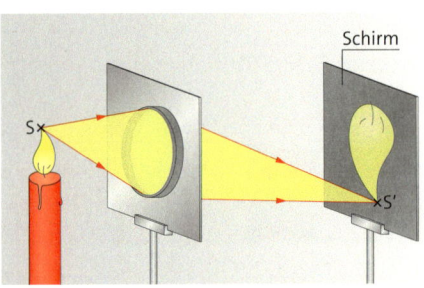

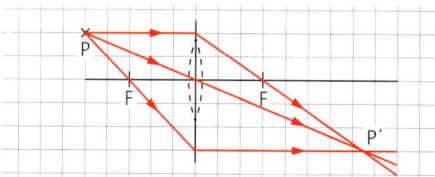

⊕ Mit **Parallel- und Mittelpunktstrahl** kannst du das durch eine Linse entstehende Bild konstruieren.

Das Auge als optischer Empfänger

Du kannst einen Körper nur sehen, wenn das von ihm ausgehende Licht dein Auge erreicht. Dieses Licht wird an der Augenlinse gebrochen. Dazu wird die Linse so verformt, dass ihre Brennweite zur Entfernung des Gegenstands passt **(Akkommodation)**. Auf der Netzhaut entsteht ein scharfes und auf dem Kopf stehendes Bild.

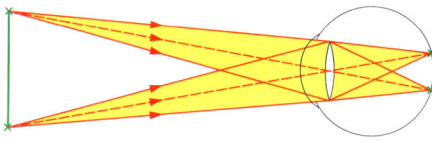

Sammel- oder Streulinsen in Brillen können die fehlende Akkommodation ausgleichen.

Optische Instrumente

Optische Instrumente wie Lupe, Fernrohr oder Mikroskop vergrößern den **Sehwinkel**. Das vergrößerte Bild entsteht durch verschiedene Linsen mit unterschiedlicher Brennweite. Je größer der Sehwinkel ist, desto größer ist das Bild auf der Netzhaut.

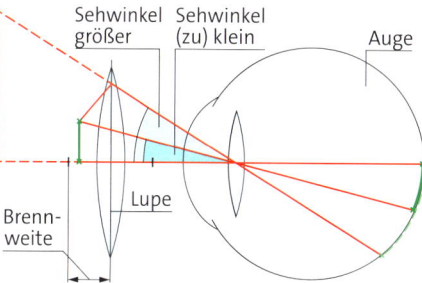

Die Farben des Lichts

Weißes Licht kann durch Brechung in Spektralfarben zerlegt werden. Licht verschiedener **Spektralfarben** wird unterschiedlich stark gebrochen.
Am roten Ende des Spektrums schließt sich die unsichtbare **Infrarotstrahlung** an, am violetten Ende die unsichtbare **Ultraviolettstrahlung**.

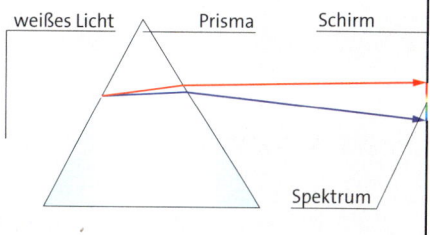

⊕ Körper wirken farbig, weil ihre Oberfläche einen Teil des Spektrums absorbiert und den Rest streut. Entscheidend für die wahrgenommene **Körperfarbe** ist, welcher Teil des Spektrums mit dem Streulicht ins Auge gelangt.

⊕ Bei der **additiven Farbmischung** entsteht der Farbeindruck durch Überlagerung von Licht unterschiedlicher Farbe. Das Mischlicht ist heller als die einzelnen Lichter.

⊕ Bei der **subtraktiven Farbmischung** entsteht der Farbeindruck durch die Kombination von Pigmenten oder Filtern unterschiedlicher Körperfarbe. Die Mischfarbe erscheint dunkler, weil jeder die verschiedenfarbigen Stoffe oder Filter je einen Teil des Spektrums absorbiert (subtrahiert).

ÜBERPRÜFE DICH SELBST: OPTIK HILFT DEM AUGE AUF DIE SPRÜNGE

A ▸ Reflexion und Brechung

Kann ich ...

1 erläutern, welche Voraussetzungen gegeben sein müssen, damit ich einen Gegenstand sehen kann?

2 das Reflexionsgesetz wiedergeben und anhand von Beispielen erläutern?

3 die Eigenschaften eines Spiegelbilds beschreiben?

4 in Konstruktionsaufgaben das Reflexionsgesetz anwenden und z. B. Spiegelbilder konstruieren?

5 den Lichtweg bei der Lichtbrechung beschreiben?

6 erklären, warum ich einen Glasstab in der Luft sehen kann, obwohl er durchsichtig ist?

7 erklären, warum meine Beine kürzer aussehen, wenn ich im Wasser stehe?

8 beschreiben, unter welchen Voraussetzungen Licht total reflektiert wird?

9 erklären, wie es möglich ist, Licht ins Innere des menschlichen Körpers zu lenken?

B ▸ Linsen

Kann ich ...

1 verschiedene Linsentypen beschreiben und voneinander unterscheiden?

⊕ 2 mit den Begriffen Brennpunkt, Brennweite, Gegenstandsweite und Bildweite die Bildentstehung bei der Sammellinse erläutern sowie das Bild konstruieren?

3 den Sehvorgang im Auge beschreiben?

4 erklären, wie der Sehwinkel die Wahrnehmung von Gegenständen beeinflusst?

5 erklären, warum die Betrachtung sehr naher Gegenstände anstrengend ist?

6 Beispiele für Fehlsichtigkeit beschreiben und deren Korrektur erläutern?

7 wichtige optische Geräte nennen und ihren Einsatz in Wissenschaft, Medizin und Technik erläutern?

8 erklären, wie das vergrößerte Bild bei einer Lupe entsteht?

9 zwei Fernrohrtypen unterscheiden und den Aufbau erklären?

C ▸ Farben

Kann ich ...

1 erklären, wie ein Prisma aus weißem Licht ein Spektrum erzeugt?

⊕ 2 erklären, wie ein Farbmonitor Farbeindrücke erzeugt?

3 erläutern, wie ein Regenbogen entsteht?

⊕ 4 erläutern, was man unter additiver und subtraktiver Farbmischung versteht?

5 zwei Arten von „Licht" nennen, die außerhalb des sichtbaren Spektrums liegen?

6 erläutern, wie diese unsichtbare Strahlung nachgewiesen wird?

7 erläutern, welche Wirkung diese Strahlung auf den menschlichen Körper hat?

⊕ 8 erklären, warum ein Körper farbig erscheint?

⊕ 9 beschreiben, wie Komplementärfarben zusammenwirken?

⊕ 10 erläutern, wie ein Blaufilter den Anblick eines gelben Körpers verändert?

BASISKONZEPTE

Auf dieser Seite werden Inhalte dieses Kapitels nach den Basiskonzepten Energie, System, Wechselwirkung und Struktur der Materie neu strukturiert. Andere Basiskonzepte sind möglich.

Energie

- Licht ist eine Energieform.
- Licht wird von Lichtquellen ausgestrahlt und kann auch durch leeren Raum übertragen werden.
- Im Brennpunkt einer Linse oder eines Hohlspiegels wird viel Energie auf einen kleinen Raumbereich konzentriert.
- Licht kann mit Solarzellen in elektrische Energie umgewandelt werden.

System

- Mikroskope und Fernrohre sind optische Systeme aus zwei oder mehr Linsen.
- Das Auge bildet mit seinen verschiedenen Bestandteilen ebenfalls ein optisches System.
- Wird das System Auge durch eine Lupe ergänzt, entstehen vergrößerte Bilder auf der Netzhaut.
- Abbildungsfehler im System Auge können durch eine Brille ausgeglichen werden.

Wechselwirkung

- Trifft Licht auf Grenzflächen, so wird es reflektiert, gestreut oder gebrochen.
- Körper sind sichtbar, wenn sie beleuchtet werden und selbst das Licht ins Auge reflektieren.
- Körper erscheinen farbig, weil sie nur Teile des Lichts reflektieren, den Rest absorbieren.
- Ultraviolettes Licht kann die chemische Struktur eines Körpers verändern und dadurch z.B. Sonnenbrand verursachen. Infrarotes Licht wird als Wärmestrahlung empfunden.

Struktur der Materie

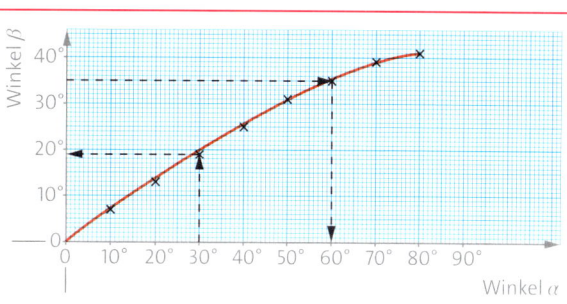

- Brechung und Reflexion sind abhängig von Material und Oberfläche.
- Es gibt optisch dichtere und optisch dünnere Medien. Das hat Einfluss auf die Brechung.
- Weißes Licht besteht aus Licht aller Spektralfarben.

1 Du betrachtest unter Wasser mit einer Taucherbrille deine Umgebung. Erläutere diesen Vorgang im Rahmen der Basiskonzepte.

Spannungen und Ströme

1 **Elektrostatik** **58**

2 **Größen des elektrischen Stromkreises** **72**

3 **Arbeiten mit Schaltungen** **90**

In diesem Kapitel beschäftigst du dich mit

- elektrischen Ladungen. Dabei lernst du, dass ein elektrischer Strom aus fließender elektrischer Ladung besteht. Du erfährst, dass in Metalldrähten negativ geladene Elektronen den elektrischen Strom bilden.

- einigen wichtigen Größen des elektrischen Stromkreises, wie Stromstärke, Spannung und Widerstand. Du erfährst, wie man diese Größen misst und wie sie zusammenhängen.

- einfachen elektrischen Schaltungen und erfährst, wie sie in technischen Geräten angewendet werden. Du erfährst, welche Gesetzmäßigkeiten in diesen Schaltungen für Stromstärke, Spannung und Widerstand gelten. Außerdem lernst du, dass der elektrische Strom im Kreis fließt, die Energie aber nur von der Quelle zum Gerät.

WEISST DU ES NOCH?

Stromkreise

Jeder **Stromkreis** enthält die Grundelemente:
- elektrische **Energiequelle** (z. B. Batterie)
- elektrische **Leiter** (z. B. Kabel)
- elektrische **Geräte** (z. B. Lampe)

Quellen und Geräte müssen dabei aufeinander abgestimmt sein: Ihre Spannungsangaben müssen möglichst gut zusammenpassen.

Metalle sind gute elektrische **Leiter.**
Glas, Keramik und Kunststoffe leiten den Strom nicht. Sie werden als **Nichtleiter** bzw. Isolatoren bezeichnet. Flüssigkeiten leiten elektrischen Strom meist schlechter als Festkörper. Gelöste Stoffe in Flüssigkeiten sorgen für eine bessere Stromleitung.

Ein **elektrischer Strom** kann nur dann fließen, wenn der Stromkreis geschlossen ist. Dann wird Energie von der Quelle zu den Geräten transportiert.

Elektrische Schaltungen

In einer **Reihenschaltung** befinden sich die Bauteile in einem unverzweigten Stromkreis.
In einer **Parallelschaltung** verzweigt sich der Weg des Stroms zu den verschiedenen Bauteilen.

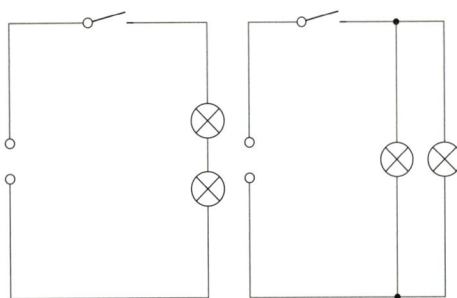

Bei einer **UND-Schaltung** sind die Schalter in Reihe geschaltet. Nur wenn alle Schalter geschlossen sind, fließt Strom.

Bei einer **ODER-Schaltung** sind die Schalter parallel geschaltet. Es fließt Strom, sobald mindestens einer der Schalter geschlossen ist.

Für eine **Wechselschaltung** werden zwei Umschalter so verbunden, dass zwischen zwei unterschiedlichen Stromwegen gewechselt werden kann.

Stromwirkungen

Elektrische Ströme lassen sich an ihren Wirkungen erkennen.
- Ein von elektrischem Strom durchflossener Draht erwärmt sich. Die **Wärmewirkung** macht sich umso deutlicher bemerkbar, je dünner der Draht und je stärker der Strom ist.
- Die **Lichtwirkung** des elektrischen Stroms zeigt sich z. B. bei Glühlampen und Leuchtdioden.
- Jeder stromdurchflossene Leiter ist von einem Magnetfeld umgeben. Diese **magnetische Wirkung** nutzt man beim Elektromagneten. Hier wird das Magnetfeld der stromdurchflossenen Spule durch einen Eisenkern verstärkt.

Sicherer Umgang mit Elektrizität

Werden beide Pole einer elektrischen Quelle direkt miteinander verbunden, entsteht ein **Kurzschluss.** Da dann besonders viel Strom fließt, kann dies gefährlich werden.

Das menschliche Blut leitet elektrischen Strom. Herz und Muskulatur sind elektrisch gesteuert. Deshalb ist dringend **Vorsicht beim Umgang mit Elektrizität** geboten.
- Experimentiere daher nur mit Batterien oder mit speziellen Netzgeräten der Schule.
- Schraube keine elektrischen Geräte auf und bastle nicht an Zuleitungen. Hier besteht Lebensgefahr!

Elektrische Quelle (Batterie)	
Elektrische Quelle (allgemein)	
Spule	

Glühlampe	
Leuchtdiode (LED)	
Verzweigung	

Schalter	
Umschalter	
Kreuzung ohne Kontakt	

KANNST DU ES NOCH?

Elektrischer Strom

1

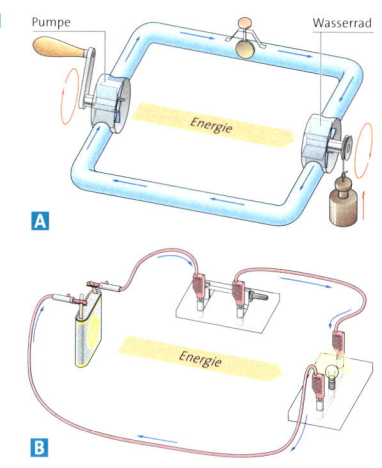

Im Bild siehst du einen Wasserstromkreis A und einen elektrischen Stromkreis B.
Beschreibe, worin Gemeinsamkeiten und Unterschiede bestehen.

2

Die Oberleitung bei der Eisenbahn muss nur aus einer Leitung bestehen. Der elektrische Stadtbus benötigt hingegen zwei. Erläutere.

3

Hier siehst du verschiedene Möglichkeiten, eine Glühlampe mit einer Batterie zu verbinden.

a) Gib an, bei welchen Anordnungen die Lampe leuchten wird.
b) In einigen Fällen leuchtet die Lampe nicht. Begründe jeweils, warum dies so ist.

4 Gib an, welche Materialien du für die Herstellung eines Stromkabels nutzen würdest. Begründe deine Antwort.

5 Erläutere die Gefahr, die von einem Haartrockner am Badewannenrand ausgeht. Vergleiche hierzu die Situation mit einer am Rand liegenden Armbanduhr.

6

Bei einem Lügendetektor wird ein Stromkreis geschlossen, indem einer Person elektrische Kontakte an die Finger gesetzt werden. Der Person werden dann Fragen gestellt. Lügt sie bei der Beantwortung, fließt mehr Strom als bei wahren Antworten. Erkläre, wie dies zustande kommt.

7 Den elektrischen Strom kann man nicht sehen.
a) Nenne Wirkungen, an denen wir den elektrischen Strom erkennen können. Gib jeweils Beispiele für Geräte, die diese Wirkung nutzen.
b) Bei einer Glühlampe leuchtet die Glühwendel, die Zuleitungen aber nicht. Begründe.
c) Schmelzsicherungen unterbrechen im Notfall den Stromkreis. Erläutere, wie eine Schmelzsicherung funktioniert.

Schaltungen

8 Zeichne möglichst viele unterschiedliche Schaltpläne mit je einer Batterie, zwei Schaltern und drei Glühlampen.
Benenne jeweils die auftretenden Schaltungstypen.

9 Eine Spülmaschine lässt sich nur einschalten, wenn die Tür dicht geschlossen ist. Dafür sorgt ein versteckter zweiter Schalter.
a) Du kennst sicher den eigentlichen Einschaltknopf eurer Spülmaschine. Gib an, wo sich der zweite Schalter befinden könnte. Begründe.
b) Gib begründet an, ob hier eine UND- oder eine ODER-Schaltung vorliegt.

10 Über Tims Heft ist Tinte ausgelaufen und dabei muss er heute seine Ergebnisse abgeben! Zum Glück hat er die Anforderungen an die Schaltung aufgeschrieben:
– Drei Lampen sind mit drei Schaltern S_1, S_2 und S_3 verbunden und leuchten.
– Wird S_1 geöffnet, gehen alle Lampen aus.
– Wird nur S_2 geöffnet, geht nur L_1 aus, und wird nur S_3 geöffnet, erlöschen L_2 und L_3.
Hilf Tim und zeichne seine Schaltung neu.

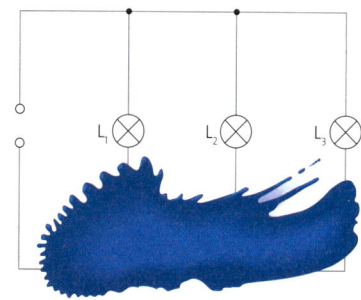

SPANNUNGEN UND STRÖME
ELEKTROSTATIK

01 Styropor überall

Die elektrische Ladung

Wenn du schon einmal versucht hast, Styropor zu schneiden, hattest du vermutlich ein ähnliches Problem wie die Kinder hier. Es entstehen viele kleine Kügelchen, die an allen möglichen Dingen haften, weil sie „elektrisch geladen" sind. Was soll das bedeuten?

ELEKTRISCH GELADENE KÖRPER · Die anhaftenden Kügelchen im ▸ Bild 01 lassen vermuten, dass die Kügelchen und z. B. das T-Shirt einander anziehen. Wo diese anziehenden Kräfte herkommen, untersuchen wir mit Luftballons.
Wir reiben zwei Luftballons an einem Wollpullover. Anschließend beobachten wir, dass sich die beiden Luftballons gegenseitig abstoßen (▸ Bild 02). Wenn wir aber einen der Luftballons statt an Wolle an einer Kunststofffolie reiben, dann ziehen sich beide Luftballons anschließend an (▸ Bild 03).

Durch das Reiben werden die Luftballons elektrisch geladen. Da es sowohl Anziehung als auch Abstoßung gibt, muss es auch zwei verschiedene Arten von „elektrisch geladen" geben. Zur Unterscheidung sagt man, die Luftballons sind **positiv** bzw. **negativ geladen.** Wenn beide Luftballons positiv oder beide negativ geladen sind, dann stoßen sie einander ab. Sind sie unterschiedlich geladen, dann ziehen sie sich an.

> Elektrisch geladene Körper üben Kräfte aufeinander aus. Ungleichnamig geladene Körper ziehen einander an, gleichnamig geladene Körper stoßen einander ab.

02 Gleichnamig geladene Körper stoßen sich ab.

03 Ungleichnamig geladene Körper ziehen sich an.

WELCHER BALLON IST POSITIV GELADEN? · Die Bezeichnungen „positive" bzw. „negative Ladungen" wurden gewählt, weil die durch Reibung erzeugte elektrische Ladung mit dem Plus- und dem Minuspol einer Spannungsquelle zusammenhängt. Um das nachzuvollziehen, verbinden wir eine ungeladene Metallkugel kurz mit dem Pluspol eines Hochspannungsnetzgeräts. Anschließend halten wir den elektrisch geladenen roten Luftballon in die Nähe der Kugel – er wird von der Metallkugel abgestoßen (▶ Bild 04 A). Die Kugel hat also Ladung am Pluspol aufgenommen. Und weil die Ladung vom Pluspol stammt, sagen wir, die Kugel ist positiv geladen. Da der Luftballon abgestoßen wird, muss er ebenfalls positiv geladen sein.

Nähern wir dagegen den gelben Luftballon der elektrisch positiv geladenen Metallkugel, dann wird dieser angezogen (▶ Bild 04 B). Also sind der gelbe Luftballon und die Metallkugel ungleichnamig geladen. Der gelbe Luftballon ist folglich elektrisch negativ geladen.

Laden wir nun die Metallkugel am Minuspol negativ auf, dann wird entsprechend unser roter Luftballon angezogen und der gelbe abgestoßen.

VORSTELLUNG VOM ATOM · Wir wissen heute, dass alle Materialien aus Atomen bestehen. Diese sind so klein, dass man sie mit einem normalen Mikroskop nicht sehen kann. Das kleinste Atom ist das Wasserstoffatom, das größte natürlich vorkommende Atom ist das Plutoniumatom. Der Begriff Atom kommt aus dem Griechischen von „atomos" und bedeutet „unteilbar". Inzwischen weiß man aber, dass Atome gar nicht unteilbar sind.

Atome bestehen aus einem elektrisch positiv geladenen **Atomkern.** Dieser ist von negativ geladenen Elektronen umgeben. Dabei enthält ein Atom normalerweise gleich viele positive und negative Ladungen, sodass die Atome und damit auch die Materialien von außen betrachtet elektrisch neutral sind. Die Menge der positiven Ladungen im Atomkern bestimmt dabei, um

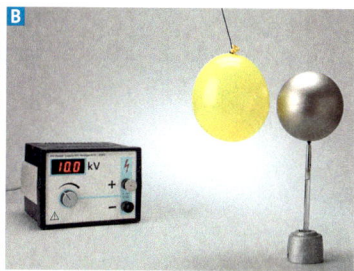

04 A Abstoßende Wirkung, **B** anziehende Wirkung

welche Atomsorte, also um welches chemische Element es sich handelt.

Die Elektronen befinden sich in einem Raum, dessen Durchmesser etwa 10 000-mal größer ist als der des Atomkerns. Diesen Raum nennt man die **Atomhülle.** Wäre der Atomkern so groß wie ein Kirschkern, dann entspräche der Durchmesser der Hülle etwa der Höhe des Kölner Doms.

> Ein Körper ist elektrisch neutral, wenn er gleich viele positive und negative Ladungen enthält.

Wenn wir ein Atom zeichnen, dann deuten wir um den Atomkern herum nur den Bereich an, in dem sich die Elektronen befinden, anstatt alle Elektronen einzeln einzuzeichnen (▶ Bild 05).

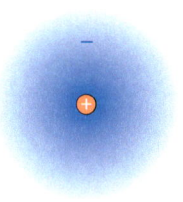

05 Das Atom besteht aus Kern und Hülle.

REIBUNGSELEKTRIZITÄT · Als wir die Luftballons durch Reibung elektrisch geladen haben, wurden einige der Elektronen von einem Körper auf einen anderen übertragen. Der Körper, der Elektronen abgegeben hat, ist anschließend positiv geladen. Der andere Körper hat Elektronen aufgenommen und besitzt daher einen entsprechenden Elektronenüberschuss. Er ist also negativ geladen.

> Körper mit einem Elektronenüberschuss sind negativ geladen, solche mit Elektronenmangel sind positiv geladen.

1 ⌋ Beschreibe, wie du mithilfe einer positiv geladenen Folie feststellen kannst, welche Ladung ein Luftballon trägt.

SPANNUNGEN UND STRÖME
ELEKTROSTATIK

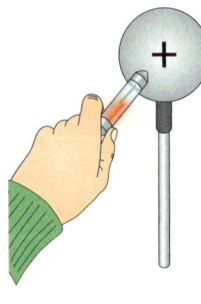

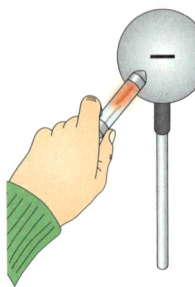

01 Glimmlampe

PVC ist eine spezielle Art von Kunststoff, die z. B. in Fußböden verarbeitet wird.

NACHWEIS VON LADUNG · Als einfaches Gerät zum Nachweis elektrischer Ladung kannst du eine Glimmlampe nutzen. Berührst du einen geladenen Körper mit einer Glimmlampe, leuchtet das Gas um eine ihrer Elektroden kurz auf: Es findet ein Ladungsausgleich zwischen dir und dem geladenen Körper über die Glimmlampe statt. Dabei leuchtet das Gas an derjenigen Elektrode auf, aus der Elektronen austreten (▸ Bild 01). So lässt sich mit einer Glimmlampe feststellen, welche Art Ladung ein Körper trägt.

LADUNG BEI LEITERN UND NICHTLEITERN · Berühren wir einen geladenen PVC-Stab an verschiedenen Stellen mit der Glimmlampe, so leuchtet sie jedes Mal schwach auf. Ein erneuter Kontakt an derselben Stelle lässt die Glimmlampe nicht mehr leuchten, der Ladungsausgleich hat dort bereits stattgefunden. Demnach können sich die Ladungen im PVC-Stab nicht frei bewegen: PVC ist ein Nichtleiter oder ein **Isolator.** Isolatoren lassen sich gut durch Reibung aufladen. Bei Metallen gelingt das dagegen nicht.

Wir untersuchen dies mit dem in ▸ Bild 02 dargestellten Experiment genauer. Dazu streifen wir mit einem geladenen PVC-Stab an einer isolierten Metallstange entlang. Halten wir dann die Glimmlampe an die Metallstange, leuchtet sie hell auf. Weitere Berührungen mit der Glimmlampe zeigen keinen Effekt. Nach der Übertragung der Ladungen auf die Metallstange wurden die überschüssigen Elektronen also vollständig über die Glimmlampe entfernt.

Ein gleichzeitiges Abfließen aller überschüssigen Elektronen ist dabei nur möglich, weil sich die Elektronen im Leiter frei bewegen können.

/// Elektrische Ladungen können sich in Metallen bewegen, in Nichtleitern hingegen nicht. Sie lassen sich aber immer von einem Körper auf einen anderen übertragen.

POLARISATION · Warum werden die eingangs betrachteten Styroporkügelchen vom T-Shirt angezogen? Sie selbst sind durch die Reibung am Messer elektrisch geladen, aber das T-Shirt doch nicht! – Die Elektronen im Stoff des T-Shirts werden von den geladenen Styroporkügelchen genauso beeinflusst wie geladene Körper. Dadurch werden sie ganz leicht gegenüber den Atomkernen verschoben. Diese Verschiebung nennt man **Polarisation.**
Das Styropor ist negativ geladen. Daher werden die Elektronen im T-Shirt-Stoff ein wenig von ihm abgestoßen. Der Stoff ist also auf der Seite zum Styropor hin leicht positiv geladen (▸ Bild 03). Ungleichnamige Ladungen ziehen einander an, also auch das Styropor und die T-Shirt-Oberfläche.
Bringen wir einen geladenen Körper nahe an einen Leiter, so ist die Verschiebung der Elektronen noch stärker als beim Nichtleiter, da sich die Leitungselektronen im Leiter frei bewegen können. Man spricht dann von **Influenz.**

1 Erläutere mit einer Skizze, warum ein geladener Luftballon an der Wand haften kann.

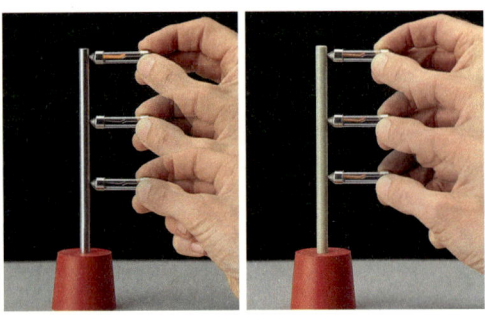

02 Entladung bei Leiter und Nichtleiter

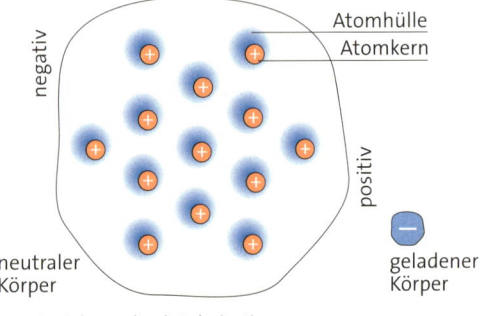

03 Anziehung durch Polarisation

MATERIAL

61

VERSUCHE ▸ Untersuchungen mit einem selbst gebauten Elektroskop

In diesen Versuchen baust du selbst ein Gerät zum Nachweis von Ladungen und untersuchst seine Funktionsweise.

04 Selbst gebautes Elektroskop

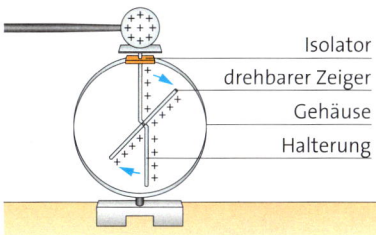

05 Positiv geladenes Elektroskop

Material:
Glas mit Kunststoffdeckel, Kupferdraht (Länge ca. 15 cm; Durchmesser mind. 1 mm), Alufolie, Teelicht, Kunststofffolie, Zange, Knete

Durchführung:
Biege den Kupferdraht mit der Zange so, dass er wie ein L aussieht. Halte den Draht mit der Zange fest und erhitze sein längeres Ende über dem Teelicht. Stich das heiße Drahtende dann von unten durch den Deckel, sodass es oben ein wenig herausschaut. Befestige den Draht bei Bedarf mit etwas Knete im Loch. Stecke nun eine Kugel aus geknüllter Alufolie oben auf den Draht. Hänge einen Streifen Alufolie (ca. 40 mm × 5 mm) auf das waagerechte Drahtende, sodass sich die herabhängenden Seiten fast berühren. Setze den Deckel auf das Glas.

V1 Lege die Folie auf einen mit Kunststoff beschichteten Tisch und reibe mit der Hand kräftig darüber. Du kannst die Folie auch an einem Woll- oder Polyesterpullover reiben. Berühre dann mit der geriebenen Folie die Aluminiumkugel.
a) Notiere deine Beobachtungen. Erkläre sie mithilfe von ▸ Bild 05.
b) Gib begründet an, ob du mit dem Elektroskop feststellen kannst, ob die Folie positiv oder negativ geladen ist.

V2 Lade das Elektroskop auf. Berühre die Kugel aus Alufolie mit deinen Fingern. Notiere deine Beobachtungen und erkläre sie.

Material A ▸ Laserdrucker

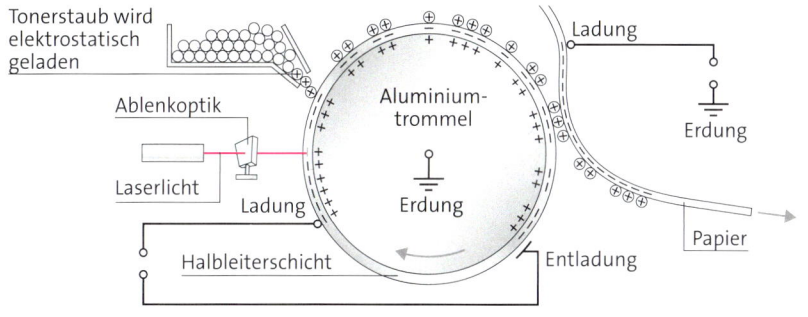

06 Funktionsweise eines Laserdruckers

Bei einem Laserdrucker werden die Farbpartikel, der Toner, mithilfe elektrischer Anziehung zielgenau auf das Papier aufgebracht.

Jeder Laserdrucker enthält eine Walze aus Aluminium, die Bildtrommel. Diese wird wie in ▸ Bild 06 geladen. Die Trommel ist mit einem besonderen Material beschichtet, das nur leitend ist, wenn Licht des Lasers darauf trifft.

Die Tonerpartikel werden im gezeigten Verfahren nur locker auf das Papier aufgebracht. Zur Fixierung wird der Toner erhitzt und auf das Papier gepresst.

A1 Die Aluminiumtrommel ist geerdet. Sie hat also eine leitende Verbindung, über die sie Elektronen aufnehmen oder abgeben kann. Erkläre, warum das Aufbringen negativer Ladung auf die Trommelbeschichtung dazu führt, dass sich unter ihr positive Ladungen sammeln.

A2 Erkläre mithilfe der Abbildung, wie ein Zeichen (z. B. ein H) auf das Papier gedruckt wird. Begründe, warum das Papier stärker geladen sein muss als die Bildtrommel.

A3 Es gibt auch Drucker, in denen der Toner negativ aufgeladen wird. Gib begründet an, was dann noch anders sein muss.

SPANNUNGEN UND STRÖME
ELEKTROSTATIK

01 Eine hoch spannende Angelegenheit

Ladungstrennung führt zu Spannung

Jeder hat das schon einmal erlebt: Beim Kämmen stehen die Haare plötzlich hoch. Man sagt, die Haare sind „elektrisch geladen" – auch wenn dieser Effekt normalerweise nicht so stark ist wie im Bild. Was hat dies mit Elektrizität zu tun?

GROSSE LADUNGSMENGEN · Um Haare derart zu Berge stehen zu lassen, reicht die Ladung auf einem elektrisch aufgeladenen PVC-Stab nicht aus. Wir benötigen dazu viel mehr Ladungen. Mithilfe eines Bandgenerators (▸ Bild 02) können wir deutlich mehr Ladungen auf einem Körper ansammeln.

Im Bandgenerator läuft ein Gummiband über eine Kunststoffrolle. Infolge der Reibung zwischen ihnen laden sich beide elektrisch auf. Über einen Metallkamm werden die Ladungen vom Gummiband auf eine Metallkugel übertragen, wo sich „haarsträubende" Mengen von Ladungen ansammeln können (▸ Bild 01).

Das Mädchen wird hier durch so einen Bandgenerator elektrisch geladen. Dies kannst du am besten an ihren dünnen, frei beweglichen Haaren erkennen. Sie tragen alle die gleiche Ladung und stoßen sich somit voneinander ab. Dadurch stehen sie in alle Richtungen.

LADUNGSTRENNUNG ERFORDERT ENERGIE · Zur Trennung von Ladungen ist Energie erforderlich. Beim Aufladen von Luftballons führen wir diese Energie zu, indem wir die Ballons aneinanderreiben. Beim Bandgenerator wird der Großteil der zugeführten elektrischen Energie benötigt, um die Rollen und das Gummiband anzutreiben und so Ladungen über die Verbindung zur Erde auf die Kugel zu transportieren. Dabei sammeln sich umso mehr Ladungen an, je länger der Bandgenerator läuft.

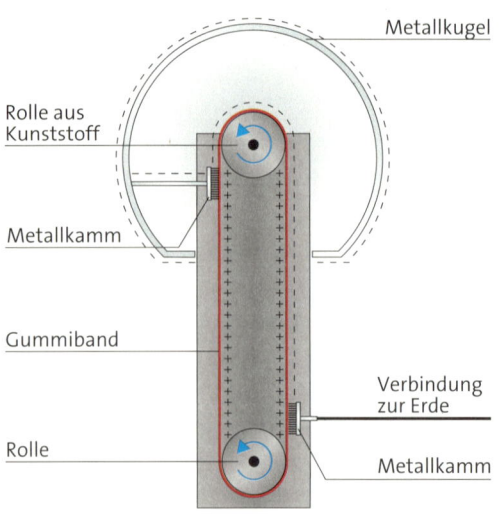

02 Bandgenerator

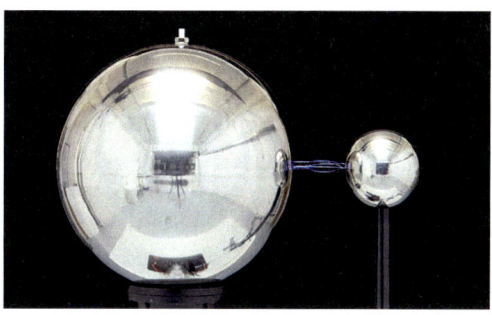
03 Funkenschlag am Bandgenerator

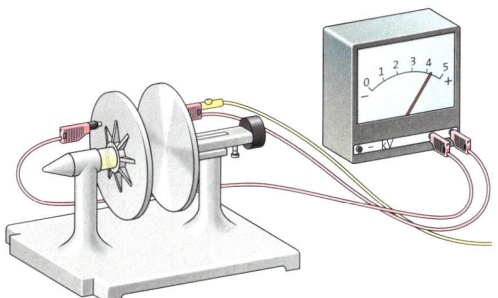
04 Spannungsmessung am Plattenkondensator

Zum Nachweis lassen wir den Bandgenerator zuerst nur für einen kurzen Moment laufen. Dann nähern wir seiner geladenen Metallhaube eine geerdete Metallkugel. Ist der Abstand klein genug, dann springt ein Funke über (▶ Bild 03). Über die Luft findet also ein Ladungsausgleich statt. Dabei wird die Luft kurzzeitig zum Leiter. Anschließend ist die Metallhaube wieder elektrisch neutral.

Wir wiederholen diesen Versuch mehrfach, lassen den Bandgenerator aber unterschiedlich lange laufen. Je länger der Bandgenerator läuft, desto kräftiger wird der Funke. Außerdem entsteht er bei zunehmend größerem Abstand zwischen Metallkugel und Haube des Bandgenerators. Also führt längerer Betrieb des Bandgenerators und damit eine größere Energiezufuhr zur vermehrten Ladungstrennung.

SPANNUNG DURCH GETRENNTE LADUNGEN ·

Die Energie, die zur Ladungstrennung aufgewendet wurde, bleibt gespeichert, bis es wieder zum Ladungsausgleich kommt. Ein Maß für diese Energiemenge ist die elektrische Spannung U. Der zunehmend längere Funke im vorangegangenen Experiment zeigt, dass die Spannung umso größer wird, je mehr Ladungen getrennt werden.

/// Zur Erzeugung einer elektrischen Spannung U müssen Ladungen getrennt werden.
Die Spannung ist ein Maß für gespeicherte elektrische Energie.
Die Einheit der Spannung ist 1 Volt (1 V).

Die Spannung erhöht sich allerdings nicht proportional zur Menge der getrennten Ladungen. Da sich die Elektronen auf der Haube des Bandgenerators gegenseitig abstoßen, wird für jedes zusätzlich dorthin gebrachte Elektron mehr Energie benötigt. Aus diesem Grund können auch nicht beliebig viele Elektronen auf die Haube des Bandgenerators gebracht werden.

Eine andere Möglichkeit zur Erhöhung der Spannung lässt sich am Plattenkondensator beobachten: Ein Plattenkondensator besteht aus zwei Metallplatten, von denen jetzt eine über den Bandgenerator geladen wird. Die andere steht parallel dazu und ist mit der Erde verbunden. Wir messen die Spannung zwischen den beiden Platten (▶ Bild 04).

Es zeigt sich, dass die Spannung umso größer wird, je weiter wir die beiden Platten des geladenen Kondensators voneinander entfernen. Doch woher stammt die zusätzliche Energie im Kondensator? Die Kondensatorplatten sind unterschiedlich geladen und ziehen sich somit gegenseitig an. Um die Platten weiter auseinanderzuziehen, müssen wir Energie aufwenden. Dies führt zur Erhöhung der Spannung.

/// Je mehr Energie zur räumlichen Trennung der Ladungen aufgewendet wird, desto größer ist die Spannung.

1) Der Bandgenerator muss im Betrieb durch den in ▶ Bild 02 dargestellten Leiter mit der Erde verbunden sein. Erkläre dies.

SPANNUNGEN UND STRÖME
ELEKTROSTATIK

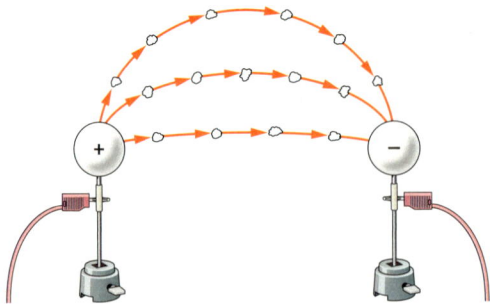

01 Krummlinige Flugbahnen eines Wattestücks (Momentaufnahmen)

ELEKTRISCHES FELD · Die Wirkungen elektrischer Ladungen auf ihre Umgebung lassen sich an dem in ▸ Bild 01 gezeigten Versuch erkennen. Ein kleines Wattestück wird an einer Kugel aufgeladen. Danach wird es von ihr abgestoßen und bewegt sich auf einer gekrümmten Bahn zur anders geladenen Kugel, die es anzieht. Je nach Startpunkt ergibt sich eine andere Bahn. Vergleichbare Bilder kennst du von der Veranschaulichung des Magnetfelds durch magnetische Feldlinien. In ähnlicher Weise wie sich ein Magnetfeld im Bereich um einen Magneten ausbildet, entsteht ein elektrisches Feld in der Umgebung geladener Körper. Wie das Magnetfeld lässt sich auch das elektrische Feld modellhaft mit Feldlinien beschreiben.

Die Richtung der elektrischen Feldlinien ist dabei über die Wirkung auf einen positiv geladenen Körper festgelegt worden (▸ Bild 02 B). Sie zeigen also vom positiv geladenen Körper weg und hin zum negativ geladenen Körper.

> Geladene Körper erzeugen in ihrer Umgebung ein elektrisches Feld. Dieses lässt sich durch elektrische Feldlinien veranschaulichen.

METHODE

Magnetisches Feld als Analogie zum elektrischen Feld

Physiker arbeiten oft mit **Analogien.** Dabei veranschaulichen sie die Eigenschaften neuer Strukturen, indem sie sie mit bekannten Eigenschaften ähnlicher Strukturen vergleichen.

1 ⌋ Stelle die Gemeinsamkeiten und Unterschiede zwischen elektrischen und magnetischen Feldern heraus.

Magnete	Elektrisch geladene Körper
Magnete haben immer zwei verschiedene Pole, den Nordpol und den Südpol. Diese lassen sich nicht trennen. Ungleichnamige Pole ziehen sich an, gleichnamige Pole stoßen sich ab.	Körper sind entweder positiv oder negativ geladen. Positive und negative Ladungen können also getrennt werden. Ungleichnamig geladene Körper ziehen sich an, gleichnamig geladene Körper stoßen sich ab.
Magnetfeld	**Elektrisches Feld**
Magnete erzeugen Magnetfelder. – Magnetfelder wirken auf ferromagnetische Stoffe und andere Magnete.	Elektrisch geladene Körper erzeugen elektrische Felder. – Elektrische Felder wirken auf elektrisch geladene Körper oder Ladungen innerhalb von Körpern.
Magnetische Feldlinien	**Elektrische Feldlinien**
Magnetnadeln richten sich entlang der magnetischen Feldlinien aus. Die Richtung der Feldlinien ist gleich der Richtung, in die der Nordpol der Magnetnadel zeigt.	Elektrisch geladene Körper erfahren Kräfte entlang der elektrischen Feldlinien. Die Richtung der Feldlinien ist gleich der Richtung der Wirkung auf einen positiv geladenen Körper.

02 Feldlinienbilder ungleichnamiger Pole:
A Magnetfeld,
B Elektrisches Feld

MATERIAL

Material A ▸ Grießkörner richten sich aus

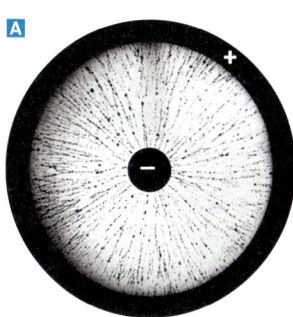

03 **A** Grießkörner richten sich aus; **B** abstehende Haare.

Eine flache Glasschale wird mit etwas Rizinusöl gefüllt. Auf das Öl werden Grießkörner gestreut. Zusätzlich werden ein Metallring und eine Metallscheibe in die Schale gelegt und mit den Polen einer Hochspannungsquelle verbunden.

Wenn man die Hochspannung einschaltet, dann richten sich die Grießkörner wie im ▸ Bild 03 A aus.

A1 a) Beschreibe die Anordnung der Grießkörner.
  b) Vergleiche die Anordnung der Grießkörner mit den Haaren des Mädchens im ▸ Bild 03 B, das an eine stark geladene Metallkugel fasst.

A2 a) Grießkörner sind elektrisch neutral. Durch die Hochspannung kommt es zur Polarisation innerhalb der Grießkörner. Zeichne eine Kette von fünf aneinanderhängenden Grießkörnern, die sich zwischen den Metallteilen ausrichten. Kennzeichne dabei die Bereiche der Grießkörner, die positiv bzw. negativ geladen sind.
  b) Gib an, wodurch der Verlauf dieser Ketten bestimmt wird.
  c) Erkläre, welche Funktion das Rizinusöl im Versuch hat.

Material B ▸ Faraday-Käfig

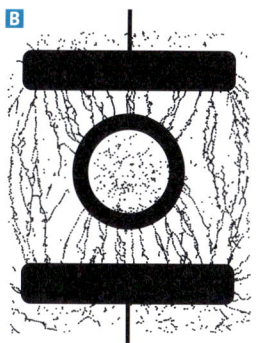

04 Feldfreier Raum **A** im Auto, **B** im Modell

Während eines Gewitters sitzt man in einem Auto gut geschützt, selbst wenn das Auto vom Blitz getroffen wird. Für diese Schutzwirkung ist der geschlossene Metallrahmen des Autos entscheidend.

Als Modell dafür kann man einen geschlossenen Metallkörper, z. B. einen Ring, in ein elektrisches Feld bringen. Der Verlauf der Feldlinien wird dann mit Grießkörnern sichtbar gemacht, die auf Rizinusöl schwimmen und sich im elektrischen Feld ausrichten.

B1 Betrachte den Modellversuch (▸ Bild 04 B). Gib an, in welchen Bereichen ein elektrisches Feld vorliegt und wo nicht. Begründe deine Aussage mithilfe der Anordnung der Grießkörner innerhalb und außerhalb des Rings.

B2 a) Zeichne ein Feldlinienbild zum Modellversuch. Achte darauf, dass die Feldlinien sich nicht schneiden.
  b) Schließe aus den Feldlinien auf die Ladungsverteilung im Ring und zeichne sie mit ein.
  c) Für Profis: Begründe, warum im Ring kein elektrisches Feld messbar ist.

Material C ▸ Einen gewischt kriegen

Ronja soll erklären, was passiert, wenn man „einen gewischt kriegt". Sie soll dabei die Begriffe *abreiben, Elektron, Ladungsausgleich* und *Spannung* benutzen.

C1 Leider gibt es einige Fehler in Ronjas Text. Benenne die Fehler und korrigiere den Text.

> Wenn jemand z. B. mit der Hand am Metallrahmen einer Rolltreppe entlangstreicht, dann reibt er Elektronen davon ab, die sich dann auf ihm ansammeln. Dadurch ist diese Person positiv geladen und steht unter Spannung. Berührt diese Person dann z. B. eine Türklinke, kommt es zum Ladungsausgleich, den die Person als Schlag spürt. Je näher sie der Türklinke dabei kommt, desto größer wird die Spannung.

SPANNUNGEN UND STRÖME
ELEKTROSTATIK

BLICKPUNKT

Technische Anwendungen

Elektrofilter · Früher sah man aus Schornsteinen von Kohlekraftwerken oft schwarzen Rauch aufsteigen. Heute steigen fast nur noch Wasserdampf und Kohlenstoffdioxid (CO_2) auf. Die Abgase sind nicht mehr schwarz, weil sie fast keinen mehr Ruß enthalten. Der Ruß wird aus den Abgasen herausgefiltert.

Würden die Rußpartikel mit normalen Filtern herausgefiltert werden, so wäre der Filter nach kurzer Zeit voll und müsste ausgetauscht werden, ähnlich wie beim Staubsauger. Außerdem würde der Filter die kleinsten Rußteilchen nicht einfangen können.
Praktischer sind Elektrofilter, auch Elektroabscheider genannt (▶ Bild 01). Die Rußteilchen bleiben dabei nicht an winzigen Poren hängen, sondern an elektrisch geladenen Metallplatten. Damit die Rußteilchen von den elektrisch positiv geladenen Platten angezogen werden, müssen sie selbst negativ geladen sein. Das wird durch sehr stark elektrisch geladene Gitter erreicht, die Ladung an die vorbeifliegenden Rußteilchen abgeben. Kommen die negativ geladenen Rußteilchen danach in die Nähe der positiv geladenen Metallplatten, bleiben sie dort hängen. Die Platten werden dann stark gerüttelt, sodass die Rußteilchen in einen Sammeltrichter fallen und nicht mehr in die Luft gelangen.

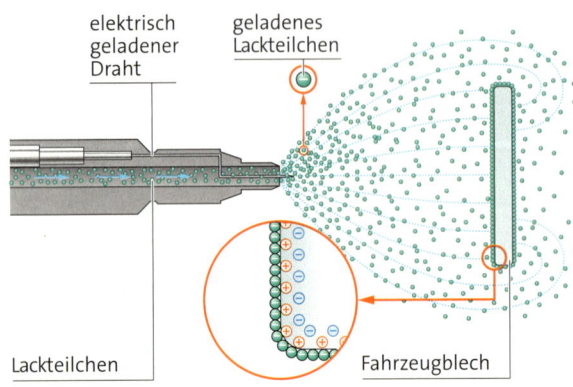

02   Lackieren mithilfe elektrischer Ladung

Lackieren · Beim Lackieren z. B. eines Fahrzeugblechs wird Lack mit hohem Druck durch Düsen auf das Blech gesprüht. Aber es ist schwierig, auf diese Weise eine gleichmäßig dicke Lackschicht aufzutragen und zugleich sparsam mit dem Lack umzugehen. Lack, der nicht auf das Fahrzeugblech gelangt, verursacht nicht nur hohe Kosten, sondern schädigt auch die Umwelt und muss entsorgt werden.

Auch hier hilft ein physikalischer „Trick": Bevor die Lackteilchen fein zerstäubt die Düse verlassen, fliegen sie an einem stark elektrisch geladenen Draht vorbei (▶ Bild 02). Der Draht gibt Ladung an die Lackteilchen ab, die so elektrisch geladen werden. Das Blech, das lackiert werden soll, ist elektrisch neutral. Die geladenen Lackteilchen erzeugen an der Oberfläche des Bleches Influenz. Bei negativ geladenen Lackteilchen erhält die Oberfläche des Bleches so eine positive Ladung (▶ Bild 02) und zieht die negativ geladenen Lackteilchen an. Zwischen dem negativ geladenen Draht der Sprühpistole und der positiv geladenen Blechoberfläche bildet sich ein elektrisches Feld aus. Die weiteren Lackteilchen folgen diesem Feld und legen sich auf das Blech.

Da die Feldlinien im äußeren Bereich um das Blech herumgreifen, gelangen auch die Lackteilchen, die eigentlich am Fahrzeugteil vorbeifliegen würden, auf das Blech und tragen so zu einer gleichmäßigen Lackschicht bei. Das zu lackierende Fahrzeugteil wird so aus wenigen Düsen von allen Seiten mit Lack überzogen.

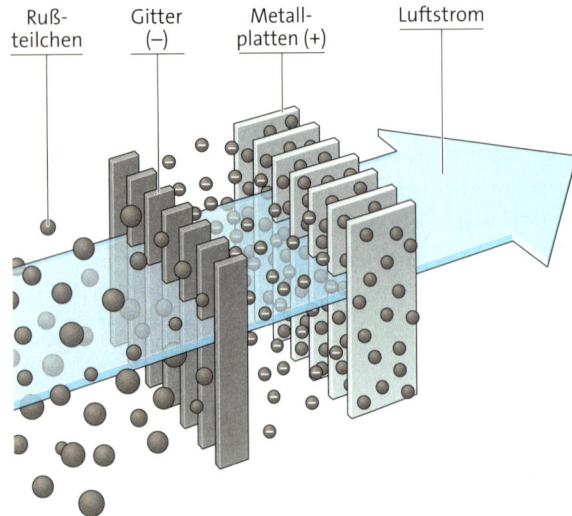

01   Prinzipieller Aufbau eines Elektrofilters

BLICKPUNKT

Gewitterblitze

03 Blitze zucken über den Himmel.

Ein Gewitterblitz ist eine faszinierende Erscheinung – schön und furchteinflößend zugleich. Doch wie entsteht ein Blitz?

Ladungstrennung in der Wolke · Durch Sonneneinstrahlung erwärmt sich die Erde. Dadurch wird auch die Luft über der Erdoberfläche warm und steigt auf. Dabei nimmt die Luft den Wasserdampf mit, der in ihr enthalten ist.
In höheren Luftschichten ist die Temperatur geringer und der Wasserdampf kondensiert zu Wassertröpfchen. Es bilden sich Wolken. Weiter oben in der Wolke ist die Temperatur dann noch geringer und die Wassertropfen erstarren. Die Eiskristalle steigen weiter auf und nehmen an Volumen zu, da sich an ihnen weiterer Wasserdampf anlagert und gefriert – er resublimiert.

Von oben sinken die schwereren Eiskristalle wieder ab und schmelzen zum Teil (Graupel). Dabei reiben absinkende Graupelteilchen und aufsteigende Eiskristalle aneinander, wobei die Eiskristalle Elektronen an die Graupelteilchen abgeben. So wird der obere Teil der Wolke elektrisch positiv und der untere Teil negativ geladen (▸ Bild 04).

Ladungsausgleich · Wenn Teile der Wolke stark aufgeladen sind, dann kann es zu einer elektrischen Entladung kommen. Innerhalb der Wolke entstehen sogenannte Leitblitze. Diese sind stark verästelt und nicht besonders hell. Durch sie wird die Luft elektrisch leitend. Ein Leitblitz legt also so etwas wie eine „Leitung", den sogenannten Blitzkanal. Durch diesen Blitzkanal fließt plötzlich sehr viel Ladung. Sie kann die Luft um den Blitzkanal herum auf bis zu 30 000 °C erhitzen. Das sehen wir nicht nur durch ein helles Aufleuchten, sondern wir können es auch hören. Denn durch die Hitze dehnt sich die Luft explosionsartig aus. Das nehmen wir als Donnern wahr.

Blitze zur Erde · Durch die große negative Ladung im unteren Teil der Wolke kommt es zu Influenz und Polarisation an der Erdoberfläche. Dadurch wird die Erdoberfläche insbesondere an erhöhten Punkten wie Masten und Bäumen positiv geladen. Dort kann dann der Blitz einschlagen. Allerdings gelangt nur etwa jeder zehnte Blitz zur Erde.

Verhaltensregeln bei Gewitter · Sowohl die hohe Temperatur als auch die große Stromstärke eines Blitzes sind für den Menschen gefährlich. Zum Schutz vor einem Blitzschlag helfen dir folgende Regeln:
- Halte dich nicht im Freien auf, sondern suche Schutz in Gebäuden oder Fahrzeugen. Wenn das nicht möglich ist, dann suche einen möglichst tiefen Punkt im Gelände und hocke dich mit zusammengezogenen Füßen hin.
- Suche keinen Schutz unter Bäumen und halte dich nicht im Wasser auf.
- Halte Abstand zu Metallzäunen oder Masten.
- Wenn du den entstehenden Blitz durch ein Hautkribbeln spürst, dann hocke dich sofort mit gesenktem Kopf hin und umfasse die Knie mit den Armen.

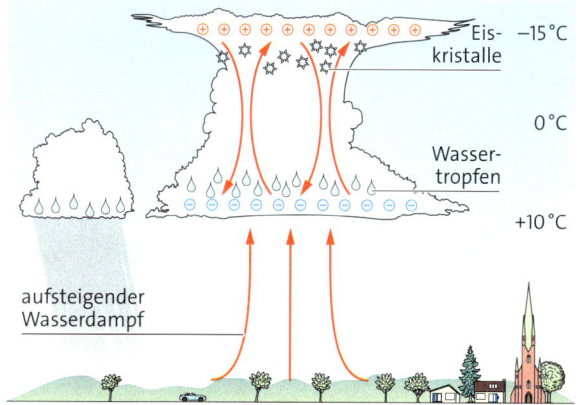

04 Ladungstrennung in der Wolke

SPANNUNGEN UND STRÖME
ELEKTROSTATIK

01 Fahrspaß auf der Kirmes

Ladung und Strom

Damit Autoscooter fahren können, brauchen sie elektrischen Strom. Dort, wo der Stromabnehmer am Oberleitungsnetz schleift, sind immer wieder Funken zu sehen. Funken entstehen auch, wenn sich geladene Metallkugeln entladen. Welcher Zusammenhang besteht zwischen Ladung und elektrischem Strom?

FLIESSENDE LADUNG · Elektrischer Strom ist unsichtbar. Aber wir können Glimmlampen nutzen, um ihn sichtbar zu machen.

Dazu schließen wir eine Glimmlampe an den einen Pol eines Netzgeräts und eine zweite Glimmlampe an den anderen Pol an. Danach halten wir eine Metallkugel an die erste Glimmlampe. Die Lampe leuchtet kurz auf (▶ Bild 02 A). Anschließend berühren wir mit der Metallkugel die andere Glimmlampe. Auch diese leuchtet kurz auf (▶ Bild 02 B).

Das Aufleuchten der Glimmlampen zeigt jeweils an, dass sich Ladungsträger zwischen Kugel und Glimmlampe bewegen. Also wurde die Metallkugel zunächst an der einen Glimmlampe elektrisch aufgeladen, indem Ladungsträger vom Netzgerät zur Kugel geflossen sind. An der zweiten Glimmlampe sind die Ladungsträger von der Kugel zum Netzgerät geflossen.

Bewegen wir die Metallkugel zwischen den Glimmlampen hin und her, dann transportieren wir elektrische Ladung von einem Pol des Netzgeräts zum andern. Die Glimmlampen leuchten abwechselnd auf.

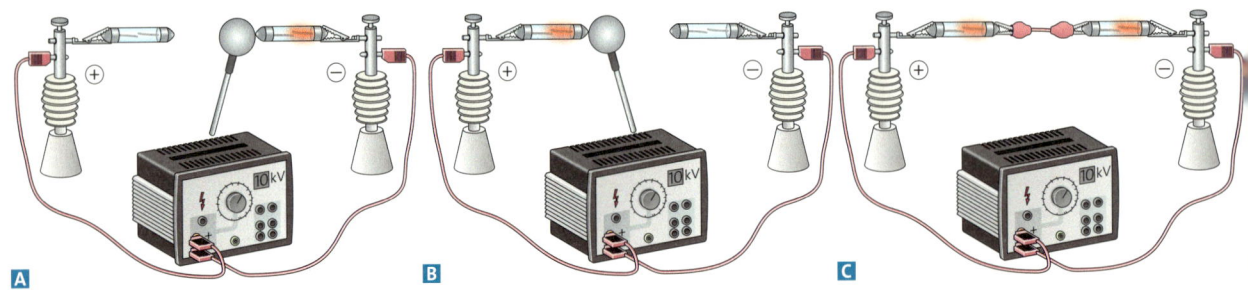

02 Elektrische Ladung fließt **A** vom Netzgerät auf die Kugel, **B** von der Kugel zum Netzgerät, **C** dauerhaft.

Schließen wir die Lücke zwischen den Glimmlampen mit einem Kabel (▶ Bild 02 C), dann leuchten die Lampen dauerhaft. Es fließt ständig elektrische Ladung, ein elektrischer Strom.

/// Ein elektrischer Strom ist fließende elektrische Ladung.

WAS FLIESST IM DRAHT? · Fließende Ladungen bilden den elektrischen Strom. Aber fließen positiv oder negativ geladene Teilchen? Um dies zu überprüfen, benötigen wir ein Elektroskop und eine Edison-Röhre.

Die Edison-Röhre ist eine spezielle, luftleere Glühlampe mit drei Anschlüssen, bei der dem Glühdraht eine Metallplatte gegenüberliegt (▶ Bild 04).
Das Elektroskop nutzt die abstoßenden Kräfte zwischen gleichnamig geladenen Körpern. Wird das Elektroskop geladen, dann stoßen sich Zeiger und Halterung voneinander ab. Der Zeiger dreht sich (▶ Bild 03).

Wir laden das Elektroskop elektrisch positiv auf und verbinden es mit der Metallplatte der Edison-Röhre. Den Glühdraht schließen wir an ein Netzgerät an. Solange der Draht nicht glüht, bleibt der Ausschlag des Elektroskops erhalten (▶ Bild 04 A). Glüht der Draht, geht der Ausschlag des Elektroskops zurück (▶ Bild 04 B). Laden wir das Elektroskop dagegen negativ auf, dann bleibt der Zeigerausschlag trotz glühenden Drahts erhalten (▶ Bild 04 C). Das Elektroskop behält die negative Ladung.

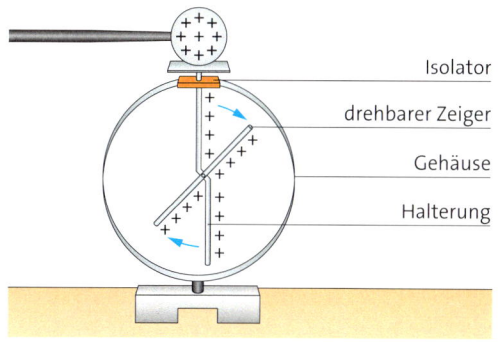

03 Positiv geladenes Elektroskop

Demnach verlassen negativ geladene Teilchen den Heizdraht, wenn er glüht. Die Teilchen gelangen zur Metallplatte und über die Leitung ins Elektroskop, wo sie die positive Ladung neutralisieren. Positive Ladungen verlassen den Draht nicht.

Diese Ergebnisse passen zu unseren Kenntnissen über den Atomaufbau. Demnach können die negativ geladenen Elektronen der Atomhülle teilweise vom positiv geladenen Atomkern entfernt werden. Es sind also Elektronen, die den geheizten Glühdraht verlassen. Im Draht sind somit die frei beweglichen Elektronen die Träger des elektrischen Stroms.

/// In Metallen sind frei bewegliche Elektronen die Träger des elektrischen Stroms.

1) Jemand vermutet, dass die Ladung auf dem Elektroskop im Versuch in ▶ Bild 04 C zunehmen müsste. Nimm begründet Stellung dazu.

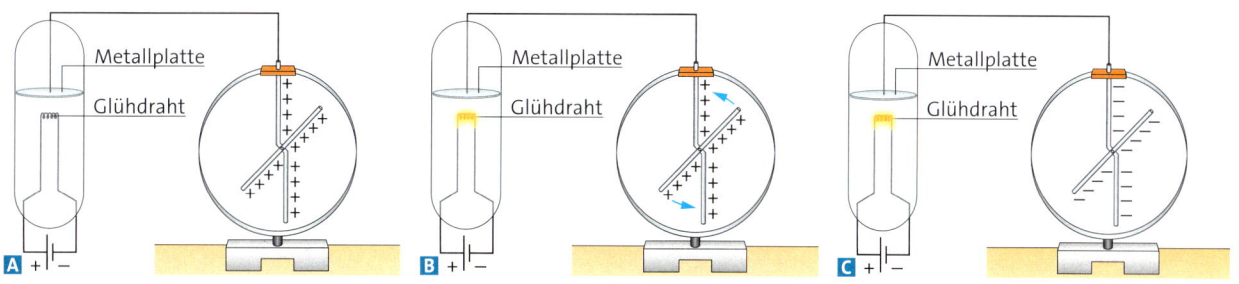

04 **A** Das Elektroskop ist positiv geladen, der Glühdraht glüht aber nicht; **B** der Glühdraht glüht, **C** das Elektroskop ist negativ geladen.

SPANNUNGEN UND STRÖME
ELEKTROSTATIK

ATOME IM DRAHT · Nicht alle Elektronen lassen sich ohne Weiteres aus den Atomhüllen entfernen und werden Teil des elektrischen Stroms. Die nicht frei beweglichen Elektronen bilden zusammen mit den Atomkernen die **Atomrümpfe**. Diese sind insgesamt elektrisch positiv geladen und können sich in Festkörpern nicht bewegen.

Wenn wir die Atome eines Drahts darstellen, dann zeichnen wir Atomrümpfe und freie Elektronen ein. Da es sich bei solchen Zeichnungen nur um Modelle und nicht um detailgetreue Darstellungen handeln kann, zeichnen wir natürlich nur wenige Atomrümpfe und Elektronen als Beispiel (▶ Bild 01 A).

ELEKTRONEN IM DRAHT · Die frei beweglichen Elektronen im Draht bewegen sich stets in alle Richtungen. Wenn eine Spannung anliegt, werden sie jedoch in eine Richtung getrieben, nämlich vom Minus- zum Pluspol der elektrischen Quelle (▶ Bild 01 B). Diese Bewegung überlagert die ungeordnete Bewegung – ein elektrischer Strom fließt.

Doch wie schnell bewegen sich die Elektronen entlang des Leiters, wenn Strom fließt? Ein Elektron benötigt mehrere Stunden, um sich einen einzigen Meter entlang eines Kupferkabels zu bewegen! Ein Elektron legt also pro Minute nur wenige Millimeter zurück.

Damit stellt sich aber die Frage, wieso die Lampe sofort leuchtet, wenn man den Schalter betätigt. Du kannst dir das Kabel wie eine Wasserleitung vorstellen. Bis das Wasser vom Wasserwerk in deine Badewanne gelangt, dauert es auch sehr lange. Aber wenn du den Hahn öffnest, kommt sofort Wasser heraus. Die Wasserleitung ist vom Wasserwerk bis zu deinem Badezimmer mit Wasser gefüllt. Wenn du den Hahn öffnest, dann fließen alle Wasserteilchen in der Leitung fast gleichzeitig los. So ist es auch beim elektrischen Strom. Sobald sich ein Elektron in Bewegung setzt, wirkt sich das aufgrund der Abstoßung zwischen den Elektronen nahezu sofort auf alle Elektronen im Draht aus. Wenn man den Stromkreis schließt, setzen sich also alle Elektronen im Kabel nahezu gleichzeitig in Bewegung und die Lampe leuchtet sofort.

LEITFÄHIGKEIT · Verschiedene Leiter unterscheiden sich in der Anzahl und in der Beweglichkeit ihrer freien Elektronen. In Metallen sind die Elektronen besonders beweglich und lassen sie sich daher gut durch eine äußere Spannung antreiben. Die höchste Leitfähigkeit aller Metalle hat Silber (▶ Bild 02).

In Isolatoren gibt es keine frei beweglichen Elektronen.

1) Begründe, warum die Leitfähigkeit eines Metalls abnimmt, wenn man es erwärmt.

01 Atomrümpfe mit freien Elektronen im Draht:
A stromloser, **B** stromführender Zustand

02 Elektrische Leitfähigkeit verschiedener Metalle im Vergleich zu Meerwasser

MATERIAL

71

VERSUCH ▶ Ströme sichtbar machen

In diesen Versuchen machst du elektrischen Strom sichtbar, genauer: die Bewegung der elektrisch geladenen Teilchen.

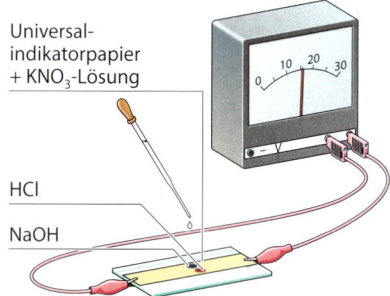

03 Farbflecke wandern.

Im Kupferdraht sind Elektronen die Träger des elektrischen Stroms. Dagegen sind es in Flüssigkeiten zumeist andere elektrisch geladene Teilchen (Ionen).

Material:
Objektträger, Universalindikatorpapier, Spannungsquelle, Kabel mit Krokodilklemmen, Pipetten, Kaliumnitrat-Lösung, Salzsäure, Natronlauge, Schutzbrille

Durchführung:
Befestige einen Streifen Universalindikatorpapier mit Krokodilklemmen flach auf einem Objektträger (▶ Bild 03). Befeuchte das Papier mit der Kaliumnitrat-Lösung.
Gib jeweils einen kleinen Tropfen Natronlauge und Salzsäure auf die Mitte des Papiers. Lege dann eine Spannung von 16 V an.

V1 a) Notiere deine Beobachtungen.
b) Erkläre möglichst genau, wie es zu diesen Beobachtungen kommt. Du kannst Antons Notizen nutzen.

Grundlagen zum Versuch

Kaliumnitrat, Natronlauge und Salzsäure zerfallen in Wasser in positiv und negativ geladene Ionen. Das Kaliumnitrat (KNO_3) dient im Experiment der Leitung des elektrischen Stroms. Natronlauge (NaOH) und Salzsäure (HCl) dienen der Färbung des Indikatorpapiers. Bei der Lösung der Natronlauge entstehen negativ geladene Hydroxidionen (basisch), die das Indikatorpapier blau färben. Die Salzsäure führt zur Bildung von positiv geladenen Hydroniumionen (sauer), die das Papier rot verfärben.

Material A ▶ Ladung und elektrischer Strom

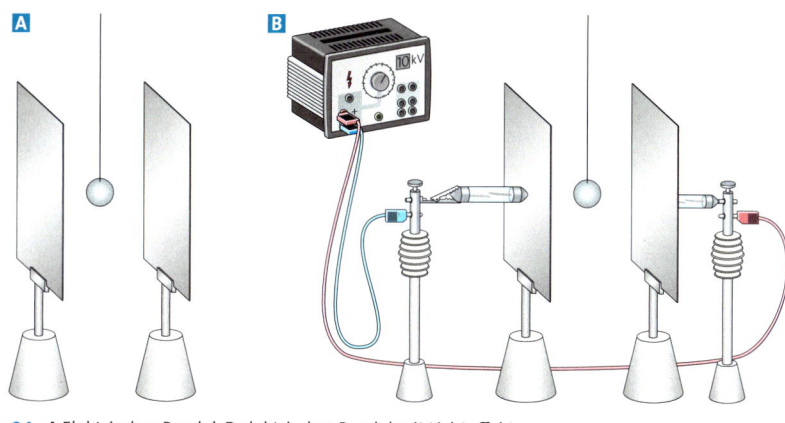

04 A Elektrisches Pendel, **B** elektrisches Pendel mit Lichteffekten

A1 Zwischen zwei unterschiedlich geladenen Metallplatten wird eine elektrisch leitende, leichte Kugel an einem isolierenden Faden aufgehängt (▶ Bild 04 A).
a) Durch Bewegung des Fadens wird eine der Platten kurz mit der beweglichen Kugel berührt. Dann wird die Kugel losgelassen. Beschreibe, was anschließend passieren wird. Erkläre.
b) Skizziere die Anordnung, kurz bevor und kurz nachdem die Kugel die negativ geladene Platte berührt.
c) Begründe, warum die Bewegung nach einiger Zeit aufhört.
d) Vermute, was geschieht, wenn beide Platten gleich geladen sind. Begründe.

A2 Die linke Platte wird nun an eine Glimmlampe und dann an den Minuspol eines Hochspannungsnetzgeräts angeschlossen, entsprechend die rechte Platte mit einer Glimmlampe an den Pluspol (▶ Bild 04 B).
a) Wieder wird mit der beweglichen Kugel kurz die linke Platte berührt. Dann wird die Kugel losgelassen. Beschreibe, was passieren wird. Wann und wie leuchten die Glimmlampen auf? Erkläre.
b) Gib begründet an, wann die Bewegung aufhört.

SPANNUNGEN UND STRÖME
GRÖSSEN DES ELEKTRISCHEN STROMKREISES

01 Verschiedene Ströme

Die elektrische Stromstärke

In Natur und Technik gibt es viele Ströme: Menschenströme, Wasserströme, elektrische Ströme usw. Ein Strom kann stark oder schwach sein. Einem Wasser- oder Menschenstrom sieht man es an, ob er stark oder schwach ist. Beim elektrischen Strom ist das nicht so. Dennoch kann man auch in diesem Fall eine Stromstärke angeben.

VERSCHIEDENE STRÖME · Es läutet zur Pause und alle rennen die Treppe hinab. Wenn sich alle Schülerinnen und Schüler in eine Richtung bewegen, kann man dies als einen Menschenstrom ansehen. Bei einem solchen Strom kannst du die Stärke leicht bestimmen. Dazu musst du nicht wissen, wie schnell die Menschen sind. Stattdessen zählst du einfach, wie viele Menschen in einer gewissen Zeitspanne z.B. durch eine Tür hindurchgehen:
Angenommen, innerhalb von 10 Sekunden kommen 30 Jungen und Mädchen vorbei, dann beträgt die Stärke dieses Stroms 3 Menschen pro Sekunde.

Bei einem Fluss ist die Messung der Wasserstromstärke nicht ganz so einfach. Aber die Idee ist dieselbe. Wenn man die Wassermenge kennt, die in einer gewissen Zeitspanne, z.B. unter einer Brücke, hindurchfließt, dann kann man die Wasserstromstärke leicht berechnen:
Angenommen, es fließen 5000 Kubikmeter Wasser in 4 Sekunden unter der Brücke hindurch, dann beträgt die Wasserstromstärke:

$$\frac{5000\,\text{m}^3}{4\,\text{s}} = 1250\,\frac{\text{m}^3}{\text{s}}.$$

DAS PRINZIP DER STROMSTÄRKE · Ob Menschenstrom, Wasserstrom oder ein anderer Strom, das Prinzip zur Berechnung der Stromstärke ist immer gleich: Wenn man die Menge an Menschen, Wasser, Autos usw. kennt, die in einer gewissen Zeitspanne irgendwo vorbei-„fließt" (durch eine Tür, unter einer Brücke, über eine Straßenkreuzung ...), dann berechnet sich die Stromstärke folgendermaßen:

$$\text{Stromstärke} = \frac{\text{geflossene Menge}}{\text{Zeitspanne}}.$$

DIE ELEKTRISCHE STROMSTÄRKE · Wir übertragen die Überlegungen auf den elektrischen Stromkreis. Leider kann man die fließende elektrische Ladung nicht direkt beobachten.

Dennoch lässt sich im Prinzip die Menge der elektrischen Ladung messen, die in einer gewissen Zeitspanne durch eine Stelle des Stromkreises fließt. Man bezeichnet die elektrische Ladungsmenge mit Q, die Einheit ist ein Coulomb (1 C). Wird z. B. während der Zeitspanne $\Delta t = 6\,\text{s}$ die Ladungsmenge $\Delta Q = 12\,\text{C}$ übertragen, dann gilt für die elektrische Stromstärke I analog zur Wasserstromstärke:

$$I = \frac{\Delta Q}{\Delta t} = \frac{12\,\text{C}}{6\,\text{s}} = 2\,\frac{\text{C}}{\text{s}} = 2\,\text{A}.$$

Da die Stromstärke eine sehr wichtige Größe ist, wurde dafür eine eigene Einheit festgelegt. Diese ist ein Ampere: $1\,\text{A} = 1\,\frac{\text{C}}{\text{s}}$.

Im Stromkreis trägt jedes Elektron den gleichen, sehr kleinen Teil zur Ladungsmenge bei. Bei einer Stromstärke von einem Ampere fließen pro Sekunde etwa sechs Trillionen Elektronen an einer Stelle des Stromkreises vorbei.

> Die elektrische Stromstärke bezeichnet man mit I. Die Einheit der Stromstärke ist ein Ampere (1 A). Es gilt:
>
> $I = \frac{\Delta Q}{\Delta t}$.
>
> Dabei ist ΔQ die Ladungsmenge, die in der Zeitspanne Δt durch eine feste Stelle des Stromkreises geflossen ist.

Elektrische Stromstärken durch	
die Leitungen einer Armbanduhr	0,001 mA
eine Leuchtdiode	20 mA
eine LED-Haushaltslampe	0,034 A
das Ladekabel eines Smartphones	0,5 A bis 1,0 A
einen Haartrockner (1800 W)	8 A
eine Steckdose bei max. Belastung	16 A
den Motor einer S-Bahn	ca. 300 A

02 Typische Werte der elektrischen Stromstärke

STROMSTÄRKE UND LADUNGSMENGE · Wie groß die Stromstärke im elektrischen Stromkreis ist, hängt von der elektrischen Quelle und dem angeschlossenen Gerät ab. ▸ Tabelle 02 zeigt typische Werte. Bei der Armbanduhr beträgt die Stromstärke nur 0,001 mA. Um zu erfahren, wie viel Ladung die Batterie einer solchen Uhr in einem Jahr durch den Stromkreis pumpt, muss man die Gleichung für I nach ΔQ auflösen und ein Jahr in Sekunden umrechnen:

$I = \frac{\Delta Q}{\Delta t} \quad | \cdot \Delta t$
$I \cdot \Delta t = \Delta Q$

$\Delta Q = I \cdot \Delta t = 0{,}001\,\text{mA} \cdot 1\,\text{a}$
$ = 0{,}000\,001\,\text{A} \cdot 31\,536\,000\,\text{s} = 31{,}5\,\text{C}.$

ANWENDUNG BEI AKKUS · Bei Akkus wie in ▸ Bild 03 findest du häufig eine Angabe in der seltsamen Einheit mAh („Milliampere-Stunde"). Was bedeutet das? Es ist:

$1\,\text{mAh} = 1\,\text{mA} \cdot 1\,\text{h} = 0{,}001\,\text{A} \cdot 3600\,\text{s} = 3{,}6\,\text{C}.$

Beim letzten Schritt haben wir ausgenutzt, dass Stromstärke mal Zeit gleich der Ladungsmenge ist. Dies lässt vermuten, dass ein Akku mit der Aufschrift 1000 mAh einen Ladungsüberschuss von 3600 C gespeichert hat. Das kann aber nicht stimmen, denn ein Akku ist nach außen hin elektrisch neutral. Stattdessen hat der Akku die Energie gespeichert, die nötig war, um eine entsprechende Ladungsmenge zu trennen. Also bedeutet die Aufschrift „1000 mAh": Der Akku hat so viel Energie gespeichert, dass er eine Ladungsmenge von 3600 C durch ein elektrisches Gerät pumpen kann. Damit kann man z. B. eine Stunde lang einen Strom der Stärke 1000 mA fließen lassen.

03 Lithium-Ionen-Akku

1. Bei einer Verkehrszählung wurden zwischen 17 Uhr und 17:30 Uhr 954 Fahrzeuge gezählt. Bestimme die Verkehrsstromstärke. Begründe, welche Einheiten sinnvoll sind.

2. Das Handy eines Smartphones hat einen 1500-mAh-Akku. Der Akku ist nach einer Ladezeit von 2,5 h aufgeladen. Berechne die Stärke des Ladestroms.

SPANNUNGEN UND STRÖME
GRÖSSEN DES ELEKTRISCHEN STROMKREISES

01 Wirkungen des elektrischen Stroms: Licht, Wärme, Magnetismus

MESSUNG DER STROMSTÄRKE · Wir können die Ladungsmenge und damit auch die Stromstärke nicht direkt messen. Dazu sind die Elektronen viel zu klein. Wir können aber die Wirkungen des elektrischen Stroms nutzen, um die Stromstärke indirekt zu bestimmen. Diese Wirkungen sind nämlich von der Stärke des Stroms abhängig. Drei dieser Wirkungen kennst du bereits (▶ Bild 01).

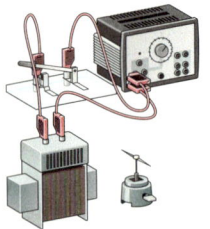

02 Das Magnetfeld der Spule dreht die Kompassnadel.

Bei einem **Drehspulinstrument** wird die magnetische Wirkung des Stroms genutzt, um die Stromstärke zu bestimmen. Um dies genauer zu untersuchen, stellen wir eine Kompassnadel so vor einem Elektromagneten auf, dass sie quer zur Spulenachse ausgerichtet ist (▶ Bild 02). Wenn wir jetzt die Stromstärke in der Spule langsam erhöhen, dann dreht sich die Kompassnadel, bis sie in Richtung der Spulenachse steht. Das Magnetfeld der Spule muss also mit der Stromstärke größer geworden sein.

Im Drehspulinstrument dreht sich nicht der Magnet. Stattdessen befindet sich eine drehbar gelagerte Spule mit einem daran befestigten Zeiger zwischen den Polen eines Dauermagneten (▶ Bild 03). Über zwei Federn wird die Spule so gedreht, dass der Zeiger auf null steht, wenn kein Strom fließt. Fließt dagegen Strom durch die Spule, dann baut sich ihr Magnetfeld auf und die Spule richtet sich im Feld des äußeren Magneten aus. Je nach Stärke des Stroms wird die Spule mit dem Zeiger mehr oder weniger weit gedreht. Die Drehrichtung der Spule ist von der Stromrichtung abhängig.

Auch die Wärmewirkung des Stroms hängt in ihrem Ausmaß von der Stromstärke ab. Dies wird bei einem **Hitzdrahtinstrument** genutzt, um die Stromstärke zu messen. Bei ihm ist der Zeiger an einer Rolle befestigt, um die herum ein Faden von einer gespannten Metallfeder bis zum Hitzdraht verläuft (▶ Bild 04). Je mehr Strom fließt, desto stärker erhitzt sich der Draht. Aufgrund seiner Erwärmung dehnt er sich aus und ist weniger stark gespannt – der Faden kann ihn herunterziehen. Die Rolle bewegt sich mit dem Faden und dreht dabei den Zeiger.

URSACHE DER WÄRMEWIRKUNG · Im Modell können wir erklären, warum ein Draht bei zunehmender Stromstärke immer wärmer wird: Im Metalldraht fließen Elektronen. Im Gegensatz zu ihnen können sich die Atomrümpfe im Metall nicht bewegen. Sie schwingen nur um

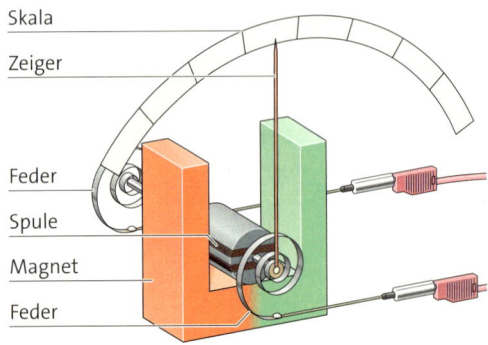

03 Grundaufbau des Drehspulinstruments

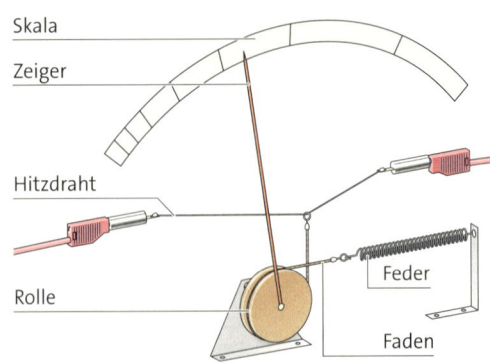

04 Grundaufbau eines Hitzdrahtinstruments

ihre Mittellage, und zwar umso stärker, je höher die Temperatur ist. Die Elektronen stoßen im Draht immer wieder gegen Atomrümpfe und übertragen so Energie auf die Atome. Dadurch nimmt die Schwingung der Atome zu und die Temperatur des Metalls steigt.

Je stärker der Strom ist, desto mehr Elektronen bewegen sich innerhalb einer bestimmten Zeit durch den Leiterquerschnitt. Dabei liefert das Metall aber nicht deutlich mehr Elektronen. Stattdessen sind die Elektronen schneller. Diese Elektronen geben bei ihren Stößen mehr Energie an die Atomrümpfe ab als die langsameren Elektronen eines schwächeren Stroms. Der Draht heizt sich stärker auf.

Meist nutzt man inzwischen digitale Strommessgeräte. Sie ermitteln die Stromstärke indirekt aus einer Spannungsmessung.

1 Ein Draht heizt sich umso schneller auf, je dünner er ist. Trotzdem darf der Hitzdraht im Hitzdrahtinstrument nicht zu dünn sein. Begründe dies.

BLICKPUNKT

Elektrolyse

Neben den bereits bekannten Stromwirkungen hat der Strom auch eine **chemische Wirkung**. Diese lässt sich gut beobachten, wenn elektrischer Strom durch Wasser mit Salzen oder Säure fließt. Dabei kommt es zur Veränderung der beteiligten Stoffe. Man spricht von Elektrolyse.

Löst man z. B. Salze in Wasser, so zerfallen sie in ihre Bestandteile, die nicht elektrisch neutral sind. Beispielsweise zerfällt Kochsalz in Wasser in seine Bestandteile Natrium und Chlor, wobei jedes Chloratom ein Elektron zu viel behält, das dem Natriumatom fehlt. Diese geladenen Atome (Ionen) werden dann von den verschiedenen Polen der Spannungsquelle angezogen – das Natriumion vom negativen Pol und das Chloridion vom positiven Pol. Innerhalb der Lösung strömen daher keine Elektronen, sondern Ionen.

An den elektrischen Kontakten in der Lösung, den Elektroden, geben die Ionen die überzähligen Elektronen ab bzw. nehmen die fehlenden Elektronen auf. Meist hat dies auch Auswirkungen auf das Elektrodenmaterial.

Die Elektrolyse hat eine große wirtschaftliche Bedeutung. Zum einen werden verschiedene Stoffe wie Aluminium oder Wasserstoff elektrolytisch gewonnen. Zum anderen wird die Elektrolyse z. B. zum Beschichten von Autoteilen mit Metallüberzügen genutzt (**Galvanisieren**). Dabei wird das metallische Werkstück an den Minuspol einer Spannungsquelle angeschlossen und in eine wässrige Lösung getaucht. Den Pluspol verbindet man mit Elektroden aus dem Beschichtungsmaterial. Unter Spannung geben die Elektroden Metallionen an die Lösung ab. Diese werden vom Werkstück angezogen und lagern sich daran ab.

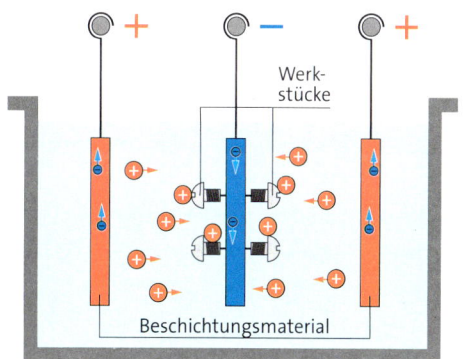

05 Galvanisieren eines Werkstücks

SPANNUNGEN UND STRÖME
GRÖSSEN DES ELEKTRISCHEN STROMKREISES

METHODE

Stromstärke im Experiment

Die elektrische Stromstärke misst man mit einem **Stromstärkemessgerät** (Amperemeter). Dabei muss die gesamte elektrische Ladung durch das Stromstärkemessgerät fließen.

Möchte man also die Stromstärke an einer bestimmten Stelle im Stromkreis messen, dann muss man ihn an dieser Stelle durchtrennen und das Stromstärkemessgerät einbauen. Um das empfindliche Strommessgerät nicht zu beschädigen, darf es auf keinen Fall parallel zum elektrischen Gerät geschaltet werden (▶ Bild 02). Nun können wir das Messgerät anschließen, dabei achten wir auf die richtige Polung.

Das Schaltsymbol für ein Stromstärkemessgerät ist ein Kreis mit einem „A" für Ampere. ▶ Bild 01 zeigt die Schaltskizze für die Messung der elektrischen Stromstärke.

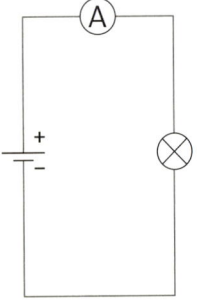

01 Schaltskizze zur Messung der Stromstärke

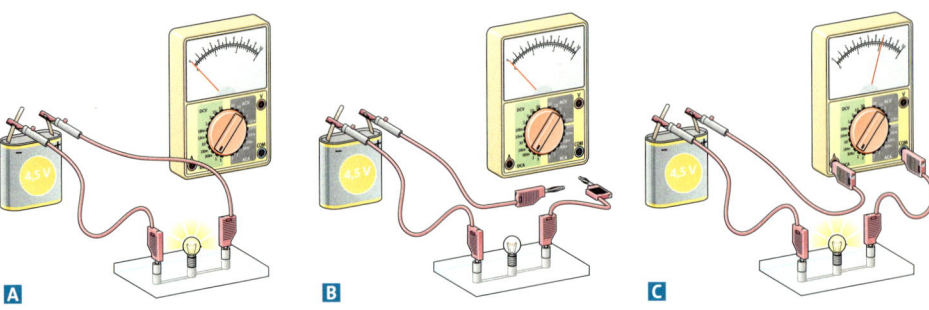

02 Ein Stromstärkemessgerät muss in den Stromkreis eingebaut werden (Reihenfolge A, B, C).

Zur Messung der Stromstärke wird oft ein sogenanntes **Vielfachmessgerät** verwendet:

1. Wähle die Betriebsart Gleichstrom „A =" (▶ Bild 03) bzw. „DCA" (▶ Bild 04).
2. Beginne die Messung mit dem größten Messbereich (manche digitalen Geräte wählen den Messbereich automatisch).
3. Stecke das Kabel, das vom Pluspol kommt, in die Buchse A (wie Ampere).
4. Stecke das Kabel, das vom Minuspol kommt, in die Buchse COM.
5. Lies den Wert für die Stromstärke ab. Beachte bei den digitalen Messgeräten die Einheit (z. B. A, mA). Beachte bei analogen Messgeräten die richtige Skala (0–10 oder 0–3). Achte außerdem darauf, senkrecht auf die Skala zu schauen. Ist der Zeigerausschlag zu gering, dann solltest du in den nächstfeineren Messbereich umschalten.

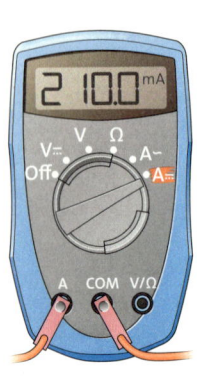

03 Beim digitalen Vielfachmessgerät muss man nicht auf die Polung achten.

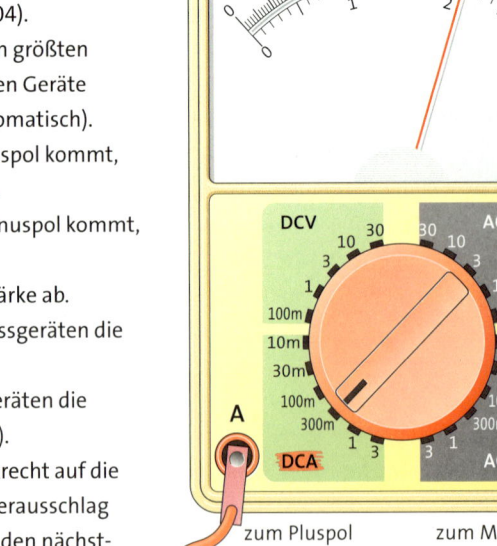

04 Vielfachmessgerät zur Messung der Stromstärke

MATERIAL

VERSUCHE ▶ Messungen der Stromstärke

In diesen Versuchen übst du den Umgang mit Strommessgeräten.

Material:

Spannungsquelle, zwei baugleiche Glühlampen, Vielfachmessgerät, Kabel

V1 Reihenschaltung

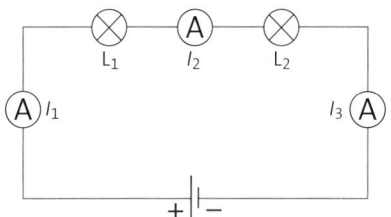

V2 Parallelschaltung

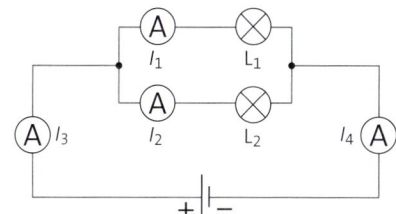

V3 Modell eines Drehspulinstruments

Material:

variable Spannungsquelle, auf einen Korken gewickelte Spule, Kabel mit Krokodilklemmen, Zeiger aus Pappe, Klebeband, Styroporplatte, Nadel, Hufeisenmagnet

Durchführung:

a) Gib begründet an, ob die baugleichen Lampen gleich hell leuchten oder ob L_1 oder L_2 heller leuchtet.
b) Baue die Schaltung vorerst ohne ein Messgerät auf und vergleiche die Helligkeit der Lampen.
c) Was folgerst du aus der Helligkeit der Lampen für die Stromstärken I_1, I_2 und I_3? Überprüfe durch eine Messung.

Durchführung:

a) Stelle eine Vermutung über die Helligkeit der beiden baugleichen Lampen auf.
b) Was folgt daraus für die Stromstärken I_1 und I_2? Überprüfe durch eine Messung.
c) Stelle mithilfe des Wasserstromkreis-Modells eine Vermutung über die Stromstärken I_3 und I_4 auf. Überprüfe durch eine Messung.

Durchführung:

a) Baue mit den gegebenen Materialien ein Modell für ein Drehspulinstrument.
Achtung: Schalte die Stromquelle immer nur kurz ein, weil die Spule sonst zu heiß wird.
b) Gib an, was bei deinem Modell anders funktioniert als beim richtigen Drehspulinstrument, und begründe dies.

Material A ▶ Federamperemeter

Für den Bau des ersten robusten Stromstärkemessgerätes hatte der Physiker FRIEDRICH KOHLRAUSCH um 1900 die entscheidende Idee. Er nutzte die Feder einer Briefwaage, hängte aber statt eines Briefes einen Eisenkern daran.

A1 Finde mithilfe der Skizze und des Fotos heraus, wie das Federamperemeter funktioniert, und erkläre.

A2 Gib begründet mögliche Nachteile des Federamperemeters an.

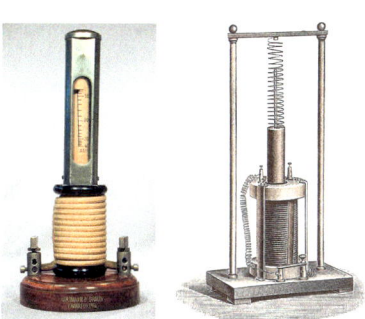

Material B ▶ Wasserströme und Datenströme

B1 Die Wasserstromstärke des Rheins am Rheinfall beträgt etwa 370 $\frac{m^3}{s}$.
a) Wie viel Wasser fließt an einem Tag den Rheinfall hinunter?
b) Das Volumen der Veltins-Arena auf Schalke (Gelsenkirchen) beträgt ca. 1 820 000 m³. Wie lange würde es dauern, bis die Veltins-Arena vom Rhein gefüllt wäre?
c) Durch eine Engstelle muss pro Sekunde genauso viel Wasser fließen wie davor und dahinter. Diskutiere die Fließgeschwindigkeit in, vor und hinter der Engstelle.

B2 Bei einem DSL-Anschluss sei die Datenstromstärke für den Download aus dem Internet 16 $\frac{Mbit}{s}$. Berechne die Downloadzeit für eine MP3-Datei mit 4,4 MB [8 bit = 1 B (Byte)].

SPANNUNGEN UND STRÖME
GRÖSSEN DES ELEKTRISCHEN STROMKREISES

01 Die zwei Lampen leuchten unterschiedlich hell, obwohl die Stromstärken gleich sind.

Die elektrische Spannung

Die rechte Glühlampe leuchtet heller als die linke und sie wird beim Leuchten auch heißer. Trotzdem sind die Stromstärken in beiden Stromkreisen gleich groß. Welche Rolle spielen hier die unterschiedlichen Spannungen?

SPANNUNG IM STROMKREIS · Wir wissen bereits, dass eine elektrische Spannung entsteht, wenn Ladungen voneinander getrennt werden. Die Spannung ist ein Maß für die Energie, die zur Trennung der Ladungen erforderlich war und die gespeichert bleibt, bis es wieder zum Ladungsausgleich kommt. Diese Energie kann genutzt werden, um Ladungen in Richtung eines entgegengesetzten Ladungsüberschusses, z.B. zum entgegengesetzt geladenen Pol einer Spannungsquelle, anzutreiben. Daher stellt die Spannung im Stromkreis den Antrieb dar, der die Elektronen durch die Leiter strömen lässt.

Viel wichtiger als die eigentliche Bewegung der Elektronen ist für uns aber, dass die Leitungselektronen Energie von der Spannungsquelle auf die Geräte im Stromkreis übertragen können.

> Im Stromkreis werden die Elektronen durch die anliegende Spannung angetrieben. Sie übertragen dabei Energie von der elektrischen Quelle auf elektrische Geräte.

SPANNUNG UND ENERGIE · Die Lampe, die in ▶ Bild 01 mit der höheren Spannung betrieben wird, leuchtet heller und wird wärmer als die andere. Anscheinend wird mehr Energie auf diese Lampe übertragen als auf die Lampe, die mit der kleinen Spannung betrieben wird. Die Stromstärke kann hier, da sie in beiden Fällen gleich ist, nicht entscheidend für die übertragene Energiemenge sein.

Um dies besser verstehen zu können, betrachten wir die Situation in einem Modell.

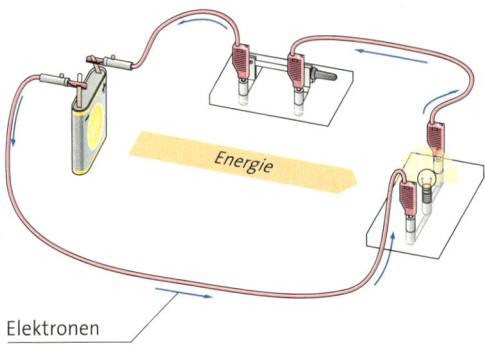

02 Durch den elektrischen Strom wird Energie von der Batterie zur Glühlampe transportiert.

SPANNUNG IM MODELL · Zur Veranschaulichung verwenden wir ein Wassermodell. Im ▶ Bild 03 sind zwei unterschiedlich gefüllte Glasgefäße durch einen Schlauch miteinander verbunden, sodass ein Höhenunterschied zwischen den Wasserständen besteht. Die Glasgefäße symbolisieren die Pole einer Spannungsquelle im elektrischen Stromkreis. Am Minuspol gibt es im Vergleich zum Pluspol einen Überschuss an Elektronen. Die Spannung zwischen Minuspol und Pluspol entspricht somit dem Höhenunterschied beim Wassermodell.

Im Wassermodell strömt Wasser aus dem linken Gefäß durch den Schlauch in das rechte. Dadurch dreht sich das kleine Wasserrad und das daran befestigte Massestück wird angehoben. Ganz ähnlich strömen im elektrischen Stromkreis Elektronen vom Minuspol der Batterie durch die Kabel zum Pluspol. Eine in den Stromkreis eingebaute Lampe leuchtet dabei und zeigt an, dass Elektronen fließen.

Im Wassermodell kann das Wasser aber nur dann strömen und das Wasserrad drehen, wenn ein Höhenunterschied zwischen den Wasserständen in den beiden Gefäßen besteht. Um den Wasserstrom aufrechtzuerhalten, muss man ständig unter Energieaufwand Wasser mit einem Schöpflöffel aus dem rechten Gefäß in das linke zurückbefördern. Bezogen auf den elektrischen Stromkreis müssen innerhalb der Spannungsquelle ständig Elektronen vom Plus- zum Minuspol „gepumpt" werden, um die Spannung aufrechtzuerhalten. Nur dann bleibt der Elektronenfluss bestehen. Auch für diesen „Pumpvorgang" ist Energie nötig.

Bei einer Batterie wurde dieser „Pumpvorgang" bereits bei der Herstellung durchgeführt. Die Energie ist in der Batterie gespeichert.

ANWENDUNG DES MODELLS · Soll bei einer höheren Spannung ein gleich großer elektrischer Strom fließen, dann heißt das im Wassermodell, dass trotz größeren Höhenunterschieds gleich viel Wasser strömen soll. Dazu kann man

03 Wasser strömt von links nach rechts durch den Schlauch, solange Wasser geschöpft wird.

das Wasserrad mit einem Massestück schwergängiger machen. Das Massestück ist gerade so schwer, dass sich das Wasserrad trotz des größeren Höhenunterschieds ebenso schnell dreht, wie zuvor. Eine höhere Spannung kann also zu einer größeren Energieübertragung führen, auch wenn die Stromstärke konstant bleibt.

Abkürzend stellt man die Spannung durch das Symbol U dar, nach dem lateinischen Wort „urgere", was drängen, treiben, drücken heißt. Sie wird in der Einheit Volt (1 V) angegeben.

> Je größer die Spannung einer elektrischen Quelle ist, desto mehr Energie wird von der Quelle zum Gerät übertragen.
> Die Spannung U wird in der Einheit ein Volt (1 V) gemessen.

1) Vergleiche das Wassermodell tabellarisch mit dem elektrischen Stromkreis.

2) „Eine Batterie ist leer." Erläutere diese Aussage mithilfe des Wassermodells.

Typische Spannungswerte	
Armbanduhr	1,5 V
Smartphone	4,3 V
Autobatterie	12 V
Bordnetz eines Flugzeugs	48 V
Haushaltsnetz der USA	110 V
europäisches Haushaltsnetz	230 V
S-Bahn	750 V

04 Typische Werte der elektrischen Spannung

SPANNUNGEN UND STRÖME

GRÖSSEN DES ELEKTRISCHEN STROMKREISES

METHODE

Messung der elektrischen Spannung

Die elektrische Spannung misst man mit einem **Spannungsmessgerät**. Eine elektrische Spannung wird immer zwischen zwei Stellen im elektrischen Stromkreis gemessen. Diese Stellen können z. B. die beiden Pole einer Batterie oder die beiden Anschlüsse einer Glühlampe sein. Spannungsmessgeräte werden also immer parallel zu einem Bauteil angeschlossen. Das Schaltsymbol für ein Spannungsmessgerät ist ein Kreis mit einem „V" für Volt.

▶ Bild 01A: Gemessen wird die Spannung zwischen den Polen der Batterie. Dazu sind die Anschlüsse des Spannungsmessgeräts mit dem Plus- und dem Minuspol der Batterie verbunden. Das Messgerät zeigt 4,5 V an. Das entspricht dem Aufdruck auf der Batterie.

▶ Bild 01B: Gemessen wird die Spannung zwischen den Anschlüssen der Glühlampe. Das Messgerät zeigt 4,5 V an. Damit ist die Spannung an der Glühlampe genauso groß wie an der Batterie.

▶ Bild 01C: Gemessen wird die Spannung zwischen dem Pluspol und dem rechten Anschluss der Glühlampe. Das Messgerät zeigt 0 V an. Entsprechendes gilt auch für die Messung im ▶ Bild 01D.

Anleitung für eine Spannungsmessung:
1. Wähle die Betriebsart Gleichspannung „V=" (▶ Bild 02) bzw. „DCV" (▶ Bild 03).
2. Beginne die Messung mit dem gröbsten Messbereich (falls das Gerät den Messbereich nicht automatisch wählt).
3. Stecke das Kabel, das von der 1. Messstelle kommt (aus Richtung Pluspol), in die Buchse V (wie Volt).
4. Stecke das Kabel, das von der 2. Messstelle (Minuspol) kommt, in die Buchse COM.
5. Lies den Wert für die Spannung ab. Achte auf die richtige Einheit/Skala.

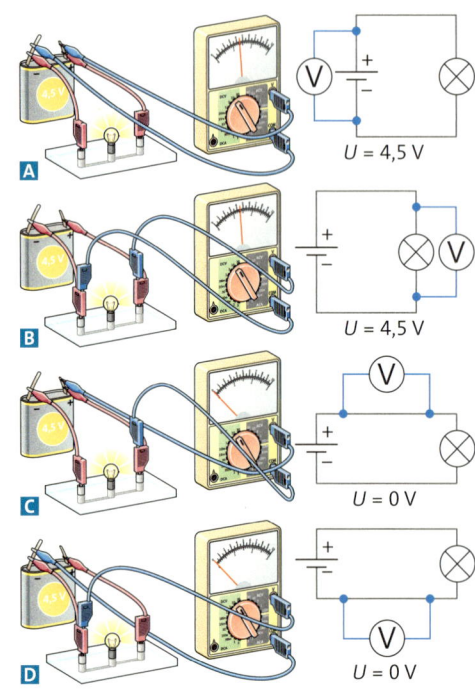

01 Spannungsmessung

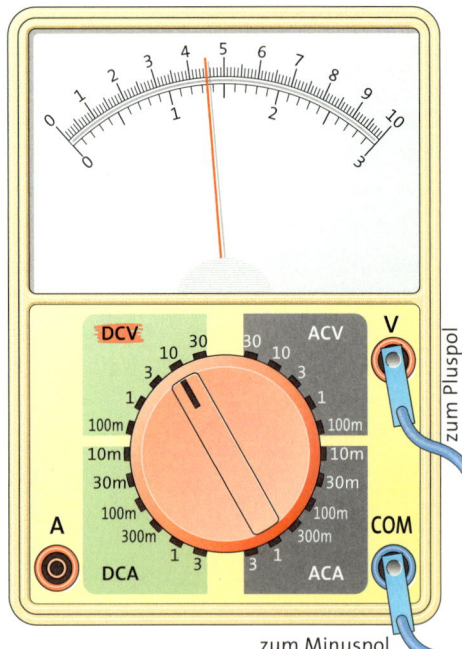

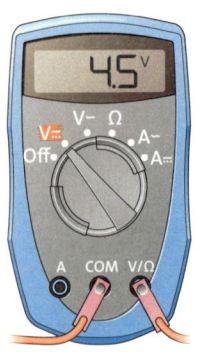

02 Digitales Vielfachmessgerät

03 Analoges Vielfachmessgerät

MATERIAL

VERSUCHE ▸ Spannungsmessung

In diesen Versuchen übst du den Umgang mit Spannungsmessgeräten.

V1 Reihenschaltung

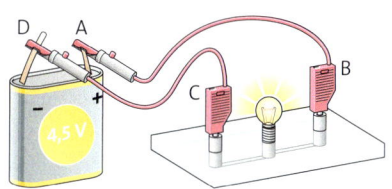

Material:
Batterie, Glühlampe mit Sockel, Kabel, Spannungsmessgerät

Durchführung:
Miss die Spannung zwischen A und B, A und C, A und D, B und C, B und D sowie C und D.
Fasse die Ergebnisse sinnvoll zusammen und erkläre.

V2 Parallelschaltung

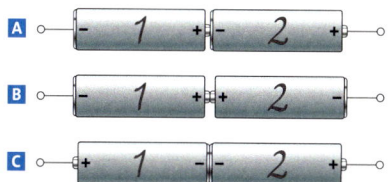

Material:
mindestens zwei Batterien, Messleitungen, Spannungsmessgerät

Durchführung:
Beschrifte die Batterien wie im ▸ Bild oben. Miss für jede Batterie einzeln die Spannung und notiere sie. Ordne die Batterien in verschiedenen Kombinationen hintereinander an, sodass sich ihre Kontakte berühren.

Tipp: Lege die Batterien in die Rille eines aufgeschlagenen Buchs, damit sie nicht verrutschen.

a) Zeichne die Batteriekombinationen in dein Heft.
Miss die Spannung der Batteriekombinationen und notiere sie. Formuliere ein Ergebnis.

b) Mit zwei Mignon-Batterien (1,5 V) und einer 9-V-Blockbatterie sollen möglichst viele verschiedene Spannungen erzeugt werden. Stelle in Zeichnungen verschiedene Batteriekombinationen dar und gibt die zu erwartende Spannung an.
Überprüfe deine Ergebnisse im Experiment.

Material A ▸ Stromstärke und Spannung im Vergleich

Sandra:
Eine elektrische Spannung gibt es nur im geschlossenen Stromkreis.

Juri:
Zwischen den Polen einer Batterie besteht immer eine Spannung, auch wenn kein Gerät angeschlossen ist.

Alex:
Ohne Spannung gibt es keinen Strom. Also kommen Spannung und Stromstärke immer nur zusammen vor.

A1 Sandra, Juri und Alex diskutieren über die Größen des elektrischen Stromkreises. Schreibe zu jeder Aussage einen kurzen Kommentar. Korrigiere die Aussagen falls nötig.

A2 Erläutere die Begriffe Stromstärke und Spannung in eigenen Worten.

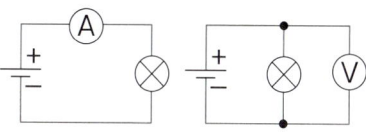

A3 a) Erläutere die Aussagen:
Ein Stromstärkemessgerät muss in Reihe zum Gerät geschaltet werden.
Ein Spannungsmessgerät muss parallel zur Batterie oder zum Gerät geschaltet werden (▸ Bild oben).

b) Begründe: Ein Stromstärkemessgerät muss den Strom praktisch ungehemmt durchlassen.
Ein Spannungsmessgerät darf den Strom praktisch nicht durchlassen.

c) Ein Stromstärkemessgerät wird an die Stelle eines Spannungsmessgeräts eingebaut (oder umgekehrt). Beschreibe und erkläre, was geschieht.

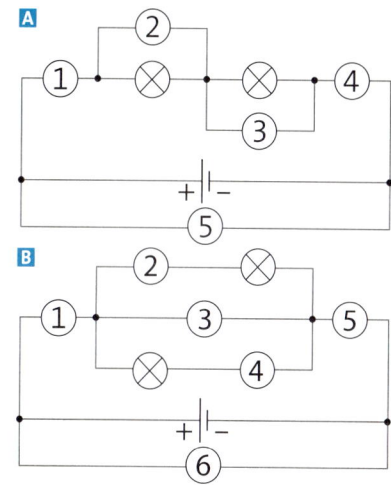

A4 a) Zeichne Schaltplan A ab und ersetze die Zahlen in den Kreisen sinnvoll durch das Messgerätezeichen A oder V.

b) Verfahre für Schaltplan B wie in Aufgabenteil a).

SPANNUNGEN UND STRÖME
GRÖSSEN DES ELEKTRISCHEN STROMKREISES

01 Verschiedene Geräte – verschiedene Widerstände

Der elektrische Widerstand

Wir benutzen täglich viele elektrische Geräte, die an die Steckdose angeschlossen werden. Die Spannung zwischen den beiden Buchsen der Steckdose beträgt immer 230 V. Die Stromstärke ist bei verschiedenen Geräten jedoch unterschiedlich groß. Wie ist das möglich, obwohl die Spannung, also der Antrieb, stets gleich ist?

Wenn die Kaffeemaschine läuft, dann beträgt die elektrische Stromstärke etwa 4 A. Dagegen beträgt die Stromstärke bei einem Toaster nur etwa 3 A. Da beide Geräte mit derselben Spannung betrieben werden, muss es eine Eigenschaft der Geräte geben, die zusammen mit der Spannung die Stromstärke bestimmt.

Wenn Strom durch ein Gerät fließen soll, dann muss man es an eine elektrische Quelle, z. B. die Steckdose, anschließen. Die Quelle muss den Strom mit ihrer Spannung permanent antreiben. Das ist nötig, weil das Gerät den Strom ständig hemmt. Man könnte auch sagen: Das Gerät setzt dem Strom einen Widerstand entgegen. Deswegen nennt man die gesuchte Geräteeigenschaft **elektrischen Widerstand.**

Praktisch alle Leiter hemmen den elektrischen Strom. Folglich haben nicht nur Geräte, sondern auch Drähte und sonstige Gegenstände einen elektrischen Widerstand. Dabei gilt: Je stärker ein Gerät oder ein Gegenstand den elektrischen Strom hemmt, desto größer ist sein elektrischer Widerstand.

DER ELEKTRISCHE WIDERSTAND · Wenn wir die Stromstärken von Kaffeemaschine und Toaster vergleichen, dann können wir sagen, dass der Toaster den Strom stärker hemmt als die Kaffeemaschine. Der Toaster hat also einen größeren elektrischen Widerstand, weshalb die Stromstärke im gesamten Stromkreis beim Toaster kleiner ist als bei der Kaffeemaschine.

> Der elektrische Widerstand gibt an, wie stark ein Gerät oder ein Gegenstand den Strom hemmt.
> Bei gleicher Spannung gilt: Je größer der Widerstand ist, desto kleiner ist die Stromstärke im gesamten Stromkreis.

Diese Abhängigkeit des Widerstands von der Spannung und der Stromstärke legt nahe, den Widerstand R als Quotienten dieser beiden Größen zu definieren. Da der elektrische Widerstand eine wichtige Größe ist, hat man dafür eine eigene Einheit festgelegt. Diese ist ein Ohm (abgekürzt: 1 Ω), wobei $1\,\Omega = 1\,\frac{V}{A}$ gilt.

Ω ist der griechische Buchstabe Omega.

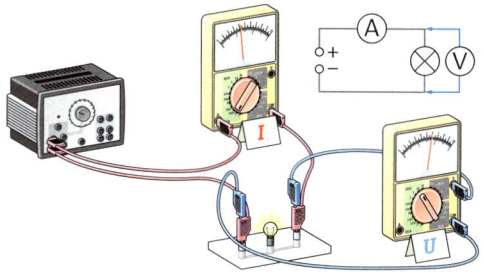

02 Aufnahme der *I(U)*-Kennlinie einer Glühlampe

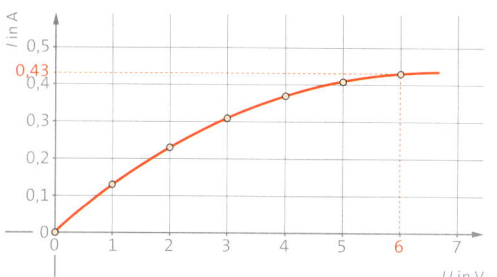

03 Die *I(U)*-Kennlinie der Glühlampe (6 V/0,4 A)

U in V	*I* in A	*R* in Ω
0	0	–
1	0,13	7,7
2	0,23	8,7
3	0,31	9,7
4	0,37	10,8
5	0,41	12,2
6	0,43	14,0

04 Messwerte zur *I(U)*-Kennlinie

/// Den elektrischen Widerstand bezeichnet man mit *R*. Die Einheit des Widerstands ist ein Ohm (1 Ω). Es gilt:
$R = \frac{U}{I}$.

KENNLINIEN · Eine Möglichkeit zur Darstellung der Abhängigkeit von Stromstärke und Spannung bei einem bestimmten Gerät bietet die *I(U)*-Kennlinie. Hierfür trägt man in einem Diagramm die Spannungswerte gegen die zugehörigen Stromstärken auf. Um z. B. die Kennlinie einer Glühlampe aufzunehmen, muss man also sowohl die Stromstärke durch die Lampe als auch die über ihr anliegende Spannung messen (▶ Bild 02).
Trägt man die erhaltenen Messwerte in ein Diagramm ein (▶ Bild 03), so ist direkt zu erkennen, dass die Stromstärke hier nicht proportional zur Spannung ist. Somit ist auch der Widerstand der Glühlampe nicht konstant. – Das liegt an der zunehmenden Erwärmung des Glühdrahts durch den Stromfluss.
Im Teilchenmodell betrachtet kommt es immer wieder zu Stößen der Leitungselektronen mit den Atomrümpfen. Diese Stöße verstärken die thermischen Schwingungen der Atomrümpfe, wodurch sich der Draht erwärmt. Weitere Stöße zwischen den stärker schwingenden Atomrümpfen und den Leitungselektronen werden dadurch wahrscheinlicher. Der Stromfluss wird also zunehmend gehemmt und der Widerstand des Drahts steigt.

Den Einfluss der Temperaturerhöhung auf den Widerstand eines Leiters können wir leicht experimentell überprüfen. Dazu nutzen wir drei gleich lange Stücke Eisendraht und wickeln zwei davon zu Spulen auf. Eine der Spulen halten wir in ein Becherglas mit kaltem Wasser (▶ Bild 06). Dann nehmen wir für alle drei Leiter die *I(U)*-Kennlinien auf (▶ Bild 05).
Aus dem Diagramm ist zu entnehmen, dass sich der aufgewickelte, aber ungekühlte Draht derart aufheizt, dass die Stromstärke bei einer Spannung über 3 V kaum noch ansteigt. Dagegen ist der Widerstand des auf gleichbleibende Temperatur gekühlten Drahts nahezu konstant. Nach ihrem Entdecker wird diese Erkenntnis **Ohm'sches Gesetz** genannt:

/// Bei konstanter Temperatur sind Stromstärke und Spannung proportional zueinander.

1) Stelle einen Zusammenhang zwischen der elektrischen Leitfähigkeit und dem Widerstand her. Formuliere „Je …, desto …".

2) Ermittle aus ▶ Bild 05 den Widerstand des in Wasser gekühlten Drahts.

Die Leitfähigkeit gibt an, wie gut ein Material elektrischen Strom leitet.

05 *I(U)*-Kennlinien von gleich langen Eisendrähten

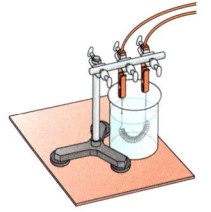

06 Gekühlter Draht

SPANNUNGEN UND STRÖME
GRÖSSEN DES ELEKTRISCHEN STROMKREISES

Konstantandraht (0,2 mm dick, 25 cm lang)						
U in V	0	1	2	3	4	5
I in A	0	0,24	0,49	0,77	0,99	1,28
$\frac{U}{I}$ in $\frac{V}{A}$	–	4,2	4,1	3,9	4,0	3,9
Konstantandraht (0,1 mm dick, 25 cm lang)						
U in V	0	1	2	3	4	5
I in A	0	0,06	0,13	0,19	0,26	0,31
$\frac{U}{I}$ in $\frac{V}{A}$	–	16,7	15,4	15,8	15,4	16,1

01 Stromstärke in Abhängigkeit von der Spannung für zwei unterschiedlich dicke Konstantandrähte

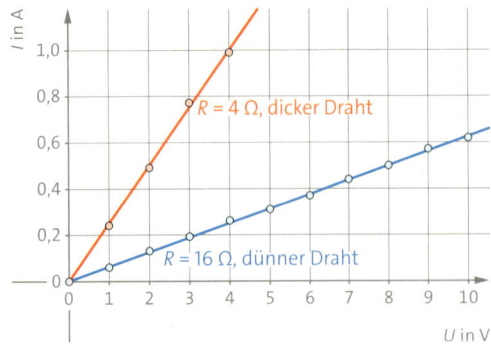

02 Stromstärke und Spannung sind bei Konstantandrähten proportional zueinander.

KONSTANTAN · Für viele elektrische Geräte und Materialien ist der genaue Zusammenhang zwischen Spannung und Stromstärke nicht einfach. Bei technischen Bauteilen ist es aber praktisch, wenn der elektrische Widerstand konstant bleibt. Zu diesem Zweck wurde die Kupfer-Nickel-Legierung Konstantan entwickelt. Drähte aus diesem Material besitzen auch ungekühlt über große Spannungsbereiche hinweg einen konstanten Widerstand.

Wir nehmen für gleich lange, aber unterschiedlich dicke Konstantandrähte $I(U)$-Kennlinien auf (▶ Tabelle 01). Im Diagramm ergeben sich Ursprungsgeraden (▶ Bild 02): Der Widerstand von Konstantandrähten ist also konstant. Die Gerade des dünneren Drahts verläuft aber flacher. Daran erkennen wir: Je dünner der Draht ist, desto größer ist sein Widerstand.

SPEZIFISCHER WIDERSTAND · Von welchen Größen hängt der Widerstand eines Leiters nun ab? Solange seine Temperatur konstant gehalten wird, spielen neben dem Material sein Durchmesser d bzw. seine Querschnittsfläche A und seine Länge l eine Rolle. Insgesamt gilt der Zusammenhang:

$$R = \rho \cdot \frac{l}{A}.$$

Die Konstante ρ („rho"), der spezifische Widerstand, hängt bei konstanter Temperatur nur vom Material des Leiters ab (▶ Tabelle 03).

$A = \pi \left(\frac{d}{2}\right)^2$

Die Abhängigkeit des Widerstands von der Länge und vom Durchmesser des Drahts erklärt das Teilchenmodell: Wird der Draht länger, nimmt die Zahl der Stöße von Elektronen gegen die Atomrümpfe zu. Die Stromstärke ist geringer. Wird der Draht dicker, können mehr Elektronen pro Zeiteinheit den Leiterquerschnitt passieren. Die Stromstärke ist höher.

1) An einem Konstantandraht liegt eine Spannung von 4 V an. Durch den Draht fließt ein Strom der Stärke 62,5 mA.
a) Berechne den Widerstand des Drahts.
b) Ermittle die Spannung, die anliegt, wenn die Stromstärke 250 mA beträgt.

2) Bestimme die Stromstärke in den Konstantandrähten aus ▶ Bild 02 bei 2,5 V mithilfe des Diagramms, aber auch rechnerisch.

3) An einen 42 cm langen und 0,7 mm dicken Draht aus unbekanntem Metall wird eine Spannung von 0,25 V angelegt. Es fließen 8,2 A. Um welches Material handelt es sich?

Material	ρ in $\Omega \cdot \frac{mm^2}{m}$
Silber	0,016
Kupfer	0,017
Eisen	0,10 – 0,15
Konstantan	0,50

03 Spezifischer Widerstand verschiedener Metalle

BLICKPUNKT

Widerstände in der Technik

04 Verschiedene Widerstände

Farbe		1. Ring 1. Ziffer	2. Ring 2. Ziffer	3. Ring Nullen	4. Ring Toleranz
schwarz		0	0		
braun		1	1	0	±1%
rot		2	2	00	±2%
orange		3	3	000	
gelb		4	4	0000	
grün		5	5	00000	
blau		6	6	000000	
violett		7	7		
grau		8	8		
weiß		9	9		
golden				× 0,1	±5%
silbern				× 0,01	±10%
ohne Ring					±20%

05 Farbcodes für Festwiderstände

Farbcode für Festwiderstände · Auf Festwiderständen sind farbige Ringe gedruckt. Anhand der Ringe kannst du den Widerstandswert bestimmen. Den Widerstandswert eines Bauteils kannst du aber auch mit einem Stromstärke- und einem Spannungsmessgerät (▶ Bild 06 A) oder direkt mit einem Vielfachmessgerät in der Betriebsart „Widerstand" messen (▶ Bild 06 B).

Elektronische Schaltungen enthalten viele verschiedene Bauteile. Häufig werden sogenannte Widerstände eingebaut. Hier bezeichnet man das Bauteil mit demselben Begriff wie die dazugehörige elektrische Größe, die dieses Bauteil maßgeblich bestimmt. Man verwendet Widerstände z. B. dazu, um empfindliche Geräte vor zu großen Stromstärken zu schützen.

Es gibt viele Arten und Bauformen von Widerständen. Man spricht z. B. von **Festwiderständen,** wenn der Widerstandswert unveränderlich ist (▶ Tabelle 04 A). Bei einem **verstellbaren Widerstand** lässt sich der Widerstandswert innerhalb eines gewissen Bereichs einstellen (▶ Tabelle 04 B). Bei einem **Kaltleiter** ist der Widerstand bei niedrigen Temperaturen kleiner als bei hohen (▶ Tabelle 04 C). Bei einem **Heißleiter** (▶ Tabelle 04 D) ist es genau umgekehrt. Der Widerstand von **Fotowiderständen** (▶ Tabelle 04 E) verändert sich, je nachdem, wie viel Licht auf ihn trifft.

1) Bestimme mithilfe des Farbcodes im ▶ Bild 05 den Wert des Widerstands in ▶ Tabelle 04 A.

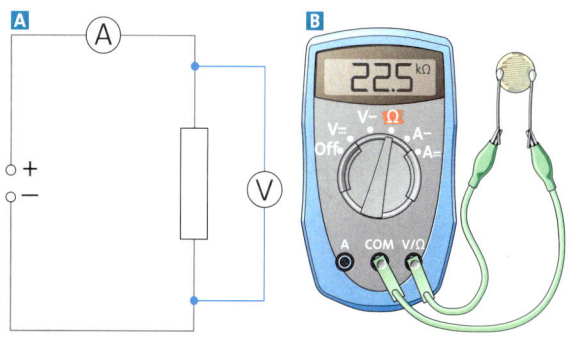

06 **A** Indirekte Widerstandsbestimmung durch Messung von Stromstärke und Spannung; **B** direkte Widerstandsmessung bei einem Fotowiderstand mit einem digitalen Vielfachmessgerät

MATERIAL

VERSUCHE ▶ Zum Widerstand

V1 Kennlinie einer Glühlampe

Material:
Netzgerät, Stromstärke- und Spannungsmessgerät, Glühlampe mit Angabe von Nennspannung und Nennstromstärke

Durchführung:
a) Überprüfe die Angaben auf der Lampe. Baue dazu eine Schaltung wie zur Messung der Kennlinie auf. Stelle am Netzgerät die Nennspannung der Lampe ein und miss die Stromstärke. Vergleiche mit der Nennstromstärke.
Berechne den Widerstand bei der Nennspannung.
b) Nimm die $I(U)$-Kennlinie der Glühlampe auf. Bestimme daraus die $R(U)$-Kennlinie.

V2 Weitere Kennlinien

Material:
Netzgerät, Stromstärke- und Spannungsmessgerät, Druckbleistiftmine 0,5 mm dick, Eisendraht (1 m lang, 0,2 mm dick), feuerfeste Unterlage, Büroklammern, Stativmaterial

Durchführung:
a) Baue eine Halterung wie in ▶ Bild 01 dargestellt auf. Lege die Bleistiftmine vorsichtig in die Büroklammern. Nimm die $I(U)$-Kennlinie der Bleistiftmine auf. Erhöhe dazu die Spannung von 0 V an in 0,5-V-Schritten, bis die Mine glüht.
Vorsicht: Brand- und Verletzungsgefahr!
b) Wickle den Eisendraht zu einer lockeren Wendel und klemme ihn wie in ▶ Bild 02 ein. Nimm die $I(U)$-Kennlinie des Eisendrahts auf. Erhöhe die Spannung von 0 V an in 0,5-V-Schritten bis der Draht glüht.
Vorsicht: Brand- und Verletzungsgefahr!
c) Bestimme die $R(U)$-Kennlinien der Bleistiftmine und des Eisendrahts. Beschreibe die Kennlinien. Leite daraus ab, wie die Widerstände jeweils von der Temperatur abhängen.

V3 Temperaturmessung

Material:
Widerstandsmessgerät, Heißleiter, heißes Wasser, Eiswasser, Bechergläser, Thermometer

Durchführung:
a) Schließe einen Heißleiter an ein Gerät zur Widerstandsmessung an. Miss den Widerstand des Heißleiters bei Raumtemperatur. Beschreibe, wie sich der Widerstand bei Erwärmung und Abkühlung verändert.

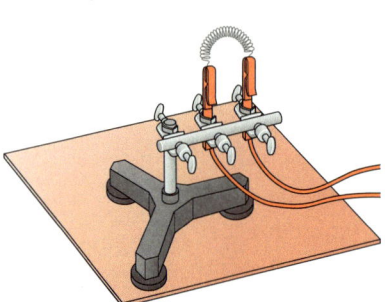

03 Zu Versuch V3

b) Mit dem Heißleiter kannst du Temperaturen messen. Dazu musst du wissen, wie sein Widerstand von der Temperatur abhängt. Miss deshalb den Widerstand in Abhängigkeit von der Temperatur. Halte den Heißleiter dazu in ein Becherglas mit Wasser, notiere die Temperatur und den Widerstand (▶ Bild 03). Wiederhole die Messung für unterschiedliche Wassertemperaturen (Eiswasser, heißes Wasser und Mischungen daraus). Trage die Wertepaare in ein Diagramm ein (Temperatur nach rechts, Widerstand nach oben). Zeichne eine Ausgleichskurve durch die Messpunkte.
c) Erkläre, wie du mit dem Heißleiter unbekannte Temperaturen messen kannst.

V4 Leitfähigkeit von Wasser

Untersuche, wie unterschiedlich gut destilliertes Wasser, Trinkwasser, Zuckerwasser und Salzwasser den Strom leiten. Plane dazu einen Versuch. Erstelle einen Schaltplan und eine Zeichnung für den genauen Aufbau. Beschreibe die Vorgehensweise. Führe dann den Versuch durch und stelle die Ergebnisse übersichtlich zusammen.

01 Zu Versuch V2 a)

02 Zu Versuch V2 b)

Material A ▸ Widerstand und Kennlinie

A1
a) Bei einem Festwiderstand wurde bei einer Spannung von 4,0 V eine Stromstärke von 1,2 mA gemessen. Berechne den Widerstandswert.
b) Berechne die Spannung, damit die Stromstärke 10 mA beträgt.
c) Berechne die Stromstärke bei einer Spannung von 24 V.

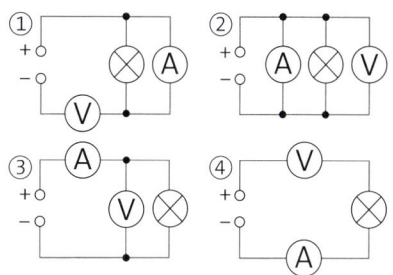

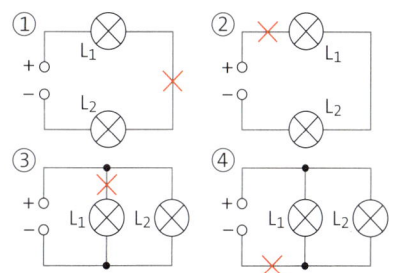

A2 Bei den obigen Schaltungen aus zwei baugleichen Lampen wird an der markierten Stelle ein dünner Draht eingesetzt. Erläutere, wie sich dabei die Helligkeit von L_1 und L_2 ändert.

A3 Welche der obigen Schaltungen eignen sich für eine Widerstandsmessung? Begründe.

A4 Eine Glühlampe hat die Aufschrift 4 V/0,2 A. Erkläre, was sie bedeutet. Was kann man über den Widerstand der Glühlampe aussagen?

A5 Viktor hat die Stromstärke einer Glühlampe in Abhängigkeit von der Spannung gemessen:

U in V	0	2,0	4,0	6,0	8,0	10,0
I in A	0	1,1	1,8	2,3	2,6	2,8

a) Zeichne die $I(U)$-Kennlinie.
b) Gib die Stromstärke bei einer Spannung von 3,0 V an.
c) Bei welcher Spannung beträgt die Stromstärke 2,5 A?
d) Bestimme für jedes Wertepaar den Widerstand. Zeichne die $R(U)$-Kennlinie, indem du den Widerstand über der Spannung aufträgst.

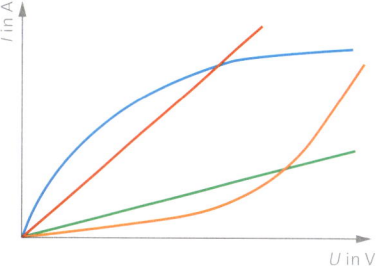

A6 Bei einem Versuch mit verschiedenen Materialien wurden obige $I(U)$-Kennlinien gemessen. Was erfährst du über den Widerstand? Zeichne die zugehörigen $R(U)$-Kennlinien.

Material B ▸ Stromstärke und Spannung im Vergleich

Die Materialien, die in technischen Anwendungen genutzt werden, unterscheiden sich zum Teil beträchtlich in ihren spezifischen Widerständen.

Material	ρ in $\Omega \cdot \frac{mm^2}{m}$
Silber	0,016
Kupfer	0,017
Gold	0,022
Aluminium	0,028
Eisen	0,10 – 0,15
Konstantan	0,50
Edelstahl	0,72
Graphit	8,00
Glas	10 000 000 000 000 000

B1 Beschreibe in Worten, wie sich der Widerstand eines Drahts bei Verdopplung (Verdreifachung) der Länge bzw. bei Verdopplung (Verdreifachung) der Querschnittsfläche ändert.

B2 Eine Heckenschere (230 V/1,7 A) ist an ein 50-m-Verlängerungskabel angeschlossen. Berechne den Widerstand des Kabels (Kupfer, Querschnittsfläche A = 1,5 mm²) und vergleiche mit dem Widerstand der Heckenschere. Erkläre, wie sich der Widerstand des Kabels auf den Betrieb der Heckenschere auswirkt.

B3 Eine Glühlampe (6 V/5 A) soll mit dem 50-m-Kabel aus Aufgabe B2 an ein Netzgerät angeschlossen werden. Berechne, welche Spannung man einstellen muss, damit die Lampe normal hell leuchtet.

B4
a) Berechne für die in der Tabelle aufgeführten Materialien, wie lang ein Draht der Querschnittsfläche 2,5 mm² sein muss, damit sein Widerstand exakt 1 Ω beträgt.
b) Stelle die Ergebnisse in einem Säulendiagramm dar.
c) Woran erkennt man an diesem Diagramm die guten und die weniger guten Leiter?

SPANNUNGEN UND STRÖME
GRÖSSEN DES ELEKTRISCHEN STROMKREISES

METHODE

Proportionale und antiproportionale Zusammenhänge erkennen

Konstantandraht (d = 0,2 mm), U = 5 V				
Länge l in m	0,2	0,3	0,4	0,5
Stromstärke I in A	1,55	1,04	0,76	0,61
Widerstand R in Ω	3,23	4,81	6,41	6,20
$\frac{R}{l}$ in $\frac{\Omega}{m}$	16,13	16,03	16,03	16,39
Konstantandraht (l = 0,7 m), U = 5 V				
Durchmesser d in m	0,2	0,3	0,4	
Fläche A in mm²	0,031	0,071	0,126	
Stromstärke I in A	0,44	0,98	1,75	
Widerstand R in Ω	11,36	5,10	2,86	
$A \cdot R$ in Ωmm²	0,357	0,368	0,359	

01 Messwertetabelle

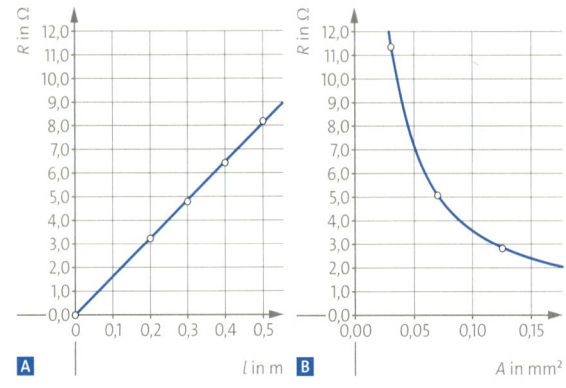

02 Der Widerstand R ist **A** proportional zu l, **B** antiproportional zu A.

Die Formel für den spezifischen Widerstand haben wir bereits kennengelernt, aber nicht mit Messwerten in Verbindung gesetzt. Dazu nutzen wir hier die Messwerte aus ▶ Tabelle 01. Die angegebenen Widerstandswerte wurden jeweils aus den gemessenen Werten der Stromstärke und der Spannung berechnet.

Trägt man in einem Diagramm den Widerstand R gegen die Drahtlänge l auf, so ergibt sich eine Ursprungsgerade (▶ Bild 02 A). Damit ist der Widerstand **proportional** zur Drahtlänge: $R \sim l$. Dies kannst du auch daran erkennen, dass der Quotient aus Widerstand und Drahtlänge für alle Messungen im Rahmen der Messgenauigkeit konstant ist: $\frac{R}{l}$ = konstant.

Variiert man statt der Länge des Drahts seinen Durchmesser d, zeigt sich ein anderer Zusammenhang: Der Widerstand hängt von der kreisförmigen Querschnittsfläche A ab. Es gibt aber keine Quotientengleichheit und damit auch keinen proportionalen Zusammenhang. Stattdessen nimmt der Widerstand mit zunehmender Fläche immer weiter ab und statt des immer gleichen Quotienten ergibt sich jetzt das immer gleiche Produkt aus Querschnittsfläche und Widerstand: $R \cdot A$ = konstant. Der Widerstand ist **antiproportional** zur Querschnittsfläche: $R \sim \frac{1}{A}$. Im Diagramm liegen die Messwerte auf dem Ast einer Hyperbel (▶ Bild 02 B). Insgesamt ergibt sich somit für Drahtlänge, Querschnittsfläche und Widerstand: $R \sim l$ und $R \sim \frac{1}{A}$.

Zusammengefasst heißt das:

$R \sim l \cdot \frac{1}{A}$.

Der Proportionalitätsfaktor ist eine Materialkonstante und wird mit ρ („rho") bezeichnet. Sie stellt den spezifischen Widerstand dar, der durch die Leitfähigkeit des jeweiligen Stoffs bestimmt wird. Für Konstantan hat ρ den Wert $0{,}5\,\Omega \cdot \frac{mm^2}{m}$.

$R = \rho \cdot \frac{l}{A}$

In der Physik untersucht man häufig, wie physikalische Größen zusammenhängen. Oft sind zwei Größen proportional oder antiproportional zueinander, manchmal aber auch nicht. Zur Überprüfung kannst du die Quotienten- bzw. Produktgleichheit nutzen. Oder du prüfst, ob du im Diagramm eine Ursprungsgerade erhältst. Im Falle der Antiproportionalität musst du dazu von einer der Größen die Kehrwerte verwenden.

1 〕 Ein 1,5 m langer Konstantandraht hat einen Widerstand von 3,75 Ω. Ermittle die Größe seiner Querschnittsfläche.

2 〕 Trage die Werte aus ▶ Bild 02 B so auf, dass du eine Ursprungsgerade erhältst.

3 〕 Übertrage die Diagramme aus ▶ Bild 02 in dein Heft und zeichne die entsprechenden Graphen für einen größeren spezifischen Widerstand ein. Begründe.

BLICKPUNKT

Elektrizität im Tierreich

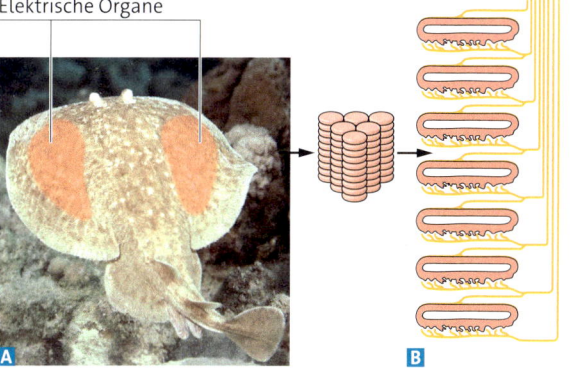
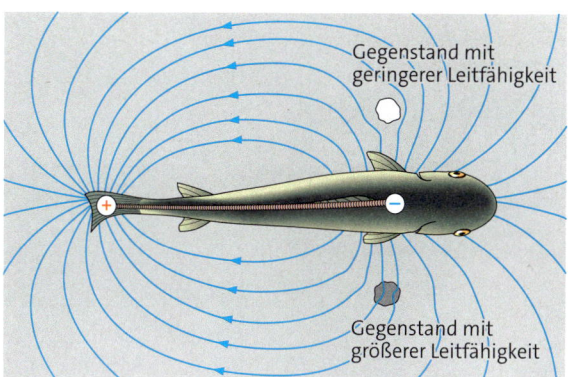

03 Zitterrochen: **A** Lage und **B** Modell zur Anordnung der Elektrozyten

04 Störungen des elektrischen Feldes beim Nilhecht

In allen Lebewesen müssen Informationen weitergeleitet werden, um Sinneseindrücke zu verarbeiten und Muskeln zu steuern. In höheren Tieren werden diese Informationen über Nervenbahnen transportiert und meist vom Gehirn verarbeitet. Die Weiterleitung innerhalb der Nervenzellen erfolgt dabei über die kurzzeitige Änderung kleiner elektrischer Spannungen. Bei Wirbeltieren sind dies meist Spannungsänderungen von etwa −70 mV auf etwa +30 mV, die sich dann mit etwa 100 $\frac{m}{s}$ fortpflanzen. Durch solche Impulse wird auch die Kontraktion von Muskeln ausgelöst.

Manche Tiere nutzen Spannungen auch zur Orientierung, zum Beutefang oder zur Kommunikation. Dabei werden deutlich höhere Spannungen aufgebaut. So gibt es ca. 200 verschiedene elektrische Fische. Unter ihrer Haut liegen Stapel von scheibenförmigen, umgewandelten Muskelzellen, die Elektrozyten, die jeweils eine Spannung von 120 bis 150 mV aufbauen können. In den Stapeln sind mehrere Elektrozyten in Reihe geschaltet, sodass sich ihre Spannungen addieren (▸ Bild 03 B). Sind mehrere Stapel parallel geschaltet, dann lassen sich hohe Stromstärken erzeugen. Nervenimpulse steuern das Laden und Entladen dieser Spannungsquellen.

Schwach elektrische Fische wie der Nilhecht und der Messeraal laden und entladen ihre Elektrozyten in sehr kurzen Abständen um ein bis fünf Volt. Das resultierende elektrische Feld können sie zur Orientierung in trüben Gewässern, zur Kommunikation und zur Ortung von Beutetieren nutzen, weil das Feld durch Gegenstände und Lebewesen in der näheren Umgebung gestört wird, wenn diese eine andere Leitfähigkeit als das Wasser besitzen (▸ Bild 04).

Die Fische können mit speziellen Sinnesorganen, den **Elektrorezeptoren**, Spannungsänderungen eines millionstel Volts wahrnehmen. Die Leitfähigkeit von Beutetieren und Hindernissen liefert dabei nicht nur Informationen über deren Aufenthaltsort, sondern auch über ihre Eigenschaften. Allerdings beträgt die Reichweite nur etwa eine halbe Fischlänge.

Stark elektrische Fische nutzen die Elektrizität zum Beutefang oder zur Verteidigung. Sie geben auf einen äußeren Reiz hin kurze lähmende oder sogar tödliche Stromschläge ab. Zitterrochen erzeugen dabei Spannungen von etwa 70 V bei einer Stromstärke von bis zu 50 A, der Zitterwels 350 V und der Zitteraal sogar bis zu 800 V bei etwa 1 A. Hierzu nutzt er ca. 6 000 Elektrozyten.

Dabei kann der Zitteraal auch Impulse mit geringer Spannung aussenden, um seine Beute aufzuspüren. In ▸ Bild 05 kannst du die Sinnesgruben mit den Elektrorezeptoren gut erkennen.

05 Zitteraal mit gut sichtbaren Sinnesgruben

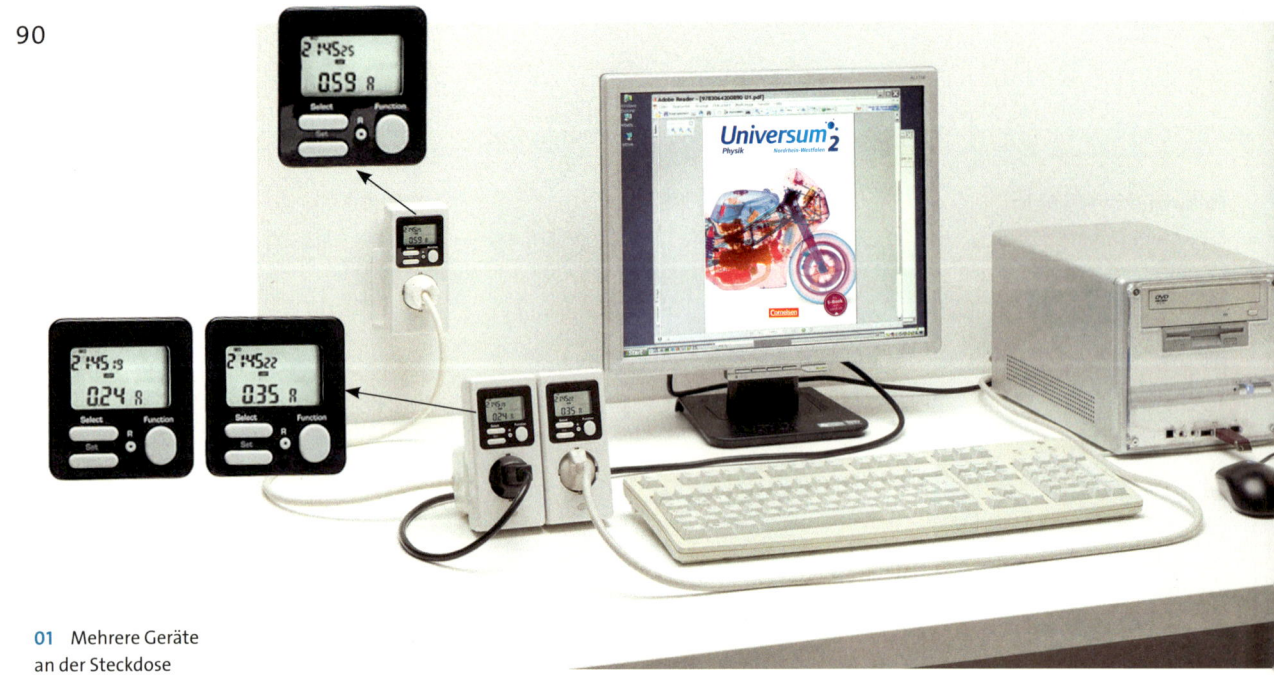

01 Mehrere Geräte an der Steckdose

Parallel- und Reihenschaltung

An Arbeitsplätzen und im Haushalt sind Computer, Monitor und andere Geräte häufig über eine Mehrfachsteckdose mit dem elektrischen Stromnetz im Haus verbunden. Wie teilen sich die elektrischen Ströme auf und wie fließen sie wieder zusammen?

STROM TEILEN · An den Stromstärkemessgeräten im ▸ Bild 01 kannst du ablesen, dass die elektrische Stromstärke in der Zuleitung zur Mehrfachsteckdose größer ist als die elektrischen Stromstärken in den Leitungen aus der Mehrfachsteckdose in die Geräte. Und zwar ist die Stromstärke zur Mehrfachsteckdose genauso groß wie die Summe der Stromstärken zu den Geräten. Offenbar teilt sich der Strom an Knotenpunkten wie der Mehrfachsteckdose so auf, dass nichts verloren geht oder hinzukommt. Genauso müssen die Ströme in der Mehrfachsteckdose auch wieder zusammenfließen. Bleibt die Stromstärke also in der Summe erhalten?

Um zu verstehen, wie sich der Strom aufteilt und wie er wieder zusammenfließt, führen wir einen Modellversuch durch: Du weißt, dass die Geräte im Haushalt parallel zueinander geschaltet sind. Auch die Schaltung im ▸ Bild 01 ist eine Parallelschaltung, denn man kann jeweils einen Stecker aus der Mehrfachsteckdose ziehen, ohne dass dabei das andere Gerät ausgeht. Deshalb bauen wir im Modell eine Parallelschaltung mit einer Batterie und zwei unterschiedlichen Glühlampen auf und messen an verschiedenen Stellen die Stromstärken (▸ Bild 02).

STROMSTÄRKEN IN PARALLELSCHALTUNGEN · Da im elektrischen Stromkreis keine Ladung verloren geht, erwarten wir, dass der Strom sich auf die beiden Zweige der Parallelschaltung aufteilt und anschließend wieder zusammenfließt. Die Summe der Stromstärken I_1 und I_2 in den beiden Lampen sollte also genauso groß sein wie die Gesamtstromstärke I_{ges}. Dabei darf es keine Rolle spielen, ob die Gesamtstromstärke auf der Seite des Plus- oder des Minuspols bestimmt wird, weil im Stromkreis keine elektrische Ladung verloren geht oder hinzukommt. Eine Messung bestätigt unsere Erwartung (▸ Bild 03): $I_1 + I_2 = I_{ges}$.

Teilt sich der Gesamtstrom in einer Parallelschaltung also in mehrere Teilströme auf, dann gilt allgemein:

 Im verzweigten Stromkreis (Parallelschaltung) ist die Summe der Stromstärken in den einzelnen Zweigen gleich der Gesamtstromstärke:
$I_1 + I_2 + I_3 + ... = I_{ges}$.

Erweitert man die Schaltung um weitere Zweige, so zeigt sich, dass I_{ges} jeweils um die Stromstärke im neuen Zweig zunimmt, solange die Batterie diese Stromstärke bereitstellen kann.

SPANNUNGEN IN PARALLELSCHALTUNGEN ·
Jedes Haushaltsgerät funktioniert unabhängig davon, ob es an einer Wandsteckdose oder einer Mehrfachsteckdose angeschlossen ist. Daher muss an dem Gerät immer dieselbe elektrische Spannung anliegen. Entsprechend dürfte sich die Spannung im Gegensatz zur Stromstärke an den Verzweigungen nicht aufteilen, sondern müsste gleich bleiben. Das erscheint auch deshalb sinnvoll, weil jede Lampe für sich genommen direkt mit der Spannungsquelle verbunden ist.

Um dies zu überprüfen, bauen wir unseren Modellversuch so um, dass wir statt der Stromstärken die Spannungen messen – direkt am Netzgerät sowie an den beiden Glühlampen. Tatsächlich teilen sich die Spannungen nicht auf. Wir messen mit jedem Messgerät eine Spannung von 4,5 V, es gilt also $U_1 = U_2 + U_{ges}$.

 In einer Parallelschaltung ist die Spannung an den parallel geschalteten Geräten gleich der Spannung der Quelle:
$U_1 + U_2 + U_3 + ... = U_{ges}$.

GEFAHR DURCH ÜBERLAST ·
Die Zunahme der Stromstärke durch den parallelen Anschluss vieler Geräte stellt eine Gefahr dar. Denn mit zunehmender Stromstärke erhitzen sich die Leitungen immer stärker. Dadurch kann es zu einem Kabelbrand kommen.
Damit das nicht geschieht, sind **Sicherungen** im Stromnetz eingebaut, die den Stromkreis unterbrechen, sobald eine bestimmte Stromstärke überschritten wird. Achte trotzdem darauf, nicht zu viele Geräte über eine einzige Steckdose anzuschließen.

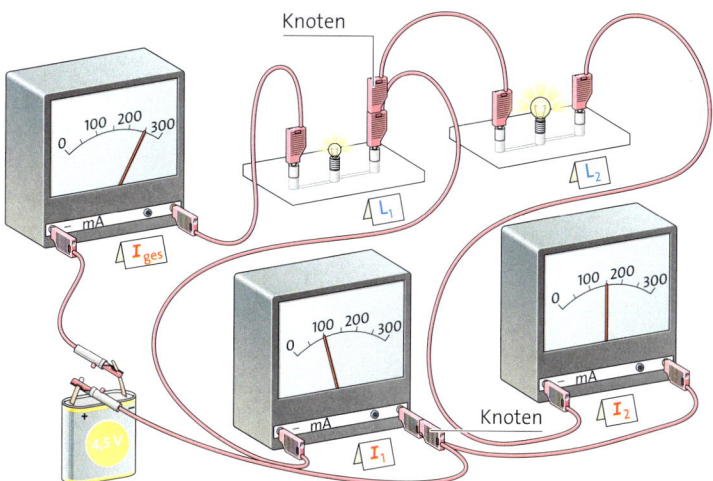
02 Modellversuch zur Parallelschaltung

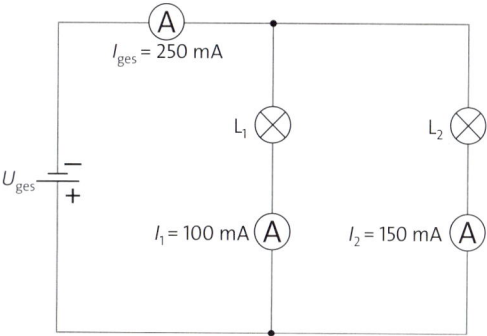
03 Schaltskizze zum Modellversuch

1) Fertige eine Schaltskizze zur Spannungsmessung analog zu ▸ Bild 03 an.

2) Eine Steckdose ist mit einer 16-A-Sicherung geschützt. Überprüfe rechnerisch, ob ein Waffeleisen (R_W = 53 Ω) zusätzlich zu einem Toaster (I_T = 3,7 A), einem Wasserkocher (I_A = 8,7 A) und einer Kaffeemaschine (R_K = 66 Ω) angeschlossen werden kann.

SPANNUNGEN UND STRÖME
ARBEITEN MIT SCHALTUNGEN

WIDERSTÄNDE IN DER PARALLELSCHALTUNG · Während die Spannung U in jedem Zweig ebenso groß ist wie an der Spannungsquelle, wird die Gesamtstromstärke mit jedem zusätzlichen Gerät größer. Gleichzeitig gilt sowohl in den einzelnen Zweigen als auch an der Spannungsquelle der Zusammenhang $U = R \cdot I$. Dies kann man nutzen, um die Widerstände bei der Parallelschaltung von zwei Bauteilen zu berechnen:

$$I_1 + I_2 = I_{ges}$$
$$\Leftrightarrow \frac{U}{R_1} + \frac{U}{R_2} = \frac{U}{R_{ges}}$$
$$\Leftrightarrow \frac{1}{R_1} + \frac{1}{R_2} = \frac{1}{R_{ges}}$$

Damit ist der Gesamtwiderstand einer Parallelschaltung stets kleiner als der Widerstand jedes einzelnen Zweigs. – Schließlich gibt es ja auch zusätzliche Wege für die Elektronen und der Gesamtquerschnitt der Widerstände nimmt zu.

> In einer Parallelschaltung addieren sich die Kehrwerte der Teilwiderstände:
> $\frac{1}{R_1} + \frac{1}{R_2} + \frac{1}{R_3} + ... = \frac{1}{R_{ges}}$.

STRÖME IN DER REIHENSCHALTUNG · Verschiedene Bauteile lassen sich nicht nur parallel, sondern auch in Reihe schalten. Um die Zusammenhänge hier genauer zu untersuchen, bauen wir eine Schaltung mit den beiden unterschiedlichen Glühlampen in Reihe auf (▸ Bild 01).

Da es in der Reihenschaltung keine Verzweigungen gibt, an denen sich die Ströme aufteilen, muss die Stromstärke im Stromkreis überall gleich sein. Um dies zu überprüfen, messen wir die Stromstärken an verschiedenen Stellen. Wie erwartet stellen wir fest $I_1 = I_2 = I_{ges}$.

> Im unverzweigten Stromkreis (Reihenschaltung) ist die Stromstärke an jeder Stelle des Stromkreises gleich groß:
> $I_1 = I_2 = I_3 = ... = I_{ges}$.

SPANNUNGEN UND WIDERSTÄNDE · Wir messen die Spannungen am Netzgerät und an den beiden Lampen (▸ Bild 02). An den Werten ist direkt zu erkennen, dass sich die Teilspannungen zur Gesamtspannung addieren: $U_1 + U_2 = U_{ges}$.

Allgemein formuliert ergibt sich:

> In der Reihenschaltung ist die Gesamtspannung genauso groß wie die Summe der Teilspannungen:
> $U_1 + U_2 + U_3 + ... = U_{ges}$.

Den Zusammenhang zwischen den Widerständen erhalten wir ähnlich wie bei der Parallelschaltung:

$$U_1 + U_2 = U_{ges}$$
$$\Leftrightarrow R_1 \cdot I + R_2 \cdot I = R_{ges} \cdot I$$
$$\Leftrightarrow R_1 + R_2 = R_{ges}$$

In der Reihenschaltung addieren sich die einzelnen Widerstände zum Gesamtwiderstand.

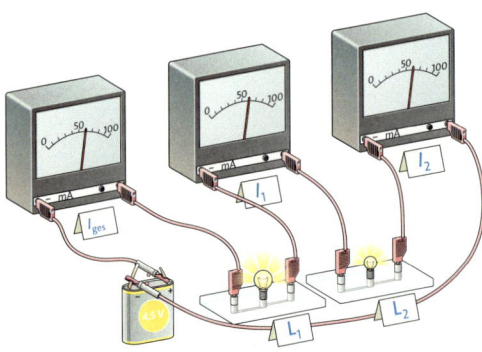

01 Modellversuch zur Reihenschaltung

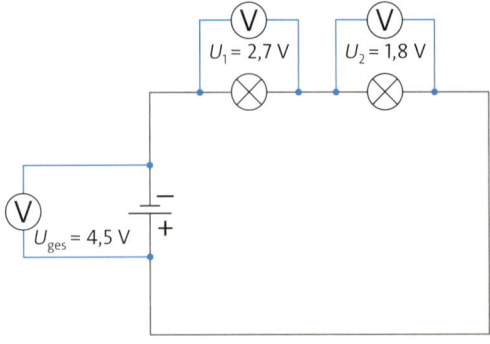

02 Schaltskizze zur Reihenschaltung

Dieser ist in der Reihenschaltung somit grundsätzlich größer als die einzelnen Widerstände. – Schließlich gibt es hier mehr Hindernisse und die Gesamtlänge der Widerstände nimmt zu.

/// In einer Reihenschaltung addieren sich die einzelnen Teilwiderstände:
$R_1 = R_2 = R_3 = ... = R_{ges}$.

Aber wie kommt es zu der oben gemessenen Aufteilung der Gesamtspannung auf die Teilspannungen? Sie folgt aus den unterschiedlich großen Widerständen.

Die Widerstände der verwendeten Lämpchen können wir aus den Messwerten des Parallelschaltungsexperiments berechnen, denn der Widerstand ist ja durch den Zusammenhang $R = \frac{U}{I}$ definiert. Damit ergibt sich $R_1 = 45\ \Omega$ und $R_2 = 30\ \Omega$. Die Teilspannungen $U_1 = 2{,}7\ V$ und $U_2 = 1{,}8\ V$ stehen also im gleichen Verhältnis von 3:2 zueinander wie die Widerstände. In beiden Fällen sind die Werte für L_1 1,5-mal so groß wie die für L_2.

SPANNUNGSAUFTEILUNG IM MODELL · Die unterschiedlichen Spannungen bedeuten, dass bei L_1 1,5-mal so viel Energie übertragen wird wie bei L_2. Doch wie kann das sein, wenn der Antrieb von der gleichen Spannungsquelle bei konstanter Stromstärke hervorgerufen wird?
Um dies besser zu verstehen, nutzen wir noch einmal unseren Wasserstromkreis. Hier können wir einen größeren elektrischen Widerstand durch ein Wasserrad darstellen, das eine schwereres Massestück anheben muss und deshalb schwergängiger ist (rechts in ▶ Bild 03). Durch dieses Rad wird mehr Energie umgewandelt als durch das weniger belastete.
Entsprechend wird im elektrischen Stromkreis am größeren elektrischen Widerstand ebenfalls mehr Energie abgegeben. Diese Energie wird zum Betrieb des jeweiligen elektrischen Geräts genutzt. An Widerstandsbauteilen wird sie in Form von Wärme abgegeben.

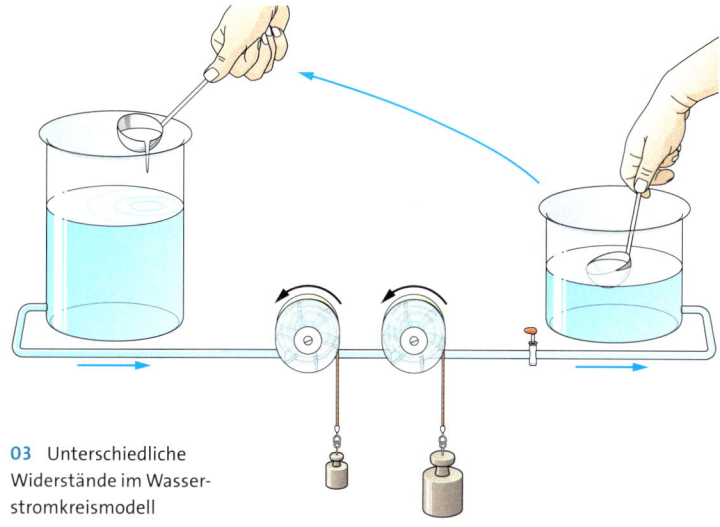

03 Unterschiedliche Widerstände im Wasserstromkreismodell

1) Erstelle einen tabellarischen Vergleich von Reihen- und Parallelschaltung.

2) Die Widerstände $R_1 = 1\ k\Omega$, $R_2 = 333\ \Omega$ und $R_3 = 100\ \Omega$ werden verschaltet.
a) Finde die Schaltung mit dem größten und dem kleinsten Gesamtwiderstand und berechne diese.
b) Zeichne eine mögliche Schaltung, die Parallel- und Reihenschaltung verbindet. Ermittle auch ihren Gesamtwiderstand.

3) Für die Innenraumbeleuchtung in einem Auto soll eine Leuchtdiode eingesetzt werden, die 50 mA bei 2,1 V benötigt. Die Autobatterie liefert aber 12 V. Berechne die Größe des Widerstands, mit dem die Spannung reduziert werden kann.

4) Eine Lichterkette wird an einer Steckdose betrieben.
a) Wie viele Lampen müssen in Reihe geschaltet werden, wenn eine Lampe mit einer Spannung von 16 V, 23 V oder 46 V betrieben werden soll? Rechne und begründe.
b) Die Lichterkette besteht aus 16 Glühlampen, die jeweils einen Widerstand von 70 Ω haben. Berechne die Spannung an jeder Lampe sowie die Stromstärke.

SPANNUNGEN UND STRÖME
ARBEITEN MIT SCHALTUNGEN

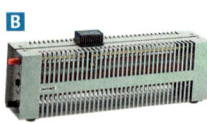

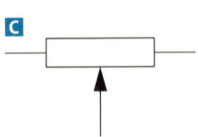

02 Potenziometer:
A Drehpotenziometer,
B Schiebepotenziometer,
C Schaltsymbol

BLICKPUNKT

Widerstand als Geräteschutz

Was macht man, wenn man z. B. eine Glühlampe mit der Aufschrift 4 V/0,1 A mit einem 6-V-Akku betreiben muss?

Wenn man die Lampe direkt an den Akku anschließt, dann ist die Spannung zu hoch und die Lampe brennt durch. Man benötigt daher eine Schaltung, bei der die Spannung an der Lampe kleiner ist als die Spannung der elektrischen Quelle. Hier hilft eine Reihenschaltung aus der Lampe und einem geeigneten Widerstand weiter (▶ Bild 01). Um die Größe des Widerstands festzulegen, nutzt man, dass bei der Reihenschaltung $U_{ges} = U_1 + U_2$ gilt.

Soll die Spannung U_2 an der Lampe 4 V betragen, ergibt sich für die Spannung U_1 am Widerstand:

$$U_1 = U_{ges} - U_2 = 6\,\text{V} - 4\,\text{V} = 2\,\text{V}.$$

Nun muss man nur noch den Widerstandswert R passend wählen. Da die Stromstärke 0,1 A betragen soll, folgt für R:

$$R = \frac{U_1}{I} = \frac{2\,\text{V}}{0{,}1\,\text{A}} = 20\,\Omega.$$

Diese Schaltung wird häufig zum Schutz eines elektrischen Geräts genutzt. Den schützenden Widerstand, der vor oder auch hinter das Gerät geschaltet wird, nennt man **Vorwiderstand**.

Widerstand als Spannungsteiler

Es gibt verschiedene Bauteile, die es möglich machen, die richtige Spannung einzustellen. Mit dem **Potenziometer** (▶ Bild 02) lassen sich Spannungen ganz genau einstellen, z. B. beim Lautstärkeregler.

Das Potenziometer besteht im Wesentlichen aus einem langen, eng aufgewickelten, dünnen Draht, dessen Enden an die Pole einer Spannungsquelle angeschlossen sind. Ein dritter Anschluss ist mit einem Gleitkontakt verbunden, der sich entlang des gewickelten Drahts verschieben lässt (▶ Bild 03 A). Auf diese Weise wird der Draht in zwei Abschnitte unterteilt, deren Widerstände jeweils von der Länge der Drahtabschnitte abhängen. Im Prinzip ergibt sich so eine Reihenschaltung von zwei Teilwiderständen R_1 und R_2 (▶ Bild 03 B), die **Spannungsteilerschaltung** genannt wird, weil sie die Spannung U_{ges} der Spannungsquelle in die zwei Teilspannungen U_1 und U_2 aufteilt.

Durch Verschieben des Gleitkontakts lässt sich das Verhältnis von R_1 zu R_{ges} und damit auch das Verhältnis von U_1 zu U_{ges} einstellen. Dabei kann jede Spannung U_1 zwischen 0 V und der gesamten, an der vollen Länge des Drahts anliegenden Spannung eingestellt werden.

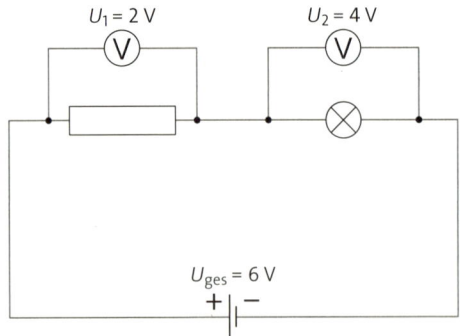

01 Mit einem Vorwiderstand kann man eine 4-V-Lampe an einem 6-V-Akku betreiben.

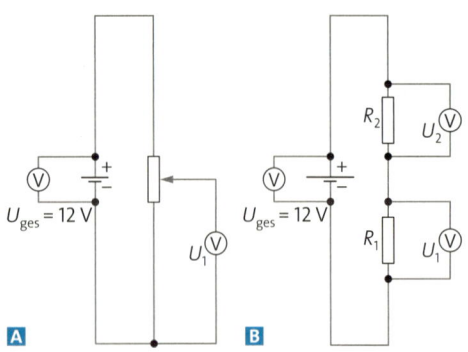

03 Potenziometer: **A** Änderung der Spannung U_1; **B** Betrachtung als Spannungsteilerschaltung

MATERIAL

VERSUCHE ▸ Reihen- und Parallelschaltung

In diesen Versuchen nutzt du Widerstände als Bauteile.

V1 Diebstahlsicherung

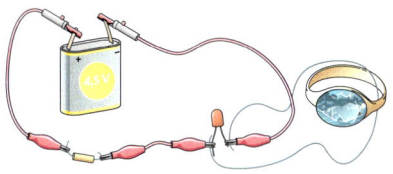

Material:
Batterie, LED, Widerstand (ca. 100 Ω), dünner Draht

Durchführung:
a) Zeichne einen Schaltplan des Versuchsaufbaus. Erkläre das Prinzip dieser einfachen Diebstahlsicherung.
b) Baue den Versuch auf und überprüfe deine Vorhersage.

V2 Widerstände

Material:
Spannungsquelle, Multimeter, zwei Glühlampen und/oder Widerstände, Kabel

Durchführung:
a) Baue mit den beiden Bauteilen eine Reihenschaltung auf. Miss die auftretenden Spannungen und Stromstärken.
b) Baue mit den beiden Bauteilen eine Parallelschaltung auf und miss wieder die auftretenden Spannungen und Stromstärken.
c) Ermittle aus den Messwerten jeweils die entsprechenden Widerstandswerte.
d) Überprüfe anhand der berechneten Widerstandswerte die rechnerischen Zusammenhänge zwischen den Teilwiderständen und dem Gesamtwiderstand in beiden Schaltungen.

Material A ▸ Gemischte Schaltungen

A1 Fertige Schaltskizzen zu einer Schaltung mit vier baugleichen Widerständen an. Dabei sollen die jeweils angegebenen Bedingungen erfüllt sein.
a) Die Stromstärke durch R_1 soll dreimal so groß sein wie durch die anderen Widerstände.
b) Die Stromstärke durch jeweils zwei Widerstände soll gleich groß sein, aber bei keinem so groß wie I_{ges}.

c) Vergleiche die beiden Schaltungen bezüglich der Teilstromstärken.

A2 Elena und Sascha experimentieren mit blauen Lampen (6 V/0,1 A), roten Lampen (3 V/0,1 A) und einem 12-V-Akku.
a) Sie wollen eine Schaltung mit vier blauen Lampen aufbauen. Zeichne dazu einen Schaltplan. Zeichne ein Stromstärkemessgerät zur Messung der Gesamtstromstärke ein. Notiere, was das Gerät anzeigen müsste.
b) Nun wollen sie eine Schaltung mit blauen und roten Lampen aufbauen. Zeichne dazu drei verschiedene Schaltpläne.

A3 Eine Lampe (6 V/0,4 A) soll mit einer 9-V-Batterie betrieben werden. Entwirf eine Schaltung, sodass die Lampe korrekt leuchtet. Berechne die erforderlichen Daten.

Material B ▸ Schaltung einer 12-V-LED-Beleuchtung

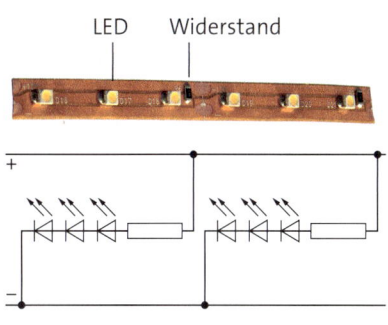

Eine 12-V-LED-Beleuchtung mit 60 LEDs besteht aus einer Parallelschaltung von 20 Segmenten. In jedem Segment sind drei LEDs mit einem Widerstand in Reihe geschaltet. Eine einzelne LED wird mit einer Spannung von 3,2 V betrieben.

B1 a) Gib begründet die Spannung an, die an einem Segment anliegt.
b) Erläutere den Zweck des Widerstandsbauteils in der Reihenschaltung.
c) Berechne, welche Spannung am Widerstand abfällt.

B2 Wie müsste man die Verschaltung der Segmente verändern, um die Beleuchtung mit 24 V statt mit 12 V betreiben zu können? Erläutere.

BLICKPUNKT

Elektroinstallation im Haus

01 Stark vereinfachte Darstellung einer Elektroinstallation

Die Elektroinstallation muss fehlerfrei sein, damit niemand durch den elektrischen Strom gefährdet wird. ▶ Bild 01 zeigt das Prinzip. Von außen führen zwei Leitungen in die Wohnung, der **Außenleiter** und der **Neutralleiter.** Der Neutralleiter ist durch eine elektrische Leitung mit dem Erdboden verbunden. Eine solche Verbindung nennt man **Erdung.**

Zwischen Neutralleiter und Erdboden gibt es keine nennenswerte elektrische Spannung. Zwischen Außenleiter und Neutralleiter beträgt die Spannung 230 V. In den Außenleiter sind der Zähler und eine Sicherung eingebaut. Die Steckdosen und elektrischen Geräte sind in einer Parallelschaltung an Außen- und Neutralleiter angeschlossen.

Aufgabe der Sicherung · Wenn die Stromstärke zu groß ist, dann können die Leitungen wegen der Wärmewirkung heiß werden und einen Brand verursachen. Eine mögliche Ursache für zu große Stromstärken kann Überlastung sein, z. B. wenn zu viele Geräte eingeschaltet sind. Eine andere Ursache ist ein Kurzschluss zwischen Außen- und Neutralleiter. Ein Kurzschluss kann eintreten, wenn z. B. ein Kabel beschädigt wird.

Die Sicherung unterbricht den Stromkreis, wenn die Stromstärke einen bestimmten Wert, meistens 16 A, überschreitet. Dadurch verhindert sie einen Kabelbrand durch Überlastung oder Kurzschluss. Wenn die Sicherung den Stromkreis unterbrochen hat, dann muss man zuerst die Ursache beseitigen, z. B. die Anzahl der eingeschalteten Geräte verringern, bevor man die Sicherung wieder einschaltet.

Gefahr für Personen · Der menschliche Körper stellt wie ein Gerät einen Widerstand für den elektrischen Strom dar. Wenn jemand zwei Stellen berührt, zwischen denen eine Spannung besteht, dann fließt elektrische Ladung durch seinen Körper. Ist die Spannung kleiner als 25 V, dann ist die Stromstärke meistens sehr gering und ungefährlich. Wenn die Person aber z. B. die beiden Buchsen einer Steckdose berührt, dann beträgt die Spannung 230 V. Dadurch wird die Stromstärke im Körper so groß, dass die Person ernsthaft verletzt oder gar getötet werden kann. Die Stromstärke ist aber nicht so groß, dass die Sicherung den Stromkreis unterbricht. Die Sicherung schützt Leitungen, aber nicht Menschen! Deshalb sind weitere Schutzmaßnahmen nötig.

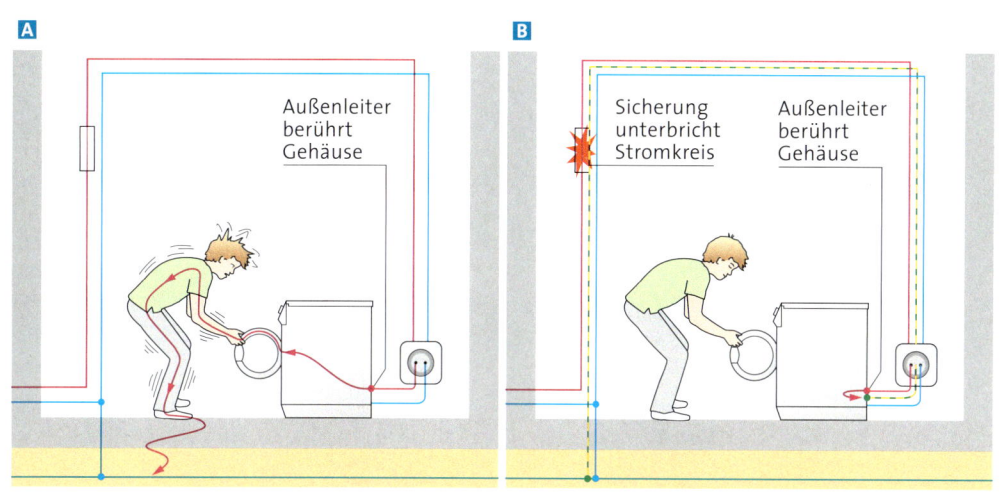

02 **A** Stromschlag durch beschädigte Isolierung des Außenleiters, **B** mit Schutzleiter passiert das nicht.

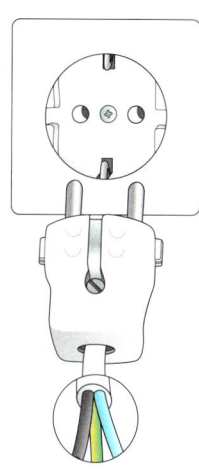

03 Kabel mit Schutzleiter, Schukostecker und Steckdose

Schutz des Menschen · Eine Gefährdung kann von defekten Geräten, z. B. einer Waschmaschine, ausgehen. Es kann vorkommen, dass die Isolierung des Außenleiters beschädigt ist und der Außenleiter das metallische Gehäuse der Waschmaschine berührt (▶ Bild 02 A). Dann liegt eine Spannung von 230 V zwischen Gehäuse und Erde. Wenn nun eine Person das Gehäuse der Waschmaschine mit der Hand berührt, dann beträgt die Spannung zwischen Hand und Füßen auch 230 V! Dadurch kommt es zu einem gefährlichen Strom durch den menschlichen Körper, besonders dann, wenn die Person barfuß auf nassem Boden steht.

Um sich vor dieser Gefahr zu schützen, hat man eine dritte Leitung in die Stromkabel eingebaut, den **Schutzleiter** (Farbe: grün-gelb). Der Schutzleiter ist eine Leitung zwischen der Erdung und dem Gehäuse der Waschmaschine (▶ Bild 02 B). Wegen dieser Verbindung beträgt die Spannung zwischen Erdung und Gehäuse immer 0 V. Wenn jetzt ein schadhafter Außenleiter das Gehäuse berührt, dann entsteht ein Kurzschluss und die Sicherung unterbricht den Stromkreis. Wenn nun jemand die Waschmaschine berührt, dann besteht keine Gefahr mehr. Geräte mit Metallgehäuse haben deshalb Kabel mit drei Leitungen: Außenleiter, Neutralleiter und Schutzleiter (▶ Bild 03).

Zum Anschluss an die Steckdose benötigt man einen **Schutzkontaktstecker.** Dieser hat zwei Metallstreifen, entsprechend hat die Steckdose zwei Metallklammern. Über diese Klammern wird der Schutzkontakt, also die Verbindung zwischen Metallgehäuse und Erdung, hergestellt. Geräte mit einem Kunststoffgehäuse benötigen keinen Schutzleiter, da über das isolierende Kunststoffgehäuse keine gefährliche Verbindung zum Außenleiter möglich ist. Sie haben den einfachen Eurostecker.

Im Bad ist die Gefahr besonders groß, dass durch Wasser eine Verbindung zwischen einer Person und dem Außenleiter entsteht. In solch einem Fall kann ein **Fehlerstromschutzschalter** (kurz: FI-Schalter) einen Stromschlag verhindern. Er vergleicht die Stromstärken in Außenleiter und Neutralleiter. Falls die Stromstärken nicht gleich sind, unterbricht der FI-Schalter den Stromkreis. So verhindert er, dass der Strom einen anderen Weg als den über den Neutralleiter nimmt, z. B. über eine Person, die auf nassem Boden steht.

Der Schutzkontaktstecker wird kurz Schukostecker genannt.

Achtung!
Auch Schutzleiter und FI-Schutzschalter bieten keine hundertprozentige Sicherheit! Vermeide deshalb unbedingt den Kontakt mit elektrischen Anschlüssen!

SPANNUNGEN UND STRÖME
ARBEITEN MIT SCHALTUNGEN

01 **A** Windrad mit Generator, **B** Fotovoltaikanlage mit vielen Solarzellen, **C** Bus mit Brennstoffzellen und Elektroantrieb

Elektrische Energiequellen

Ein Stromkreis kann ohne elektrische Energiequelle nicht funktionieren. Es gibt viele Arten von Energiequellen: Die abgebildete Windkraftanlage besitzt einen Generator, die Fotovoltaikanlage hat Solarzellen und der Bus fährt mit Brennstoffzellen. – Wie kann man die vielfältigen Energiequellen beschreiben?

QUELLEN UND GERÄTE · Elektrische Energiequellen sind Energiewandler. Sie geben die Energie, die sie erhalten, durch den elektrischen Strom ab. Sie unterscheiden sich aber durch die Art und Weise, wie sie ihre Energie erhalten: Der Generator erhält die Energie durch die Drehbewegung des Propellers, die Solarzelle durch das Licht der Sonne und die Brennstoffzelle durch die Gase Wasserstoff und Sauerstoff. Elektrische Geräte sind ebenfalls Energiewandler. Im Gegensatz zu den elektrischen Energiequellen erhalten sie die Energie durch den elektrischen Strom und geben sie auf eine andere Art wieder ab – ein Elektromotor z. B. durch eine Drehbewegung.

UMKEHRBAR ODER NICHT? · Im Generator läuft also genau der umgekehrte Vorgang ab wie im Elektromotor. Gibt es auch zu den anderen elektrischen Energiequellen jeweils ein entsprechendes Gerät, das genau das Umgekehrte macht?

Die Umkehrung der Solarzelle kennst du schon. Es ist die Leuchtdiode. Auch bei der Brennstoffzelle gibt es ein solches Gerät. Es ist die Knallgaszelle. Für Generator und Elektromotor kann man sogar ein und dasselbe Bauteil verwenden. Meistens sind aber für die Energiequelle und das zugehörige Gerät unterschiedliche Bauweisen notwendig.

Es gibt aber auch Vorgänge in Geräten, die sich nicht umkehren lassen. Eine Glühlampe z. B. erhält Energie durch den Strom und gibt sie durch Wärmestrahlung und Licht ab. Dieser Vorgang lässt sich nicht umkehren. Der Grund dafür ist, dass die Energie bei diesem Vorgang entwertet wird.

ANTRIEB INNERHALB DER QUELLE · Außerhalb der elektrischen Energiequelle treibt die Spannung die Elektronen vom Minuspol durch das elektrische Gerät zum Pluspol. Das weißt du schon. Die Elektronen müssen aber auch durch die Energiequelle fließen. Dazu müssen sie vom Pluspol zum Minuspol „gepumpt" werden. Um zu verstehen, wie das prinzipiell funktioniert, betrachten wir einige Beispiele.

MOTOR UND GENERATOR · Ein Elektromotor besteht im Wesentlichen aus einem feststehenden Dauermagneten und einer drehbar gelagerten Wicklung aus Draht. Wenn Strom durch die Drahtwicklung fließt, dann wird diese zu einem Elektromagneten. Weil sich gleichnamige magnetische Pole abstoßen und ungleichnamige Pole einander anziehen, dreht sich der Elektromagnet im Magnetfeld des Dauermagneten.

Ein Generator funktioniert genau umgekehrt: Die Drahtwicklung wird im Magnetfeld des Dauermagneten gedreht. Dadurch werden die Elektronen durch die Drahtwicklung gepumpt – und zwar vom Plus- zum Minuspol.

LEUCHTDIODE UND SOLARZELLE · In einer Solarzelle wird die eintreffende Lichtenergie genutzt, um Ladungen zu trennen und so eine elektrische Spannung aufzubauen. Innerhalb der Leuchtdiode kommt es hingegen zu einem vielfachen Ladungsausgleich. Die dabei frei werdende Energie wird in Form von Licht abgegeben.

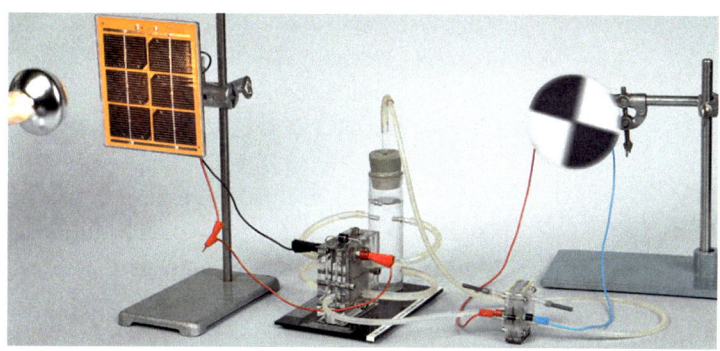

03 Energieübertragungskette aus Solarzelle, Knallgaszelle, Brennstoffzelle und Motor

KNALLGAS- UND BRENNSTOFFZELLE · Wenn Strom durch eine Knallgaszelle fließt, dann wird Wasser in seine chemischen Bestandteile Wasserstoff und Sauerstoff zersetzt.
Eine Brennstoffzelle funktioniert genau umgekehrt: Aus Wasserstoff und Sauerstoff wird durch eine chemische Reaktion wieder Wasser. Die dabei frei werdende Energie pumpt die Elektronen vom Plus- zum Minuspol.

> Um elektrische Energie bereitzustellen, müssen Ladungen getrennt werden. Dazu lassen sich verschiedene Energieformen nutzen. Umgekehrt wird beim Ladungsausgleich wieder Energie in anderer Form abgegeben.

Solarzelle, Knallgaszelle, Brennstoffzelle und Motor lassen sich zu einer Energieübertragungskette aneinanderhängen (▸ Bild 03). Das Energieflussdiagramm zeigt ▸ Bild 02. Mit dargestellt sind die Wege der elektrischen Ladung und der Gase Wasserstoff und Sauerstoff.

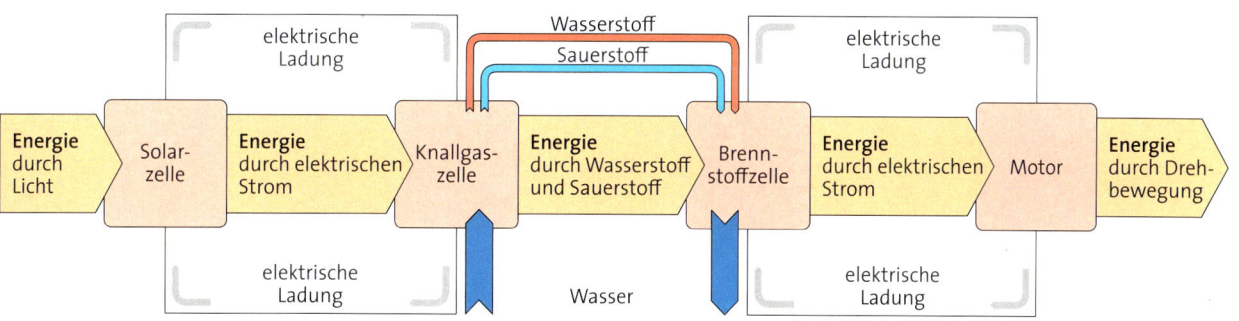

02 Schematische Darstellung der Energieübertragungskette zu ▸ Bild 03 (ohne Umwandlungs- und Übertragungs-„Verluste")

SPANNUNGEN UND STRÖME
ARBEITEN MIT SCHALTUNGEN

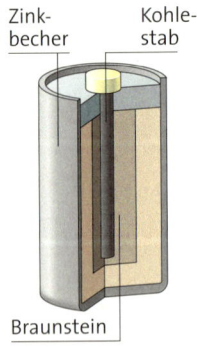

01 Aufbau einer Zink-Kohle-Batterie

Statt Akkumulator sagt man kurz Akku.

DIE BATTERIE · Eine Batterie gibt ebenfalls Energie durch den elektrischen Strom ab. Aber woher nimmt die Batterie die Energie? Die Antwort ist einfach: Die Energie steckt schon in der Batterie. ▸ Bild 01 zeigt den Aufbau einer Zink-Kohle-Batterie. In Zink und Braunstein steckt Energie. Ähnlich wie in einer Brennstoffzelle finden in der Batterie chemische Reaktionen statt. Diese Reaktionen setzen am Zinkbecher, dem Minuspol, Elektronen frei und pumpen sie durch den Stromkreis zum Pluspol, dem Kohlestab, wo sie vom Braunstein aufgenommen werden. Eine Batterie ist sozusagen ein Energiespeicher und ein Energiewandler in einem. Wenn die Batterie keine Energie mehr enthält, dann kann sie auch keine Elektronen mehr vom Minuspol zum Pluspol pumpen. Man sagt, die Batterie ist „leer".

DER AKKUMULATOR · Ein Akku ist im Prinzip eine Batterie. Er hat den Vorteil, dass man ihn wieder mit Energie aufladen kann, wenn er nicht mehr genügend Energie enthält. Zum Aufladen muss man dem Akku Energie durch den elektrischen Strom zuführen. Die Energie ist dann im Akku gespeichert. Beim Entladen gibt er die Energie durch den elektrischen Strom wieder ab.

SCHALTUNG VON ENERGIEQUELLEN · Wenn man eine 4,5-V-Flachbatterie öffnet, dann erkennt man, dass sie aus drei einzelnen Batterien aufgebaut ist (▸ Bild 02 A). Wozu ist das gut?

Bei einer einzelnen Batterie beträgt die Spannung 1,5 V. Dieser Wert ergibt sich durch die beiden Stoffe Zink und Braunstein. Auch wenn man eine größere Batterie baut, ergibt sich dennoch nur eine Spannung von 1,5 V. Für viele Anwendungen ist diese Spannung zu klein. Um eine größere Spannung zu erhalten, schaltet man mehrere Batterien in Reihe.

Bei einer 4,5-V-Batterie sind insgesamt drei Batterien in Reihe geschaltet (▸ Bild 02 B). Die Lampe leuchtet hier heller als in der Schaltung mit einer einzelnen Batterie. Die Gesamtspannung muss also größer geworden sein. Eine Messung der Spannung ergibt 4,5 V. Somit addieren sich die einzelnen Spannungen in der Reihenschaltung. Alle einzelnen Batterien tragen zum Antrieb der Elektronen bei.

Man kann Batterien auch parallel schalten (▸ Bild 03). Die Spannung ändert sich dabei nicht. Dennoch kann diese Schaltung manchmal nützlich sein: Drei Batterien können zusammen pro Sekunde mehr Elektronen durch den Stromkreis pumpen und damit mehr Energie übertragen als eine einzelne Batterie. Dies ist besonders wichtig, wenn das angeschlossene Gerät eine sehr große Stromstärke benötigt.

1) Welche Spannungen kann man durch Kombination einer 4,5-V- und einer 1,5-V-Batterie erhalten? Zeichne die Schaltpläne.

2) Begründe, warum die Batterien in ▸ Bild 03 auf keinen Fall mit unterschiedlicher Polung eingesetzt werden dürfen.

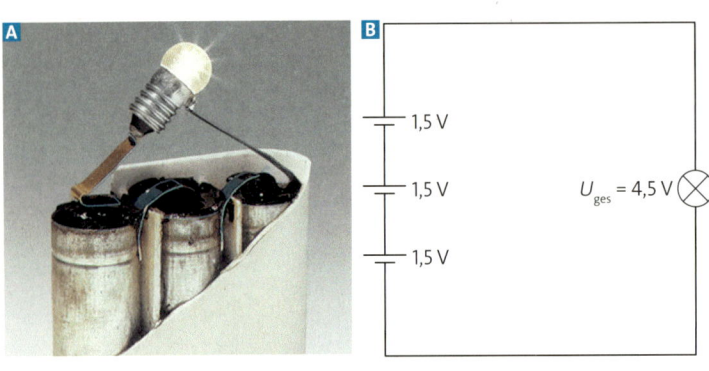

02 Reihenschaltung von Batterien: **A** Aufbau einer 4,5-V-Batterie, **B** Schaltplan

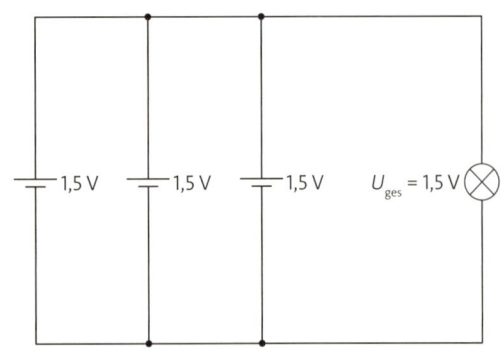

03 Parallelschaltung von drei Batterien

MATERIAL

VERSUCHE ▶ Elektrische Energiequellen erzeugen eine Spannung ...

V1 ... durch Bewegung

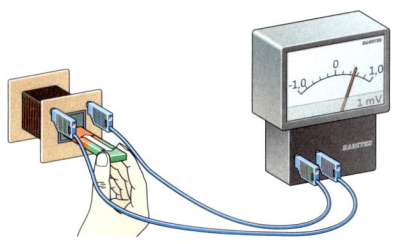

Erkunde das Prinzip, nach dem der Generator funktioniert.

Material:
Stabmagnet, Drahtwicklung (Spule), empfindliches Spannungsmessgerät mit Mittelstellung

Durchführung:
a) Schließe die Spule an das Spannungsmessgerät an. Bewege den Magneten ruckartig in die Spule hinein und wieder heraus. Notiere deine Beobachtungen.
b) Untersuche, ob der Effekt auch dann eintritt, wenn der Magnet in Ruhe bleibt und stattdessen die Spule bewegt wird.

V2 ... durch Licht

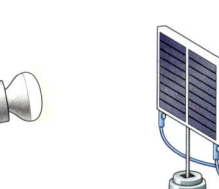

Untersuche die Spannung einer beleuchteten Solarzelle.

Material:
Solarzellen, Spannungsmessgerät, Lampe

Durchführung:
a) Schließe die Solarzelle an das Spannungsmessgerät an. Miss die Spannung zwischen den Anschlüssen der beleuchteten Solarzelle.
b) Untersuche, inwiefern die Spannung von der Entfernung zur Lampe und damit von der Lichtintensität abhängt.
c) Miss die Spannung für drei in Reihe (bzw. parallel) geschaltete Solarzellen. Was passiert, wenn man jeweils eine Solarzelle zudeckt? Erkläre.

V3 ... durch Stoffumwandlung

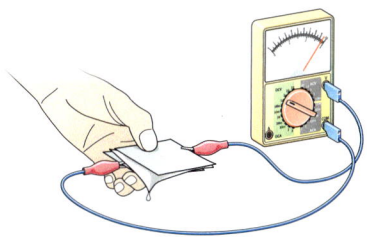

Erkunde das Prinzip, nach dem die Batterie funktioniert.

Material:
Zinkblech, Kupferblech, Löschpapier/saugfähiges Papier, Zitronensaft, Spannungsmessgerät

Durchführung:
a) Tauche das Löschpapier in Zitronensaft. Lege das Kupferblech, das Löschpapier und das Zinkblech so übereinander, dass sich die Bleche nicht berühren. Schließe das Kupferblech an den Plusanschluss und das Zinkblech an den Minusanschluss des Spannungsmessgeräts an. Presse die Anordnung zusammen und miss die Spannung.
b) Warte einige Zeit und beschreibe, wie sich die Bleche verändern.

Material A ▶ Schaltung von elektrischen Energiequellen

A1 Die Spannung der Batterien beträgt jeweils 1,5 V. Gib an, ob die Lampe (3 V/0,1 A) normal, schwach oder gar nicht leuchtet.

A2 Fünf Zink-Kohle-Batterien sind in Reihe geschaltet. Zwischen welchen Anschlüssen kann man eine Lampe mit der Nennspannung von 4,5 V anschließen?

A3 Ein Bleiakku mit einer Spannung von 12 V soll mithilfe von Solarzellen geladen werden. Es stehen Solarzellen mit einer Spannung von jeweils 0,5 V dafür zur Verfügung. Überlege dir, wie viele Solarzellen man mindestens benötigt und wie man sie schalten muss. Fertige dazu eine Skizze oder einen Schaltplan an.

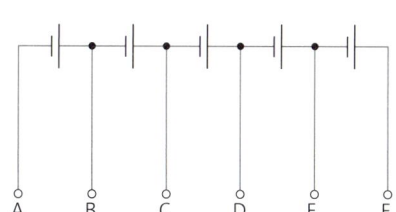

GRUNDWISSEN: SPANNUNGEN UND STRÖME

Elektrostatik

Körper können elektrisch **positiv** oder **negativ geladen** sein. Elektrisch geladene Körper üben Kräfte aufeinander aus:
– Ungleichnamig geladene Körper ziehen einander an.
– Gleichnamig geladene Körper stoßen einander ab.

Ladung kann zwischen Körpern übertragen werden. Ein Körper ist **elektrisch neutral,** wenn er gleich viel positive und negative Ladung enthält.

Die Einheit der elektrischen Ladung ist ein Coulomb (1 C).

Geladene Körper erzeugen in ihrer Umgebung ein **elektrisches Feld.** Es lässt sich durch elektrische Feldlinien veranschaulichen, die vom positiv geladenen Körper weg und zum negativ geladenen Körper hin zeigen.

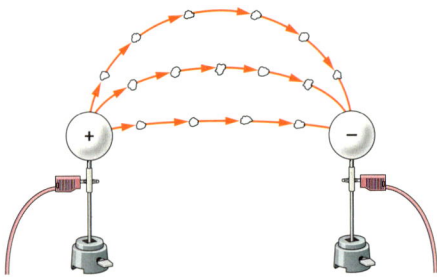

Zur Trennung von Ladungen muss Energie aufgewendet werden. Die dadurch entstehende **elektrische Spannung** ist ein Maß für die durch die Ladungstrennung gespeicherte Energie.

Atome enthalten einen winzigen, elektrisch positiv geladenen **Atomkern.** In einem Raumbereich um den Atomkern – der **Elektronenhülle** – befinden sich die negativ geladenen Elektronen. Die Elektronenhülle ist etwa 1000-mal größer als der Atomkern.

In Metallen ist ein Teil der Elektronen frei beweglich, sie sind dort die Träger des elektrischen Stroms. Die verbleibenden Atomrümpfe sind elektrisch positiv geladen und ortsfest.
In Isolatoren gibt es keine frei beweglichen Elektronen.

Wenn man einem Leiter von außen elektrische Ladung annähert, kommt es zu **Influenz.** Dabei verschieben sich die freien Elektronen im Leiter aufgrund der anziehenden und abstoßenden Wirkungen zwischen den Ladungen.
Im Isolator können sich die Elektronen nicht vom Atomkern trennen. Atomkern und Elektronen richten sich daher nur neu aus. In diesem Fall spricht man von **Polarisation.**

Größen des elektrischen Stromkreises

Die elektrische **Stromstärke I** gibt an, wie viel elektrische Ladung in einem bestimmten Zeitabschnitt an einer Stelle im Stromkreis vorbeifließt. Die Einheit der Stromstärke ist ein Ampere (1 A).

Im Stromkreis ist die **elektrische Spannung U** der Antrieb für den elektrischen Strom. Die Einheit der Spannung ist ein Volt (1 V). Die Spannung liefert die erforderliche Energie zum Betrieb elektrischer Geräte.

Bleibt die Temperatur des Leiters konstant, dann ist die Spannung proportional zur Stromstärke (**Ohm'sches Gesetz**).

Der **elektrische Widerstand R** gibt an, wie stark ein Gerät oder ein Gegenstand den elektrischen Strom hemmt. Die Einheit des Widerstands ist ein Ohm (1 Ω).

Aus der **$I(U)$-Kennlinie** eines Leiters lässt sich ablesen, wie sich sein Widerstand mit zunehmender Spannung ändert.

Die Kennlinie von Konstantandraht ist eine Ursprungsgerade. Sein Widerstand ist über einen großen Temperaturbereich konstant.

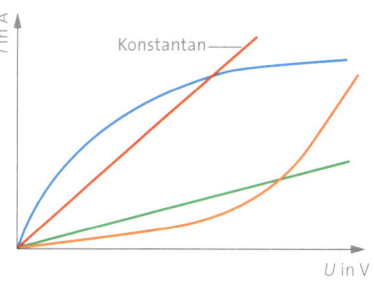

Für den Zusammenhang von Stromstärke, Spannung und Widerstand gilt im Stromkreis:

$R = \frac{U}{I}$.

Der **spezifische Widerstand** ρ ist eine Materialkonstante. Für einen Draht der Länge l und der Querschnittsfläche A gilt:

$R = \rho \cdot \frac{l}{A}$.

Die Einheit des spezifischen Widerstands ist $1\,\Omega \cdot \frac{mm^2}{m}$.

Gesetze im Stromkreis

Parallelschaltung:

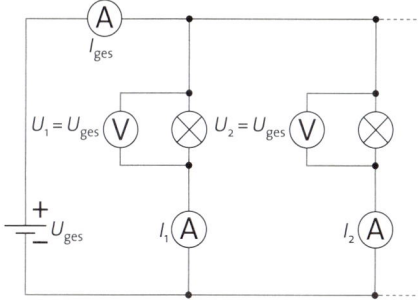

Im verzweigten Stromkreis ist die Summe der Stromstärken in den einzelnen Zweigen gleich der Gesamtstromstärke. Die Spannung an den parallel geschalteten Geräten ist überall gleich.

$I_{ges} = I_1 + I_2 + ...$
$U_{ges} = U_1 = U_2 = ...$

Für die Widerstände folgt daraus:
$\frac{1}{R_{ges}} = \frac{1}{R_1} + \frac{1}{R_2} + ...$

Reihenschaltung:

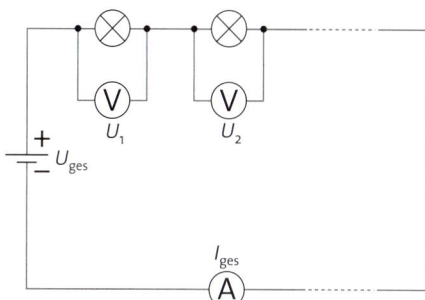

Im unverzweigten Stromkreis ist die Stromstärke an jeder Stelle des Stromkreises gleich groß. Die Gesamtspannung ist genauso groß wie die Summe der Teilspannungen.

$I_{ges} = I_1 = I_2 = ...$
$U_{ges} = U_1 + U_2 + ...$

Für die Widerstände folgt daraus:
$R_{ges} = R_1 + R_2 + ...$

Elektrische Energiequellen

Elektrische Energiequellen unterscheiden sich nach der Energieform, die zur Trennung der Ladungen genutzt wurde: Solarzellen nutzen Lichtenergie, Generatoren Bewegungsenergie und Batterien chemische Energie.

Batterien und Akkus dienen zugleich zur Speicherung elektrischer Energie.

Spannungsquellen lassen sich auch zusammenschalten:
– Schaltet man gleiche Spannungsquellen parallel, erhält man eine höhere Stromstärke bei unveränderter Spannung.
– Schaltet man Spannungsquellen in Reihe, erhöht sich die Gesamtspannung entsprechend.

ÜBERPRÜFE DICH SELBST: SPANNUNGEN UND STRÖME

A ▸ Elektrostatik

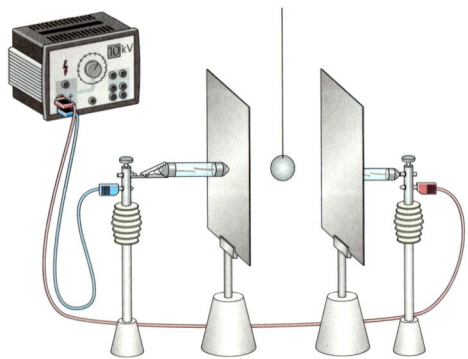

B ▸ Elektrische Stromkreise

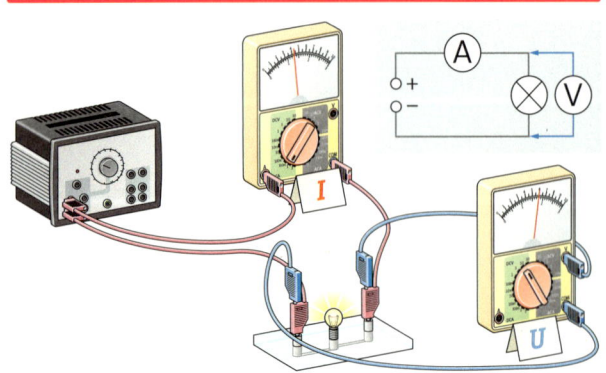

Kann ich …

1 die Anziehung und Abstoßung zwischen elektrisch geladenen Körpern beschreiben?

2 die Vorstellung vom elektrischen Feld erläutern?

3 Gemeinsamkeiten und Unterschiede von elektrischen und magnetischen Feldern erläutern?

4 erklären, was passiert, wenn die Kugel im Bild oben einmal kurz gegen eine der Kondensatorplatten geschwungen ist?

5 erklären, was bei elektrischer Influenz geschieht?

6 den Unterschied zwischen Influenz und Polarisation beschreiben und begründen?

7 den Begriff der elektrischen Spannung erläutern?

8 erläutern, welcher Zusammenhang zwischen der Spannung, der Energie und dem Abstand der Platten eines Kondensators besteht?

9 erklären, wie sich Leiter und Isolatoren unterscheiden?

10 beschreiben, wie es dazu kommt, dass jemand „einen gewischt" bekommt?

11 die experimentellen Ergebnisse erklären, die belegen, dass die beweglichen Ladungen im Draht negativ geladen sein müssen?

Kann ich …

1 mit Vielfachmessgeräten Stromstärken und Spannungen messen?

2 die Funktionsweise von Drehspul- und Hitzdrahtinstrumenten erklären?

3 den Begriff des elektrischen Widerstands erklären und im Teilchenmodell erläutern?

4 den Zusammenhang zwischen elektrischer Leitfähigkeit und elektrischem Widerstand erklären?

5 das Ohm'sche Gesetz erläutern und die Bedingung, unter der es gilt?

6 $I(U)$-Kennlinien aufnehmen und deuten?

7 die besondere Eigenschaft von Konstantan nennen und begründen, warum Legierungen wie Konstantan in der Technik gern verwendet werden?

8 die Regeln für Spannungen, Stromstärken und Widerstände in Parallel- und Reihenschaltungen erläutern?

9 Schaltungen anhand von Schaltplänen aufbauen?

10 mit den Größen Stromstärke, Spannung und Widerstand rechnen?

11 Schaltpläne von komplexeren Schaltungen erstellen und fehlende Größen dazu berechnen?

BASISKONZEPTE

Auf dieser Seite werden Inhalte dieses Kapitels nach den Basiskonzepten Energie, System, Wechselwirkung und Struktur der Materie neu strukturiert. Andere Basiskonzepte sind möglich.

Struktur der Materie

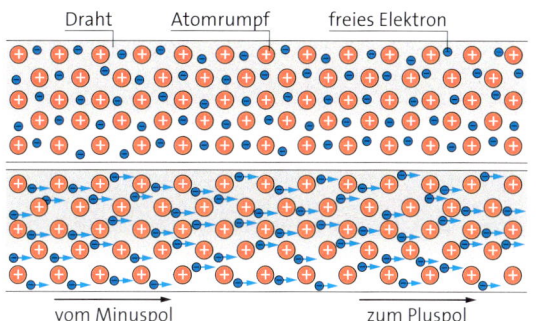

- Körper sind aus Atomen aufgebaut, die aus einem positiv geladenen Kern und einer Hülle mit negativ geladenen Elektronen bestehen.
- Metalle enthalten freie Elektronen. Diese sind die Träger des elektrischen Stroms. In Isolatoren gibt es keine frei beweglichen Elektronen.
- Im Teilchenmodell wird der elektrische Widerstand durch Stöße der Leitungselektronen mit den Atomrümpfen erklärt.

Energie

- Die Trennung von Ladungen führt zum Aufbau einer Spannung. Sie ist ein Maß für die so gespeicherte Energie.
- Je größer die Spannung einer elektrischen Quelle ist, desto mehr Energie wird von der Quelle auf die Geräte übertragen.
- Elektrische Energiequellen unterscheiden sich nach der Energieform, die zur Ladungstrennung genutzt wird.

System

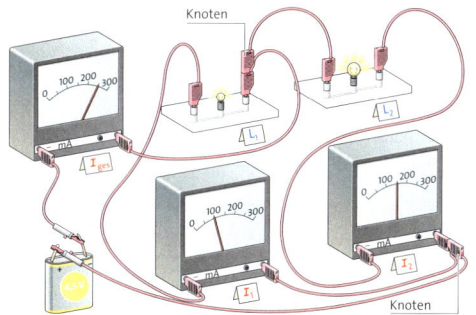

- Stromkreise sind Systeme, die eine Stromquelle, elektrische Leiter und elektrische Geräte enthalten.
- Im Stromkreis sind Spannung und Stromstärke proportional.
- In einer Reihenschaltung addieren sich die Spannungen und die Widerstände. In einer Parallelschaltung addieren sich die Stromstärken und die Kehrwerte der Widerstände.

Wechselwirkung

- Körper mit gleicher Ladung stoßen einander ab, ungleichnamig geladene Körper ziehen einander an.
- In elektrischen und magnetischen Feldern wirken Kräfte auf geladene Teilchen.
- Polarisation folgt aus der Wechselwirkung zwischen einem geladenen Körper und einem Isolator.

1 Erstelle eine entsprechende Liste für ein mögliches Basiskonzept „Felder".

Bewegung, Kraft und Energie

1 **Körper in Bewegung** **108**

2 **Wie Kräfte wirken** **124**

3 **Werkzeuge erleichtern die Arbeit** **158**

4 **Tauchen in Natur und Technik** **182**

In diesem Kapitel beschäftigst du dich mit

- der Bewegung von Körpern. Du lernst, wie man mit Geschwindigkeit und Beschleunigung Bewegungen beschreiben kann, und erfährst, wie man sie misst. Du erweiterst deine Fähigkeiten, Diagramme zu erstellen und daraus Informationen zu entnehmen.

- Kräften und ihren Eigenschaften. Du erfährst, dass sich ein Körper nur dann verformt oder seine Bewegung ändert, wenn eine Kraft auf ihn einwirkt.

- verschiedenen Werkzeugen. Dabei wirst du feststellen, dass sich zwar Kraft, aber keine Energie einsparen lässt. Außerdem lernst du, verschiedene Energieformen zu berechnen und mithilfe des Energieerhaltungssatzes zu bilanzieren. Du erfährst, dass die Leistung eines Geräts davon abhängt, wie viel Energie es in einer bestimmten Zeit umsetzt.

- Druck und Auftrieb. Du lernst, wie sich Flüssigkeiten und Gase verhalten, wenn man sie zusammenpresst, und wie Auftrieb entsteht.

METHODE

Messen von physikalischen Größen

01 Laura misst in der Einheit „Handspanne".

03 Julia und Hannes messen das Wohnzimmer aus.

Einheiten · Laura misst die Länge eines Schultisches in der Einheit Handspanne (▸ Bild 01). Sie erhält für die Länge etwa 11 Handspannen. Wenn Niko dieselbe Strecke misst, dann erhält er nur $9\frac{1}{2}$ Handspannen. Die Handspanne ist also eine sehr ungenaue und kaum übertragbare Maßeinheit. Unsere Hände sind nun einmal nicht gleich.

Früher wurden als Einheiten die Körpermaße eines erwachsenen Mannes verwendet (▸ Bild 02). Als jedoch der Handel immer weiter zunahm, war es wichtig, die Einheiten exakt und für alle gleich festzulegen. Im 19. Jahrhundert wurden in Frankreich die Einheiten Meter und Kilogramm eingeführt. Daraus hat sich das internationale Einheitensystem entwickelt (siehe Anhang am Ende des Buches).

Messen bedeutet Vergleichen · Laura hat die Länge des Tisches gemessen, indem sie ermittelt hat, wie viele Handspannen für diese Strecke notwendig waren. Die unbekannte Länge des Tisches wird also mit der Einheit „Handspanne" verglichen und als Vielfaches der Handspanne angegeben. So geht man immer vor: Die Messgröße wird mit der Einheit verglichen und als ihr Vielfaches angegeben.

Mit Messwerten umgehen · Julia und Hannes wollen die Grundfläche des rechteckigen Wohnzimmers der Familie berechnen. Leider sind nicht alle Ecken des Zimmers mit dem Maßband gut erreichbar; zudem müssen die Fußleisten berücksichtigt werden.

Die abgelesenen Werte sind deshalb ungenau. Ihre Unsicherheit schätzen die beiden auf 1 cm. Für die Länge a und die Breite b des Zimmers geben sie an:

$a = 7{,}42\,\text{m} \pm 0{,}01\,\text{m}, \quad b = 4{,}95\,\text{m} \pm 0{,}01\,\text{m}.$

Die Ungenauigkeit betrifft die dritte Stelle, die ersten zwei Stellen stehen aber fest.

/// Gib bei Messwerten alle feststehenden Stellen und die erste unsichere Stelle an.

Aus ihren Messwerten berechnen Julia und Hannes die Grundfläche des Wohnzimmers. Dazu bilden sie das Produkt aus der Länge a und der Breite b:

$A = a \cdot b = 7{,}42\,\text{m} \cdot 4{,}95\,\text{m} = 36{,}729\,\text{m}^2.$

Die Angabe für den Flächeninhalt hat fünf Stellen, obwohl die Ausgangswerte nur drei Stellen hatten. Kann das Ergebnis einer Rechnung genauer sein als die Eingangsgrößen der Rechnung?

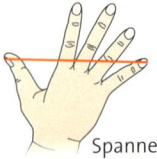  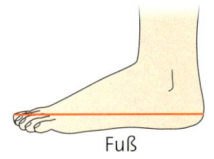
Spanne   Zoll   Fuß

02 Alte Längeneinheiten

Rechnung mit ...	... Messwerten	... kleinstmöglichen Werten	... größtmöglichen Werten
Länge a	**7,42** m	7,41 m	7,43 m
Breite b	**4,95** m	4,94 m	4,96 m
$a \cdot b$	**36,7**29 m^2	36,6054 m^2	36,8528 m^2
Fläche A	**36,7** m^2	36,6054 m^2 < A < 36,8528 m^2	

1. Messung:	1,7 s
2. Messung:	1,9 s
3. Messung:	1,8 s
4. Messung:	1,8 s
5. Messung:	1,7 s

04 Das Rechenergebnis muss sinnvoll gerundet werden.

05 Messung der Schwingungsdauer

Mit dem Maßband konnten Julia und Hannes auf 1 cm genau messen. Die Länge a von 7,42 m ist also ein gerundeter Wert. Der tatsächliche Wert von a kann etwas kleiner oder größer sein. Bei einer Ungenauigkeit von 1 cm liegt er zwischen 7,41 cm und 7,43 cm. Entsprechendes gilt auch für die Breite b (▶ Tabelle 04). Der mit diesen Werten berechnete Flächeninhalt liegt zwischen 36,6054 m^2 und 36,8528 m^2. Die ersten zwei Stellen stehen fest, die dritte ist die erste ungenaue Stelle. Wir können diesen Wert daher nicht mit mehr als drei Stellen angeben: A = 36,7 m^2.

> Das Ergebnis einer Rechnung hat genauso viele feststehende Stellen wie der ungenaueste Messwert. Zum Ergebnis gehört auch noch die erste unsichere Stelle.

Aber wie groß ist der Fehler beim Berechnen der Grundfläche? Wenn wir wie hier mit einem Metermaß messen, erwarten wir keine Messwerte, die deutlich von den übrigen Messwerten abweichen. Daher genügt eine einfache Fehlerabschätzung, bei der wir die halbe Differenz aus dem größten und dem kleinsten möglichen Ergebnis berechnen. Den Fehler der Größe A nennt man ΔA („Delta A").

$\Delta A = \frac{1}{2}$ (36,8528 m^2 − 36,6054 m^2) = 0,1237 m^2

Es ist nicht sinnvoll, Fehler mit mehr als einer Stelle anzugeben. Damit erhalten wir für den Flächeninhalt:

A = 36,7 m^2 ± 0,1 m^2.

Einmal messen reicht oft nicht · In einem Experiment messen wir die Zeit für eine Hin-und-her-Bewegung eines Pendels (▶ Bild 05). Es ist schwierig, den Knopf der Stoppuhr genau im richtigen Moment zu drücken. Deshalb haben alle Messungen einen unbekannten Fehler: Mal ist die gemessene Zeit zu kurz, mal zu lang. Um einen möglichst genauen Wert zu erhalten, berechnen wir den Mittelwert. Dabei heben sich zu große und zu kleine Werte teilweise auf.

$t = \frac{1}{5}$ (1,7 s + 1,9 s + 1,8 s + 1,8 s + 1,7 s) = 1,78 s

Wir sind bei dieser Messung vor größeren Messfehlern nicht sicher. Deshalb schätzen wir den Fehler unseres Ergebnisses ab, indem wir das arithmetische Mittel aller Abweichungen der Messwerte vom Mittelwert berechnen.

$\Delta t = \frac{1}{5}$ (0,08 s + 0,12 s + 0,02 s + 0,02 s + 0,08 s) ≈ 0,06 s

Wir erhalten für die Schwingungsdauer des Pendels t = 1,78 s ± 0,06 s.

1) Nimm an, Hannes hat nur die ersten beiden Werte gemessen. Wie verändern sich Mittelwert und Fehler? Begründe die Abweichung.

2) Thilo misst 10 einzelne Pendelschwingungen. Ayse misst die Zeit von 10 Pendelschwingungen und teilt dann die Zeit durch 10.
Welche Methode erscheint dir besser? Begründe.

BEWEGUNG, KRAFT UND ENERGIE
KÖRPER IN BEWEGUNG

01 Überholen auf der Autobahn

Einfache Bewegungen

Der Fahrbahnrand rast vorbei, aber die Fahrerin im Nachbarwagen sitzt scheinbar unbewegt hinter dem Lenkrad. Was verstehen wir unter Bewegung?

RUHE UND BEWEGUNG · Wenn du als Beifahrer in einem Auto sitzt, das auf der Autobahn ein anderes Auto überholt, bewegst du dich gegenüber dem Fahrbahnrand so schnell, dass Details kaum erkennbar sind. Das Innere des anderen Autos kannst du aber in aller Ruhe betrachten. Es kann sogar Momente geben, in denen es stillzustehen scheint.

Ob und wie schnell sich ein Körper bewegt, können wir nur in Bezug auf einen anderen Körper, den **Bezugskörper,** beschreiben.

Wird der Bezugskörper nicht erwähnt, dann ist es meistens die Erdoberfläche.

Wie schnell oder langsam eine Bewegung ist, ist eine ihrer wichtigsten Eigenschaften. Wir sprechen dabei von Geschwindigkeit. Aber wie kann man die Geschwindigkeit eines Körpers bestimmen. Und wie hängen zurückgelegte Strecke, Zeit und Geschwindigkeit zusammen?

GLEICHFÖRMIG BEWEGT · Mit einer Modelllokomotive untersuchen wir, wie sich die Geschwindigkeit und die zurückgelegte Strecke zueinander verhalten.
Entlang der geraden Strecke markieren wir bei jedem Schlag des Metronoms die Stelle, an der sich das vordere Ende der Lok befindet, mit einem blauen Strich (▶ Bild 02). Wir stellen fest: Die Striche haben alle den gleichen Abstand zueinander. Dieser Abstand wird kleiner, wenn das Metronom schneller schlägt oder wenn wir die Betriebsspannung verringern. Bei festen Werten messen wir aber immer den gleichen Abstand. Die Lok legt dann in gleichen Zeitabschnitten gleiche Strecken zurück.

Während einer gleichförmigen Bewegung legt ein Körper in gleichen Zeitabschnitten gleiche Strecken zurück.

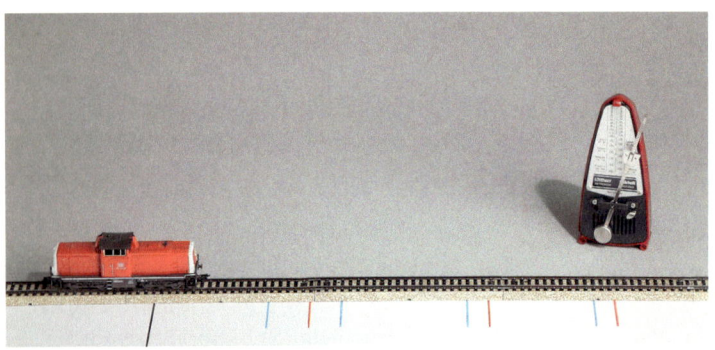

02 Modelllok auf gerader Strecke

t in s	0	1,0	2,0	3,0	4,0
s in m	0	0,11	0,18	0,30	0,42
$\frac{s}{t}$ in $\frac{m}{s}$	–	0,11	0,09	0,10	0,11

03 „Blaue" Messwerte

t in s	0	1,0	2,0	3,0	4,0
s in m	0	0,15	0,32	0,44	0,60
$\frac{s}{t}$ in $\frac{m}{s}$	–	0,15	0,16	0,15	0,15

04 „Rote" Messwerte

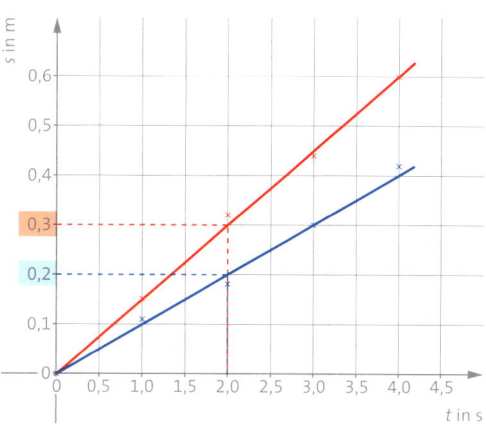

05 $s(t)$-Diagramme der Modelllokomotive

$$v = \frac{0{,}3\,\text{m}}{2\,\text{s}} = 0{,}15\,\frac{\text{m}}{\text{s}}$$

$$v = \frac{0{,}2\,\text{m}}{2\,\text{s}} = 0{,}10\,\frac{\text{m}}{\text{s}}$$

DIE GESCHWINDIGKEIT · Die Strecke Δs, die die Lok in der Zeitspanne Δt zurückgelegt hat, bestimmen wir anhand der Striche. Dazu messen wir die Strecke immer vom Startpunkt aus. Die Messwerte findest du in den ersten beiden Zeilen von ▸ Tabelle 03. In der dritten Zeile stehen die Quotienten $\frac{\Delta s}{\Delta t}$.
Aufgrund von Messfehlern schwankt der Wert des Quotienten leicht. Wir dürfen aber davon ausgehen, dass er konstant ist. Also liegt ein proportionaler Zusammenhang zwischen der Zeitspanne Δt und der Strecke Δs vor. Kurz:

$\Delta s \sim \Delta t$ oder $\Delta s = v \cdot \Delta t$.

Die Proportionalitätskonstante v ist die Geschwindigkeit des Körpers. In der Messreihe von ▸ Tabelle 03 beträgt sie $0{,}10\,\frac{\text{m}}{\text{s}}$ („Null Komma eins null Meter pro Sekunde").

In einem zweiten Versuch lassen wir die Lok mit einer anderen Betriebsspannung fahren. Wir markieren wieder jede Sekunde die Position der Lok, diesmal mit einem roten Strich (▸ Bild 02). Wie im vorherigen Versuch bleibt der Quotient $v = \frac{\Delta s}{\Delta t}$ konstant, beträgt aber diesmal etwa $0{,}15\,\frac{\text{m}}{\text{s}}$ (▸ Tabelle 04). Die Geschwindigkeit der Lok ist also größer, die Lok ist schneller.

> Bei der gleichförmigen Bewegung ist die Geschwindigkeit $v = \frac{\Delta s}{\Delta t}$ konstant.

EIN DIAGRAMM ZEIGT MEHR · Unsere Messwerte aus ▸ Tabelle 03 und ▸ Tabelle 04 stellen wir in einem $s(t)$-Diagramm dar (▸ Bild 05). Es liefert uns viele Informationen auf einen Blick.
1. Wenn Messwerte auf einer Geraden liegen, dann ist die Geschwindigkeit konstant.
2. Je steiler der Graph im $s(t)$-Diagramm ist, d.h., je größer seine Steigung ist, desto größer ist die Geschwindigkeit.
3. Wir können für jeden Zeitpunkt t die bis dahin zurückgelegte Strecke s ablesen und umgekehrt.

EINHEITEN · Die gebräuchlichsten Einheiten der Geschwindigkeit sind $\frac{\text{m}}{\text{s}}$ und $\frac{\text{km}}{\text{h}}$. Wir wandeln diese zusammengesetzten Einheiten ineinander um, indem wir jede Einheit für sich umwandeln. Beispiel: Mit $1\,\text{km} = 1000\,\text{m}$ und $1\,\text{Stunde} = 3600\,\text{Sekunden}$ ergibt sich:

$1\,\frac{\text{km}}{\text{h}} = 1\,\frac{1000\,\text{m}}{3600\,\text{s}} = 1\,\frac{10\,\text{m}}{36\,\text{s}} = 1 : 3{,}6\,\frac{\text{m}}{\text{s}}$.

1 Erkläre, was du unter einem Bezugskörper verstehst, und nenne ein Beispiel.

2 Du fährst in einem Auto. Bist du in Ruhe oder in Bewegung? Nenne jeweils den Bezugskörper.

3 Welche Geschwindigkeit hat eine Rennschnecke bei einer Bestleistung von $12\,\frac{\text{cm}}{\text{min}}$ in den Einheiten $\frac{\text{m}}{\text{s}}$ und $\frac{\text{km}}{\text{h}}$?

BEWEGUNG, KRAFT UND ENERGIE
KÖRPER IN BEWEGUNG

METHODE

Messfehler

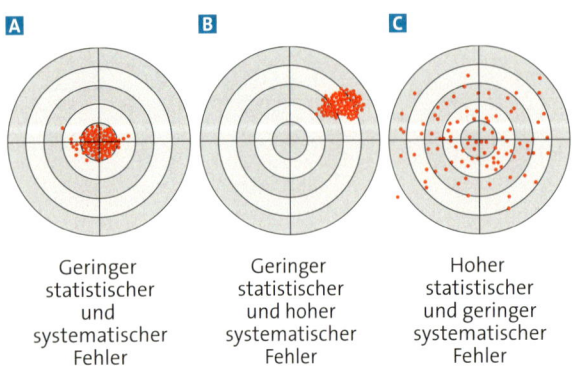

01 Auswirkung statistischer und systematischer Fehler

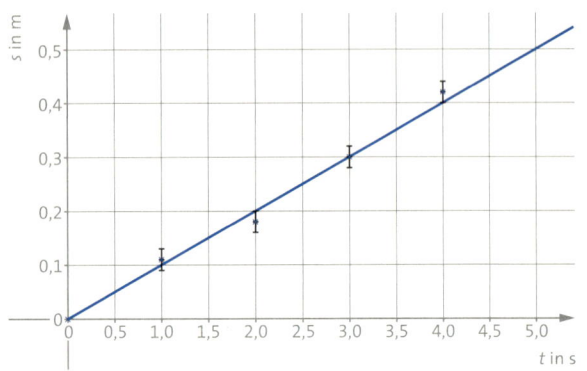

02 Messwerte mit Fehlerbalken und Ausgleichsgerade

Jede Messung ist fehlerbehaftet · Messfehler sind keine Fehler im Sinne von falsch oder richtig. Vielmehr ist jeder Messwert mehr oder weniger ungenau. Messfehler teilen wir in zwei Klassen ein:

1. Kein Messgerät ist perfekt. Fehler, die dadurch entstehen, dass z. B. eine Messapparatur falsch geeicht ist, nennt man systematische Fehler (▸ Bild 01B). Wenn der **systematische Fehler** bekannt ist, können die Messwerte entsprechend korrigiert werden.
2. Wenn wir ein Experiment, z. B. eine Zeit- oder Längenmessung, mehrfach wiederholen, werden wir nicht immer genau denselben Wert messen. Dieser **statistische Fehler** führt zu einer zufälligen Abweichung der Messwerte um einen Mittelwert (▸ Bild 01C).

Messwerte und ihre Fehlerbalken · Messwerte sind streng genommen nur zusammen mit einer Fehlerabschätzung vollständig. Das gilt auch für Messwerte, die in einem Diagramm dargestellt sind. Wie aber zeichnen wir Fehler in ein Diagramm ein?

Zuerst zeichnen wir wie üblich den Messwert ein. An den Messwert setzen wir senkrechte oder waagerechte Balken an, je nachdem, ob wir den Fehler der x- oder y-Werte darstellen wollen. Die Länge dieser **Fehlerbalken** im Koordinatensystem entspricht dem angenommenen statistischen Fehler (▸ Bild 02).

Die Ausgleichsgerade · In unserem Experiment mit der Lok haben wir Messwerte aufgenommen, von denen wir annehmen, dass sie auf einer Geraden liegen. Aufgrund der Messfehler trifft dies nicht für alle Punkte exakt zu. Einige werden oberhalb, andere unterhalb der gedachten Geraden liegen. Deshalb zeichnen wir eine Ausgleichsgerade so ein, dass sich diese Abweichungen gegenseitig ausgleichen (▸ Bild 02).

Mit unserer Ausgleichsgeraden können wir folgende Fragen beantworten:

1. Liegt den Messwerten tatsächlich ein linearer Zusammenhang zugrunde oder nicht?
   Als Anhaltspunkt sollte dann die Ausgleichsgerade durch etwa zwei Drittel aller Fehlerbalken gehen.
2. Wie groß sind die Steigung und der Achsenabschnitt der Geraden? Wie groß sind damit die physikalischen Größen, die der Steigung und dem Achsenabschnitt entsprechenden?

1 Harry stellt fest: „Einer meiner Messwerte ist ein Ausreißer, weil er auf unverständliche und deutliche Weise von den übrigen Messwerten abweicht."
Überlege, ob du solche Ausreißer beim Zeichnen der Ausgleichsgeraden berücksichtigen sollst. Begründe deine Entscheidung.

MATERIAL

VERSUCHE ▶ Bewegung mit konstanter Geschwindigkeit

Material:
durchsichtiges Duschgel, möglichst schmales, hohes Glas mit Deckel, ein Korn Popcorn-Mais o. Ä., Folienstift, Stoppuhr

Durchführung:
Fülle das Glas voll Duschgel und lass ein Maiskorn hineinfallen. Schließe den Deckel.

V1 Beobachte die Bewegung des Maiskorns. Beschreibe die Bewegung beim Eintauchen. Wie bewegt es sich anschließend? Durch Umdrehen des Glases kannst du den Versuch wiederholen.

V2 Zeichne etwa 1 cm unterhalb der Duschgeloberfläche eine Startlinie auf das Glas. Ergänze dann von dort aus alle 1,0 cm eine Linie.

Miss jeweils die Zeit, die das Popcorn für die Strecke 1,0 cm, 2,0 cm usw. benötigt.
Erstelle ein $s(t)$-Diagramm und bestimme die Geschwindigkeit des Maiskorns.

V3 Experimentiere mit anderen Gegenständen. Bestimme auch deren Geschwindigkeit. Bleibt sie überhaupt konstant?

V4 Untersuche, welche Eigenschaften einer Flüssigkeit die Bewegung des Korns beeinflussen. Führe entsprechende Versuche durch.

Material A ▶ Einheiten

Höchstgeschwindigkeiten		
Licht im Vakuum	300 000	$\frac{km}{s}$
Schall in Luft	0,34	$\frac{km}{s}$
Erde um Sonne	30	$\frac{km}{s}$
Regentropfen	540	$\frac{m}{min}$
Fußball	100	$\frac{km}{h}$
Auto (in der Stadt)	50	$\frac{km}{h}$
Mensch (rennend)	12	$\frac{m}{s}$

A1 Rechne die Werte in der Tabelle in $\frac{m}{s}$ um und ordne sie nach der Größe.

A2 In der Seefahrt werden Geschwindigkeiten üblicherweise in Knoten (kn) angegeben. Informiere dich, wie man Knoten in $\frac{km}{h}$ umrechnet. Erkläre, wie es zu dem Namen kommt.

A3 Ein Polizist hält eine ältere Dame im Auto an: „Sie sind in der Stadt über 70 Kilometer in der Stunde gefahren!" Da sagt die Dame: „Aber so lange bin ich doch noch gar nicht unterwegs!"
Überlege dir für den Polizisten eine freundliche Antwort, die die Sache physikalisch korrekt erklärt.

Material B ▶ Geschwindigkeit, Ort und Zeit

B1 Ein ICE braucht 35 Minuten von Mannheim nach Stuttgart (107 km). Berechne die Geschwindigkeit.

B2 Herr Meyer fährt einen Teil seines Arbeitsweges über die Autobahn. Normalerweise fährt er mit 100 $\frac{km}{h}$. Auf dem Hinweg konnte er heute nur 80 $\frac{km}{h}$ fahren. Er sagt: „Ich fahre heute mit 120 $\frac{km}{h}$ zurück. So habe ich die Zeit wieder eingespart." Bewerte Herrn Meyers Aussage.

B3 Im Sportunterricht sollten die Schülerinnen und Schüler 60 m mit konstanter Geschwindigkeit laufen. Dazu hat Paula Messwerte (▶ Tabelle) aufgenommen. Stelle die Messwerte in einem $s(t)$-Diagramm dar. Ist Paula mit konstanter Geschwindigkeit gelaufen? Bewerte.

B4 Ein Lkw verlässt um 5 Uhr seinen Standort mit gleichbleibender Geschwindigkeit von 30 $\frac{km}{h}$. Ein Pkw folgt ihm um 9 Uhr mit einer Geschwindigkeit von 80 $\frac{km}{h}$. Zeichne ein $s(t)$-Diagramm beider Bewegungen. Bestimme Uhrzeit und Treffpunkt beider Fahrzeuge.

t in s	0	1,3	2,3	3,4	4,2	5,1	6,5
s in m	0	10,0	20,0	30,0	40,0	50,0	60,0

BEWEGUNG, KRAFT UND ENERGIE
KÖRPER IN BEWEGUNG

01 Paula am Start

Die Geschwindigkeit ändert sich

Paula ist eine gute Sprinterin. Ihre Bestzeit für 100 Meter beträgt 12 Sekunden. Wie schnell ist sie gelaufen?

MITTLERE GESCHWINDIGKEIT · Wenn wir annehmen, dass Paula mit konstanter Geschwindigkeit läuft, dann können wir die Formel $v = \frac{\Delta s}{\Delta t}$ anwenden. Mit Paulas Bestzeit erhalten wir $v = 8{,}3 \frac{m}{s}$.

Die vier Einzelbilder in ▸ Bild 01 legen nahe, dass Paula in der ersten Sekunde ständig schneller wird. Auch aus eigener Erfahrung weißt du, dass ein Lauf nicht mit konstanter Geschwindigkeit erfolgt. Daher sind in unsere Rechnung Zeiten eingeflossen, in denen Paula langsamer oder schneller als $8{,}3 \frac{m}{s}$ gelaufen ist. Mit der Formel $v = \frac{\Delta s}{\Delta t}$ haben wir also nur die mittlere Geschwindigkeit ihres Laufes ausgerechnet. Das entspricht der Geschwindigkeit eines gleichförmig bewegten Körpers, der immer dieselbe Strecke in derselben Zeit zurücklegt – in diesem Fall 100 Meter in 12 Sekunden.

Die mittlere Geschwindigkeit heißt auch Durchschnittsgeschwindigkeit.

/// Ist die Geschwindigkeit nicht konstant, gibt die Gleichung $v = \frac{\Delta s}{\Delta t}$ die mittlere Geschwindigkeit im Zeitraum Δt an.

GESCHWINDIGKEIT UNTER DER LUPE · Paula und ihr Trainer wollen ihren Startvorgang optimieren. Dazu filmen sie Paula mit einer Kamera, die 25 Bilder pro Sekunde aufnimmt, und werten die Messergebnisse der ersten Sekunde aus (▸ Bild 02). Zuerst soll die Frage geklärt werden, ob Paula in der Startphase wirklich ständig schneller wird. Für einen groben Überblick teilen sie die Startphase in vier Zeitspannen der Länge $\Delta t = 0{,}25$ Sekunden ein. Während dieser Zeitspannen legt Paula unterschiedliche Wegstrecken Δs zurück (▸ Bild 02).

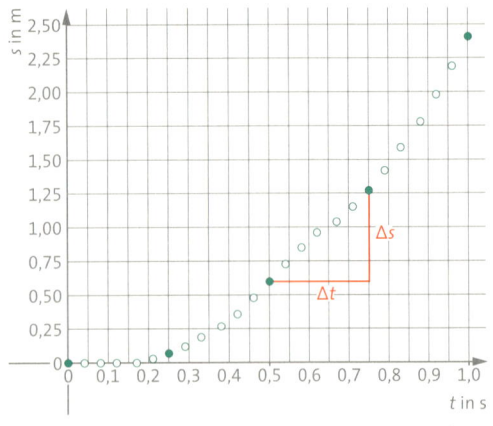

02 $s(t)$-Diagramm von Paulas Start

In jedem der vier Intervalle berechnen wir nun die mittlere Geschwindigkeit mit der Formel $v = \frac{\Delta s}{\Delta t}$ (▸ Tabelle 03). Es sieht so aus, als würde Paula tatsächlich immer schneller werden. Bei genauer Betrachtung zeigt sich im $s(t)$-Diagramm allerdings eine Delle bei $t \approx 0{,}6$ Sekunden, die genauer analysiert werden muss. Wie schnell ist Paula in diesem Moment?

MOMENTANE GESCHWINDIGKEIT · Ein bewegter Körper besitzt zu jedem Zeitpunkt eine bestimmte momentane Geschwindigkeit. Der Begriff Zeitpunkt bedeutet hier, dass $\Delta t = 0$ ist. Wir können Δt aber nicht beliebig klein machen, denn irgendwann stoßen wir an die Grenze der Messgenauigkeit für Zeiten und insbesondere für Strecken.

Man kann die momentane Geschwindigkeit aber immerhin näherungsweise bestimmen, indem man möglichst kleine Zeitspannen Δt wählt.

> Mit der Gleichung $v = \frac{\Delta s}{\Delta t}$ erhalten wir mit einer kleinen Zeitspanne Δt eine Näherung für die momentane Geschwindigkeit.
> Die Näherung ist umso besser, je kleiner die Zeitspanne ist.

GESCHWINDIGKEIT IM DIAGRAMM · Einen möglichst genauen Überblick über Paulas Geschwindigkeitsprofil erhalten ihr Trainer und sie also, wenn sie immer zwei aufeinanderfolgende Bilder der 25 Aufnahmen pro Sekunde verwenden. Die Zeitdifferenz beträgt dann: $\Delta t \approx 0{,}04$ s. Das $v(t)$-Diagramm (▸ Bild 04) zeigt die so berechneten Geschwindigkeiten. Durch die kürzeren Zeitspannen zeigt sich im $v(t)$-Diagramm eine Struktur, die wir bei einer gröberen Einteilung wie in ▸ Tabelle 03 nicht erkennen konnten: Bei $t \approx 0{,}6$ Sekunden wird Paula plötzlich langsamer. Vielleicht lässt sich das durch spezielles Training verhindern.

Die Zeitdifferenz Δt noch kleiner zu machen ist nicht nötig. Denn in kürzeren Zeitspannen ändert sich Paulas Geschwindigkeit kaum noch.

t in s	s in m	Zeitraum 0–0,25 s	Zeitraum 0,25–0,5 s	Zeitraum 0,5–0,75 s	Zeitraum 0,75–1 s
0	0	$\Delta s = 0{,}1$ m $\Delta t = 0{,}25$ s $v = 0{,}4 \frac{m}{s}$			
0,25	0,1		$\Delta s = 0{,}5$ m $\Delta t = 0{,}25$ s $v = 2{,}0 \frac{m}{s}$		
0,50	0,6			$\Delta s = 0{,}7$ m $\Delta t = 0{,}25$ s $v = 2{,}8 \frac{m}{s}$	
0,75	1,3				$\Delta s = 1{,}1$ m $\Delta t = 0{,}25$ s $v = 4{,}4 \frac{m}{s}$
1	2,4				

03 Messwerte von Paulas Sprint

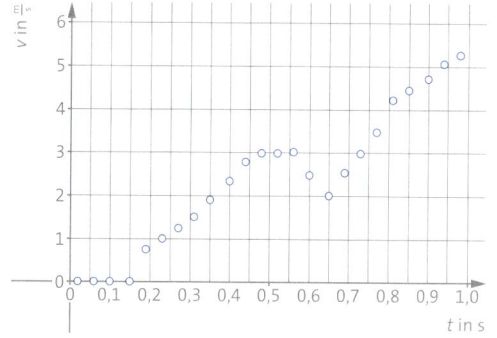

04 $v(t)$-Diagramm von Paulas Sprint

Wenn du die Geschwindigkeit in der Zeitspanne $\Delta t = t_2 - t_1$ berechnet hast, dann hat der Punkt die Koordinaten (v, t), wobei t der Mittelwert von t_1 und t_2 ist, also $t = \frac{1}{2} \cdot (t_1 + t_2)$.

1) Erstelle ein $s(t)$- und ein $v(t)$-Diagramm der folgenden gradlinigen Bewegung:
– Ein Fahrzeug bewegt sich 15 min lang mit einer konstanten Geschwindigkeit von $50 \frac{km}{h}$.
– Anschließend steht der Fahrer für 5 min im Stau.
– Danach fährt er eine Strecke von 30 Kilometer mit $v = 120 \frac{km}{h}$.

2) Im Jahr 2008 stellte Usain Bolt während der Olympischen Spiele in Peking einen Weltrekord im 100-m-Lauf auf. Entlang der Bahn gab es alle 10 Meter eine Station zur Zeitmessung (▸ Bild 05).
a) Zeichne ein $s(t)$- und $v(t)$-Diagramm.
b) Wann erreichte Usain Bolt seine höchste Geschwindigkeit und wie weit war er bis dahin gelaufen?

Δs in m	Δt in s
10	1,85
20	2,87
30	3,78
40	4,65
50	5,50
60	6,32
70	7,14
80	7,96
90	8,79
100	9,69

05 Usain Bolts Weltrekord

BEWEGUNG, KRAFT UND ENERGIE
KÖRPER IN BEWEGUNG

01 Die letzte Etappe auf dem Champs-Elysées

Das **Tempo** entspricht dem Zahlenwert, den ein Tachometer anzeigt. Es trägt also kein Vorzeichen und ist unabhängig von der Bewegungsrichtung.

HIN UND ZURÜCK · Bei der Tour de France endet die letzte Etappe traditionell auf dem Champs-Elysées in Paris. Dabei fahren die Radprofis diese große Straße mehrfach hinauf und herunter (▸ Bild 01). Der Fahrer an der Spitze ist nach 240 Sekunden und 3250 Metern am Umkehrpunkt angelangt. Nach 480 Sekunden fährt er wieder am Start vorbei. ▸ Bild 03 zeigt ein vereinfachtes $s(t)$-Diagramm dieses Rennens.

In das $s(t)$-Diagramm tragen wir den Abstand des Fahrers vom Start ein. Solange sich die Fahrer vom Start entfernen, wird $s(t)$ größer. Das ändert sich erst am Umkehrpunkt. Hier kehrt sich die Fahrtrichtung um und der Abstand zum Start wird wieder kleiner. Dadurch wechselt die Steigung im $s(t)$-Diagramm und damit das Vorzeichen der Geschwindigkeit im $v(t)$-Diagramm, obwohl das Tachometer am Fahrrad weiterhin dasselbe Tempo anzeigen würde (▸ Bild 04).

> Kehrt sich die Richtung einer Bewegung um, dann wechselt die Geschwindigkeit ihr Vorzeichen.

BEWEGUNG UND RICHTUNG · Solange die Bewegung nur in eine Richtung erfolgt, bedeuten „Abstand zum Start", „Weglänge", „zurückgelegte Strecke" und „$s(t)$" dasselbe. In diesem Fall haben auch die Begriffe „Tempo", „Geschwindigkeit" und „$v(t)$" die gleiche Bedeutung. Schon bei der Hin-und-her-Bewegung der Radfahrer ändert sich dies. Weil sie sich nicht nur in eine Richtung, sondern auch zurückbewegen, kann die von ihnen zurückgelegte Strecke nicht mehr direkt aus dem $s(t)$-Diagramm abgelesen werden. Zudem wechselt $v(t)$ bei jeder Richtungsumkehr das Vorzeichen, obwohl das Tempo gleich bleibt.

1. Die ▸ Tabelle 02 beschreibt einen Bungee-Sprung.
   a) Zeichne das $s(t)$- und das $v(t)$-Diagramm der Bewegung.
   b) Bestimme, wann und in welcher Höhe der Springer am schnellsten ist. Ermittle seine Geschwindigkeit zu diesem Zeitpunkt. Wann erreicht der Springer den tiefsten Punkt?

2. Ein Karussell dreht sich mit konstantem Tempo. Zeichne das $s(t)$- und $v(t)$-Diagramm einer Gondel vom Mittelpunkt der Drehbewegung aus gesehen.

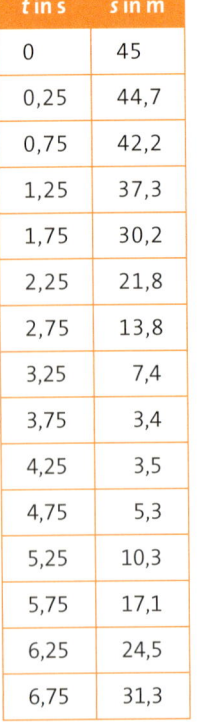

t in s	s in m
0	45
0,25	44,7
0,75	42,2
1,25	37,3
1,75	30,2
2,25	21,8
2,75	13,8
3,25	7,4
3,75	3,4
4,25	3,5
4,75	5,3
5,25	10,3
5,75	17,1
6,25	24,5
6,75	31,3

02 Bungee-Sprung

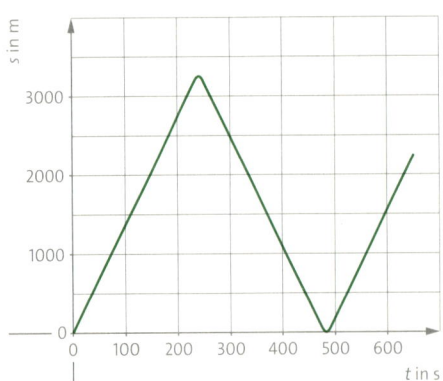

03 $s(t)$-Diagramm

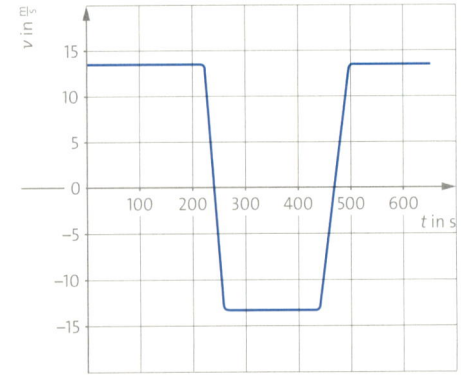

04 $v(t)$-Diagramm

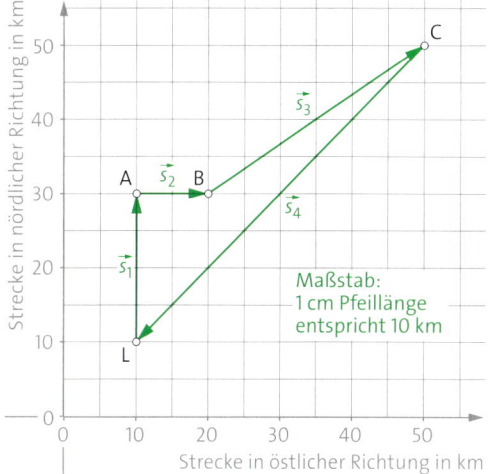

05 Wege des Boten

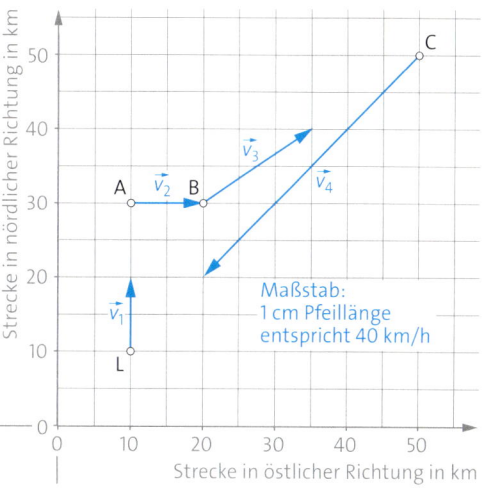

06 Geschwindigkeiten des Boten

Vektoren kennzeichnen wir durch einen kleinen Pfeil über dem Symbol, z. B. $\vec{s}_1$ und $\vec{v}_1$. Andere Schreibweisen sind s_{AB} oder einfach AB.

VEKTOREN IN DER PHYSIK · Wenn sich ein Körper nicht entlang einer Geraden bewegt, dann reichen $s(t)$- und $v(t)$-Diagramme zur vollständigen Beschreibung der Bewegung nicht mehr aus. Beispiel: Ein Paketbote muss bei drei Kunden Ware abliefern. Er startet im Warenlager L. Kunde A wohnt 20 km in nördlicher Richtung. Von da aus sind es 10 km in östlicher Richtung bis zum Kunden B. Bis zum Kunden C sind es dann noch 35 km in etwa nordöstlicher Richtung. Von dort fährt der Bote wieder zum Lager zurück.

In einem solchen Fall hilft uns die Pfeil- oder Vektordarstellung weiter. ▸ Bild 05 zeigt das Vektordiagramm der Fahrt. Dabei ist jede einzelne Bewegung durch einen Pfeil, d. h. einen Vektor, dargestellt. So beschreibt der Vektor $\vec{s}_1$ die Bewegung vom Lager L zum Kunden A. Die gezeichnete Länge des Vektors ist dabei proportional zur Länge der Strecke, d. h. zum Abstand der Punkte L und A, hier 20 km.

 Größen, die zusätzlich zu ihrem Zahlenwert auch eine Richtung haben, beschreiben wir durch Vektoren. Wir zeichnen sie als Pfeile. Die Pfeilrichtung entspricht der Richtung des Vektors. Die Pfeillänge eines Vektors ist proportional zu seinem Zahlenwert.

Im Vektordiagramm der Geschwindigkeiten (▸ Bild 06) benutzen wir das gleiche Koordinatensystem wie im Vektordiagramm der Strecken (▸ Bild 05). Allerdings ist die Pfeillänge nicht mehr proportional zur zurückgelegten Strecke, sondern zum mittleren Tempo in den jeweiligen Streckenabschnitten. Die Vektorpfeile reichen daher nicht mehr zwangsläufig von einer Strecke zur nächsten.

1 Betrachte die ▸ Diagramme 05 und 06.
 a) Wie lang sind die Strecken von B nach C und von C nach L?
 b) Wie lang ist die gesamte zurückgelegte Strecke?
 c) Wie schnell ist der Bote auf den Strecken von B nach C und von C nach L?
 d) Wie viel Zeit benötigt er für die einzelnen Strecken?
 e) Wie groß ist seine mittlere Geschwindigkeit für den gesamten Weg?
 f) Wo befindet sich der Bote 60 min nach dem Start? Gib die Koordinaten, die zurückgelegte Strecke und den Abstand vom Start an.
 g) Übersetze die Vektordiagramme in ein $s(t)$- und ein $v(t)$-Diagramm. Diskutiere die Vor- und Nachteile dieser Diagramme.

Den Zahlenwert einer **gewichteten Größe** bezeichnet man auch als ihren **Betrag**.

MATERIAL

VERSUCHE ▸ Die Geschwindigkeit

Material:
kleine Konservendose oder Paketbandrolle, Brett (länger als 1 m), Buch, Lineal, Stoppuhr

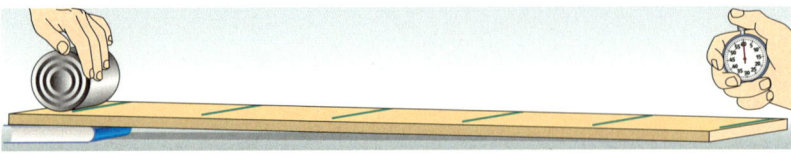

Durchführung:
Markiere an einem Ende des Brettes eine Startlinie für die Dose und mache von dort aus alle 20 cm einen Strich. Lege das Brett so auf das Buch, dass die Dose in 4–5 s das Brett hinunterrollt.

V1 Beobachte die Bewegung der Dose. Schreibe auf, woran man erkennt, dass ihre Geschwindigkeit zunimmt.

V2 Miss jeweils die Zeit, die die Dose für 20 cm, 40 cm usw. benötigt.

Wiederhole dabei die Messungen mehrfach. Erläutere, weshalb Mehrfachmessungen sinnvoll sind.

V3 Erstelle ein $s(t)$-Diagramm und bestimme die Geschwindigkeit der Dose in den einzelnen Abschnitten.

Material A ▸ Diagramme erzählen Geschichten

A1 Anna kommt außer Atem in die Schule. „Das war knapp!" sagt sie. „Ich bin ganz normal von zu Hause losgegangen. Aber als ich an der Fußgängerampel stand, ist mir eingefallen, dass ich meine Turnschuhe vergessen hatte. Da bin ich schnell nach Hause gerannt und habe sie geholt. Dann musste ich mich aber beeilen." Vereinfachend nehmen wir an, dass Anna mit konstanter Geschwindigkeit geradeaus bzw. zurückläuft. Dann kann man ihre Geschichte im $s(t)$-Diagramm darstellen (▸ Bild 01).

a) Entscheide aufgrund des Diagramms, wann Anna langsamer und wann sie schneller war.

b) Ermittle, welche Teilstrecken Anna zurückgelegt hat. Bestimme jeweils ihre mittlere Geschwindigkeit.

c) Gib die Länge von Annas direktem Schulweg an. Bestimme die Zeit, die sie benötigt hätte, wenn sie ihre Anfangsgeschwindigkeit beibehalten hätte.

A2 Das $s(t)$-Diagramm in ▸ Bild 02 beschreibt eine Begebenheit im Stadtpark. Schreibe eine passende Geschichte.

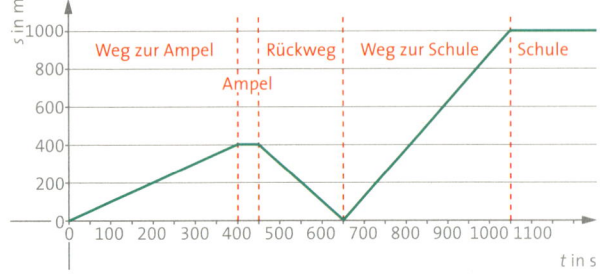

01 Annas Schulweg

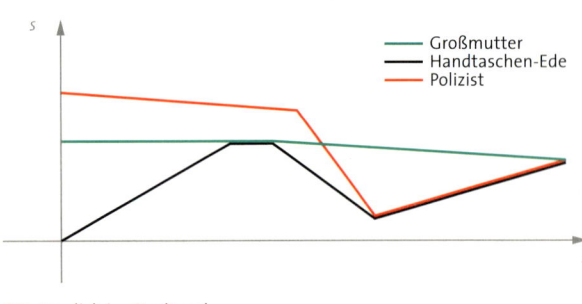

02 Neulich im Stadtpark

Material B ▸ Aus einer Sicherheitsbroschüre

- Der Sicherheitsabstand beträgt 2 Sekunden Abstand zum vorfahrenden Fahrzeug.
- Mindestabstand sollte immer der halbe Tachowert in Metern sein (bei 100 $\frac{km}{h}$ also 50 m).

B1 a) Im Text werden 2 s als Abstand angegeben. Erkläre an einem Beispiel, was damit gemeint ist.

b) Der „halbe Tachowert" ist einfacher zu bestimmen. Vergleiche diese Angabe mit der 2-s-Regel.

B2 Auf Landstraßen beträgt der Abstand zwischen zwei Leitpfosten 50 m. Beschreibe, wie du damit die Geschwindigkeit eines Autos bestimmen kannst, ohne auf den Tacho zu schauen.

Material A ▶ Einkaufen im Chaos

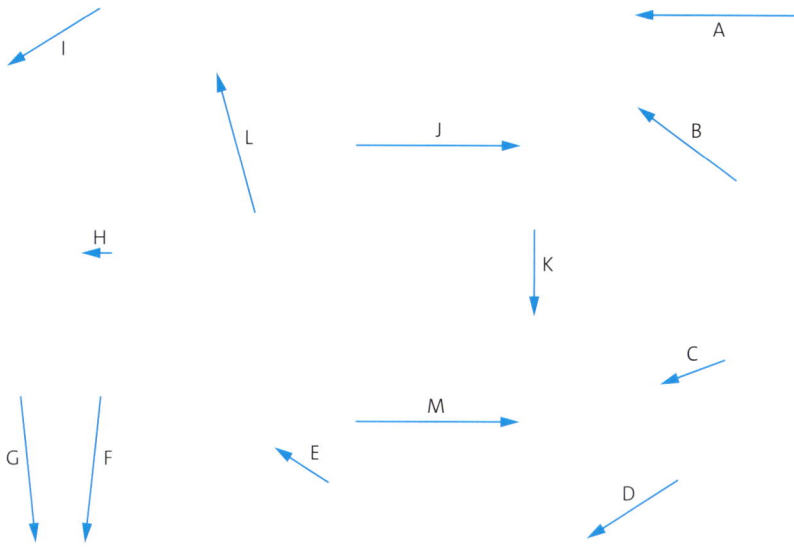

A1 Im ▶ Bild links sind die Geschwindigkeiten einer Gruppe von Kunden in einem Bekleidungsgeschäft durch Pfeile (Vektoren) dargestellt. Fasse anhand der Buchstaben zusammen:
a) die Kunden mit gleicher Geschwindigkeit v
b) die Kunden mit gleichem Tempo, aber unterschiedlicher Richtung
c) die Kunden mit gleicher Richtung, aber unterschiedlichem Tempo
d) die Kunden mit gleichem Tempo, aber entgegengesetzter Richtung
e) die schnellsten Kunden

Material B ▶ Skaten im Parcours

B1 Im ▶ Bild unten siehst du den Weg einer Skaterin. Sie skatet mit einem konstanten Tempo von $12\frac{km}{h}$. Fertige eine ähnliche Zeichnung an und zeichne an den markierten Stellen jeweils ihren Geschwindigkeitsvektor ein. Wähle dabei eine Länge von 0,25 cm für ein Tempo von $1\frac{km}{h}$.

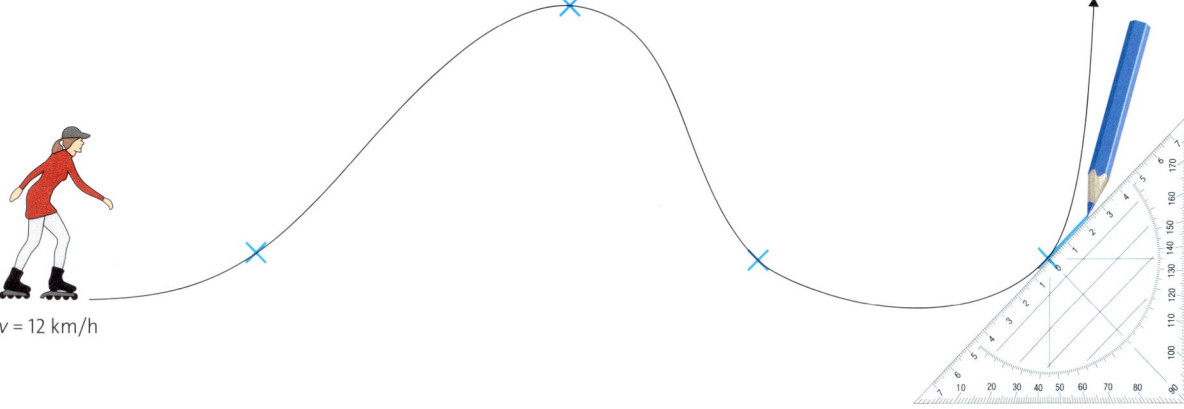

$v = 12$ km/h

Material C ▶ Emma auf der Insel mit zwei Bergen

C1 Die Lokomotive Emma fährt mit konstantem Tempo. Lokführer-Azubi Jim zeichnet Emmas Geschwindigkeitsvektoren in den Streckenplan ein.

a) Gib an, wo ihm dabei Fehler unterlaufen sind.
b) Erstelle eine korrigierte Zeichnung in deinem Heft.

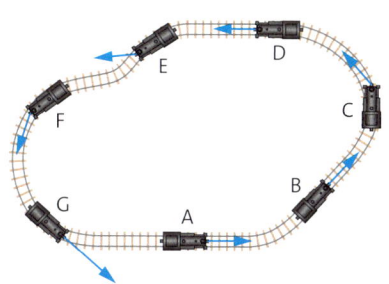

BEWEGUNG, KRAFT UND ENERGIE
KÖRPER IN BEWEGUNG

01 Aus einem Autoquartett

⊕ Die beschleunigte Bewegung

Yomba und Iwan spielen mit einem Autoquartett. Bei den meisten Angaben ist ihnen klar, welcher Wert besser ist. Aber wie sieht es bei „von 0 auf 100 in … Sekunden" aus?

DIE BESCHLEUNIGUNG · Mit der Aussage „von 0 auf 100 in 5,7 Sekunden" meint man Folgendes: Für eine Geschwindigkeitsänderung von $0\,\frac{km}{h}$ auf $100\,\frac{km}{h}$ benötigt der BMW 5,7 Sekunden. Der Smart benötigt für dieselbe Geschwindigkeitsänderung 9,8 Sekunden.
Man kann beide Beschleunigungsvorgänge gut vergleichen, wenn man die Geschwindigkeitsänderung Δv durch die dafür benötigte Zeit Δt teilt. Den Quotienten aus Δv und Δt nennt man die Beschleunigung a:

$$a = \frac{\Delta v}{\Delta t}$$

Das Größensymbol a steht für *acceleration* (engl.: Beschleunigung).

Für die Beschleunigung des BMW ergibt sich beispielsweise:

$$a = \frac{\Delta v}{\Delta t} = \frac{100\,\frac{km}{h}}{5,7\,s} = \frac{27,8\,\frac{m}{s}}{5,7\,s} \approx 4,9\,\frac{m}{s^2}.$$

Für den Smart gilt:

$$a = \frac{\Delta v}{\Delta t} = \frac{100\,\frac{km}{h}}{9,8\,s} = \frac{27,8\,\frac{m}{s}}{9,8\,s} \approx 2,8\,\frac{m}{s^2}.$$

Die Beschleunigung des BMW ist also fast doppelt so groß wie die des Smart.

DIE EINHEIT DER BESCHLEUNIGUNG · Die Beschleunigung ist ein Maß dafür, wie schnell sich die Geschwindigkeit ändert. Wenn sich die Geschwindigkeit in einer Sekunde um $1\,\frac{m}{s}$ ändert, dann schreibt man für die Quotienten aus der Geschwindigkeitsänderung Δv und der Zeitspanne Δt:

$$a = \frac{\Delta v}{\Delta t} = \frac{1\,\frac{m}{s}}{1\,s} = 1\,\frac{\frac{m}{s}}{s} = 1\,\frac{m}{s^2}.$$

/// Der Quotient aus der Geschwindigkeitsänderung Δv und der dafür benötigten Zeitspanne Δt heißt Beschleunigung a:
$a = \frac{\Delta v}{\Delta t}$ oder $\Delta v = a \cdot \Delta t$.
Die Einheit der Beschleunigung ist $1\,\frac{m}{s^2}$.

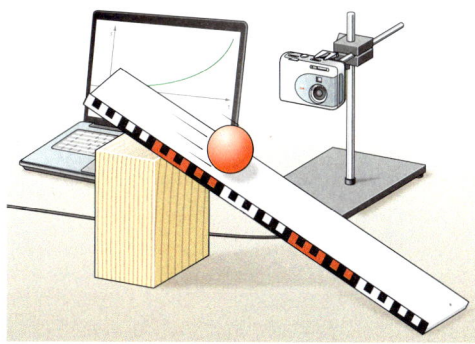

02 Kugelexperiment

Δt in s	Δs in m	$v = \frac{\Delta s}{\Delta t}$ in $\frac{m}{s}$	$a = \frac{\Delta s}{(\Delta t)^2}$ in $\frac{m}{s^2}$
0	0		
		0,40	
0,2	0,08		4,00
		1,20	
0,4	0,32		4,25
		2,05	
0,6	0,73		3,50
		2,75	
0,8	1,28		4,25
		3,60	
1,0	2		

03 Auswertung des Kugelexperiments

Wenn du die Beschleunigungen in der Zeitspanne $\Delta t = t_2 - t_1$ berechnet hast, dann hat der Punkt die Koordinaten (a, t), wobei t der Mittelwert von t_1 und t_2 ist, also $t = \frac{1}{2}(t_1 + t_2)$. Dabei sind t_1 und t_2 die Zeiten aus dem $v(t)$-Diagramm.

BESCHLEUNIGUNG BESTIMMEN · Bei einer beschleunigten Bewegung ändert sich die Geschwindigkeit. Wir untersuchen dies in einem Experiment. Dazu lassen wir eine Kugel auf einer geneigten Ebene hinabrollen (▸ Bild 02). Wir nehmen dabei Messwerte für Zeit und Strecke auf (▸ Tabelle 03). Die Messwerte stellen wir in einem $s(t)$-, $v(t)$- und $a(t)$-Diagramm dar (▸ Bild 04).

Bei dem $s(t)$-Diagramm fällt auf, dass man keine Ausgleichsgerade durch die Messwerte legen kann. Im $v(t)$-Diagramm liegen die Messwerte hingegen auf einer Geraden, d.h., $\frac{\Delta v}{\Delta t}$ ist konstant und damit auch die Beschleunigung. Wir haben also den Spezialfall einer Bewegung mit konstanter Beschleunigung untersucht. Deshalb verteilen sich die Werte im $a(t)$-Diagramm um die Gerade $a = 4 \frac{m}{s^2}$ parallel zur t-Achse.

1 ▸ Eine Einheit der Düsseldorfer S-Bahn besteht aus je 4 Wagen mit einer Gesamtmasse von 109 t. Eine solche Einheit kann maximal mit $1{,}0 \frac{m}{s^2}$ beschleunigen. Sie erreicht eine Höchstgeschwindigkeit von $140 \frac{km}{h}$.
Wie lange dauert es, bis das Fahrzeug seine Höchstgeschwindigkeit erreicht?

2 ▸ Die Geschwindigkeit eines Fahrradprofis nimmt in 5 s um $36 \frac{km}{h}$ zu.
Berechne die Geschwindigkeitsänderung Δv in $\frac{m}{s}$ und die Beschleunigung a in $\frac{m}{s^2}$.

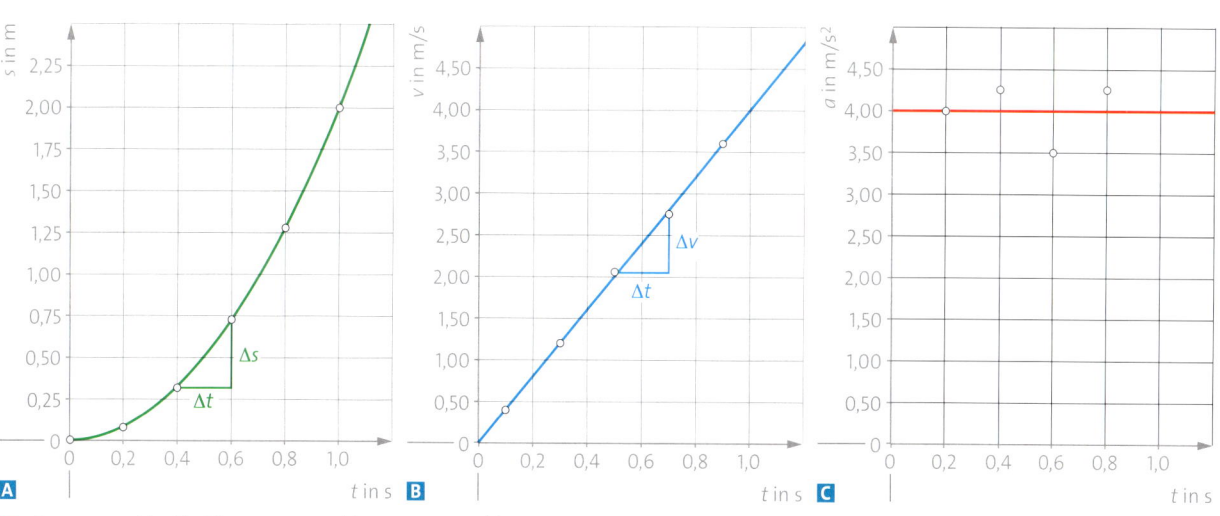

04 Bewegungsablauf in Diagrammen: **A** $s(t)$-Diagramm, **B** $v(t)$-Diagramm, **C** $a(t)$-Diagramm einer Kugel auf einer Rampe

BEWEGUNG, KRAFT UND ENERGIE
KÖRPER IN BEWEGUNG

ÜBERSICHT ÜBER BEWEGUNGEN · Die folgende Tabelle gibt dir eine Übersicht zu den im Buch bisher behandelten Bewegungen.
Wenn du Bewegungen untersuchst und Berechnungen vornehmen willst, dann musst du zunächst klären, um welche Art von Bewegung es sich handelt.

1) Beschreibe, wie du mithilfe eines $s(t)$-Diagramms entscheiden kannst, ob es sich um eine Bewegung mit konstanter oder nicht konstanter Geschwindigkeit handelt.

2) Beschreibe, welche Informationen du einem $v(t)$-Diagramm entnehmen kannst.

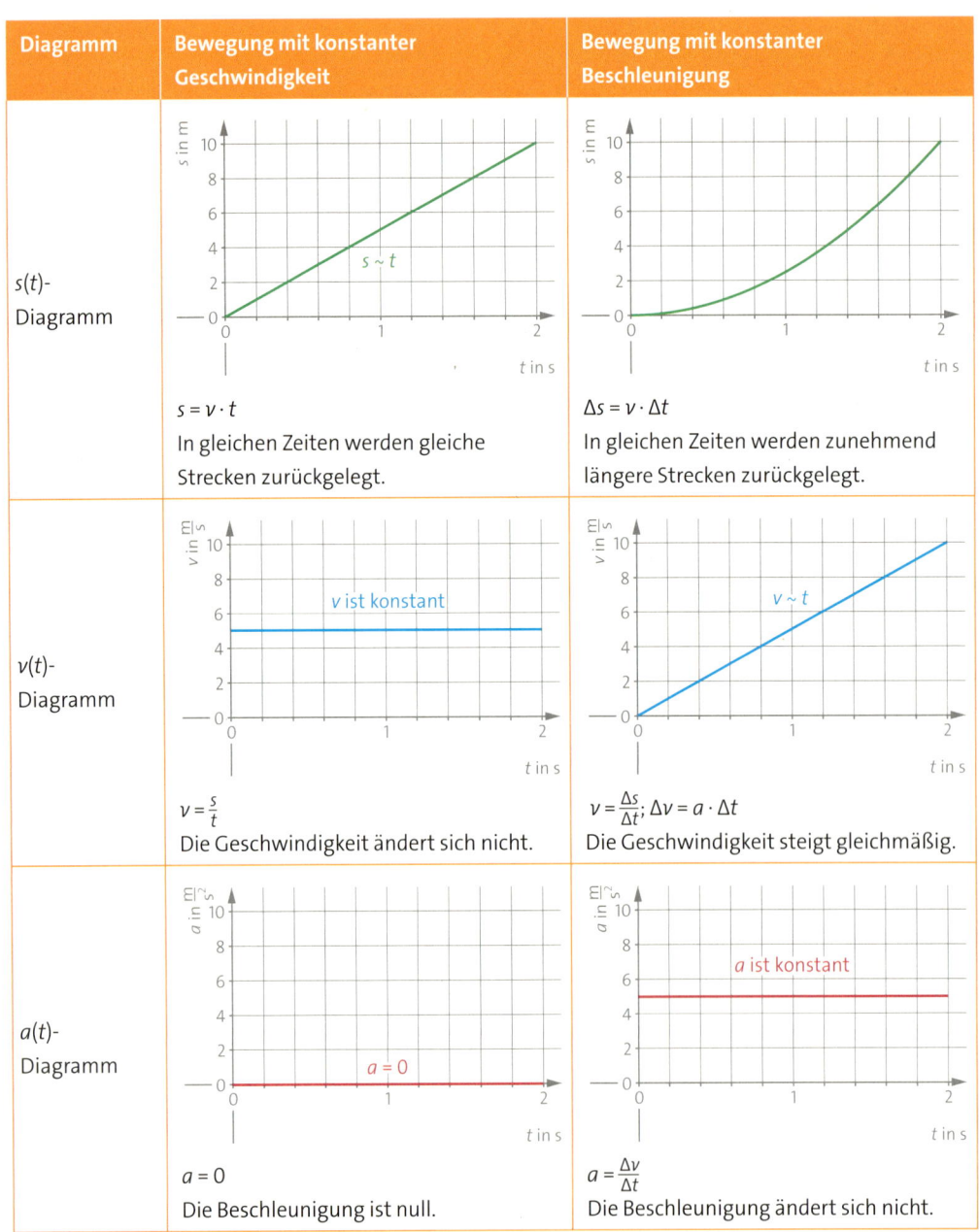

01 Übersicht über Bewegungen

MATERIAL

Material A ▸ Rollende Kugel

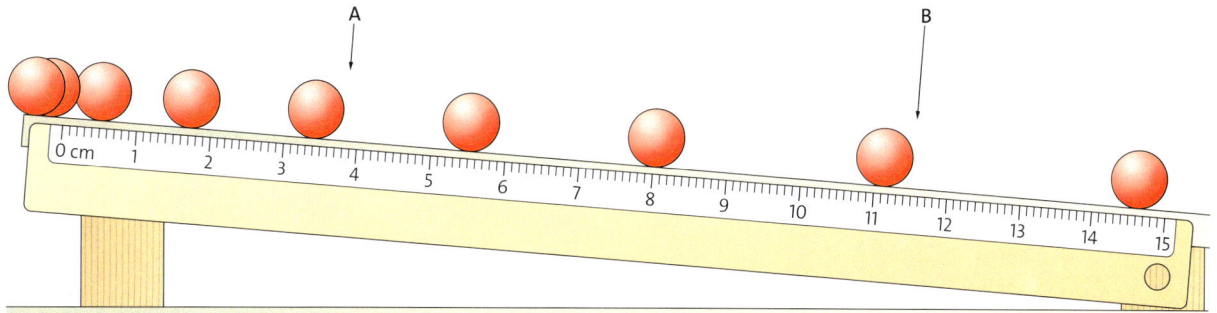

02 Die Kugel rollt die Schräge hinunter.

Mit einer Kamera wurde die abgebildete Kugel zu verschiedenen Zeitpunkten aufgenommen. Die Zeit zwischen zwei Aufnahmen beträgt jeweils 0,25 s.

A1 Berechne die Geschwindigkeit der Kugel in den Positionen A und B.

A2 a) Fertige zur Bewegung der Kugel eine Messwertetabelle an. Nutze dazu die Grafik.
b) Berechne jeweils v und a.

A3 Fertige zur Bewegung der Kugel ein $s(t)$-Diagramm, ein $v(t)$-Diagramm und ein $a(t)$-Diagramm an.

Material B ▸ Qualmende Reifen

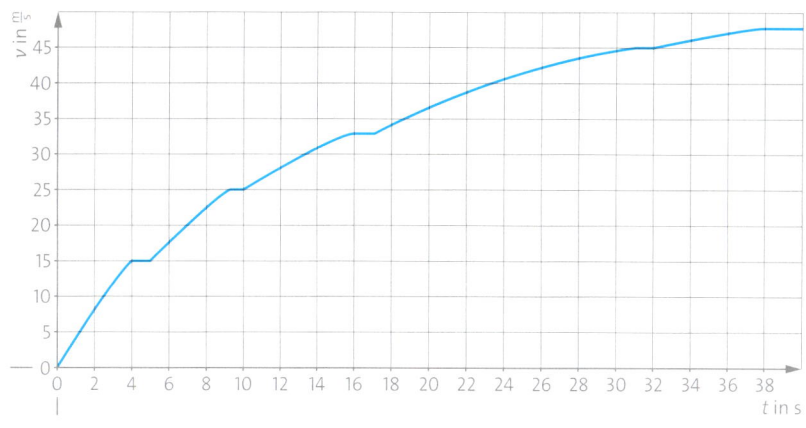

03 $v(t)$-Diagramm der Bewegung

B1 ▸ Bild 03 zeigt das $v(t)$-Diagramm eines anfahrenden Autos. Beim Schalten wird kurz die Kupplung betätigt und das Auto rollt ohne Antrieb weiter.
a) Im Diagramm erkennt man fünf Gänge. Begründe.
b) Zeige anhand des Diagramms, dass die Beschleunigung im ersten Gang am größten ist und von Gang zu Gang abnimmt.
c) Berechne die Beschleunigung für die ersten drei Gänge.

Material C ▸ Geschwindigkeit und Beschleunigung

C1 Die Beschleunigung des Motorrads ZX10R eines japanischen Herstellers beträgt ca. $8{,}7\,\frac{m}{s^2}$. Zur Vereinfachung nehmen wir an, dass die Beschleunigung bis zu einer Geschwindigkeit von $150\,\frac{km}{h}$ unabhängig von der Geschwindigkeit ist.

a) Die ZX10R startet aus dem Stand und beschleunigt 3,2 s lang. Berechne die Geschwindigkeit in $\frac{km}{h}$.
b) Sie beschleunigt von $50\,\frac{km}{h}$ auf $120\,\frac{km}{h}$. Berechne die dafür benötigte Zeit in Sekunden.

c) Wenn das Motorrad 2 Sekunden lang gleichmäßig beschleunigt, dann nimmt die Geschwindigkeit unabhängig von der Anfangsgeschwindigkeit immer um den gleichen Betrag zu. Legt das Motorrad dabei immer gleiche Strecken zurück? Begründe.

BEWEGUNG, KRAFT UND ENERGIE
WIE KRÄFTE WIRKEN

01 Warnplakat an Autobahnen

02 Eigensinnige Kisten

Körper sind träge und schwer

Das Mädchen sitzt in einem fahrenden Auto, das stark bremst. Es kann seinen Teddy nicht festhalten, sodass sich dieser ungebremst weiter geradeaus bewegt. Warum ist das so?

SICHER UNTERWEGS · Alles im Auto bewegt sich mit derselben Geschwindigkeit. Wenn jetzt nur das Auto abgebremst wird, bewegt sich alles, was nicht fest mit dem Auto verbunden ist, genauso schnell weiter wie vorher. Der Teddy fliegt also nach vorne. Ohne Sicherheitsgurt würde dem Mädchen das Gleiche passieren, deshalb ist es so wichtig, angeschnallt zu sein. Bei den Kisten in ▸ Bild 02 sieht das ähnlich aus: Wenn das Auto ungebremst um die Kurve fährt, ändert es lediglich seine Bewegungsrichtung. Unbefestigt bewegen sich die Kisten in der ursprünglichen Richtung weiter.
Teddy und Kisten bewegen sich also mit der Geschwindigkeit weiter, die sie vorher hatten. Ohne Einwirkung von außen, hier durch Gurte, ändern sie ihre Bewegung nicht. Diese Eigenschaft von Körpern heißt **Trägheit.**

Wenn du mit dem Bus zur Schule fährst, erlebst du dieses Phänomen jeden Tag:
Fährt der Bus an, befindet sich dein Körper in Ruhe, während der Bus sozusagen unter dir wegfährt. Deshalb fällst du nach hinten.
Fährt der Bus um eine Kurve, bewegst du dich in der ursprünglichen Richtung weiter. Deshalb kippst du zur Seite.
Bremst der Bus an der Haltestelle ab, bewegt sich dein Körper mit der vorherigen Geschwindigkeit weiter. Deshalb fällst du nach vorne.
Das kannst du nur verhindern, indem du dich festhältst und so der Trägheit entgegenwirkst.

Wir fassen diese Beobachtungen im **Trägheitsprinzip** zusammen:

Ohne äußere Einwirkung
– bleibt ein ruhender Körper in Ruhe.
– bewegt sich ein bewegter Körper mit konstanter Geschwindigkeit weiter.
– behält ein bewegter Körper seine Bewegungsrichtung bei.

03 Um ein Auto anzuschieben, muss man eine große Kraft ausüben.

04 Das Abbremsen eines Autos erfordert ebenfalls eine große Kraft.

KÖRPER HABEN MASSE · Wenn du einen Körper hochhebst, dann fühlst du, wie schwer er ist. Dieses Gefühl der „Schwere" beruht auf einer Eigenschaft, die alle Körper besitzen. In der Physik nennt man diese Eigenschaft **Masse** und bezeichnet sie mit m. Im Alltag sagt man statt Masse oft Gewicht. Dieser Begriff ist aber nicht eindeutig. Deshalb ist es sinnvoll, den Fachbegriff zu verwenden.
Schwere Körper haben eine große Masse, leichte Körper eine kleine Masse.

MASSE UND TRÄGHEIT · Die Jungen in ▸ Bild 03 wollen das Auto in anschieben. Da die Masse des Autos aber relativ groß ist, müssen sie ihre ganze Kraft einsetzen, um das Auto überhaupt vom Fleck zu bewegen. Bei einem Fahrrad würde eine geringe Kraft ausreichen, um die gleiche Beschleunigung zu erzielen. Für das Abbremsen des Autos in ▸ Bild 04 gilt das Gleiche.
Wir fassen unsere Beobachtung zusammen: Um eine bestimmte Bewegungsänderung zu erreichen, muss man auf einen Körper mit großer Masse eine große Kraft ausüben, bei einem Körper mit geringer Masse genügt eine kleine Kraft. Denn Masse ist träge. Diese Trägheit ist eine grundlegende Eigenschaft der Masse.

> Je größer die Masse eines Körpers ist, desto größer ist seine Trägheit und desto größer ist die Kraft, die man ausüben muss, um eine Bewegungsänderung zu erreichen.

SCHWER ODER LEICHT · Ob ein Körper schwer oder leicht ist, spürst du beim Anheben. Wie schwer er genau ist, kannst du aber nicht sagen. Wenn du jedoch deine Schultasche mit der einen und gleichzeitig die deines Sitznachbarn mit der anderen Hand hochhebst, dann kannst du immerhin sagen, welche Tasche schwerer ist. Unsere „Armwaage" kann Massen vergleichen. Aber wie groß ist die Masse der Tasche wirklich? Du könntest die Masse z. B. mit der Masse von Äpfeln vergleichen. Wenn du deine Schultasche in die eine Hand nimmst und einen Beutel Äpfel in die andere, dann kannst du durch Probieren herausfinden, wie groß die Masse der Tasche in der Einheit „Äpfel" ist (▸ Bild 05).

05 Die Tasche wiegt 19 „Äpfel".

1) Du stehst im Bus, ohne dich festzuhalten.
  a) Der Bus beschleunigt.
  b) Der Bus fährt eine Rechtskurve.
  Beschreibe jeweils, was passiert.

2) Beim Kugelstoßen musst du eine größere Kraft aufwenden als beim Ballweitwurf, um die gleiche Weite zu erzielen. Erkläre.

3) Du willst einen Holzklotz spalten. Die Masse des Holzklotzes ist viel größer als die Masse der Axtklinge. Wie gelingt das Spalten am einfachsten? Begründe.

4) Lege eine Murmel auf ein Tablett und laufe herum. Die Murmel soll in der Mitte bleiben. Erkläre, warum das schwierig ist.

BEWEGUNG, KRAFT UND ENERGIE
WIE KRÄFTE WIRKEN

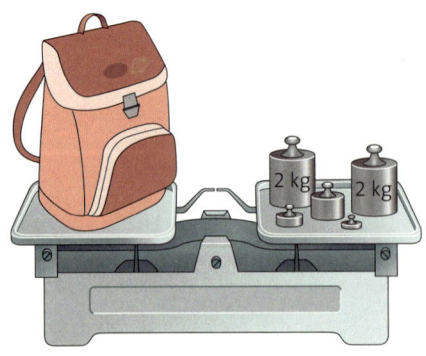

01 Die Masse der Tasche beträgt 4,75 kg.

02 Die Tasche auf der Personenwaage

03 Urkilogramm

BESTIMMUNG DER MASSE · Die Äpfel ersetzen wir nun durch Vergleichsmassen, die eindeutig bestimmt sind. 1889 einigte man sich international auf das **Kilogramm** als allgemeingültige Vergleichsmasse. Ein Kilogramm ist die Masse des „Urkilogramms", eines speziellen Metallkörpers (▸ Bild 03), der in Paris aufbewahrt wird. Von diesem Urkilogramm existieren in vielen Ländern exakte Kopien.

Für praktische Messungen werden oft auch andere Vergleichsmassen benötigt. Solche Vergleichsmassen nennen wir Massestücke.

> Jeder Körper hat eine Masse m. Sie gibt an, wie schwer der Körper ist.
> Die Einheit der Masse ist ein Kilogramm (1 kg).

Weitere gebräuchliche Einheiten sind die Tonne (1 t), das Gramm (1 g) und das Milligramm (1 mg).

DAS URKILOGRAMM SCHRUMPFT · Es wurde wissenschaftlich festgestellt, dass das Urkilogramm in Paris aus unbekannten Gründen immer leichter wird. Der Gewichtsverlust ist zwar nur minimal, aber doch so groß, dass man nach Alternativen sucht. Wie auch für den Meter und die Sekunde sucht man hierfür im Bereich der unveränderlichen physikalischen Größen und Naturkonstanten. Eine nicht unumstrittene Möglichkeit ist die Definition des Kilogramms über die Masse von Siliziumatomen.

1 t = 1000 kg
1 kg = 1000 g
1 g = 1000 mg

WAAGEN · Wenn du mit der Armwaage das Gewicht deiner Tasche und das Gewicht eines Beutels mit Äpfeln vergleichst, dann vergleichst du ihre Schwere. Die **Balkenwaage** arbeitet genauso (▸ Bild 01): Auf die eine Seite der Balkenwaage legt man die unbekannte Masse, auf die andere so viele Massestücke, dass beide Seiten gleich schwer sind und sich die Waage dadurch im Gleichgewicht befindet. Da wir bekannte Massestücke verwenden, können wir jetzt auch die unbekannte Masse angeben.

Die Schwere von Körpern zu vergleichen ist eine von mehreren Möglichkeiten, um Massen zu bestimmen. Die **Personenwaage** nutzt ein anderes Prinzip. In ihrem Inneren verformen sich elastische Körper umso mehr, je schwerer der zu wiegende Körper ist. Ein Mechanismus überträgt diese Verformung auf eine Skala (▸ Bild 02). Aber auch wenn hier Massen nicht direkt verglichen werden: Waagen dieser Bauart müssen vom Hersteller zunächst mit bekannten Massestücken kalibriert werden.

1. Rechne 323,5 g in mg, kg und t um.

2. Die Masse der Schultasche wurde auf verschiedene Weise bestimmt. Vergleiche und nenne dabei Vor- und Nachteile der drei Methoden.

3. Du hast unterschiedliche Massestücke und eine Personenwaage, an der die Skala fehlt. Beschreibe, wie du vorgehen musst, um eine nutzbare Waage zu erhalten.

MATERIAL

VERSUCHE ▸ Messungen mit einer Selbstbauwaage

Material:
dünnes Gummiband, Plastikbecher, Klebeband, möglichst viele 1-Euro-Münzen, eine senkrechte Fläche (z. B. Brett oder Tür), auf die du Klebeband kleben darfst

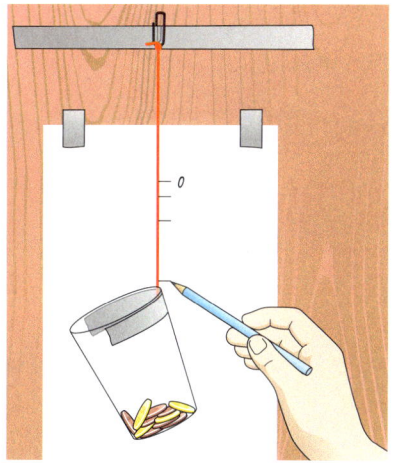

04 Selbst gebaute Waage

V1 Bau der Waage

Durchführung:
Informiere dich über die Masse der Münzen. Baue die Waage wie im ▸ Bild 04 auf. Markiere die Position des leeren Bechers.
Lege nun eine Münze nach der anderen in den Becher und markiere jeweils die neue Position.
Beschrifte die Skala, indem du die Massen in Gramm angibst.
Ab wann solltest du keine weiteren Münzen mehr hinzufügen?

V2 Wiegen und vergleichen

Durchführung:
Bestimme die Masse verschiedener Gegenstände mit deiner Gummiband-Waage.
a) Gib an, wann das Abwiegen gut gelingt.
b) Mache Vorschläge, wie man deine Waage verbessern kann.
c) Vergleiche Gummiband-Waage und Personenwaage. Sammle Gemeinsamkeiten und Unterschiede.

Material A ▸ Crash-Test

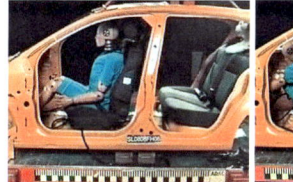

05 Crash-Test

Die Bilder wurden bei einem Crash-Test im Abstand von je 0,02 s aufgenommen.

A1 Clara sagt: „Der Hund wurde nach vorne geschleudert und wurde immer schneller." Nimm Stellung.

A2 Beschreibe die Bewegung von Stoffhund und Crash-Test-Dummy. Nutze Fachwörter.

Material B ▸ Wetten, dass …

06 Münzturm

B1 Jens behauptet: „Ich kann die unterste Münze entfernen, ohne den Münzturm zu zerstören oder abzubauen." Erläutere und begründe.

B2 Karla behauptet: „Ich kann einen losen Hammerkopf ohne Hilfsmittel wieder befestigen." Erläutere und begründe.

B3 Jan behauptet: „Ich kann Toilettenpapier mit einer Hand abreißen." Erläutere und begründe.

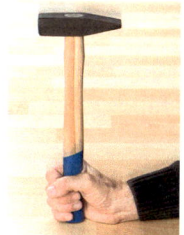

07 Hammerkopf befestigen.

BEWEGUNG, KRAFT UND ENERGIE
WIE KRÄFTE WIRKEN

01 Sarah dehnt den Expander.

Kräfte messen

Sarah muss sich anstrengen, um den Expander zu dehnen. Man sagt, Sarah übt eine Kraft auf die Gummibänder aus. Diese Kraft erkennt man an der Verlängerung der Bänder. Eine größere Verlängerung bedeutet offenbar eine größere Kraft. Aber können wir sagen, wie groß die Kräfte genau sind?

PRINZIP EINER KRAFTMESSUNG · Um die Kraft unabhängig von der persönlichen Anstrengung untersuchen zu können, machen wir folgenden Modellversuch: Eine Schraubenfeder ersetzt den Expander. Sie ist an einem Ende an einer Stange befestigt. Anstatt zu ziehen, hängen wir eine 100-g-Tafel Schokolade an die Schraubenfeder (▶ Bild 02). Wir sehen, dass sich die Schraubenfeder verlängert. An dieser Verformung erkennen wir, dass eine Kraft ausgeübt wird.

> Wenn ein Körper verformt wird, bedeutet das, dass eine Kraft auf den Körper ausgeübt wird.

Wenn zwei Kräfte eine Feder gleich verformen, dann sind sie gleich groß. Um eine unbekannte Kraft zu messen, vergleichen wir die Verformung, die diese Kraft bei der Feder verursacht, mit der Verformung, die bekannte Kräfte bewirken.

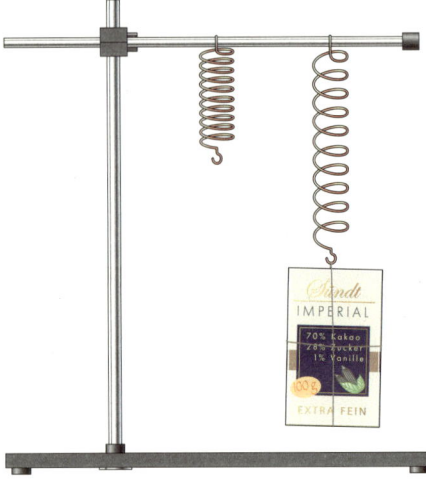

02 Schraubenfeder mit 100-g-Tafel Schokolade.

DIE EINHEIT DER KRAFT · Die Einheit der Kraft ist nach dem britischen Physiker ISAAC NEWTON benannt. Sie heißt ein **Newton** und wird abgekürzt als **1 N** geschrieben. Das Größensymbol für die Kraft ist F (engl. *force*). Eine Kraft vom Betrag ein Newton ist ziemlich genau die Kraft, die eine 100-g-Tafel Schokolade auf die Schraubenfeder ausübt(▸ Bild 02).

 Die Einheit der Kraft F ist ein Newton. Sie wird mit 1 N abgekürzt.

DAS HOOKE'SCHE GESETZ · Um mit einer Schraubenfeder eine Kraft messen zu können, müssen wir ermitteln, welche Kraft zu welcher Verlängerung führt. Dazu hängen wir nacheinander eine, zwei, drei usw. 100-g-Tafeln Schokolade an eine Schraubenfeder und markieren die Verformungen für 1 N, 2 N, 3 N usw. (▸ Bild 03). Wir stellen fest, dass die Kraft und die Verlängerung proportional zueinander sind: Die doppelte Kraft führt zur doppelten Verlängerung, die dreifache Kraft zur dreifachen Verlängerung usw. Diesen Zusammenhang bezeichnet man nach dem britischen Physiker ROBERT HOOKE als **Hooke'sches Gesetz.**

Der Quotient aus Kraft F und Verlängerung s ist konstant. Diese Konstante wird als **Federkonstante D** bezeichnet und hängt von der Stärke der Feder ab:

$D = \frac{F}{s}$.

„Harte" Federn verlängern sich bei gleicher Kraft weniger als „weichere" Federn. Je größer die Federkonstante D ist, desto härter ist die Feder.

KALIBRIERUNG EINER SCHRAUBENFEDER · Da bei Schraubenfedern das Hooke'sche Gesetz gilt, kann man mit unserem Versuch (▸ Bild 03) für die Feder eine Skala anfertigen. Von der Skala lässt sich dann direkt die zur einer Verlängerung gehörende Kraft ablesen. Man sagt, die Schraubenfeder wird **kalibriert.** Auf diese Weise erhalten wir einen **Federkraftmesser.**

Das Hooke'sche Gesetz gilt nur in dem Bereich, in dem Federn elastisch verformt werden. Deshalb müssen die Kräfte, die man messen will, innerhalb des elastischen Bereichs, also des Messbereichs, des Kraftmessers liegen. Sonst wird die Feder überdehnt und der Kraftmesser wird zerstört.

Mit einem Federkraftmesser können wir die in ▸ Bild 01 von Sarah auf den Expander ausgeübte Kraft genau messen. Dazu führen wir folgenden Modellversuch durch (▸ Bild 04): Sarahs starre linke Hand ersetzen wir durch einen Haken in der Wand, an dem wir den Expander einhängen. Ihre rechte Hand ersetzen wir durch einen Federkraftmesser, der den Expander dehnt. Jetzt ziehen wir am Federkraftmesser nach links, bis der Expander genauso weit gedehnt ist, wie Sarah ihn gedehnt hat. Dann lesen wir die Kraft am Federkraftmesser ab: Sarah hat eine Kraft von 90 N auf den Expander ausgeübt (▸ Bild 04).

> Wenn ein Körper in seine ursprüngliche Form zurückkehrt, sobald die ihn verformende Kraft verschwindet, dann nennt man die Verformung **elastisch**. Bleibt die Verformung bestehen, nennt man sie **plastisch**.

03 Kalibrieren eines Federkraftmessers

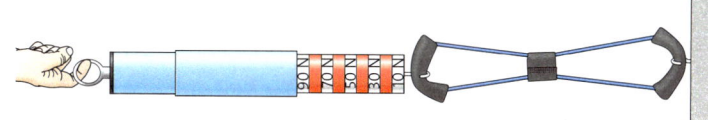

04 Bestimmung der von Sarahs rechtem Arm auf den Expander ausgeübten Kraft

BEWEGUNG, KRAFT UND ENERGIE
WIE KRÄFTE WIRKEN

01 Darstellung einer Kraft durch einen Vektor

02 Bogenschützin

Im ▸ Bild 01 entspricht die Vektorlänge von 1 cm einer Kraft vom Betrag 1 N. Der Vektor beginnt am Angriffspunkt der Kraft und zeigt in Richtung der Kraftwirkung.

BESCHLEUNIGENDE WIRKUNG DER KRAFT · Wenn eine Kraft auf einen Körper ausgeübt wird, dann kann sie den Körper verformen (▸ Bild 01). Die Kraft kann den Körper aber auch beschleunigen. Beispielsweise hält die Bogenschützin in ▸ Bild 02 den Bogen mit dem linken Arm fest und übt mit dem rechten Arm eine Kraft auf die Sehne aus. Dadurch wird der Bogen verformt. Wenn die Bogenschützin aber die Sehne loslässt, übt die Sehne eine Kraft auf den Pfeil aus. Diese Kraft beschleunigt den Pfeil. Wir erkennen also auch an der Beschleunigung eines Körpers, dass eine Kraft ausgeübt wird.

> Wenn ein Körper beschleunigt wird, bedeutet das, dass eine Kraft auf ihn ausgeübt wird.

Ob ein Körper durch eine Kraft verformt oder beschleunigt wird, hängt davon ab, ob er sich frei bewegen kann. Im ▸ Bild 02 wird der Bogen von der linken Hand festgehalten und verformt sich daher. Der Pfeil hingegen kann sich frei bewegen und wird deshalb beschleunigt.

DIE RICHTUNG EINER KRAFT · Die Schokolade im ▸ Bild 01 übt auf die Schraubenfeder eine nach unten gerichtete Kraft vom Betrag 1 N aus. Sarah übt mit ihrem rechten Arm eine waagerecht zum Körper hin gerichtete Kraft vom Betrag 90 N auf den Expander aus. Allgemein gilt: Jede Kraft hat eine Richtung und einen Betrag und ist damit eine vektorielle Größe. Eine vektorielle Größe, die du bereits kennst, ist die Geschwindigkeit.

Die Kraft, die die Schokolade im ▸ Bild 01 auf die Schraubenfeder ausübt, greift am Haken an. Sarah übt mit ihrem rechten Arm eine Kraft auf die Gummibänder des Expanders aus, die am Griff angreift. In der Regel hat eine Kraft also einen **Angriffspunkt**.

1) Die Bogenschützin im ▸ Bild 02 übt mit den Händen Kräfte aus. Gib jeweils Angriffspunkt und die Richtung der beiden Kräfte an. Beschreibe ihre Wirkungen.

2) Nenne drei Beispiele für Kräfte, die du an der beschleunigenden Wirkung erkennst.

3) Gibt den Betrag der Kraft in Schokoladentafeln an, um eine 5 kg schwere Einkaufstüte anzuheben.

4) Frank hebt seinen kleinen Bruder Leon auf seine Schultern. Leon wiegt 15 kg. Bestimme Betrag und Richtung der Kraft, die Leon auf Franks Schultern ausübt.

MATERIAL

VERSUCHE ▶ Verformung

Mit den folgenden Experimenten untersuchst du den Zusammenhang zwischen Kraft und Verformung.

V1 Schraubenfeder und Gummiband

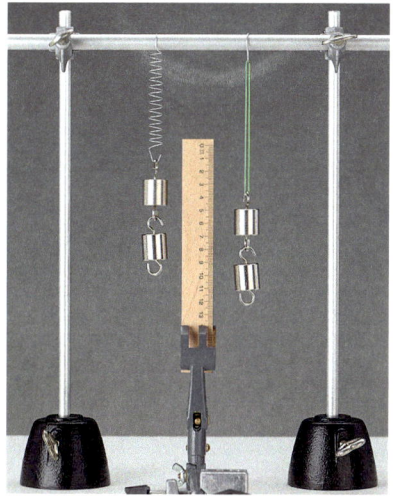

03 Gleiche Massen an Schraubenfeder und Gummiband

Material:
Bindedraht, Bleistift, Zange, Gummiband, fünf 100-g-Massestücke, Lineal, Stativmaterial

Durchführung:
a) Wickle den Bindedraht um den Bleistift. Biege an den Enden je einen Haken in den Draht.
b) Befestige deine selbst gewickelte Schraubenfeder und das Gummiband nebeneinander am Stativ.
c) Hänge je ein Massestück an die Schraubenfeder und das Gummiband (▶ Bild 03). Miss die Verlängerung der Feder und des Gummibands. Wiederhole dies für zwei, drei, vier … Massestücke. 100 g üben eine Kraft von etwa 1 N aus.
d) Trage die Ergebnisse für Schraubenfeder und Gummiband in zwei $s(F)$-Diagramme ein.
e) Bestimme für beide die Quotienten aus Kraft und Verlängerung. Formuliere jeweils einen Zusammenhang zwischen F und s.
f) Vergleiche die Verformung bei Schraubenfeder und Gummiband.

V2 Biegung eines Modellbalkens

Material:
zwei Stühle, fünf 100-g-Massestücke, zwei Lineale

Durchführung:
a) Verbinde zwei Stühle durch eine „Brücke". Verwende als Brücke ein Lineal.
b) Hänge nacheinander unterschiedlich viele Massestücke an das Lineal. Bestimme jeweils, wie stark sich das Lineal durchbiegt.
c) Trage die Ergebnisse in ein $s(F)$-Diagramm ein. Untersuche den Zusammenhang zwischen F und s.

V3 Katapult

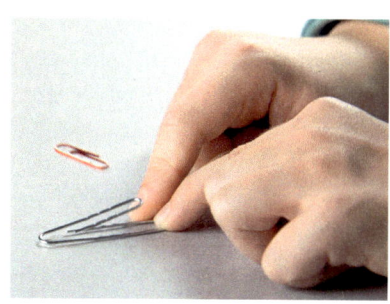

04 Büroklammerkatapult

Material:
Büroklammern, Zange

Durchführung:
a) Biege die Büroklammer zu einem Katapult (▶ Bild 04).
b) Katapultiere eine zweite Büroklammer möglichst weit. Führe den Versuch mit Freunden durch. Wer die größte Weite schafft, hat gewonnen.
c) Beschreibe den Zusammenhang zwischen der für das Spannen des Katapults aufgebrachten Kraft und der Flugweite der Büroklammer.

Material A ▶ Kleine Verformungen sichtbar gemacht

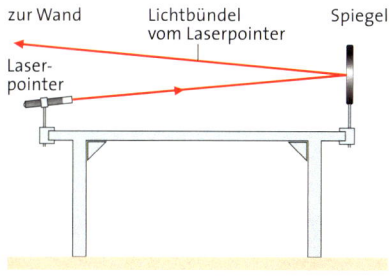

A1 Eine Tischplatte scheint so fest zu sein, dass sie sich im Alltag nicht verformen lässt. Mit dem Versuchsaufbau im ▶ Bild links lassen sich auch kleine Verformungen der Tischplatte nachweisen.
a) Jemand drückt auf die Mitte der Tischplatte. Beschreibe, wie die Verformung der Tischplatte nachgewiesen werden kann.
b) Der Aufbau soll so verbessert werden, dass möglichst kleine Verformungen nachgewiesen werden. Finde Verbesserungsmöglichkeiten. Erkläre, warum dadurch die Empfindlichkeit gesteigert wird.

BEWEGUNG, KRAFT UND ENERGIE
WIE KRÄFTE WIRKEN

01 Elfmeter ... gehalten!

Kräfte ändern Bewegungen

Elfmeter sind eine nervenaufreibende Sache. Auf dem Bild ist der Moment festgehalten, kurz bevor der Torwart den Schuss des Elfmeterschützen hält. Was passiert mit dem Ball während des Elfmeters?

EINWIRKUNG DER KRAFT · Wir betrachten zunächst den Schuss des Elfmeterschützen (▸ Bild 02). Vor dem Schuss liegt der Ball still, seine Geschwindigkeit beträgt $0\,\frac{m}{s}$. Wenn der Spieler gegen den Ball tritt, dann fliegt dieser mit einer Geschwindigkeit von $30\,\frac{m}{s}$ in Richtung Tor. Der rote Pfeil im ▸ Bild 02 zeigt, wie stark die Einwirkung des Fußes auf den Ball ist. Mit einem Kraftsensor im Schuh des Elfmeterschützen kann man diese Kraft nachweisen.

Der Ball wird also durch eine Kraft von $0\,\frac{m}{s}$ auf $30\,\frac{m}{s}$ in Richtung Tor beschleunigt. Nur wenn der Spieler eine große Kraft ausübt und zugleich richtig zielt, kann der Ball im Tor landen. Da sowohl die Größe der Kraft als auch ihre Richtung wichtig sind, nutzen wir wieder – wie bei der Geschwindigkeit – die Darstellung mit Vektoren.

Wie sieht es bei der Parade des Torwarts aus (▸ Bild 03)? Kurz vor dem Auftreffen hat der Ball die Geschwindigkeit $30\,\frac{m}{s}$. Mit den Händen bremst der Torwart den Ball auf $0\,\frac{m}{s}$ ab. Mit einem Sensor in den Handschuhen lässt sich auch hier die Größe der Kraft auf den Ball ermitteln, die der Torwart entgegen der Flugbahn des Balls ausüben muss, um den Ball festzuhalten. Auch in ▸ Bild 03 zeigt der rot dargestellte Vektor, welche Kraft die Hände auf den Ball ausüben.

/// Wenn sich die Geschwindigkeit eines Körpers ändert, dann übt ein anderer Körper eine Kraft auf ihn aus.

RICHTUNGEN BEIM BESCHLEUNIGEN · Wie du an den Beispielen siehst, hängt die Richtung der Geschwindigkeitsänderung von der Richtung der angreifenden Kraft ab (▸ Bild 02 und ▸ Bild 03).

/// Geschwindigkeitsänderung und angreifende Kraft haben die gleiche Richtung.

Wenn die Kraft auf den Ball in Bewegungsrichtung ausgeübt wird, dann nimmt die Geschwindigkeit des Balles zu (▸ Bild 02). Wenn die Kraft auf den Ball entgegen der Bewegungsrichtung ausgeübt wird, dann nimmt die Geschwindigkeit des Balles ab oder kehrt sich sogar um.

RICHTUNGSÄNDERUNG · Was geschieht, wenn beispielsweise bei einem Kopfball wie in ▸ Bild 04 A eine seitliche Kraft auf den Ball ausgeübt wird? Der Kopf übt dann die Kraft in eine andere Richtung aus als die, in die der Ball nachher weiterfliegt.
Im ▸ Bild 04 B siehst du die Situation von oben. Der ursprünglich schräg nach links fliegende Ball wird durch die Krafteinwirkung des Kopfes so abgelenkt, dass er sich nachher schräg nach rechts bewegt.

Wirkt eine Kraft von der Seite, dann ändert sich die Bewegungsrichtung bzw. die Geschwindigkeit, und zwar abhängig von der Richtung und der Größe der seitwärts einwirkenden Kraft.

> Kräfte ändern den Bewegungszustand eines Körpers.
> Wirkt eine Kraft in oder entgegen der Bewegungsrichtung eines Körpers, wird er beschleunigt bzw. abgebremst.
> Wirkt die Kraft in eine andere Richtung, ändert sich zusätzlich seine Bewegungsrichtung.

WOHER KOMMT DIE KRAFT? · Die Geschwindigkeit des Balles kann sich auch dann ändern, wenn niemand gegen den Ball tritt. Wer oder was übt dann eine Kraft aus?

Wenn der Ball vom Torpfosten abprallt, dann ändert sich seine Geschwindigkeit bzw. seine Richtung ähnlich wie beim Kopfball. Die Kraft wird in diesem Fall vom Pfosten ausgeübt.
Rollt der Ball auf dem Rasen, wird er durch die Reibung langsamer. Die Grashalme üben hier eine Kraft auf den Ball entgegengesetzt zur Bewegungsrichtung aus – der Ball wird abgebremst.

Auch wenn du den Ball gerade hochschießt, fliegt er nicht immer geradeaus weiter, sondern kehrt um und landet wieder auf der Erde. Die Geschwindigkeit bzw. die Bewegungsrichtung des Balles ändert sich, weil die Erde den Ball nach unten zieht. Das bedeutet, die Erde übt eine Kraft auf ihn aus. Diese Kraft kennst du als Erdanziehung oder Schwerkraft.

1 Ein Volleyball wird geschlagen, bleibt aber im Netz hängen. Beschreibe die Kräfte, die auf den Ball ausgeübt wurden.

2 Erstelle jeweils eine Zeichnung mit Kraft- und Geschwindigkeitspfeilen wie im ▸ Bild 04 B für die Beispiele aus dem Abschnitt „Woher kommt die Kraft?".

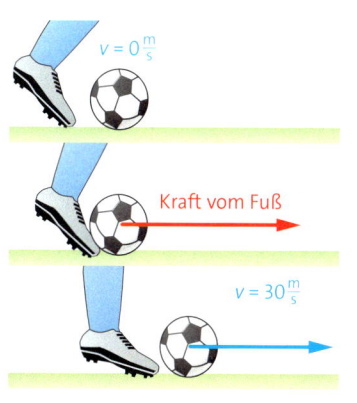
02 Schuss …

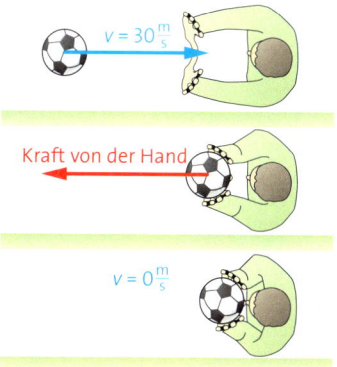
03 … Parade

04 Kopfball: **A** Foto, **B** Kraft- und Geschwindigkeitspfeile

BEWEGUNG, KRAFT UND ENERGIE
WIE KRÄFTE WIRKEN

01 Der Magnet übt eine Kraft auf die Kugel aus.

02 Der Stab übt eine Kraft auf die Kugel aus.

KRÄFTE WIRKEN AUS DER FERNE · Normalerweise wird eine Kraft durch Berührung übertragen. Ein Beispiel dafür ist in ▸ Bild 03 zu sehen. Das Gummiband übt eine Kraft auf das Papier aus, dabei berühren sie sich. Ähnlich ist es beim Elfmeterschützen und dem Torwart. Beide berühren den Ball, um eine Kraft auf ihn auszuüben.

Wenn ein hochgeschossener Ball durch die Schwerkraft nach unten beschleunigt wird, dann berührt die Erde den Ball nicht. Die Schwerkraft wirkt aus der Ferne auf den Ball. Ähnlich ist es beim Magnetismus: Die Eisenkugel in ▸ Bild 01 rollt an einem Magneten vorbei. Dieser übt eine anziehende magnetische Kraft auf die Kugel aus. Die Richtung der Geschwindigkeit ändert sich zum Magneten hin. Dadurch entsteht eine gekrümmte Bahn. Auch der Magnet berührt die Kugel nicht, sondern übt seine magnetische Kraft aus der Ferne aus.

Ebenso kann es bei der elektrischen Kraft sein: Im ▸ Bild 02 erkennt man, wie die Folienkugel trotz Schwerkraft über dem Stab schwebt. Der Stab ist elektrisch geladen und übt eine nach oben gerichtete elektrische Kraft auf die Folienkugel aus. Die abstoßende Kraft wirkt ohne Berührung aus der Ferne.

/// Die Schwerkraft, die magnetische Kraft und die elektrische Kraft können ohne Berührung aus der Ferne wirken.

1) Beschreibe für die Kugel im ▸ Bild 01 die Richtungen der Geschwindigkeit, der Beschleunigung und der auf die Kugel ausgeübten Kraft.

2) Nenne drei Beispiele, bei denen ein Gegenstand aus der Ferne beschleunigt wird, und nenne die Kräfte, die dafür verantwortlich sind.

3) Welche Kräfte wirken beim Bungee-Jumping? Beschreibe die Bewegung und ordne den verschiedenen Situationen Kräfte und Wirkungen zu.

4) Beschreibe, wie man das Papier im ▸ Bild 03 mit dem Gummiband in eine gewünschte Richtung fliegen lassen kann. Erläutere an dem Beispiel, dass die von einer Kraft bewirkte Beschleunigung parallel zur Kraft ist.

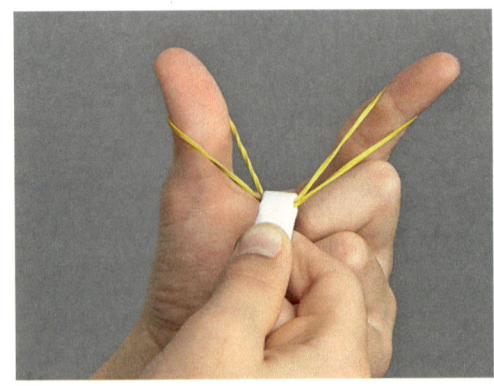

03 Das Gummi übt eine Kraft auf das Papier aus.

MATERIAL

VERSUCHE ▸ Geschwindigkeitsänderung durch einen Luftstrom

Material:

Flummi oder Tischtennisball, Haartrockner, glatte Fläche (Boden oder Tisch)

Wenn der Ball in den Luftstrom des Haartrockners gerät, dann ändert sich seine Geschwindigkeit. Mit den Versuchen untersuchst du, welche Größen hierbei eine Rolle spielen.
Achte darauf, dass sich in der Nähe des Haartrockners keine brennbaren Materialien befinden und der Hartrockner sich nicht überhitzt!

V1 Beschleunigen und Bremsen

Durchführung:

a) Lege den Haartrockner auf die Fläche und schalte ihn ein. Lege den Ball davor. In ▸ Bild A siehst du, wie sich die Geschwindigkeit des Balls ändert. Der rote Pfeil zeigt die Richtung des Luftstroms an.
b) Lass den Ball auf den Haartrockner zurollen (▸ Bild B). Erstelle hierzu eine Zeichnung ähnlich wie ▸ Bild A: Zeichne dabei die Richtung des Luftstroms und die Geschwindigkeitspfeile vorher und nachher ein.

V2 Ablenken

Durchführung:

a) Lass den Ball von der Seite am Haartrockner vorbeirollen (▸ Bild C). Erstelle eine Skizze wie bei V1 b).
b) Der Ball soll durch den Luftstrom in eine bestimmte Richtung abgelenkt werden (▸ Bild D). Die Position des Haartrockners ist durch das Kreuz festgelegt. Finde heraus, welche Richtung der Luftstrom haben muss, damit der Ball richtig abgelenkt wird. Erstelle eine Zeichnung wie bei V1 b).

V3 Eigene Versuche

Durchführung:

Wie sich die Geschwindigkeit des Balls durch den Luftstrom des Haartrockners ändert, hängt von vielen Einflüssen ab, z. B. von der Masse des Balls. Was vermutest du, könnte noch eine Rolle spielen? Formuliere deine Vermutungen schriftlich. Überprüfe sie durch Versuche.

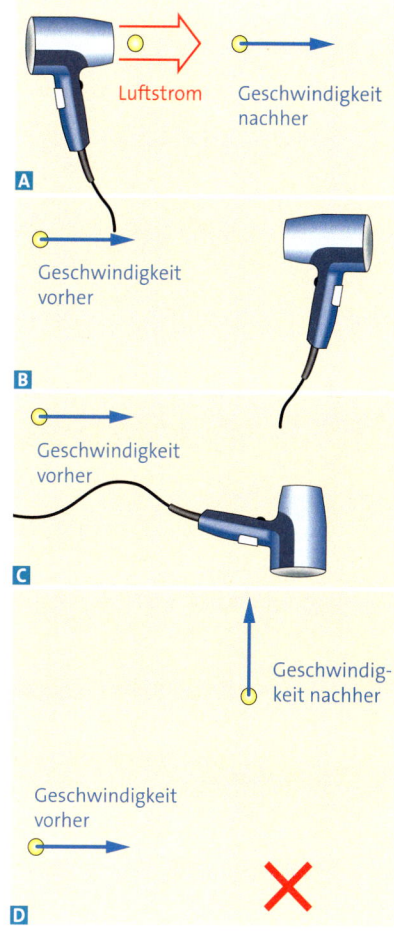

A – Luftstrom / Geschwindigkeit nachher
B – Geschwindigkeit vorher
C – Geschwindigkeit vorher / Geschwindigkeit nachher
D – Geschwindigkeit vorher

Material A ▸ Geschwindigkeitsänderungen beim Sport

04 Volleyballspielerin beim Schmettern

A1 Hier sind sechs Situationen beschrieben, in denen Kräfte wirken:
1. Ein Torwart faustet einen Ball über das Tor.
2. Ein Kugelstoßer stößt eine Kugel.
3. Ein Rallye-Fahrer bremst vor einer scharfen Kurve.
4. Eine Volleyballspielerin schmettert den Ball an der Abwehr vorbei (▸ Bild 04).
5. Ein Bogenschütze schießt einen Pfeil schräg nach oben.
6. Ein Eishockeyspieler umspielt seinen Gegner indem er seinem Mannschaftskollegen den Puck über die Bande zuspielt.

a) Benenne für jede Situation die Körper, auf die eine Kraft ausgeübt wird.
b) Gib jeweils an, an welcher Wirkung du erkennst, dass eine Kraft ausgeübt wird.
c) Stelle die einzelnen Situationen mithilfe von Vektoren dar.

BEWEGUNG, KRAFT UND ENERGIE
WIE KRÄFTE WIRKEN

01 Mit dem Rad unterwegs

⊕ Reibungskräfte

> Du kennst das sicher: Beim Fahrradfahren musst du ständig in die Pedale treten, sonst wirst du langsamer. Warum ist das so?

02 Auf glattem Boden rollt die Kugel weiter.

VERBORGENE KRÄFTE · Ein Grund fürs Langsamerwerden zeigt sich in einem Versuch (▶ Bild 02): Wir lassen drei gleichartige Kugeln mit gleicher Anfangsgeschwindigkeit über verschiedene Böden rollen und vergleichen ihre Bewegungen. Wir beobachten, dass die Kugeln umso weiter rollen, je glatter der Boden ist. Die Unebenheiten der Böden üben offenbar Kräfte auf die Kugeln aus, die entgegen der Bewegungsrichtung wirken und die Bewegung hemmen. Diese Kräfte, die wir im Weiteren näher untersuchen, nennt man **Reibungskräfte**.

KÖRPER HAFTEN ANEINANDER · Wenn du aus dem Stand mit dem Fahrrad losfährst, dann geht das auf der Straße problemlos – aber nicht bei Glatteis! Offensichtlich funktioniert die Beschleunigung nur, wenn dein Reifen im Moment des Losfahrens an der Oberfläche des Bodens haften kann. Nur dann gibt es eine Kraft vom Boden auf deinen Reifen, die dafür sorgt, dass deine Geschwindigkeit größer wird. Wir nennen diese Kraft **Haftkraft.**

DIE HAFTKRAFT · Wenn wir mit geringer Kraft an einem Körper ziehen, dann bewegt er sich nicht (▶ Bild 03). Also wirkt der Zugkraft eine Haftkraft entgegen und gleicht diese aus. Egal, in welche Richtung der Körper gezogen wird – immer wirkt die Haftkraft in die entgegengesetzte Richtung.

Wenn wir nun die Kraft, mit der wir am Körper ziehen, allmählich vergrößern, dann bewegt sich der Körper zunächst immer noch nicht. Die Haftkraft nimmt also im gleichen Maß zu wie die Zugkraft, sodass der Körper zunächst in Ruhe bleibt.

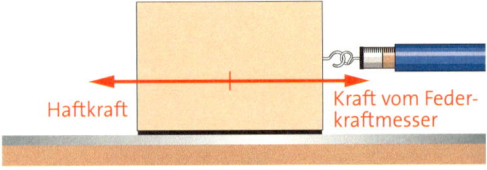

03 Haften im Versuch

Wenn wir aber beim Ziehen einen bestimmten Kraftbetrag überschreiten, dann fängt der Körper an, sich zu bewegen. Es gibt also eine maximale Haftkraft. Sie hängt davon ab, wie die sich berührenden Körperoberflächen beschaffen sind, und davon, wie stark sie aufeinanderdrücken.

> Die Haftkraft tritt immer dann auf, wenn eine Kraft auf einen ruhenden Körper ausgeübt wird, um ihn zu verschieben. Sie wirkt der Zugkraft entgegen.
> Die maximale Haftkraft hängt von der Beschaffenheit der einander berührenden Körperoberflächen ab.

REIBUNG UND BREMSEN · Wenn du beim Fahrrad den Bremshebel ziehst, dann werden die Bremsbeläge fest gegen die Felge gedrückt. Die Felge bewegt sich gleitend an den Bremsbelägen vorbei (▸ Bild 04). Die Kraft, die das Rad abbremst, nennt man **Gleitreibungskraft.** Sie tritt immer dann auf, wenn sich ein Festkörper gleitend entlang eines anderen Festkörpers bewegt.

DIE GLEITREIBUNGSKRAFT · Von welchen Größen hängt die Gleitreibungskraft ab? Je fester die Bremsbeläge gegen die Felge gedrückt werden, desto größer ist die Gleitreibungskraft und desto stärker wird das Rad abgebremst.
Wir untersuchen die Gleitreibung in einem Modellversuch näher: Wir ziehen einen Körper mit einer Unterseite aus Gummi mit konstanter Geschwindigkeit über eine Metallplatte (▸ Bild 05). Da sich die Geschwindigkeit des Körpers nicht ändert, können wir mit dem Federkraftmesser den Betrag der Gleitreibung messen: Die Gleitreibungskraft ist geringer als die Haftkraft.

05 Eine Felgenbremse beim Fahrrad

Was geschieht, wenn wir den Körper schneller über die Metallplatte ziehen? Weitere Versuche zeigen, dass die Gleitreibungskraft praktisch unabhängig von der Geschwindigkeit ist, mit der sich die beiden beteiligten Körper gegeneinander bewegen. Es spielt also keine Rolle, ob wir den Körper schnell oder langsam ziehen: Die Gleitreibungskraft bleibt gleich.
Im Gegensatz zur Gleitgeschwindigkeit ist die Oberflächenbeschaffenheit der beteiligten Körper von großer Bedeutung: Wenn die Unterseite des Quaders im Versuch aus Metall statt aus Gummi besteht, dann ist die Gleitreibung wesentlich kleiner. Deshalb sind die Bremsbeläge beim Fahrrad aus Gummi.

> Wenn ein Körper auf einem anderen gleitet, dann wird eine Kraft auf ihn ausgeübt. Sie heißt Gleitreibungskraft.
> Die Gleitreibungskraft hängt nicht von der Geschwindigkeit des Körpers ab, aber sehr stark von der Oberflächenbeschaffenheit der beiden Körper.

1 a) Erkläre, warum das Buch in ▸ Bild 06 nicht nach unten fällt.
b) Ohne Haftkraft hält kein Knoten. Erkläre an einem Beispiel.

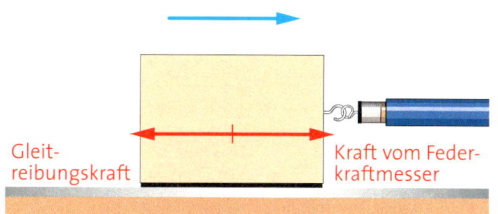

04 Gleitreibung im Versuch

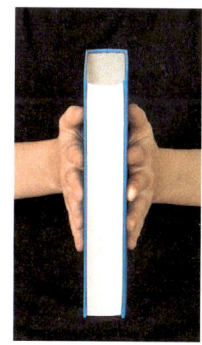

06 Buch mit Grip

BEWEGUNG, KRAFT UND ENERGIE
WIE KRÄFTE WIRKEN

01 Läuft wieder wie geschmiert.

DIE GLEITREIBUNG WIRD VERRINGERT · Du weißt, dass die Felgenbremsen bei Regen nicht mehr gut wirken. Die dünne Wasserschicht zwischen Bremsbelag und Felge reicht aus, um die Gleitreibungskraft wesentlich zu verringern.

Im Gegensatz zum Bremsen gibt es viele Fälle, bei denen die Gleitreibung möglichst gering sein soll. So sollen sich z. B. die Kettenglieder der Fahrradkette leicht bewegen können (▸ Bild 01). Die dünne Ölschicht verringert die Reibung zwischen den Kettengliedern.

DIE ROLLREIBUNGSKRAFT · Das Rad ist eine der wichtigsten Erfindungen der Menschheitsgeschichte. Zuvor mussten alle Gegenstände, die man transportieren wollte, getragen oder geschoben werden. Große Steine für Bauwerke wurden mit Schlitten transportiert (▸ Bild 02). Die Gleitreibungskraft war dabei sehr groß.

Wenn man Räder oder Rollen benutzt, dann ist die Kraft, mit der man ziehen muss, viel kleiner als bei einem Schlitten. Trotzdem gibt es noch eine bremsende Kraft. Das siehst du daran, dass Räder, Rollen und Kugeln ihren Bewegungszustand nicht dauerhaft beibehalten, sondern ausrollen und langsamer werden. Deshalb musst du beim Fahrradfahren auch ständig in die Pedale treten. Diese Kraft nennt man **Rollreibungskraft**.

> Die Rollreibungskraft tritt immer dann auf, wenn ein Körper rollt. Sie wirkt der Bewegung entgegen.
> Sie ist kleiner als die Gleitreibungskraft.

1) Sammle für jede Reibungsart Beispiele, in denen Reibung erwünscht bzw. unerwünscht ist. Erkläre jeweils.

2) Welchen Vorteil hat die Verwendung von „Kugellagern". Erkläre.

02 Vor der Erfindung des Rads

BLICKPUNKT

Luftwiderstand

Um dich herum ist Luft, die du beim Fahrradfahren als Fahrtwind spürst. Fährst du langsam, merkst du nur wenig, fährst du aber schneller, hast du das Gefühl, dagegen ankämpfen zu müssen.

Du kannst das experimentell überprüfen. Halte einen großen Zeichenkarton wie ein Segel quer über deinen Kopf. Laufe damit langsam los und werde dann immer schneller. Anfangs wirst du den Einfluss der Luft auf den Karton kaum spüren. Bei großer Geschwindigkeit aber wird sie den Karton nach hinten drücken.

Die Luft übt also eine Kraft auf dich aus, die deiner Bewegungsrichtung entgegengesetzt ist. Man nennt diese Kraft **Luftwiderstand**. Bei doppelter Geschwindigkeit steigt der Luftwiderstand ungefähr auf das Vierfache.

Du kannst den Luftwiderstand verringern, indem du dem Luftstrom möglichst wenig Angriffsfläche bietest. Im Radsport zeigen die Profis, wie man den Luftwiderstand verringert: Sie beugen sich tief über den Lenker und tragen einen speziell geformten Helm (▸ Bild 03).

03 Dem Fahrtwind möglichst wenig Angriffsfläche bieten

MATERIAL

VERSUCHE ▸ Wovon hängt die Gleitreibungskraft ab?

Material:
Holz- oder Plastikquader mit Haken, Massestücke, Federkraftmesser

Durchführung:
Der Quader wird jeweils mit dem Federkraftmesser über die Tischfläche gezogen und die Kraft gemessen.

V1 Von der Masse?
a) Bestimme die Masse des Quaders und miss die Gleitreibungskraft. Lege ein oder mehrere Massestücke auf den Quader und wiederhole die Messung für mindestens vier verschiedene Gesamtmassen. Halte die Messwerte in einer Tabelle fest.
b) Zeige, dass Masse und Gleitreibungskraft proportional zueinander sind. Du kannst das rechnerisch und zeichnerisch nachweisen.

Führe beide Methoden durch und erkläre jeweils, woran du die Proportionalität der beiden Größen erkennst.

V2 Von der Berührungsfläche?
a) Bestimme die Gleitreibungskraft für die verschiedenen Seiten des Quaders (▸ Bild rechts).
b) Welche der beiden folgenden Aussagen ist richtig? Begründe mithilfe deiner Messwerte.
I) Die Gleitreibungskraft bleibt gleich, egal wie groß die Berührungsfläche ist.
II) Je größer die Berührungsfläche ist, desto größer ist die Gleitreibungskraft.

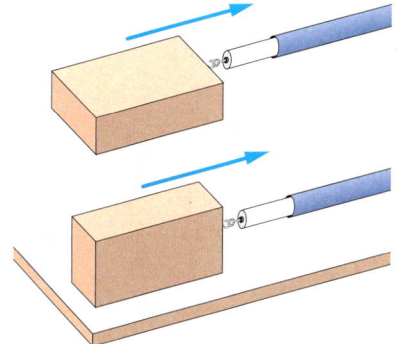

V3 Von der Oberflächenbeschaffenheit?
Wie wirkt sich die Oberflächenbeschaffenheit und die Schmierung auf die Gleitreibungskraft aus? Plane die Versuche hierzu selbst.

V4 Wovon hängt die Haftkraft ab?
Untersuche experimentell, ob entsprechende Zusammenhänge auch für die Haftkraft gelten.

Material A ▸ Im Windkanal

A1 Um den Kraftstoffverbrauch eines Automodells klein zu halten, wird es in einem Windkanal getestet. Dort steht das Auto und die Luft wird auf das Auto geblasen (▸ Bild rechts). Im Straßenverkehr ist es umgekehrt: Das Auto bewegt sich, die Luft nicht.

a) Begründe, warum man trotzdem sinnvolle Messwerte erhält.
b) Informiere dich: Wie wird die Luftwiderstandskraft bei Autos verkleinert? Welche Rolle spielt dabei der „Luftwiderstandsbeiwert"?

Material B ▸ Wie funktioniert der Trick?

B1 Im ▸ Bild rechts steht ein Glas auf einer kleinen Tischdecke. Wenn man die Decke rasch wegzieht, dann bleibt das Glas stehen. Wenn man zu langsam zieht, dann wandert es mit der Decke mit und fällt herunter.
a) Erkläre. Stelle dabei auch dar, von welchen weiteren Größen das Gelingen des Tricks abhängt.
b) Führe den Trick selbst vor. *Vorsicht:* Übe erst mit Plastikbechern!
c) Gina sagt: „Je größer die Masse des Glases ist, desto leichter gelingt der Versuch." Überprüfe die Aussage experimentell.

BEWEGUNG, KRAFT UND ENERGIE
WIE KRÄFTE WIRKEN

01 Springen kann unterschiedlich schwierig sein.

Schwerkraft und Masse

Wenn du hochspringst, dann kannst du sicher sein, dass du wieder herunterkommst. Dafür ist die Schwerkraft verantwortlich. Sie ist eine der wichtigsten Kräfte für uns. Ohne sie gäbe es kein oben und unten.

OBEN UND UNTEN · Du weißt, wo oben und unten ist. Auch die Menschen in Australien und an anderen Orten der Welt wissen das: Wenn sie nach „unten" zeigen, dann deutet ihr Zeigefinger in Richtung des Erdmittelpunkts, genau wie bei dir. Der Astronaut auf dem Mond deutet nicht zum Erdmittelpunkt (▸ Bild 01). Sein „unten" ist die Richtung zum Mondmittelpunkt.

„Unten" ist durch die Richtung der Schwerkraft festgelegt. Die Erde zieht dich und alle anderen Körper in Richtung Erdmittelpunkt (▸ Bild 02 A). Den Astronauten hingegen zieht die Schwerkraft zum Mondmittelpunkt (▸ Bild 02 B). Wenn du die Schwerkraft nicht spüren würdest, wüsstest du auch nicht, wo oben und unten ist.

SCHWERKRAFT UND MASSE · Wenn du einen Körper mit großer Masse hochhebst, dann fühlst du, wie schwer er ist. Je größer die Masse des Körpers ist, desto größer ist die Schwerkraft, mit der die Erde an ihm zieht.

Wie hängen Masse und Schwerkraft nun genau zusammen? Das können wir mit einem Federkraftmesser zeigen. Wenn wir ein Massestück von 1,0 kg an einen Federkraftmesser hängen, dann zeigt dieser etwas weniger als 10 N an (▸ Bild 05). Wenn wir die Masse verdoppeln, dann zeigt der Federkraftmesser auch den doppelten Kraftbetrag an. Die Messwerte in ▸ Tabelle 03 zeigen, dass die Masse des Körpers und der Betrag der Schwerkraft proportional zueinander sind.

02 **A** Schwerkraft auf der Erde, **B** Schwerkraft auf dem Mond

UND AUF DEM MOND? · Der Raumanzug des Astronauten im ▸ Bild 01 hat eine Masse von 82 kg. Damit könnte er auf der Erde kaum hochspringen. Auf dem Mond gelingt ihm das mühelos! Die Masse des Anzugs hat sich dort aber nicht geändert, denn wir würden mit einer Balkenwaage auch auf dem Mond das 82-Fache der Masse des Urkilogramms feststellen, ebenso wie auf der Erde.

Aber: Wenn wir auf der Mondoberfläche ein Massestück von 1,0 kg an einen Federkraftmesser hängen würden, dann würde dieser nur 1,6 N anzeigen. Die Astronauten haben auf dem Mond Experimente durchgeführt, die tatsächlich zeigen, dass der Betrag der Schwerkraft dort kleiner ist als auf der Erde.

Aber auch auf dem Mond sind Masse und Schwerkraft wieder proportional zueinander: Wenn man den Quotienten aus Schwerkraft und Masse bildet, dann ergibt sich für jeden Körper auf der Mondoberfläche immer 1,6 $\frac{N}{kg}$. Auf der Erdoberfläche sind es 9,81 $\frac{N}{kg}$ (▸ Bild 05).

Der Quotient aus der Schwerkraft, die auf einen Körper ausgeübt wird, und der Masse des Körpers hängt vom Ort ab, an dem sich der Körper befindet. Deswegen nennt man diesen Quotienten **Ortsfaktor g.** Einen solchen Ortsfaktor gibt es für jeden Ort im Universum. ▸ Tabelle 04 zeigt einige Beispiele.

> Der Betrag der Schwerkraft auf einen Körper ist proportional zu seiner Masse. Es gilt für die Schwerkraft: $F_G = m \cdot g$.
> Dabei ist der Ortsfaktor g vom Ort abhängig, an dem sich der Körper befindet. Auf der Erdoberfläche beträgt er etwa 9,81 $\frac{N}{kg}$.

WOHER KOMMT DIE SCHWERKRAFT? · Du weißt schon: Je größer die Masse eines Körpers ist, desto größer ist die Schwerkraft, mit der die Erde an ihm zieht. Auf dem Mond wäre die Schwerkraft auf denselben Körper nur etwa ein Sechstel so groß. Warum ist sie dort kleiner?

m in kg	F in N	$g = \frac{F}{m}$ in $\frac{N}{kg}$
0,5	4,9	9,8
1,0	9,8	9,8
1,5	14,7	9,8
2,0	19,6	9,8

03 Masse und Schwerkraft auf der Erdoberfläche

Ort	g in $\frac{N}{kg}$
Erdoberfläche	9,81
Mondoberfläche	1,6
Sonnenoberfläche	274
Marsoberfläche	3,8

04 Einige Ortsfaktoren

Im 17. Jahrhundert erkannte ISAAC NEWTON, dass die Schwerkraft nicht nur vom angezogenen Körper, sondern auch von der Masse des Körpers abhängt, der die Schwerkraft ausübt: Je größer seine Masse ist, desto größer ist der Betrag der Schwerkraft, die er auf den angezogenen Körper ausübt.

Die Masse der Erde ist viel größer als die Masse des Mondes. Auf der Erde ist deswegen der Betrag der Schwerkraft auf dich größer, als er es auf dem Mond wäre.

NEWTON erkannte außerdem, dass jeder Körper eine Schwerkraft ausübt, egal wie klein seine Masse ist. Davon spürst du im Alltag nichts, weil die Kraftbeträge dafür viel zu klein sind. So „zieht" z.B. deine Sitznachbarin bzw. dein Sitznachbar mit einer Schwerkraft von nicht einmal einem millionstel Newton an dir! Mit empfindlichen Geräten kann man diese Kräfte nachweisen.

> Je größer die Masse eines Körpers ist, desto größer ist die Schwerkraft, die er auf einen anderen Körper ausübt.

1 Berechne die Schwerkraft auf dich selbst auf der Erd- und auf der Mondoberfläche.

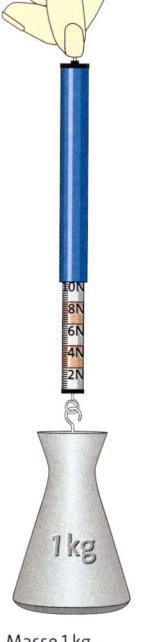

05 Masse 1 kg, Betrag der Schwerkraft 9,81 N

BEWEGUNG, KRAFT UND ENERGIE
WIE KRÄFTE WIRKEN

WO HÖRT DIE SCHWERKRAFT AUF? · Du weißt aus eigener Erfahrung, dass die Erde Körper in ihrer Nähe anzieht. Aber auch weit entfernte Körper werden von ihr angezogen. Zum Beispiel umkreist der Mond die Erde in einer Entfernung von etwa 380 000 km. Wenn die Erde keine Kraft auf ihn ausüben würde, dann würde er mit konstanter Geschwindigkeit geradeaus durch den Weltraum fliegen, anstatt die Erde zu umkreisen.

Die Schwerkraft wird auch noch auf Körper ausgeübt, die viel weiter entfernt sind: Es gibt für die Schwerkraft keine Grenze. Allerdings wird ihr Betrag mit zunehmender Entfernung immer kleiner.

> Ein Körper übt aufgrund seiner Masse eine anziehende Kraft auf alle anderen Körper aus, gleichgültig, wie weit sie von ihm entfernt sind. Je weiter sie entfernt sind, desto kleiner wird der Betrag der Kraft.

BLICKPUNKT

Schwerelosigkeit

In ▶ Bild 01 schwebt ein Astronaut schwerelos an der Außenseite der internationalen Raumstation ISS. Der Astronaut und die ISS umkreisen die Erde in etwa 350 km Höhe. Die Erde übt also auf beide eine Schwerkraft aus, denn sonst würden sie geradeaus ins Weltall fliegen.

Das klingt nach einem Widerspruch: Der Astronaut ist schwerelos und gleichzeitig wirkt die Schwerkraft auf ihn?! Der Astronaut ist schwerelos, weil er die Schwerkraft nicht spürt. Im Gegensatz zu ihm spürst du die Schwerkraft deutlich, wenn du auf einem Stuhl sitzt. Worin besteht dann der Unterschied zwischen dir auf dem Stuhl und dem Astronauten an der ISS?

Wenn du auf dem Stuhl sitzt, dann werden deine Oberschenkel verformt. Daran spürst du die Schwerkraft. Was passiert nun, wenn die Sitzfläche nicht mehr gegen deine Oberschenkel drückt? Bei einem „Free-Fall-Tower" (▶ Bild 02) ist genau das der Fall: Die Sitzfläche ist immer genau unter dir, aber sie fällt unter dir weg und drückt nicht mehr gegen deine Oberschenkel. Sie werden dann nicht mehr verformt. Die Schwerkraft ist natürlich immer noch vorhanden, sonst würdest du nicht nach unten fallen, aber wenn die Sitzfläche keine Kraft mehr auf dich ausübt, dann spürst du die Schwerkraft nicht mehr.

Der Begriff „schwerelos" bedeutet also nicht, dass keine Schwerkraft mehr auf dich wirkt, sondern dass du sie nicht mehr spürst.
Der Astronaut in ▶ Bild 01 fliegt um die Erde, ohne dass eine andere als die Schwerkraft auf ihn ausgeübt wird. Somit spürt auch er die Schwerkraft nicht und ist schwerelos.

Aufgrund der Trägheit müssten die ISS und der Astronaut ihre Kreisbahn um die Erde eigentlich verlassen. Wegen der Schwerkraft fallen sie aber gleichzeitig in Richtung Erde und bleiben dadurch auf ihrer Kreisbahn. Sie fallen also aufgrund der Trägheit gewissermaßen ständig an der Erde vorbei.

01 Außeneinsatz an der ISS

02 Schwerelos!

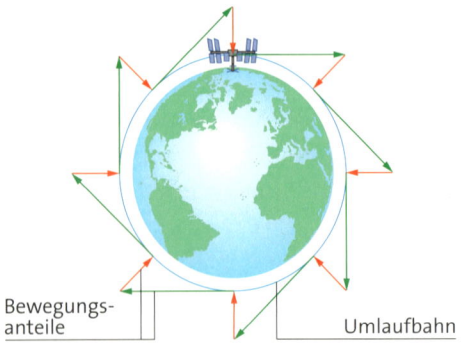

Bewegungsanteile — Umlaufbahn

03 Bahn der ISS mit ihrer Bewegung durch ihre Trägheit (grün) und ihre Fallbewegung (rot)

MATERIAL

VERSUCHE ▸ ... zur Schwerelosigkeit mit dem Smartphone

V1 Beschleunigungssensor

Material:
Smartphone, App (z. B. Physics Toolbox Accelerometer für Android oder iSeismo für iOS)

Durchführung:
a) Halte ein Smartphone mit der kurzen Kante nach oben fest an deine Brust und öffne die Anzeige des Beschleunigungssensors (▸ Bild 04 links). Erläutere, dass die Anzeige vom Betrag 1 der Wirkung der Schwerkraft auf den Sensor entspricht und dass die y-Achse parallel zur langen Gerätekante ist.
b) Erkläre, warum die Anzeigen für die x- und die z-Richtung null sind.

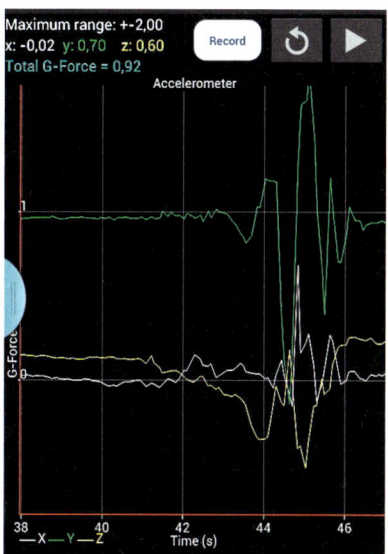

04 Beschleunigungssensor; rechts: während des Sprungs

V2 Sprung vom Tisch

Material:
Tisch, Smartphone, App (wie V1)

Durchführung:
a) Halte ein Smartphone mit der kurzen Kante nach oben fest an deine Brust und zeichne die Beschleunigung auf. Springe vom Tisch.
b) Beschreibe, was du während des Fallens spürst.
c) Erkläre, was der Beschleunigungssensor während des Fallens, vor dem Absprung und nach der Landung anzeigt (▸ Bild 04 rechts).
d) Deute die Beobachtungen mit dem Zustand der Schwerelosigkeit.

Material A ▸ Schwerelos ist nicht masselos!

A1 Nina meint: „Auf der ISS ist ja alles schwerelos. Deswegen kann man dort auch mit einem Medizinball Kopfbälle machen." Erkläre ihr, warum das keine gute Idee ist.

A2 a) In der ISS kann man weder eine normale Personenwaage noch eine Balkenwaage benutzen, um die Masse eines Körpers zu bestimmen. Erläutere.

b) Auf dem Mond zeigt eine Balkenwaage die Masse richtig an, eine Personenwaage nicht. Erkläre.
c) Informiere dich: Wie wiegen sich Astronauten tatsächlich?

Material B ▸ Ortsfaktoren

B1 Auf der Erde ist der Ortsfaktor nicht überall gleich (▸ Tabelle 05). Eine Personenwaage zeigt deshalb nicht an jedem Ort die gleiche Masse an.
a) Wo auf der Erde wiegst du am wenigsten, wo am meisten?
b) Wie genau muss eine Personenwaage messen, um diesen Unterschied festzustellen?

B2 ▸ Bild 05 zeigt, wie sich der Ortsfaktor mit der Entfernung zum Erdmittelpunkt ändert. Als Einheit für die Entfernung dient der Radius der Erde (R = 6370 km).
a) Auf welchen Anteil nimmt der Ortsfaktor ab, wenn die Entfernung zum Erdmittelpunkt verdoppelt wird? Belege an mehreren Beispielen aus dem Diagramm.
b) Boris sagt: „Die ISS schwebt so weit über dem Erdboden, dass der Ortsfaktor praktisch 0 $\frac{N}{kg}$ ist. Deswegen ist man dort schwerelos."
Nimm Stellung.

Ort	g in $\frac{N}{kg}$
Äquator	9,78
Mitteleuropa	9,81
Nord- und Südpol	9,83

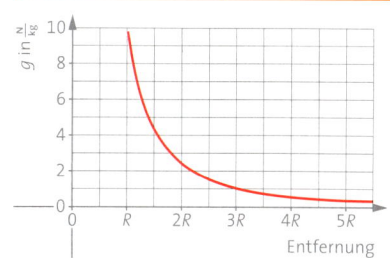

05 Ortsfaktoren

BEWEGUNG, KRAFT UND ENERGIE
WIE KRÄFTE WIRKEN

01 Ein Fallschirmspringer: links kurz nach dem Absprung, rechts unterwegs

Zusammenwirken von Kräften

Wenn der Fallschirmspringer aus dem Flugzeug springt, dann wird er immer schneller, weil die Erde ihn anzieht. Wenn er den Fallschirm öffnet, schwebt er mit konstanter Geschwindigkeit nach unten. Aber wegen der Schwerkraft müsste die Geschwindigkeit doch weiter zunehmen?!

ZWEI KRÄFTE · Du weißt sicher, warum die Geschwindigkeit nicht weiter zunimmt: Der Fallschirmspringer wird durch die Luft abgebremst. Auf ihn wirken also zwei Kräfte: die Schwerkraft der Erde und die Luftwiderstandskraft. Öffnet der Springer den Fallschirm, vergrößert er den Luftwiderstand so sehr, dass seine Geschwindigkeit nicht weiter zunimmt und er sanft landen kann. Wie das genau passiert, untersuchen wir jetzt näher.

Der Kraftvektor der Schwerkraft zeigt nach unten. Wie sieht es mit dem Vektor der Luftwiderstandskraft aus? Wenn du schnell mit dem Rad fährst, dann spürst du den Luftwiderstand als Fahrtwind. Sein Kraftvektor zeigt also wie bei jeder Form von Reibung entgegengesetzt zur Bewegungsrichtung. Die Kraft des Luftwiderstands ist daher beim Springer nach oben gerichtet, entgegen seiner Fallrichtung (▸ Bild 02).

Und wie verhalten sich die Beträge der beiden Kräfte zueinander? Wenn der Betrag der Schwerkraft größer ist als der Betrag der Luftwiderstandskraft, dann wird der Springer schneller. Das geschieht direkt nach dem Absprung (▸ Bild 02 A). Wenn umgekehrt der Betrag der Luftwiderstandskraft größer ist, dann wird der Springer langsamer. Das passiert, wenn er den Fallschirm öffnet. Wenn der Springer später mit konstanter Geschwindigkeit zur Erde schwebt, dann müssen beide Kräfte den gleichen Betrag haben (▸ Bild 02 B).

Wenn die Beträge der beiden entgegengesetzt wirkenden Kräfte gleich groß sind, nennt man das **Kräftegleichgewicht.** Es kommt auch in vielen anderen Situationen vor.

> Wenn zwei Kräfte auf einen Körper ausgeübt werden, die entgegengesetzt gerichtet sind und den gleichen Betrag haben, dann bleibt die Geschwindigkeit des Körpers gleich.

02 Fallschirmspringer: **A** kurz nach dem Absprung, **B** beim Fall mit konstanter Geschwindigkeit

ZWEI KRAFTRICHTUNGEN · Zwei genau entgegengesetzt wirkende Kräfte sind nicht die Regel. Viel häufiger wirken Kräfte schräg zueinander. Beispielsweise üben die beiden unteren Stahlseile der Rheinbrücke im ▸ Bild 03 schräg nach unten gerichtete Kräfte von jeweils 50 Millionen Newton auf den Pfeiler aus. Für die Bauplanung des Pfeilers muss man wissen, welche Kraft diese beiden Seile gemeinsam auf den Pfeiler ausüben. Diese Gesamtkraft nennt man die aus den beiden Kräften **resultierende Kraft $\vec{F}_{res}$**. Um die resultierende Kraft zu bestimmen, führen wir einen Modellversuch wie im ▸ Bild 04 durch.

03 Rheinbrücke bei Düsseldorf

Wir legen einen Maßstab fest: 10 Mio. N in der Realität entsprechen 1 N im Modellversuch. Die beiden unteren Federkraftmesser stellen die Kräfte $\vec{F}_1$ und $\vec{F}_2$ dar, die die Stahlseile auf den Pfeiler ausüben. Die Federkraftmesser sind parallel zu den Stahlseilen und zeigen jeweils 5 N an. Um ein Kräftegleichgewicht zu erhalten, müssen wir am dritten Federkraftmesser mit 4,3 N senkrecht nach oben ziehen. Die resultierende Kraft aus $\vec{F}_1$ und $\vec{F}_2$ ist also nach unten gerichtet und hat den Betrag F_{res} = 4,3 N.

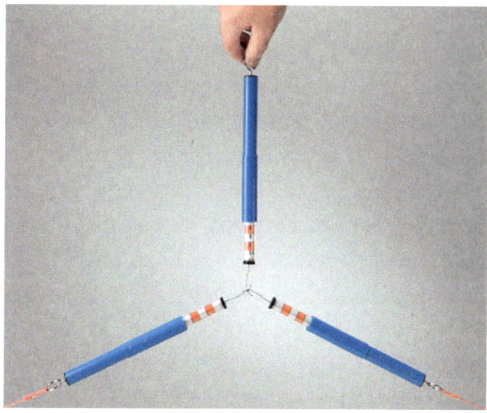

04 Modellversuch zur Rheinbrücke

KRÄFTEADDITION · Wir können die resultierende Kraft auch zeichnerisch bestimmen. In ▸ Bild 05 entspricht ein Kraftvektor der Länge 1 cm einer Kraft vom Betrag 10 Millionen Newton. Wir zeichnen die beiden Kraftvektoren zu $\vec{F}_1$ und $\vec{F}_2$ und ergänzen diese zu einem sogenannten **Kräfteparallelogramm**.

Dazu zeichnen wir durch die Spitzen der beiden Vektoren zwei Geraden, die parallel zum jeweils anderen Kraftvektor liegen. So entsteht ein Parallelogramm. Die resultierende Kraft $\vec{F}_{res}$ erhalten wir, indem wir einen Kraftvektor vom Angriffspunkt der beiden Kräfte $\vec{F}_1$ und $\vec{F}_2$ zum Schnittpunkt der beiden parallel zu $\vec{F}_1$ und $\vec{F}_2$ verlaufenden Geraden einzeichnen. Der resultierende Kraftvektor hat eine Länge von 4,3 cm und entspricht daher einer Kraft 43 Mio. N. Dieses Vorgehen nennt man **Kräfteaddition**.

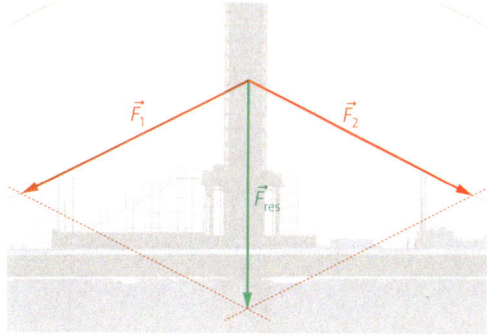

05 Konstruktion der resultierenden Kraft

1 ⌋ Zwei Hunde ziehen einen Schlitten. Der eine zieht mit einer Kraft von 400 N nach Norden, der andere mit 300 N nach Westen. Bestimme, in welche Richtung und mit welcher Kraft der Schlitten gezogen wird.

BEWEGUNG, KRAFT UND ENERGIE
WIE KRÄFTE WIRKEN

01 Slackline

02 Konstruktion zur Komponentenzerlegung

IM GLEICHGEWICHT · Wenn du auf einer Slackline stehst, befindest du dich im Kräftegleichgewicht. Die resultierende Kraft ist also null.

Im Gegensatz zum Fallschirmspringer wirken bei Johanna im ▸ Bild 01 aber nicht zwei, sondern drei Kräfte: Die Schwerkraft $\vec{F}_G$ = 500 N zieht sie nach unten, der linke Teil der Slackline zieht mit $\vec{F}_{links}$ nach links oben, der rechte mit $\vec{F}_{rechts}$ nach rechts oben. Die Beträge können wir wie bei der Rheinbrücke nicht einfach addieren oder subtrahieren. Wir müssen auch hier die Richtungen der Kräfte berücksichtigen.

Dazu stellen wir die Situation im Experiment nach: Im ▸ Bild 03 A hängt ein Massestück an einem Seil. Wie bei Johanna zieht die Schwerkraft nach unten und die beiden Seilstücke ziehen nach links und nach rechts. Die Kraftmesser zeigen an, mit welcher Kraft die Seilstücke am Massestück ziehen. Die Kraftvektoren sind im ▸ Bild 03 A ebenfalls dargestellt. Um die resultierende Kraft zu bestimmen, zeichnen wir die Kraftvektoren hintereinander (▸ Bild 03 B).

Allgemein erhält man den Vektor der resultierenden Kraft, indem man das hintere Ende des ersten Vektors mit der Spitze des letzten Vektors verbindet (▸ Bild 04). Bei vielen Kräften ist dieses Vorgehen einfacher, als mit Kräfteparallelogrammen zu arbeiten.

Bei unserer Slackline ist die Kräfteaddition besonders einfach (▸ Bild 03 B): Die resultierende Kraft ist null – es herrscht Kräftegleichgewicht.

> Wenn mehrere Kräfte auf einen Körper wirken, müssen die Kraftvektoren addiert werden. Wenn die Summe 0 N beträgt, befindet sich der Körper im Kräftegleichgewicht.

ZERLEGUNG VON KRÄFTEN · Um die Slackline sicher zu befestigen, muss Johannas Vater wissen, welche Kräfte an den Halterungen ziehen. Die Kräfte entstehen durch die auf Johanna wirkende Schwerkraft von 500 N. Die Slackline zerlegt diese Kraft in zwei **Komponenten.** Man spricht von einer **Komponentenzerlegung.**

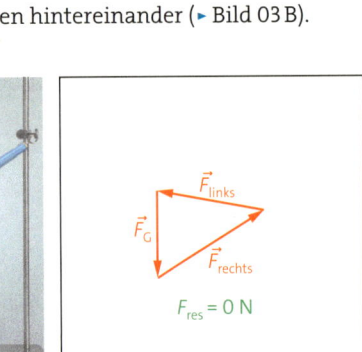

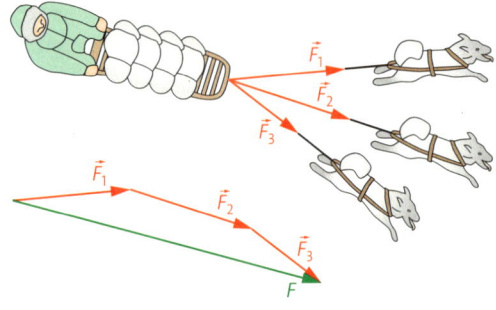

03 Kräftegleichgewicht bei drei Kräften (A), resultierende Kraft ist null (B).

04 Schlittenhunde und resultierende Zugkraft (grün)

Die Komponenten können wir wieder zeichnerisch mithilfe eines Kräfteparallelogramms wie in ▸ Bild 02 bestimmen: Ein Kraftbetrag von 500 N soll dabei einer Vektorlänge von 2 cm entsprechen. Mit diesem Maßstab zeichnen wir den Vektor für die Schwerkraft. Durch die Spitze dieses Kraftvektors zeichnen wir zwei Geraden, die parallel zu den Seilenden verlaufen. Wenn wir die Seilenden nun zeichnerisch verlängern, erhalten wir wieder das Kräfteparallelogramm.

Die Vektoren der Komponenten verlaufen dann vom Angriffspunkt der Schwerkraft bis zu den Schnittpunkten der Geraden mit den Seilenden. Sie wären in unserer Zeichnung jeweils 5,2 cm lang. Also betragen die Kräfte, die die Seilenden auf die Halterungen ausüben, jeweils 1300 N.

Die Komponenten einer Kraft sind oft größer als die resultierende Kraft. Das liegt daran, dass sich die Kräfte teilweise gegenseitig aufheben.

1) Johanna steht nicht in der Mitte der Slackline. Ermittle die Kräfte auf die Halterungen mithilfe eines Kräfteparallelogramms.

METHODE

Die Kräfteaddition

Vom Lageplan zum Kräfteplan · Häufig kann man aus der Geometrie einer Situation auf die Kräfte schließen. Als Beispiel betrachten wir den Spielzeugkran im ▸ Bild 05A: Der Baustein befindet sich im Kräftegleichgewicht. Er wiegt 20 g. Die Schwerkraft $\vec{F}_G$ zieht ihn mit etwa 0,20 N nach unten. Wie groß sind nun die Kräfte $\vec{F}_1$ in der waagerechten Stange und $\vec{F}_2$ in der diagonalen Stange?

Aus dem Aufbau des Krans kann man schließen, in welche Richtung die Kräfte ausgeübt werden: Die waagerechte Stange kann nach links ziehen oder nach rechts drücken. Die diagonale Stange kann nach rechts oben drücken oder nach links unten ziehen. Die Richtungen der drei Kräfte zeichnet man als Geraden in den sogenannten **Lageplan** (▸ Bild 05A). Bekannte Kräfte – hier $\vec{F}_G$ – zeichnet man maßstabsgerecht ein.

Wenn man beim Kräftegleichgewicht die Kraftvektoren hintereinanderzeichnet, muss man beim Ausgangspunkt enden. Um das zu konstruieren, verschiebt man die waagerechte Gerade des Lageplans so, dass sie durch die Spitze von $\vec{F}_G$ verläuft. Nun zeichnet man den Kräfteplan (▸ Bild 05B). Es gibt nur eine Möglichkeit, das Kräftegleichgewicht zu erreichen: $\vec{F}_1$ beträgt 0,16 N und zeigt nach links. $\vec{F}_2$ beträgt 0,26 N und zeigt nach rechts oben. Die Beträge entnimmt man dem Kräfteplan.

Kräfteaddition bei einer Richtung · Das Verfahren der Kräfteaddition gilt auch für Fälle wie beim Fallschirmspringer. Nur ist es hier viel einfacher, die Beträge zu addieren bzw. zu subtrahieren. Die Richtung der Kraftvektoren wird in diesen Fällen durch das Vorzeichen gekennzeichnet.

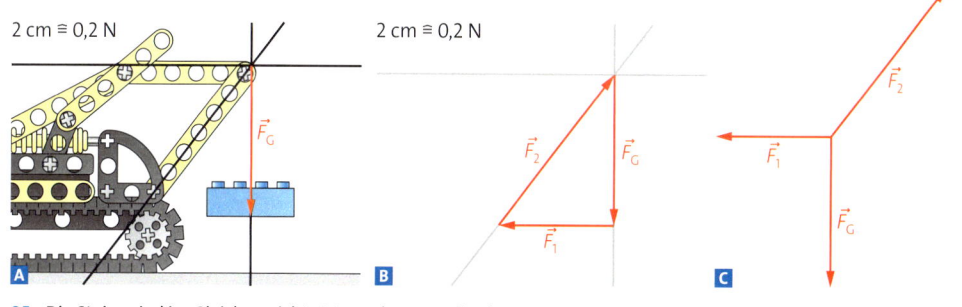

05 Die Steine sind im Gleichgewicht: **A** Lageplan, **B** Kräfteplan, **C** Kräfte an einem Punkt.

Bei dieser Methode nutzt man die beobachtete Geometrie, um aus der resultierenden Kraft auf die addierten Kräfte zu schließen.

MATERIAL

Material A ▸ Kräftegleichgewicht

01 Tauziehen

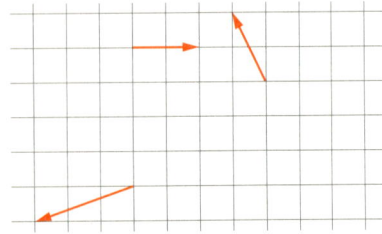

02 Kräftegleichgewicht gesucht

A1 Aktuell ist beim Tauziehen in ▸ Bild 01 keine Mannschaft im Vorteil. Erkläre.

A2 Zeichne zu jeder der drei Kräfte in ▸ Bild 02 eine Kraft so ein, dass ein Kräftegleichgewicht entsteht.

Material B ▸ Resultierende Kraft

B1 Beschreibe, wie man die resultierende Kraft konstruiert.

B2 a) Zeichne die vier Paare von Kräften aus ▸ Bild 03 in dein Heft.
b) Zeichne die vier resultierenden Kräfte ein.
c) Bestimme die Beträge der vier resultierenden Kräfte. Ein Kästchen entspricht drei Newton.

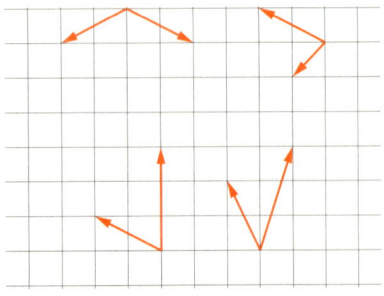

03 Resultierende Kräfte gesucht

Material C ▸ Komponentenzerlegung

C1 a) Übernimm die Zeichnung aus ▸ Bild 04 in dein Heft.
b) Zerlege die vier Kräfte jeweils in eine waagerechte und eine senkrechte Komponente. Beschreibe dein Vorgehen.
c) Bestimme die acht Beträge der Kraftkomponenten. Ein Kästchen entspricht zwei Newton.
d) Finde jeweils Zerlegungen, bei denen beide Kraftkomponenten gleich groß sind.

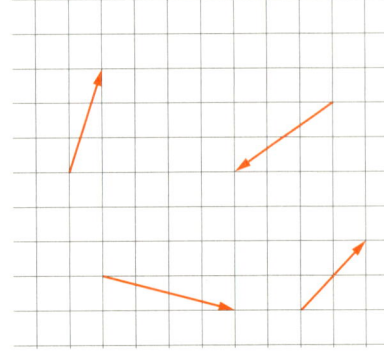

04 Kraftkomponenten gesucht

Material D ▸ Schrägseilbrücke

D1 Die Seile der Brücke im ▸ Bild 05 üben auf die Pfeilerspitze eine Kraft von je 40 Millionen Newton aus.
a) Zeichne die Brücke als Skizze in dein Heft.
b) Zeichne die resultierende Kraft ein. Dabei soll ein Kästchen einer Kraft von fünf Millionen Newton entsprechen.

D2 Zeichne die Kraft ein, die die Pfeilerspitze auf die beiden Seile ausübt.

D3 Begründe, dass hier drei Kräfte zusammen ein Kräftegleichgewicht bilden.

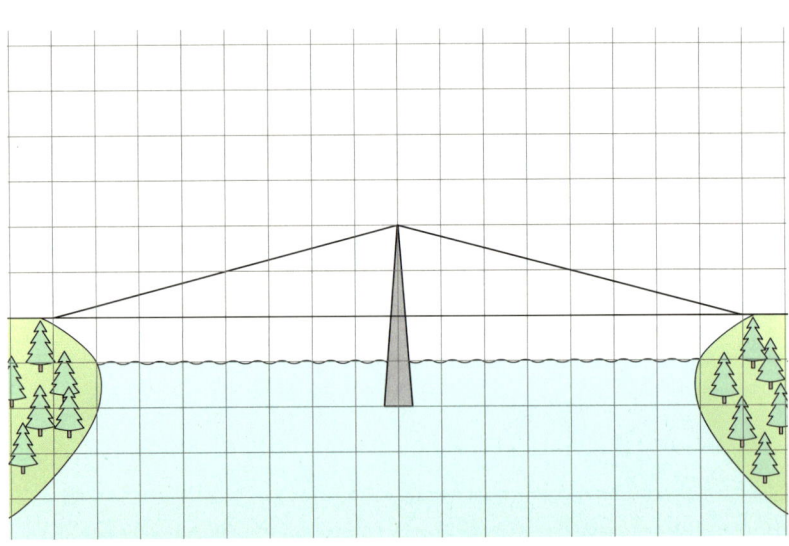

05 Kräfte an der Schrägseilbrücke

VERSUCHE ▸ Kräfteaddition im Kräftegleichgewicht

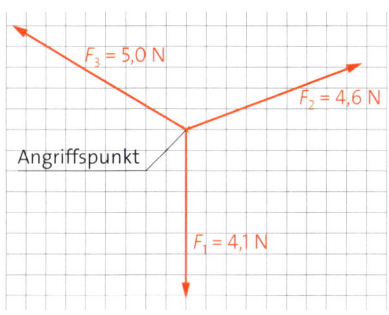

06 Zur Kräfteaddition

Du überprüfst mit dem Federkraftmesser das Verfahren der Kräfteaddition.

Material:
3 Federkraftmesser mit gleichem Messbereich, kleiner Ring oder Fadenschlaufe, kariertes Papier, Geodreieck

Durchführung:
Markiere für jeden Versuch im Heft einen Punkt, an dem die Kräfte angreifen sollen. Befestige die drei Kraftmesser am Ring. Bei den Versuchen soll sich der Punkt immer in der Mitte des Rings befinden. Erstelle für jeden Versuch eine exakte maßstäbliche Zeichnung der Kraftvektoren (▸ Bild 06) und führe die Kräfteaddition grafisch durch.

V1 a) Stelle ▸ Bild 06 nach.
b) Finde die Stellung der Kraftmesser, bei der alle Kräfte gleich groß sind.
c) Beschreibe, welches besondere Dreieck sich hier bei der grafischen Kräfteaddition ergibt. Begründe damit, warum es nur eine Lösung gibt.

V2 a) Finde weitere besondere Konstellationen der Kraftmesser, z. B. zwei gleich große Kräfte oder ein rechter Winkel zwischen zwei Kräften.
b) Beschreibe die jeweiligen Besonderheiten deiner grafischen Kräfteadditionen ähnlich wie bei V1 c).

Material E ▸ Beim Sport

07 Turner an den Ringen

E1 Im ▸ Bild 07 stützt sich der Turner (60 kg) mit ausgestreckten Armen an den Ringen ab.
a) Erstelle den Kräfteplan. Vergleiche die Kraft auf einen Arm mit der Schwerkraft.
b) Die Stellung kann der Turner nur einnehmen, wenn er von oben aus dem Stütz kommend den Körper absenkt. Von unten kommend ist das praktisch unmöglich. Erkläre.

E2 Im Liegestütz stützt du deinen Körper mit gestreckten Armen ab. Die Hände berühren den Boden dabei normalerweise auf Höhe des Brustkorbs.
a) Wenn du dich weiter außen abstützt, wird es anstrengender, in dieser Stellung zu bleiben. Erkläre anhand eines Kräfteplans.
b) Erläutere, was sich ändert, wenn du die Hände eher auf Kopfhöhe abstützt.

Material F ▸ Wirtshausschild

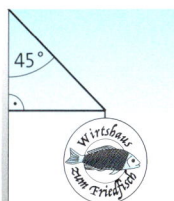 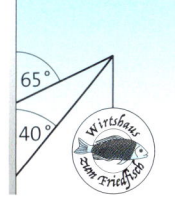

F1 Für ein Wirtshausschild mit einer Masse von 20 kg stehen zwei Aufhängungen zur Auswahl. Ermittle durch eine Zeichnung die Kräfte in den Streben. In welche Richtung wirken sie?

Material G ▸ Seilkräfte

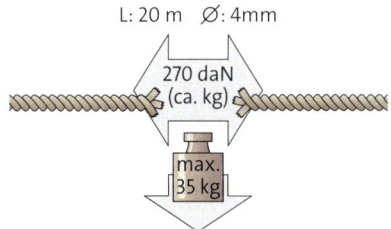

G1 Das ▸ Bild links zeigt den Hinweis zur Reißfestigkeit eines Seils (1 daN = 10 N).
a) Die Angabe „270 daN (ca. kg)" ist fachlich eigentlich falsch. Trotzdem ist sie hier praktisch. Erkläre.
b) Die erlaubte Kraft beim horizontalen Spannen ist größer als die beim Anhängen eines Massestücks in der Mitte. Begründe.
c) Bestimme, wie viel Zentimeter das komplette Seil mindestens durchhängen muss, damit keine Gefahr besteht, dass es reißt.

BEWEGUNG, KRAFT UND ENERGIE
WIE KRÄFTE WIRKEN

01 Three – two – one ...

Das Wechselwirkungsprinzip

Die Ariane-5-Rakete hebt von der Rampe ab. Dabei nimmt die Geschwindigkeit der Rakete schnell zu. Auch beim Rudern und beim Laufen nehmen die Geschwindigkeiten des Bootes bzw. der Läuferin nach dem Start zu. Woher kommen die Geschwindigkeitszunahmen bei diesen Bewegungen?

LOS GEHT'S! · Du weißt, dass eine Rakete beim Beschleunigen riesige Mengen von Antriebsgasen mit hoher Geschwindigkeit nach unten ausstößt. Vor dem Start bewegen sich Rakete und Antriebsgase nicht. Nach dem Start bewegen sich beide in entgegengesetzte Richtungen auseinander. Die Rakete wird dabei immer schneller. Es wirkt also eine nach oben gerichtete Kraft auf die Rakete. Doch auch immer mehr Antriebsgase werden ausgestoßen. Es wird also auch eine nach unten gerichtete Kraft auf die Gase ausgeübt.

Beim Start des Ruderboots im ▶ Bild 01 ist es ähnlich. Boot und Wasser sind vor dem Startschuss in Ruhe. Damit auf das Boot eine Kraft in Fahrtrichtung ausgeübt wird, muss auf das Wasser mit den Ruderschlägen eine Kraft entgegen der Fahrtrichtung ausgeübt werden. Danach bewegen sie sich entgegengesetzt auseinander.

Und bei Paula ganz rechts im ▶ Bild 01? Nach dem Start nimmt ihre Geschwindigkeit ebenfalls zu. Aber gibt es auch hier einen Körper, der sich in die entgegengesetzte Richtung bewegt? Dazu lassen wir Paula von einem Skateboard nach rechts starten (▶ Bild 02). Das Skateboard bewegt sich dann in die entgegengesetzte Richtung. Beim normalen Start ist also der Boden der gesuchte Körper und damit die gesamte Erde. Da die Erde eine sehr viel größere Masse als Paula hat, ist ihre Geschwindigkeitsänderung nicht wahrnehmbar.

Fassen wir unsere Überlegungen zusammen: Auf einen Körper (Rakete, Boot, Paula) kann nur dann eine Kraft nach vorne ausgeübt werden, wenn gleichzeitig auf einen zweiten Körper (Antriebsgas, Wasser, Erde) eine Kraft nach hinten ausgeübt wird. Immer wenn ein Körper auf einen zweiten Körper eine Kraft ausübt, dann übt zugleich der zweite Körper auf den ersten Körper eine Kraft in die entgegengesetzte Richtung aus. Diese Kraft heißt **Gegenkraft.**

BETRAG DER GEGENKRAFT · Wie groß ist der Betrag der Gegenkraft? Dazu betrachten wir den folgenden Versuch (▶ Bild 03): Karl steht auf seinem Skateboard und zieht Paula zu sich, während Paula auf ihrem Skateboard den Griff nur festhält. Obwohl nur Karl zieht, bewegen sich beide aufeinander zu. Das weist darauf hin, dass Karl auf Paula eine Kraft ausübt und gleichzeitig Paula eine Kraft auf Karl. Karls Federkraftmesser zeigt 90 Newton an. Also übt Karl eine Kraft von 90 Newton auf Paula aus. Paulas Federkraftmesser zeigt ebenfalls 90 Newton an. Die Gegenkraft, die Paula auf Karl ausübt, beträgt also ebenfalls 90 Newton. Sie ist der Kraft von Karl auf Paula entgegengerichtet. Das halten wir als **Wechselwirkungsprinzip** fest:

> Wenn ein Körper A auf einen Körper B eine Kraft $\vec{F}$ ausübt, dann übt der Körper B auf den Körper A eine Kraft $\vec{F}$ mit gleichem Betrag und entgegengesetzter Richtung aus.

GEGENKRAFT UND KRÄFTEGLEICHGEWICHT · Karl möchte Paula mit einem Federkraftmesser zu sich nach rechts ziehen, während Tom versucht, Paula zu sich nach links zu ziehen (▶ Bild 04). Karl und Tom üben jeweils eine Kraft von 90 Newton auf Paula aus. Da diese beiden Kräfte in entgegengesetzte Richtungen wirken, bildet sich ein Kräftegleichgewicht: Paula be-

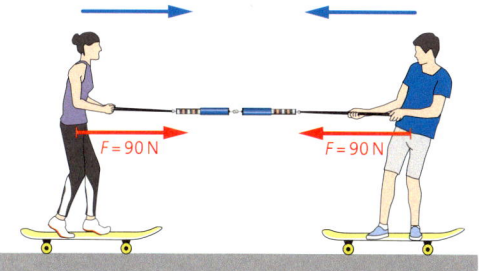

03 Die Beträge von Kraft und Gegenkraft sind gleich groß.

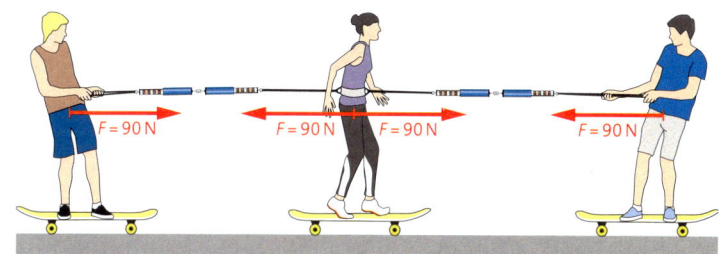

04 Karl und Tom ziehen an Paula.

wegt sich folglich nicht. An den Federkraftmessern erkennst du, dass Paula gleichzeitig eine Kraft von 90 Newton nach links auf Karl und eine Kraft von 90 Newton nach rechts auf Tom ausübt – das sind die auftretenden Gegenkräfte.

Das Beispiel zeigt, dass auch bei jedem Kräftegleichgewicht zugleich Gegenkräfte auftreten.

Das Wechselwirkungsprinzip wird auch **Reaktionsprinzip** genannt.

02 Paula startet mit dem Skateboard.

1 ⌐ Begründe, dass in den drei Beispielen aus ▶ Bild 01 Gegenkräfte, aber keine Kräftegleichgewichte auftreten.

2 ⌐ Im ▶ Bild 04 ziehen Karl und Tom an Paula. Die Kräfte sind durch Vektorpfeile und Beträge angegeben. Erläutere und begründe, wer von den dreien sich bewegt und wer nicht.

3 ⌐ Ein Segelboot fährt nach Norden. Das Segel ist von Nordwest nach Südost gerichtet. Der Wind kommt von Westen.
  a) Das Segel lenkt die Luft um. Skizziere den Verlauf des Luftstroms.
  b) Skizziere die Kraft auf die Luft und begründe damit die Fahrtrichtung des Bootes.

BEWEGUNG, KRAFT UND ENERGIE
WIE KRÄFTE WIRKEN

01 Gasausstoß beim Düsentriebwerk

03 Rasensprenger

GEGENKRÄFTE BEIM FLIEGEN · Häufig sieht man am Himmel hinter Flugzeugen Kondensstreifen. Diese werden durch die Gase verursacht, die die Düsen des Flugzeugs nach hinten ausstoßen (▶ Bild 01), während das Flugzeug sich nach vorne bewegt.
Um das Gas auszustoßen, üben die Düsen eine nach hinten gerichtete Kraft auf das Gas aus. Die Gegenkraft auf die Düsen wirkt nach vorn. Sie wird Schubkraft genannt. Eine Düse des Flugzeugs Airbus A380 beispielsweise hat vier Düsentriebwerke, von denen jedes eine Schubkraft von 320 000 N erzeugen kann.

GEGENKRÄFTE BEIM RAKETENANTRIEB · In den Weltraum gelangt man mit Raketen. Wie funktioniert eigentlich so ein Raketenantrieb?
In den großen Treibstofftanks einer Rakete wie der Ariane 5 im ▶ Bild 02 befinden sich verschiedene Stoffe, die in die Brennkammer geleitet werden. In dieser Kammer entsteht das heiße Antriebsgas. Aufgrund des hohen Drucks in der Brennkammer strömt das Gas mit großer Geschwindigkeit durch die Düsen des Triebwerks. Beim Start der Ariane 5 sind das in einer Sekunde etwa 7 t mit 2500 $\frac{m}{s}$. Damit so viel Gas mit so hoher Geschwindigkeit austreten kann, wird eine Kraft von 17,5 Mio. N auf das Gas ausgeübt. Die gleich große Gegenkraft wirkt zugleich auf die Rakete. Diese Gegenkraft heißt wie beim Düsenantrieb eines Flugzeugs Schubkraft. Beide Triebwerke funktionieren nach dem gleichen Prinzip, dem **Rückstoßprinzip.**

GEGENKRÄFTE IM GARTEN · Mit sehr viel geringeren Kräften, aber nach dem gleichen Prinzip arbeiten manche Rasensprenger (▶ Bild 03). Öffnet man den Wasserhahn, lässt der Wasserdruck das Wasser mit hoher Geschwindigkeit austreten. Er übt somit eine Kraft auf das Wasser aus. Die Gegenkraft übt eine Schubkraft auf den Rasensprenger aus und versetzt diesen in eine Drehbewegung, sodass das Wasser auf der ganzen Fläche verteilt wird.

> Stößt ein Körper etwas, z. B. ein Gas oder eine Flüssigkeit, mit einer Kraft $\vec{F}$ in eine Richtung aus, dann wird auf den Körper die Gegenkraft $-\vec{F}$ in die entgegengesetzte Richtung ausgeübt. Dies ist das Rückstoßprinzip.

1 Die Rakete Ariane 5 übt beim Start eine Kraft von 17,5 MN auf das ausströmende Gas aus. Bestimme die beim Start wirkende Schubkraft.
Kann eine Rakete auch im Weltraum beschleunigen? Begründe.

2 Tintenfische stoßen zum Antrieb Wasser durch eine hintere Körperöffnung aus.
a) Erkläre das Prinzip.
b) Sie nehmen das Wasser durch die Mantelspalte und nicht direkt durch ihre hintere Öffnung auf. Erkläre den Vorteil.

3 Suche Beispiele für das Rückstoßprinzip im Alltag und erkläre jeweils, was passiert.

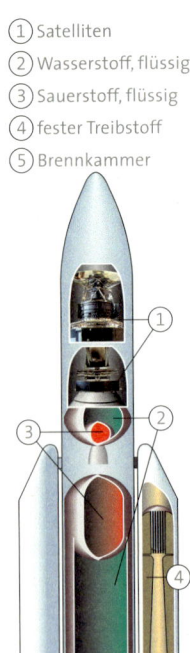

① Satelliten
② Wasserstoff, flüssig
③ Sauerstoff, flüssig
④ fester Treibstoff
⑤ Brennkammer

02 Ariane 5

MATERIAL

VERSUCHE ▸ Eine selbst gebaute Rakete

Material:
PET-Flasche (0,5 ℓ), Fahrradschlauchventil (von einem alten Schlauch abgeschnitten), Korken oder Gummistopfen (passend zur Flasche), Handluftpumpe, etwa 1 ℓ Wasser in einer Flasche

Halte dich an die Beschreibung, dann ist es ungefährlich. Lass dir auf jeden Fall helfen! Die Rakete darf nur im Freien an einer Stelle mit viel Platz gestartet werden!

Durchführung:

Mit dieser selbst gebauten Rakete kannst du untersuchen, wie sich „richtige" Raketen im Prinzip fortbewegen. Sorge dafür, dass der Korken die Flasche dicht verschließt. Ist er zu schmal, kannst du ihn mit etwas Gewebeband umwickeln. Bohre der Länge nach ein Loch in den Korken und schiebe das Fahrradschlauchventil hinein. Das Ventil muss so weit herausragen, dass die Luftpumpe darauf passt.

Möglicherweise musst du dafür den Korken kürzen. Überprüfe anschließend noch einmal, ob der Korken auf die Flasche passt.

V1 Auf dem Startplatz hältst du die Flasche wie im Bild fest und pumpst mit der Luftpumpe Luft in die Flasche. Wenn der Druck in der Flasche groß genug ist, fliegt die Rakete los. Beschreibe.

V2 Fülle etwas Wasser in die Flasche und wiederhole den Versuch. Vergleiche mit Versuch V1. Finde heraus, mit welcher Wassermenge die Rakete am höchsten fliegt. Woran liegt es, dass es mit noch mehr Wasser nicht besser klappt? Stelle eine Vermutung auf.

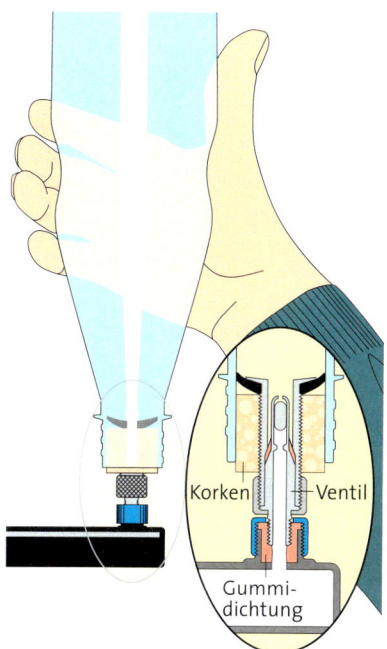

Material A ▸ Fortbewegung in Technik und Natur

A1 Flugzeuge haben meist Propeller oder Düsen als Antrieb.
a) Vergleiche die beiden Antriebsarten. Sammle dabei Unterschiede und Gemeinsamkeiten.
b) Raumfahrzeuge können diese Antriebsarten im Weltraum nicht nutzen. Begründe.

A2 Tiere bewegen sich auf sehr verschiedene Arten fort. Informiere dich über eines der folgenden Tiere: Fisch, Schlange, Kaulquappe, Pinguin. Erkläre die jeweilige Fortbewegungsart mit der Gegenkraft.

Material B ▸ Eine Geschichte von Baron Münchhausen

Ein andres Mal wollte ich über einen Morast setzen, der mir anfänglich nicht so breit vorkam, als ich ihn fand, da ich mitten im Sprunge war. Schwebend in der Luft wendete ich daher wieder um, wo ich hergekommen war, um einen größeren Anlauf zu nehmen. Gleichwohl sprang ich auch zum zweiten Mal noch zu kurz und fiel bis an den Hals in den Morast. Hier hätte ich unfehlbar umkommen müssen, wenn nicht die Stärke meines eigenen Armes mich an meinem eigenen Haarzopfe samt dem Pferde wieder herausgezogen hätte.

B1 a) Münchhausen war für seine Lügengeschichten bekannt. Zeige, dass er beim ersten Sprung und bei seiner „Rettung" gelogen hat. Begründe physikalisch.
b) Wie hätte Münchhausen aus dem Morast kommen können? Gib mehrere Möglichkeiten an und erkläre jeweils.

BEWEGUNG, KRAFT UND ENERGIE
WIE KRÄFTE WIRKEN

01 Auf dem Hochseil

⊕ Gleichgewicht halten

> Der Artist balanciert mit verbundenen Augen auf einem Hochseil. Dazu muss er alle Kräfte ins Gleichgewicht bringen. Mit verbundenen Augen kann er aber weder Beschleunigungen noch Verformungen durch die wirkenden Kräfte sehen. Wie erkennt er dann die für das Gleichgewicht wesentlichen Kräfte?

Ebenso wie der Artist sind auch wir ständig der Schwerkraft ausgesetzt und in der Gefahr zu stürzen. Damit wir auch bei verschlossenen Augen aufrecht stehen können, haben wir im Innenohr das **Gleichgewichtsorgan** (▶ Bild 02). Es besteht aus den **Bogengangsorganen,** auch **Drehsinnesorgane** genannt, und den **Lagesinnesorganen.** Die Lagesinnesorgane heißen fachsprachlich Maculaorgane und bestehen hauptsächlich aus einer im ▶ Bild 03 gelb dargestellten verformbaren Substanz, in die schwere Kristalle eingelagert sind.

LAGE WAHRNEHMEN · Wie die Lagesinnesorgane funktionieren, kannst du dir an einem kleinen Modellversuch klarmachen:
Falte wie im ▶ Bild 03 ein Blatt Papier und klemme einige Büroklammern daran. Wenn du das Blatt wie im ▶ Bild 03 an die Wand hältst, dann biegt es sich durch die Masse der Büroklammern nach unten.
Wenn sich der Artist im ▶ Bild 01 etwas zur Seite neigt, dann verformen sich seine Lagesinnesorgane ebenfalls ein wenig. Die im ▶ Bild 03 grün markierten Sinneszellen registrieren das und signalisieren es dem Gehirn. Der Artist ändert dann seine Position mithilfe der Stange so, dass die Verformung zurückgeht. So hält er sein Gleichgewicht.

Macula Utriculi und Macula Sacculi werden gemeinsam als Macula- oder Lagesinnesorgane bezeichnet.

02 Gleichgewichtsorgan im Innenohr
- vertikale Bogengänge
- horizontaler Bogengang
- Steigbügel (Gehörknöchelchen)
- rundes Fenster
- Macula Utriculi
- Macula Sacculi

Diese Funktion des Lagesinnesorgans bilden wir durch eine Bogenwasserwaage nach: In einem mit Wasser gefüllten, durchsichtigen Schlauch befindet sich eine Luftblase (▸ Bild 04). Wenn wir den Schlauch um 10° drehen, dann wandert die Luftblase im Schlauch um 10° weiter und informiert uns so über die Drehung.

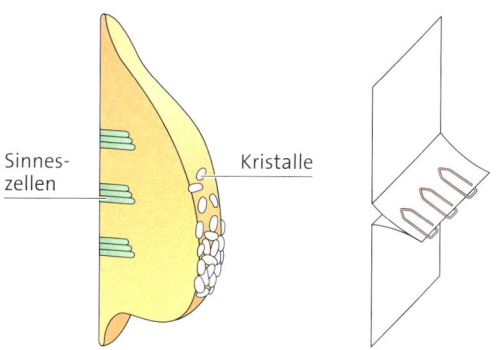

03 Lagesinnesorgan links mit Modellversuch rechts

 Die Lagesinnesorgane registrieren Schräglagen mithilfe der Schwere eingelagerter Kristalle und einer durch die Schräglage verursachten Verformung.

BESCHLEUNIGUNG WAHRNEHMEN · Die Lagesinnesorgane helfen uns nicht nur im Ruhezustand beim Bewahren des Gleichgewichts, sondern auch, wenn wir beschleunigt werden. Die Funktionsweise erkennen wir wieder am Modellversuch:

Wenn wir das gefaltete Papier nach rechts beschleunigen, dann neigt es sich wegen der Trägheit der Büroklammern nach links (▸ Bild 05). Ähnlich geht es dem Jungen mit der Strickmütze im Bus (▸ Bild 06): Wenn der Bus nach rechts beschleunigt, dann neigt sich das Lagesinnesorgan des Jungen nach links. Die Sinneszellen signalisieren das dem Gehirn und der Junge kann gegensteuern. So kann der Junge selbst im beschleunigenden Bus sein Gleichgewicht halten.

Auch diese Funktion des Lagesinnesorgans können wir mithilfe der Bogenwasserwaage verstehen. Wir stellen die Wasserwaage wie im ▸ Bild 04 auf und beschleunigen sie nach rechts. Die Luftblase wandert ebenfalls nach rechts. Aber warum wandert sie nicht nach links wie die Büroklammern im ▸ Bild 05? Die Ursache ist, dass Luft leichter ist als Wasser. Daher bleibt das Wasser links zurück und die deutlicher erkennbare Luftblase wandert nach rechts.

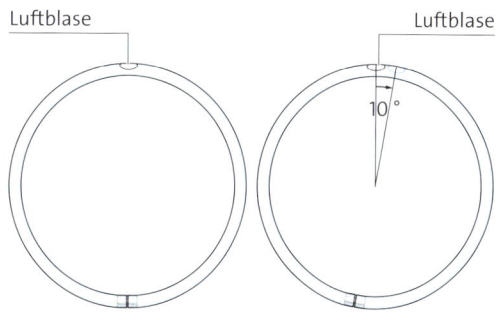

04 Bogenwasserwaage

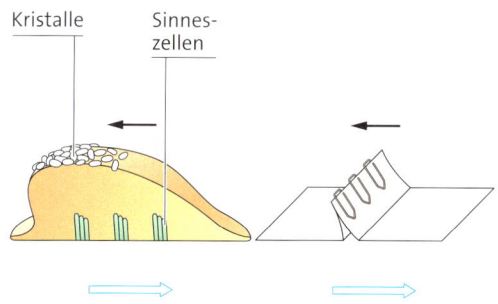

05 Lagesinnesorgan und Modellversuch beschleunigt

06 Kinder in einem Bus

 Die Lagesinnesorgane registrieren Beschleunigungen mithilfe der Trägheit eingelagerter Kristalle und einer durch die Beschleunigung verursachten Verformung.

BEWEGUNG, KRAFT UND ENERGIE
WIE KRÄFTE WIRKEN

01 Der Topf wird gedreht, das Wasser bleibt in Ruhe.

DREHUNG WAHRNEHMEN · Im Innenohr befinden sich auch die Bogengänge, unsere Sinnesorgane für Drehungen. Ihre Funktionsweise können wir durch einen kleinen Modellversuch veranschaulichen (▸ Bild 01): Wir stellen einen Topf mit Wasser auf einen drehbaren Hocker und lassen ihn kreisen. Wir erkennen an den Korken, dass das Wasser im Topf zurückbleibt. Daher strömt es innerhalb des Topfes im Kreis. Die Ursache ist die Trägheit des Wassers. Ähnlich strömt die Flüssigkeit in den Bogengängen im Kreis, wenn wir uns plötzlich drehen. Diese Strömung wird von Sinneszellen im Bogengang ans Gehirn weitergegeben. So erkennt man eine plötzliche Drehbewegung sofort.

Auch diese Funktion können wir mit der Bogenwasserwaage nachbilden: Wir legen die Wasserwaage auf den Tisch und drehen sie im Uhrzeigersinn. Die Luftblase bleibt zurück. Also strömt das Wasser innerhalb der Bogenwasserwaage gegen den Uhrzeigersinn. An dieser Strömung erkennen wir eine plötzliche Drehung, selbst wenn wir sonst keine Hinweise darauf haben.

> Die Bogengänge registrieren plötzlich auftretende Drehbewegungen mithilfe der Trägheit einer Flüssigkeit und signalisieren diese dem Gehirn.

Durch Dreh- und Lagesinnesorgane können wir unser Gleichgewicht halten und aufrecht gehen: Sie signalisieren dem Gehirn Schräglagen, Beschleunigungen und Drehbeschleunigungen. Gleichgewichtsproblemen kann das Gehirn so durch Muskelaktivitäten entgegenwirken. Das funktioniert sowohl in Ruhe als auch bei allen unseren Bewegungen.

1) Stelle ein Glas mit Wasser auf den Tisch und beschleunige es nach vorne. Beschreibe, was geschieht. Deute den Versuch als Modellversuch für die Lagesinnesorgane.

2) Neige ein Glas mit Wasser. Beschreibe, was geschieht. Deute den Versuch als Modellversuch für die Lagesinnesorgane.

3) Beschreibe, was in den Lagesinnesorganen geschieht, wenn du auf einer Bananenschale ausrutschst und dein Körper sich dabei nach hinten neigt. Gib begründet an, in welche Richtung du dabei eine Kraft auf deinen Rumpf ausüben musst, um nicht umzukippen.

4) Beschreibe, was in den Lagesinnesorganen geschieht, wenn du auf einem Schlitten sitzt, der plötzlich nach vorne anfährt. Gib begründet an, in welche Richtung du dabei eine Kraft auf deinen Rumpf ausüben musst, um nicht umzukippen.

5) Wenn du dich eine Zeit lang schnell im Kreis drehst und dann anhältst, empfindest du ein Schwindelgefühl. Stelle eine Vermutung an, wie es dazu kommt.

6) Erläutere, wie der Artist im ▸ Bild 01 der vorherigen Seite mithilfe der Stange die Balance hält, sodass er nicht vom Seil fällt.

7) Versuche, einen Besen mit den Borsten nach oben auf deiner Hand zu balancieren. Beschreibe, wie du deine Hand bewegen musst, wenn sich der Besen in eine Richtung neigt.

MATERIAL

VERSUCHE ▸ Gleichgewichtsorgane

Mit den folgenden Experimenten und Modellversuchen untersuchst du deinen Gleichgewichtssinn.

V1 Dein Lagesinnesorgan

Material:
Bleistift, Papier, Tisch, Wecker, Klebeband

Durchführung:
a) Klebe ein Blatt Papier an den Rand einer Tischplatte. Stelle dich frei stehend daneben. Nimm einen Stift in die Hand und setze ihn auf das Papier auf. Lege dabei deine andere Hand seitlich an dein Bein. Versuche mit geschlossenen Augen drei Minuten lang ruhig zu stehen. Dabei zeichnet der Stift eine Spur.
b) Erkläre, wie diese Spur zustande kommt. Gehe dabei auf die Kräfte ein, die du auf deinen Rumpf ausübst, um aufrecht zu stehen.

V2 Horizontale

Material:
Smartphone, App (z. B. Wasserwaage für Android und iOS)

Durchführung:
a) Lege ein Smartphone auf den Tisch und öffne die Wasserwaage-App (▸ Bild unten). Lege Papier unter die Ecken des Smartphones, bis es weitgehend horizontal liegt.
b) Beschreibe, woran du erkennst, an welcher Stelle du Papier unterlegen musst.

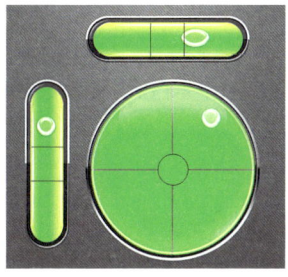

V3 Beschleunigung

Material:
Wasserwaage

Durchführung:
a) Lege eine Wasserwaage auf einen Tisch. Beschleunige die Waage abrupt in Längsrichtung. Beschreibe die Bewegung der Luftblase.
b) Erläutere, wie man mit der Wasserwaage Beschleunigungen erkennt.
c) Prüfe, ob man entsprechende Ergebnisse mit der digitalen Wasserwaage aus V2 erhält.

V4 Beschleunigungssensor

Material:
Smartphone, App (z. B. Physics Toolbox Accelerometer für Android oder iSeismo für iOS)

Durchführung:
a) Stelle ein Smartphone auf die kurze Kante und betrachte die Anzeige des Beschleunigungssensors (▸ Bild 02). Erläutere, dass die Anzeige vom Betrag 1 der Wirkung der Schwerkraft auf den Sensor entspricht. Erläutere, dass die y-Achse parallel zur langen Gerätekante verläuft.
b) Lege das Smartphone flach hin. Begründe, dass die z-Achse senkrecht auf dem Display steht.
c) Stelle das Gerät auf die lange Kante. Begründe, dass die x-Achse parallel zur kurzen Kante verläuft.
d) Lege das Smartphone flach hin und schiebe es dann abrupt nach rechts. Beschreibe die Anzeige. Deute den Versuch als Modellexperiment für die Lagesinnesorgane.

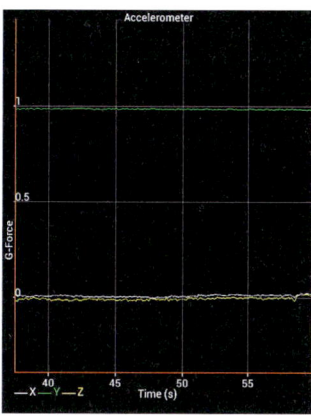

02 Beschleunigungssensor

V5 Drehungen

Material:
Smartphone, App (Physics Toolbox Gyroscope für Android oder Gyroscope Kinetics für iOS)

Durchführung:
a) Lege ein Smartphone auf den Tisch. Drehe es dann gleichmäßig um die senkrechte Achse. Beobachte dabei die Anzeige des Sensors (▸ Bild unten).
b) Begründe, dass das Gerät Drehungen anzeigt, wogegen das Bogengangorgan Änderungen von Drehungen erfasst.

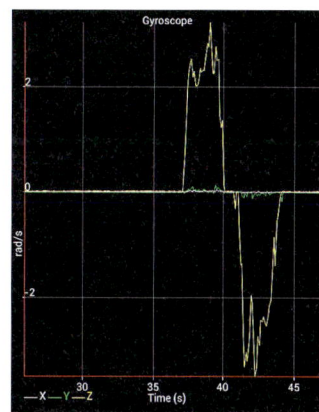

BEWEGUNG, KRAFT UND ENERGIE
WERKZEUGE ERLEICHTERN DIE ARBEIT

01 Serpentinen – ein langer Weg nach oben

Kleine Kräfte, lange Wege

Der Radfahrer quält sich die Straße nach oben. Dafür braucht er viel Energie. Wenn die Straße direkt nach oben führen würde, dann müsste der Radfahrer eine viel kürzere Strecke zurücklegen. Wäre das nicht besser?

KRAFT UND STRECKE · Ob der Radfahrer oben ankommt oder nicht, hängt nicht nur von der Energiemenge ab, die er aufbringen kann. Um überhaupt voranzukommen, muss er eine Kraft auf sein Rad ausüben, die umso größer wird, je steiler die Straße ist. Damit der Kraftaufwand nicht zu groß wird, werden an steilen Hängen Serpentinen gebaut, die in Kurven die Steigung hinaufführen (▶ Bild 01). Dann ist die Straße weniger steil. Dafür muss der Radfahrer eine längere Strecke zurücklegen. Es gibt also einen Zusammenhang zwischen aufzubringender Kraft und zurückzulegender Strecke.

DER SCHLÜSSEL IST DIE ENERGIE · Diesen Zusammenhang untersuchen wir mit einem Modell genauer. Dazu ersetzen wir den Radfahrer durch einen reibungsfrei rollenden Wagen der Masse m und die Straße durch eine Rampe.
Für die Messreihe ändern wir die Steigung der Rampe und erhalten dadurch verschieden lange Strecken Δs. Gemessen wird jeweils die Kraft, die notwendig ist, um den Wagen auf die gleiche Höhe zu ziehen (▶ Bild 02).

02 Simulation eines Radfahrers an verschiedenen Steigungen

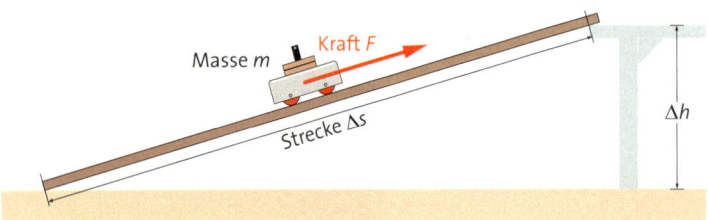
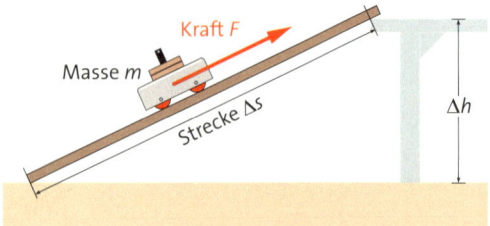

Δs in m	F in N	F · Δs in N · m
5,0	1,9	9,5
4,0	2,4	9,6
3,0	3,2	9,6
2,5	3,9	9,8
2,0	4,9	9,8
1,5	6,6	9,9
1,2	8,1	9,7
1,0	9,9	9,9

03 Messwerte für m = 1 kg und Δh = 1 m

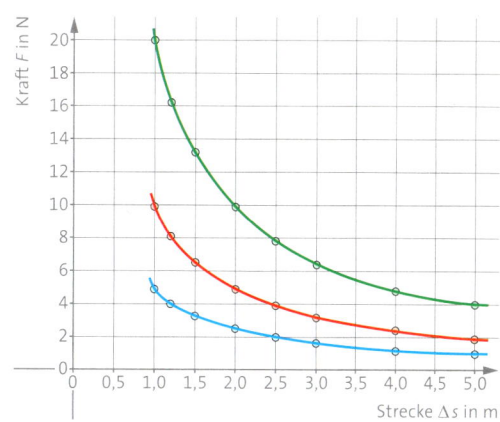

04 Die Kraft ist antiproportional zur Strecke.

Statt antiproportional wird auch der Begriff „umgekehrt proportional" verwendet.

Beim Hochziehen des Wagens wird Energie in Lageenergie umgewandelt. Da der Höhenunterschied immer gleich ist, ist sichergestellt, dass die übertragene Energiemenge ΔE, um die die Lageenergie zunimmt, immer gleich bleibt.
▶ Tabelle 03 und ▶ Bild 04 (rote Punkte) zeigen die Messwerte. Für die letzte Zeile wurde der Wagen nicht über die Rampe gezogen, sondern hochgehoben. Der Tabelle entnehmen wir: Wenn die zurückgelegte Strecke kürzer wird, dann wird die notwendige Kraft größer. Die Größen sind antiproportional zueinander, denn das Produkt aus Kraft und Strecke (▶ Tabelle 03 letzte Spalte) bleibt gleich.

Wenn das Produkt F · Δs immer gleich ist und die übertragene Energiemenge ΔE ebenfalls, dann liegt die Vermutung nahe, dass ΔE und F · Δs proportional zueinander sind. Wir überprüfen unsere Vermutung, indem wir in unserem Experiment (▶ Bild 02) die übertragene Energiemenge ΔE ändern. Dafür gibt es zwei Möglichkeiten:

1) Verändern der Masse: Wir verdoppeln die Masse des Wagens, ziehen ihn wieder auf dieselbe Höhe Δh und nehmen eine Messreihe ähnlich ▶ Tabelle 03 auf. Dabei zeigt der Kraftmesser immer den doppelten Wert an (▶ Bild 04, grüne Punkte). Somit sind das Produkt F · Δs und die übertragene Energie ΔE doppelt so groß und konstant.

2) Verändern der Höhe: Wir ziehen einen Wagen mit der Masse aus dem ersten Versuch auf die halbe Höhe. Der Kraftmesser zeigt nun bei jeder Strecke Δs gegenüber der ersten, rot gezeichneten Messreihe den halben Wert an (▶ Bild 04, blaue Punkte). Somit sind das Produkt F · Δs und die übertragene Energie ΔE halb so groß und konstant.

Das Produkt F · Δs ist also proportional zur übertragenen Energiemenge ΔE.

/// Wenn auf einen Körper eine Kraft F entlang der Strecke Δs ausgeübt wird, dann wird auf ihn eine Energiemenge ΔE übertragen.
Es gilt: ΔE = F · Δs.
Dabei ist: 1 J = 1 N · m.

Für die Übertragung der Energie ΔE wird auch der Begriff **Arbeit W** verwendet. Es gilt: W = ΔE.

Die Messwerte, für die Δs = Δh ist, haben wir gewonnen, indem wir das Auto mit dem Kraftmesser hochgehoben haben. Damit ergibt sich zugleich eine Formel für die Zunahme der Lageenergie.

/// Die Änderung der Lageenergie berechnet sich zu: ΔE = F_G · Δh = m · g · Δh.

1) Wir ziehen nun statt des Wagens aus unserem Versuch einen Holzklotz über die Rampe. F · Δs ist nun bei den verschiedenen Steigungen nicht mehr konstant. Erkläre.

BEWEGUNG, KRAFT UND ENERGIE
WERKZEUGE ERLEICHTERN DIE ARBEIT

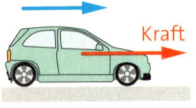

01 **A** Ein Auto wird beschleunigt.
B Ein Auto wird abgebremst.

KRAFT UND BEWEGUNGSENERGIE · Wenn eine Kraft auf einen beweglichen Körper, z.B. auf ein Auto, wirkt, dann wird er beschleunigt. Zeigen Kraft- und Geschwindigkeitsvektor in dieselbe Richtung (▸ Bild 01 A), dann nimmt die Geschwindigkeit zu. Damit verbunden ist eine Zunahme an Bewegungsenergie und es gilt $\Delta E = F \cdot \Delta s$.

Beim Bremsvorgang sind Kraft- und Geschwindigkeitsvektor entgegengesetzt (▸ Bild 01 B). Geschwindigkeit und Bewegungsenergie nehmen ab. Es gilt wieder $\Delta E = F \cdot \Delta s$. Nur sind die Kraft F und damit ΔE diesmal negativ, weil die Kraft zwar entlang des Streckenabschnitts Δs wirkt, aber entgegengesetzt zur Bewegungsrichtung.

DIE GOLDENE REGEL DER MECHANIK · Die Versuche haben gezeigt: Wird die Kraft verdoppelt, dann halbiert sich der Weg. Wird dagegen die Kraft halbiert, dann verdoppelt sich der Weg. Dieser Zusammenhang zwischen Kraft und Weg wird als Goldene Regel der Mechanik bezeichnet. GALILEO GALILEI formulierte diese Regel 1594 für reibungsfreie mechanische Systeme: Was man an Kraft spart, muss man an Weg zusetzen. Oder moderner:

/// Kraft und Weg sind antiproportional zueinander.

KRAFT UND THERMISCHE ENERGIE · Während des Bremsvorgangs nimmt die Bewegungsenergie des Autos ab. Dabei wandeln die Bremsen Bewegungsenergie durch Reibung in thermische Energie um (▸ Bild 02). Auch hier gilt $\Delta E = F \cdot \Delta s$, wenn F die Bremskraft und Δs der Bremsweg ist.

EIN ALLGEMEINGÜLTIGES PRINZIP · Anhand eines Versuchs und zweier Beispiele haben wir gesehen, dass es für den Zusammenhang $\Delta E = F \cdot \Delta s$ unerheblich ist, in welcher Form die Energie nach einer Umwandlung vorliegt. Unwichtig ist es auch, ob es sich bei F um eine mechanische, magnetische oder um elektrische Kraft handelt. Auch die Schwerkraft bildet keine Ausnahme.

02 Glühende Bremsscheibe

/// **BLICKPUNKT** ///

Wozu brauchen Muskeln Energie?

03 Er braucht Energie. Aber warum?

Der Gewichtheber in ▸ Bild 03 hält für kurze Zeit über 200 kg in die Höhe. Die Lageenergie der Hantel ändert sich währenddessen nicht. Dennoch benötigt er viel Energie, um die Hantel oben zu halten.

Den Grund hierfür kannst du selbst spüren: Wenn du ein Gewicht mit ausgestrecktem Arm hältst, dann fängt dein Arm nach einiger Zeit an zu zittern. Die Muskeln deines Bewegungsapparats zittern immer, wenn du sie anspannst. Du siehst und spürst das aber nur bei größeren Anstrengungen.

Für das Überleben der meisten Lebewesen ist es wichtig, dass sie sich schnell bewegen können. Dazu müssen sich ihre Muskeln schnell anspannen und entspannen können. Solche „schnellen" Muskeln können im angespannten Zustand aber nicht ganz still gehalten werden, sondern zittern ständig.

Der Gewichtheber hält seine Hantel also nicht, wie es auf den ersten Blick scheint, konstant auf gleicher Höhe, sondern lässt sie ständig ein wenig fallen und hebt sie wieder hoch – und dafür benötigt er viel Energie.

MATERIAL

VERSUCH ▶ Rollende Kugel

Teste die Goldene Regel der Mechanik.

Material:
Kugel, zwei schiefe Ebenen

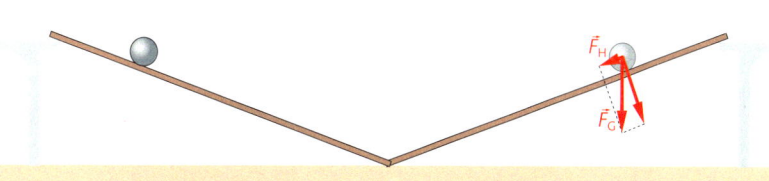

V1 Stelle zwei schiefe Ebenen so auf, dass eine Kugel übergangslos von einer Ebene auf die andere rollen kann. Wähle den Startpunkt der Kugel so, dass sie etwa auf der Hälfte der Ausrollebene umkehrt.
a) Markiere den Umkehrpunkt der Kugel und miss den auf der Ausrollebene zurückgelegten Weg. Bestimme die hangabwärts gerichtete Kraft $\vec{F}_H$ auf der Ausrollebene zeichnerisch durch Kräftezerlegung.
b) Wiederhole den Versuch mit gleichen Startbedingungen, aber verschieden steilen Ebenen, auf denen die Kugel ausläuft. Bestimme dann für jede Messung das Produkt aus Kraft und Weg.
c) Gilt für deine Messreihe die Goldene Regel? Überprüfe.

VERSUCH ▶ Grob- oder Feingewinde

Mit einem selbst gebauten Schraubenmodell findest du heraus, welche Holzschraube sich leichter eindrehen lässt.

Material:
Papier, Bleistifte, Textmarker

V2 Teile ein DIN-A5-Blatt längs der Diagonalen in zwei Dreiecke. Nimm eins der Dreiecke und markiere die Schnittkante mit einem Textmarker. Verfahre ebenso mit einem DIN-A6-Blatt. Die markierten Dreiecke haben eine gleich lange Seite. Wenn du jedes der Dreiecke an dieser Seite um einen Bleistift wickelst, erhältst du zwei Schraubenmodelle.
a) Ordne deinen Modellen die Begriffe „Grob-" bzw. „Feingewinde" zu. Begründe deine Entscheidung.
b) An der schiefen Ebene hast du kennengelernt, dass ein längerer Weg mit einer kleineren Kraft verbunden ist. Wickle deine Modelle wieder ab und beschrifte die Dreiecksseiten mit den Begriffen „Gewindelänge" und „Schraubenlänge". Benutze diese Begriffe und die Goldene Regel, um zu erklären, welche Schraube sich mit weniger Kraft eindrehen lassen müsste.

Material A ▶ Wie viel Energie brauchst du zum Gehen?

Wenn du gehst, dann hebst du deinen Körper bei jedem Schritt ein wenig an und senkst ihn beim Auftreten wieder ab. Die beim Anheben gewonnene Lageenergie entwertest du beim Auftreten. Deswegen benötigst du beim Gehen Energie.
Das Auf und Ab kannst du sichtbar machen, indem du beim Gehen einen Stift neben deine Hüfte hältst und an einem Papierband entlanggehst. Es entsteht ein Muster wie im ▶ Bild unten. Daran kannst du die Höhe bestimmen, um die dein Körper bei einem Schritt angehoben wurde.

A1 a) Anja (38 kg) misst, dass bei ihr diese Höhe durchschnittlich 3 cm beträgt. Berechne die Energiemenge, die sie für einen Schritt braucht.
b) Mit einem Schritt legt Anja 80 cm zurück. Bestimme, wie viel Energie sie für eine Strecke von 1,0 km braucht.

A2 a) Führe die Messung selbst durch.
b) Berechne die Energie, die du beim Gehen in einer Stunde brauchst.

BEWEGUNG, KRAFT UND ENERGIE
WERKZEUGE ERLEICHTERN DIE ARBEIT

BLICKPUNKT

Kräfte beim Autofahren

01 Auto beim Aquaplaning

Wenn ein Auto beschleunigt, dann nimmt seine Geschwindigkeit zu. Die benötigte Kraft wird also in Bewegungsrichtung ausgeübt. Woher kommt diese Kraft? Es ist die Haftkraft, die der Boden auf die Reifen ausübt. Bei Glatteis kann man nur schlecht beschleunigen!
Wenn bei Regen Wasser auf der Straße steht, dann kann man kaum bremsen. Es kommt zum „Aquaplaning" (▶ Bild 01). Auch hier ist durch den Wasserfilm die Haftkraft zu klein. Das Auto kann keine Kraft auf den Boden ausüben, daher übt der Boden auch keine Gegenkraft auf das Auto aus.

Warum sind Reifen aus Gummi? · Wie groß die Haftkraft ist, hängt von den Materialien der Räder und des Bodens ab. Auf Asphalt sind Reifen aus Gummi besonders gut geeignet. Das Profil der Reifen sorgt dafür, dass Wasser zwischen Reifen und Straße schnell abfließen kann. So wird das Aquaplaning verhindert.

Damit die große Haftkraft zwischen Gummi und Asphalt überhaupt ausgenutzt werden kann, benötigt der Reifen eine gewisse Aufstandsfläche (▶ Bild 02). Er muss also ständig etwas verformt werden. Da sich ein Rad mehrere Hundert Mal in der Minute dreht, wird das Gummi des Reifens dauernd durchgeknetet. Dafür ist Energie nötig. Wenn man ein Auto ohne weiteren Antrieb rollen lässt, dann wird es deswegen langsamer. Wir beschreiben diesen Vorgang durch die Rollreibungskraft.

Wie kommt das Auto um die Kurve? · Fährt ein Auto um die Kurve, dann ändert seine Geschwindigkeit die Richtung. Dafür wird eine Kraft benötigt, die in die Richtung zeigt, in die sich die Geschwindigkeit ändert. Sie zeigt deshalb immer zum Inneren der Kurve (▶ Bild 03). Wieder ist die Haftkraft entscheidend: Bei Aquaplaning oder Glatteis ist es fast unmöglich, ein Auto zu lenken.

Der Luftwiderstand · Ein Auto kann auf der Autobahn längere Zeit fahren, ohne dass sich seine Geschwindigkeit ändert. Trotzdem werden Kräfte auf das Fahrzeug ausgeübt: Es befindet sich im Kräftegleichgewicht. Neben der Rollreibungskraft und den Reibungskräften in Motor und Getriebe ist es vor allem die Luftwiderstandskraft, die dafür sorgt, dass ein Auto auch bei konstanter Geschwindigkeit Treibstoff verbraucht.

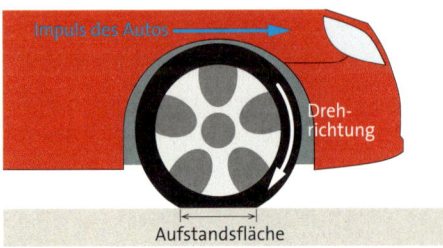

02 Verformter Reifen

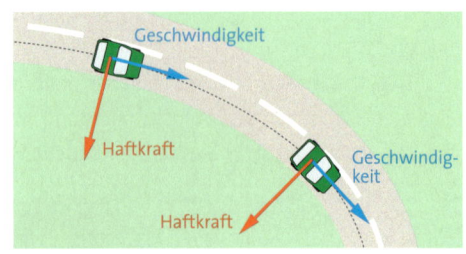

03 Kräfte bei der Kurvenfahrt

BLICKPUNKT

Energie beim Autofahren

Wenn man mit dem Auto unterwegs ist, dann braucht man hierfür Energie. Doch wozu benötigt man die Energie überhaupt?

Wenn ein Auto beschleunigt, dann nimmt seine Geschwindigkeit und damit seine Bewegungsenergie zu. Die notwendige Energie wird dem Treibstoff entnommen.

Wenn ein Auto abbremst, dann gibt das Auto Energie ab. Bei den meisten Autos verwandelt sie sich dabei vollständig in thermische Energie und ist nicht mehr nutzbar. Inzwischen nutzt man die Energie z. B. in „Hybrid-Autos", um Akkus aufzuladen. Mit der dort gespeicherten Energie betreibt man anschließend einen Elektromotor, den das Auto neben dem Verbrennungsmotor besitzt (▸ Bild 05). Dadurch kann der Kraftstoffverbrauch vermindert werden.

Welche Kräfte sind entscheidend? · Ein Teil der Energie wird für Kräfte benötigt, die die Geschwindigkeit des Autos ändern. Den Rest der Energie braucht man, um gegen die Reibungskräfte anzukommen. ▸ Bild 04 zeigt die Anteile der verschiedenen Einflüsse am Kraftstoffverbrauch eines normalen Autos.
Wie du siehst, sind die Anteile sehr verschieden, je nachdem, wo ein Auto gerade fährt. Der Luftwiderstand z. B. spielt auf der Autobahn eine viel größere Rolle als in der Stadt. Sie nimmt mit der Geschwindigkeit stark zu.

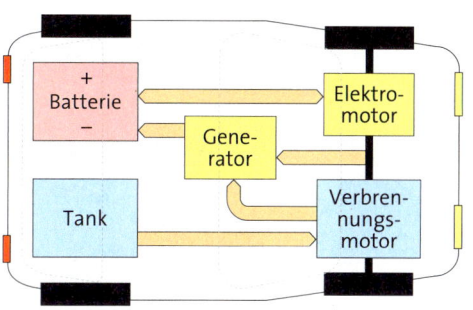

05 Prinzipieller Aufbau eines Hybrid-Autos

hybrida (lat.): Mischling

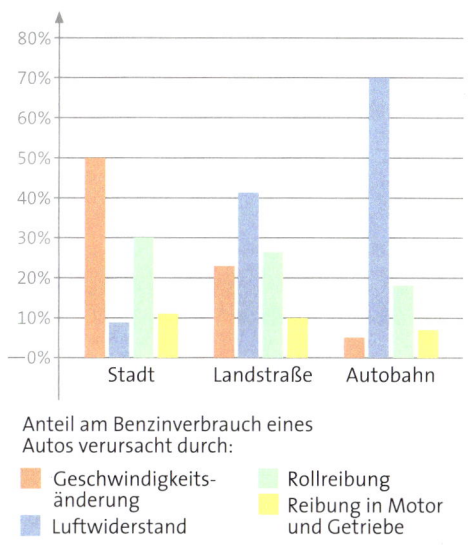

Anteil am Benzinverbrauch eines Autos verursacht durch:
- Geschwindigkeitsänderung
- Luftwiderstand
- Rollreibung
- Reibung in Motor und Getriebe

04 Wofür braucht ein Auto Treibstoff?

1) Es ist wichtig, die Energie beim Autofahren effizient zu nutzen. Dabei kann die Konstruktion des Autos entscheidend sein, aber auch die Fahrweise. Stelle zwei Checklisten zusammen: eine für den Kauf eines energieeffizienten Autos und eine für möglichst energieeffizientes Fahren.

2) a) Der Anteil am Treibstoff, der für die Geschwindigkeitsänderung verbraucht wird, ist unterschiedlich groß (▸ Bild 04). Begründe.
b) Ein Auto verbraucht in der Stadt 7,0 ℓ, auf Landstraßen 4,0 ℓ und auf der Autobahn 7,0 ℓ Kraftstoff. Berechne, wie vielen Litern die einzelnen Anteile entsprechen. (z. B. Verbrauchsanteil durch die Rollreibung in der Stadt: 2,1 ℓ). Erstelle ein Diagramm ähnlich wie ▸ Bild 04 und vergleiche.

BEWEGUNG, KRAFT UND ENERGIE
WERKZEUGE ERLEICHTERN DIE ARBEIT

01 Einbrecher bei der „Arbeit"

Kraftwandler

> *Der Einbrecher ist nicht stark genug, um die Tür mit den Händen aufzubrechen. Mit einer Brechstange gelingt ihm das. Aber warum?*

WERKZEUGE WANDELN KRÄFTE · Der Einbrecher in ▶ Bild 01 verstärkt seine Kraft mithilfe einer Brechstange. Dazu hält er das „lange Ende" der Brechstange in der Hand, das „kurze Ende" steckt mit der Spitze in einem Spalt zwischen Rahmen und Tür. Bewegt er nun das „lange Ende", so drehen sich beide Enden um den Punkt, an dem die Brechstange an der Tür aufliegt. Den Drehpunkt erkennst du an dem Knick im unteren Teil der Brechstange (▶ Bild 02). Schon mit wenig Muskelkraft übt der Drehpunkt eine große Kraft auf die Tür aus.

Immer dann, wenn deine Muskelkraft nicht ausreicht oder du deine Kraft in eine andere Richtung lenken möchtest, helfen dir einfache Werkzeuge wie Stangen, Seile oder Rollen. All diesen Werkzeugen liegen ähnliche physikalische Prinzipien zugrunde.

EIN- UND ZWEISEITIGE HEBEL · Viele Werkzeuge, z.B. die Brechstange, nutzen das Prinzip des Hebels. Ein Hebel ist eine Stange, die um einen Auflagepunkt, den Drehpunkt, drehbar ist. Beim zweiseitigen Hebel (▶ Bild 03 A) liegt der Drehpunkt zwischen den Angriffspunkten der Kräfte. Von einem einseitigen Hebel spricht man hingegen, wenn die beiden Kräfte an der gleichen Seite angreifen (▶ Bild 03 B). Jeder Hebel besitzt zwei **Hebelarme.** Dabei ist die Länge eines Hebelarms die Entfernung zwischen dem Angriffspunkt der Kraft und dem Drehpunkt. Je nach Anwendung unterscheiden wir zwischen **Kraftarm** und **Lastarm.**

02 Die Brechstange kann vielfältig eingesetzt werden.

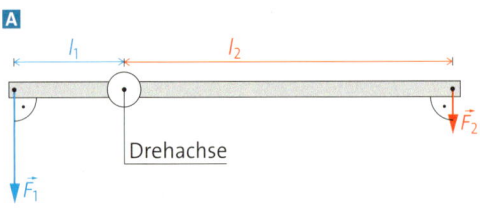
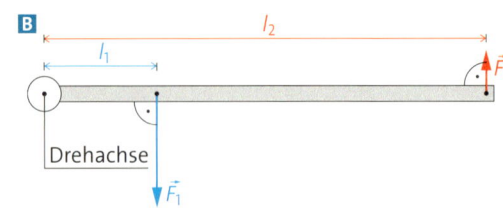

03 **A** Bezeichnungen am zweiseitigen Hebel; **B** Bezeichnungen am einseitigen Hebel

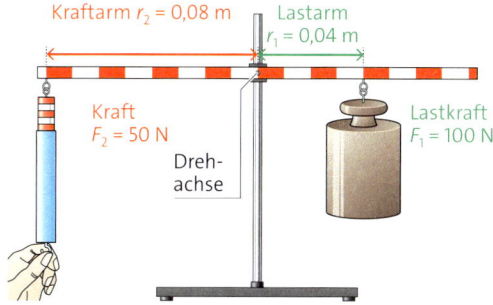

04 Belasteter Hebel

Last F_1 in N	Lastarm r_1 in m	Kraft F_2 in N	Kraftarm r_2 in m	Produkt $F \cdot r$ in Nm
100	0,04	50	0,08	4
100	0,04	80	0,05	4
100	0,04	160	0,025	4
30	0,02	20	0,03	0,6
40	0,015	20	0,03	0,6
50	0,012	20	0,03	0,6
60	0,01	20	0,03	0,6

05 Gemessene Kräfte am Hebel

HEBELGESETZ · Lässt sich die Wirkung des Hebels auch berechnen? Dazu hängen wir wie in ▸ Bild 04 ein Massestück an den Lastarm eines zweiseitigen Hebels. Um den Hebel ins Gleichgewicht zu bringen, müssen wir nun am Kraftarm eine Kraft ausüben. Diese Kraft messen wir an verschiedenen Stellen des Kraftarms. In ▸ Tabelle 05 siehst du, dass die aufzubringende Kraft umso kleiner wird, je länger der Kraftarm ist. Wir bilden deshalb auf beiden Seiten die Produkte aus Kraft und Länge des Hebelarms und stellen fest, dass sie in jeder Zeile gleich sind. Das gilt auch, wenn wir bei fester Kraft untersuchen, welche Last den Hebel ausgleicht.

Der Hebel ist ein Kraftwandler.
Für alle Hebel gilt das Hebelgesetz:
$F_1 \cdot r_1 = F_2 \cdot r_2$.

Der Einbrecher in ▸ Bild 01 übt die Kraft F_2 am langen Hebelarm aus. Es gilt: $F_1 = \frac{r_2}{r_1} \cdot F_2$.
Die Kraft des Einbrechers wird also um den Faktor $\frac{r_2}{r_1}$ verstärkt. Bei gleich langen Hebelarmen ändert sich also nur die Richtung der Kraft.

Das Hebelgesetz enthält ein Produkt aus der Länge des Hebelarms und der Kraft. Das Produkt aus Hebelarmlänge und der dazu senkrecht angreifenden Kraft nennt man **Drehmoment M**. Drehmomente sind die Ursache dafür, dass sich Körper drehen. Obwohl das Drehmoment dieselbe Einheit wie die Energie hat, sind es verschiedene Größen. Deshalb wird das Drehmoment in der Einheit Nm, nicht in J angegeben.

HEBEL IN ANDERER FORM · Auch ein **Wellrad** (▸ Bild 06) ist ein Hebel. Es besteht aus einer Achse, auch Welle genannt, die fest mit einem Rad verbunden ist, sodass sich beide in gleichem Maße drehen. An der Welle mit dem Radius r_1 wickelt sich ein Seil auf, an dem die Kraft F_1 zieht. Es entsteht das Drehmoment $F_1 \cdot r_1$, das dem Drehmoment $F_2 \cdot r_2$ am Rad entgegengesetzt ist. Wenn beide Drehmomente gleich sind, steht das Wellrad still.
Bei komplexeren Wellrädern sind mehrere Räder auf einer gemeinsamen Achse fest miteinander verbunden. So ist es möglich, verschiedene Übersetzungsverhältnisse $\frac{r_2}{r_1}$ für die Umwandlung von Kräften zu wählen.

06 Wellrad am Brunnen

1) Welche Arten von Hebeln sind in ▸ Bild 07 zu sehen? Begründe.

2) a) Berechne die Kraft an den Schneiden der Kneifzange (▸ Bild 07), wenn die Griffe mit der Kraft 50 N zusammengedrückt werden.
b) Berechne die Kraft, die auf die Nuss in ▸ Bild 07 wirkt, wenn du mit einer Kraft von 40 N drückst.

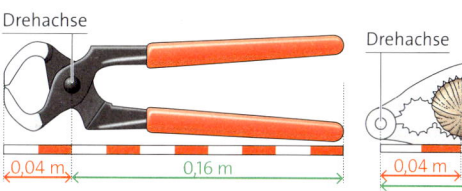

07 Kneifzange und Nussknacker als Hebel

BEWEGUNG, KRAFT UND ENERGIE
WERKZEUGE ERLEICHTERN DIE ARBEIT

01 Hebevorrichtung eines Baukrans

SEILE HEBEN LASTEN · In ▶ Bild 01 siehst du die Hebevorrichtung eines Baukrans. Vier Seilabschnitte tragen die Last gemeinsam. Sie sind über Rollen verbunden.
Welchen Vorteil bringt diese Konstruktion gegenüber einem einzelnen Seil, an dem die Last hängt?

FESTE ROLLEN · Eine feste Rolle lenkt eine auf ein Seil ausgeübte Kraft in eine andere Richtung. Der Betrag der Kraft verändert sich dabei nicht. Und auch Zugweg s_Z und der Weg s_L, den die Last zurücklegt, sind gleich lang (▶ Bild 02 A). Deshalb wird die feste Rolle auch **Umlenkrolle** genannt.
Für die Kraftübertragung ist es egal, in welchem Winkel das Seil über die Rolle läuft. Denn die Kraft wirkt immer senkrecht zum Radius.

LOSE ROLLEN · Wenn wir wie in ▶ Bild 02 B eine Rolle lose in ein Seil hängen, verteilt sich die Schwerkraft der Last F_L zu gleichen Teilen auf die beiden Seilstücke, die die lose Rolle tragen. Erwartungsgemäß messen wir eine Zugkraft F_Z, die halb so groß ist wie die Schwerkraft F_L. Die lose Rolle ist damit wie der Hebel ein Kraftwandler. Die Halbierung der Zugkraft bringt jedoch eine Verdopplung des Zugwegs mit sich.
Die ▶ Bild 02 B ebenfalls abgebildete feste Rolle lenkt die Kraft dabei nur um.

ROLLEN KOMBINIEREN · Eine Kombination aus mehreren losen und festen Rollen nennt man **Flaschenzug.** Bei einem Flaschenzug verteilt sich F_L, die auf die Last wirkende Schwerkraft, gleichmäßig auf alle tragenden Seilstücke.

In ▶ Bild 02 C siehst du einen Flaschenzug, der aus zwei festen und zwei losen Rollen besteht. Jede lose Rolle wird von zwei tragenden Seilstücken gehalten. Die Schwerkraft verteilt sich also auf vier tragende Seilstücke. Die benötigte Zugkraft F_Z beträgt dadurch nur noch ein Viertel der Schwerkraft F_L. Gleichzeitig vervierfacht sich aber der Zugweg s_Z.

Wenn wir dem Flaschenzug aus ▶ Bild 02 C eine weitere lose Rolle hinzufügen, hängt die Last an sechs tragenden Seilstücken. Damit beträgt die Zugkraft F_Z ein Sechstel der Schwerkraft F_L. Gleichzeitig versechsfacht sich der Zugweg.

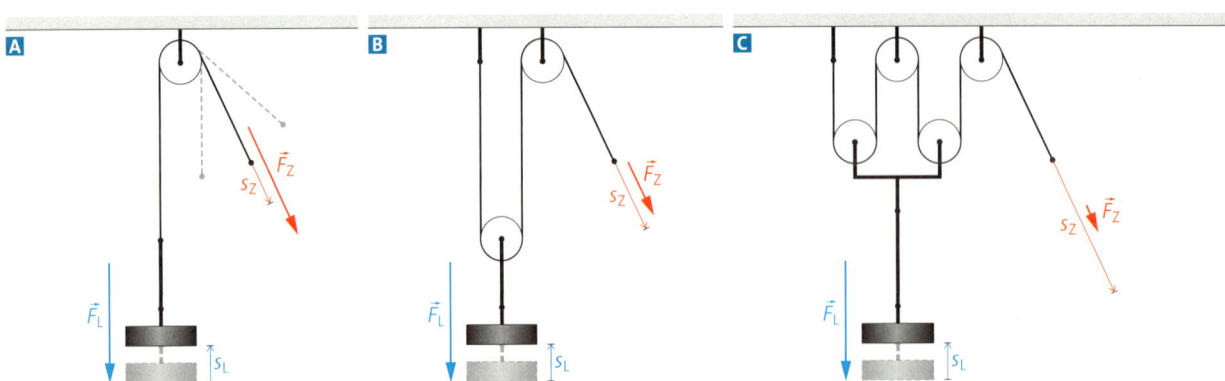

02 **A** Umlenkrolle; **B** Lose Rolle und Umlenkrolle; **C** Flaschenzug mit vier tragenden Seilen

Wir erhalten also die benötigte Zugkraft F_Z, indem wir die Schwerkraft F_L durch die Anzahl der tragenden Seilstücke teilen.

> Für einen Flaschenzug mit n tragenden Seilstücken gilt:
> $F_Z = \frac{1}{n} \cdot F_L$ und $s_Z = n \cdot s_L$.

DER POTENZFLASCHENZUG · In einem Potenzflaschenzug sind die losen Rollen über Seilstücke miteinander verbunden.
In ▸ Bild 03 tragen die beiden Seilstücke, die die unterste Rolle halten, je die Hälfte der Schwerkraft F_L. Die darüberliegende Rolle wird deshalb nur mit der halben Schwerkraft F_L belastet und halbiert diese noch einmal. Als Zugkraft F_Z benötigen wir dann nur noch ein Viertel der Schwerkraft F_L.
Jede weitere lose Rolle in der Seilstückkette führt zu einer weiteren Halbierung der Zugkraft. Bei drei losen Rollen in der Seilstückkette beträgt F_Z entsprechend ein Achtel der Schwerkraft F_L, bei vier losen Rollen sogar nur noch ein Sechzehntel. Allerdings ist auch hier die Krafterparnis mit einem längeren Zugweg verbunden. Jede lose Rolle in der Kette verdoppelt den Zugweg, sodass man z.B. bei drei Rollen den achtfachen Zugweg benötigt.

> Für den Potenzflaschenzug mit n losen Rollen gilt:
> $F_Z = \frac{F_L}{2^n}$ und $s_Z = s_L \cdot 2^n$

GOLDENE REGEL DER MECHANIK · Du hast jetzt sowohl Hebel als auch Flaschenzüge als Kraftwandler kennengelernt. Eine Kraftersparnis wie z.B. beim Benutzen einer Zange, eines Wellrads oder eines Flaschenzugs ist jedoch immer mit einer Wegverlängerung verbunden.
Wie auch bei der Betrachtung der schiefen Ebene stellen wir fest, dass das Produkt aus Kraft und Weg eine konstante Größe ist.

> Die Goldene Regel der Mechanik gilt für alle mechanischen Kraftwandler. $E = F \cdot s =$ konst.

1 a) Der Flaschenzug aus ▸ Bild 01 ist ein weiteres Mal auf diesen Seiten zu sehen. Suche und begründe.
b) Finde weitere Anwendungen des Flaschenzugs. Recherchiere dafür wenn nötig im Internet.

2 Uwe hat sich einen Flaschenzug gebaut (▸ Bild 04). Ermittle die Anzahl der tragenden Seilstücke und bestimme die Zugkraft.

3 Herbert K. ist Gewichtheber und hat eine Masse von 80 kg. Entscheide begründet, welche Last er in der Schwebe halten kann, wenn er folgende Rollen benutzt:
a) eine feste Rolle
b) eine lose Rolle
c) einen Flaschenzug mit drei losen Rollen
d) einen Potenzflaschenzug mit drei losen Rollen

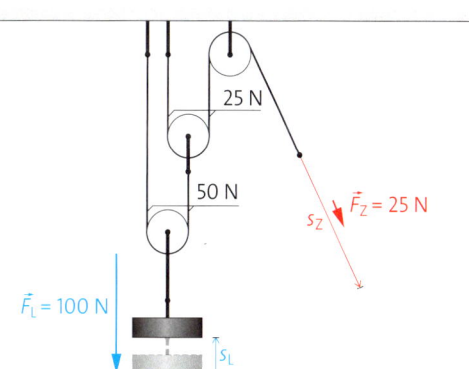

03 Ein Potenzflaschenzug

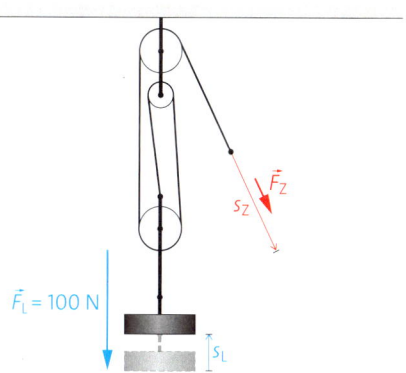

04 Uwes Flaschenzug

BEWEGUNG, KRAFT UND ENERGIE
WERKZEUGE ERLEICHTERN DIE ARBEIT

BLICKPUNKT

⊕ Getriebe – Wandeln von Drehmomenten und Drehzahlen

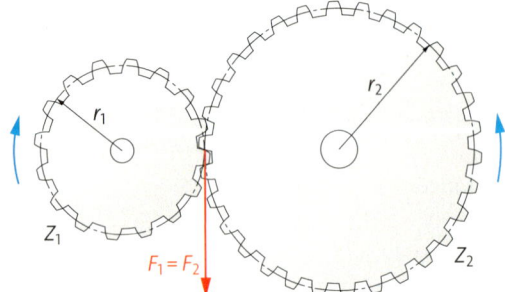

01 Zwei Zahnräder greifen ineinander.

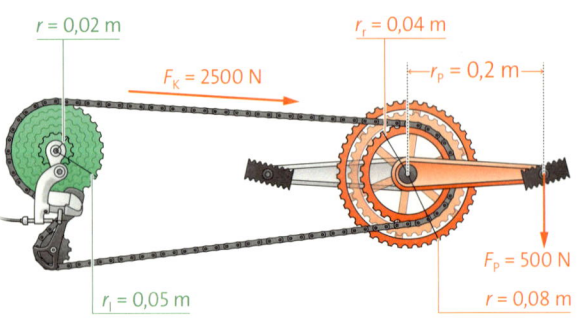

02 Die Gangschaltung an einem Fahrrad

Räder, die auf unterschiedliche Achsen montiert sind, aber ineinandergreifen oder durch Riemen oder Ketten verbunden sind, bilden ein Getriebe. Getriebe dienen als **Drehmoment-** und **Drehzahlwandler** (▸ Bild 01).
Wenn ein Motor das Zahnrad Z_1 mit dem Drehmoment M_1 antreibt, wirkt am Zahnkranz die Kraft F_1 mit:

$M_1 = F_1 \cdot r_1$ oder $F_1 = \frac{M_1}{r_1}$.

Da die Zähne beider Zahnräder ineinandergreifen, wirkt an beiden Zahnrädern die gleiche Kraft und es gilt: $F_1 = F_2$.

Damit ist

$M_2 = F_2 \cdot r_2 = F_1 \cdot r_2$.

Das die Zahnräder unterschiedlich groß sind bedeutet nicht nur, dass unterschiedliche Drehmomente wirken, sondern auch, dass sich die ineinandergreifenden Zahnräder unterschiedlich schnell drehen.
Das Verhältnis der Drehzahlen $\frac{n_1}{n_2}$ gibt die Übersetzung des Getriebes an. Die Übersetzung lässt sich auch aus dem Verhältnis der Drehmomente bzw. Radien berechnen. Allerdings sind Drehzahl und Radius umgekehrt proportional zueinander. Für die Übersetzung erhält man daher:

$\frac{n_1}{n_2} = \frac{r_2}{r_1} = \frac{M_2}{M_1}$.

Gangschaltungen · Wie funktioniert die Gangschaltung an deinem Fahrrad? Wie viel Kraft bringst du auf die Straße?
In Gangschaltungen werden einerseits Kräfte durch Hebel und Wellräder gewandelt, andererseits dienen Zahnräder auf verschiedenen Achsen als Wandler für Drehmomente.

Im Beispiel in ▸ Bild 02 wird auf das 20 cm lange Pedal (r_P = 20 cm) eine Kraft F_P von 500 N ausgeübt. Dadurch wirkt am rechten Zahnrad ein Drehmoment M_r von:

$M_r = F_P \cdot r_P = 500\,\text{N} \cdot 0{,}2\,\text{m} = 100\,\text{Nm}$.

Im eingelegten Gang hat das rechte Zahnrad einen Radius von r_r = 4 cm. Damit beträgt die Kraft F_K auf die Kette:

$F_K = \frac{M_r}{r_r} = \frac{100\,\text{Nm}}{0{,}04\,\text{m}} = 2500\,\text{N}$.

Das linke Zahnrad hat einen Radius von r_l = 5 cm. Mit der Kraft F_K ergibt sich das Drehmoment M_l zu:

$M_l = F_K \cdot r_l = 2500\,\text{N} \cdot 0{,}05\,\text{m} = 125\,\text{Nm}$.

Die Übersetzung in diesem Gang beträgt $\frac{M_l}{M_r}$ = 1,25. Das Hinterrad mit dem Radius r_h = 0,7 m ist fest mit diesem Zahnrad verbunden und bildet mit ihm ein Wellrad. Dabei wird die antreibende Kraft F auf die Straße übertragen:

$F = \frac{M_l}{r_h} = \frac{125\,\text{Nm}}{0{,}7\,\text{m}} = 180\,\text{N}$.

1) Bei der Gangschaltung aus ▸ Bild 02 wird ein anderer Gang eingelegt. Der Radius des vorderen Zahnrads beträgt jetzt 0,08 m, der des hinteren 0,02 m. Auf das Pedal wird wie vorher eine Kraft von 500 N ausgeübt.

a) Berechne die Kraft, die das Hinterrad auf die Straße ausübt.

b) Bestimme die Übersetzung in diesem Gang und entscheide, welcher Gang sich besser für eine Bergauffahrt eignet. Begründe.

MATERIAL

VERSUCHE ▸ Kraftwandler im Alltag

Du nutzt das Hebelgesetz zum Bau einer Waage und untersucht, wie die „Goldene Regel" beim Fahrrad genutzt wird.

V1 Die Münzwippe

V2 Die Fahrrad-Gangschaltung

A **B**

Material:
30 cm langes, starres Lineal, fünf gleiche Münzen, mindestens drei verschiedene Münzen, Bleistift

Durchführung:
a) Arbeite zunächst mit gleichen Münzen. Richte das Lineal so auf den Bleistift aus, dass es sich im Gleichgewicht befindet. Lege eine Münze auf das eine Ende und dann einen Stapel aus zwei Münzen so auf die andere Seite des Lineals, dass dieses im Gleichgewicht bleibt.
b) Bestimme die Abstände r_1 und r_2 von der Drehachse und bilde ihr Verhältnis. Berechne dann das Verhältnis der Kräfte $\frac{F_2}{F_1}$ und vergleiche mit dem Verhältnis $\frac{r_1}{r_2}$.
c) Wiederhole a) und b) mit einem Stapel aus drei und vier Münzen und zeige die Gültigkeit des Hebelgesetzes.
d) Jetzt kannst du deine Wippe als Waage nutzen. Nimm statt des Münzstapels eine Münze mit anderem Wert und lege sie so auf das Lineal, dass sich dieses wieder im Gleichgewicht befindet. Berechne das Gewicht dieser Münze in Einheiten der Referenzmünze. Verfahre mit den weiteren Münzen genauso.

Material:
Fahrrad, Maßband, zwei Kraftmesser (100 N), evtl. etwas Schnur oder Draht zum Befestigen

Durchführung:
a) Bestimme die Strecke, die ein Pedal bei einer Umdrehung zurücklegt. (*Hinweis:* Kreisumfang $U = 2\pi \cdot r$)
b) Miss für drei verschiedene Gänge die Strecke, die das Fahrrad bei einer Umdrehung der Pedalkurbel zurücklegt.
c) Drehe das Rad um, sodass die Räder nach oben zeigen. Befestige einen Kraftmesser an einem Pedal, den anderen am Hinterrad. Ziehe so an den beiden Kraftmessern, dass sich das Hinterrad nicht dreht. Dabei sollte die Kraft auf das Pedal mindestens 50 N betragen.
Miss die beiden Kräfte für die gleichen Gänge wie in b).
d) Durch die Kraft auf das Pedal wird bei jeder Umdrehung der Pedalkurbel Energie übertragen. Berechne diese Energie für die verschiedenen Gänge.
e) Bestimme die Kraft auf das Hinterrad mithilfe der Goldenen Regel jeweils aus der Kraft auf das Pedal und den Ergebnissen aus V1. Vergleiche mit deinen Messwerten.

Material A ▸ Münchhausentechnik in der Bergrettung

A1 Bergsteiger geraten ähnlich wie der „Lügenbaron" in Notlagen, in denen sie sich allein bergen müssen. Mit der Münchhausentechnik nutzen sie nicht den eigenen Zopf, sondern einen besonderen Flaschenzug.
a) Untersuche, wie viele tragende Seile der Flaschenzug rechts hat.
b) Berechne, welche Kraft der Bergsteiger aufbringen muss, um sich bei einer Masse von 90 kg selbst hochziehen zu können.
c) Rollen gehören nicht zur Bergsteigerausrüstung. Überlege, was der Bergsteiger im Notfall verwenden kann.

BEWEGUNG, KRAFT UND ENERGIE
WERKZEUGE ERLEICHTERN DIE ARBEIT

01 Ein Himmelskörper trifft auf die Erde.

Mechanische Energieformen

Meteoriten haben eine große zerstörerische Wirkung, wenn sie mit viel Energie auf die Erde prallen. Was aber ist wesentlich für das Ausmaß der Zerstörung?

BEWEGUNGSENERGIE · Beim Aufprall eines Meteoriten auf die Erde wird seine Bewegungsenergie in andere Energieformen umgewandelt. Es liegt nahe zu vermuten, dass die Bewegungsenergie eines Körpers von seiner Geschwindigkeit abhängt. Den genauen Zusammenhang untersuchen wir mit einem Fallexperiment. Dazu lassen wir eine Stahlkugel aus verschiedenen Höhen fallen (▶ Bild 02). Aus der Fallhöhe berechnen wir die anfängliche Lageenergie.

Bewegungsenergie wird von Physikern auch kinetische Energie genannt.

Außerdem bestimmen wir die Geschwindigkeit der Kugel, nachdem sie die Fallstrecke Δh zurückgelegt hat, mithilfe zweier nahe beieinanderliegender Lichtschranken.

▶ Tabelle 03 zeigt, dass die Kugel die doppelte (dreifache) Aufprallgeschwindigkeit erst bei der vierfachen (neunfachen) Fallhöhe erreicht. Wir vermuten daher einen quadratischen Zusammenhang zwischen Geschwindigkeit und Fallhöhe bzw. anfänglicher Lageenergie. Zur Bestätigung tragen wir im Diagramm E_{Lage} gegen v^2 auf (▶ Bild 04, blaue Linie): Alle Messwerte liegen auf einer Ursprungsgeraden. Somit sind E_{Lage} und v^2 proportional zueinander. Da sich die Lageenergie beim Fallen vollständig in Bewe-

Δh in m	E_{Lage} in J	v in $\frac{m}{s}$
0,1	0,030	1,41
0,2	0,059	1,98
0,3	0,088	2,43
0,4	0,118	2,80
0,8	0,236	3,97
0,9	0,256	4,23
1,0	0,353	4,86

02 Fallexperiment

03 Stahlkugel m = 30 g

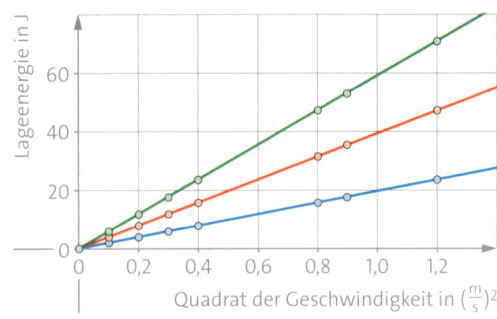

04 $E_{Lage} = E_{Bew}$ und v^2 sind proportional zueinander.

gungsenergie umwandelt, besteht der gleiche Zusammenhang auch zwischen Geschwindigkeit und Bewegungsenergie: $E_{Bew} \sim v^2$.

Wir wiederholen das Experiment mit Kugeln verschiedener Masse (▶ Bild 04, rote und grüne Linie). Wenn wir die Steigungen der Ursprungsgeraden ermitteln, stellen wir fest, dass sie jeweils der halben Kugelmasse entsprechen. Somit ergibt sich für die Bewegungsenergie $E_{Bew} = \frac{1}{2} m \cdot v^2$.

> Ein Körper der Masse m und der Geschwindigkeit v hat eine Bewegungsenergie von:
> $E_{Bew} = \frac{1}{2} m \cdot v^2$.

Die Bewegungsenergie und damit die zerstörerische Wirkung eines Meteoriten hängt also sowohl von seiner Masse als auch von seiner Geschwindigkeit ab. Ist der Meteorit doppelt so schwer, so besitzt er die doppelte Bewegungsenergie. Ist er hingegen doppelt so schnell, besitzt er die vierfache Bewegungsenergie. Die Geschwindigkeit beeinflusst die Wirkung also viel stärker als die Masse. Da sich viele Meteoriten mit Geschwindigkeiten von weit über 50 000 $\frac{km}{h}$ relativ zur Erde bewegen, verursachen auch relativ kleine Meteorite schon große Schäden.

SPANNENERGIE · Mechanische Energie steckt auch in einem gebogenen Lineal, einem verformten Ball oder einer gedehnten Feder. Aber wie kann man die Energie berechnen, die in diesen verformten Körpern gespeichert ist?
Beim Spannen einer Feder ist die erforderliche Kraft nicht konstant, sondern nimmt nach dem Hooke'schen Gesetz immer weiter zu, je weiter die Feder ausgedehnt wird. Daher können wir nicht einfach – wie beim Heben eines Körpers – die übertragene Energie als Produkt aus der Kraft F und der Strecke Δs berechnen. Wir können die Energie aber grafisch ermitteln.
In ▶ Bild 05 kannst du erkennen, dass die Energie zum Anheben eines Körpers $\Delta E = F \cdot \Delta s$ der Fläche unter dem Graphen entspricht. Auch bei

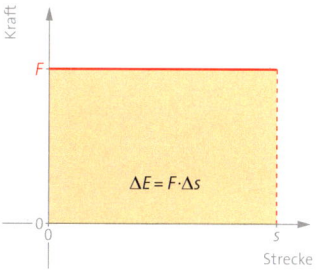
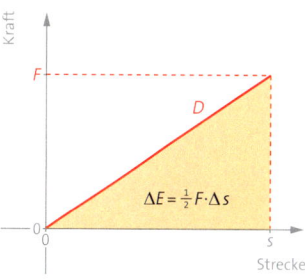
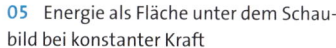

05 Energie als Fläche unter dem Schaubild bei konstanter Kraft

06 Bei einer Stahlfeder: Spannenergie als Fläche unter dem Schaubild

der Feder ist die übertragene Energie gleich der Fläche unter dem Graphen (▶ Bild 06). Allerdings ist diese nur halb so groß wie die rechteckige Fläche, also $\frac{1}{2} F \cdot \Delta s$.
Wenn wir jetzt mithilfe des Hooke'schen Gesetzes die Kraft F in der Formel $\Delta E = \frac{1}{2} \cdot F \cdot \Delta s$ durch $F = D \cdot \Delta s$ ersetzen, erhalten wir für die Spannenergie die Formel $E_{Spann} = \frac{1}{2} \cdot D \cdot \Delta s^2$.

Hooke'sches Gesetz: $D = \frac{F}{\Delta s}$

> Wenn ein elastischer Körper mit der Federkonstante D um die Strecke Δs verformt wurde, besitzt er die Spannenergie:
> $E_{Spann} = \frac{1}{2} \cdot D \cdot \Delta s^2$.

1) Die ▶ Bilder 07 A, B und C stellen unterschiedliche mechanische Energieformen dar. Erstelle in deinem Heft eine Tabelle, in der du den Bildern die entsprechende Energieform und ihre Formel zuordnest.

2) Energien werden in der Maßeinheit Joule angegeben. Überprüfe, ob sich diese Einheit auch aus den Formeln für Bewegungsenergie und Spannenergie ergibt.

07 Bogenschütze, Sprinter und Turmspringerin

BEWEGUNG, KRAFT UND ENERGIE
WERKZEUGE ERLEICHTERN DIE ARBEIT

01 Springender Ball

ENERGIE WIRD UMGEWANDELT · Wenn du einen Ball fallen lässt, springt er (▸ Bild 01). Wie kannst du diese Bewegung mit den bereits bekannten Energieformen beschreiben?

Vor dem Loslassen hat der Ball Lageenergie, aber keine Bewegungsenergie. Während der Fallbewegung wandelt sich die Lageenergie in Bewegungsenergie um. Wenn der Ball auf den Boden trifft, wird er abgebremst. Dabei verformt er sich und seine Bewegungsenergie wandelt sich in Spannenergie um. Beim Abprallen bildet sich die Verformung wieder zurück und die gespeicherte Spannenergie wandelt sich in Bewegungsenergie um. Während der Ball steigt, wird die Bewegungsenergie wieder zu Lageenergie. Am höchsten Punkt hat der Ball keine Bewegungsenergie mehr, seine Lageenergie erreicht wieder ein Maximum. Nun beginnt der Umwandlungsprozess von vorn.

ENERGIE BLEIBT ERHALTEN · Wenn du den Ball genauer beobachtest, stellst du fest, dass er während seiner Sprünge die Starthöhe nicht wieder erreicht. Woran liegt das?

Das liegt daran, dass bei der Bewegung des Balls noch eine andere Energieform eine Rolle spielt: Während er sich durch die Luft bewegt, wandelt sich ein Teil seiner Bewegungsenergie durch Reibung in thermische Energie um. Auch beim Aufprall wird nur ein Teil der Bewegungsenergie des Balles in Spannenergie umgewandelt, der Rest in thermische Energie. Diese nimmt nicht mehr am Umwandlungsprozess teil, sodass der Ball nach und nach an Höhe verliert.

In jedem einzelnen Augenblick gilt aber, dass die Summe aus Lageenergie, Bewegungsenergie, Spannenergie und thermischer Energie gleich der anfänglichen Lageenergie ist.

Meistens ist der Anteil der thermischen Energie an der Gesamtenergie E_{ges} rechnerisch schwer zu erfassen. Ist dieser aber klein gegenüber den Beiträgen der anderen Energieformen, dann können wir die Energiebilanz auf die mechanischen Energien beschränken. Wir halten fest:

> Energie kann weder erzeugt noch vernichtet werden. Sie kann nur von einer Form in eine andere umgewandelt werden.
> Vernachlässigen wir die Umwandlung in thermische Energie, dann gilt der Energieerhaltungssatz der Mechanik:
> $E_{ges} = E_{Lage} + E_{Bew} + E_{Spann}$.

Der **Energieerhaltungssatz** ist eines der wichtigsten Instrumente zur Beschreibung physikalischer Systeme.

ENERGIE WIRD ENTWERTET · Bei den Energieumwandlungen, die der Ball erlebt, wird ständig ein Teil der mechanischen in thermische Energie umgewandelt. Deshalb nimmt die erreichte Höhe bei jedem Sprung ab. Dafür werden Ball, Boden und Luft um einen – wenn auch kleinen – Betrag wärmer. Diese thermische Energie verteilt sich in der Umgebung.

Die Energie ist zwar noch vorhanden, aber nicht mehr so leicht nutzbar. Deshalb sprechen wir davon, dass die Energie entwertet ist.

1) Von der Decke des Physikraums hängt ein Riesenpendel herab. Die neue Physiklehrerin lässt das Pendel in der Höhe ihres Kinns los. Viola aus der 8a zieht sie schnell beiseite, als das Pendel zurückschwingt.
a) Kann das Pendel das Kinn treffen? Begründe deine Entscheidung.
b) Violas Physiklehrerin hat das Pendel nicht losgelassen, sondern angestoßen. Entscheide erneut.

MATERIAL

VERSUCHE ▶ Energieerhaltung

Du untersuchst die unvermeidliche Umwandlung anderer Energieformen in Wärme.

Material:
Bälle verschiedener Art, Meterstab und Handykamera oder Messwerterfassungssystem

Wird ein Ball aus 1,5 m Höhe fallen gelassen, dann erreicht er nach dem Aufprall auf den Boden nicht mehr dieselbe Höhe. Ein Teil der Energie wird entwertet und in Form von Wärme abgegeben.

V1 Überlege, wie du diese Energieumwandlung bei einem Ball mithilfe eines Handys oder eines Messwerterfassungssystems abschätzen kannst. Führe entsprechende Versuche durch und berechne den Anteil entwerteter Energie für jeden der ersten drei Sprünge.

V2 Wiederhole V1 mit anderen Bällen. Vergleiche die Ergebnisse und notiere Unterschiede und Gemeinsamkeiten. Untersuche, welchen Einfluss die Art des Balls hat.

Material A ▶ Notfallspur

02 Notfallspur an der Autobahn

A1 An ausgedehnten Hangstrecken mit starkem Gefälle befinden sich häufig Notfallspuren (▶ Bild 02). Auf ihnen können Fahrzeuge, deren Bremsen versagen, zum Stillstand gebracht werden.

a) Beschreibe, wie eine solche Notfallspur gebaut ist.

b) Gib an, welche Energieumwandlungen beim Abbremsen des Fahrzeugs stattfinden.

c) Unter der Annahme, dass die Bewegungsenergie reibungsfrei in Lageenergie umgewandelt wird, kannst du berechnen, dass ein Lkw mit einer Geschwindigkeit von 90 $\frac{km}{h}$ auf einer Notfallspur mit 10 % Steigung erst nach über 330 m zum Stehen käme.
Begründe, warum in der Regel ein tiefes Kiesbett als Bodenbelag eingesetzt wird.

Material B ▶ Energieformen beim Sport

03 Beim Stabhochsprung

B1 Ein 85 kg wiegender Sportler überquert beim Stabhochsprung eine Höhe von 6 m.

a) Gib an, welche Energieformen hierbei auftreten.

b) Berechne die maximale Lageenergie des Springers.

c) Schätze ab, welche Geschwindigkeit der Stabhochspringer beim Anlauf ungefähr erreichen kann. Bestimme seine Bewegungsenergie und vergleiche sie mit der Lageenergie. Erkläre mögliche Unterschiede.

B2 Ein Fußball der Masse 450 g wird mit einer Geschwindigkeit von 80 $\frac{km}{h}$ geschossen und prallt vom Pfosten des Tors zurück.
Berechne die Energie, die bei der zur Verformung des Balls umgewandelt wird.

B3 Ein Turmspringer (m = 85 kg) springt vom 10-Meter-Turm.

a) Gib an, welche Energieformen hier ineinander umgewandelt werden.

b) Berechne, welche Geschwindigkeit er beim Eintauchen ins Becken höchstens haben kann.

BEWEGUNG, KRAFT UND ENERGIE
WERKZEUGE ERLEICHTERN DIE ARBEIT

METHODE

⊕ Bilanzieren mit dem Energiekontenmodell

Du kannst die Energieerhaltung nutzen, um verschiedene Zustände in einem System zu untersuchen. Dazu musst du dir einen Überblick über die Beiträge der verschiedenen Energieformen verschaffen. Dabei hilft es, jeder Energieform ein eigenes Konto zuzuweisen. Die Energiemenge bzw. den Kontostand einer jeden Energieform veranschaulichen wir in unserem Energiekontenmodell durch eine farbige Säule. Die Höhe aller aufeinandergesetzten Säulen entspricht dann der Gesamtenergie.

Wir wenden dies auf ein Federpendel an: Zu Beginn ist die Feder entspannt und die Masse in Ruhe (▸ Bild 01 A oben). Die Konten für Bewegungs- und Spannenergie sind leer. Die Gesamtenergie befindet sich im Konto der Lageenergie (▸ Bild 01 A unten). Wenn wir die Masse loslassen, bewegt sie sich nach unten und dehnt die Feder. Die Energie im Lageenergiekonto nimmt ab, auf die Konten der Bewegungs- und Spannenergie wird eingezahlt (▸ Bild 01 B, C, D). Dieser Prozess setzt sich fort, bis nur noch das Spannenergiekonto gefüllt ist (▸ Bild 01 E). Dann kehrt sich der Prozess um.

Aufstellen der Energiebilanz · Die Beiträge der einzelnen Konten summieren sich zur Gesamtenergie. Hier lautet die Bilanz:

$E_{ges} = E_{Lage} + E_{Bew} + E_{Spann}.$

Bestimmen der Gesamtenergie · Als Nächstes betrachten wir einen Zustand, bei dem nur Energieformen auftreten, deren Beträge wir aus gemessenen Größen berechnen können. Dazu eignet sich der Zustand in ▸ Bild 01 A. Für die von uns gewählte Masse $m = 100$ g beträgt die gemessene Höhe oberhalb der maximalen Auslenkung $h = 10$ cm. Für die Gesamtenergie gilt dann:

$E_{ges} = E_{Lage} = m \cdot g \cdot h$
$= 0{,}1 \text{ kg} \cdot 9{,}81 \frac{\text{N}}{\text{kg}} \cdot 0{,}1 \text{ m} = 0{,}0981 \text{ Nm} = 0{,}0981 \text{ J}.$

Rechnen mit der Energiebilanz · Mithilfe der Energiebilanz können wir jetzt verschiedene Größen, z. B. die Federkonstante bestimmen: In ▸ Bild 01 E ist das Konto der Spannenergie vollständig gefüllt. Für die Spannenergie gilt daher:

$E_{ges} = E_{Spann} = \frac{1}{2} \cdot D \cdot s^2.$

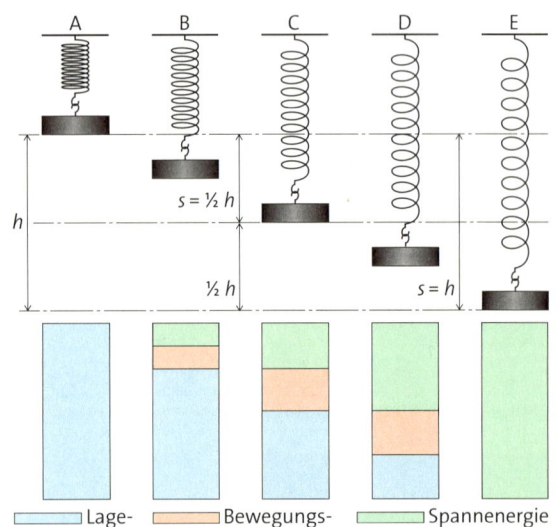

01 Energiekonten bei der Bewegung eines Federpendels

Damit erhalten wir:

$D = \frac{2 E_{ges}}{s^2} = \frac{2 \cdot 0{,}0981 \text{ Nm}}{(0{,}1 \text{ m})^2} = 19{,}62 \frac{\text{N}}{\text{m}}.$

Jetzt kennen wir so viele Größen des Systems, dass wir die Kontostände aller Energiekonten für jeden Zustand berechnen können. Wir wählen z. B. den Zeitpunkt in ▸ Bild 01 D. Dort ist die Auslenkung $s = 0{,}75 \cdot h = 7{,}5$ cm und die Höhe oberhalb der maximalen Auslenkung ist $0{,}25 \, h = 2{,}5$ cm. Wir stellen unsere Energiebilanz nach E_{Bew} um und erhalten:

$E_{Bew} = E_{Ges} - E_{Lage} - E_{Spann} = E_{Ges} - m \cdot g \cdot h - \frac{1}{2} \cdot D \cdot s^2$
$= 0{,}0981 \text{ J} - 0{,}1 \text{ kg} \cdot 9{,}81 \frac{\text{m}}{\text{s}^2} \cdot 0{,}025 \text{ m} - \frac{1}{2} \cdot 19{,}62 \frac{\text{N}}{\text{m}} \cdot (0{,}075 \text{ m})^2$
$= 0{,}0981 \text{ J} - 0{,}0245 \text{ J} - 0{,}0552 \text{ J} = 0{,}0184 \text{ J}$

1. Berechne die Kontostände in den ▸ Bildern 01 B und 01 C.

2. Ein Ball wird mit einer Geschwindigkeit von $10 \frac{\text{m}}{\text{s}}$ senkrecht nach oben geworfen.
Stelle eine Energiebilanz auf und bestimme die Höhe, die der Ball maximal erreichen kann.
Zeige, dass die erreichte Höhe unabhängig von der Masse ist.

BLICKPUNKT

Energie im Sport

Wie lang ist das Seil beim Bungeejumping? Wie hoch fliegt der Pfeil eines Bogenschützen? Welche Höhe schafft ein Stabhochspringer? Wie gefährlich ist es, wenn beim Tauziehen das Seil reißt? Die Antworten liefert dir das Prinzip der Energieerhaltung.

Bungeejumping · Beim Bungeejumping stürzt sich der Springer nur von einem elastischen Seil gehalten in die Tiefe. Nach dem Absprung befindet er sich im freien Fall, bis sich das Seil zu spannen beginnt. Im tiefsten Punkt steckt seine Energie als Spannenergie im Seil. Federkonstante und Länge des Seils müssen so an das Gewicht des Springers angepasst sein, dass weder die Bremsbeschleunigung zu groß ist noch der Sicherheitsabstand zum Untergrund von etwa 10 m unterschritten wird. Dazu könnte ein Veranstalter für einen 700 N schweren Springer, der von einer 80 m hohen Brücke springt, z. B. ein etwa 15 m langes, elastisches Seil ($D = 40 \frac{N}{m}$) wählen. Dieses Seil dehnt sich beim Sprung um 53 m aus. Die Bremsbeschleunigung beträgt dabei etwa die dreifache Erdbeschleunigung ($3\,g$).

Mit einem weniger elastischen, aber längeren Seil (z. B. $D = 100 \frac{N}{m}$, $L = 33$ m) bleibt der Springer länger im freien Fall. Das Seil dehnt sich jedoch nur noch um 35 m aus. Da der Bremsweg jetzt kürzer ist, erfährt der Springer mit $5\,g$ eine deutlich höhere Bremsbeschleunigung.

Bogenschießen · Anfänger benutzen einen Bogen mit 10 kg Zuggewicht. Dies bedeutet physikalisch, dass eine Zugkraft von etwa 100 N aufgebracht werden muss, um die Bogensehne vollständig zu spannen. Sie ist dann um etwa 50 cm ausgelenkt. Mithilfe dieser Angaben und des Hooke'schen Gesetzes lässt sich die Spannenergie berechnen. Sie beträgt etwa 25 J und entspricht der Lageenergie eines 40 g schweren Pfeils in etwa 64 m Höhe. Aufgrund der Luftreibung erreicht der Pfeil diese Höhe allerdings nicht ganz.

Hochsprung · Durch ausgefeilte Technik kann ein Stabhochspringer für kurze Zeit fast die gesamte Bewegungsenergie in Form von Spannenergie auf den Stab übertragen und diese anschließend in Höhenenergie umwandeln. Läuft ein Hochspringer ($m = 80$ kg) mit einer Geschwindigkeit von etwa 9,5 $\frac{m}{s}$ an, erreicht er einen Höhenzuwachs von 4,6 m und bringt so seine Körpermitte auf eine Höhe von etwa 5,7 m. Gute Stabhochspringer besitzen aber auch eine starke Armmuskulatur und viel Körperspannung. So schaffen sie es, kurzzeitig einen Handstand auf dem senkrecht stehenden Stab zu machen.

Unter optimalen Bedingungen liefert diese Technik weitere 2 m, sodass eine Gesamthöhe von 7,7 m theoretisch erreichbar wäre. Der Weltrekord im Jahr 2015 liegt bei 6,16 m.

Tauziehen · Elastische Seile, z. B. aus Nylon, verhalten sich ähnlich wie Federn. Reißt ein solches Seil, werden die Seilreste von der im Seil gespeicherten Spannenergie plötzlich beschleunigt. Dabei können sie schneller als der Schall werden und großen Schaden verursachen. Deshalb dürfen beim Tauziehen keine leicht dehnbaren Seile verwendet werden. Als das 1995 bei einem Pfadfindertreffen nicht beachtet wurde, kam es sogar zu Todesfällen.

BEWEGUNG, KRAFT UND ENERGIE
WERKZEUGE ERLEICHTERN DIE ARBEIT

01 Beim Training

Die mechanische Leistung

Auf dem Fahrrad-Ergometer kannst du auch bei schlechtem Wetter trainieren. Je nachdem, wie du das Ergometer einstellst und wie schnell du trittst, ist das mehr oder weniger anstrengend. Für den Erfolg des Trainings ist es wichtig, dass du dabei das richtige Maß triffst. Wovon hängt dieses richtige Maß ab?

ANSTRENGUNG UND LEISTUNG · Eine wichtige Größe ist hier die auf das Ergometer übertragene Energiemenge. Je größer sie ist, desto anstrengender ist das Training.
Die Zeitspanne, in der die Energiemenge übertragen wird, spielt auch eine Rolle: Es ist ein gewaltiger Unterschied, ob du eine bestimmte Energiemenge in einer oder in zehn Minuten auf das Ergometer überträgst.

Wenn du dich auf dem Ergometer besonders anstrengst, dann wird also eine große Energiemenge ΔE in einer kurzen Zeitspanne Δt übertragen. Genau dann ist auch der Quotient $\frac{\Delta E}{\Delta t}$ besonders groß. Dieser Quotient hat einen eigenen Namen, die **Leistung P.** Ihre Einheit ist ein **Watt** ($1\,W = 1\,\frac{J}{s}$).

LEISTUNG UND BEWEGUNG · Auf dem Fahrrad-Ergometer kommst du schnell ins Schwitzen. Durch das Schwitzen gibt dein Körper Wärme, also Energie, an die Umgebung ab. Das Ergometer zeigt aber nicht an, ob du schwitzt oder nicht. Es registriert nur die Bewegung der Pedale. Das Ergometer misst also nur denjenigen Anteil der Leistung, bei dem Energie durch Bewegung übertragen wird. Diesen Anteil nennt man **mechanische Leistung.**

> Wenn Energie durch Bewegung übertragen wird, dann nennen wir die Leistung hierbei mechanische Leistung. Dabei gilt:
> $P = \frac{\Delta E}{\Delta t}$.
> Die Einheit ist $1\,\frac{J}{s} = 1\,W$ (Watt).

Weitere wichtige Einheiten:
1 mW = 0,001 W
1 kW = 1000 W
1 MW = 1000 kW

LEISTUNGSMESSUNG · Wie groß ist eigentlich die mechanische Leistung beim Menschen? Du weißt aus eigener Erfahrung, dass du bestimmte Anstrengungen nur für kurze Zeitspannen durchhältst. Dann erbringst du deine kurzzeitige Höchstleistung. Andererseits kannst du andere Tätigkeiten praktisch stundenlang durchführen. Das ist deine Dauerleistung.

Kurzzeitige Höchstleistung und Dauerleistung schätzen wir in einem Versuch ab. Damit wir die übertragene Energiemenge möglichst leicht bestimmen können, messen wir die Zunahme der Lageenergie beim Treppensteigen.

Alida geht die Treppe so hoch, dass sie das Gefühl hat, dies noch stundenlang machen zu können. Leon rennt hoch, so schnell er kann (▶ Bild 02). Wenn beide am oberen Ende der Treppe angekommen sind, dann befinden sie sich 3,0 m höher als am unteren Ende.

Bei Alida messen wir die Dauerleistung. Sie hat eine Masse von 41 kg und benötigte 15 s für die Strecke. Mit der Gleichung $\Delta E = m \cdot g \cdot h$ ergibt sich:

$$P = \frac{\Delta E}{\Delta t} = \frac{41 \text{ kg} \cdot 9{,}8 \frac{\text{N}}{\text{kg}} \cdot 3{,}0 \text{ m}}{15 \text{ s}} \approx 80 \frac{\text{J}}{\text{s}} = 80 \text{ W}.$$

Bei Leon messen wir die kurzzeitige Höchstleistung. Er hat eine Masse von 51 kg und benötigte 2,5 s. Es ergibt sich:

$$P = \frac{\Delta E}{\Delta t} = \frac{51 \text{ kg} \cdot 9{,}8 \frac{\text{N}}{\text{kg}} \cdot 3{,}0 \text{ m}}{2{,}5 \text{ s}} \approx 600 \frac{\text{J}}{\text{s}} = 600 \text{ W}.$$

Bei einem erwachsenen Menschen beträgt die Dauerleistung ungefähr 100 W und die kurzzeitige Höchstleistung rund 1000 W. Spitzensportler bringen es auf um die 450 W Dauerleistung und bis zu 5000 W Höchstleistung. ▶ Tabelle 04 zeigt die mechanische Leistung bei einigen körperlichen Aktivitäten.

02 Alida und Leon beim Treppensteigen

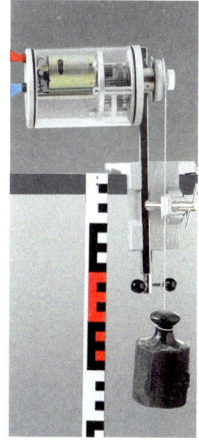

03 Elektromotor

1) Noah (50 kg) und Jule (45 kg) wohnen im gleichen Haus. Noah im vierten, Jule im dritten Stock. Jedes Stockwerk hat eine Höhe von 2,8 m. Vom Erdgeschoss aus benötigt Noah über die Treppen 50 s nach Hause und Jule 40 s. Vergleiche die mechanischen Leistungen von Noah und Jule.

2) Ein Elektromotor zieht einen Körper der Masse 1,0 kg an einem Faden hoch (▶ Bild 03). Dafür werden in 4,0 s elektrisch 10 J auf ihn übertragen.
a) Wie hoch kann der Motor den Körper ziehen?
b) In Wirklichkeit zieht der Motor den Körper nur um 60 cm nach oben. Vergleiche mit dem Ergebnis aus a) und berechne den Anteil an Energie, der nicht genutzt werden konnte.

$\frac{1 \text{ J}}{1 \text{ s}} = 1 \text{ W}$

Merkhilfe:
Wenn man auf der Erde in 1 s eine Tafel Schokolade 1 m hoch hebt, dann erbringt man eine mechanische Leistung von etwa 1 W.

Aktivität	P in W
gemütliches Gehen	ca. 40
Radfahren, Garten- und Hausarbeit	ca. 100
Joggen, Radfahren bergauf	150
Fußballspielen, Rennen	220
Schwimmen (Kraulen), Skilanglauf	250

04 Mechanische Dauerleistung bei einigen Aktivitäten

BEWEGUNG, KRAFT UND ENERGIE
WERKZEUGE ERLEICHTERN DIE ARBEIT

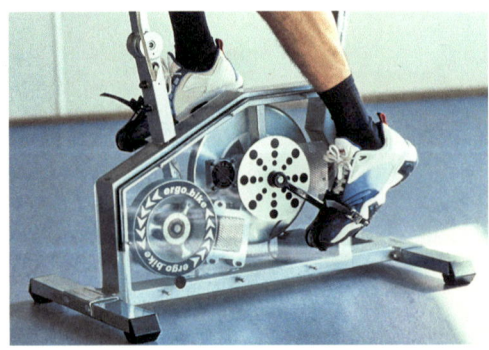

01 Kraft und Geschwindigkeit sind entscheidend!

02 Ein Radsportler beim Training

KRAFT, GESCHWINDIGKEIT UND LEISTUNG · Wie lässt sich nun bei einem Fahrrad-Ergometer die gewünschte mechanische Leistung einstellen? Der Widerstand bei den Pedalen lässt sich verändern. Je größer du ihn einstellst, desto größer ist die Kraft, mit der du in die Pedale treten musst (▸ Bild 01). Wenn du den Widerstand eingestellt hast, dann kannst du deine Beine mehr oder weniger schnell bewegen. Die Geschwindigkeit der Beine ist also wichtig.

Bei den meisten Ergometern wird die Leistung direkt angezeigt. Wenn die Kraft und die Geschwindigkeit groß sind, dann ist die angezeigte Leistung auch besonders groß.

Außerdem zeigt das Ergometer eine scheinbar zurückgelegte Strecke Δs an.

Das kann man folgendermaßen erklären: Wenn eine Energiemenge ΔE mechanisch übertragen wird, dann ist sie das Produkt der benötigten Kraft F entlang der zurückgelegten Strecke Δs: $\Delta E = F \cdot \Delta s$. Wenn man das in die Gleichung für die Leistung einsetzt, dann ergibt sich:

$v = \frac{\Delta s}{\Delta t}$

$$P = \frac{\Delta E}{\Delta t} = \frac{F \cdot \Delta s}{\Delta t} = F \cdot \frac{\Delta s}{\Delta t} = F \cdot v.$$

Es ergibt sich die Gleichung $P = F \cdot v$. Sie fasst die im Text angesprochenen Zusammenhänge in knapper Form zusammen. Sie gilt nicht nur für Fahrrad-Ergometer, sondern allgemein.

> Wenn Energie durch eine Kraft F bei einer Geschwindigkeit v übertragen wird, dann gilt dabei für die mechanische Leistung P:
> $P = F \cdot v$.

1) Ein Radsportler hat zusammen mit seinem Rad die Masse 70 kg und erreicht eine mechanische Leistung von 350 W. Berechne die Zeit, die er benötigt, um 1000 Höhenmeter aufwärtszufahren.

2) Der Motor eines Rennwagens und der Motor eines Traktors erbringen etwa die gleiche mechanische Leistung. Ein Traktor fährt trotzdem nicht so schnell wie ein Rennwagen. Dafür kann ein Rennwagen keinen Pflug ziehen. Erkläre.

3) Eine Radsportlerin erzielt eine mechanische Leistung von 330 W und fährt dabei dauerhaft in der Ebene mit einer Geschwindigkeit von 36 $\frac{km}{h}$. Sie wird nicht schneller, weil die Reibungskraft auf sie wirkt. Diese entsteht z. B. durch den Fahrtwind. Berechne den Betrag dieser Reibungskraft.

4) Wenn ein Autofahrer auf der ebenen Autobahn die Geschwindigkeitseinstellung am Tempomaten verdoppelt, dann vervierfacht sich die Reibungskraft.
a) Berechne den Faktor, um den sich dabei die Leistung erhöht.
b) Berechne den Faktor, um den sich dabei der Treibstoffverbrauch pro Zeit erhöht.

5) Beim Wasserkraftwerk Koepchenwerk bei Herdecke fällt das Wasser 155 m in die Tiefe und gibt dabei eine Leistung von 153 000 kW ab. Berechne die Masse des Wassers, das dabei jede Sekunde abfließt.

MATERIAL

VERSUCHE ▸ Welche mechanische Leistung kannst du erbringen?

Material:
Lineal oder Maßband, Stoppuhr, Personenwaage, stabiler Stuhl, eine voll gepackte Schultasche

In den Versuchen kannst du deine eigene Leistung bestimmen. Du untersuchst auch, wie dein Körper dabei auf die Anstrengung reagiert. Bei der Durchführung solltest du mit einem Partner zusammenarbeiten.

V1 Höchstleistung

Durchführung:
a) Steige 30 Sekunden lang, so oft wie du kannst, auf die Sitzfläche.
b) Nimm die Schultasche auf den Rücken und wiederhole die Messung wie in a).
c) Stelle 30 Sekunden lang die Schultasche so oft wie möglich vom Boden auf die Sitzfläche.
d) Bestimme bei a) bis c) jeweils deine mechanische Leistung. Die Werte werden sich unterscheiden. Vermute, woran das liegt.

V2 Leistung und Herzfrequenz

Durchführung:
Die Herzfrequenz ändert sich mit der erbrachten Leistung. Man kann sie durch Messen des Pulses am Handgelenk bestimmen (▸ Bild 03).
a) Bestimme deinen Ruhepuls (also ohne vorherige Anstrengung).
b) Führe folgende Tätigkeiten durch und bestimme immer direkt anschließend deinen Puls:
– gemütliches Gehen
– entspanntes Treppen hochlaufen (so lange wie möglich)
– Joggen
– Versuch V1 a)
c) Bestimme für die Tätigkeiten aus Aufgabenteil b) jeweils die mechanische Leistung. Vergleiche mit der Herzfrequenz.

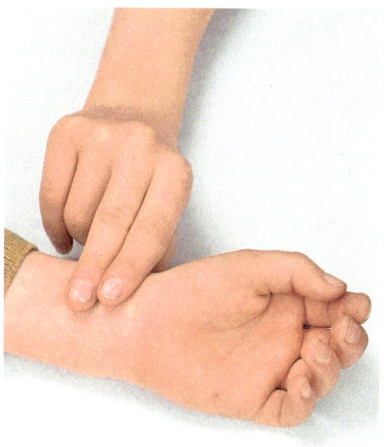

03 Pulsmessen am Handgelenk

Material A ▸ Effizienz eines Elektromotors

A1 In einem Versuch werden Körper verschiedener Masse von einem Elektromotor um 1,0 m hochgezogen. ▸ Bild 04 stellt dar, welchen Anteil $\eta = \frac{P_{nutzbar}}{P_{zugeführt}}$ der zugeführten Eingangsleistung er in Abhängigkeit von der Masse der Körper dazu tatsächlich nutzen kann.

a) Erkläre anhand des Diagramms, in welchem Bereich der Motor besonders effizient arbeitet.
b) Um einen Körper mit 1,25 kg hochzuziehen, benötigt der Motor 6,1 s. Bestimme Nutz- und Eingangsleistung hierbei. Berechne auch die benötigte Energie.

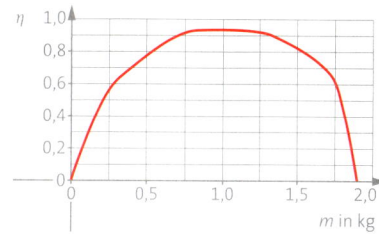

04 Das Effizienzmaß η heißt Wirkungsgrad.

Material B ▸ Training auf dem Fahrrad-Ergometer

B1 Bei einem Fahrrad-Ergometer wird die mechanische Leistung schrittweise gesteigert (▸ Bild 05).
a) Bestimme die in den ersten 3 Minuten übertragene Energiemenge mithilfe des Diagramms. Bestimme die insgesamt übertragene Energiemenge.
b) Ein Pedal legt bei einer Umdrehung 1,0 m zurück. Im Trainingsprogramm tritt ein Sportler so, dass er dafür immer 1,0 s benötigt. Daher ändert sich die Kraft, mit der er auf die Pedale drückt. Erkläre mithilfe des Diagramms. Bestimme jeweils die Kraft.

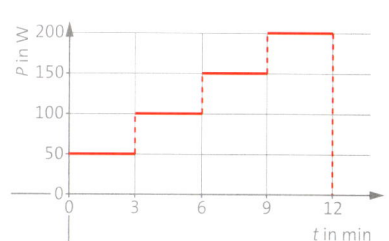

05 Trainingsprogramm

BEWEGUNG, KRAFT UND ENERGIE
WERKZEUGE ERLEICHTERN DIE ARBEIT

BLICKPUNKT

Leistung beim Menschen

Grund- und Leistungsbedarf · Selbst wenn du schläfst, benötigt dein Körper Energie für den **Grundbedarf**. Diese Energie ist nötig für Atmung, Herzschlag, Körpertemperatur und dergleichen mehr.

Dein Körper hat diese Energie beispielsweise in Form von Zucker gespeichert. So kann dein Körper diese Energie jederzeit freisetzen. Dazu „verbrennt" er den Zucker mithilfe von eingeatmetem Sauerstoff. Die Menge an „verbranntem" Sauerstoff kann man messen. So stellt man fest, dass ein Mensch mit 50 kg Masse etwa 5000 kJ am Tag für den Grundbedarf benötigt. Die damit verbundene Leistung beträgt:

$$P = \frac{\Delta E}{\Delta t} = \frac{5000 \text{ kJ}}{24 \cdot 3600 \text{ s}} \approx 60 \text{ W}.$$

Für jede Aktivität, z. B. Treppensteigen, kommt zum Grundbedarf der **Leistungsbedarf** hinzu. Dabei steigt automatisch deine **Herzfrequenz**. Deshalb lässt sich der Leistungsbedarf mithilfe der Herzfrequenz bestimmen. Das ist nicht ganz so genau, aber viel einfacher als die Bestimmung mithilfe des geatmeten Sauerstoffs.

01 Ein Schüler joggt.

02 Pulsmessgerät

Beispiel:
Das Pulsmessgerät zeigt
$f = 135$ bpm an.
Die Leistung P ist dann:
$P = 53 \text{ bpm} \cdot 2 \frac{\text{W}}{\text{bpm}}$
$= 106$ W.

Leistung und Herzfrequenz · Wir haben in einem Versuch untersucht, wie die Herzfrequenz von der mechanischen Leistung des Körpers abhängt: Der Schüler Dariusz band sich das Pulsmessgerät wie in ▶ Bild 02 um sein Handgelenk. Er stieg mehrmals mit verschiedenen Geschwindigkeiten in einem Treppenhaus acht Meter nach oben und bestimmte jeweils die mechanische Leistung und die Herzfrequenz.

Das Ergebnis zeigt ▶ Bild 03. Zunächst erkennen wir, dass Dariusz einen **Ruhepuls** von 82 Schlägen pro Minute (kurz: bpm, *beats per minute*) hatte. Das ist ein normaler Wert für Jugendliche. Seine maximale mechanische Leistung betrug 420 W. Das ist mittelmäßig, der Maximalwert in seiner Klasse betrug 700 W, der Minimalwert 270 W.

Nun suchen wir nach einem Zusammenhang zwischen mechanischer Leistung und Herzfrequenz: Anscheinend stieg Dariuszs Herzfrequenz bis ungefähr 160 W linear an. Dabei beträgt die Steigung $0{,}5 \frac{\text{bpm}}{\text{W}}$. Dariusz benötigte somit einen zusätzlichen Herzschlag pro Minute, also 1 bpm, um eine zusätzliche mechanische Leistung von 2 W zu erbringen. Bis zu einer mechanischen Leistung von 160 W konnte Dariusz also seine mechanische Leistung mit seinem Pulsmessgerät bestimmen. Dazu subtrahiert er vom angezeigten Puls f den Ruhepuls. Die Differenz multipliziert er mit $2 \frac{\text{W}}{\text{bpm}}$:

$$P = (f - 82 \text{ bpm}) \cdot 2 \frac{\text{W}}{\text{bpm}} \text{ für } P \leq 160 \text{ W}.$$

Leistung und Stoffwechsel · Ab einer Leistung von 300 W stabilisiert sich die Herzfrequenz bei etwa 195 bpm. Dariuszs Körper kann die Herzfrequenz anscheinend nicht weiter erhöhen. Dennoch kann er seine Leistung noch um 40 % auf 420 W steigern. Wie ist das möglich?

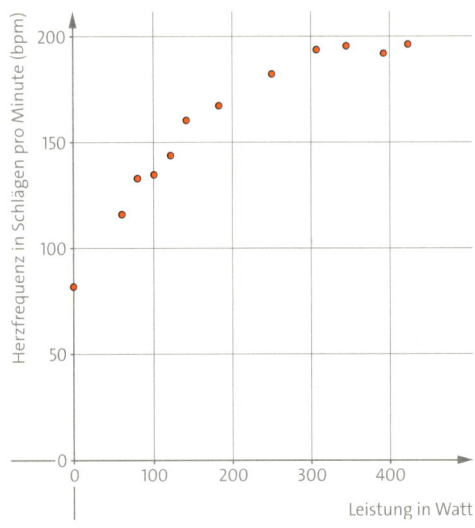

03 Herzfrequenz und Leistung beim Treppensteigen

Durch die Erhöhung der Herzfrequenz von 82 bpm auf 195 bpm konnte Dariusz mehr Blut durch seine Lungen pumpen, mehr Sauerstoff aufnehmen und so mehr Zucker „verbrennen". So konnte er seine Leistung bis zu 160 W steigern. Aber was passierte dann? Der Körper kann Zucker in begrenzter Menge auch ohne Sauerstoff „verbrennen". So konnte Dariusz seine Leistung über 400 W hinaus steigern. Da hierfür keine Atemluft benötigt wird, spricht man von **anaerober Energiefreisetzung**. Im Gegensatz dazu läuft bei Dariusz bei Leistungen unter 160 W die **aerobe Energiefreisetzung** ab.

Schwitzen · Dariusz konnte eine mechanische Leistung von 420 W erbringen. Dabei kam er ganz schön ins Schwitzen. Denn seine Muskeln setzen von der zugeführten Energie 40 % in mechanische Energie um und 60 % in thermische Energie. Damit die Muskeln die richtige Temperatur von 37 °C behalten, bildet sich auf der Haut Schweiß. Dieser verdunstet und kühlt Dariusz. Als Dariusz eine mechanische Leistung von 420 W erbrachte, setzt seine Beinmuskulatur also insgesamt die folgende Leistung frei:

$P = \frac{420\,W}{0{,}4} = 1050\,W$.

Wenn Dariusz die Treppe hochsteigt, dann arbeitet aber nicht nur seine Beinmuskulatur. Denn es müssen ja auch die Herzfrequenz und die Atemfrequenz erhöht werden. Insgesamt kann sein Körper bestenfalls 25 % der durch Nahrung zugeführten Energie für beabsichtigte Bewegungen nutzen. Wenn er also ein Stück Würfelzucker mit 50 kJ isst, dann kann er 50 kJ · 0,25 = 12,5 kJ an mechanischer Energie freisetzen. Mit $P = \frac{\Delta E}{\Delta t}$ lässt sich ausrechnen, wie lange er sich damit bei maximaler Leistung bewegen kann:
Wegen $P = \frac{\Delta E}{\Delta t}$ gilt:

$\Delta t = \frac{\Delta E}{P} = \frac{12\,500\,J}{420\,W} \approx 30\,s$.

Individuelle Schwelle · Die Schwelle zur anaeroben Energiefreisetzung liegt bei jedem Menschen bei einer individuellen Leistung und hängt auch vom Trainingszustand ab. Beispielsweise hat der Radsportler Jacob Zurl die Herzfrequenz abhängig von seiner Leistung vor und nach einer halbjährigen Trainingsphase aufgezeichnet (▸ Bild 04, rot bzw. blau). Dabei hat sich die Schwelle zur anaeroben Verbrennung von ungefähr 350 W zu etwa 400 W verschoben. Der Radler kann nun ausdauernd mit einer Leistung von 400 W fahren.

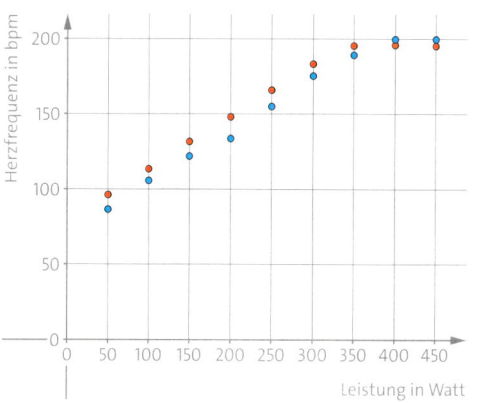

04 Herzfrequenz und Leistung eines Radsportlers

1) Ein Sportler kann während eines Sprints eine höhere Leistung erzielen als während eines Langlaufs. Erkläre.

2) Beschreibe, wie du mit dem Pulsmessgerät im ▸ Bild 02 beim Sport ständig die von dir mechanisch abgegebene Leistung bestimmen kannst.

3) Erkläre, wie du mit dem Pulsmessgerät im ▸ Bild 02 bestimmen kannst, welche mechanische Leistung du dauerhaft abgeben kannst.

4) Beschreibe, wie du deinen Puls nur mit einer Uhr bestimmen kannst, und erläutere die Vorteile eines Pulsmessgeräts.

BEWEGUNG, KRAFT UND ENERGIE
TAUCHEN IN NATUR UND TECHNIK

01 Ein Fahrradreifen wird aufgepumpt, bis er hart ist.

Druck in Gasen und Flüssigkeiten

Den Unterschied zwischen gut und schlecht aufgepumpten Fahrradreifen kannst du kaum sehen. Aber du kannst ihn spüren! Wenn der Reifen voll aufgepumpt ist, dann lässt er sich mit den Händen nicht mehr eindrücken.
Was macht den Reifen so hart? – Schließlich ist doch „nur" Luft drin.

WAS IST DRUCK? · Wenn du deinen Fahrradreifen aufpumpst, dann ändert sich das Volumen des Reifens praktisch nicht, obwohl immer mehr Luft in den Reifen gepresst wird. Je mehr Luft du in den Reifen presst, desto härter wird er und desto stärker wird die Luft im Reifen zusammengepresst. Dabei hindert das Ventil die Luft daran, wieder aus dem Fahrradreifen zu entweichen. Für Luft und alle anderen Gase gilt:

 Gase können zusammengepresst werden. Die physikalische Größe Druck beschreibt, wie sehr etwas zusammengepresst ist.

DRUCK VON GASEN IM TEILCHENMODELL · Das Teilchenmodell für Stoffe hast du bereits kennengelernt. Luft und alle anderen Gase bestehen also aus Teilchen. Diese Teilchen sind in ständiger, sehr schneller Bewegung. ▶ Bild 02 B zeigt, wie wir uns die Verhältnisse einer Luftpumpe im Teilchenmodell vorstellen können: Bei ihren schnellen Bewegungen stoßen die Teilchen ständig miteinander und mit der Wand zusammen und prallen wieder ab. Sie üben dadurch eine Kraft aufeinander und auf die Wand aus. Diese Kraft macht sich als Druck des Gases in diesem Behälter bemerkbar.

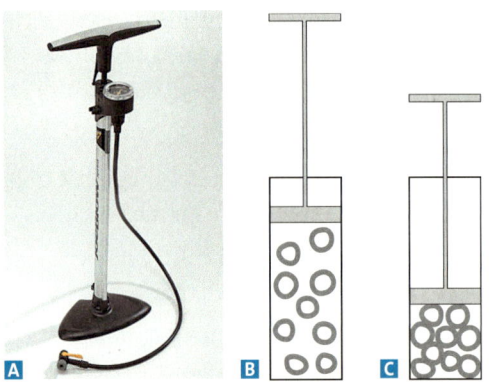

02 **A** Luftpumpe; Gasdruck im Teilchenmodell bei **B** niedrigem Druck, **C** hohem Druck

Mit dieser Modellvorstellung lässt sich auch erklären, warum der Druck in der Luftpumpe steigt, wenn der Kolben nach unten bewegt wird (▶ Bild 02 C): Für die gleiche Anzahl von Teilchen steht nun weniger Raum zur Verfügung. Deshalb werden die Zusammenstöße der Teilchen untereinander und mit der Wand häufiger. Die Kraft auf alle Begrenzungswände wird damit größer und der Druck steigt. Dies merkst du bei der Pumpe daran, dass du immer mehr Kraft aufwenden musst, je weiter du den Kolben in die Pumpe drückst. Der Reifen wird bei steigendem Druck immer härter.

MESSUNG UND EINHEITEN DES DRUCKS · Vielleicht besitzt du eine Fahrradpumpe mit Druckanzeige. Sie gibt dir Auskunft über den Druck im Reifen. Druckmessgeräte heißen im Allgemeinen **Manometer.**
Eine häufig genutzte Messmethode wird im Dosenmanometer angewendet (▶ Bild 03). Der Name kommt von einer Dose im Inneren des Messgeräts. Diese Dose ist vollkommen geschlossen. Wenn sich der Druck der Luft außerhalb der Dose ändert, dann ändert sich die Form der Dose: Je höher der äußere Druck ist, desto mehr wird die Dose eingedrückt. Die Verformung der Dose wird über Hebel auf einen Zeiger zur Druckanzeige übertragen.

An deiner Fahrradpumpe und an der Tankstelle findest du oft die Einheit ein Bar (1 bar). In der Physik wird der Druck jedoch meist in der Einheit ein Pascal (1 Pa) angegeben. Weil ein Pascal ein sehr kleiner Druck ist, wird stattdessen auch oft die Einheit ein Hektopascal (1 hPa) genutzt. Dabei gilt:
1 hPa = 100 Pa = 1 mbar (Millibar)
1 bar = 100 hPa = 100 000 Pa

/// Der Druck von Gasen wird mit Manometern gemessen.
Das Formelzeichen für den Druck ist p.
Er wird in der Einheit ein Pascal (1 Pa) angegeben.

DER LUFTDRUCK · Erstaunlich: Wir sind von Luft umgeben, wir atmen sie und obwohl wir nichts davon spüren, zeigt die Wetterstation einen Luftdruck an. Messgeräte für den Luftdruck heißen **Barometer** (▶ Bild 04).

Woher der Luftdruck kommt, erklärt ein Gedankenexperiment: Stelle dir einen Luftwürfel vor, auf den du einen zweiten, gleich großen Luftwürfel stapelst. Weil Schwerkraft auf die Luftwürfel wirkt, presst der obere Luftwürfel den darunterliegenden Würfel zu einem Quader zusammen. Jetzt packst du einen dritten Würfel darüber, einen vierten usw. (▶ Bild 05). Die Luft im Quader ganz unten wird am meisten zusammengepresst. In diesem Quader ist der Druck am größten. Den Turm aus Luftquadern kannst du dir so hoch denken, wie unsere Erdatmosphäre dick ist. Das entspricht einer Höhe von über 100 km! An der Erdoberfläche ist der Luftdruck somit am größten und beträgt im Durchschnitt 1013 hPa auf Meereshöhe.

1 ♩ Wenn ein eingeschlossenes Gas erwärmt wird, steigt der Druck im Gas. Erkläre mithilfe des Teilchenmodells.

2 ♩ Auf einer Bergwanderung wird nach der Gipfelrast eine leere Plastikflasche fest verschlossen. Beschreibe, was mit dieser Flasche beim Abstieg geschieht.

Optimaler Reifen-(über-)druck:
Mountainbike:
2 bis 4 bar
Tourenrad:
2,5 bis 6 bar
Rennrad:
5 bis 9 bar

04 Barometer zur Messung des Luftdrucks

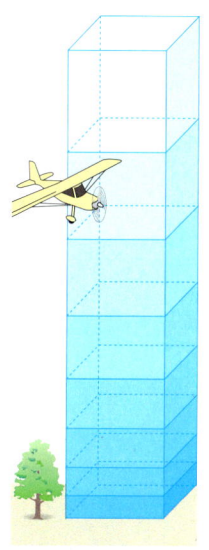
05 Modellvorstellung zum Luftdruck

Zeiger | Antrieb für Zeiger

Druckdose | Hebelsystem zur Kraftübertragung
03 Aufbau eines Dosenmanometers

BEWEGUNG, KRAFT UND ENERGIE
TAUCHEN IN NATUR UND TECHNIK

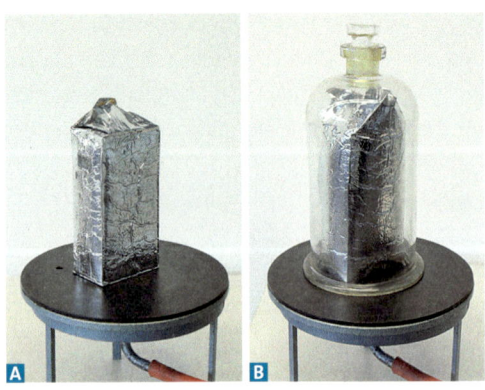

01 Vakuumverpackter Kaffee **A** bei normalem äußerem Luftdruck, **B** bei sehr geringem äußerem Luftdruck

03 Versuch zum Druck in einer Flüssigkeit: Wasser spritzt in alle Richtungen.

VAKUUM – ABWESENHEIT VON LUFT? · Lebensmittel werden oft in Vakuumverpackungen verkauft (▶ Bild 01A). Sie fühlen sich hart an. Aus allen Zwischenräumen in der Verpackung ist die Luft entfernt worden. Das macht sie kleiner. Der entscheidende Vorteil ist aber, dass kein Sauerstoff mehr an die Lebensmittel kommt, die deshalb nicht so leicht verderben.
Aber ist wirklich keine Luft mehr in der Verpackung? Wir legen vakuumverpackten Kaffee unter eine Glasglocke, aus der die Luft langsam herausgepumpt wird. ▶ Bild 01B zeigt: Die Verpackung bläht sich auf! Das bedeutet, dass in der Verpackung noch ein Rest von Luft sein muss. In dieser Luft herrscht jedoch ein so geringer Druck, dass die Packung vom normalen Luftdruck zusammengedrückt wird und sich hart anfühlt. Wenn der äußere Druck unter der Glasglocke kleiner wird als der Druck in der Verpackung, dann bläht sich die Verpackung auf.

ÜBERDRUCK UND UNTERDRUCK · Druck macht sich meist nur dann bemerkbar, wenn er vom äußeren Luftdruck abweicht. In einem aufgepumpten Reifen z.B. ist der Druck der gepressten Luft größer als der äußere Luftdruck. Man spricht deshalb von **Überdruck**.
Unterdruck kennst du z.B. von den Saugnäpfen (▶ Bild 02). Der Druck unter dem Saugnapf ist geringer als der äußere Luftdruck. Deshalb wird er an die Wand gepresst – nicht angesaugt!

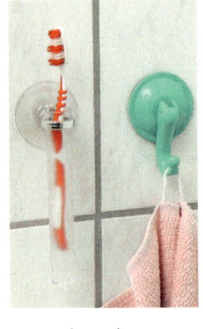

02 Halten ohne Leim – Saugnäpfe

DRUCK IN FLÜSSIGKEITEN · Anders als Gase ändern Flüssigkeiten ihr Volumen so gut wie gar nicht, wenn sie zusammengepresst werden. Nur der Druck in der Flüssigkeit nimmt zu.
Wenn du wie in ▶ Bild 03 auf eine wassergefüllten Plastiktüte mit Löchern drückst, dann tritt aus jedem Loch ein feiner Wasserstrahl aus. Je nach Lage der Löcher haben die Wasserstrahlen verschiedene Richtungen – unabhängig davon, wo du mit dem Finger auf die Tüte drückst. Das zeigt, dass der Druck in einer Flüssigkeit gleichmäßig in alle Richtungen wirkt. Wichtig ist nur, dass auf das Wasser eine Kraft ausgeübt wird.
Allgemein gilt für Flüssigkeiten:

> Der Druck in einer Flüssigkeit gibt an, wie sehr diese Flüssigkeit gepresst ist.
> Der Druck wirkt in alle Richtungen gleich.

FLÜSSIGKEITEN IM TEILCHENMODELL · Wie Feststoffe und Gase bestehen auch Flüssigkeiten aus Teilchen. Die Teilchen in Flüssigkeiten befinden sich dicht beieinander, sind aber verschiebbar. Wenn du mit der Hand auf die Plastiktüte drückst, verschieben sich die Teilchen zwar, können aber aufgrund des begrenzten Raums in der Tüte nicht weiter ausweichen. Die Kraft, mit der du auf die Tüte drückst, wird an alle Teilchen und in alle Richtungen weitergegeben. Die Kraft auf die Tütenwand erhöht sich; der Druck im Wasser steigt.

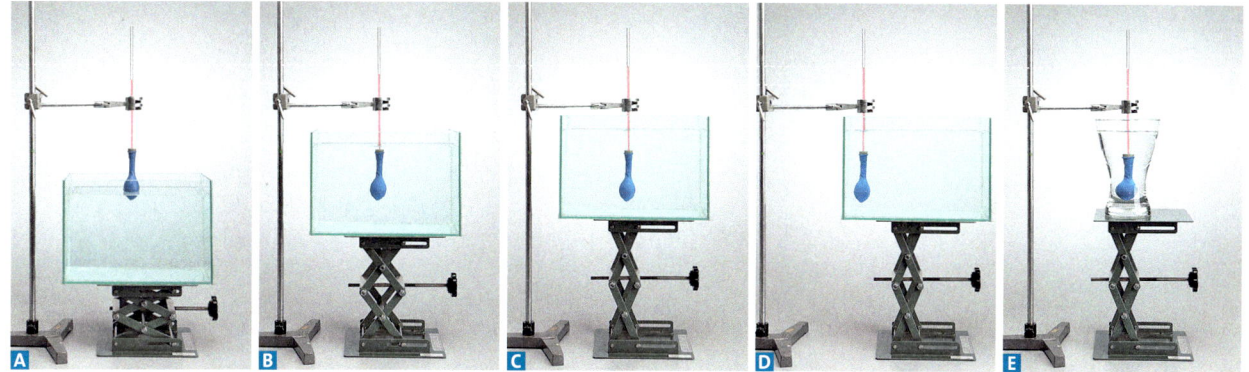

04 Der Schweredruck hängt von der Tiefe ab: Mehr Flüssigkeit steigt ins Röhrchen (**A–C**). Er ist bei gleicher Tiefe überall gleich (**D**). Er ist unabhängig von der Form des Gefäßes (**E**).

SCHWEREDRUCK IN FLÜSSIGKEITEN · Das kennst du vielleicht: Du bist im Schwimmbad und tauchst nach einem Gegenstand auf dem Grund des Wasserbeckens. Dabei spürst du in den Ohren ein unangenehmes Druckgefühl. Es wird umso deutlicher spürbar, je tiefer du tauchst. Die Erklärung dazu ist ähnlich wie beim Luftdruck. Stelle dir vor, dass über dir Wasserquader übereinandergestapelt sind. Auf jeden Quader wirkt Schwerkraft. Je tiefer du tauchst, desto mehr solcher Wasserquader befinden sich über dir. Deswegen nimmt der Druck mit der Tiefe zu. Weil der Druck durch die *Schwer*kraft, verursacht wird, spricht man vom *Schwere*druck.

Mit einem einfachen Versuch kannst du untersuchen, wovon der Schweredruck in einer Flüssigkeit abhängt. Aus einem Luftballon und einem durchsichtigen Strohhalm kannst du eine Drucksonde bauen. Zur besseren Sichtbarkeit sollte der Ballon mit gefärbtem Wasser gefüllt sein. Wenn du die Drucksonde unterschiedlich tief ins Wasser eintauchst, dann kannst du erkennen, dass der Schweredruck mit der Wassertiefe zunimmt (▸ Bild 04 A–C), denn in gleicher Tiefe ist der Schweredruck an jeder Stelle gleich. Deshalb verändert sich der Druck auf deinen Ohren nicht, wenn du parallel zur Wasseroberfläche tauchst. Das gilt auch am Rand des Gefäßes (▸ Bild 04 D).

Wenn du die Versuche genauso in einem anders geformten Gefäß durchführst, dann stellst du fest, dass die Form des Gefäßes keinen Einfluss auf den Schweredruck hat (▸ Bild 04 E).
Für alle Flüssigkeiten gilt:

> Der Schweredruck in einer Flüssigkeit nimmt mit der Tiefe zu. In gleicher Tiefe ist der Schweredruck in einer Flüssigkeit überall gleich.
> Der Schwerdruck ist unabhängig von der Form des Gefäßes.

1 Kondensmilch wird auch in Dosen verkauft. Erkläre, warum es für das Ausgießen gut ist, zwei Löcher in die Dose zu stechen.

2 Erläutere, wie sich der Druck auf einen Taucher auf dem Weg von A nach E über B, C und D verändert. Begründe.

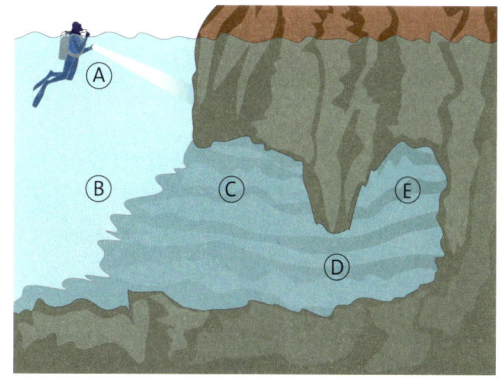

05 Taucher bei einem Höhlentauchgang

MATERIAL

VERSUCHE ▸ Zum Druck

V1 Ein einfaches Luftdruckmessgerät

Material:
leeres Marmeladenglas, Luftballon, langer Strohhalm, Klebeband, Gummiband

Durchführung:
Schneide den Luftballon so zurecht, dass du ein großes Stück Gummihaut über die Öffnung des Marmeladenglases spannen kannst. Spanne das Gummiband so um den Glasrand, dass die Gummihaut das Glas dicht verschließt. Befestige den Strohhalm mit Klebeband auf dem Gummi (▸ Bild 01). Stelle das Glas in einen Raum mit möglichst gleichbleibender Temperatur.
Um Luftdruckunterschiede feststellen zu können, brauchst du noch eine Skala. Auf ihr markierst du jeden Tag die Position des Strohhalms. Überlege zuerst, in welche Richtung sich der Zeiger bewegt, wenn der Luftdruck größer bzw. kleiner wird.

01 Modell eines Luftdruckmessgeräts

V2 Kommunizierende Gefäße

Material:
zwei aufgeschnittene Plastikflaschen, Stück Schlauch, Wasser

Durchführung:
Verbinde die Plastikflaschen mit dem Schlauch. Halte die Flaschen mit der Öffnung nach oben über ein Spülbecken. Fülle Wasser in eine der Flaschen, bis der Wasserpegel die halbe Flaschenhöhe erreicht.

a) Bewege nun eine der Flaschen langsam nach oben und unten. Vergleiche den Wasserstand in beiden Flaschen.
b) Erkläre deine Beobachtung. Verwende Fachbegriffe.
c) Formuliere einen Merksatz zum Wasserpegel in miteinander verbundenen Gefäßen.

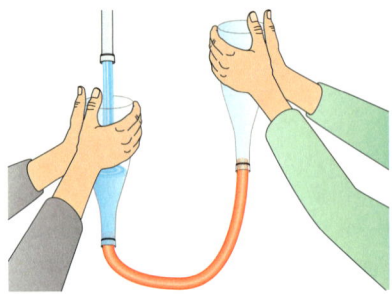

02 Kommunizierende Gefäße

Material A ▸ Überraschung beim Abwasch

Yasin und Sarah machen eine Entdeckung beim Abwasch:

A1 Gib eine physikalische Erklärung dafür, warum das Wasser nicht aus dem Glas „will".

A2 Formuliere eine Vermutung, was geschieht, wenn Sarah und Yasin versuchen, das Wasser aus dem Glas zu saugen.

A3 Überprüfe deine Vermutung selbst in einem Versuch.

Material B ▸ Magdeburger Halbkugeln

Die enorme Wirkung des Luftdrucks zeigte OTTO VON GUERICKE 1654 in einem spektakulären Versuch (▸ Bild unten). 16 Pferde konnten zwei fast luftleer gepumpte Halbkugeln nicht auseinanderziehen!

B1 Erkläre diesen erstaunlichen Versuch.

B2 Du hast eine Modellvorstellung zur Erklärung des Luftdrucks kennengelernt. Eine Aussage ist dabei, dass auf Luft Schwerkraft ausgeübt wird. Beschreibe, wie man in einem Versuch zeigen könnte, dass Luft etwas wiegt.

VERSUCHE ▸ Zum Schweredruck in Flüssigkeiten

V1 Schweredruck sichtbar machen

Mit einfachen Mitteln machst du den Schweredruck an unterschiedlichen Stellen in einer PET-Flasche sichtbar.

Material:
PET-Flasche 1 ℓ, Schere, Wasser

Durchführung:
Stich mit der Schere drei kleine Löcher in die Trinkflasche, sodass sie sich übereinander in unterschiedlichen Höhen befinden. Stelle die Flasche an den Rand eines Waschbeckens und fülle sie vollständig mit Wasser. Beobachte die Form und die Reichweite der Wasserstrahlen, die aus den Löchern heraustreten. Verändern sich Form und Reichweite im Verlauf des Versuchs? Erkläre deine Beobachtungen. Beachte die unterschiedliche Höhe der Löcher.

V2 Der Schweredruck wirkt in alle Richtungen gleich

Im Versuch V1 zeigst du die Wirkung des Schweredrucks an den seitlich austretenden Wasserstrahlen. In diesem Versuch erkennst du, dass der Schweredruck genauso nach oben wirkt.

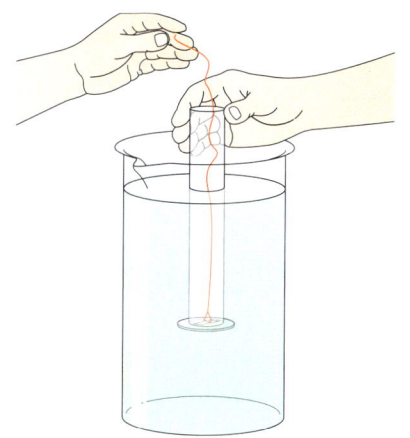

03 Hält die Scheibe?

Material:
Glasrohr mit glatt geschliffenem Rand, Scheibe mit Schnur, Gefäß (mindestens 15 cm tief), Wasser

Durchführung:
Führe die Schnur durch das Glasrohr. Ziehe damit die Scheibe an den geschliffenen Rand des Rohrs (▸ Bild 03). Senke das Glasrohr mit der festgehaltenen Scheibe voran in das mit Wasser gefüllte Gefäß. Wenn die Scheibe eine Tiefe von etwa 10 cm erreicht hat, dann kannst du die Schnur loslassen. Wovon hängt es ab, ab welcher Tiefe die Scheibe hält? Erkläre.

Material A ▸ Druck im Stausee

Sarah und Yasin wandern mit ihrer Klasse über die Schluchsee-Talsperre (▸ Bild 04). Beim Blick nach unten staunen sie:

Sarah: Ist das tief hier! Und auf der anderen Seite steht das Wasser bis fast oben. Was die Mauer am Grund wohl für einen Druck aushalten muss?

Yasin: Ja, ein extremer Druck. Aber zum Glück ist der See nur 1,4 Kilometer breit. Wäre er breiter, hätte der See mehr Wasser und der Druck auf die Mauer wäre noch größer!

A1 Beurteile Yasins Argument.

04 Schluchsee-Talsperre

Material B ▸ Kleine Ursache – große Wirkung

Im 17. Jahrhundert behauptete BLAISE PASCAL, ein Weinfass mit nur ein paar Gläsern Wein sprengen zu können. Zum Beweis bohrte er das volle Fass auf, steckte ein mehrere Meter langes Rohr in die Öffnung und dichtete alles sorgfältig ab. Dann begab er sich auf einen Balkon und ließ ein paar Gläser Wein in die obere Rohröffnung hineinlaufen (▸ Bild 05). Unter lautem Krachen platzte schließlich das Holzfass!

B1 Erkläre, warum der Versuch gelang.

B2 Erläutere, welche Funktion Wassertürme haben.

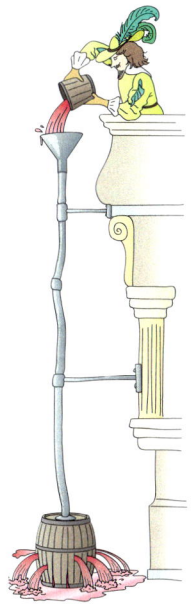

05 Fassversuch

BEWEGUNG, KRAFT UND ENERGIE
TAUCHEN IN NATUR UND TECHNIK

01 Ein Fahrradreifen wird mit einer Standluftpumpe aufgepumpt.

Eine Gleichung für den Druck

Mit einer Standluftpumpe kann man einen Fahrradreifen bequem und schnell aufpumpen. Wie groß ist der Druck, den man mit so einer Pumpe erzeugen kann?

DRUCK, KRAFT UND FLÄCHE · Um zu untersuchen, wovon der Druck abhängt, verwenden wir statt der Fahrradpumpe einen sogenannten Kolbenprober. Das ist im Wesentlichen ein Zylinder mit einem luftdicht abschließenden Kolben (▸ Bild 02 A). Wir erwarten, dass der Druck umso größer ist, je weiter der Kolben in den Zylinder gedrückt wird. Entsprechend stellen wir fest, dass die Kraft, mit der man drücken muss, zunimmt. ▸ Tabelle 03 A zeigt, dass der Druck proportional zur Kraft ist, also gilt:

$p \sim F.$

Wenn wir den Versuch mit mehr Luft im Kolbenprober wiederholen, dann erhalten wir wieder denselben Zusammenhang wie in ▸ Tabelle 03 A.

Verwenden wir einen Kolbenprober mit einer kleineren Querschnittsfläche A (▸ Bild 02 B), dann stellen wir fest, dass der Druck bei gleicher Kraft größer ist (▸ Tabelle 03 B). Eine Verkleinerung der Kolbenfläche auf ein Drittel ergibt bei gleicher Kraft den dreifachen Druck. Also vermuten wir,

02 Wenn Luft zusammengedrückt wird, dann steigt der Druck der eingeschlossenen Luft.

A

Kraft F in N	10	20	30
Fläche A in cm²	6,0	6,0	6,0
Druck p in kPa	17	33	50

B

Kraft F in N	10	20	30
Fläche A in cm²	2,0	2,0	2,0
Druck p in kPa	50	100	150

03 Abhängigkeit des Drucks von der Kraft für unterschiedliche Kolbenflächen

dass der Druck bei konstanter Kraft umgekehrt proportional zur Kolbenfläche ist:

$p \sim \frac{1}{A}$.

DRUCK ALS KRAFT PRO FLÄCHE · Aus der Abhängigkeit des Drucks von der Kraft und der Querschnittsfläche des Kolbens folgt: Wenn man die Kraft und die Kolbenfläche um den gleichen Faktor ändert, dann bleibt der Druck in der eingeschlossenen Luft konstant – genauso wie der Quotient $\frac{F}{A}$ (▸ Tabelle 04). Die Tabelle zeigt auch: Der Quotient $\frac{F}{A}$ und der Druck p haben stets den gleichen Zahlenwert. Damit haben wir eine Gleichung für den Druck gefunden. Aus ihr ergibt sich für die Einheit des Drucks der Zusammenhang $1\,\text{Pa} = 1\,\frac{\text{N}}{\text{m}^2}$.

Wenn ein Kolben der Fläche A mit der Kraft F auf ein eingeschlossenes Gas drückt, so gilt für den Druck in dem Gas
$p = \frac{F}{A}$.
Die Einheit des Drucks ist: $1\,\text{Pa} = 1\,\frac{\text{N}}{\text{m}^2}$.

Jetzt können wir den mit der Luftpumpe erzeugbaren Druck ausrechnen: Wenn sich eine Person mit 50 kg Masse voll auf den Kolben der Luftpumpe aufstützt, dann übt sie eine Kraft von etwa 490 N auf die Luft aus. Beträgt der Rohrdurchmesser der Pumpe etwa 2,5 cm = 0,025 m, ergibt sich für die Querschnittsfläche etwa 0,000 49 m². Somit kann der Radfahrer folgenden Druck erzeugen:

$p = \frac{F}{A} = \frac{490\,\text{N}}{0{,}000\,49\,\text{m}^2} = 1\,000\,000\,\text{Pa} = 10\,\text{bar}$.

DER GASDRUCK AUF DEN KOLBEN · Formt man die Gleichung nach der wirkenden Kraft F um, ergibt sich:

$F = p \cdot A$.

Diese Kraft F übt das eingeschlossene Gas mit dem Druck p auf jede Begrenzungsfläche aus, auch auf den Kolben. Mit derselben Kraft pressen Kolben und Begrenzungsflächen das eingeschlossene Gas zusammen.

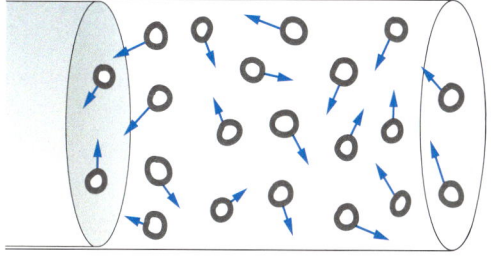

F in N	60	20	35
A in m²	0,00060	0,00020	0,00035
$\frac{F}{A}$ in $\frac{\text{N}}{\text{m}^2}$	100 000	100 000	100 000
p in Pa	100 000	100 000	100 000

04 Der Quotient $\frac{F}{A}$ und der Druck p sind gleich.

05 Druck im Teilchenmodell: Durch die Stöße üben die Teilchen eine Kraft auf den Kolben aus.

DRUCK IM TEILCHENMODELL · In der Vorstellung des Teilchenmodells prallen die Teilchen auf die Zylinderwand und den Kolben (▸ Bild 05). Dabei ändern die Teilchen ihre Bewegungsrichtung, nicht aber den Betrag ihrer Geschwindigkeit. Man kann sich dies so vorstellen, als ob sehr viele Flummis gegen eine Scheibe prasseln würden.
Die von den Teilchen auf den Kolben ausgeübte Kraft ist umso größer, je mehr Teilchen pro Zeiteinheit auf den Kolben prallen. Daher ist bei gleichbleibendem Druck die Kraft auf den Kolben umso größer, je größer seine Querschnittsfläche ist.

1) Durch die Verbrennung von Benzin entstehen in den Zylindern eines Automotors heiße Gase mit einem Druck von etwa 50 bar, die die Kolben antreiben (▸ Bild 06). Der Kolbendurchmesser beträgt 80 mm. Berechne die Kraft auf den Kolben.

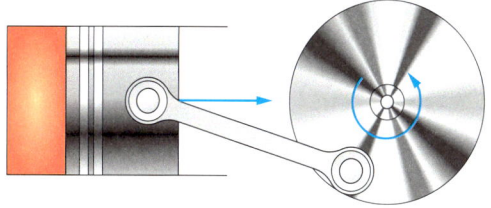

06 Das heiße Gas übt eine Kraft auf den Kolben aus.

BEWEGUNG, KRAFT UND ENERGIE
TAUCHEN IN NATUR UND TECHNIK

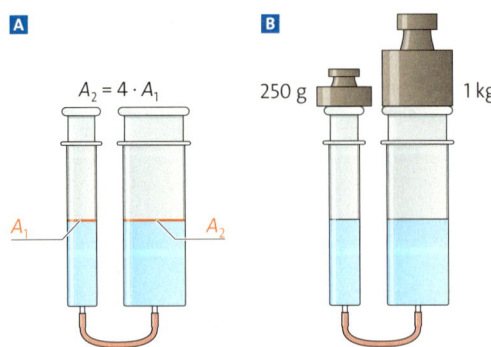

01 Die Kraft pro Fläche ist links und rechts gleich.

DRUCK IN FLÜSSIGKEITEN · Bei Gasen gilt für den Druck $p = \frac{F}{A}$. Anders als Gase können Flüssigkeiten nur sehr wenig zusammengedrückt werden. Wir vermuten aber, dass die Gleichung für den Druck auch für Flüssigkeiten gültig ist. Um unsere Vermutung zu überprüfen, nehmen wir zwei wassergefüllte Kolbenprober mit unterschiedlichen Querschnittsflächen und verbinden sie mit einem Schlauch (▶ Bild 01). Wenn auch bei Flüssigkeiten der Zusammenhang $p = \frac{F}{A}$ gilt, dann muss das Verhältnis der Massen genauso gewählt werden wie das Verhältnis der Querschnittsflächen. Wir legen entsprechende Massestücke auf die Kolben. Die Kolben bewegen sich nicht. Das bestätigt unsere Vermutung. Tatsächlich gilt auch für Flüssigkeiten:

> Wenn man auf eine Fläche A einer eingeschlossenen Flüssigkeit eine Kraft F ausübt, dann erzeugt man in der Flüssigkeit den Druck $p = \frac{F}{A}$.

KRAFTVERSTÄRKUNG MIT FLÜSSIGKEITEN · Verschließe eine halb mit Wasser gefüllte Tüte sorgfältig. Lege sie auf den Tisch und darauf vorsichtig einen Ziegelstein. Wenn du jetzt mit einem Finger auf die Tüte drückst, dann spürst du, dass der schwere Ziegelstein mit Leichtigkeit angehoben wird. Allerdings hebt er sich nur um ein sehr kleines Stück.

Dieser Effekt wird z.B. bei **hydraulischen** Pressen genutzt, welche große Kräfte ausüben können. Mit einem Kolben kleiner Querschnittsfläche A_1 wird eine Kraft F_1 auf eine Flüssigkeit ausgeübt (▶ Bild 02 links). Der so erzeugte Druck herrscht auch rechts an der größeren Fläche A_2. Auf diese wird die Kraft F_2 ausgeübt. Es gilt:

$$F_2 = p \cdot A_2 = \frac{F_1}{A_1} \cdot A_2 = F_1 \cdot \frac{A_2}{A_1}.$$

Wenn A_2 10-mal so groß ist wie A_1, dann ist also auch F_2 10-mal so groß wie F_1.

Mit einer solchen Anlage kann man schwere Lasten heben oder ein Auto zu einem kleinen Quader pressen (▶ Bild 03).

1) Wenn auf einer Eisfläche Einbruchgefahr droht, soll man sich flach auf das Eis legen. Erkläre mithilfe der Gleichung für den Druck.

2) Mit einer hydraulischen Presse wird ein Auto der Masse 1200 kg angehoben. Die Fläche A_2 beträgt 0,5 m², die Fläche A_1 beträgt 0,025 m². Berechne die Kraft, die mindestens auf A_1 wirken muss.

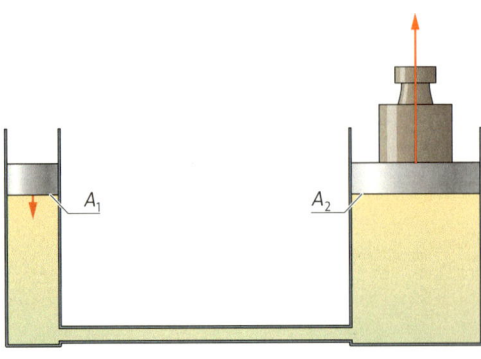

02 Mit einer kleinen Kraft kann eine große Kraft ausgeübt werden.

03 Eine Schrottpresse faltet ein Auto mit großer Kraft zusammen.

MATERIAL

Material A ▸ Reifendruck

04 Hinterrad von Mountainbike und Rennrad

A1 Je nach Fahrradreifen benötigt man einen anderen Reifendruck. Ein Mountainbikereifen wird mit ca. 3 bar aufgepumpt, ein Rennradreifen mit ca. 9 bar (▸ Bild 04). Ein Fahrer mit 50 kg Masse setzt sich auf das Fahrrad, welches selbst noch einmal etwa 10 kg Masse hat.
a) Berechne die Auflagefläche der Reifen beim Mountainbike- und beim Rennradreifen.
b) Die Reifenbreite beträgt beim Mountainbike etwa 60 mm, beim Rennrad etwa 25 mm. Passen diese Werte zu deinem Ergebnis von Teilaufgabe a)?
c) Bitte einen Freund, sich auf dein Rad zu setzen, und bestimme die Auflagefläche deiner Reifen, indem du von allen Seiten ein Blatt Papier zwischen Reifen und Unterlage schiebst. Vergleiche mit deinem Ergebnis von Teilaufgabe a).

Material B ▸ Wasserdruck

05 Versinkendes Auto

B1 Wenn ein Auto im Wasser versinkt, wird es für die Insassen schnell lebensgefährlich. Die Autotür lässt sich aufgrund des Wasserdrucks nicht mehr öffnen.
a) Zähle auf, wovon es abhängt, mit welcher Kraft man gegen das Wasser drücken muss, um die Tür zu öffnen.
b) In 5 m Wassertiefe beträgt der Wasserdruck etwa 50 000 Pa. Berechne die Kraft auf die Tür in dieser Tiefe. Dazu musst du eine Größe abschätzen.
c) Häufig wird empfohlen, das Fenster zu öffnen, wenn das Auto sinkt. Zähle Vor- und Nachteile auf, die das Öffnen des Fensters unter Wasser hat.

B2 Hydraulische Pressen arbeiten mit Flüssigkeiten, um die wirkende Kraft zu verstärken. Erläutere, warum man Flüssigkeiten und keine Gase verwendet.

Material C ▸ Zaubertrick mit Luftdruck

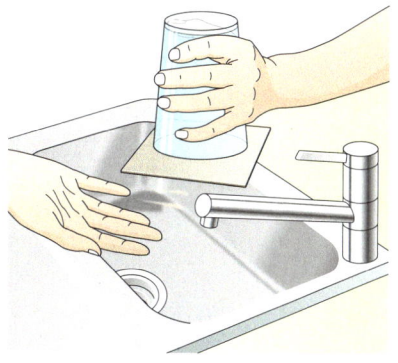

06 Das Wasser läuft nicht heraus!

C1 Auf ein randvoll mit Wasser gefülltes Trinkglas wird ein Karton gelegt. Anschließend wird das Glas vorsichtig umgedreht. Der Karton fällt nicht herunter.
a) Erkläre, warum der Karton nicht herunterfällt. Betrachte dazu die Kraft des Wassers und der Luft auf den Karton.
b) Die Wassermenge im Glas beträgt 500 cm³. Das Glas hat eine Querschnittsfläche von 50 cm². Berechne die Kraft, die das Wasser auf den Karton ausübt.
Der Luftdruck beträgt 1 bar. Berechne die Kraft, die die Luft auf den Karton ausübt.
c) Probiere, ob der Trick auch mit einem teilweise mit Wasser gefüllten Trinkglas funktioniert. Wenn ja, was kannst du dann über den Druck der Luft im Glas aussagen?

BEWEGUNG, KRAFT UND ENERGIE
TAUCHEN IN NATUR UND TECHNIK

01 Der „Blå Planet"
(Blauer Planet) in
Kopenhagen

Schweredruck

Der blaue Planet ist das größte Aquarium in Nordeuropa. Im Tunnel sind die Besucher von Wasser umgeben. So haben sie den Eindruck, in die Welt der Fische einzutauchen.
Riesige Glasscheiben schützen die Besucher vor dem Wasser. Doch welchem Druck muss das Glas standhalten?

SCHWEREDRUCK UND EINTAUCHTIEFE · Mit einem Luftballon im Wasser haben wir festgestellt, dass der Druck mit der Eintauchtiefe zunimmt. In einem genaueren Experiment verwenden wir ein Dosenmanometer (▶ Bild 02): Je größer der Druck ist, umso weiter wird die Membran der Dose eingedrückt.

Unsere Messungen zeigen: Verdoppelt sich die Wassertiefe, verdoppelt sich auch der Druck. Bei dreifacher Wassertiefe ist auch der Druck dreimal so groß. Der Wasserdruck nimmt also proportional zur steigenden Wassertiefe zu.

Wenn wir die Dose des Dosenmanometers im Wasser umdrehen, beobachten wir außerdem, dass der Druck bei fester Wassertiefe immer gleich ist, unabhängig davon, in welche Richtung die Membran der Dose zeigt. Auch in anderen Flüssigkeiten steigt der Druck proportional zur Eintauchtiefe, weil die oberen Schichten der Flüssigkeit auf die unteren drücken.

EINFLUSS DER DICHTE · Wir wiederholen das Experiment mit Salzwasser. Dabei stellen wir fest, dass das Manometer bei gleicher Eintauchtiefe einen etwas größeren Druck anzeigt als in Leitungswasser. Da sich abgesehen davon, dass wir eine andere Flüssigkeit verwendet haben, nichts am Experiment geändert hat, muss der höhere Druck an einer Stoffeigenschaft der Flüssigkeit liegen.

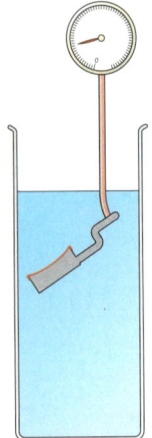 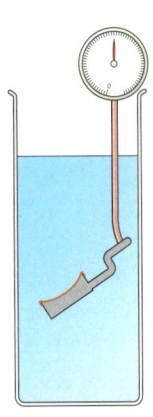 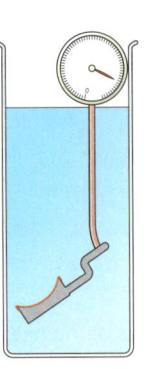

02 Messung des Schweredrucks in verschiedenen Wassertiefen

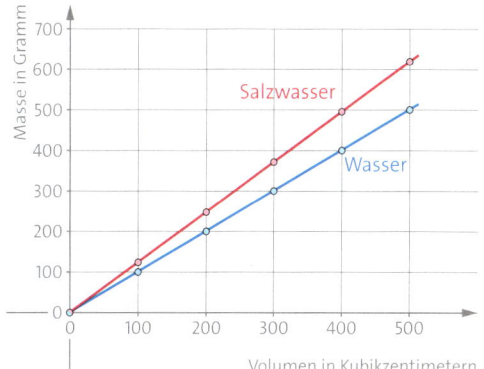

03 Masse in Abhängigkeit vom Volumen

Da der Schweredruck durch die oberen Schichten der Flüssigkeit verursacht wird, die mit ihrem Gewicht auf die unteren Schichten drücken, vergleichen wir die Masse von Wasser und Salzwasser. Wir wiegen verschiedene Volumina der Flüssigkeiten und tragen die Massen in ein $m(V)$-Diagramm ein (▶ Bild 03). Dabei verwenden wir einmal Leitungswasser (blau) und einmal Wasser mit 33 % Salzgehalt (rot).

Wir erkennen im ▶ Bild 03 für Wasser und Salzwasser jeweils eine Ursprungsgerade. Also ist die Masse proportional zum Volumen. Die Proportionalitätskonstante ist in diesem Fall eine wichtige physikalische Größe, die **Dichte ρ** („rho"). Sie ist ein Maß dafür, wie „dicht" ein Stoff gepackt ist, d.h., wie viel Masse in einem bestimmten Volumen dieses Stoffs steckt.

> Den Quotienten aus Masse und Volumen bezeichnet man als Dichte ρ:
> $\rho = \frac{m}{V}$.
> Die Dichte ist eine Stoffeigenschaft.
> Die Einheit der Dichte ist $1\,\frac{\text{kg}}{\text{m}^3}$.

Wir berechnen mithilfe der Angaben in ▶ Bild 02 die Dichte für Wasser:

$\rho = \frac{400\,\text{g}}{400\,\text{cm}^3} = 1{,}00\,\frac{\text{g}}{\text{cm}^3} = 1000\,\frac{\text{kg}}{\text{m}^3}$.

Für Salzwasser mit 33 % Salzgehalt erhalten wir:

$\rho = \frac{500\,\text{g}}{400\,\text{cm}^3} = 1{,}25\,\frac{\text{g}}{\text{cm}^3} = 1250\,\frac{\text{kg}}{\text{m}^3}$.

Die Dichte von Salzwasser ist also größer als die von Leitungswasser. Somit ist ein Kubikzentimeter Salzwasser schwerer als ein Kubikzentimeter Leitungswasser und eine Schicht Salzwasser drückt schwerer auf die darunterliegenden Schichten als eine Schicht Leitungswasser.

Der Schweredruck p in einer Flüssigkeit hängt also von ihrer Dichte ab. Experimente mit Flüssigkeiten anderer Dichten zeigen: Schweredruck und Dichte sind proportional.

GLEICHUNG FÜR DEN SCHWEREDRUCK · Genauere Untersuchungen zeigen, dass der Schweredruck auch proportional zum Ortsfaktor g ist. Es gilt:

> Der Schweredruck in einer Flüssigkeit beträgt:
> $p = \rho \cdot g \cdot h$.

Da der Schweredruck in einer bestimmten Tiefe überall gleich und unabhängig von der Form des Gefäßes ist, gilt die Gleichung für beliebige Gefäße.

Da Wasser eine Dichte von etwa $1000\,\frac{\text{kg}}{\text{m}^3}$ hat, gilt: Der Schweredruck nimmt von der Oberfläche an um ungefähr 10 kPa pro Meter Wassertiefe zu. Somit können wir nun berechnen, dass das Glas im größten Aquarium des Blauen Planeten, dem Ozeantank, 20 m unter der Wasseroberfläche, einem Druck von rund 200 kPa standhalten muss.

Meerwasser enthält etwa 3,5 % Salz und hat eine Dichte von etwa $1025\,\frac{\text{kg}}{\text{m}^3}$.

1 ⌋ Überprüfe rechnerisch, wie viel Druck auf dem Glastunnel des „Blå Planet" lastet. Stelle eine begründete Vermutung auf, ob das Glas an allen Seiten gleich dick ist.

2 ⌋ Stelle einen mathematischen Zusammenhang zwischen der Gleichung für den Schweredruck und der bereits bekannten Gleichung $p = \frac{F}{A}$ her.

BEWEGUNG, KRAFT UND ENERGIE
TAUCHEN IN NATUR UND TECHNIK

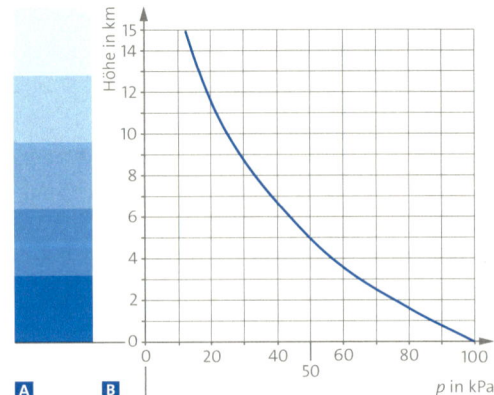

01 **A** Gedachte Luftschichten. In Wirklichkeit geht der Übergang von dünn zu dicht ganz allmählich.
B Abhängigkeit des Luftdrucks von der Höhe über dem Meeresspiegel

DER LUFTDRUCK · Auch der Luftdruck ist ein Schweredruck. Die oberen Luftschichten drücken auf die unteren (▸ Bild 01 A). Allerdings ändert sich der Luftdruck – im Gegensatz zum Schweredruck in Flüssigkeiten – nicht gleichmäßig mit der Tiefe bzw. Höhe. Der Luftdruck nimmt mit steigender Höhe immer langsamer ab. Denn Luft lässt sich leicht zusammendrücken. Die oberen Schichten werden aber weniger stark zusammengedrückt als die unteren: Ihre Dichte wird deshalb mit steigender Höhe geringer. Folglich sind die oberen Luftschichten leichter als die unteren und der Luftdruck nimmt nach oben hin immer langsamer ab.

In guter Näherung kann man sagen: Wenn man von einer beliebigen Höhe aus 5000 Metern höher steigt, dann ist der Luftdruck dort nur noch halb so groß: Auf Meereshöhe beträgt er etwa 100 kPa, in 5000 m Höhe etwa 50 kPa und in 10000 m Höhe noch etwa 25 kPa (▸ Bild 01 B).

1 ⌡ Der Schweredruck in Wasser nimmt pro Meter um 10 kPa zu. Bestimme anhand von ▸ Bild 01 B, wie weit du vom Meeresspiegel und aus 5 km Höhe aufsteigen musst, um den gleichen Druckunterschied von 10 kPa zu erreichen.

2 ⌡ Taucher können bis zu 500 m tief ohne Panzertauchanzug tauchen. Berechne den Druck in 500 m Tiefe in Süß- und in Meerwasser. Erläutere zunächst, in welchem Gewässer der Druck höher ist.

BLICKPUNKT

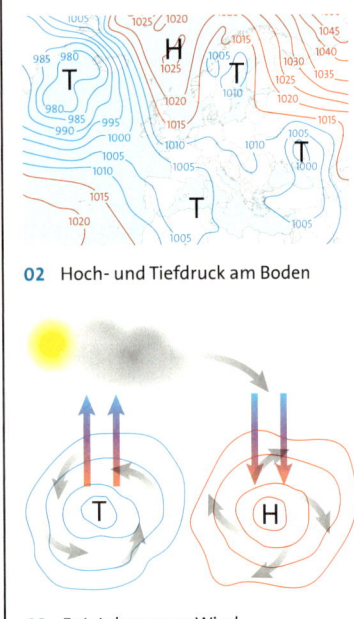

02 Hoch- und Tiefdruck am Boden

03 Entstehung von Wind

Luftdruck und Wetter

Der Luftdruck in unserer Umgebung verändert sich ständig und beeinflusst das Wetter. In Wetterberichten spricht man häufig von Hoch- (H) bzw. Tiefdruckgebieten (T). Wetterkarten enthalten konkrete Luftdruckangaben (▸ Bild 02). Die Linien auf der Wetterkarte verbinden Orte gleichen Luftdrucks. Diese Linien heißen **Isobare**. Die Zahlen an den Isobaren geben den Luftdruck in hPa an, z. B. 990 (hPa). Die Isobaren sind geschlossene Linien, in deren Mitte sich ein Hoch- oder Tiefdruckgebiet befindet. Doch wie entsteht ein Hoch- bzw. ein Tiefdruckgebiet und wie beeinflusst dies das Wetter?

Durch Sonneneinstrahlung erwärmt sich die Luft am Boden. Warme Luft steigt auf und der Druck am Boden sinkt: Ein Tiefdruckgebiet entsteht. Beim Aufsteigen kühlt die Luft ab und der Wasserdampf kondensiert. So bilden sich Wolken und es kann zu Niederschlägen kommen.

In Hochdruckgebieten sinkt die Luft zu Boden und erwärmt sich. Es findet keine Wolkenbildung statt, daher ist das Wetter meist eher schön.

Luftdruckunterschiede erzeugen Wind. Denn Luft strömt aus dem Gebieten höheren Luftdrucks in Gebiete mit niedrigerem Luftdruck, bis die Druckunterschiede ausgeglichen sind. Bei großen Druckunterschieden liegen die Isobaren sehr dicht zusammen. Hier weht der Wind besonders stark.

MATERIAL

VERSUCH ▸ Einen artesischen Brunnen bauen

Material: Eimer mit Wasser, Plastikbecher, Nagel

Durchführung:
Bohre mithilfe des Nagels ein kleines Loch in den Boden des Plastikbechers. Verschließe das Loch zunächst mit deinem Finger. Drücke den Becher mit der breiten Öffnung nach oben ins Wasser, sodass der Becherrand über der Wasseroberfläche bleibt. Entferne nun deinen Finger.

a) Notiere deine Beobachtung und erkläre sie.
b) Damit ein artesischer Brunnen funktioniert, müssen im Untergrund bestimmte Voraussetzungen erfüllt sein (▸ Bild 04). Erkläre die Funktionsweise eines artesischen Brunnens. Benenne dabei die Voraussetzungen, die erfüllt werden müssen.

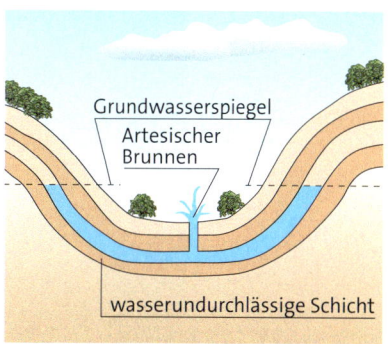

04 Prinzip eines artesischen Brunnens

Material A ▸ Luftdruck

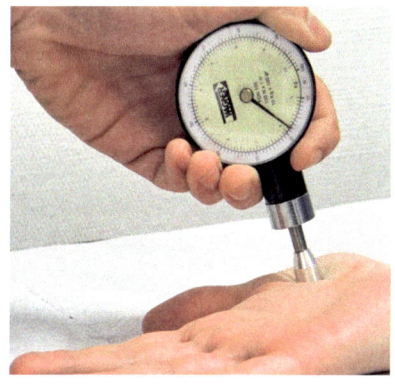

05 Die Kraft auf die Haut wird gemessen.

A1 Der Luftdruck beträgt ca. 100 000 Pa.
a) Berechne, mit welcher Kraft die Luft auf 1 cm² unserer Körperoberfläche einwirkt (▸ Bild 05).
b) Um die gleiche Kraft auf 1 cm² auszuüben, könnte man auch ein Massestück auf unser erstes Fingerglied legen. Gib an, welche Masse dieses Massestück haben müsste, um den gleichen Druck zu erzeugen.

A2 Auf 5 000 m Höhe ist der Luftdruck etwa halb so groß wie auf Meereshöhe. Begründe, warum der Luftdruck auf 10 000 m Höhe nicht null ist. Schätze ab, wie groß der Luftdruck auf dem Mount Everest (8848 m Höhe) ist.

A3 Wenn sich ein Konservenglas mit Schraubdeckel nicht öffnen lässt, hilft es oft, ein Loch in den Deckel zu stechen. Begründe.

Material B ▸ Dichten von Erbsen

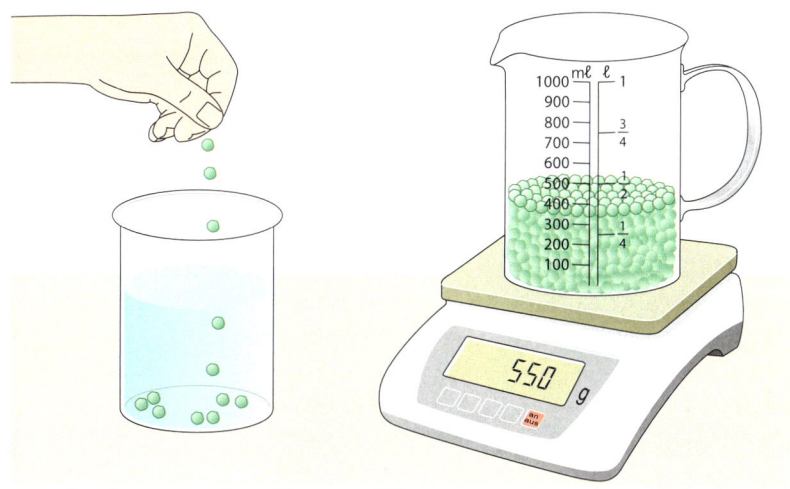

B1 Tina sagt: „Die Erbsen sinken in Wasser, also ist deren Dichte größer als die von Wasser!"

Klaus hingegen meint: „Der leere Messbecher wiegt 234 g. Die Erbsendichte ist daher $\rho = 0{,}79 \, \frac{g}{cm^3}$, denn es gilt:
$\rho = \frac{m}{V} = \frac{550\,g - 234\,g}{400\,cm^3} = 0{,}79 \, \frac{g}{cm^3}$.
Das ist weniger als die Dichte von Wasser."

Nimm zu den beiden Aussagen Stellung.

BEWEGUNG, KRAFT UND ENERGIE
TAUCHEN IN NATUR UND TECHNIK

01 Ein Kreuzfahrtschiff auf hoher See

Auftrieb in Flüssigkeiten

Ein Kreuzfahrtschiff ist wie eine kleine Stadt auf dem Wasser, mit Tausenden von Menschen, Hunderten von Zimmern, Restaurants, Swimmingpool, Theater und Geschäften. Doch wie kann ein so großes und schweres Schiff überhaupt auf dem Wasser schwimmen?

DER AUFTRIEB IN WASSER · Vielleicht hast du deine Eltern schon einmal auf den Arm genommen. Im Schwimmbad funktioniert das. Dazu machen wir ein Experiment: Wir hängen einen Stein an einen Kraftmesser und lesen den Wert für die Schwerkraft ab. Dann tauchen wir den Stein ins Wasser und wiederholen die Messung (▸ Bild 02): Der Federkraftmesser zeigt nun tatsächlich eine geringere Kraft an. Der Grund dafür ist, dass jeder Körper in einer Flüssigkeit eine Auftriebskraft erfährt.

Der Auftrieb entsteht durch den unterschiedlichen Schweredruck in verschiedenen Tiefen: Auf jede Fläche des Körpers wirkt aufgrund des Drucks eine Kraft (▸ Bild 03). Die Kräfte auf den Seitenflächen heben sich in jeder Tiefe gegenseitig auf. Aber die Kraft an der Unterseite des Körpers ist größer als die Kraft an seiner Oberseite. Die Differenz dieser Kräfte ergibt die Auftriebskraft. Sie ist unabhängig davon, woraus der Körper besteht. Auf einen Metallklotz wirkt also die gleiche Auftriebskraft wie auf einen Holzklotz oder eine Flüssigkeitsmenge der gleichen Form (▸ Bild 04).

BETRAG DER AUFTRIEBSKRAFT · In einem Gedankenexperiment stellen wir uns eine ruhende Flüssigkeit vor und betrachten darin ein bestimmtes Volumen V. Da dieses Volumen der Flüssigkeit in Ruhe bleibt, bedeutet dies, dass sich die darauf wirkenden Kräfte gegenseitig ausgleichen. Folglich ist die Auftriebskraft auf die betrachtete Flüssigkeitsmenge genauso groß wie die darauf wirkende Schwerkraft (▸ Bild 04 B).

Die Schwerkraft lässt sich über $F_G = m \cdot g$ berechnen. Die Masse eines Flüssigkeitsvolumens hängt von seiner Dichte ρ_{Fl} ab: $m_{Fl} = \rho_{Fl} \cdot V$. Daraus folgt für die Auftriebskraft F_A:

$$F_A = m_{Fl} \cdot g = \rho_{Fl} \cdot V \cdot g.$$

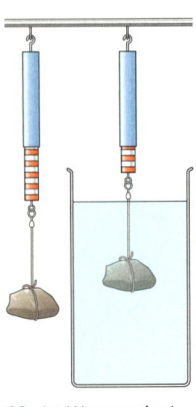

02 Im Wasser wiegt ein Stein weniger.

Diese Auftriebskraft wirkt auf das Flüssigkeitsvolumen. Sie wirkt aber auch auf jeden anderen Körper, der dieses Flüssigkeitsvolumen verdrängt. Der Auftrieb auf einen Körper in einer Flüssigkeit hängt also davon ab, welches Flüssigkeitsvolumen er verdrängt.

> Auf jeden Körper in einer Flüssigkeit wirkt eine Auftriebskraft:
> $F_A = \rho_{Fl} \cdot V_K \cdot g$.

SINKEN ODER SCHWIMMEN · Ob ein Körper in einer Flüssigkeit sinkt, schwebt oder schwimmt hängt von seiner Dichte im Vergleich zur Dichte der ihn umgebenden Flüssigkeit ab. Für Körper, die aus mehreren Stoffen bestehen, betrachtet man die mittlere Dichte.
Bei einem Körper, dessen mittlere Dichte größer ist als die der Flüssigkeit, überwiegt die Schwerkraft und der Körper sinkt (▸ Bild 04 A).
Ist die mittlere Dichte so groß wie die der Flüssigkeit, so heben sich die Auftriebs- und die Schwerkraft gegenseitig auf und der Körper schwebt unabhängig von der Tiefe (▸ Bild 04 B).
Ist die Dichte des Körpers kleiner als die der Flüssigkeit, so überwiegt die Auftriebskraft (▸ Bild 04 C). Der Körper bewegt sich nach oben und taucht zum Teil aus der Flüssigkeit auf. Er taucht so weit auf, dass die Schwerkraft auf die verdrängte Flüssigkeitsmenge gleich der Schwerkraft auf den Körper ist (▸ Bild 04 D).

Wir können nun erklären, wieso ein riesiges Kreuzfahrtschiff im Wasser schwimmen kann. Schiffe bestehen zwar aus Eisen und anderen Stoffen, deren Dichte deutlich größer ist als die Dichte von Wasser. Jedoch befinden sich in Schiffen auch riesige Hohlräume, die mit Luft gefüllt sind. Dadurch ergibt sich für das Schiff eine mittlere Dichte, die geringer ist als die des Wassers. Ein Schiff taucht somit gerade so tief ins Wasser ein, dass die Auftriebskraft infolge des verdrängten Wassers gleich der Schwerkraft des Schiffs ist. Wird das Schiff jedoch überladen, kann es auch sinken.

AUFTRIEB IN LUFT · Wegen des Luftdrucks gibt es wie in Flüssigkeiten auch in Luft einen Auftrieb. Da die Dichte der Luft jedoch viel kleiner ist als die Dichte von Wasser, macht sich der Auftrieb in Luft nur bei Stoffen sehr geringer Dichte bemerkbar. So steigt ein Helium-Ballon auf, weil die Dichte von Helium noch geringer ist als die von Luft: Die Auftriebskraft auf den Ballon ist dann größer als die Schwerkraft.

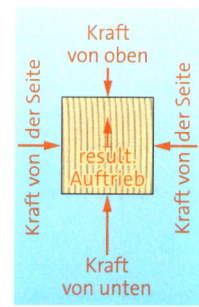

03 Die Kräfte aufgrund des Schweredrucks sind die Ursache für die Auftriebskraft.

1 Ein Schiff taucht in Meereswasser und in Süßwasser unterschiedlich tief ein.
  a) Erkläre, woran das liegt.
  b) Erläutere, in welcher Gewässerart das Schiff tiefer sinkt.

2 Ein Holzquader hat eine Masse von 400 g und ein Volumen von 0,5 dm³.
  a) Berechne die Schwerkraft, die die Erde auf den Holzquader ausübt.
  b) Der Holzquader wird vollständig in Wasser eingetaucht. Berechne die Auftriebskraft auf den Holzquader.
  c) Der Holzquader schwimmt auf dem Wasser. Berechne, bis zu welchem Anteil der Holzquader eintaucht.

3 Das Gefäß aus ▸ Bild 02 steht auf einer Waage. Stelle eine Vermutung an, ob und wie sich die Anzeige ändert, wenn der Stein aus dem Wasser gehoben wird. Begründe.

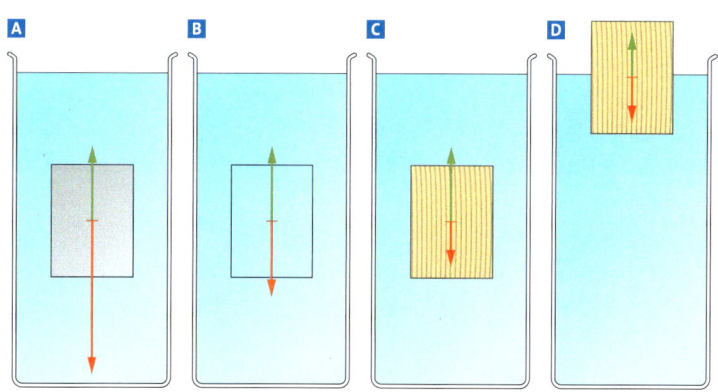

04 Körper aus **A** Metall, **B** Wasser und **C**, **D** Holz in Wasser. Die Schwerkraft ist jeweils rot eingezeichnet, die Auftriebskraft grün.

BEWEGUNG, KRAFT UND ENERGIE
TAUCHEN IN NATUR UND TECHNIK

BLICKPUNKT

Bewegung unter Wasser

01 Taucher und Fische schweben vor einem Riff.

02 Auf- und Abtauchen mithilfe der Schwimmblase

Die mittlere Dichte des menschlichen Körpers ist etwas größer als die von Wasser. In Süßwasser würde er somit untergehen, in Salzwasser – bei ausreichendem Salzgehalt – schwimmen. Damit ein Mensch im Wasser kontrolliert schweben, unter- und auftauchen kann, benötigt er meist Hilfsmittel wie einen Bleigürtel und eine Tarierweste.
Auch die mittlere Dichte von Meerestieren ist in der Regel etwas größer als die des Wassers. Sie brauchen daher Mechanismen, um sich in Wasser auf- und abwärtszubewegen oder einfach nur schweben zu können.

Damit ein Fisch im Wasser schweben kann, müssen die auf ihn wirkende Schwer- und Auftriebskraft gleich groß sein. Seine Schwerkraft kann der Fisch nicht wesentlich verändern. Die Auftriebskraft ist gleich der Schwerkraft des verdrängten Wasservolumens, also proportional zum Volumen des Fisches. Entsprechend regulieren die meisten Fische die Auftriebskraft, indem sie ihr Körpervolumen verändern. Zu diesem Zweck haben sie eine **Schwimmblase** (▶ Bild 02), die entweder über die Blutgefäße oder durch verschluckte Luft über den Darm mit Gas gefüllt werden kann. Pumpt ein Fisch Gas in seine Schwimmblase, dann nimmt sein Volumen und dadurch seine Auftriebskraft zu und der Fisch steigt auf.
Unabhängig davon, ob ein Fisch durch Flossenbewegungen oder mithilfe der Schwimmblase aufsteigt, wird der auf ihn wirkende Schweredruck geringer. Die Schwimmblase dehnt sich dadurch aus – auch ohne zusätzliches Gas aufzunehmen. Um nicht immer schneller aufzusteigen, muss er deshalb nach und nach Gas aus der Schwimmblase ablassen.

Wenn ausreichend Gas aus der Schwimmblase abgelassen wird, verringert sich die Auftriebskraft auf den Fischkörper so weit, dass die Schwerkraft überwiegt: Der Fisch sinkt. Dabei wird die Schwimmblase durch den zunehmenden Schweredruck des Wassers zusätzlich zusammengedrückt. Der Fisch muss bald wieder Gas in die Schwimmblase pumpen, um nicht zu schnell abzusinken.

Es gibt auch Fische ohne Schwimmblase. Diese Bodenfische leben im Sand und Schlamm des Bodens, wo der zusätzliche Auftrieb durch die Schwimmblase ein Hindernis wäre.
Haie und Rochen haben ebenfalls keine Schwimmblase, obwohl sie keine Bodenfische sind. Sie haben viel Fett in ihrem Körper gespeichert, das zum Auftrieb beiträgt. Weil sie den Auftrieb aber nicht aktiv regeln können, müssen sie ständig in Bewegung bleiben, um nicht auf den Meeresgrund zu sinken.
Wale sind keine Fische und haben keine Schwimmblase, wohl aber eine Lunge. Wollen sie in geringer Tiefe schweben, können sie ihren Auftrieb einstellen, indem sie an der Wasseroberfläche passend Luft einatmen und – wenn nötig – einen Teil davon unter Wasser wieder ausatmen. Bei tiefen Tauchgängen geht es ihnen jedoch wie Haien und Rochen.

1 ⌋ Pottwale tragen mehrere Tonnen einer fettigen Flüssigkeit, den Walrat, im Kopf. Walrat wird knapp unter ihrer Körpertemperatur fest. Früher gingen Forscher davon aus, dass Wale ihren Auftrieb mithilfe des Walrats regulieren. Stelle Vermutungen an, wie das funktionieren könnte.

MATERIAL

VERSUCH ▶ Wie hängen Dichte und Schwimmen zusammen?

03 Ein schwebendes Ei

Material:
Wasser, Zucker, frisches Ei, Glaskanne

Durchführung:
V1 **a)** Fülle die Kanne zur Hälfte mit Wasser und löse darin Zucker auf (etwa 50 g Zucker auf 100 ml Wasser). Fülle die Kanne so vorsichtig mit Wasser auf (im Foto rot), dass es sich nicht mit dem Zuckerwasser vermischt. Gib das Ei langsam in die gefüllte Kanne. Stelle eine begründete Vermutung über die Dichten von Eiern, Leitungs- und Zuckerwasser auf.
b) Untersuche, wie viel Zucker man in Wasser auflösen muss, damit das Ei nicht mehr untergeht. Bestimme so die Dichte des Eies.

Material A ▶ Schwebender Taucher

04 Ein Taucher schwebt im Wasser.

A1 Ein Taucher kann im Wasser schweben, ohne Arme und Beine zu bewegen.
Erläutere, welche Bedingung erfüllt sein müssen, damit der Taucher schwebt.

A2 Durch seinen Taucheranzug verdrängt der Taucher zunächst zu viel Wasser und schwimmt trotz schwerer Pressluftflasche an der Oberfläche.
Erkläre, wieso ein Bleigürtel den Taucher sinken lässt. Gehe dabei auf die Wasserverdrängung und die Schwerkraft ein.

A3 Außerdem trägt der Taucher eine sogenannte Tarierweste, die er mit Luft aufblasen kann.
Erkläre, wieso der Taucher Luft in die Tarierweste blasen muss, damit er auch beim Abtauchen immer noch schwebt.

A4 Das Feintuning des Auftriebs funktioniert über die Atemluft. Nach dem Ausatmen sinkt man etwas nach unten, nach dem Einatmen steigt man etwas auf. Es ist ein schönes Gefühl, mit dem Atem die Bewegung zu steuern.
a) Erkläre, warum man beim Einatmen etwas aufsteigt.
b) Erkläre, warum Tauchschüler davor gewarnt werden, die Luft anzuhalten.

A5 Ein Taucher ist im Süßwasserbecken in 5 m Tiefe genau „austariert" (im Gleichgewicht).
a) Begründe, warum er im Salzwasser in der gleichen Tiefe nicht austariert ist.
b) Beschreibe, wie sich die Wassertemperatur auf das Tarieren auswirkt.

Material B ▶ Rekordsprung

05 Aufstieg in die Stratosphäre

B1 Am 14.10.2012 gelang es Felix Baumgartner als erstem Menschen, die Schallmauer durch einen Sprung aus der Stratosphäre zu durchbrechen. Dazu stieg der Fallschirmspringer in einer speziellen Kapsel mithilfe eines mit Helium gefüllten Ballons in eine Höhe von 38 970 m auf.
a) Erläutere, warum und unter welcher Bedingung ein Ballon aufsteigt.
b) Im Bild erkennst du, dass der Ballon anfangs mit wenig Helium gefüllt war. Begründe. Beschreibe, wie sich der Ballon während des Aufstiegs verändert hat.
c) Erläutere, wieso solch ein Ballon nicht beliebig hoch aufsteigen kann.

GRUNDWISSEN: BEWEGUNG, KRAFT UND ENERGIE

Körper in Bewegung

Wenn bei einer Bewegung in einer Zeitspanne Δt die Strecke Δs zurückgelegt wird, dann gilt für die **Geschwindigkeit** v:

$v = \frac{\Delta s}{\Delta t}$.

Die Einheit der Geschwindigkeit ist $1\,\frac{m}{s}$.

⊕ Die **Beschleunigung** a eines Körpers gibt an, wie stark sich seine Geschwindigkeit in einer Zeitspanne ändert. Mit der Geschwindigkeitsänderung Δv und der Zeitspanne Δt gilt für die mittlere Beschleunigung a:

$a = \frac{\Delta v}{\Delta t}$.

Die Einheit der Beschleunigung ist $1\,\frac{m}{s^2}$.

Mit einer kleinen Zeitspanne Δt erhält man eine Näherung für die Momentanwerte von Geschwindigkeit und Beschleunigung.

Darstellung im Diagramm: Im $s(t)$-Diagramm ist eine Ursprungsgerade bei konstanter Geschwindigkeit, im $v(t)$-Diagramm bei konstanter Beschleunigung zu sehen.

Kräfte

Man erkennt **Kräfte** an ihrer Wirkung:
- Körper werden verformt. Bei der elastischen Verformung ist die Längenänderung proportional zur Kraft (**Hooke'sches Gesetz:** $F = D \cdot s$).
- Körper ändern ihren Bewegungszustand. Ohne äußere Kräfte bleibt ein Körper in Ruhe oder bewegt sich mit konstanter Geschwindigkeit und unveränderter Richtung weiter (**Trägheitsprinzip**).

⊕ **Reibungskräfte** hemmen die Bewegung von Körpern. Dazu gehören die Haftreibungskraft zwischen ruhenden Körpern sowie die Gleitreibungskraft, die Rollreibungskraft und der Luftwiderstand bei sich bewegenden Körpern.

Die Einheit der Kraft ist ein Newton (1 N).

Vektoren

Geschwindigkeit, Beschleunigung und Kraft sind gerichtete Größen. Sie werden durch Vektoren beschrieben. Sie haben einen Betrag und eine Richtung. Kräfte haben zusätzlich einen Angriffspunkt.

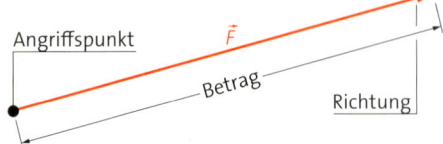

Masse und Dichte

Die **Masse** ist ein Maß für die Schwere und die Trägheit des Körpers. Ihre Einheit ist ein Kilogramm (1 kg).

Die **Schwerkraft** auf einen Körper ist proportional zu seiner Masse.
Es gilt: $F_G = m \cdot g$.

Der **Ortsfaktor** g ist abhängig vom Ort, an dem sich der Körper befindet. Auf der Erdoberfläche beträgt g etwa $9{,}81\,\frac{N}{kg}$.

Die Dichte ist eine Materialeigenschaft. Es gilt: $\rho = \frac{m}{V}$.

Die Einheit der Dichte ist $1\,\frac{kg}{m^3}$. Häufig wird stattdessen $1\,\frac{g}{cm^3}$ verwendet.

Zusammenhänge bei Kräften

Wenn zwei Kräfte auf einen Körper wirken, dann kann man die resultierende Kraft mit einem **Kräfteparallelogramm** bestimmen.

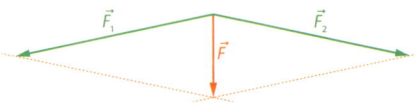

Wenn die resultierende Kraft den Betrag null hat, liegt ein **Kräftegleichgewicht** vor.

Nach dem **Wechselwirkungsprinzip** verursacht jede Kraft eine gleich große, aber entgegengesetzte Kraft.

Energie und Leistung

Energie gibt es in verschiedenen Formen.
- Jeder Körper besitzt abhängig von seiner Position **Lageenergie** ($E = m \cdot g \cdot h$).
- Bewegt sich ein Körper, so hat er **Bewegungsenergie** ($E = \frac{1}{2} m \cdot v^2$).
- Ein elastisch verformter Körper besitzt **Spannenergie** ($E = \frac{1}{2} D \cdot s^2$).

Alle Energieformen können sich ineinander umwandeln. Nach dem **Energieerhaltungssatz** kann Energie weder erzeugt noch vernichtet werden. Ohne Reibung bleibt die Summe der mechanischen Energien daher konstant.

Die Einheit der Energie ist ein Joule (1 J).

Wenn auf einen Körper entlang einer Strecke Δs eine Kraft F in Bewegungsrichtung ausgeübt wird, dann ändert sich seine Energie um $\Delta E = F \cdot \Delta s$.

Die **Leistung** berechnet sich als Quotient aus der übertragenen Energie ΔE und der dafür benötigten Zeit Δt:
$P = \frac{\Delta E}{\Delta t}$.

Die Einheit der Leistung ist 1 Watt (1 W).

Kraftwandler

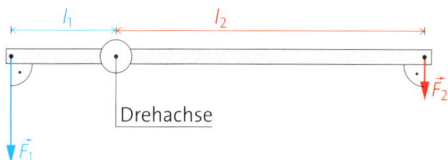
Drehachse

Werkzeuge, die Stangen, Seile oder Rollen enthalten, wirken als Kraftwandler. Sie verändern den Betrag oder die Richtung von Kräften. Die Kraftwandlung beim Hebel lässt sich mit dem **Hebelgesetz** ausrechnen. Für alle mechanischen Kraftwandler gilt die **Goldene Regel der Mechanik** – eine andere Formulierung des Energieerhaltungssatzes. Sie besagt, dass im reibungslosen Fall das Produkt aus Kraft und Weg gleich bleibt.

Flüssigkeiten und Gase

Gase können zusammengepresst werden. Dabei ändern sie ihr Volumen. Flüssigkeiten dagegen lassen sich fast gar nicht zusammendrücken. Wenn man auf eine Fläche A einer eingeschlossenen Flüssigkeit oder eines Gases eine Kraft F ausübt, dann erzeugt man dort den **Druck** $p = \frac{F}{A}$.

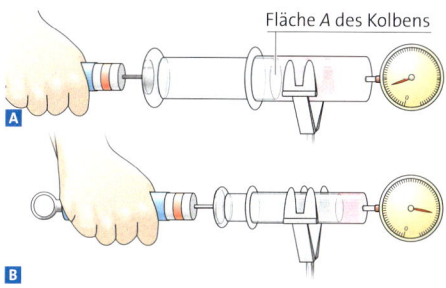
Fläche A des Kolbens
A
B

Der Druck ist in alle Richtungen gleich groß. Druckmessgeräte heißen Manometer, sie geben den Druck p in der Einheit 1 Pascal (1 Pa) an. Eine weitere übliche Einheit ist das Bar (1 bar = 100 000 Pa).

Der durch die Schwerkraft verursachte Druck in einer Flüssigkeit wird **Schweredruck** genannt. Er nimmt mit der Tiefe zu, ist aber in gleicher Tiefe überall gleich groß. Es gilt: $p = \rho \cdot g \cdot h$.
Der Schweredruck ist von der Form des Gefäßes unabhängig. Daher steht in verbundenen Gefäßen die Flüssigkeit gleich hoch.

In Flüssigkeiten wirkt auf jeden Körper eine vom Schweredruck verursachte **Auftriebskraft.** Ein Körper schwimmt, wenn seine mittlere Dichte geringer ist als die der ihn umgebenden Flüssigkeit. Dann gleicht der Auftrieb die Schwerkraft aus.

Auch der **Luftdruck** ist ein Schweredruck. Er nimmt mit zunehmender Höhe ab.

Im Vergleich zum äußeren Druck wird ein niedrigerer Druck **Unterdruck** und ein höherer Druck **Überdruck** genannt.

ÜBERPRÜFE DICH SELBST: BEWEGUNG, KRAFT UND ENERGIE

A ▸ Bewegungen

Kann ich ...

1. den Zusammenhang zwischen Geschwindigkeit, zurückgelegter Strecke und dafür benötigter Zeitspanne erläutern und anwenden?
2. aus einer Messreihe für Zeit und Strecke ein $s(t)$-Diagramm erstellen?
3. anhand eines $s(t)$- oder eines $v(t)$-Diagramms die Bewegung eines Körpers beschreiben?
4. anhand einer Messreihe oder anhand eines Diagramms die Geschwindigkeit oder Beschleunigung eines Körpers berechnen?

B ▸ Kräfte

Kann ich ...

1. die Eigenschaften der Masse beschreiben?
2. die Wirkungen einer Kraft beschreiben?
3. erläutern, wie ein Federkraftmesser funktioniert und eingesetzt wird?
4. das Hooke'sche Gesetz erläutern?
5. die Schwerkraft berechnen, die auf einen Körper wirkt?
⊕ 6. erläutern, wie Reibung unseren Alltag beeinflusst?
7. mithilfe eines Kräfteparallelogramms die resultierende Kraft zweier Kräfte bestimmen?
8. den Begriff des Kräftegleichgewichts erläutern, anwenden und vom Wechselwirkungsprinzip abgrenzen?

C ▸ Energie

Kann ich ...

1. die Funktionsweise einer einfachen Maschine, z. B. eines Hebels oder eines Flaschenzugs, erläutern?
2. Berechnungen mit dem Hebelgesetz durchführen?
3. die Goldene Regel der Mechanik wiedergeben und an Beispielen erläutern?
4. den Zusammenhang von Kraft und Energie beschreiben und berechnen?
5. die verschiedenen mechanischen Energieformen benennen und mit ihnen Energieumwandlungen beschreiben?
⊕ 6. eine Energiebilanz aufstellen und sie für Berechnungen einsetzen?
7. den Begriff der mechanischen Leistung erläutern und anwenden?

D ▸ Druck

Kann ich ...

1. den Begriff des Drucks erläutern und Verfahren zur Druckmessung beschreiben?
2. erläutern, wie der Schweredruck in einer Flüssigkeit zustande kommt?
3. erklären, warum eine Flüssigkeit in verbundenen Gefäßen gleich hoch steht?
4. sowohl den Begriff Dichte als auch den Begriff Auftrieb nutzen, um zu erläutern, wann ein Körper sinkt, schwebt, steigt oder schwimmt?

BASISKONZEPTE

Auf dieser Seite werden Inhalte dieses Kapitels nach den Basiskonzepten Energie, System, Wechselwirkung und Struktur der Materie neu strukturiert. Andere Basiskonzepte sind möglich.

Energie

- Bewegungsenergie, Lageenergie und Spannenergie sind die mechanischen Energieformen.
- Die verschiedenen Energieformen lassen sich ineinander umwandeln.
- Energie kann weder erzeugt noch vernichtet werden. Sie bleibt immer erhalten.
- Kraftwandler arbeiten nach der Goldenen Regel.

System

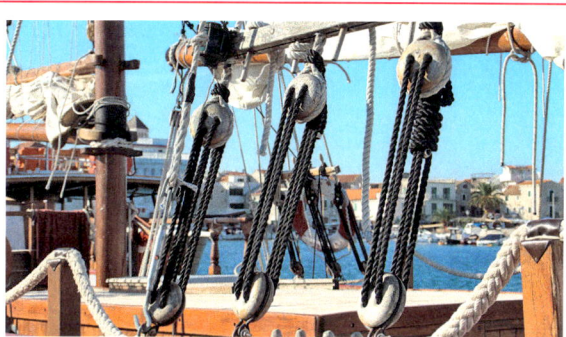

- Ein Flaschenzug ist ein kraftwandelndes System aus Rollen und Seilen.
- Das System Hebel wird durch das Hebelgesetz beschrieben.
- Eine hydraulische Presse ist ein System, das den einheitlichen Druck in verbundenen Kolben nutzt, um Kräfte zu wandeln.

Wechselwirkung

- Eine Kraft ist die Ursache für die Verformung eines Körpers oder die Änderung seines Bewegungszustands.
- Jeder Kraft wirkt eine gleich große Kraft entgegen.
- Das Rückstoßprinzip kann zum Antrieb von Körpern genutzt werden.
- Bewegte Körper erfahren Reibungskräfte.
- Auf einen Körper in einer Flüssigkeit oder einem Gas wirkt der Schweredruck des Mediums.
- Der Schweredruck wird durch die Schwerkraft verursacht.

Struktur der Materie

- Körper sind träge und schwer.
- Gase lassen sich leicht zusammendrücken, Flüssigkeiten nicht.
- Alle Stoffe bestehen aus Teilchen. Mit dem Teilchenmodell lässt sich z. B. der Druck erklären.
- Dichte und Elastizität sind Stoffeigenschaften.

1 ⌡ Sportliche Aktivitäten lassen sich aus dem Blickwinkel der Basiskonzepte betrachten, z. B. die Energieumwandlungen beim Sprung ins Schwimmbecken (→ Energie). Ordne selbst weitere Beispiele zu.

Radioaktivität und Kernenergie

1 **Radioaktivität** **206**

2 **Nutzen und Gefahren der Kernphysik** **226**

In diesem Kapitel beschäftigst du dich mit

▶ dem Aufbau von Atomen sowie mit radioaktiven Stoffen und deren Eigenschaften. Du erfährst, dass jeder Körper elektrische Ladungsträger enthält und nach außen hin elektrisch geladen oder neutral sein kann. Dabei lernst du verschiedene Atombausteine wie Elektronen, Protonen und Neutronen kennen. Du beschäftigst dich außerdem mit verschiedenen Arten ionisierender Strahlung, ihrer Entstehung und ihren Eigenschaften.

▶ technischen Nutzungsmöglichkeiten kernphysikalischer Prozesse und möglichen Gefährdungen des Menschen. Du erfährst etwas über die Eigenschaften und Auswirkungen ionisierender Strahlung auf den menschlichen Organismus und wie man sich vor diesen Gefahren schützen kann. Du beschäftigst dich mit Strahlungsmedizin sowie Kernspaltungs- und Fusionsreaktoren wie dem auf der rechten Seite.

RADIOAKTIVITÄT UND KERNENERGIE
RADIOAKTIVITÄT

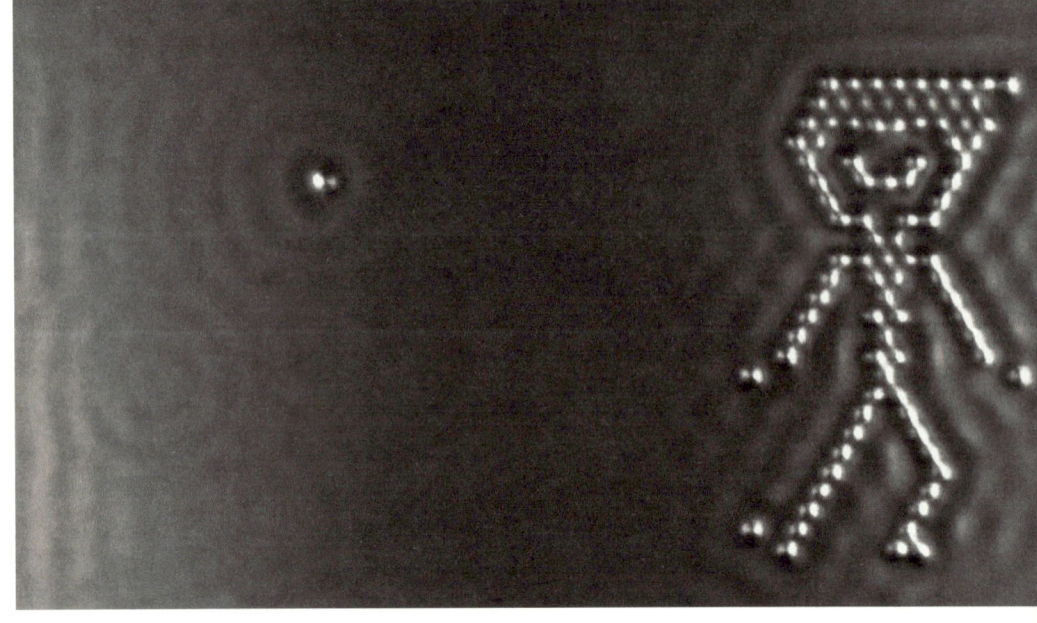

01 Ein Rastertunnelmikroskop kann einzelne Atome bei 100-millionenfacher Vergrößerung sichtbar machen.

Atom und Elektron

Atome kann man nicht sehen. Man braucht große Apparaturen, um sie sichtbar zu machen. Noch größeren Aufwand muss man betreiben, um in ihr Inneres zu schauen.

MATERIE IST AUS ATOMEN AUFGEBAUT · Die heutige Vorstellung vom Aufbau der Atome hat sich im Laufe vieler Hundert Jahre entwickelt. Abschätzungen ergeben, dass die Atome, aus denen die Materie aufgebaut ist, sehr klein sind: Die Größe eines Atoms beträgt etwa 0,000 000 000 1 m, also etwa 0,1 millionstel Millimeter! Aber woraus bestehen Atome?

LADUNG IM ATOM · Aus Experimenten weiß man, dass alle Stoffe sowohl positiv als auch negativ geladene Teilchen enthalten. Daraus haben Physiker geschlossen, dass die Atome selbst aus positiv und negativ geladenen Teilchen bestehen.

Von außen betrachtet ist ein Atom elektrisch neutral. Das bedeutet: Die Ladungsmengen der positiv und der negativ geladenen Teilchen heben sich gegenseitig auf. Damit erhalten wir eine erste grobe Vorstellung vom Aufbau der Atome.

Wären Atome so groß wie Kirschen, dann wäre ein dicker Apfel so groß wie unsere Erde.

> Jedes Atom ist aus positiv und negativ geladenen Teilchen aufgebaut.
> Nach außen ist das Atom elektrisch neutral.

KERN-HÜLLE-MODELL · Im Jahre 1909 machte ERNEST RUTHERFORD eine Entdeckung zum Aufbau des Atoms. In einer luftleer gepumpten Kammer ließ er positiv geladene Teilchen auf eine etwa 1000 Atomlagen dicke Goldfolie treffen (▶ Bild 02). Mit einem Mikroskop beobachtete er die Lichtblitze beim Auftreffen der Teilchen auf einen Leuchtschirm.

RUTHERFORD entdeckte, dass fast alle Teilchen geradlinig durch die Folie hindurchgingen, einige wenige Teilchen aber stark abgelenkt wurden. Einzelne Teilchen wurden sogar in die ursprüngliche Richtung zurückgestoßen. Er folgerte: Da die meisten Teilchen geradlinig durch die Folie hindurchgehen, muss ein Atom viel freien Raum enthalten. Darüber hinaus muss jedes Atom einen eng begrenzten, positiv geladenen Kern enthalten, von dem die wenigen stark abgelenkten Teilchen abgestoßen werden. Der weitgehend leere Bereich rund um einen Kern muss negativ geladen sein, weil das Atom sonst nicht neutral wäre.

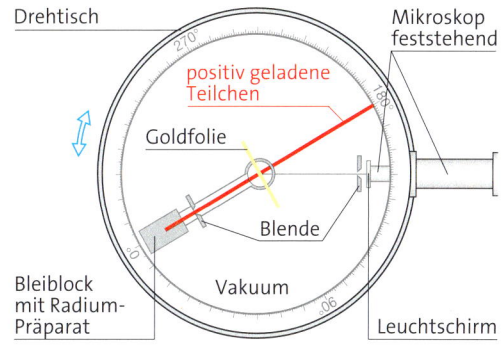

02 Streuversuch von RUTHERFORD

03 RUTHERFORDs Überlegungen zum Atom

Das Atom besteht also aus einem kleinen positiv geladenen **Atomkern** und einer negativ geladenen **Atomhülle,** für deren Ladung die darin enthaltenen Elektronen verantwortlich sind. Diese Modellvorstellung nennt man das RUTHERFORD'sche Atommodell.

> Atome bestehen aus einem kleinen positiv geladenen Atomkern und einer negativ geladenen Atomhülle. Die Atomhülle setzt sich aus Elektronen zusammen.

RUTHERFORDs Messungen ergaben zudem, dass der Durchmesser des Atomkerns etwa 10 000-mal kleiner ist als der des gesamten Atoms: Atomkern ca. 10^{-14} m, Atom ca. 10^{-10} m.

ELEKTRONEN IM ELEKTRISCHEN FELD · Elektronen lassen sich z.B. durch Erhitzen aus ihren Atomhüllen herauslösen. Schießt man solche freien Elektronen durch das elektrische Feld zwischen zwei elektrisch geladene Platten, werden sie von der positiv geladenen Platte angezogen, von der negativ geladenen Platte abgestoßen. Die Kräfte wirken also entgegengesetzt zur Richtung der elektrischen Feldlinien (▸ Bild 05 A). Vergrößert man die Spannung an den Platten, wird auch das elektrische Feld stärker und die Kraft auf die Elektronen wächst.

> Elektronen erfahren im elektrischen Feld Kräfte entgegengesetzt zur Richtung der elektrischen Feldlinien.

ELEKTRONEN IM MAGNETISCHEN FELD · Auch im magnetischen Feld werden Elektronen abgelenkt. Um dies zu untersuchen, halten wir einen Magneten in die Nähe des Elektronenstrahls. Wir sehen, dass sich der Strahl leicht ablenken lässt. Die Ursache dieser Ablenkung ist die **Lorentzkraft.** Die Lorentzkraft wirkt nur auf Elektronen, die sich bewegen. Die Elektronen werden allerdings nicht in Richtung der Magnetpole, sondern immer senkrecht zu den magnetischen Feldlinien abgelenkt (▸ Bild 05 B). Die Richtung der Lorentzkraft kannst du mit der „Drei-Finger-Regel der linken Hand" vorhersagen (▸ Bild 04).

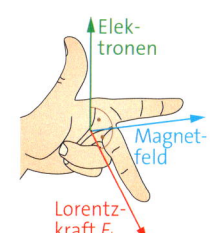

04 „Drei-Finger-Regel der linken Hand"

> Bewegte Elektronen werden im Magnetfeld durch die Lorentzkraft abgelenkt.

1 a) Gib an, was geschehen muss, damit der Elektronenstrahl in ▸ Bild 05 A nach unten abgelenkt wird.
b) Erläutere, wie diese Ablenkung durch den Magneten erreicht werden kann (▸ Bild 05 B).

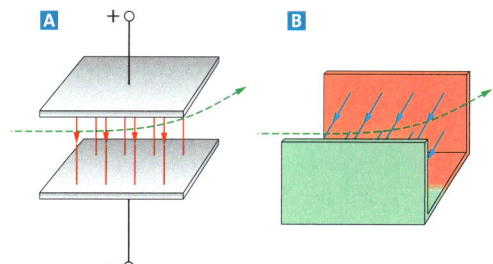

05 Ablenkung eines Elektrons im **A** elektrischen und **B** magnetischen Feld

RADIOAKTIVITÄT UND KERNENERGIE
RADIOAKTIVITÄT

BLICKPUNKT

Atommodelle

Vor 2400 Jahren begann der Philosoph **DEMOKRIT** sich die Welt aus kleinen Teilchen aufgebaut vorzustellen. Er ging davon aus, dass diese Teilchen unteilbar sind und nannte sie Atome, von *atomos* (griech.): unteilbar. Im antiken Atommodell sind diese Atome durch Haken verbunden und je nach den Eigenschaften des jeweiligen Stoffs geformt. Atome harter, rauer Materialien sind z. B. hart und kantig.

Aufgrund der Fortschritte in der Chemie entwickelte **JOHN DALTON** im Jahr 1803 ein Modell von unteilbaren Teilchen, die je nach Zugehörigkeit zu einem chemischen Element eine bestimmte Masse tragen. Die Erkenntnis, dass in elektrisch neutraler Materie negativ geladene Elektronen vorhanden sind, führte 1903 **JOSEPH JOHN THOMSON** zu der Annahme, dass die Atome gleichmäßig positiv geladen sind und sich die Elektronen darin verteilen wie Rosinen in einem Kuchen (▶ Bild 03).

1911 entwickelte **ERNEST RUTHERFORD** das schon bekannte Kern-Hülle-Modell, nachdem er festgestellt hatte, dass Atomkerne durch eine Goldfolie hindurchfliegen können. Zwei Jahre später entwickelte **NIELS BOHR** diese Vorstellung weiter: In seinem Modell kreisen die Elektronen auf Bahnen um den Atomkern.

Aus der Quantenmechanik ergab sich ab 1928, dass sich Elektronen nicht auf eindeutigen Bahnen bewegen, sondern nur Aufenthaltswahrscheinlichkeiten in bestimmten Bereichen um den Atomkern haben (Orbitalmodell).

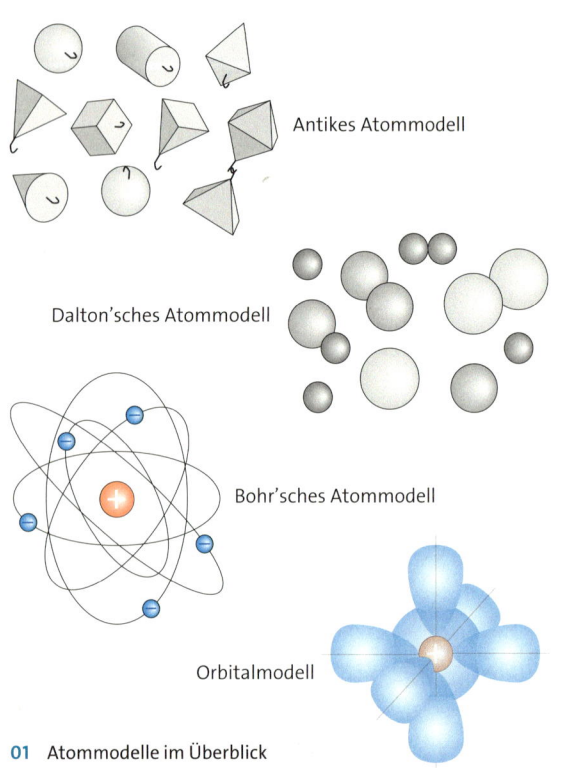

01 Atommodelle im Überblick

METHODE

Präfixe und Exponentialschreibweise

Physiker müssen mit Zahlen auf unterschiedlichsten Größenskalen umgehen, um die Welt zu beschreiben. Der Durchmesser eines Atoms z. B. beträgt 0,000 000 000 1 m, der unserer Galaxie, der Milchstraße, 1 000 000 000 000 000 000 000 m. Die vielen Nullen kosten Platz und man verzählt sich leicht. Daher benutzt man eine Darstellung, die die Nullen durch Vorsilben, die **Präfixe,** zusammenfasst: das „Kilo" in Kilogramm oder das „Milli" in Millimeter. Das Präfix „Kilo" entspricht einem Faktor 1000, das Präfix „Milli" einem Faktor 0,001. Damit kann man je drei Nullen einsparen. Für jedes Präfix existieren eine ausgeschriebene Form (z. B.: „Kilo" in Kilometer) und eine Abkürzung (z. B. „k" in km).

Eine andere Schreibweise, die Nullen vermeidet, ist die **Exponentialschreibweise**: Man schreibt die Zahl als Produkt eines kleinen Faktors und einer Potenz von 10. Für jede Null wird deren Exponent erhöht. 2000 m sind dabei also $2 \cdot 10^3$ m, 5 km werden zu $5 \cdot 10^3$ m. Bei Zahlen kleiner Eins werden die Exponenten negativ: 0,003 m sind z. B. $3 \cdot 10^{-3}$ m oder 3 mm. Die Präfixe und Exponenten von Nano bis (10^{-9}) bis Giga (10^9) findest du im Anhang des Buchs.

Ein Faktor 10 wird auch **Größenordnung** genannt. Ein Millimeter ($1 \cdot 10^{-3}$ m) und ein Kilometer ($1 \cdot 10^3$ m) unterscheiden sich also um sechs Größenordnungen.

MATERIAL

VERSUCHE ▶ Atomgröße abschätzen

Die Größe von Atomen kannst du mit relativ einfachen Mitteln grob abschätzen.

Material:
große Wanne, Wasser, Bärlappsporen, Petroleumbenzin, etwas Olivenöl, Pipette, Schutzbrille

Durchführung:
Setze die Schutzbrille auf. Fülle die Wanne mit Wasser. Verteile vier Messerspitzen Bärlappsporen gleichmäßig und dünn auf der Wasseroberfläche, sobald sie zur Ruhe gekommen ist. Vermische nun drei Tropfen Olivenöl mit 50 ml Petroleumbenzin. *Achtung: Das Benzin ist leicht entzündlich!*

V1 Um den Versuch durchzuführen, muss das Ölvolumen in einem Tropfen der Lösung bekannt sein. Dies lässt sich nicht direkt messen.

a) Erläutere ein Verfahren, mit dem du das Volumen eines Tropfens abschätzen könntest.
b) Gehe davon aus, dass ein Tropfen ein Volumen von etwa $\frac{1}{45}$ ml hat. Berechne das Ölvolumen in einem Tropfen.

V2 Bringe mit der Pipette einen Tropfen der Öl-Benzin-Lösung aus geringer Höhe auf die Mitte der Wasseroberfläche. Die Lösung verdrängt die Bärlappsporen, bis nach 2–3 Minuten eine ungefähr kreisförmige Fläche entstanden ist, die sich nicht mehr verändert. Nach dieser Zeit ist auch das Benzin verdampft.

a) Berechne mit dem Durchmesser des Kreises die Dicke des Ölfilms.
b) Es konnte noch nie ein dünnerer Ölfilm festgestellt werden. Erläutere, warum das dafür sprechen könnte, dass der Ölfilm die Dicke eines Moleküls hat.
c) Schätze den Durchmesser eines Atoms ab. Berücksichtige dabei, dass ein Ölmolekül aus mehreren Atomen besteht.

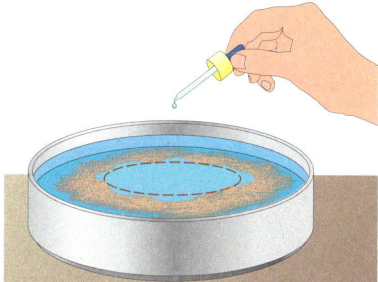

02 Ölfleckversuch mit Bärlappsporen

Material A ▶ Atommodell

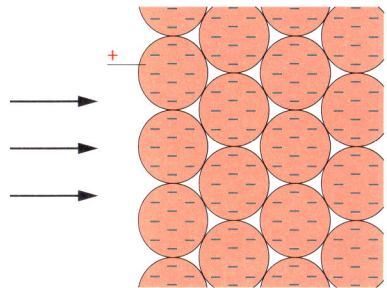

03 THOMSONs „Rosinenkuchenmodell"

A1 Im Atommodell von THOMSON sind die Atome ganz ausgefüllt (▶ Bild 03).
a) Beschreibe, was RUTHERFORD in seinem Streuexperiment beobachtet hätte, wenn Atome so aufgebaut wären, wie THOMSON es annahm. Übertrage die Skizze in dein Heft und ergänze mögliche Teilchenbahnen. Begründe.
b) RUTHERFORD beobachtete zum Teil eine starke Ablenkung der positiv geladenen Teilchen. Zeichne eine Atomanordnung wie in ▶ Bild 03 nach dem RUTHERFORD'schen Atommodell. Skizziere darin die Bahnen von Teilchen, die
– sich direkt auf einen Atomkern zubewegen,
– beim Durchgang durch die Folie stark abgelenkt werden,
– schwach abgelenkt werden,
– nicht abgelenkt werden.
c) Auch das RUTHERFORD'sche Atommodell kann nicht alles erklären. Welche Widersprüche kannst du aufzeigen?

Material B ▶ Teilchenbahnen

04 Teilchen in der Nebelkammer

B1 In einer Nebelkammer hinterlassen schnelle Teilchen Spuren.
a) Die Nebelkammer befindet sich in einem Magnetfeld. Die Feldlinien zeigen senkrecht ins Buch hinein. Was kannst du über die Ladung der Teilchen sagen?
b) Erläutere Gründe für die verschiedenen Radien der Bahnen.

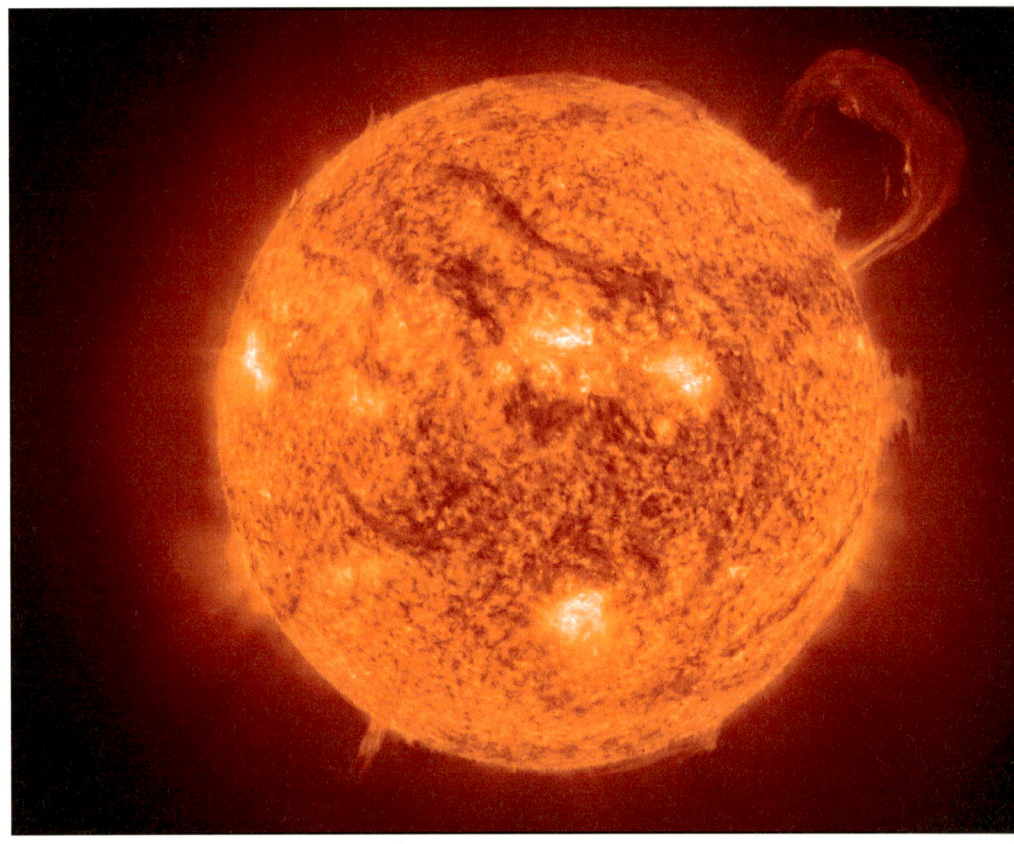

01 Ultraviolettaufnahme der Sonne

Der Atomkern hat eine Struktur

In der Sonne wie auch in allen anderen Sternen entstehen unter extremen Bedingungen aus leichten Elementen schwerere Elemente. Die Gesetze der Chemie scheinen hier aufgehoben zu sein. Könnte der alte Traum, aus Blei Gold herzustellen, vielleicht doch Realität werden?

EIN „BLICK" IN DEN ATOMKERN · An der Sonnenoberfläche herrschen „kühle" 6000 °C, im Zentrum der Sonne beträgt die Temperatur jedoch mehrere Millionen Grad. Bei solchen extremen Bedingungen kommt es zu Stoffumwandlungen, die nicht mehr mithilfe der Chemie erklärbar sind. Die hohen Temperaturen zeigen, welche gewaltige Energie für solche Reaktionen erforderlich ist. Man spricht hier von Kernreaktionen, weil die Atomkerne „umgebaut" werden. Das geht deshalb, weil sie selbst aus noch kleineren Bausteinen zusammengesetzt sind. Woher weiß man das eigentlich?

Atomkerne sind so klein, dass sie sich nicht direkt untersuchen lassen. Darum erforschen Physiker ihren Aufbau mit gewaltigen Maschinen. Sie lassen z.B. schnelle Elektronen auf die Kerne prallen und messen, was dabei passiert. ▶ Bild 02 zeigt einen modernen Elektronenbeschleuniger, bei dem genau das geschieht. Das Ziel solcher Experimente sind Erkenntnisse darüber, woraus die Atomkerne bestehen.

02 Elektronenbeschleuniger DALINAC, TU Darmstadt

EINE VORSTELLUNG VOM ATOMKERN · Die Experimente legen folgende Vorstellung nahe: Atomkerne sind aus zwei Bausteinen aufgebaut, **Protonen** und **Neutronen.** Protonen sind elektrisch geladen. Ihre Ladungsmenge ist genauso groß wie die der Elektronen, aber sie ist positiv. Neutronen sind ungeladen, also elektrisch neutral. Eine Modellvorstellung vom Aufbau der Atomkerne ist im ▸ Bild 03 dargestellt.

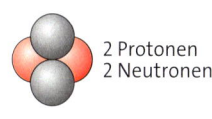
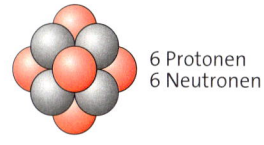

03 Modellvorstellung der Atomkerne von He und C

> Atomkerne bestehen aus elektrisch positiv geladenen Protonen und elektrisch neutralen Neutronen.

Um Atomkerne zu beschreiben, gibt es eine physikalische Symbolschreibweise. Vor dem Symbol des chemischen Elements steht oben die Summe aus der Anzahl der Protonen und der Anzahl der Neutronen. Diese Summe heißt **Nukleonenzahl.** Unterhalb der Nukleonenzahl wird die Anzahl der Protonen angegeben. Anhand der **Protonenzahl** ist das Periodensystem der Elemente geordnet, deshalb heißt die Protonenzahl auch Ordnungszahl. Die Anzahl der Protonen stimmt also mit der Position eines Elements im Periodensystem überein (▸ Bild 04). Für die beiden Kerne aus ▸ Bild 03 lautet die Symbolschreibweise $_2^4$He und $_6^{12}$C.

04 Ausschnitt aus dem Periodensystem der Elemente

Der Begriff „Nukleonen" stammt ab von nucleus (lat.): Kern.

> Die Symbolschreibweise für Atomkerne ist:
> $^{\text{Nukleonenzahl}}_{\text{Protonenzahl}}$Elementsymbol.

Ein vollständiges Atom hat genauso viele Elektronen in der Hülle, wie es Protonen im Kern hat. Es ist insgesamt elektrisch neutral.

WAS HÄLT DEN ATOMKERN ZUSAMMEN? · Von gleichnamig geladenen Körpern weißt du, dass sie sich abstoßen. Eigentlich müssten die Protonen im Kern daher „auseinanderfliegen". Es muss also eine anziehende Kraft geben, die größer ist als die elektrische Kraft. Diese Kraft wird **Kernkraft** genannt. Sie überwiegt die abstoßende elektrische Kraft aber nur dann, wenn sich die Protonen sehr nahe kommen. Die Kernkraft hat eine ausgesprochen kurze Reichweite. Ihre anziehende Wirkung erstreckt sich nur auf benachbarte Protonen und Neutronen. Atomkerne müssen sich bis auf diesen Abstand annähern, damit sie zu einem Kern verschmelzen können. Bei der extrem hohen Temperatur und dem extrem großen Druck, wie sie in der Sonne und in anderen Sternen herrschen, kommen sich die Kerne so nahe, dass Kerne verschmelzen und neue Elemente bilden können.

> Zwischen den Protonen im Atomkern wirkt die Kernkraft. Sie ist bei sehr kleinem Teilchenabstand größer als die abstoßende elektrische Kraft.

1 a) Gib für die folgenden Atomkerne jeweils an, wie viele Protonen und Neutronen sie enthalten: $_1^1$X, $_{27}^{60}$X, $_{55}^{137}$X, $_{92}^{238}$X.
b) Gib an, um welche Elemente es sich handelt, und ergänze die Symbole.

RADIOAKTIVITÄT UND KERNENERGIE
RADIOAKTIVITÄT

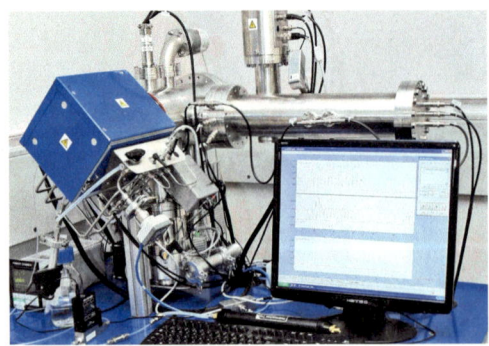

01 Massenspektrometer zur Analyse von Atemluft

GLEICH UND DOCH NICHT GLEICH – ISOTOPE · Eine der genauesten Methoden, um Massen zu bestimmen, ist die Messung mithilfe eines Massenspektrometers (▸ Bild 01). Damit können sogar die Massen von Atomen präzise bestimmt werden. Bei solchen Messungen hat sich gezeigt, dass die Massen von Atomen desselben Elements nicht alle genau die gleichen Werte haben. Wie kommt das?

Hätten z.B. alle Kohlenstoffkerne gleich viele Protonen und Neutronen, dann wäre der Wert für die Atommasse immer gleich. Zwar ist das auch bei mehr als 99 % aller Kohlenstoffatome der Fall. Aber in der Natur gibt es auch Kohlenstoffkerne mit mehr oder weniger als den üblichen sechs Neutronen. Auch bei allen anderen Elementen gibt es Atome mit abweichender Neutronenzahl. Atome, die sich im Kern nur in der Anzahl der Neutronen unterscheiden, nennt man **Isotope**.

Isotope lassen sich mit chemischen Methoden nicht unterscheiden. Denn in chemischen Reaktionen verhalten sich verschiedene Isotope desselben Elements immer gleich. Im Periodensystem der Elemente werden Isotope deshalb nicht unterschieden. Wenn es auf die Kernstruktur ankommt, benötigt man daher eine andere Darstellung. Eine solche Darstellung ist die **Nuklidkarte**. Sie stellt alle verschiedenen Kerne systematisch dar. **Nuklide** sind Atomkerne, bei denen Protonen- und Neutronenzahl jeweils genau übereinstimmen. Während das Periodensystem alle zurzeit bekannten 118 Elemente enthält, findet man in der Nuklidkarte weit über 2000 Nuklide.

/// Atomkerne mit gleicher Protonen- und gleicher Neutronenzahl bezeichnet man als Nuklide. Nuklide mit der gleichen Protonenzahl und unterschiedlichen Neutronenanzahlen heißen Isotope.

▸ Bild 02 zeigt einen Ausschnitt der Nuklidkarte. Darin ist auch der Kohlenstoff mit zwei verschiedenen Nukliden enthalten. Die Bezeichnung „C-12" bedeutet, dass dieser Kern die Nukleonenzahl 12 hat. Weil die Atomkerne des Kohlenstoffs immer sechs Protonen enthalten, muss die Neutronenanzahl von C-12 also sechs betragen. Ein Beispiel für ein schwereres Kohlenstoff-Nuklid ist $^{13}_{6}C$. Dieser Kern enthält wiederum sechs Protonen, aber sieben Neutronen. Man bezeichnet ihn auch mit C-13.

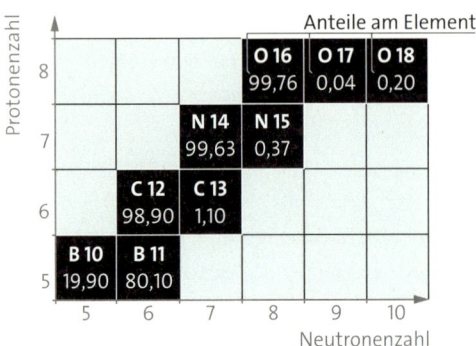

02 Ausschnitt aus der Nuklidkarte (stabile Nuklide)

1 ⌐ a) Entnimm dem Ausschnitt der Nuklidkarte im ▸ Bild 02 die Beispiele O-16, O-18, N-15 und B-11. Notiere, um welche Elemente es sich jeweils handelt.
b) Gib für die in Aufgabenteil a) genannten Nuklide die Symbolschreibweise an.

2 ⌐ Welche der folgenden Nuklide haben
a) die gleiche Protonenzahl,
b) die gleiche Nukleonenzahl,
c) die gleiche Anzahl an Neutronen?
$^{12}_{6}C$, $^{14}_{7}N$, $^{13}_{6}C$, $^{16}_{8}O$, $^{15}_{7}N$, $^{18}_{8}O$, $^{14}_{6}C$

MATERIAL

VERSUCHE ▸ Modellversuch zum Aufbau eines Atomkerns

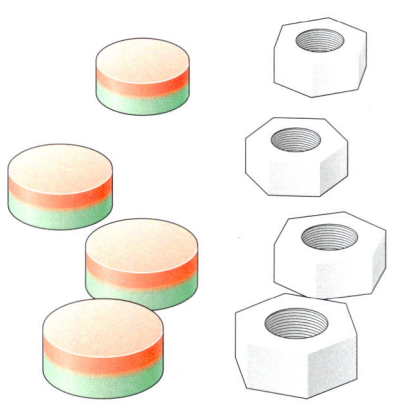

03 Material für ein Atomkernmodell

Material:
einige scheibenförmige Magnete, Stahlmuttern (etwa so groß wie die Magnete)

Durchführung:
V1 a) Bringe die Magnete jeweils mit dem gleichen Pol nach oben auf einer ebenen Oberfläche möglichst nahe zueinander. Beschreibe deine Beobachtung.
b) Nutze jetzt die Stahlmuttern, um die Magnete näher zueinanderzubringen. Vergleiche mit der Beobachtung aus Aufgabenteil a).
c) Erläutere: Welche Teile im Modellversuch übernehmen die Rolle der Protonen, welche die der Neutronen in einem Atomkern?
d) Nutze das Modell, um einen Wasserstoff- und einen Sauerstoffkern zu bauen.
e) Bewerte den Modellversuch: Was kann mit ihm gut, was kann schlecht oder gar nicht erklärt werden?

Material A ▸ Systematische Darstellung zum Aufbau der Atome

A1 a) Übertrage und ergänze die Tabelle (neutrale Atome). Nutze das Periodensystem der Elemente (PSE, ▸ Anhang).
b) Notiere, welche Information über den Aufbau von Atomkernen das PSE nicht gibt.

Name der Atomsorte	Symbol des Nuklids	Anzahl der Nukleonen	Anzahl der Protonen	Anzahl der Neutronen	Anzahl der Elektronen
	$^{16}_{8}O$				
Natrium				12	
				14	13
		30			14
Quecksilber		200			
			80	124	
	$^{238}_{92}U$				
		241	94		

Material B ▸ Wasserstoff ist nicht gleich Wasserstoff

B1 Wasserstoff kommt in drei Nukliden vor (▸ Bild 04):
A normaler Wasserstoff
B schwerer Wasserstoff (Deuterium)
C überschwerer Wasserstoff (Tritium)
a) Gib jeweils die Symbolschreibweise an.
b) Zeichne den Ausschnitt der Nuklidkarte, der die drei Wasserstoffsorten enthält.
c) Wie viele Elektronen besitzt ein neutrales Tritium-Atom?

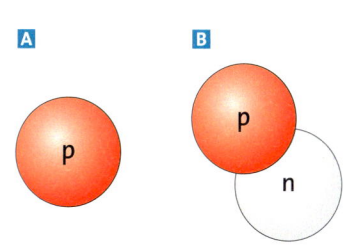
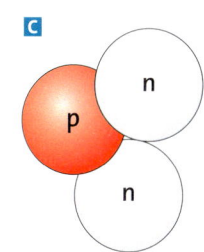

04 Drei Nuklide des Wasserstoffs

RADIOAKTIVITÄT UND KERNENERGIE
RADIOAKTIVITÄT

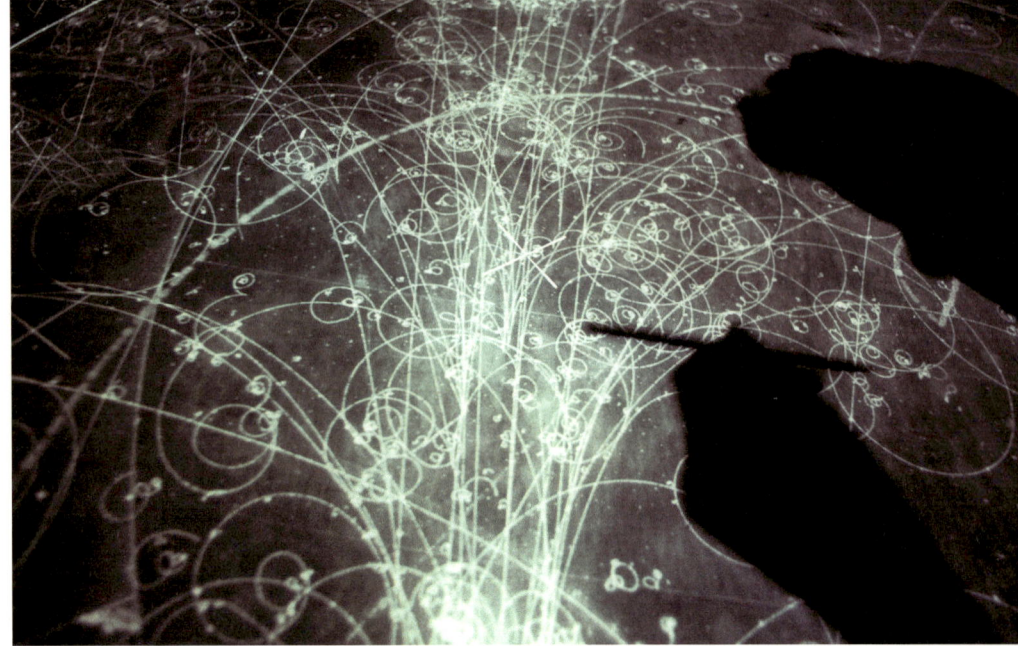

01 Ein Physiker betrachtet die Spuren ionisierender Strahlung in einer Blasenkammer.

Ionisierende Strahlung

Licht kannst du sehen. Die Wärmestrahlung der Sonne spürst du warm auf deiner Haut. Aber du bist auch von Strahlung umgeben, die du nicht wahrnimmst und die nur mit hohem technischem Aufwand sichtbar gemacht werden kann.

EINE UNSICHTBARE STRAHLUNG · In den „Wunderjahren der Physik" 1895/96 wurden zwei neue Strahlungsarten entdeckt. Die erste, zu Beginn noch X-Strahlung genannt, ist uns heute als Röntgenstrahlung bekannt. Mit dieser Bezeichnung wird ihr Entdecker WILHELM CONRAD RÖNTGEN geehrt. Röntgenstrahlung lässt sich auf der Erde mit technischen Geräten künstlich erzeugen. Sie entsteht aber auch durch natürliche Prozesse z.B. in Sternen. Die zweite Strahlung wurde von HENRI BECQUEREL entdeckt. Sie wird von einigen natürlichen Stoffen ausgesendet. Stoffe, die solch eine Strahlung aussenden, nennt man **radioaktiv**.

Röntgenstrahlung und die von BECQUEREL entdeckte Strahlung – man spricht von **Radioaktivität** – können wir mit unseren Sinnen nicht wahrnehmen. Dennoch können beide Strahlungsarten Organe schädigen. So musste BECQUEREL nach seiner Entdeckung und der Arbeit mit radioaktiven Stoffen bald Verbrennungsmerkmale auf seiner Haut feststellen.

Heute kennt man den Zusammenhang zwischen der von BECQUEREL und RÖNTGEN entdeckten Strahlung und möglichen Erkrankungen gut. Es gibt Möglichkeiten, das Risiko solcher Schäden gering zu halten (▶ Bild 02).

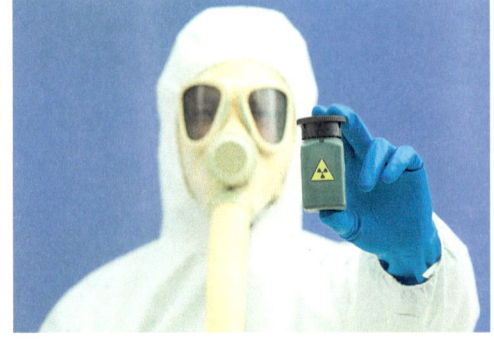

02 Radioaktive Stoffe werden in speziellen Behältern gelagert und mit Warnhinweisen versehen.

  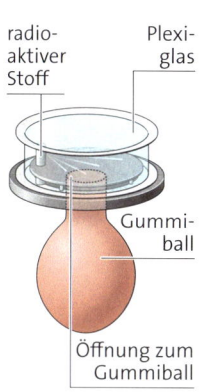

03 Ionisation von Luft durch einen radioaktiven Stoff

04 „Spuren" in der Nebelkammer

05 Aufbau einer Nebelkammer

IONISATION · Normalerweise sind Atome elektrisch neutral, d.h., sie haben gleich viel positiv geladene Protonen und negativ geladene Elektronen. Durch äußere Einflüsse lassen sich jedoch Elektronen aus dem Atom herauslösen. Aus dem elektrisch neutralen Atom wird dann ein positiv geladenes **Ion.** Dieser Vorgang heißt **Ionisation.** Durch Abtrennen von Elektronen entstehen positive, durch Anlagern von Elektronen negative Ionen.

 Das Abtrennen oder Anlagern von Elektronen an zuvor elektrisch neutrale Atome nennt man Ionisation.
Bei ionisierten Atomen stimmen Protonen- und Elektronenzahl nicht überein.

Ionisation erfolgt auf verschiedene Weise. Bringen wir eine brennende Kerze zwischen zwei elektrisch geladene Metallplatten, so beobachten wir an einem angeschlossenen Elektroskop eine Entladung. Zwischen den Metallplatten befindet sich Luft – normalerweise ein schlechter elektrischer Leiter. Aber in der heißen Kerzenflamme entstehen positive Ionen und freie Elektronen. Sie gelangen zwischen die Metallplatten, machen die Luft dort leitfähig und das Elektroskop entlädt sich.
Eine andere Art der Ionisation von Luft zeigt das Experiment im ▶ Bild 03: Ein Draht wird wenige Millimeter über eine Metallplatte gespannt. Draht und Metallplatte sind mit den Anschlüssen eines Hochspannungsnetzgeräts verbunden. Bringt man einen radioaktiven Stoff in die Nähe des Drahts, dann wird die Luft dort leitfähig und es sind Funken zwischen Draht und Metallplatte zu erkennen.
Auch Nebelkammern machen die Wirkung ionisierender Strahlung sichtbar (▶ Bild 04 und ▶ Bild 05). Wenn die Strahlung in die mit Alkoholdampf gefüllte Nebelkammer gelangt, werden einige Moleküle des Dampfs ionisiert. An den entstandenen Ionen kondensiert der Dampf und es bilden sich feine Tröpfchen, die als Nebelspuren sichtbar sind.

GEFAHR DURCH IONISIERENDE STRAHLUNG · Sowohl Röntgenstrahlung als auch die Strahlung radioaktiver Stoffe kann Moleküle in unserem Körper ionisieren. Daraus können sich chemische und biologische Veränderungen in Zellen und Organen ergeben.

 Sowohl Röntgenstrahlung als auch die Strahlung radioaktiver Stoffe kann Atome oder Moleküle ionisieren. Dies kann bei Lebewesen zu biologischen Veränderungen und Schäden an den Organen führen.

1 a) Fertige eine Skizze des Versuchs im ▶ Bild 03 an. Nimm an, dass die elektrische Ladung des Drahts positiv ist.
b) Beschreibe, was nach der Ionisation von Stickstoffmolekülen in der Luft geschieht.

Der Begriff „Ión" kommt aus dem Griechischen und bedeutet so viel wie „wandernd/gehend".

Die Gefahr durch radioaktive Stoffe liegt in der ionisierenden Wirkung ihrer Strahlung.

RADIOAKTIVITÄT UND KERNENERGIE
RADIOAKTIVITÄT

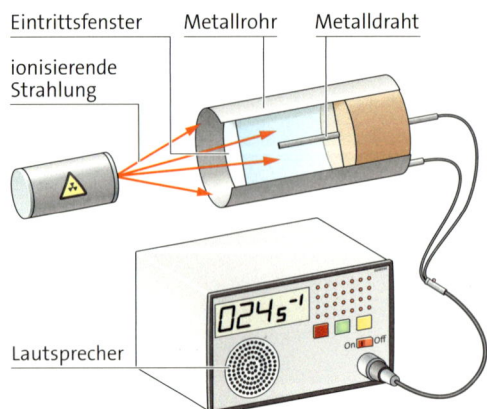

01 Aufbau eines Geiger-Müller-Zählrohrs

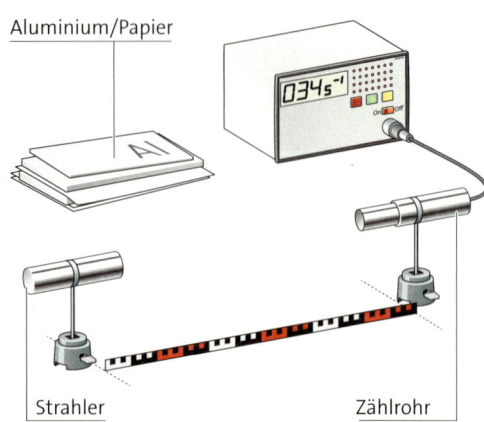

02 Wie weit reicht die ionisierende Strahlung?

MESSEN MIT ZÄHLROHREN · Zählrohre nutzen die ionisierende Wirkung von Strahlung. Sie sind mit einem Gas von geringem Druck gefüllt. Durch ein hauchdünnes Eintrittsfenster gelangt die Strahlung in das Rohr hinein und ionisiert das Gas (▶ Bild 01).

Ähnlich wie bei dem Experiment mit dem Draht und der Metallplatte wird zwischen dem Metallrohr und dem Draht im Inneren des Zählrohrs eine Hochspannung angelegt. Die im Gas entstehenden Elektronen und Ionen werden durch elektrische Kräfte so stark beschleunigt, dass sie selbst weitere Gasatome ionisieren. Du kannst dir den Vorgang wie eine „elektrische Lawine" vorstellen, durch die es zu einer starken Entladung kommt.

Durch die Entladung ändert sich kurzzeitig die Spannung am Zählrohr. Ein angeschlossener Lautsprecher macht diese Veränderung als „Knacken" hörbar. Gleichzeitig werden die Spannungsänderungen von einer Zähleinrichtung registriert. Die Anzahl der Spannungsänderungen, also der Knackgeräusche, pro Zeiteinheit heißt **Zählrate**.

 Zählrohre nutzen die ionisierende Wirkung von Strahlung in Gasen.
Die Zahl der registrierten Signale pro Zeiteinheit heißt Zählrate.

NULLRATE · In unserer Umgebung gibt es immer ionisierende Strahlung. Das erkennt man daran, dass ein Zählrohr auch dann Signale registriert, wenn sich weder ein radioaktives Präparat noch eine Quelle von Röntgenstrahlung in seiner Nähe befindet. Die Anzahl dieser Signale pro Zeiteinheit heißt **Nullrate**. Für Messungen an radioaktiven Präparaten muss man zunächst die Nullrate bestimmen und sie dann von der ermittelten Zählrate abziehen.

 In unserer Umwelt gibt es ständig ionisierende Strahlung. Diese Strahlung wird von einem Zählrohr als Nullrate registriert.

ZÄHLRATE UND ABSTAND · Mithilfe von Zählrohren lässt sich ionisierende Strahlung genauer untersuchen. Dabei können wir von folgendem Zusammenhang ausgehen: Je größer die Zählrate ist, desto stärker ist die ionisierende Strahlung.
In einem ersten Experiment wird die Reichweite ionisierender Strahlung, z. B. des radioaktiven Stoffs Ra-226, bestimmt (▶ Bild 02). Dafür muss zunächst die Nullrate gemessen werden. Dann wird die Zählrate für verschiedene Abstände ermittelt. Man erhält das Ergebnis:

 Je kleiner der Abstand zwischen Zählrohr und Strahlungsquelle ist, desto größer ist die Zählrate.

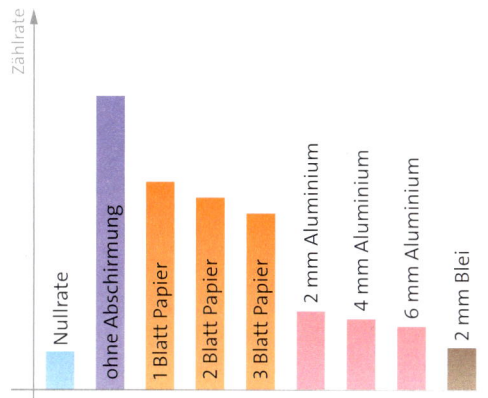

03 Durchdringungsvermögen der Strahlung von Ra-226

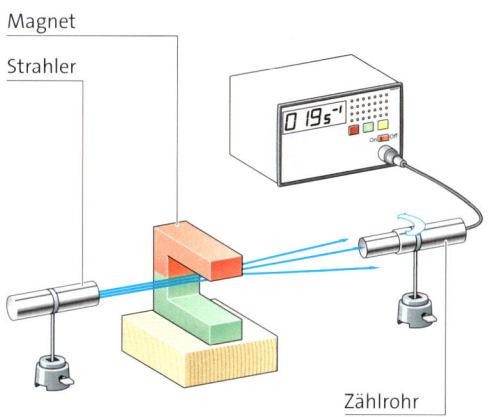

04 Ablenkung von ionisierender Strahlung im Magnetfeld

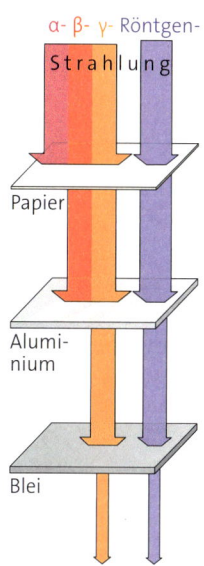

05 Durchdringungsvermögen ionisierender Strahlung

Ursache für die Ablenkung von elektrisch geladenen Teilchen in Magnetfeldern ist die **Lorentzkraft**.

ABSCHIRMUNG VON STRAHLUNG · In einer zweiten Experimentierreihe wird untersucht, ob und wie gut verschiedene Materialien mit unterschiedlichen Schichtdicken die ionisierende Strahlung abschirmen. Dafür werden Platten aus verschiedenen Metallen, Kunststoffen oder auch Papier zwischen das Zählrohr und die jeweilige Strahlungsquelle gebracht. ▸ Bild 03 zeigt die Versuchsergebnisse für einen Ra-226-Strahler: Bringt man ein Blatt Papier zwischen Zählrohr und Strahler, dann nimmt die Zählrate deutlich ab. Weitere Papierlagen verringern die Zählrate nur noch wenig. Bringt man eine Aluminiumplatte von 2 mm Dicke in den Strahlengang, dann nimmt die Zählrate erneut stark ab. Bei weiteren Aluminiumplatten geht die Zählrate wieder nur wenig zurück. Noch bessere Abschirmung gelingt mit Bleiplatten. Auch Röntgenstrahlung lässt sich am besten mit Blei abschirmen.

 Ionisierende Strahlung kann verschiedene Materialien durchdringen. Dabei wird sie unterschiedlich stark abgeschwächt.

IONISIERENDE STRAHLUNG IM MAGNETFELD · Das Abschirmungsexperiment deutet darauf hin, dass von radioaktiven Stoffen unterschiedliche Arten ionisierender Strahlung ausgehen. In einem dritten Experiment wird deshalb untersucht, ob sich diese Strahlung in einem Magnetfeld ablenken lässt. Dafür wird zwischen Zählrohr und Strahler ein Magnetfeld gebracht (▸ Bild 04). Das bewegliche Zählrohr kann Strahlung aus verschiedenen Richtungen registrieren. Dabei zeigt sich, dass die Strahlung einiger radioaktiver Stoffe im Magnetfeld abgelenkt wird. Es gibt aber auch radioaktive Stoffe, deren Strahlung sich ebenso wie Röntgenstrahlung durch Magnetfelder nicht beeinflussen lässt. Man kann somit vermuten, dass es Strahlungsarten gibt, die elektrische Ladung tragen. Ionisierende Strahlung, die sich in Magnetfeldern nicht ablenken lässt, trägt keine elektrische Ladung.

Aus den Ergebnissen dieser Experimente können wir schließen, dass von radioaktiven Stoffen verschiedene Arten ionisierender Strahlung ausgehen. Diese nennt man **Alphastrahlung** (α-Strahlung), **Betastrahlung** (β-Strahlung) und **Gammastrahlung** (γ-Strahlung).

1 ⌡ Die Messung eines Strahlers mit dem Zählrohr ergibt 120 in 30 s. Die Nullrate beträgt 200 in 10 min. Gib die von dem Strahler erzeugte Zählrate an.

2 ⌡ In welche Richtung müsste das Zählrohr aus ▸ Bild 04 verschoben werden, um Strahlung zu messen, die elektrisch positiv bzw. negativ geladen ist? Skizziere.

RADIOAKTIVITÄT UND KERNENERGIE
RADIOAKTIVITÄT

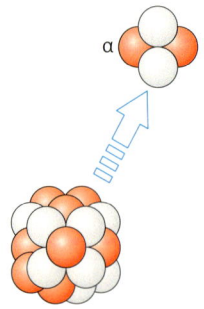

01 Alphastrahler

02 Betastrahler

03 Gammastrahler

So wie die Protonenzahl die Anzahl positiver Ladungen angibt, steht die –1 beim Elektron für eine negative Ladung. Auf beiden Seiten der Gleichung steht somit gleich viel Ladung.

IONISIERENDE STRAHLUNG IM MODELL · Als **Alphastrahlung** wird das Aussenden von Heliumkernen bezeichnet (▶ Bild 01). Das physikalische Symbol für Heliumkerne ^4_2He kennst du bereits. In Symbolschreibweise kann die Kernumwandlung eines Alphastrahlers, z.B. Ra-226, so beschrieben werden:

$$^{226}_{88}\text{Ra} \rightarrow {}^{222}_{86}\text{Rn} + {}^4_2\text{He}.$$

Aus dem Radium ist ein neues Element, das Radon, entstanden. Der Heliumkern wird abgestrahlt. Du kannst erkennen, dass die Protonen- und Neutronenzahlen beim Alphazerfall insgesamt erhalten bleiben.

Heliumkerne sind elektrisch positiv geladen. Deshalb wird diese Strahlung in elektrischen und magnetischen Feldern abgelenkt. Alphastrahlung hat ein sehr geringes Durchdringungsvermögen. Bereits mit einem Blatt Papier kann sie vollständig abgeschirmt werden.

/// Alphastrahlung besteht aus Heliumkernen. Sie wird im elektrischen und magnetischen Feld abgelenkt. Sie hat ein sehr geringes Durchdringungsvermögen.

Als **Betastrahlung** wird das Aussenden von Elektronen aus einem Atomkern bezeichnet (▶ Bild 02). Wie kann aber ein positiv geladener Kern Elektronen aussenden? Im Atomkern eines Betastrahlers wird ein Neutron in ein Proton und ein Elektron umgewandelt. Das Elektron wird abgestrahlt, das Proton bleibt im Kern:

$$^1_0\text{n} \rightarrow {}^1_1\text{p} + {}^{0}_{-1}\text{e}.$$

Ein Beispiel ist das Caesiumnuklid Cs-137:

$$^{137}_{55}\text{Cs} \rightarrow {}^{137}_{56}\text{Ba} + {}^{0}_{-1}\text{e}.$$

Die Gleichung zeigt, dass sich auch Betastrahler in neue Elemente umwandeln. In dem Beispiel entsteht aus Caesium das Element Barium sowie Betastrahlung. Auch beim Betazerfall bleibt die Ladungsmenge insgesamt erhalten.

/// Betastrahlung besteht aus Elektronen. Sie wird im elektrischen und magnetischen Feld abgelenkt. Ihr Durchdringungsvermögen ist 100-mal größer als das der Alphastrahlung.

Sowohl bei Alpha- als auch bei Betastrahlung werden bei der Umwandlung von Atomkernen Teilchen abgestrahlt. Im Unterschied dazu ist die **Gammastrahlung** keine Teilchenstrahlung (▶ Bild 03). Deshalb ändern sich auch weder die Protonen- noch die Nukleonenzahl, wie das folgende Beispiel zeigt:

$$^{222}_{86}\text{Ra} \rightarrow {}^{222}_{86}\text{Ra} + \gamma.$$

Gammastrahlung ist wie das Licht eine elektromagnetische Strahlung. Sie entsteht im Atomkern und kann Atome ionisieren. Gammastrahlung tritt häufig gemeinsam mit Alpha- oder Betastrahlung auf.
Gammastrahlung hat ein wesentlich höheres Durchdringungsvermögen als Alpha- oder Betastrahlung. Sie durchdringt sogar Blei oder meterdicke Wände aus Beton. In den Experimenten zur Strahlung in magnetischen und elektrischen Feldern lässt sich Gammastrahlung nicht ablenken, da sie nicht aus elektrisch geladenen Teilchen besteht.

/// Gammastrahlung ist eine elektromagnetische Strahlung. In elektrischen und magnetischen Feldern wird sie nicht abgelenkt. Gammastrahlung hat ein hohes Durchdringungsvermögen.

Röntgenstrahlung ist wie Gammastrahlung und Licht eine elektromagnetische Strahlung. Sie besitzt aber weniger Energie als Gammastrahlung und entsteht nicht im Atomkern, sondern in der Atomhülle oder wenn freie Elektronen stark beschleunigt bzw. abgebremst werden.

1) Erläutere Unterschiede und Gemeinsamkeiten der vier Strahlungsarten.

MATERIAL

VERSUCHE ▸ Natürliche Radioaktivität in Gebäuden

V1 Messung der Radioaktivität

Mit diesem einfachen Versuch kannst du die natürliche Radioaktivität erkunden.

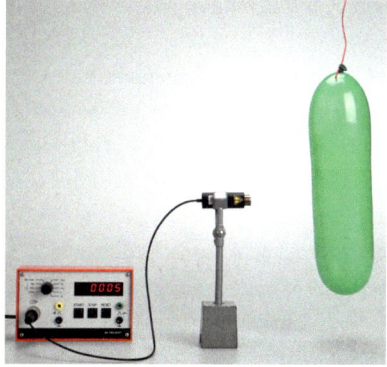

04 Versuch zur Umweltradioaktivität

Material:
Luftballon, Bindfaden, Wolltuch oder Folie für Tageslichtprojektor, Zählrohr, Stoppuhr

Durchführung:
a) Bestimme zu Beginn des Versuchs mit dem Zählrohr die Nullrate (30 s).
b) Reibe den aufgeblasenen Luftballon mit dem Wolltuch oder der Folie. Er ist jetzt elektrisch geladen. Hänge ihn an der Raumdecke auf. Achte darauf, dass der Ballon sich nicht entladen kann, und lass ihn für ca. 30 min dort hängen.
c) Nimm den Ballon ab, lass die Luft heraus und bringe die leere Ballonhaut sofort direkt vor das Eintrittsfenster des Zählrohrs. Bestimme die Zählrate (30 s).
d) Wiederhole die Messung der Zählrate unmittelbar danach. Halte aber jetzt ein Blatt Papier zwischen Zählrohr und Ballonhaut.
e) Wiederhole die Messungen aus den Aufgabenteilen c) und d) nach 10 min.
f) Ziehe von allen Messwerten jeweils die Nullrate ab. Stelle die Ergebnisse übersichtlich in einer Tabelle dar.
g) Interpretiere deine Ergebnisse. Stelle eine Vermutung über die Strahlenart auf. Erkläre, warum es wichtig ist, zur Messung die Luft aus dem Ballon herauszulassen.

Material A ▸ Röntgenbilder – Diagnose mit Röntgenstrahlung

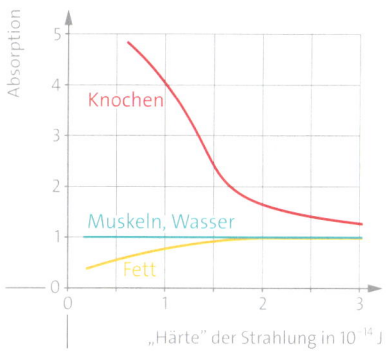

05 Absorption im Vergleich zu Wasser

Mit Röntgenstrahlung lassen sich Bilder vom Körperinneren aufnehmen, weil Knochen und Gewebe Röntgenstrahlung unterschiedlich gut hindurchlassen.
Wie stark Fett, Knochen und Muskeln Röntgenstrahlung absorbieren, hängt von der Strahlungsenergie ab.

A1 a) „Harte" (energiereiche) Röntgenstrahlung ermöglicht kurze Belichtungszeiten. Betrachte das ▸ Diagramm 05 und begründe, wie hart die Strahlung gewählt werden sollte, wenn Knochen bzw. Organe untersucht werden sollen.
b) Der Darm lässt sich vom Gewebe, das ihn umgibt, kaum unterscheiden. Deshalb spritzt man dem Patienten ein Kontrastmittel. Welche Eigenschaften muss das Kontrastmittel haben?

Material B ▸ Strahlung im elektrischen Feld

B1 Mischstrahler senden gleichzeitig Alpha-, Beta- und Gammastrahlung aus. ▸ Bild 06 zeigt die Wege der Strahlung eines Mischstrahlers im elektrischen Feld. Ordne den Strahlungsarten den zugehörigen Weg zu. Begründe deine Entscheidung.

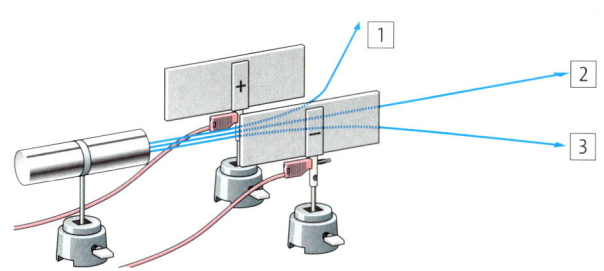

06 Ablenkung von Strahlung im elektrischen Feld

RADIOAKTIVITÄT UND KERNENERGIE
RADIOAKTIVITÄT

BLICKPUNKT

Natürliche und zivilisatorische Strahlung

01 MAGIC-Teleskop auf La Palma: Detektor für kosmische Strahlen

Ein Zählrohr weist auch dann Strahlung nach, wenn kein radioaktives Präparat in der Nähe ist. Diese gemessenen Zerfälle bezeichnet man als **Nullrate**. Woher kommen diese Zerfälle? Physiker unterscheiden zwischen der natürlichen Strahlung (kosmische und terrestrische Strahlung) und der zivilisatorischen Strahlung.

Kosmische Strahlung · Ständig prasseln von der Sonne und anderen Sternen stammende Teilchen auf die Erde ein, die sogenannte **primäre kosmische Strahlung**. Häufig handelt es sich dabei um besonders energiereiche Protonen, die auf die Erdatmosphäre treffen und dort Atomkerne zertrümmern. Dabei entstehen neue Kerne und Teilchen, die wiederum andere Kerne zertrümmern können – und zwar so lange, bis die ursprüngliche Bewegungsenergie umgewandelt ist. Bei diesem Prozess wird auch immer wieder elektromagnetische Strahlung frei. Die so entstandene ionisierende Strahlung nennt man **sekundäre kosmische Strahlung**. Sie lässt sich am Erdboden nachweisen (▶ Bild 01).
Bei den Reaktionen in der Atmosphäre werden unter anderem Radionuklide erzeugt. Denn wenn die Kerne stabiler Isotope wie Stickstoff-14 oder Sauerstoff-16 ein Neutron einfangen, sind die entstehenden Nuklide meist radioaktiv. So entstehen auch das radioaktive Kohlenstoff-14 (C-14) und Wasserstoff-3 (H-3).
Kohlenstoff ist in allen Lebewesen enthalten. Es wird z. B. mit der Nahrung aufgenommen. So enthält jeder Organismus neben dem stabilen C-12 auch Anteile des radioaktiven C-14. Diese Tatsache wird für die Altersbestimmung von Höhlenmalereien oder Mumien genutzt.

H-3 wird auch als Tritium oder überschwerer Wasserstoff bezeichnet und kommt zu 99 % gebunden im Wasser vor. Auch deshalb strahlt unser Meerwasser – wenn auch nur mit einer geringen Aktivität. Hauptsächlich strahlt unser Meerwasser aber, weil es Kalium-40 enthält.

Terrestrische Strahlung · Die natürliche ionisierende Strahlung stammt nicht allein aus dem Weltall. Auch unsere Erde besteht zum Teil aus radioaktiven Stoffen. Diese sind bei der Entstehung der Erde gebildet worden und besitzen eine sehr lange Halbwertszeit in der Größenordnung des Alters unserer Erde. Denn Radionuklide mit kleineren Halbwertszeiten sind bereits zerfallen. Zu den noch vorhandenen Radionukliden gehören Kalium, Thorium, Uran und dessen Zerfallsprodukte Radium und Radon. Das Edelgas Radon kann aus dem Erdboden austreten und in die Luft gelangen. Gut nachweisbar ist dieser Alphastrahler z. B. in schlecht gelüfteten Kellerräumen.

Zivilisatorische Strahlenquellen · Neben den natürlichen Quellen ionisierender Strahlung gibt es auch vom Menschen geschaffene, künstliche Strahlenquellen. Sie dienen zur Konservierung von Lebensmitteln, zur Materialprüfung, zur medizinischen Diagnostik und Therapie, zur Energiegewinnung in Kernkraftwerken und zum Einsatz in Kernwaffen.
Reaktorunfälle und Kernwaffentests führen dazu, dass sich radioaktive Nuklide sowohl im Erdboden als auch in der Luft anreichern und über Nahrung und Atmung aufgenommen werden. Das kann zu schweren gesundheitlichen Schäden führen.
Zu den schwersten Reaktorunfällen zählen diejenigen in Tschernobyl 1986 und in Fukushima 2011. In beiden Fällen ist die nahe gelegene Umwelt so stark belastet, dass sie für sehr lange Zeit unbewohnbar geworden ist.

1) Das Bundesamt für Strahlenschutz liefert Informationen zur Strahlenbelastung für die Menschen in Deutschland. Finde heraus, wie groß die Strahlenbelastung durch Radon und Lebensmittel in deiner Region ist.

METHODE

Arbeiten mit der Nuklidkarte

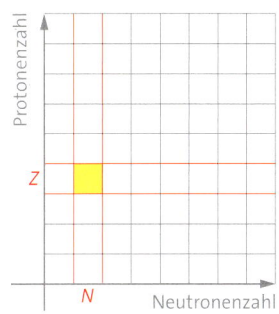

02 Aufbau der Nuklidkarte

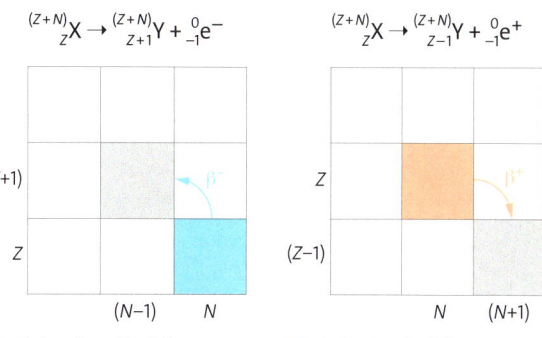

03 Alphazerfall

04 Beta-minus-Zerfall

05 Beta-plus-Zerfall

Die Nuklidkarte ist eine Übersicht über alle bekannten Nuklide: Ähnlich wie das Periodensystem der Elemente ist die Nuklidkarte systematisch aufgebaut (▶ Bild 02): In den Zeilen stehen alle Nuklide mit der gleichen Protonenanzahl. Diese Zahl entspricht der Ordnungszahl und wird mit Z bezeichnet. Du findest also alle Nuklide, die zu demselben Element gehören, in einer Zeile der Nuklidkarte. In den Spalten der Nuklidkarte stehen alle Nuklide mit der gleichen Anzahl von Neutronen N.

Mithilfe der Nuklidkarte kannst du Kernumwandlungen und ganze **Zerfallsreihen** vorhersagen. Die Farbgebung in der Nuklidkarte enthält die Information über die Zerfallsart für ein bestimmtes Nuklid:

Gelb bedeutet **Alphazerfall**. Bei dem neu entstehenden Nuklid sind die Neutronenzahl N und die Protonenzahl Z jeweils um zwei verringert (▶ Bild 03).

Blau bedeutet **Beta-minus-Zerfall**. Ein Elektron wird ausgesendet. Weil sich dabei aus einem Neutron ein Proton und ein Elektron bilden, verringert sich N um 1 und Z erhöht sich um 1 (▶ Bild 04).

Orange bedeutet **Beta-plus-Zerfall**. So wie sich beim häufigeren Beta-minus-Zerfall aus einem Neutron ein Elektron und ein Proton bilden, entsteht beim Beta-plus-Zerfall aus einem Proton ein Neutron und ein Positron. Das Positron ist das Antiteilchen des Elektrons – es gleicht dem Elektron, ist aber positiv geladen. Wird ein Positron ausgesendet verringert sich Z um 1 und N vergrößert sich um 1 (▶ Bild 05). Schwarz markierte Nuklide sind stabil. Sie wandeln sich von selbst nicht weiter um.

1 ▶ Bild 06 zeigt die Entstehung des radioaktiven Nuklids Rn-222. Radon trägt wesentlich zur natürlichen Radioaktivität auf der Erde bei. Übertrage die Zerfallsreihe und vervollständige sie mithilfe der Nuklidkarte (▶ Anhang). Gib jeweils die Zerfallsart (α- bzw. β-Strahlung) an.

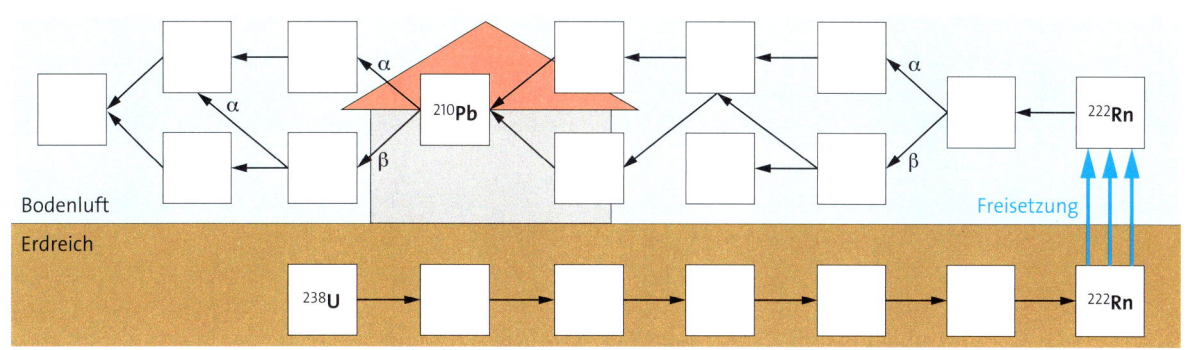

06 Entstehung des bodennahen radioaktiven Radons aus der U-238-Zerfallsreihe

RADIOAKTIVITÄT UND KERNENERGIE
RADIOAKTIVITÄT

01 Urgeschichtliche Höhlenmalerei in Altamira (Spanien)

Radioaktiver Zerfall

Im spanischen Altamira wurden in Höhlen spektakuläre Malereien gefunden. Archäologen haben das Alter der über 900 Malereien auf 10 000 bis 14 000 Jahre bestimmt! Wie können die Wissenschaftler das feststellen?

DIE C-14-METHODE · Die Farbstoffe von Höhlenmalereien sind oft aus Tierknochen und Pflanzenteilen hergestellt worden. Sie enthalten die Kohlenstoffnuklide C-12 und C-14. C-14 ist radioaktiv und wandelt sich unter Aussendung von Betastrahlung in Stickstoff, N-14, um. Solange ein Organismus lebt, nimmt er mit der Nahrung ständig neue C-14-Nuklide zu sich. Daher bleibt das Verhältnis von C-12 und C-14 im Organismus stabil.

Wenn der Organismus stirbt, nimmt er kein radioaktives C-14 mehr auf. Die Menge an C-14-Nukliden nimmt ab. Dadurch ändert sich das Verhältnis von C-12 zu C-14. Wissenschaftler können dieses Verhältnis bestimmen und daraus Rückschlüsse auf das Alter der Probe ziehen. ▸ Bild 02 zeigt, wie der Anteil noch nicht zerfallener C-14-Nuklide im Laufe der Zeit abnimmt.

DIE HALBWERTSZEIT · Nach 5730 Jahren ist die Anzahl von C-14-Nukliden auf die Hälfte der Ausgangsmenge zurückgegangen. Nach 11 460 Jahren, also der doppelten Zeitspanne, sind nur noch 25 % vorhanden. Die Anzahl der C-14-Nuklide hat sich also erneut halbiert. Nach weiteren 5730 Jahren sind nur noch 12,5 % der ursprünglichen Anzahl vorhanden, was eine weitere Halbierung bedeutet (▸ Bild 02). Entsprechend hat die Menge von N-14 zugenommen. Der Stickstoff ist allerdings gasförmig und entweicht weitgehend aus der Probe.

Die in ▸ Bild 02 dargestellte Gesetzmäßigkeit gilt auch für alle anderen radioaktiven Nuklide. Nur misst man bei der Untersuchung anderer radioaktiver Stoffe andere Zeitspannen für eine Halbierung und erhält andere Zerfallsprodukte.

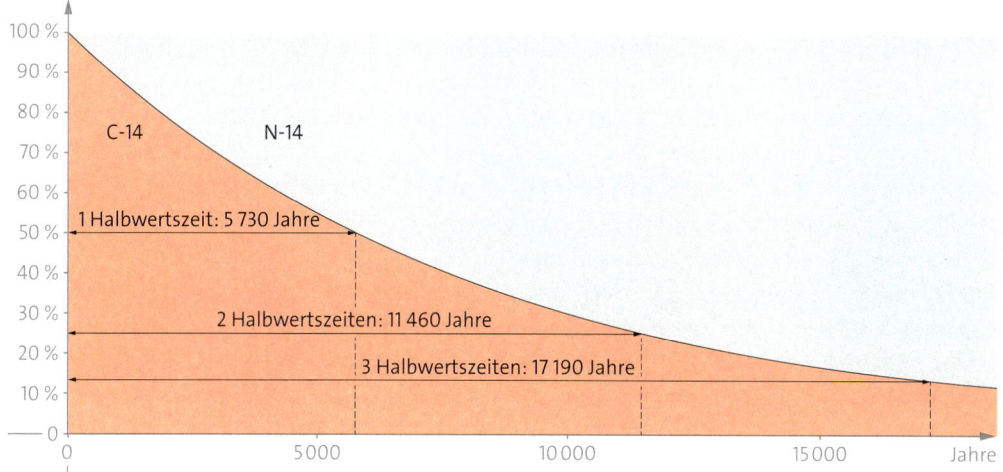

02 Der Anteil nicht umgewandelter C-14-Kerne in einer Probe (idealisierte Darstellung).

Nuklid	Halbwertszeit
B-12	20 ms
Rn-220	55,6 s
C-14	5730 a
Pu-239	24110 a
K-40	$1{,}277 \cdot 10^9$ a

03 Halbwertszeiten einiger radioaktiver Stoffe

Die Zeitspanne, in der die Hälfte einer radioaktiven Probe zerfällt, heißt **Halbwertszeit $T_{1/2}$**. Sie ist so charakteristisch wie ein Fingerabdruck: Jedes radioaktive Nuklid hat eine andere Halbwertszeit. Halbwertszeiten können von Sekundenbruchteilen bis zu Hunderten von Milliarden Jahren reichen (▶ Tabelle 03).

> Die Halbwertszeit $T_{1/2}$ ist die Zeitspanne, in der die Hälfte der Menge eines radioaktiven Stoffs zerfällt. $T_{1/2}$ ist eine charakteristische Größe für instabile Atomkerne.

Zerfälle kann man nicht durch eine Veränderung physikalischer Größen wie Temperatur oder Druck beeinflussen. Der Zerfall eines Kerns geschieht immer zufällig. Niemand kann voraussagen, wann ein bestimmter Kern zerfällt. Die Halbwertszeit ist eine rein statistische Größe. Aussagen auf der Grundlage der Halbwertszeit sind somit erst dann zuverlässig, wenn eine große Anzahl von Kernen betrachtet wird.

AKTIVITÄT · Die Anzahl aller Kernzerfälle eines Stoffs in einer bestimmten Zeitspanne nennt man Aktivität. Wenn in einer Sekunde 100 Kerne umgewandelt werden, beträgt die Aktivität 100 Becquerel, denn die Einheit $\frac{1}{s}$ wird in der Kernphysik als **1 Becquerel (1 Bq)** bezeichnet.

> Die Aktivität gibt die Anzahl der radioaktiven Zerfälle einer Stoffmenge pro Zeiteinheit an.
> Die Einheit ist $1\,\text{Bq} = \frac{1}{s}$.

Zählrohre weisen Kernzerfälle nach. Mit ihnen lässt sich die Aktivität abschätzen: Jedes Signal des Zählrohrs entspricht dem radioaktiven Zerfall eines Kerns. Deshalb hängt die gemessene Zählrate von der Anzahl der vorhandenen radioaktiven Kerne und ihrer Halbwertszeit ab.
Wenn man nun bei der Analyse einer Probe mit tierischen oder pflanzlichen Anteilen, beispielsweise Farbpartikeln einer Höhlenmalerei, eine verringerte Zählrate und damit eine verringerte Aktivität feststellt, dann lässt sich daraus das Alter der Probe bestimmen. ▶ Bild 02 zeigt, dass eine Probe etwa 5730 Jahre alt ist, wenn sich die Hälfte der enthaltenen C-14-Nuklide umgewandelt hat. Die Altersbestimmung auf Grundlage der Halbwertszeit ist bei sehr kleinen Proben allerdings unsicher, weil der Zerfall der Kerne zufällig geschieht und die Zählrate daher statistischen Schwankungen unterliegt.

1 In den Skelettknochen einer Moorleiche lassen sich noch 80 % der ursprünglichen C-14-Kerne nachweisen. Ermittle das ungefähre Alter der Moorleiche.

Das Becquerel ist eine SI-Einheit und trägt diesen Namen zu Ehren von ANTOINE HENRI BECQUEREL, einem der Entdecker der Radioaktivität.

RADIOAKTIVITÄT UND KERNENERGIE
RADIOAKTIVITÄT

ZERFALLSREIHEN · Viele radioaktive Nuklide kommen in der Natur vor – sie umgeben uns ständig. Sie wandeln sich um, indem sie Alpha- oder Betateilchen aussenden. Oft entsteht dabei auch noch Gammastrahlung. Das im Gas Radon enthaltene Nuklid Rn-220 wandelt sich z.B. um, indem es Alphateilchen aussendet. Ein Alphateilchen besteht aus zwei Protonen und zwei Neutronen. Somit muss nach der Umwandlung ein neuer Stoff entstanden sein, dessen Nukleonenzahl um vier und dessen Ordnungszahl um zwei verringert ist. Die Umwandlung kann durch folgende Gleichung beschrieben werden:

$$^{220}_{86}\text{Rn} \rightarrow {}^{216}_{84}\text{Po} + {}^{4}_{2}\text{He}.$$

Das entstehende Poloniumnuklid Po-216 ist selbst radioaktiv und wandelt sich ebenfalls um. Auf diese Weise sind natürliche radioaktive Nuklide in Zerfallsreihen eingebunden. An ihrem Ende steht jeweils ein stabiles Bleinuklid, das sich nicht mehr weiter umwandelt.

In der Natur kommen drei solcher Zerfallsreihen vor. Ein Beispiel, die Thorium-Reihe, ist in ▶ Bild 01 dargestellt. Sie nimmt ihren Ausgangspunkt beim Nuklid Th-232 und bricht beim Bleinuklid Pb-208 ab. Dieses Nuklid ist stabil, es zerfällt also nicht weiter.

Die beiden weiteren natürlichen Zerfallsreihen beginnen beim Urannuklid U-238 (Uran-Radium-Reihe) und beim Urannuklid U-235 (Uran-Actinium-Reihe).

> Eine Zerfallsreihe ist eine Folge von Umwandlungen radioaktiver Kerne und endet bei einem stabilen Nuklid. In der Natur kommen drei Zerfallsreihen vor.

1) $^{238}_{92}\text{U}$ ist ein Alphastrahler. Welches Nuklid folgt damit in der Uran-Actinium-Reihe? Gib die Umwandlungsgleichung an.

2) Die Uran-Radium-Reihe endet bei dem stabilen Nuklid $^{206}_{82}\text{Pb}$, das gleich zwei Vorgängernuklide hat: einen Alphastrahler und einen Betastrahler. Gib die beiden Vorgängernuklide in der Zerfallsreihe an.

3) Gib eine Vermutung über die Halbwertszeiten der Ausgangsnuklide der Zerfallsreihen an. Begründe deine Vermutung.

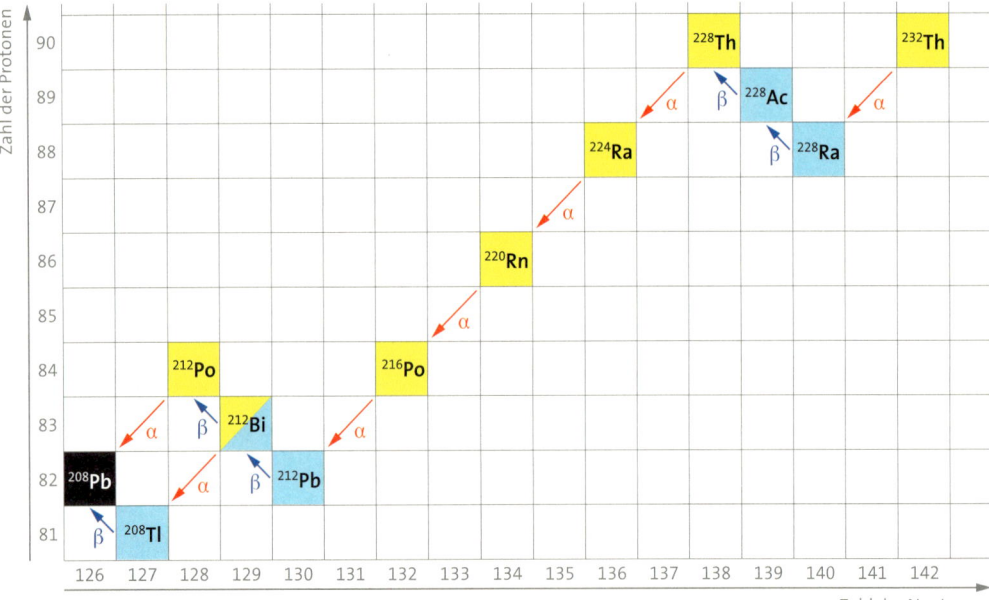

01 Thorium-Zerfallsreihe

MATERIAL

VERSUCH ▸ Modellversuch „Reißnagelzerfall"

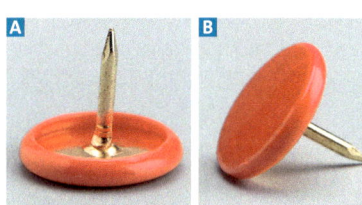

02 Reißnagel: **A** „nicht zerfallen", **B** „zerfallen"

Material:
100 Reißnägel oder mehr
Hinweis: Kleine Reißnagelpackungen enthalten 100 bis 120 Stück.

Durchführung:
Zunächst vereinbaren wir: Reißnägel, die auf dem Rücken liegen, gelten als „nicht zerfallen", gekippte Reißnägel gelten als „zerfallen" (▸ Bild 02).

a) Lege die Reißnägel in einen Behälter, schüttle sie und entleere den Behälter auf einer freien Fläche. Sortiere alle „zerfallenen" Reißnägel aus und notiere ihre Anzahl. Wiederhole den Versuch mit den jeweils verbliebenen Reißnägeln so oft, bis alle Reißnägel „zerfallen" sind.
b) Notiere deine „Messwerte" in ▸ Tabelle 04 und stelle das Ergebnis in einem Säulendiagramm dar.
c) Gib an, welche Vorgänge oder Größen im Modellexperiment der Halbwertszeit und der Aktivität bei einem radioaktiven Zerfall entsprechen. Was entspricht einer Zeiteinheit?

d) Bestimme die „Halbwertszeit" deines Reißnagelzerfalls.
e) Die Vereinbarung über „zerfallene" Reißnägel wird gerade umgekehrt getroffen. Ermittle, wie sich die Halbwertszeit in deinem Versuch ändert.

03 „Zerfallene" Reißnägel scheiden aus.

Anzahl der Würfe	0	1	2	3	4	5	6	...
Anzahl „zerfallener" Reißnägel	0							
Anzahl „nicht zerfallener" Reißnägel	100							

04 „Messwerte"-Tabelle

Material A ▸ Np-237-Reihe

Seit dem Entstehen der Erde vor etwa 4,6 Milliarden Jahren existieren drei natürliche Zerfallsreihen. Theoretisch sollte es noch eine vierte Zerfallsreihe geben. Sie müsste mit dem Nuklid Np-237 beginnen. Jedoch kommt diese Zerfallsreihe in der Natur nicht vor.

A1 a) Gib mithilfe der Nuklidkarte die vollständige Zerfallsreihe ausgehend von Np-237 an.
Hinweis: Das letzte Nuklid dieser Reihe ist das stabile Bi-209.
b) Begründe, dass die Np-237-Zerfallsreihe in der Natur nicht existiert.
Hinweis: Beachte die Halbwertszeiten der Zerfallsprodukte.

Material B ▸ Eine Gleichung für den Zerfall

B1 Ra-226 zerfällt mit einer Halbwertszeit von 1600 Jahren.
a) Bestimme, nach wie viel Jahren noch ein Achtel der ursprünglichen Menge Ra-226 vorhanden ist.
b) Berechne, welcher Anteil nach 80 000 Jahren noch vorhanden ist.

B2 Wenn du die Anzahl der Kerne einer radioaktiven Stoffprobe für einen bestimmten Zeitpunkt und auch die Halbwertszeit kennst, dann kannst du die Anzahl der Kerne für jeden beliebigen Zeitpunkt t berechnen. Wir bezeichnen die Anzahl der Kerne, die zu einem Zeitpunkt t vorhanden sind, mit $N(t)$. Für den Startzeitpunkt $t = 0$ s nennen wir die Anzahl N_0. Die Halbwertszeit $T_{1/2}$ kennst du schon. $N(t)$ ist dann:

$$N(t) = N_0 \cdot \left(\frac{1}{2}\right)^{\frac{t}{T_{1/2}}}.$$

Diese Gleichung wird **Zerfallsgesetz** genannt.

Das Alter der Höhlenmalereien in Altamira in Spanien wurde mit der C-14-Methode auf 10 000 Jahre bestimmt. Berechne mit dem Zerfallsgesetz, welcher Anteil des ursprünglich vorhandenen C-14 nach 10 000 Jahren noch vorhanden ist ($T_{1/2}$ von C-14: 5730 Jahre).

RADIOAKTIVITÄT UND KERNENERGIE
NUTZEN UND GEFAHREN DER KERNPHYSIK

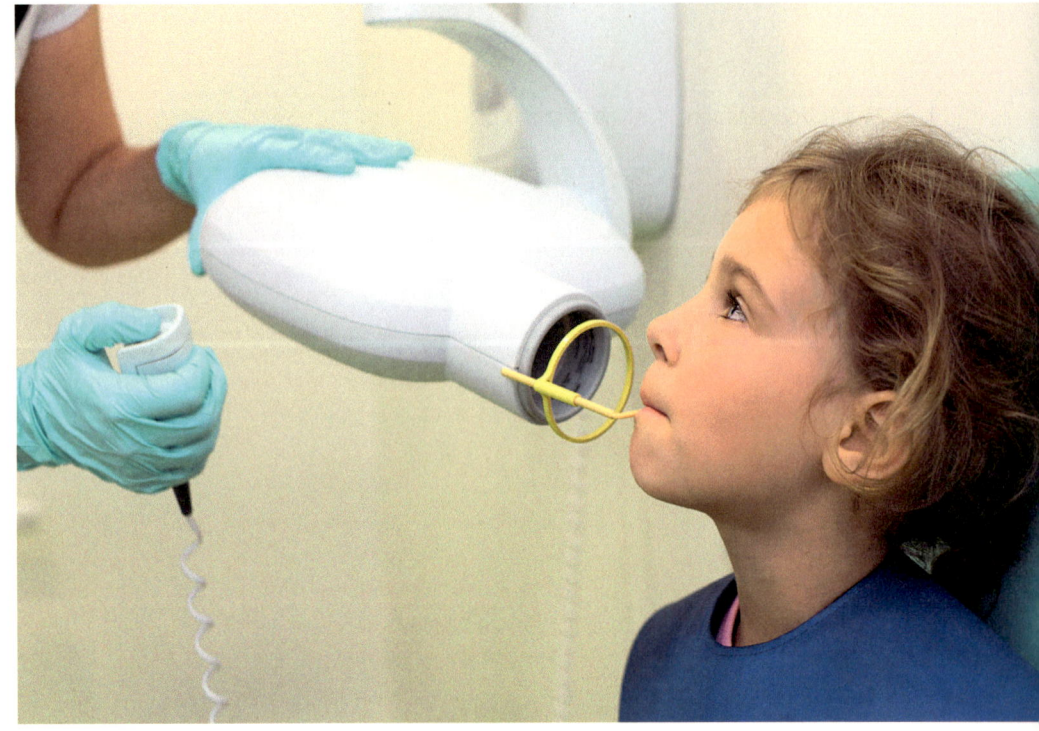

01 Röntgenaufnahme beim Zahnarzt

Strahlenschäden und Strahlenschutz

Vielleicht kennst du das: In der Zahnarztpraxis wird eine Röntgenaufnahme von den Zähnen gemacht. Im Bild oben trägt die Patientin eine blaue Bleiweste. Warum ist diese Schutzmaßnahme wichtig?

Im Englischen spricht man heute noch von *x-rays*.

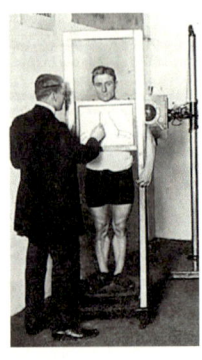

02 Röntgenaufnahme vor über 100 Jahren

WIRKUNG IONISIERENDER STRAHLUNG · Ein Jahr vor der Entdeckung der natürlichen Radioaktivität stieß WILHELM CONRAD RÖNTGEN 1895 auf eine bis dahin unbekannte Strahlung. Er nannte sie „X-Strahlung". Diese Strahlung wirkt ebenso wie die Alpha-, Beta- und Gammastrahlung ionisierend und wird heute Röntgenstrahlung genannt. Sie begegnet uns z. B. bei der Röntgenaufnahme unserer Zähne.
Wie Gammastrahlung ist auch Röntgenstrahlung eine elektromagnetische Strahlung und durchdringt verschiedene Stoffe unterschiedlich gut. Schnell erkannte man ihren Nutzen für die Medizin. Jedoch dauerte es Jahrzehnte, bis man auch eine Gefahr für die Gesundheit durch unkontrollierte und sorglose Röntgenbestrahlung des Körpers feststellte (▶ Bild 02).

Heute weiß man, dass ionisierende Strahlung Moleküle in unserem Körper zerstören kann. Denn als Folge der Ionisation kommt es zu chemischen Reaktionen im bestrahlten Körperteil. So werden beispielsweise im Wassermolekül (H_2O) die Hüllen der Atome verändert und dadurch die chemischen Bindungen umgebaut. Es entsteht Wasserstoffperoxid (H_2O_2), ein Zellgift, das bereits in recht geringer Konzentration schädlich ist.

Als biologische Folge der Ionisation kann es zu Schäden am Erbgut, der DNA, kommen. Dann können nicht mehr alle Zellbestandteile wie vorgesehen hergestellt werden. Die betroffenen Zellen zeigen dann ein verändertes biologisches Verhalten.

/// Alpha-, Beta-, Gamma- und Röntgenstrahlung ionisieren Moleküle im menschlichen Körper. Dabei kann die DNA und damit die Erbinformation beschädigt werden.

WEGE IONISIERENDER STRAHLUNG IN DEN KÖRPER · Die natürliche Strahlung in unserer Umwelt stammt aus der Luft, aus dem Boden oder aus Baumaterialien wie Ziegelsteinen. Außerdem gelangen über die Nahrungskette und mit der Atmung radioaktive Substanzen in unseren Körper. Damit werden wir Menschen selbst auch zu Strahlenquellen. Die Wege der Strahlung in unseren Körper zeigt ▶ Bild 03.

Wir müssen hier allerdings zwischen den verschiedenen Strahlenarten unterscheiden. Alphastrahlung wird bereits durch ein Blatt Papier oder die äußerste Schicht der menschlichen Haut abgeschirmt. Diese Strahlung wird aber dann gefährlich, wenn sie über die Atmung oder mit der Nahrung in unseren Körper gelangt.

Betastrahlung wie auch Gamma- und Röntgenstrahlung kann Kleidung und Haut durchdringen. Sie gelangt also direkt von außen in den Körper. Damit z.B. bei einer Röntgenuntersuchung nur die für die Diagnose notwendige Körperregion durchstrahlt wird, muss der restliche Körper mit einem gut abschirmenden Material geschützt werden. Diese Funktion übernimmt die Bleiweste in ▶ Bild 01.

STRAHLENSCHÄDEN · Das Leben auf der Erde entwickelte sich von Beginn an unter den Bedingungen natürlicher Radioaktivität. Deshalb kann unser Organismus geschädigte Zellen erkennen und sogar reparieren. Wird dieses natürliche Abwehrsystem überfordert, dann kommt es zu Strahlenschäden.

Das Ausmaß und die Art der Schädigung hängen von mehreren Faktoren ab. Grundsätzlich gilt: Je stärker die Strahlung ist und je länger die Bestrahlung andauert, desto schwerwiegender sind die Strahlenschäden. Es kommt auch darauf an, welche Organe oder Gewebearten bestrahlt werden. Eine Einteilung der Organempfindlichkeiten findest du in ▶ Bild 04.

Darüber hinaus ist die biologische Wirkung abhängig von der Art der Strahlung.

> Die biologische Wirkung von ionisierender Strahlung hängt von der Intensität, der Dauer und der Art der Strahlung sowie von der Empfindlichkeit des bestrahlten Organs ab.

Die Wahrscheinlichkeit des Auftretens von Strahlenschäden und ihr Ausmaß ist aber auch abhängig von individuellen Faktoren wie dem Immunsystem.

Wenn Körperzellen von der ionisierenden Strahlung betroffen sind, können Veränderungen des Blutbildes, Organschäden oder Krebs entstehen. Man spricht von **somatischen Schäden.**

Sind allerdings Keimzellen betroffen, kann dies beim Bestrahlten zur Sterilität oder bei seinen Nachkommen zu **genetischen Schäden** wie Fehlbildungen, z.B. Gaumenspalten, und Erbkrankheiten wie dem Down-Syndrom führen.

> Somatische Strahlenschäden treten beim einzelnen Individuum auf.
> Bei genetischen Strahlenschäden wirken sich die biologischen Veränderungen erst bei den Nachkommen aus.

04 Strahlenempfindlichkeit von Organen und Gewebearten

03 Wege ionisierender Strahlung in den Körper

RADIOAKTIVITÄT UND KERNENERGIE
NUTZEN UND GEFAHREN DER KERNPHYSIK

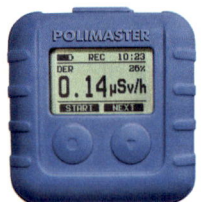

01 Einfaches Dosimeter für den Personenschutz

02 Symbole zur Warnung vor radioaktiven Stoffen und ionisierender Strahlung

DIE EFFEKTIVE STRAHLENDOSIS · Du kennst die Aktivität als Eigenschaft radioaktiver Stoffe. Sie sagt aber nichts über die Wirkungen im Körper aus. Um das Risiko für Strahlenschäden beurteilen zu können, benötigen wir eine neue Größe.

Mit Dosimetern lässt sich die Energie messen, die durch Strahlung auf einen Körper übertragen wird: die Strahlendosis (▶ Bild 01). Aus der gemessenen Strahlendosis wird die **effektive Äquivalentdosis** berechnet. Sie berücksichtigt die unterschiedlichen Wirkungen der Strahlenarten. Außerdem werden in dieser Größe den Organen je nach Strahlungsempfindlichkeit bestimmte Faktoren zugeordnet. Die Einheit der effektiven Äquivalentdosis ist ein **Sievert (1 Sv)**. Oft wird die Dosis in Millisievert (mSv) oder Mikrosievert (µSv) angegeben.

Experten gehen heute davon aus, dass eine effektive Äquivalentdosis von wenigen Millisievert pro Jahr kein erhöhtes Risiko für eine Strahlenkrankheit darstellt. Empfängt ein Mensch jedoch innerhalb kurzer Zeit eine effektive Dosis von 4 Sv, also ungefähr das 1700-Fache von 2,4 mSv, dann ist die Wahrscheinlichkeit einer Erkrankung mit Todesfolge sehr groß.

> Die effektive Äquivalentdosis gibt Auskunft über biologische Strahlenwirkungen. Sie berücksichtigt Strahlenarten und Strahlenempfindlichkeiten der Organe.
> Die Einheit ist ein Sievert (1 Sv).

SCHUTZ VOR STRAHLUNG · Für ein möglichst geringes gesundheitliches Risiko durch ionisierende Strahlung müssen bestimmte Regeln eingehalten werden. Für Anwendungen in Medizin, Technik und Forschung, aber auch beim Experimentieren in der Schule gilt:
1. Die Aktivität des benutzten Stoffs soll so gering wie möglich gehalten werden.
2. Die Zeit, in der Menschen ionisierender Strahlung ausgesetzt sind, ist auf das absolut notwendige Minimum zu begrenzen.
3. Der Abstand zwischen Mensch und Strahlenquelle soll so groß wie möglich sein (Mindestabstand einhalten).
4. Die Strahlung soll so gut wie möglich abgeschirmt werden, um ihre Wirkung auf das notwendige Maß zu begrenzen (z.B. Bleiweste).
5. Die Aufnahme radioaktiver Substanzen in den Körper soll möglichst vermieden werden.
Diese Regeln lassen sich als **„5-A-Regel"** des **Strahlenschutzes** kurz zusammenfassen:

> **A**ktivität verringern; **A**ufenthaltsdauer verringern; **A**bstand vergrößern; **A**bschirmung erhöhen; **A**ufnahme vermeiden.

Auch Zigarettenrauch enthält viele radioaktive Isotope. Es gibt Unterschiede je nach Anbaugebiet und Art des Tabaks. Bei einem Konsum von etwa 10 Zigaretten täglich mutest du deinen Bronchien pro Jahr eine Strahlendosis in der Größenordnung zu, wie sie bei etwa 100 Röntgenaufnahmen entsteht.

1) 1965 ermittelten Wissenschaftler, dass Zigarettentabak das radioaktive Isotop Polonium-210 in einer Aktivität von 10 bis 50 Bq pro Kilogramm Tabak enthält. Woher kann das Polonium-210 kommen?

2) Bis in die 1960er Jahre wurden in vielen Schuhgeschäften unabgeschirmte Röntgenapparate verwendet, um die Passgenauigkeit von Schuhen zu prüfen. Schätze die Risiken für die einzelnen Beteiligten ab.

	Strahlenbelastung
Essen einer Banane	0,0001 mSv
Arbeiten vor einem Röhrenmonitor	0,001 mSv pro Jahr
Röntgen des Gebisses	0,005 mSv
Leben in einem Haus aus Ziegelsteinen	0,07 mSv pro Jahr
Flug von Düsseldorf nach San Francisco	0,06 mSv
Computertomografie	2–10 mSv

03 Beispiele für zusätzliche Strahlenbelastungen (ungefähre Werte)

MATERIAL

Material A ▶ Künstliche (zivilisatorische) und natürliche Radioaktivität

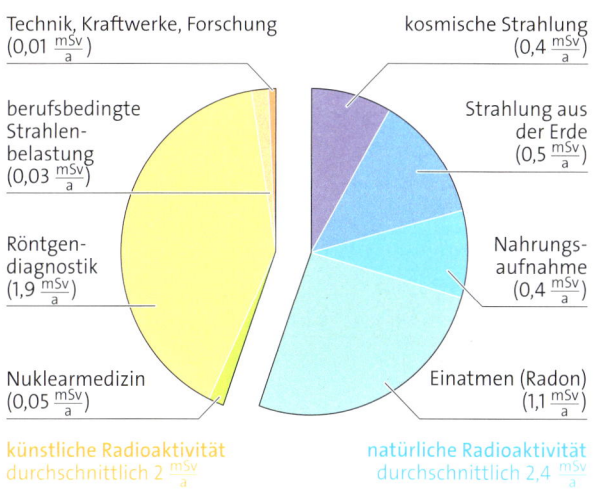

04 Durchschnittliche jährliche Äquivalenzdosis

Das Diagramm zeigt die Werte für die effektive Äquivalentdosis aufgrund der natürlichen und künstlichen Radioaktivität. Dabei handelt es sich um Durchschnittswerte, die individuell stark schwanken können. Die tatsächliche Strahlenbelastung eines Menschen hängt von verschiedenen Faktoren ab, z. B. von Wohnort, Beruf und Lebensweise.

A1 Für Flüge in normaler Reisehöhe (12 km) wird aufgrund der kosmischen Strahlung eine zusätzliche Belastung von 0,005 $\frac{mSv}{h}$ angenommen. Bestimme daraus für einen Flug von Frankfurt nach New York – Flugdauer ca. 8 Stunden – den Anteil an der durchschnittlichen jährlichen Gesamtstrahlung.

A2 Berechne, nach wie vielen Flugstunden das Bordpersonal die durchschnittliche berufsbedingte Strahlenbelastung erreicht hat.

Material B ▶ Auch der Stoffwechsel spielt eine Rolle – Die biologische Halbwertszeit

Für eine Bewertung des Risikos von Schäden durch Radioaktivität aus Umwelt und Technik oder durch medizinische Anwendungen ist die Halbwertszeit eine wichtige Größe. Sie macht eine Aussage darüber, wie schnell die Strahlung einer radioaktiven Substanz abklingt.

Für radiologische Untersuchungen (z. B. Szintigrafien) wird dem Patienten eine radioaktive Substanz verabreicht. Dann befindet sich die Strahlenquelle im Körper. Nun kommt es auch darauf an, wie schnell sie biologisch abgebaut bzw. ausgeschieden wird. Man spricht hierbei von der **biologischen Halbwertszeit** T_{biol}. Aus dieser wird dann mit der physikalischen Halbwertszeit T_{phys} zusammen eine neue Größe berechnet, in der sowohl der biologische als auch der physikalische Effekt berücksichtigt wird: die **effektive Halbwertszeit** T_{eff}. Du kannst sie so berechnen:

$$T_{eff} = \frac{T_{phys} \cdot T_{biol}}{T_{phys} + T_{biol}}.$$

Gelangt z. B. Tritium (H-3) in unseren Körper, dann ist einerseits die große physikalische Halbwertszeit sehr ungünstig. Andererseits wird Tritium im Körper recht schnell abgebaut. Anders ist es z. B. bei dem Nuklid Phosphor-32, das auch in der Medizin verwendet wird. Hier verläuft der biologische Abbauprozess langsam. Dafür ist die physikalische Halbwertszeit relativ klein.

Nuklid	Symbol	Strahlung	T_{phys}	T_{biol}	T_{eff}
Tritium	$^{3}_{1}H$	β	12,3 a	12 d	12 d
Phosphor-32	$^{32}_{15}P$	β	14,2 d	3 a	14 d
Kalium-40	$^{40}_{19}K$	β, γ	$1,3 \cdot 10^9$ a	58 d	
Strontium-89	$^{89}_{38}Sr$	β, γ	50,5 d	49 a	
Technetium-99m	$^{99}_{43}Tc$	β, γ	6 h	6–24 h	
Iod-131	$^{131}_{53}I$	β, γ	8 d	80 d	
Caesium-137	$^{137}_{55}Cs$	β, γ	30,2 a	110 d	
Radium-226	$^{226}_{88}Ra$	α, γ	1600 a	45 a	

05 Halbwertszeiten

B1 Übertrage die Tabelle in dein Heft und berechne die fehlenden Werte der effektiven Halbwertszeit.

B2 Für die radiologische Untersuchung der Schilddrüse wurde den Patienten früher Iod-131 verabreicht. Heute wird dafür das Nuklid Technetium-99m verwendet. Gib einen Vorteil der Verwendung von Tc-99m an.

RADIOAKTIVITÄT UND KERNENERGIE
NUTZEN UND GEFAHREN DER KERNPHYSIK

BLICKPUNKT

Strahlenmedizin

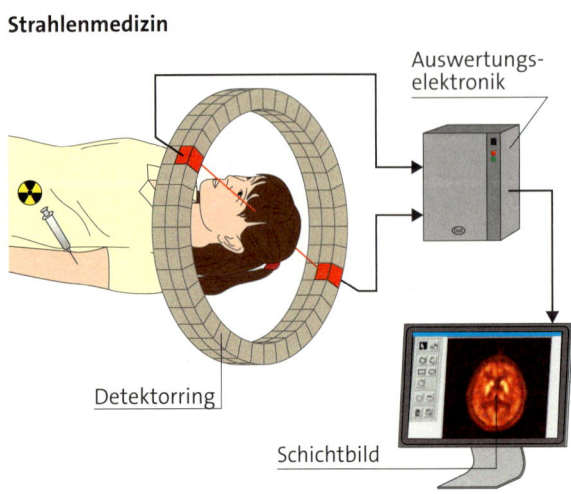

01 Positronen-Emissions-Tomografie

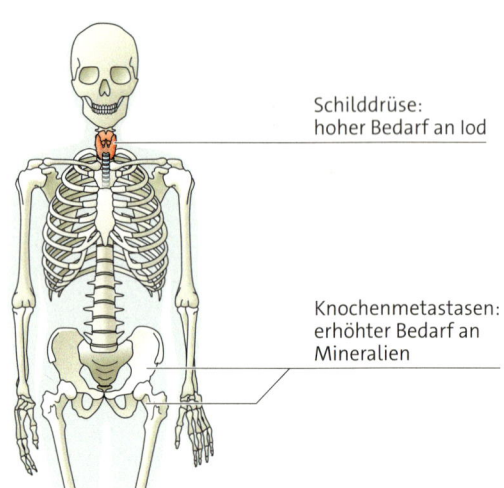

02 PET kann erhöhten Stoffwechselbedarf nachweisen.

Jährlich erkranken in Deutschland mehr als 500 000 Menschen an **Krebs.** Bei ihnen vermehren sich Zellen unkontrolliert, es bilden sich Tumoren. Glücklicherweise sind die Ärzte heutzutage in der Lage, viele Arten von Krebs zu heilen. Schwierig wird die Therapie jedoch, wenn der Krebs spät erkannt wird. Das gilt insbesondere dann, wenn der Primärtumor bereits gestreut hat, wenn sich also schon Krebszellen im Körper verbreitet haben. Man spricht von **Metastasenbildung.**

Diagnose · Wenn der Arzt Tumoren oder Krebs vermutet, werden häufig bildgebende Verfahren angewendet, um in den Körper des Patienten zu blicken, ohne diesen aufschneiden zu müssen. Die wichtigsten bildgebenden Verfahren sind neben der Sonografie die mit ionisierender Strahlung arbeitende Röntgendiagnostik (inklusive der Computertomografie) und die Positronen-Emissions-Tomografie.

Die Sonografie, umgangssprachlich Ultraschalluntersuchung genannt, wird am häufigsten angewendet. Hierbei werden Schallwellen in den Körper geschickt, die an dem Gewebe unterschiedlich stark reflektiert und von einem Detektor gemessen werden.

Bei der **Röntgendiagnostik** dagegen werden Röntgenstrahlen durch den Körper geschickt und auf der anderen Seite detektiert. Dabei absorbieren Körpergewebe und Knochen die Röntgenstrahlung unterschiedlich gut, sodass verschieden viel Strahlung auf der Rückseite ankommt. Dadurch entsteht eine Art Foto vom Körperinneren.

Die **Computertomografie** nimmt hierbei eine besondere Rolle ein. Hierbei wird nicht nur ein einzelnes Bild vom Körper gemacht, sondern gleich mehrere aus unterschiedlichen Positionen. Diese Bilder werden dann von einem Computer zusammengefügt, sodass aus den Daten eine dreidimensionale Darstellung vom Körperinneren aus verschiedenen Blickwinkeln errechnet werden kann.

Für die **Positronen-Emissions-Tomografie** (kurz: PET) muss der Patient ein radioaktives Medikament einnehmen, beispielsweise Fluor-18. Die chemischen Eigenschaften des Präparats legen fest, wie es sich im Körper verteilt. Der Tomograf misst die Strahlung, die entsteht, wenn das im Körper verteilte Medikament zerfällt (▸ Bild 01). Aus diesen Informationen erzeugt ein Computer Schnittbilder des Körpers. Mithilfe dieser Bilder stellt ein Arzt fest, an welchen Stellen im Körper das Medikament zerfällt und kann daraus Schlüsse über die Funktion von Stoffwechsel und Organen ziehen.
Tumorzellen haben meistens einen aktiveren Stoffwechsel, deshalb nehmen sie mehr von dem Medikament auf, als es für das betroffene Organ typisch wäre.

Therapie · Damit Tumoren nicht unkontrolliert weiterwachsen, werden häufig sogenannte „Chemotherapien" angewendet: Dem Patienten werden Stoffe verabreicht, die Zellen mit einer hohen Teilungsrate angreifen und zerstören. Aber nicht nur Tumorzellen teilen sich schnell, sondern auch einige gesunde Zellen wie Haarwurzeln und Blutbildungszellen im Knochenmark. Deshalb fallen den meisten Patienten während einer Chemotherapie die Haare aus. Aber auch andere Nebenwirkungen wie Übelkeit und Erbrechen können auftreten. Um gezielter gegen Tumoren vorgehen zu können, nutzen Mediziner deshalb auch ionisierende Strahlung. Wenn dabei radioaktive Stoffe zum Einsatz kommen, spricht man von **Radionuklidtherapie.** Dabei werden dem Patienten radioaktive Isotope in die Blutbahn injiziert. Diese Radionuklide gelangen zu den Tumorzellen und vernichten diese.

Wirkung · Für die Bestrahlung von Metastasen oder Tumoren nutzt man meist Betastrahler. Die Reichweite der Betastrahlung liegt im Körper bei einigen Millimetern bis Zentimetern. Für die Bekämpfung besonders strahlenresistenter Krebszellen verwendet man aber auch Alphastrahler. Die Reichweite von Alphastrahlung beträgt im Körper nur wenige zehn Mikrometer, also nur einige Zelldurchmesser. Alphateilchen schädigen umliegendes Gewebe somit kaum, wechselwirken dafür umso stärker mit den Tumorzellen: Sie zertrümmern Moleküle und zerstören dabei wichtige Bestandteile der bestrahlten Zellen wie Enzyme und DNA: Die betroffenen Zellen sterben ab.

Wenn die Mediziner die Radionuklide in die Blutbahn spritzen, müssen sie das Risiko, andere Körperzellen zu schädigen, möglichst gering halten. Denn radioaktive Strahlung zerstört gesunde ebenso wie kranke Körperzellen. Wie schaffen es die Mediziner, die radioaktiven Substanzen an die richtigen Stellen im Körper zu transportieren?

Eine Methode nutzt die besonderen Stoffwechseleigenschaften von Tumorzellen (▸ Bild 02). Zum Beispiel haben Schilddrüsenzellen einen sehr hohen Bedarf an Iod. Befindet sich der Tumor also in der Schilddrüse, wird dem Patienten das radioaktive Isotop Iod-131 verabreicht. Da dieses Isotop die gleichen chemischen Eigenschaften besitzt wie nicht radioaktives Iod, wird es von der Schilddrüse ebenso aufgenommen. Die Tumorzellen werden von innen bestrahlt und getötet. Ähnlich verhält es sich bei Knochenmetastasen. Diese wachsen schneller als normale Knochenzellen und haben somit einen erhöhten Bedarf an Mineralien wie Kalzium. Auch hier werden radioaktive Präparate genutzt, die ähnliche chemische Eigenschaften haben wie das nicht radioaktive Kalzium, z. B. Strontium-89 oder Radium-223. Die radioaktiven Nuklide sammeln sich in den Metastasen an und zerstören diese dann durch ihre Strahlung.

Eine weitere Methode setzt maßgeschneiderte Moleküle ein, um die radioaktiven Stoffe zu den entsprechenden Körperregionen zu transportieren. Man nutzt die Moleküle als „trojanische Pferde". Das funktioniert so:
Manche Krebszellen tragen auf ihrer Oberfläche Moleküle, die sich von denen auf der Oberfläche gesunder Zellen unterscheiden. Diese Moleküle, z. B. Proteine, verraten die erkrankten Zellen. Haben die molekularen trojanischen Pferde nun passende Bindungseigenschaften, um an die Oberflächenmoleküle anzudocken, können sie in die Krebszellen eindringen. Transportieren die „trojanischen Pferde" radioaktive Stoffe, dann zerstören diese die Krebszellen.

Entscheidend für die Behandlung ist, dass das radioaktive Nuklid möglichst schnell zu den Tumorzellen gelangt, damit möglichst viele Zerfälle in diesen Zellen stattfinden. Dafür eignen sich vor allem Radionuklide mit kurzen Halbwertszeiten, denn sonst wird das Präparat wieder ausgeschieden, bevor viele Zerfälle stattgefunden haben. Das bedeutet, dass diese Nuklide nicht gelagert werden können, sondern extra für die Behandlung eines Patienten hergestellt werden müssen. Würde man die Nuklide lagern, so zerfielen sie bereits, bevor sie in den Körper aufgenommen werden können.

1) Lies nach, auf welche Weise Odysseus die Schlacht um Troja gewonnen hat. Erkläre anschließend, weshalb Wissenschaftler die maßgeschneiderten Moleküle, die sie zur Krebstherapie einsetzen, als „trojanische Pferde" bezeichnen.

RADIOAKTIVITÄT UND KERNENERGIE
NUTZEN UND GEFAHREN DER KERNPHYSIK

01 Die Sonne – eine nahezu unerschöpfliche Energiequelle

Kernenergie

> Fast unerschöpflich ist der Energievorrat der Sonne. Ihr Inneres „brennt" durch Kernverschmelzung. Billiger „Brennstoff" und keine Abgase – wäre das nicht auch die Lösung aller Energieprobleme auf der Erde?

KERNENERGIE UND MASSE · In der Sonne verschmelzen leichte Kerne zu schwereren Kernen, z. B. Wasserstoff zu Helium. Eine Rechnung für solch einen Prozess zeigt dabei etwas Erstaunliches: Ein $^4_2$He-Kern besteht aus zwei Protonen und zwei Neutronen. Addiert man deren Massen (▶ Tabelle 02), so erhält man $6{,}6950 \cdot 10^{-27}$ kg – das ist mehr als die Masse des Heliumkerns! Beim Verschmelzen der Bestandteile ist offenbar Masse verloren gegangen (▶ Bild 03). Messungen zeigen auch für andere Kernmassen solche Abweichungen. Physiker sprechen hierbei vom **Massendefekt**.

Der Massendefekt bei einer Kernumwandlung, also z. B. wenn Kerne verschmelzen, ist proportional zur Energie, die bei der Umwandlung abgegeben wird. Man spricht von **Kernenergie**.

Für den Zusammenhang zwischen Massendefekt und abgegebener Energie kann man ALBERT EINSTEINs berühmte Gleichung anwenden, in der c für die Lichtgeschwindigkeit steht:

$$E = m \cdot c^2.$$

Diese Gleichung zeigt, dass Masse in Energie umgewandelt werden kann und umgekehrt.

> In Atomkernen ist Energie gespeichert. Bei Kernumwandlungen werden Masse und Energie ineinander umgewandelt.

03 Massendefekt

Massen einzelner Nukleonen und Atomkerne in kg
Proton ($^1_1$p) $m_p = 1{,}6726 \cdot 10^{-27}$
Neutron ($^1_0$n) $m_n = 1{,}6749 \cdot 10^{-27}$
Heliumkern ($^4_2$He) $m_{He} = 6{,}6447 \cdot 10^{-27}$
Kohlenstoffkern ($^{12}_{6}$C) $m_C = 19{,}9210 \cdot 10^{-27}$

02 Nukleonen- und Kernmassen

04 Der Schleiernebel – Überreste einer Supernova

05 ITER – eine Forschungsanlage zur Kernfusion

KERNFUSION IN STERNEN · Das Verschmelzen von Kernen zu einem neuen Kern bezeichnet man als Kernfusion. In Sternen läuft die Kernfusion als natürlicher Prozess von selbst ab. Im Laufe seines „Lebens" entsteht in einem Stern wie unserer Sonne zunächst aus Wasserstoff Helium. Später werden aus den Heliumkernen weitere schwerere Kerne gebildet. So entstehen die Kerne bis $^{56}_{26}$Fe und $^{56}_{28}$Ni, z. B. auch Kohlenstoff, der Grundbaustein allen Lebens.

Wenn ihr Brennstoff zur Neige geht, fallen Sterne aufgrund der Schwerkraft in sich zusammen. Es kommt zu einer Explosion, bei der die äußere Hülle des Sterns abgesprengt wird. Solche Explosionen heißen **Supernovae.** ▸ Bild 04 zeigt die Überreste einer solchen Supernova, die vor über 5000 Jahren stattgefunden hat. Die für solche heftigen Explosionen notwendige Energie stammt aus der Kernfusion.

KERNFUSION IM LABOR · Wissenschaftler versuchen, es den Sternen nachzumachen. In aufwendigen Experimenten untersuchen sie die Kernfusion von Wasserstoff zu Helium, um sie als Energiequelle nutzbar zu machen (▸ Bild 05). Eine mögliche Kernreaktion dafür ist:

$^2_1$H + $^3_1$H → $^4_2$He + $^1_0$n.

Das wesentliche Problem besteht darin, die Kerne so nahe zusammenzubringen, dass sie verschmelzen. Hierzu ist sehr viel Energie nötig, da sich die elektrisch positiv geladenen Kerne gegenseitig abstoßen. Erst wenn es gelingt, die Abstoßung zu überwinden, kann man die Kernenergie aus dem Massendefekt nutzen (▸ Bild 06). In Sternen herrschen extreme Bedingungen, die die Fusion in Gang halten. Auf der Erde lässt sich die kontrollierte Fusion bisher nicht zur Energiegewinnung nutzen.

> Bei einer Kernfusion verschmelzen Atomkerne zu einem schwereren Kern. Dabei wird Energie abgegeben.

1) Berechne den Massendefekt, den Massendefekt pro Nukleon sowie die entsprechenden Energien für folgende Kerne:
$^2_1$H (m = 3,3436 · 10^{-27} kg)
$^{12}_6$C (m = 19,9210 · 10^{-27} kg)
$^{56}_{26}$Fe (m = 9,2859 · 10^{-26} kg)

$c = 2{,}997\,924\,58 \cdot 10^8 \frac{m}{s}$

2) In der Sonne läuft die Kernfusion automatisch ab. Erkläre, warum dazu auf der Erde großer Aufwand nötig ist.

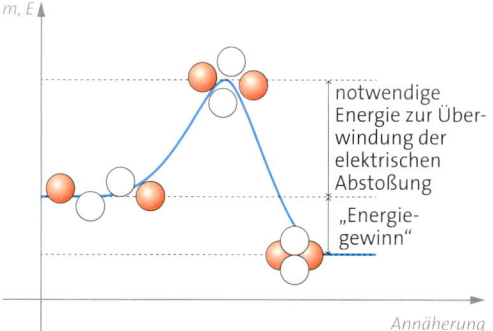
06 Massen- und Energiebilanz bei der Kernfusion

STRUKTUR DER MATERIE
KERNPHYSIK UND RADIOAKTIVITÄT

01 Modellvorstellung zur Kernenergie

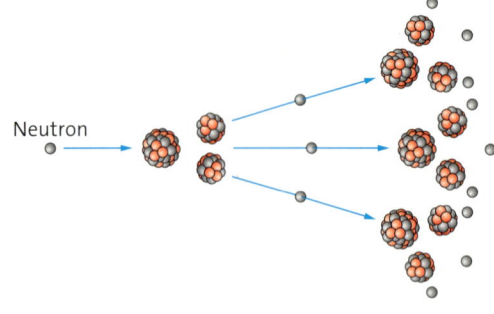

03 Kettenreaktion

1938 entdeckten OTTO HAHN, LISE MEITNER und FRITZ STRASSMANN die Kernspaltung, als sie Uran mit Neutronen beschossen.

KERNSPALTUNG · So wie leichte Atomkerne zu schwereren verschmelzen können, lassen sich auch schwere Kerne in leichtere aufspalten. Ein Modellexperiment hilft zu verstehen, warum bei der Spaltung bestimmter Kerne Energie abgegeben wird (▸ Bild 01):

Zwei starke Magnete sind auf Wagen befestigt. Um die gleichnamigen Pole einander zu nähern, muss man zunächst ihre Abstoßung überwinden. Sind sie sich nahe genug, dann werden die Magnete durch ein Klebeband verbunden. Jetzt stellen die Magnete einen schweren Atomkern dar. Wie im Atomkern ist im System aus zwei Magneten Energie gespeichert. Wenn man nun durch Zerschneiden des Klebebands etwas Energie zuführt, dann wird infolgedessen viel Energie abgegeben: Die Magnete schießen auseinander.

Wenn sich die Nukleonen im Atomkern sehr nah sind, besteht zwischen ihnen eine starke Anziehung. Diese hält die Nukleonen zusammen wie das Klebeband die Magnete. Wie die Magnete stoßen sich die Protonen jedoch gleichzeitig ab. Führt man nun Energie zu, indem man die Kerne mit Neutronen beschießt, dann vergrößern sich die Protonenabstände im Kern. Dadurch übertrifft die elektrische Abstoßung irgendwann die Anziehungskraft. Die Nukleonen stoßen sich nun gegenseitig ab und schießen auseinander.

In Kernkraftwerken nutzt man meist das Urannuklid U-235. Wenn ein Neutron in diesen Kern eindringt, wird dann aus ihm der instabile Kern U-236. Dieser zerplatzt in zwei kleinere Kerne und zwei bis drei Neutronen (▸ Bild 02). Zusätzlich werden ca. $29 \cdot 10^{-12}$ Joule Energie freigesetzt.

> Bei der Kernspaltung zerplatzt ein Atomkern in zwei leichtere Kerne und Neutronen. Dabei wird Energie abgegeben.

DIE KETTENREAKTION · Bei jeder einzelnen Spaltung eines Kerns werden zwei bis drei Neutronen frei. Diese können weitere Kerne spalten. Das spaltbare Material muss also nicht ständig von außen mit Neutronen beschossen werden, sondern die Kernspaltungen laufen unter passenden Bedingungen von selbst ab. Man nennt diesen Vorgang Kettenreaktion (▸ Bild 03). Da bei jeder Spaltung eines schweren Kerns Energie frei wird, kann durch eine Kettenreaktion eine große Menge an Energie freigesetzt werden.

1 Gib die Kernspaltung von U-235 in Symbolschreibweise an.

2 a) Nimm an, bei jeder Kernspaltung entstehen drei Neutronen, die wieder Kerne spalten. Bestimme die Anzahl der Kernspaltungen nach der 5. (10., 20.) „Generation".
b) 1 g U-235 enthält etwa $3 \cdot 10^{21}$ Atomkerne. Berechne, auf welche Höhe man ein Auto mit ihrer Kernenergie anheben könnte.

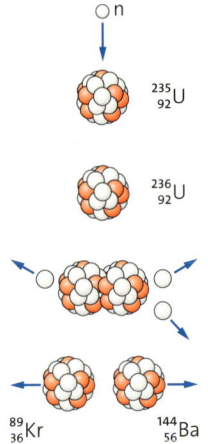

02 Kernspaltung von U-235

KERNREAKTOREN · Um die Kernenergie zur Stromerzeugung zu nutzen, benötigt man ausreichend spaltbares Material und einen Weg, die entstehende Kettenreaktion zu kontrollieren.
Natürliches Uran enthält nur 0,7 % des spaltbaren Nuklids U-235. Um es im Kernkraftwerk in Form von Brennstäben verwenden zu können, erhöht man den Anteil von U-235 auf 3 %. Man spricht von **Anreicherung.**
Damit in den Brennstäben eine Kettenreaktion ablaufen kann, müssen die Neutronen mit der passenden Geschwindigkeit auf die Atomkerne treffen. Dazu sind die Brennstäbe im Kernreaktor von Wasser umgeben (▸ Bild 04). Das Wasser bremst die frei gewordenen Neutronen auf eine Geschwindigkeit ab, bei der die Kettenreaktion in Gang bleibt.
Dafür, dass sich die Kettenreaktion im Reaktor nicht lawinenartig verstärkt, sorgen Steuerstäbe. Sie bestehen aus einem Neutronen schluckenden Material. Indem man die Steuerstäbe zwischen die Brennstäbe schiebt, lässt sich die Kettenreaktion kontrollieren und im Notfall stoppen.
Die im Kernreaktor durch die Kernspaltungen erzeugte Bewegungsenergie der Kernbruchstücke erhitzt durch Stöße das umgebende Wasser (▸ Bild 05). Mit der thermischen Energie wird Dampf erzeugt. Dieser treibt – wie in einem Verbrennungskraftwerk – Dampfturbinen an. Hat der Wasserdampf die meiste Energie abgegeben, wird er im Kondensator abgekühlt und wieder in den flüssigen Zustand gebracht.
Durch die Kernumwandlungen verbraucht sich der Brennstoff U-235 und es entstehen viele andere instabile Kerne, der radioaktive Müll.

FUSIONSREAKTOREN · Fusionsreaktionen finden nur in Gasen statt, in denen sich Atomkerne und Elektronen getrennt haben. Man spricht dann von einem **Plasma.**
Die großen Geschwindigkeiten, die die Kerne brauchen, um einander nahe zu kommen, lassen sich aber nur in einem sehr heißen Plasma erreichen, z.B. in der Sonne. Im Labor bereitet dies größte technische Schwierigkeiten.
Wolfram als das hitzebeständigste Element hat eine Schmelztemperatur von 3400 °C. Das Plasma muss jedoch sehr viel heißer sein und kann daher nicht mit einem Behälter eingeschlossen werden. In einem Tokamak-Fusionsreaktor werden die elektrisch geladenen Teilchen des Plasmas daher durch Magnetfelder in einem Ring gehalten und aufgeheizt (▸ Bild 05).

> Zwar gelingt Kernfusion in experimentellen Reaktoren. Aber bisher wird dabei mehr Energie benötigt als gewonnen.

3 Weitere Kernfusionsreaktionen sind:
$^{2}_{1}H + ^{3}_{2}He \rightarrow ^{4}_{2}He + X$;
$^{2}_{1}H + ^{2}_{1}H \rightarrow ^{3}_{1}H + X$;
$^{2}_{1}H + ^{2}_{1}H \rightarrow ^{3}_{2}He + X$;
Wofür steht jeweils das X?

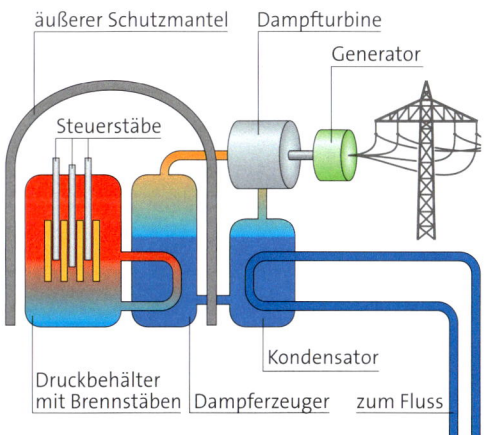

04 Prinzip eines Kernkraftwerks mit Druckwasserreaktor

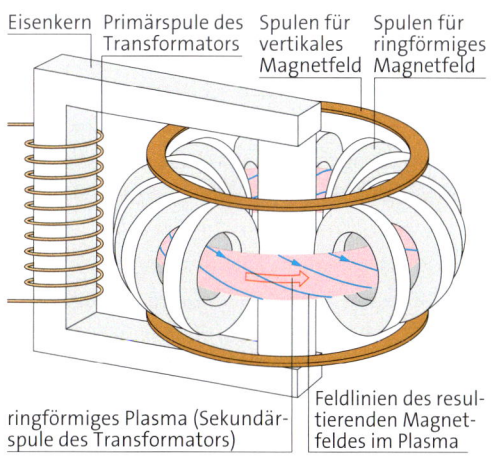

05 Prinzip eines Tokamak-Fusionsreaktors

STRUKTUR DER MATERIE
KERNPHYSIK UND RADIOAKTIVITÄT

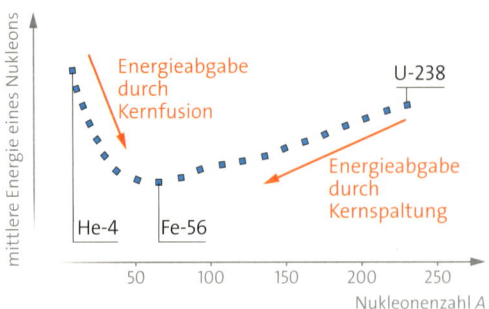

01 Energieabgabe durch Kernreaktionen

ENERGIEGEWINN AUS KERNREAKTIONEN · Aus der Spaltung eines Kerns lässt sich Energie gewinnen, aus der Fusion zweier Kerne ebenso. Wie kann das sein? Das Diagramm im ▶ Bild 01 zeigt die mittlere Energie eines Nukleons in Abhängigkeit von seiner Nukleonenzahl. Bis zum Fe-56 nimmt der Wert ab, dann steigt er wieder an. Energie wird immer dann abgegeben, wenn durch die Kernreaktion die Kernenergie pro Nukleon kleiner wird.

Man kann aus Kernreaktionen immer dann Energie gewinnen, wenn durch die Reaktion die durchschnittliche Kernenergie pro Nukleon kleiner wird.

ENERGIEQUELLEN IM VERGLEICH · Beim Verbrennen fossiler Brennstoffe finden chemische Reaktionen in der Atomhülle statt. Bei Kernreaktionen ist im Vergleich dazu die pro Masse freigesetzte Energie wesentlich größer. Die Verschmelzung von 1 kg Wasserstoff z. B. liefert die gleiche Energiemenge wie das Verbrennen von 1000 t Kohle!

Zur Bewertung der Kernfusion muss aber auch Folgendes berücksichtigt werden: In einem Fusionsreaktor entstehen zwar weniger langlebige radioaktive Abfälle als in Kernkraftwerken, aber auch diese Technologie ist nicht frei davon.

1 ⌋ Erläutere, warum aus Fe-56 keine Kernenergie gewonnen werden kann.

BLICKPUNKT

Die Atombombe wurde ab 1942 im Rahmen des Manhatten-Projekts in den USA entwickelt.

Kernwaffen

Atombombe · Ungesteuert kann eine Kettenreaktion von selbst lawinenartig anwachsen und zu einer Explosion führen. Aus dieser Erkenntnis entwickelten Physiker im Zweiten Weltkrieg Bomben, die am 06. und 09. 08. 1945 die japanischen Städte Hiroshima und Nagasaki auf katastrophale Weise zerstörten und Hunderttausende Menschen töteten. Die entsetzliche Wirkung erschreckte sogar viele, die an der Entwicklung der Bomben beteiligt waren.

Wasserstoffbombe · Unter geeigneten Bedingungen kann es auch zu unkontrollierten Kernfusionen kommen. Die verheerenden Auswirkungen wurden in Tests zuerst von den USA, später auch von anderen Staaten unter Beweis gestellt. Die amerikanische Wasserstoffbombe „Ivy Mike" (▶ Bild 02) hatte fast die 1000-fache Sprengkraft der Hiroshima-Bombe!

2 ⌋ ENRICO FERMI, einer der führenden Physiker beim Bau der Atombombe, soll gesagt haben: „Lasst mich in Ruhe mit euren Gewissensbissen, das ist doch so schöne Physik!" Bewerte.

02 Die USA zündeten 1952 die erste Wasserstoffbombe.

MATERIAL

Material A ▸ Der Brennstoffkreislauf – wirklich ein Kreislauf?

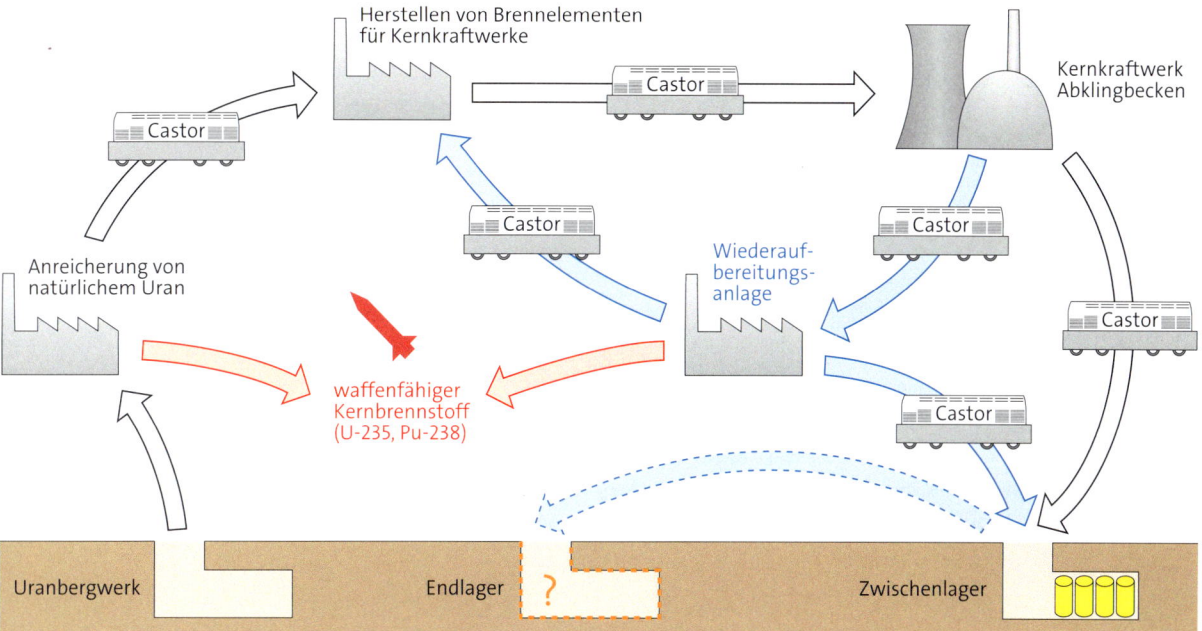

03 Der Weg des Kernbrennstoffs

Deutschland befindet sich in einer Phase der Erneuerung der Energieversorgung. Damit ist die Stilllegung der Kernkraftwerke verbunden. Dennoch muss unsere Gesellschaft das Problem des Kernbrennstoff-Abfalls aus der Vergangenheit lösen: Frische Brennstäbe sind nach einigen Jahren „verbrannt". Durch Kernumwandlungen verbraucht sich das U-235. Der entstehende Abfall ist zum Teil hoch radioaktiv, giftig und entwickelt sehr viel thermische Energie. Er besteht vor allem aus den Nukliden: Np-237, Pu-238, Pu-239, Pu240, Pu-241, Pu-242, Am-241 und Am-243. In Wiederaufbereitungsanlagen werden die radioaktiven Spaltprodukte voneinander getrennt. Dabei erhält man auch Plutonium, das in Kernwaffen eingesetzt werden kann.

A1 Beschreibe die Grafik zum Brennstoffkreislauf.

A2 Recherchiere, wie das „Anreichern" von natürlichem Uran geschieht.

A3 Beurteile Risiken und Probleme auf dem Weg vom natürlichen Uran bis zum Zwischenlager.

A4 Bestimme die Halbwertszeiten der häufigsten Nuklide im radioaktiven Abfall. Berechne, wann die langlebigsten Nuklide auf ein Zehntel abgeklungen sind.

Material B ▸ Endlagerung radioaktiver Abfälle

Die Frage der Endlagerung radioaktiver Abfälle ist ein drängendes Problem. Auch in sozialen Netzwerken wird das Thema diskutiert. Rechts findest du eine Auswahl von Vorschlägen zum Umgang mit den Abfällen aus dem Internet.

- „Den Atommüll einfach bei hohen Temperaturen verbrennen."
- „Verteilen der Abfälle über große Flächen, also verdünnen."
- „Entsorgen im Weltraum, am besten direkt in der Sonne."
- „Entsorgen im Eis der Antarktis oder in Tiefseegräben."

B1 Bewerte die Vorschläge zum Thema Endlagerung. Berücksichtige dabei auch die Lösung von Aufgabe A4.

B2 Erläutere, gegen welche Gefahren eine geeignete Endlagerstätte abgesichert werden muss. Berücksichtige dabei natürliche und zivilisatorische Faktoren.

RADIOAKTIVITÄT UND KERNENERGIE
NUTZEN UND GEFAHREN DER KERNPHYSIK

BLICKPUNKT

⊕ Die Bausteine der Materie

01 Der Teilchenbeschleuniger LHC am CERN

Unsere Welt besteht aus Teilchen, den Atomen. Diese sind aus Protonen, Neutronen und Elektronen zusammengesetzt. Aber dies ist nicht die unterste Stufe der Bausteine, aus denen sich Materie zusammensetzt – es gibt noch viel mehr Teilchen, einen ganzen „Teilchenzoo".

Teilchenbeschleuniger · Um diese Teilchen zu untersuchen, verwenden Wissenschaftler Teilchenbeschleuniger (▸ Bild 01). In solchen Geräten werden bekannte Teilchen, z. B. Protonen, durch elektrische Felder so stark beschleunigt, dass sie fast Lichtgeschwindigkeit erreichen. Nun lassen die Wissenschaftler die schnellen Teilchen kollidieren. Dadurch entstehen neue Teilchen.
Magnetfelder lenken die neuen Teilchen ab. Die ablenkende Kraft kennst du bereits als Lorentzkraft. Aus der Krümmung der Bahnen und der Geschwindigkeit der Teilchen kann man Daten wie elektrische Ladung und Masse der Teilchen ermitteln.

Masse aus Energie · Warum entstehen bei der Kollision von Teilchen, z. B. Protonen, neue Teilchen? Stecken diese neuen Teilchen in den Protonen und werden durch den Zusammenstoß freigesetzt?

Nicht unbedingt: Teilweise entstehen Teilchen aus der hohen Bewegungsenergie der kollidierenden Teilchen. Für den Zusammenhang zwischen Energie und Materie greifen wir auf ALBERT EINSTEINs berühmte Formel $E = m \cdot c^2$ zurück. Sie beschreibt die Umwandlung von Energie E und Masse m ineinander. Der „Wechselkurs" wird dabei durch das Quadrat der Lichtgeschwindigkeit c bestimmt.

Viele der entstehenden Teilchen sind instabil. Sie können in andere Teilchen zerfallen, die dann ebenfalls in den Detektoren der Teilchenbeschleuniger nachgewiesen werden.

Quarks · Beschießt man Protonen oder Neutronen mit schnellen Elektronen, stellt man fest, dass die Nukleonen keine massiven Kugeln oder punktförmigen Teilchen sind. Sie sind also nicht die unterste Stufe der Bausteine, aus denen unsere Materie aufgebaut ist. Vielmehr befinden sich in ihrem Innern jeweils drei elektrisch geladene Bestandteile, an denen die negativ geladenen Elektronen gestreut, d. h. abgelenkt werden (▸ Bild 02). Man nennt diese Bestandteile Quarks, nach dem deutschen Wort Quark, das im Roman „Finnegans Wake" des irischen Schriftstellers James Joyce vorkommt. Joyce hatte das Wort auf einem Bauernmarkt in Freiburg im Breisgau aufgeschnappt, als er durch Deutschland reiste.

Da Protonen aus drei Quarks aufgebaut sind, die jeweils elektrisch geladen sind, muss auch die Protonenladung, die eigentlich als kleinste Ladungseinheit (Elementarladung) gilt, in noch kleinere Portionen teilbar sein. Die sechs bekannten Arten von Quarks tragen je nach Typ elektrische Ladungen von $-\frac{1}{3}$ oder $+\frac{2}{3}$ der Elementarladung. ▸ Bild 02 zeigt, wie sich daraus die Ladung von Proton und Neutron ergibt.

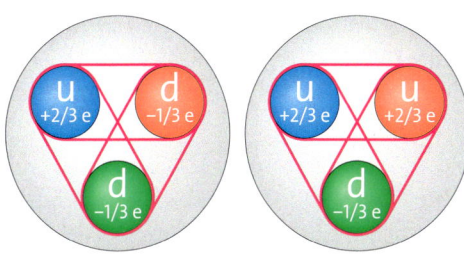

02 Nukleonen bestehen aus drei Quarks.

Standardmodell · Die meisten Teilchen sind aus Quarks zusammengesetzt, andere weisen keine innere Struktur auf, d.h., sie sind punktförmige Elementarteilchen. Dazu gehören z.B. Elektronen, aber auch Photonen, Positronen oder Neutrinos.
Insgesamt sind 17 elementare Teilchenarten bekannt. Die mathematische Beschreibung dieser Teilchen und ihrer Wechselwirkungen nennt man das Standardmodell. Aber auch das Standardmodell kann nicht alle beobachteten Phänomene erklären.

Antimaterie · Manche Kerne zerfallen unter Aussendung von Beta-plus-Strahlung. Diese besteht aus Teilchen mit positiver elektrischer Ladung. Diese Teilchen sind den Elektronen sehr ähnlich und haben z.B. dieselbe Masse. Sie heißen Positronen und sind die Antiteilchen der Elektronen.

Antiteilchen mit entgegengesetzten Ladungen existieren für alle Teilchen. So gibt es zu jedem Quarktyp einen entsprechenden Antiquarktyp, zum Proton ein Antiproton und sogar zu Atomen, die aus Antiteilchen zusammengesetzten Antiatome.

Die Grundkräfte · Teilchen können miteinander wechselwirken, was z.B. als Anziehungs- oder Abstoßungskraft deutlich wird. Es gibt insgesamt vier Grundkräfte. Im Standardmodell wird die Wirkung von Kräften zwischen Teilchen durch den Austausch von speziellen Wechselwirkungsteilchen beschrieben. Hier ein Ausblick:

Elektromagnetische Kraft · Anziehung oder Abstoßung zwischen elektrischen Ladungen und magnetischen Polen entsteht durch die elektromagnetische Kraft. Sie wird durch den Austausch von Photonen vermittelt.

Starke Kraft · Die Kraft, die den Kern eines Atoms zusammenhält, nennt man starke Kraft. Sie wirkt wie ein starkes Gummiband zwischen den Quarks, aus denen die Nukleonen aufgebaut sind, hat aber nur eine geringe Reichweite. Sie wird durch den Austausch sogenannter Gluonen vermittelt.

Schwache Kraft · Die schwache Kraft hat eine extrem geringe Reichweite. Daher bewirkt sie keine Anziehung oder Abstoßung. Allerdings verursacht sie die Umwandlung von einem Quarktyp in einen anderen. Beim Beta-minus-Zerfall z.B. wandelt sich ein Quark eines Neutrons in einen anderen Typ um. Dadurch wird das Neutron zu einem Proton. Als Zwischenschritt entsteht ein sogenanntes W^--Boson, das in ein Elektron und ein Neutrino zerfällt.
Neben dem W^--Boson vermitteln auch das W^+- und das Z^0-Boson die schwache Kraft. Drei Wechselwirkungsteilchen zu haben ist eine Besonderheit der schwachen Kraft.

Schwerkraft · Die Schwerkraft ist die Anziehung von Massen. Sie ist die einzige der Grundkräfte, die man nicht mit dem Standardmodell erklären kann. Man vermutet, dass sie ebenfalls durch den Austausch von bisher nicht nachgewiesenen Teilchen, den Gravitonen, vermittelt wird.

GRUNDWISSEN: RADIOAKTIVITÄT UND KERNENERGIE

Atome und Elektronen

Atome bestehen aus einem kleinen positiv geladenen **Atomkern** und einer negativ geladenen **Atomhülle** aus Elektronen. Nach außen hin ist das Atom elektrisch neutral. Dieses Kern-Hülle-Modell des Atomaufbaus wird als **RUTHERFORD'SCHES Atommodell** bezeichnet.

Ein Atomkern ist ungefähr 10^{-14} m, ein Atom etwa 10^{-10} m groß.

Die Ladungsmenge eines **Elektrons** beträgt $-1{,}602 \cdot 10^{-19}$ C.
Elektrische und magnetische Felder üben Kräfte auf Elektronen aus:
- Im elektrischen Feld wirken auf Elektronen Kräfte entgegengesetzt zur Richtung der elektrischen Feldlinien.
- Im magnetischen Feld werden bewegte Elektronen durch die Lorentzkraft gemäß der Drei-Finger-Regel der linken Hand quer zu den Feldlinien abgelenkt.

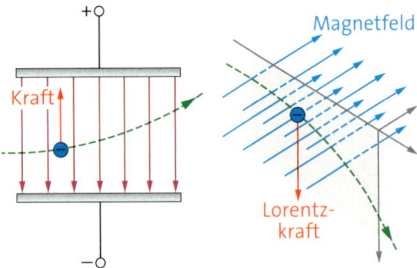

01 Elektron im elektrischen und magnetischen Feld

Atomkern

Atomkerne bestehen aus **Nukleonen:** den elektrisch positiv geladenen **Protonen** und den elektrisch neutralen **Neutronen.** Zwischen den Nukleonen im Atomkern wirkt die Kernkraft. Sie ist bei sehr kleinem Teilchenabstand größer als die zwischen den Protonen wirkende abstoßende elektrische Kraft.

Die **Symbolschreibweise** für Atomkerne ist:

$${}^{\text{Nukleonenzahl}}_{\text{Protonenzahl}}\text{Elementsymbol}.$$

Atomkerne mit gleicher Protonen- und gleicher Neutronenzahl bezeichnet man als **Nuklide.** Nuklide mit der gleichen Protonenzahl und unterschiedlichen Neutronenanzahlen heißen **Isotope.**

Ionisierende Strahlung

Ionisierende Strahlung kann Atome und Moleküle ionisieren. Die Strahlung ist mit den menschlichen Sinnen **nicht wahrnehmbar,** kann aber mit **Zählrohren** oder Nebelkammern nachgewiesen werden. Die Zahl der von einem Zählrohr registrierten Impulse pro Zeiteinheit heißt **Zählrate.**
Da es in der Umwelt ständig ionisierende Strahlung gibt, registrieren Zählrohre eine **Nullrate,** die bei Messungen berücksichtigt werden muss.

Zur ionisierenden Strahlung zählen die **Strahlung radioaktiver Stoffe** und die **Röntgenstrahlung.**
- Als **Alphastrahlung** bezeichnet man Heliumkerne („Alphateilchen"), die von den Atomkernen radioaktiver Stoffe ausgesandt werden. Alphastrahlung wird im elektrischen Feld in Richtung der Feldlinien, im magnetischen Feld quer zu den Feldlinien abgelenkt. Sie hat ein sehr geringes Durchdringungsvermögen und kann durch ein Blatt Papier weitgehend abgeschirmt werden.
- Elektronen, die aus dem Atomkern radioaktiver Stoffe ausgesendet werden, bezeichnet man als **Betastrahlung.** Sie wird im elektrischen Feld entgegengesetzt zur Richtung der Feldlinien, im magnetischen Feld gemäß der Drei-Finger-Regel der linken Hand quer zu den Feldlinien abgelenkt. Betastrahlung hat ein 100-mal größeres Durchdringungsvermögen als Alphastrahlung, kann aber durch eine dünne Aluminiumschicht weitgehend abgeschirmt werden.

- Unter **Gammastrahlung** versteht man elektromagnetische Strahlung, die von den Atomkernen radioaktiver Stoffe ausgeht. Sie wird weder im elektrischen noch im magnetischen Feld abgelenkt. Gammastrahlung hat ein hohes Durchdringungsvermögen und wird am effektivsten durch dicke Bleiplatten abgeschirmt.
- Unter **Röntgenstrahlung** versteht man elektromagnetische Strahlung, die z. B. von stark beschleunigten (bzw. abgebremsten) Elektronen ausgeht. Sie gleicht in ihren Eigenschaften der Gammastrahlung, ist aber weniger energiereich.

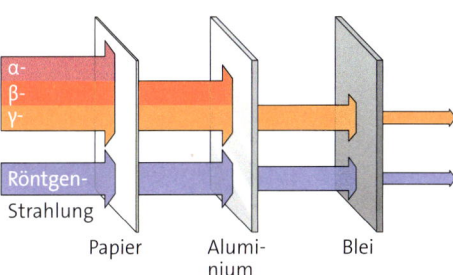

02 Durchdringungsvermögen ionisierender Strahlung

Ionisierende Strahlung kann bei Lebewesen zu **Strahlenschäden** führen, weil sie Moleküle im Körper ionisiert und dabei die DNA beschädigt. Folgen sind Organschäden, Krebs oder Sterilität. Schäden an Keimzellen können zu genetischen Schäden bei den Nachkommen führen.
Die biologische Wirkung hängt von Intensität, Dauer und Art der Strahlung sowie von der Empfindlichkeit des bestrahlten Organs ab. Die Strahlung wird auch gezielt für Diagnose- und Therapieverfahren eingesetzt.

Zum **Schutz vor Strahlung** dient die „5-A-Regel" des Strahlenschutzes:
Aktivität verringern
Aufenthaltsdauer verringern
Abstand vergrößern
Abschirmung erhöhen
Aufnahme vermeiden

Radioaktiver Zerfall

Wandelt sich ein Atomkern eines radioaktiven Stoffs beim Aussenden von Strahlung um, spricht man von **radioaktivem Zerfall**. Der Zerfall eines Kerns lässt sich weder vorhersagen noch beeinflussen.

Eine **Zerfallsreihe** ist eine Folge von Umwandlungen radioaktiver Kerne. Sie endet bei einem stabilen Nuklid. In der Natur kommen drei Zerfallsreihen vor.

Die **Halbwertszeit** $T_{1/2}$ ist die Zeitspanne, in der sich die Hälfte der Kerne eines radioaktiven Nuklids umgewandelt hat. Diese Spanne ist für jedes Nuklid charakteristisch. Da die Halbwertszeit eines Nuklids konstant ist, kann sie zur Altersbestimmung bestimmter Stoffe verwendet werden.

Die **Aktivität** gibt die Anzahl der radioaktiven Zerfälle einer Stoffmenge pro Zeiteinheit an. Die Einheit ist ein **Becquerel** ($1\,\text{Bq} = 1\,\tfrac{1}{s}$).

Kernenergie

In Atomkernen ist Energie gespeichert. Bei Kernumwandlungen werden Masse und Energie ineinander umgewandelt.
- Bei einer **Kernspaltung** zerplatzt ein schwerer Atomkern in zwei mittelschwere Kerne und Neutronen. Dabei wird Energie abgegeben.
- Bei einer **Kernfusion** verschmelzen leichte Atomkerne zu einem schwereren Kern. Dabei wird Energie abgegeben.

Kommt es zu einer **Kettenreaktion**, d. h. zu einer sich selbst erhaltenden, fortlaufenden Serie von Kernumwandlungen, werden große Mengen an Energie freigesetzt. Aus Kettenreaktionen beziehen sowohl die Sonne (Kernfusion) als auch Kernkraftwerke (bisher nur Kernspaltung) ihre Energie.

ÜBERPRÜFE DICH SELBST: RADIOAKTIVITÄT UND KERNENERGIE

A ▸ Atom und Elektron

Kann ich ...

1. das Experiment von RUTHERFORD beschreiben und die Folgerungen daraus für den Atomaufbau erläutern?
2. Gemeinsamkeiten und Unterschiede bei der Bewegung von Elektronen im elektrischen und im magnetischen Feld erläutern?
3. den Aufbau des Atomkerns beschreiben und erklären, warum der Kern zusammenhält?
4. die Symbolschreibweise für Atomkerne interpretieren und verwenden?
5. die Begriffe Atomkern, Isotop und Nuklid unterscheiden und erläutern?
6. Zahlen in wissenschaftlicher Schreibweise lesen und schreiben?
7. die zusammen mit Einheiten verwendeten Vorsilben verstehen und bei der Angabe sehr großer oder sehr kleiner Messwerte sinnvoll verwenden?

B ▸ Ionisierende Strahlung

Kann ich ...

1. beschreiben, was bei der Ionisation mit einem Atom geschieht?
2. erläutern, wie ein Zählrohr ionisierende Strahlung misst?
3. den Begriff „Nullrate" erklären und Ursachen für ihr Auftreten nennen?
4. verschiedene Arten ionisierender Strahlung nennen und erläutern, wie man sie experimentell unterscheiden kann?
5. beschreiben, was im radioaktiven Atomkern passiert, wenn er Strahlung aussendet, und die jeweilige Kernreaktion in Symbolschreibweise angeben?
6. Empfehlungen für die Abschirmung verschiedener Strahlungsarten abgeben?
7. den Begriff der Halbwertszeit erläutern und erklären, wie man sie zur Altersbestimmung nutzen kann?
8. anhand der Nuklidkarte Zerfallsreihen vorhersagen?

C ▸ Nutzen und Gefahren

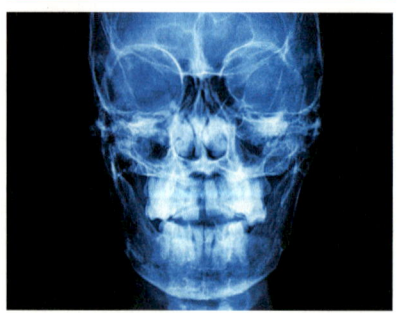

Kann ich ...

1. die Wirkung ionisierender Strahlung auf den menschlichen Organismus beschreiben und gesundheitliche Folgen angeben?
2. Schutzmaßnahmen gegen ionisierende Strahlung angeben und erläutern?
3. beschreiben, wie Massendefekt und Energieabgabe zusammenhängen?
4. notwendige Voraussetzungen für eine Kettenreaktion nennen und erläutern, was dabei geschieht?
5. den Energiegewinn sowohl bei der Kernspaltung als auch bei der Kernfusion erläutern?
6. Unterschiede und Gemeinsamkeiten von Kernspaltung und Kernfusion erläutern?
7. die Risiken und Probleme der Kernenergieversorgung im Vergleich zu ihrem Nutzen abwägen?
8. medizinische Anwendungen ionisierender Strahlung nennen und erläutern?

BASISKONZEPTE

243

Auf dieser Seite werden Inhalte dieses Kapitels nach den Basiskonzepten Energie, System, Wechselwirkung und Struktur der Materie neu strukturiert. Andere Basiskonzepte sind möglich.

Energie

- Die Energie der Sonne stammt aus der Fusion von Protonen zu Heliumkernen.
- Bei der Kernspaltung gibt ein Atomkern Energie ab, wenn er zerplatzt.
- Bei Kernfusion und Kernspaltung wird Masse in Energie umgewandelt.
- Kontrollierte Kettenreaktionen werden in Kraftwerken zur Gewinnung elektrischer Energie genutzt.

System

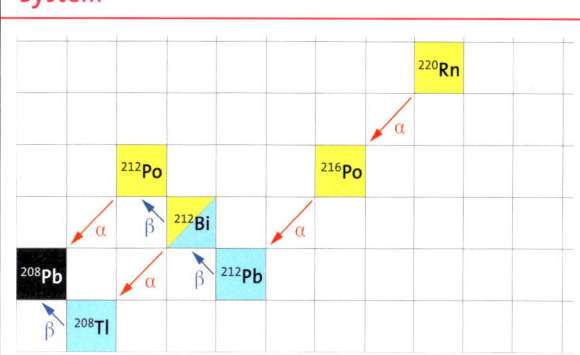

- Atome sind Systeme kleinerer Teilchen.
- Die Nuklidkarte ordnet Nuklide systematisch nach ihrer Protonen- und ihrer Neutronenzahl.
- Zerfallsreihen sind systematische Abfolgen radioaktiver Kernumwandlungen.
- Zählrohre und Nebelkammern sind technische Systeme zum Nachweis von Strahlung und zur Messung ihrer Intensität.

Wechselwirkung

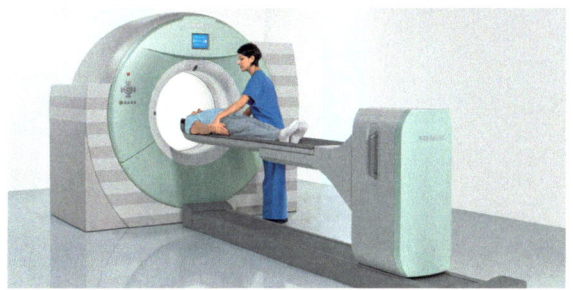

- Ionisierende Strahlung kann Atome und Moleküle ionisieren. Ihre biologische Wirkung hängt von Intensität, Dauer und Art der Strahlung ab. Bestrahlung kann Krebs, Sterilität und genetische Schäden bei Nachkommen bewirken, aber auch für medizinische Diagnosen und Therapien eingesetzt werden.
- Elektrische und magnetische Felder lenken geladene Teilchen ab, also auch Alpha- und Betastrahlung.
- Unterschiedliche Stoffe absorbieren verschiedene Strahlungsarten unterschiedlich stark.

Struktur der Materie

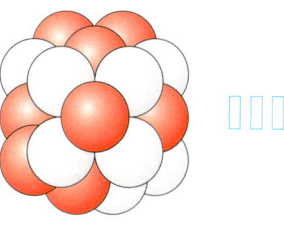 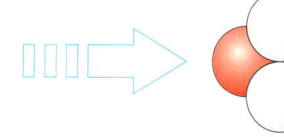

- Materie ist aus Atomen aufgebaut. Diese wiederum bestehen aus noch kleineren Teilchen, den Elektronen und Nukleonen (Protonen und Neutronen).
- Manche Stoffe sind radioaktiv. Dann enthalten sie instabile Nuklide, die bei ihrem Zerfall Alpha-, Beta- oder Gammastrahlung aussenden.

1 „Strahlung" könnte auch ein Basiskonzept sein. Vergleiche, was du in diesem und in anderen Kapiteln über Strahlung gelernt hast.

Energie effizient nutzen

1 Energie elektrisch übertragen **248**

2 Wärme nutzen **276**

3 Ressourcen schonen **290**

In diesem Kapitel beschäftigst du dich mit

▶ der Funktionsweise von Elektromotoren, Generatoren und Transformatoren. Du lernst, wie man elektrische Energie in Bewegungsenergie umwandelt und wie Wechselspannung erzeugt wird. Du erfährst außerdem, welche Funktion Transformatoren bei der Übertragung elektrischer Energie haben.

▶ der Wärme. Du erfährst, wie Motoren Wärme in Bewegungsenergie umsetzen und Kraftwerke aus Wärme elektrische Energie gewinnen.

▶ dem verantwortungsvollen Umgang mit Energie. Du erfährst, welche Folgen die Nutzung der Energie hat und wie man mit Energie sorgsam umgeht.

WEISST DU ES NOCH?

Magnetismus und Magnetfelder

Magnete wirken auf Körper, die Eisen, Nickel oder Kobalt enthalten. Magnet und Körper ziehen sich gegenseitig an. Außerdem wirken Magnete auf andere Magnete.
Dabei gilt die **Polregel**: Gleiche Magnetpole stoßen sich ab, ungleiche Magnetpole ziehen sich an.

Magnete sind von einem **Magnetfeld** umgeben. Hier wirken magnetische Anziehung und Abstoßung ohne direkten Kontakt, auch über weite Entfernung hinweg. Auch jeder stromdurchflossene Leiter ist von einem Magnetfeld umgeben. Diese magnetische Wirkung nutzt man beim **Elektromagneten**.
Magnetnadeln oder Eisenspäne richten sich im magnetischen Feld entlang gedachter **Feldlinien** aus. Feldlinienbilder verdeutlichen die magnetische Wirkung in der Umgebung eines Magneten.

Energie

Die Einheit für die Energie E ist ein **Joule** (1 J).

Energie kann nicht erzeugt werden und sie kann auch nicht verschwinden: Die Energie bleibt **erhalten**.

Energie kommt in verschiedenen **Energieformen** vor.
- Ein sich bewegender Körper hat **Bewegungsenergie**. Je schneller er sich bewegt, desto größer ist seine Bewegungsenergie.
- Ein angehobener Körper hat **Lageenergie**. Je höher er sich befindet, desto größer ist seine Lageenergie.
- Ein elastisch verformter Körper hat **Spannenergie**. Je stärker er verformt ist, desto größer ist seine Spannenergie.
- Je höher die Temperatur eines Körpers ist, desto größer ist seine **thermische Energie**. Die thermische Energie eines Körpers steckt in der ungeordneten Bewegung der Teilchen, aus denen er besteht.
- Es gibt weitere Energieformen. Eine, die du in diesem Buch kennengelernt hast, ist die **Kernenergie**.

Energie kann **gespeichert** werden. Beispiele für Energiespeicher sind Nahrungsmittel, Treibstoffe, Batterien usw.
- **Fossile Energiespeicher** wie Erdgas, Kohle oder Erdöl werden versiegen.
- **Erneuerbare Energiespeicher** erhalten ihre Energie meist direkt oder indirekt von der Sonne.

Energieumwandlung und -übertragung

Energiewandler können Energie von einer Form in eine andere umwandeln. Bei jeder Energieumwandlung wird ein Teil der Energie als Wärme an die Umgebung abgegeben. Die Energie kann dann nicht mehr so gut für den ursprünglichen Zweck eingesetzt werden und ist somit **entwertet**.

Energie kann auch **übertragen** werden. Die Energieübertragung kann auf verschiedene Arten erfolgen, z.B. durch Licht, durch elektrischen Strom oder durch die Drehbewegung einer Achse. Energie kann auch in Form von **Wärme** übertragen werden. Dabei breitet sich die Wärme immer von Stellen höherer Temperatur zu Orten niedrigerer Temperatur aus. Der Wärmetransport funktioniert umso besser, je größer der Temperaturunterschied ist.
- **Wärmemitführung**: Wärme wird durch bewegte Körper mitgeführt.
- **Wärmeleitung**: Wärme wird innerhalb eines Körpers transportiert, ein Stofftransport findet aber nicht statt.
- **Wärmestrahlung**: Wärme wird unabhängig von Stoffen über Strahlung transportiert.

Energieübertragungsvorgänge kann man als **Energieumwandlungskette** darstellen. Dabei notiert man, auf welche Art die Energie übertragen wird (▸ Bild 01).

Batterie hat Energie gespeichert. → ENERGIE wird übertragen durch elektrischen Strom. → Glühlampe nimmt Energie auf und gibt sie wieder ab. → ENERGIE wird übertragen durch Licht und Wärmestrahlung. → Umgebung nimmt schließlich Energie auf.

01 Energieumwandlungskette: Energiewandler sind rot, Energiespeicher grün dargestellt.

KANNST DU ES NOCH?

247

Magnetismus

1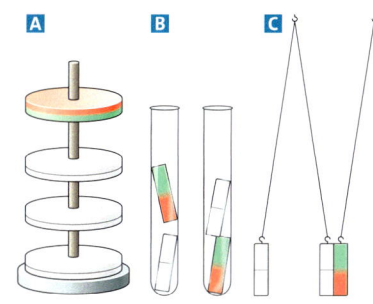

a) Übertrage die Abbildung in dein Heft und zeichne die fehlenden Pole ein.
b) Ergänze über den Magneten in Abbildungsteil B jeweils einen zusätzlichen Magneten (Südpol unten). Achte auf die Abstände.
c) Nun werden die Glasröhrchen einander angenähert. Erläutere die Auswirkungen.

2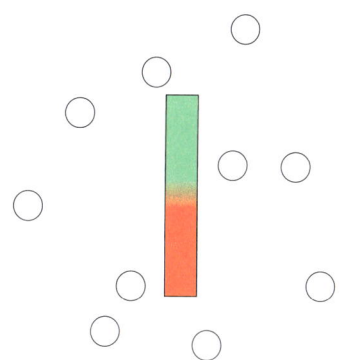

Übertrage das Bild in dein Heft.
a) Zeichne an den markierten Stellen ein, wie sich eine Magnetnadel dort ausrichtet.
b) Zeichne diejenigen Feldlinien ein, die durch die markierten Stellen laufen.
c) Was verändert sich beim Umdrehen des Magneten?

3 Unter einem Tisch ist ein Stabmagnet angebracht. Erläutere, wie du seine genaue Lage herausfinden kannst, ohne nachzusehen.

Energie

4 a) Im Alltag spricht man oft von „Energieerzeugung", „Energieverbrauch" und „Energiesparen". Erkläre, was damit aus physikalischer Sicht gemeint ist.
b) Vergleiche Energie- und Wasserverbrauch miteinander. Erläutere, was mit der Aussage „Energie wird entwertet" beschrieben wird.
c) Gib Beispiele für Maßnahmen an, mit denen du zu Hause Energie „sparen" kannst.

5 Kraftwerke erzeugen elektrischen Strom auf unterschiedliche Weise.
a) Nenne einige Kraftwerkstypen. Erläutere, wodurch sie die nötige Energie erhalten.
b) Zähle einige Kraftwerkstypen auf, die fossile Energiespeicher nutzen.
c) Erkläre, woher die Energie der fossilen Brennstoffe ursprünglich kommt.
d) Erläutere, warum das Verbrennen fossiler Brennstoffe problematisch ist.

6 Die Energie der Gezeiten ist erneuerbar. Erkläre.

7 a) Beschreibe die Energieformen, die beim Bungeespringen auftreten.
b) Bilde aus den unten genannten Geräten mindestens drei unterschiedliche Energieübertragungsketten. Zeichne jeweils ein Energieflussdiagramm mit den Geräten: Motor, Akku, Lampe, Generator, Solarzelle.

8 Ein Moutainbiker fährt einen Berg hinauf und wieder hinunter. Beschreibe, auf welchen Wegen die Energie in die Umgebung gelangt.

9

Der besondere Aufbau der Thermoskanne verhindert den Transport von Wärme nach außen und das Getränk bleibt über einen längeren Zeitraum heiß.
a) Erkläre möglichst genau, wie die Wärmedämmung erreicht wird. Denke dabei an die Verwendung der Fachbegriffe.
b) Gib begründet an, wie sich die Situation ändert, wenn du im Sommer ein kaltes Getränk einfüllst.

10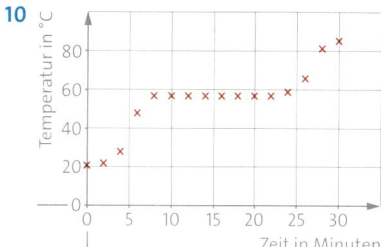

Im Winter werden Taschenwärmer verkauft. Sie sind mit einem Salz gefüllt, das zunächst in heißem Wasser geschmolzen wird.
a) Entnimm dem Diagramm die Schmelztemperatur des Salzes.
b) Beim Abkühlen „vergisst" das Salz, wieder fest zu werden. Erst wenn man ein Plättchen im Taschenwärmer knickt, beginnt das Erstarren. Erkläre, warum dabei Wärme abgegeben wird.

11 Erkläre, warum es kein Perpetuum mobile geben kann.

ENERGIE EFFIZIENT NUTZEN
ENERGIE ELEKTRISCH ÜBERTRAGEN

01 Stromzange zur Messung der Stromstärke

Magnetfelder durch elektrischen Strom

Mit einer Stromzange kann man die Stromstärke in einem Kabel messen, ohne die Zange selbst in den Stromkreis einzubauen. Stattdessen umfasst sie einfach nur das stromführende Kabel. Wie lässt sich das erklären?

ELEKTRISCHER STROM UND MAGNETFELDER · Wenn wir viele kleine Magnetnadeln um einen stromdurchflossenen Leiter herum aufstellen (▸ Bild 03), dann können wir die magnetische Wirkung des Stroms beobachten. Die Ausrichtung der Magnetnadeln zeigt, dass die Feldlinien kreisförmig in Ebenen senkrecht zum Leiter verlaufen. Anders als beim Dauermagneten gibt es hier aber keine Magnetpole. Trotzdem zeigen die Magnetnadeln die Richtung der Feldlinien an. Diese ändert sich, wenn wir die Richtung des Stroms umkehren.

Den genaueren Zusammenhang zwischen der Richtung der Feldlinien und der Stromrichtung beschreibt die **„Linke-Faust-Regel"** (▸ Bild 02): Wenn du den Daumen der linken Hand in Richtung der Elektronenbewegung hältst, dann zeigen die gekrümmten Finger die Richtung der magnetischen Feldlinien an.

 Die magnetischen Feldlinien um einen stromdurchflossener Leiter bilden geschlossene Kreise. Diese Kreise liegen in Ebenen senkrecht zum Leiter. Die Richtung der Feldlinien zeigt dir die „Linke-Faust-Regel".

Je stärker der Strom ist, der durch den Draht fließt, desto stärker ist auch das Magnetfeld. Die Stromzange nutzt diesen Effekt: Sie misst die Stärke des Magnetfelds und ermittelt daraus die Stromstärke im Draht.

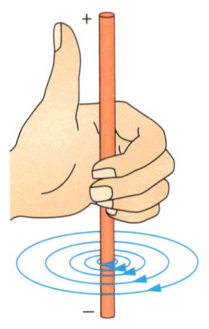

02 „Linke-Faust-Regel"

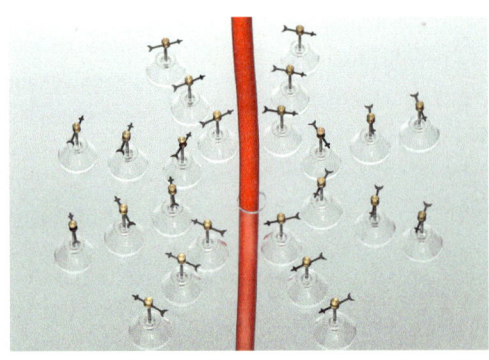

03 Von Magnetnadeln umgebener Draht

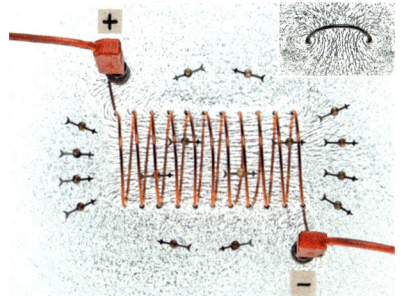
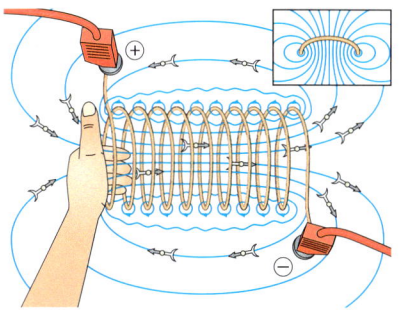
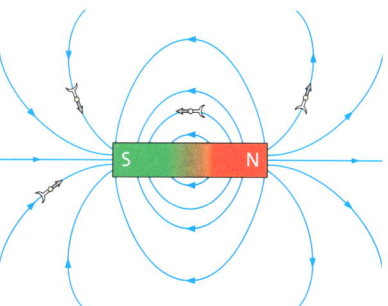

04 Spule mit Magnetnadeln innen und außen

05 Ermittlung der Richtung der Feldlinien bei einer Spule

06 Feldlinienbild eines Stabmagneten

DAS MAGNETFELD DER SPULE · Wickelt man einen Draht auf, dann erhält man eine Spule. Mithilfe von Magnetnadeln und Eisenfeilspänen untersuchen wir das Feld einer stromführenden Spule. Es zeigt sich, dass die Feldlinien in ihrem Inneren nahezu parallel verlaufen (▸ Bild 04). Im Außenbereich ähnelt das Feldlinienbild der Spule dem eines Stabmagneten (▸ Bild 06).

In ▸ Bild 04 kannst du auch erkennen, dass sich die magnetisierten Eisenspäne in der Nähe der des Drahts kreisförmig anordnen. In größerem Abstand zum Draht überlagern sich die Magnetfelder der einzelnen Windungen zum gemeinsamen Feld der Spule. Außerdem zeigen die Eisenfeilspäne, dass die Feldlinien der Spule wie beim stromführenden geraden Leiter geschlossen sind. Sie führen innen durch die Spule und schließen sich in ihrem Außenbereich.

Die Richtung der Feldlinien können wir wieder mit der „Linke-Faust-Regel" vorhersagen: Wenn wir den Daumen der linken Hand in die Bewegungsrichtung der Elektronen halten, dann zeigen die angewinkelten Finger in Richtung der magnetischen Feldlinien – auch im Spuleninneren (▸ Bild 05).

/// Die magnetischen Feldlinien einer stromführenden Spule sind geschlossen. Außen gleicht das Feld dem eines Stabmagneten, innen verlaufen die Feldlinien nahezu parallel zur Spulenachse.

SPULE MIT EISENKERN · Ein **Elektromagnet** enthält meistens einen Eisenkern. Wenn elektrischer Strom durch die Spule fließt, dann richtet das entstehende Magnetfeld der Spule die Elementarmagnete im Eisenkern aus. Da sich die Magnetfelder von Spule und Eisenkern summieren, verstärkt sich die magnetische Wirkung der Spule auf diese Weise erheblich (▸ Bild 07).

/// Ein Eisenkern verstärkt das Magnetfeld einer Spule deutlich.

1) Ein Kompass zeigt Richtung Norden. Mit einem stromführenden, geraden Leiter soll die Kompassnadel abgelenkt werden. Gib an, wie du den Leiter halten musst, damit die Kompassnadel nach Westen bzw. nach Osten zeigt. Begründe deine Antwort.

2) Gib an, ob der Magnet in ▸ Bild 08 von der Spule angezogen oder abgestoßen wird. Begründe deine Entscheidung.

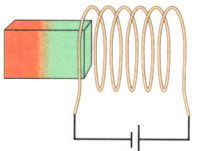

08 Stabmagnet und Spule

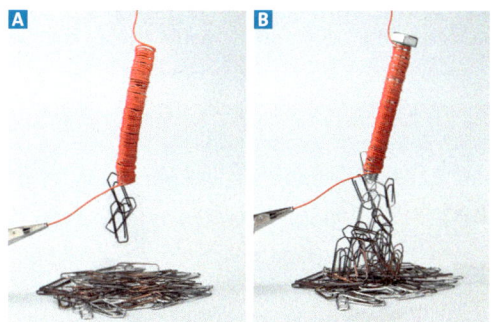

07 Spule **A** ohne, **B** mit Eisenkern

ENERGIE EFFIZIENT NUTZEN
ENERGIE ELEKTRISCH ÜBERTRAGEN

BLICKPUNKT

Elektromagnete – vielfältig im Einsatz

01 Elektromagnete heben schwere Stahlrohre an.

02 Elektromagnete (rot) unter einer Straßenbahn

Elektromagnete sind sehr verbreitet. Winzig kleine Elektromagnete sind z. B. in Computern enthalten. Riesige Elektromagnete hängen an Kränen, mit denen Rohre für Ölpipelines verladen werden (▸ Bild 01).

Elektromagnete haben einige Vorteile. Sie können in fast jeder Größe und Stärke hergestellt werden. Man kann bei ihnen die Stärke des Magnetfelds verändern, indem man die Stromstärke anpasst. Außerdem ist der Elektromagnet jederzeit sofort ein- bzw. ausschaltbar.

Straßenbahnen · An der Unterseite von Straßenbahnen hängen dicht über der Schiene Elektromagnete (▸ Bild 02). Für den normalen Fahrbetrieb werden diese nicht gebraucht. Kommt es jedoch zu einer Notbremsung, dann werden die Magnete eingeschaltet und auf die Schienen abgesenkt. Magnete und Schienen ziehen sich nun an, sodass die Unterseite der Magnete sehr stark an den Gleisen reibt. Dadurch kommt die Straßenbahn schnell zum Stehen.

Brandschutztüren · Bei Brandschutztüren sind die Elektromagnete dauerhaft eingeschaltet. Sie halten entgegen einer Federkraft die Türen offen. Wenn die Brandmelder Alarm auslösen, dann wird der Strom abgeschaltet und die Türen werden durch die Federkraft geschlossen. Da bei Bränden oft der Strom ausfällt, gewährleistet die Feder, dass die Türen schließen.

Lautsprecher · Manche Lautsprecher sind aus einem Dauermagneten und einer Spule aufgebaut (▸ Bild 03).

Der Strom in der Spule schwankt im Rhythmus der Musik. Dadurch ändert sich das Magnetfeld der Spule. Dies führt zu Änderungen der Kraft zwischen Dauermagnet und Spule. Infolgedessen schwingen die Spule und die mit ihr verbundene Membran hin und her. Die Membran ihrerseits regt die Luft wieder zu Schwingungen an, die wir als Musik wahrnehmen.

Supraleitende Magnete · Supraleitende Magnete sind besondere Elektromagnete. Sie werden z. B. in der Medizin bei Kernspintomografen oder in der physikalischen Forschung verwendet. Das Besondere ist der Draht, aus dem die Spulen gewickelt sind. Dieser hat bei sehr tiefen Temperaturen keinen elektrischen Widerstand mehr. Die elektrische Ladung kann ohne Widerstand fließen. Man benötigt nur am Anfang Energie, um das Magnetfeld aufzubauen. Die Stärke des Magnetfelds ist jedoch begrenzt, da die supraleitende Eigenschaft bei zu großen Magnetfeldern zerstört wird.

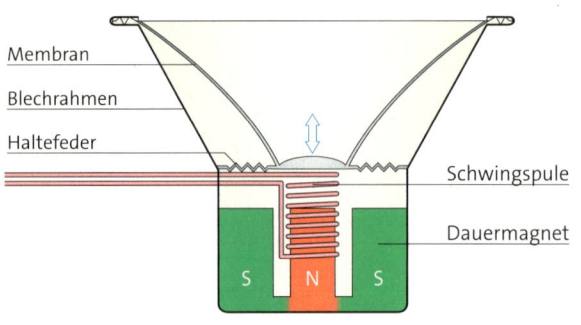

03 Prinzip eines Lautsprechers

MATERIAL

251

VERSUCHE ▶ ... mit Spulen

In diesen Versuchen untersuchst du, wie du das Magnetfeld einer Spule verändern kannst.

V1 Bau eines Elektromagneten

Material:
isoliertes Kabel, Eisennagel, Batterie, Büroklammern, Magnetnadeln

Durchführung:
a) Überlege dir, wie du mit den gegebenen Materialien einen Elektromagneten bauen kannst. Erstelle eine entsprechende Skizze und baue den Magneten auf.
b) Untersuche die Eigenschaften deines Elektromagneten mithilfe der Büroklammern und der Magnetnadeln. Beschreibe und erkläre deine Beobachtungen.

V2 Windungszahlen

Material:
drei Spulen mit unterschiedlicher Windungszahl, Eisenkern, Glühlampe, regelbare Stromquelle, Kompassnadel, Nägel

Durchführung:
a) Schließe die Spule mit den wenigsten Windungen in Reihe mit einer Glühlampe an die Stromquelle an. Untersuche das Magnetfeld der Spule mit der Kompassnadel. Berücksichtige dabei auch den Einfluss der Stromstärke.
b) Untersuche mithilfe der Nägel den Einfluss des Eisenkerns auf die Spulen. Beschreibe und erläutere deine Beobachtungen.
c) Ermittle die Bedeutung der Windungszahl der Spulen. Nutze dazu wieder den Eisenkern und die Nägel. Beschreibe deine Beobachtungen und deute sie.

V3 Abgelenkter Kompass

Material:
60 cm isolierter Draht, Glühlampe, Schalter, Kompass, Geodreieck

Durchführung:
Baue die Schaltung wie in ▶ Bild 04 auf, lege den Draht aber anfangs nur einmal über den Kompass und wickle ihn nicht herum. Drehe den Kompass dabei so, dass der Draht in Nord-Süd-Richtung über der Nadel liegt.
a) Schließe den Schalter und beobachte die Kompassnadel. Miss den Winkel zwischen dem Draht und der Kompassnadel.

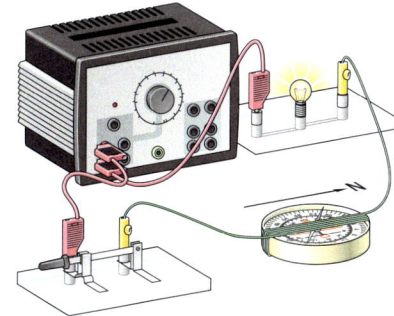

04 Versuchsaufbau am Kompass

b) Wickle den Draht einmal, zweimal, dreimal oder noch öfter um den Kompass und miss jeweils die Auslenkung der Kompassnadel. Fasse deine Beobachtungen zusammen und erkläre sie.
c) Ermittle die Lage der magnetischen Pole deines Elektromagneten, ohne die Magnetnadel zu verwenden. Erläutere dein Vorgehen.
d) Ändere die Stromrichtung durch den gewickelten Draht. Beschreibe, wie sich die Auslenkung der Kompassnadel dadurch ändert. Erkläre deine Beobachtungen.

Material A ▶ Elektrische Ströme und magnetische Felder

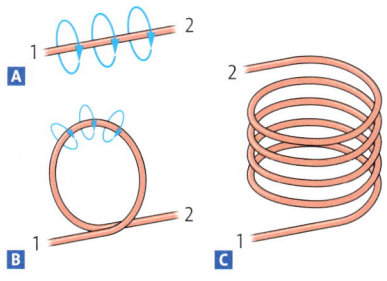

05 **A** Gerader Draht, **B** Drahtwindung, **C** Spule

A1 a) Gib an, wie man die Drahtenden 1 und 2 in ▶ Bild 05 A und B anschließen muss, damit das Magnetfeld die dargestellte Richtung hat.
b) Bei der Spule in ▶ Bild 05 C ist der Anschluss 1 am Pluspol und der Anschluss 2 am Minuspol angeschlossen. Beschreibe den Feldlinienverlauf.

A2 a) Die Drahtwindungen einer Spule müssen isoliert sein. Begründe dies.
b) Ein Eisenkern führt zu einer Verstärkung des Magnetfelds. Erkläre, warum man keinen Kern aus Aluminium oder Kupfer verwenden kann.
c) Wie erhält man einen möglichst starken Elektromagneten? Stelle Vermutungen auf und teste sie.

ENERGIE EFFIZIENT NUTZEN
ENERGIE ELEKTRISCH ÜBERTRAGEN

01 Windpark zur umweltfreundlichen Energieversorgung

Die elektromagnetische Induktion

Wie erzeugen Windkraftanlagen Strom? Zentrales Bauteil einer solchen Anlage ist der Generator. Durch ihn wird eine Spannung erzeugt und ein elektrischer Strom hervorgerufen. Aber wie kommt es zu der Spannung?

Induktion von lateinisch *inducere*: hineinführen

ERZEUGUNG VON SPANNUNG · Als Beispiel für einen Generator betrachten wir einen Fahrraddynamo (▸ Bild 02). Er besteht aus einer feststehenden Spule und einem drehbaren Dauermagneten. Wir schließen ein Spannungsmessgerät an die Spule des Fahrraddynamos an. Drehen wir am Antriebsrad, so zeigt das Messgerät eine Spannung an. Anscheinend muss nur der Magnet in der Spule gedreht werden, damit eine Spannung entsteht. In der Physik sagt man üblicherweise: Eine Spannung wird induziert.

INDUKTION DURCH BEWEGUNG · Im Folgenden untersuchen wir das Phänomen der Induktion einer Spannung genauer. Hierzu verwenden wir eine Spule, einen Stabmagneten und ein Spannungsmessgerät. Bewegen wir den Stabmagneten in die Spule hinein, so zeigt das Messgerät eine Spannung an (▸ Bild 03). Ziehen wir den Magneten wieder heraus, dann zeigt das Messgerät wiederum eine Spannung an. Diesmal jedoch schlägt der Zeiger in die andere Richtung aus, das Vorzeichen der Spannung hat sich also umgekehrt. Solange der Magnet unbewegt in der Spule bleibt, wird keine Spannung induziert.

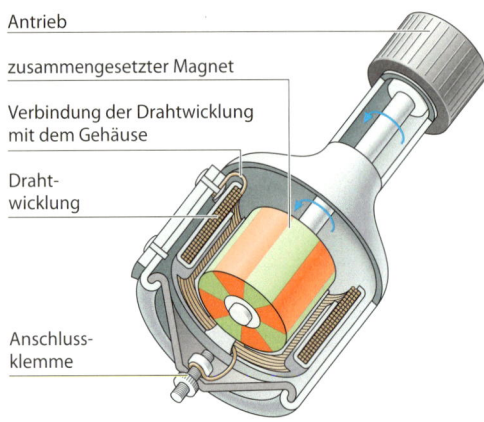

Antrieb
zusammengesetzter Magnet
Verbindung der Drahtwicklung mit dem Gehäuse
Drahtwicklung
Anschlussklemme

02 Der Fahrraddynamo, ein spezieller Generator

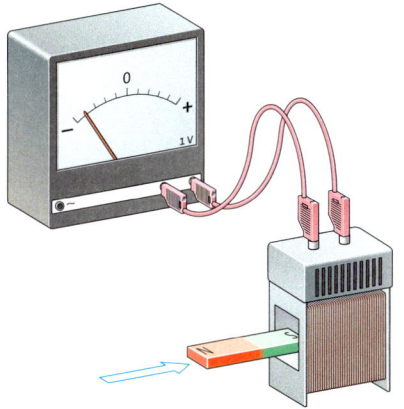
03 Bewegung eines Magneten in die Spule

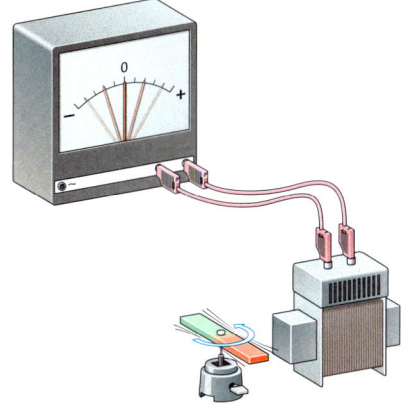
04 Drehung eines Magneten vor der Spule

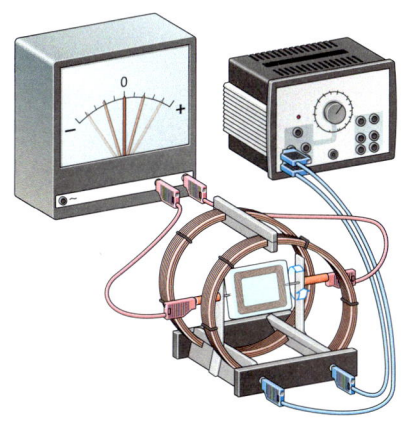
05 Drehung einer Spule im Magnetfeld

Was passiert, wenn man statt des Magneten die Spule bewegt? Wir halten den Magneten fest und bewegen die Spule auf den Magneten zu oder von ihm weg. Auch jetzt wird eine Spannung induziert und wieder hängt ihr Vorzeichen von der Bewegungsrichtung ab.

> Wenn sich ein Magnet und eine Spule relativ zueinander bewegen, dann wird eine Spannung induziert.
> Das Vorzeichen der Spannung hängt dabei von der Bewegungsrichtung ab.

Du kannst auch eine Spannung an der Spule induzieren, indem du einen Magneten vor oder in der Spule drehst (▸ Bild 04) – so wie sich auch beim Fahrraddynamo ein Magnet in einer Spule dreht.

Wir haben bereits festgestellt, dass es für die Induktion nur auf eine relative Bewegung von Magnet und Spule zueinander ankommt. Daher sollte auch dann eine Spannung induziert werden, wenn wir nicht den Magneten in der Spule drehen, sondern stattdessen die Spule innerhalb eines Magnetfelds.
Dies untersuchen wir mit dem in ▸ Bild 05 dargestellten Versuch. Das äußere Magnetfeld wird dabei durch ein Paar großer Spulen erzeugt. An die Induktionsspule in der Mitte ist ein Spannungsmessgerät angeschlossen.

Wenn wir die Induktionsspule mithilfe der Kurbel im Magnetfeld drehen, dann zeigt das Messgerät die erwartete Spannung an. Der Zeiger des Messgeräts zeigt allerdings abwechselnd nach rechts und links. Offensichtlich ist die Spannung nicht konstant.

Zur genaueren Untersuchung drehen wir die Spule möglichst gleichmäßig und zeichnen den zeitlichen Verlauf der Spannung auf (▸ Bild 06). Wir beobachten, dass die induzierte Spannung abwechselnd positive und negative Werte annimmt. Da dies kontinuierlich geschieht, spricht man von einer **Wechselspannung.**

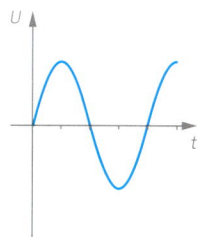
06 Zeitlicher Verlauf der Wechselspannung

> Wenn eine Spule in einem Magnetfeld gedreht wird, dann wird eine Wechselspannung induziert.

1 Ein Stabmagnet wird in einer Spule um seine Längsachse gedreht. Wird eine Spannung induziert? Begründe.

2 Ein Stabmagnet wird durch eine Spule hindurchgeschoben. Beschreibe, wie sich die Anzeige eines angeschlossenen Spannungsmessgeräts ändert.

3 Lässt man eine Spule mit sehr vielen Windungen wie in ▸ Bild 07 rotieren, wird eine Spannung induziert. Gib an, welches Magnetfeld hierbei wirksam ist. Beschreibe den zeitlichen Verlauf der Spannung.

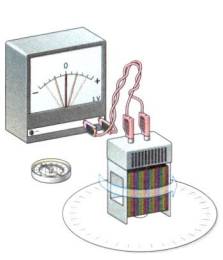
07 Schnelle Drehung einer Spule

ENERGIE EFFIZIENT NUTZEN
ENERGIE ELEKTRISCH ÜBERTRAGEN

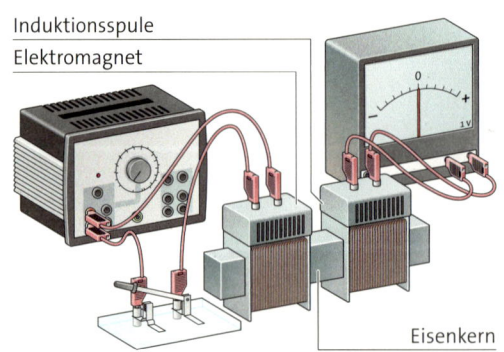

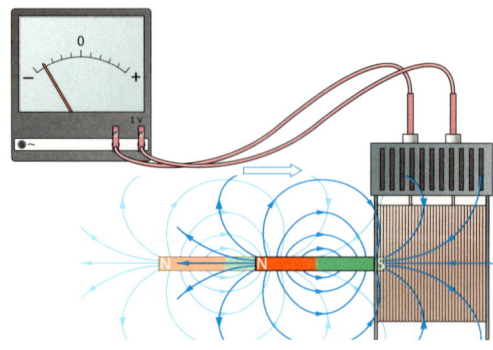

01 Elektromagnet neben einer Induktionsspule

02 Änderung des Magnetfelds in der Spule

INDUKTION OHNE BEWEGUNG · Bei den vorangegangenen Versuchen hat die Bewegung immer das Magnetfeld in der Spule verändert. Daher liegt die Frage nahe, ob sich eine Spannung auch ohne Bewegung, nur durch Ändern des Magnetfelds induzieren lässt.

Um das zu überprüfen, stellen wir einen Elektromagneten neben die Induktionsspule und verbinden beide durch einen gemeinsamen Eisenkern (▸ Bild 01). Schalten wir den Elektromagneten ein, dann können wir am Messgerät für einen kurzen Moment eine Spannung ablesen, danach nicht mehr. Erst beim Ausschalten des Magneten beobachten wir wieder eine Spannung, aber mit umgekehrtem Vorzeichen. Ursache der Induktionsspannung ist also jeweils die Änderung des Magnetfelds, das beim Einschalten des Elektromagneten aufgebaut wird und beim Ausschalten wieder zusammenbricht. Genauso wird auch eine Spannung induziert, wenn man das Magnetfeld des Elektromagneten ändert, indem man die Stromstärke variiert.

DAS FELD IN DER SPULE ÄNDERT SICH · Die Bewegung selbst ist also nicht verantwortlich für die Induktion. Entscheidend ist die Änderung des Magnetfelds in der Spule. Bei den meisten unserer Versuche hat sich dabei die Stärke des Magnetfelds geändert (▸ Bild 02). Doch beim Drehen der Spule im äußeren Magnetfeld bleibt dessen Stärke gleich. Trotzdem wird eine Spannung induziert – hier ändert sich die Ausrichtung von Magnetfeld und Spule zueinander.

Warum wird auch dann eine Spannung induziert, wenn sich die Ausrichtung von Magnetfeld und Spule ändert? Zur Klärung dieser Frage nutzen wir das **Feldlinienmodell:**

Die Richtung einer Feldlinie an einem bestimmten Punkt stellt die Richtung des Magnetfelds in diesem Punkt dar. Die gezeichnete Anzahl der Feldlinien in einem Bereich steht für die Stärke des Feldes in diesem Bereich.

Die absolute Stärke des Magnetfelds lässt sich daraus zwar nicht ablesen. Zwei Felder sind aber immerhin hinsichtlich ihrer Stärke vergleichbar.

Durch Abzählen der gezeichneten Feldlinien innerhalb der Spule können wir also erkennen, ob sich die Stärke des magnetischen Feldes in der Spule geändert hat, ob also eine Spannung induziert wurde.

Um unsere Frage zu beantworten, betrachten wir drei verschiedene Fälle. Zur Vereinfachung der Darstellung verwenden wir eine Spule mit nur einer Windung. Man spricht auch von einer Drahtschleife.

Im ersten Fall ändern wir die Stärke des Magnetfelds. ▸ Bild 03 A zeigt eine Drahtschleife in einem Magnetfeld. In ▸ Bild 03 B wird das Magnetfeld schwächer als in ▸ Bild 03 A. Das erkennst du daran, dass die Anzahl der gezeichneten Feldlinien in der Spule abgenommen hat. Also wird hier eine Spannung induziert.

Im zweiten Fall ändern wir die Lage der Spule im Magnetfeld, behalten aber dessen Stärke bei. Solange sich durch die Bewegung die Anzahl der Feldlinien durch die Spule nicht ändert, wird keine Spannung induziert. Erreicht die Spule aber z.B. den Rand des Magnetfelds (▸ Bild 03 C), umfasst sie im Vergleich zu ▸ Bild 03 A nur noch einen kleineren Teil der Feldlinien. Folglich wird eine Spannung induziert. Dabei spielt es keine Rolle, ob sich die Spule oder das Feld bewegt hat. Es kommt nur auf die Veränderung der Anzahl der Feldlinien durch die Spule an, nicht auf ihre Ursache.

Im dritten Fall drehen wir die Spule im konstanten Magnetfeld. In ▸ Bild 03 D siehst du, dass sich die Anzahl der Feldlinien, die die Spule durchdringen, infolge der Drehung ändert. Dies geschieht aber nicht nur einmal, sondern ständig, da die Spule immer weiter gedreht wird. Es wird also kontinuierlich eine Spannung induziert.
Hat sich die Spule dabei um eine halbe Umdrehung weitergedreht, dann treffen die Feldlinien die Spule auf der Rückseite der Querschnittsfläche. Deswegen kehrt sich das Vorzeichen der Spannung um. Insgesamt betrachtet wird also eine Wechselspannung induziert, wenn sich eine Spule im konstanten Magnetfeld dreht.

Die Veranschaulichung im Modell macht deutlich, dass immer dann eine Spannung an einer Spule induziert wird, wenn sich das Magnetfeld in ihrem Inneren ändert. Wie es zu dieser Änderung gekommen ist, spielt keine Rolle.

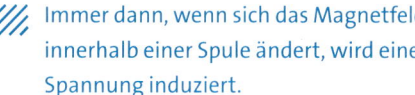

Immer dann, wenn sich das Magnetfeld innerhalb einer Spule ändert, wird eine Spannung induziert.

MÖGLICHST GROSSE SPANNUNGEN · Bislang haben wir festgestellt, dass die induzierte Spannung umso größer wird, je schneller man den Magneten und die Spule relativ zueinander bewegt – je schneller sich also das Magnetfeld in der Spule ändert. Auch ein stärkeres Magnetfeld führt zu einer größeren induzierten Spannung. Bei der Drehung des Stabmagneten vor der Spule wird z.B. erst dann eine Spannung messbar, wenn wir einen Eisenkern benutzen.

Aus unseren Überlegungen im Feldlinienmodell folgt noch eine weitere Möglichkeit zur Steigerung der induzierten Spannung. Wenn wir mehrere gleichartige Leiterschleifen verwenden, dann wird in jeder davon die gleiche Spannung induziert. Verbinden wir diese Schleifen zu einer Spule, so addieren sich die induzierten Spannungen. Somit führt die Verwendung einer Spule mit einer höheren Windungszahl zu einer höheren Induktionsspannung.

1) Skizziere zwei unterschiedliche Fälle, bei denen das Magnetfeld in der Leiterschleife zunimmt.

2) Begründe in eigenen Worten, warum
a) ein Eisenkern und
b) eine höhere Windungszahl
zu einer größeren Induktionsspannung führen.

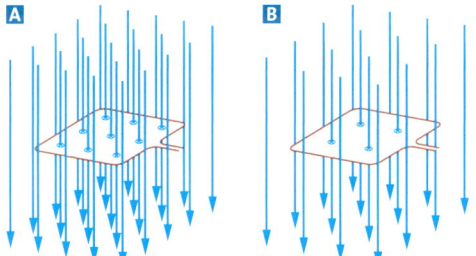
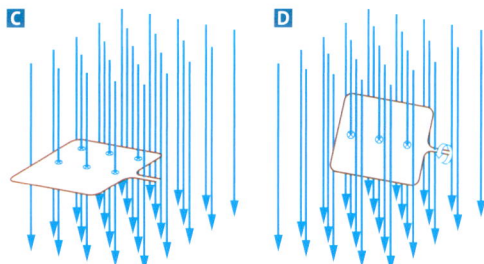

03 Ursachen der Induktion im Modell

ENERGIE EFFIZIENT NUTZEN
ENERGIE ELEKTRISCH ÜBERTRAGEN

BLICKPUNKT

Gitarrenphysik

01 E-Gitarre mit Single-Coil-Abnehmer und Humbucker

Die Konzerthalle ist gut gefüllt, die Band fängt an zu spielen: 1, 2, 3, 4 und los – doch von der E-Gitarre ist nichts zu hören. Zum Ärger aller arbeitet der Verstärker nicht. Ohne ihn ist nichts zu hören, da die E-Gitarre keinen eigenen Resonanzkörper besitzt. Die Töne müssen erst verstärkt und dann über den Lautsprecher ausgegeben werden. Doch wie funktioniert die Tonabnahme von den Saiten?

In ▸ Bild 01 sind zwei häufig verwendete Tonabnehmer zu sehen. Oben ist ein Single-Coil-Tonabnehmer eingebaut, unter der rechten Hand ist ein Humbucker zu sehen. Die Kombination unterschiedlicher Tonabnehmer führt zum gewünschten Klang der E-Gitarre.

Der **Single-Coil**-Tonabnehmer besteht aus einer Spule (engl. *coil*), die um sechs Magnete gewickelt ist (▸ Bild 02 A). Diese Magnete liegen jeweils getrennt voneinander unter den Gitarrensaiten. Die Spule besteht aus sehr dünnem Draht mit 5 000 bis 10 000 Windungen.

Zunächst bleibt das Magnetfeld in der Spule unverändert, es wird keine Spannung induziert. Schwingt aber eine Stahlsaite dicht über dem Magnetpol, dann ändert sich das Magnetfeld in der Spule ein kleines bisschen. Eine Wechselspannung von wenigen Hundert Millivolt wird induziert, die die Frequenz der Saitenschwingung besitzt.

Als Spulenkerne werden häufig Eisenstifte genutzt, die Kontakt zu quer unter dem Tonabnehmer verlaufenden Stabmagneten haben (▸ Bild 02 B). Der Abstand von Saite und Spulenkern beeinflusst den Klang der Gitarre: Ein kleiner Abstand führt zu höheren Induktionsspannungen und damit zu lauteren Tönen, aber auch zu Verzerrungen. Bei größerem Abstand sind die Töne leiser, aber klarer. Nutzt man Stellschrauben als Spulenkerne, lässt sich der Abstand zwischen Spule und Saite anpassen.

Leider wird auch dann eine Spannung induziert, wenn sich andere Magnetfelder im Umfeld der Gitarre ändern. Mögliche Störquellen sind Netzteile, Monitore oder Leuchtstoffröhren. **Humbucker** (engl. *hum*: brummen, *to buck something*: sich etwas widersetzen) reduzieren das so entstehende Brummen.

Dazu werden zwei der bisher betrachteten Spulen in Reihe geschaltet. Diese Spulen müssen gegenläufig gewickelt sein. Denn dadurch sind von der Saite unabhängige Induktionsspannungen entgegengesetzt gerichtet und heben sich gegenseitig auf. Damit sich nicht auch die von der Saitenschwingung hervorgerufenen Induktionsspannungen gegenseitig aufheben, sind die Eisenkerne der beiden Spulen entgegengesetzt gepolt (▸ Bild 03).

Da der Humbucker hohe Frequenzen schlechter verstärkt, entsteht insgesamt ein satterer Klang mit weniger Höhen.

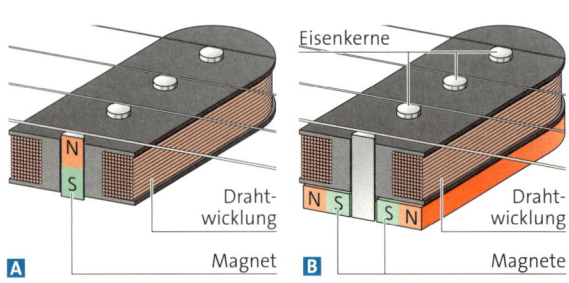

02 Verschiedene Single-Coil-Tonabnehmer im Querschnitt

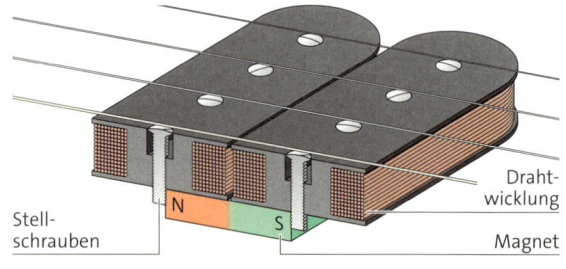

03 Humbucker mit Stellschrauben

MATERIAL

VERSUCHE ▸ Erkundung der Induktion

In diesen Versuchen untersuchst du selbst, wovon die induzierte Spannung abhängt.

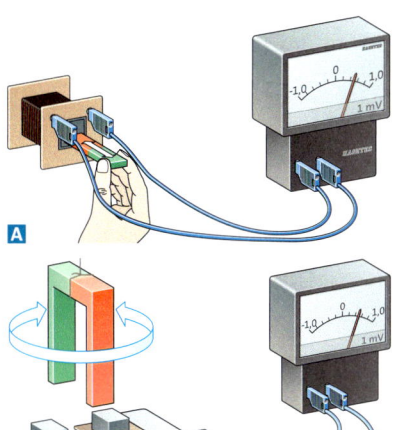

04 Versuche zur Induktion

V1 Induktion durch Bewegung

Material:
Stabmagnet, Spulen mit unterschiedlichen Windungszahlen, Spannungsmessgerät mit mV-Bereich und Mitteneinstellung

Durchführung:
a) Schließe die Spule an das Spannungsmessgerät an. Bewege den Magneten ruckartig in die Spule hinein und heraus. Notiere die Beobachtungen.
b) Untersuche, wie sich die Stärke und die Richtung der Spannung beeinflussen lassen.

V2 Induktion durch Drehung

Material:
Hufeisenmagnet, Spule mit 500 Windungen, U-förmiger Eisenkern, Schnur, Spannungsmessgerät mit Mitteneinstellung

Durchführung:
a) Befestige die Schnur mittig am Magneten und hänge ihn über dem U-Kern auf. Drehe den Magneten. Beobachte die Anzeige des Messgeräts. Gib an, ob Gleich- oder Wechselspannung vorliegt.
b) Beschreibe, wie du eine möglichst große Spannung erzeugst.

Material A ▸ Viele Möglichkeiten zur Induktion

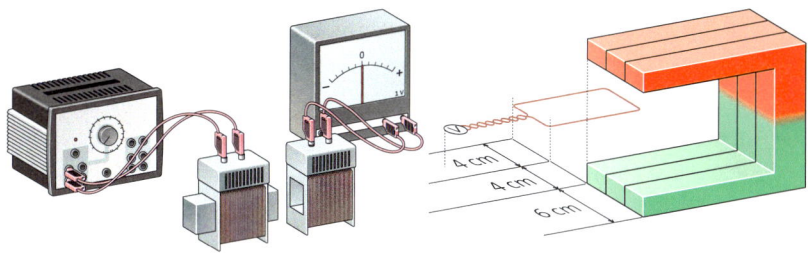

Material B ▸ Taschenlampe

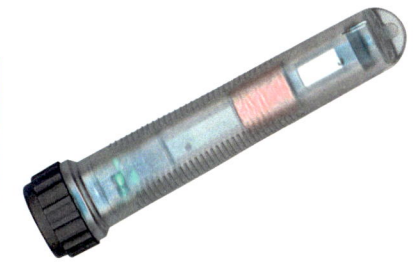

A1 a) Beschreibe fünf Möglichkeiten, wie man mit dem obigen Versuchsaufbau eine Spannung induzieren kann. Erkläre jeweils, warum eine Spannung induziert wird.
b) Die linke Spule wird an eine Wechselspannung angeschlossen. Begründe, warum in der rechten Spule ebenfalls eine Wechselspannung induziert wird.

A2 Gib begründet an, ob man auch mit einem Magneten ohne Eisenkern eine Spannung induzieren kann. Erkläre den Vorteil des Eisenkerns.

A3 Die dargestellte Drahtschleife wird mit einer konstanten Geschwindigkeit von $4\,\frac{cm}{s}$ seitlich in Pfeilrichtung durch das Magnetfeld bewegt.
a) Beschreibe, wie sich die Anzeige des Spannungsmessgeräts ändert.
b) Skizziere den zeitlichen Verlauf der Spannung.
c) Erkläre, wie sich der Spannungsverlauf ändert, wenn du die Drahtschleife schneller bewegst.
d) Die Drahtschleife sei nun 20 cm breit, der Magnet bleibt unverändert. Bearbeite a) und b) erneut.

B1 Eine Schütteltaschenlampe muss für ca. 30 Sekunden in Längsrichtung geschüttelt werden, damit ihre LED für einige Minuten leuchtet. Zur Zeitverzögerung kommt es, weil zunächst ein Kondensator geladen wird, über den die LED anschließend mit Strom versorgt wird.
a) Beschreibe die Funktionsweise der Schütteltaschenlampe.
b) Die Taschenlampe muss noch ein Bauteil enthalten, das zu einer konstanten Polung der erzeugten Spannung führt. Begründe dies.

ENERGIE EFFIZIENT NUTZEN
ENERGIE ELEKTRISCH ÜBERTRAGEN

01 Ein Elektroauto – heute noch eine Ausnahme, in Zukunft die Regel?

Elektromotor und Generator

Sauber, leise, effizient – sehen so die Autos der Zukunft aus? Elektroautos fahren abgasfrei und geräuscharm und beschleunigen schnell. Sie werden durch Elektromotoren angetrieben. Häufig können diese Motoren die Elektroautos nicht nur antreiben, sondern beim Bremsen sogar Energie zurückholen!

EIN BAUTEIL – ZWEI FUNKTIONEN · Ein Elektromotor erhält Energie durch den elektrischen Strom und gibt sie auf mechanische Weise wieder ab. Beim Generator ist es genau umgekehrt. Er wandelt mechanische in elektrische Energie um.

Im ▸ Bild 02 A hebt ein Motor eine Last an. Im Generatorbetrieb bringt er anschließend mit der angehobenen Last eine Glühlampe zum Leuchten (▸ Bild 02 B). Wir können dasselbe Gerät also in beiden Funktionen verwenden. Elektromotor und Generator sind offenbar prinzipiell gleich aufgebaut.

PRINZIP DES ELEKTROMOTORS · Wir beschäftigen uns zunächst mit einem sehr einfachen Motor (▸ Bild 03). Er besteht aus einem fest aufgestellten Elektromagneten (**Stator**), der ein- und ausgeschaltet werden kann, und einem drehbaren Stabmagneten (**Rotor**). Wenn man

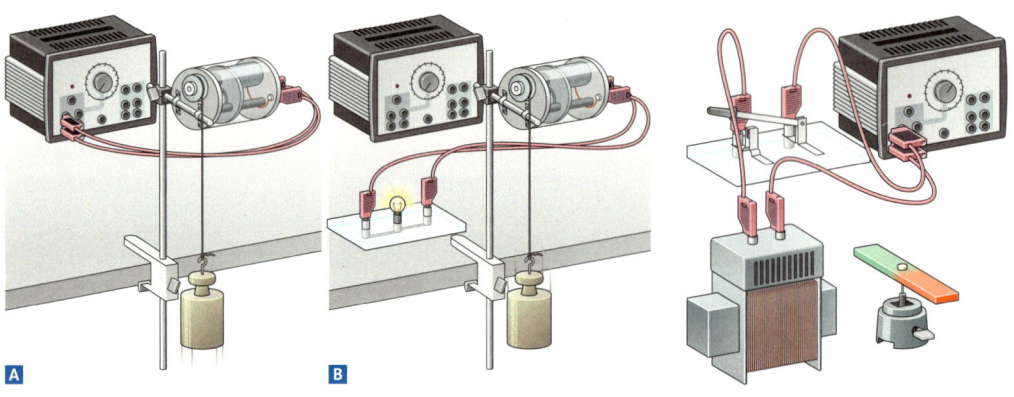

02 Anwendung als **A** Elektromotor und **B** Generator

03 Einfacher Elektromotor

den Elektromagneten immer im richtigen Moment ein- bzw. ausschaltet, dann lässt sich der Stabmagnet in eine ständige Drehbewegung versetzen. Ursache sind die Kräfte zwischen den beiden Magneten.

DER MOTOR WIRD VERBESSERT · Es ist umständlich und schwierig, dauernd mit der Hand im richtigen Takt zu schalten. Deshalb konstruieren wir einen automatischen Schalter. Dazu schließen wir den Stromkreis über den Stabmagneten, kleben aber die Hälfte der oberen Kontaktfläche mit Isolierband ab (▸ Bild 04 A). Somit ist der Stromkreis nur bei der ersten Halbdrehung des Magneten geschlossen, bei der zweiten ist er unterbrochen. Entsprechend ist der Elektromagnet immer nur während einer Halbdrehung eingeschaltet. Der Motor läuft nun, nachdem wir ihn angeworfen haben, selbstständig.

Häufig werden kleine, aber starke Motoren benötigt. Für ein starkes Magnetfeld kann dann aber kein großer Stabmagnet verwendet werden. Stattdessen vertauscht man die Rollen der Bauteile (▸ Bild 04 B): Als Stator wird jetzt ein Hufeisenmagnet verwendet, ein schaltbarer Elektromagnet wird zum Rotor. Sein Magnetfeld ist üblicherweise deutlich stärker als das eines Stabmagneten.

Anstelle unseres automatischen Schalters aus Klebeband nutzt man einen **Kommutator** (▸ Bild 04 B): Er besteht aus zwei metallischen Halbringen und zwei darauf schleifenden Kontakten. Mit jedem Halbring ist ein Kontakt des rotierenden Elektromagneten verbunden. Der Kommutator wirkt als Umschalter und kehrt die Richtung des elektrischen Stroms durch den Rotor immer zum richtigen Zeitpunkt um.

WIE FUNKTIONIERT DER MOTOR GENAU? · Im ▸ Bild 05 A bewirkt die Anziehung zwischen den ungleichnamigen Magnetpolen eine Drehbewegung nach rechts. Kurze Zeit später

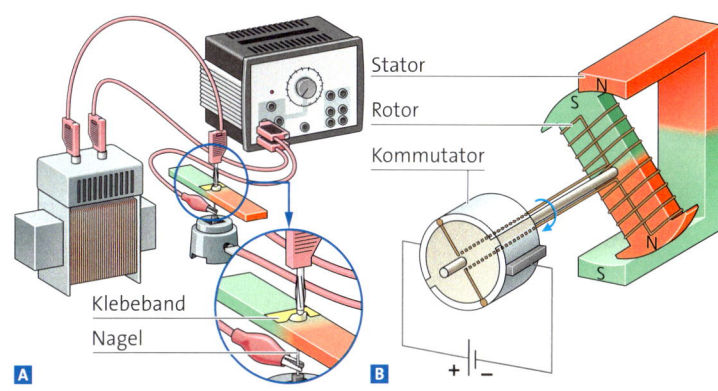

04 **A** Verbesserter Elektromotor und **B** Elektromotor mit Kommutator

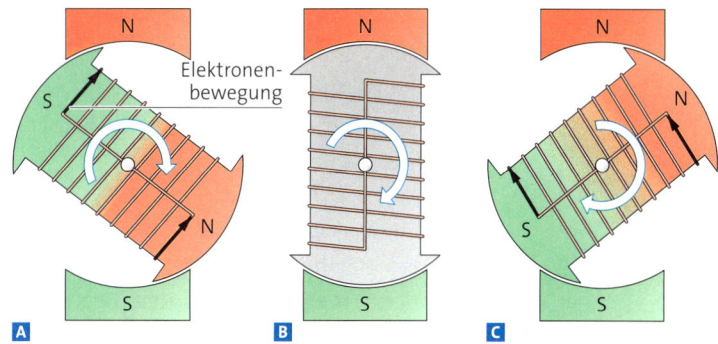

05 Elektromotor: Von **A** zu **C** wird die Stromrichtung umkehrt. Durch seinen Schwung dreht sich der Rotor über den Totpunkt **B** hinweg.

durchläuft der Rotor die in ▸ Bild 05 B gezeigte Position. In dieser Stellung ist der Stromkreis unterbrochen, folglich wirken keine Kräfte auf den Rotor, er befindet sich im **Totpunkt.** Aufgrund seiner Trägheit dreht sich der Rotor aber weiter. Der Stromkreis schließt sich wieder – nun mit umgepoltem Rotor, den der Stator jetzt abstößt (▸ Bild 05 C). Der Rotor dreht sich daher weiter, bis er von der anderen Seite des Stators erneut angezogen wird und die Abläufe sich wiederholen.

> Beim Elektromotor dreht sich der Rotor aufgrund von magnetischen Kräften zwischen Rotor und feststehendem Stator.

1 Die Motoren in den ▸ Bildern 03–05 laufen nicht in jeder Stellung an. Erkläre dies anhand von Skizzen.

ENERGIE EFFIZIENT NUTZEN
ENERGIE ELEKTRISCH ÜBERTRAGEN

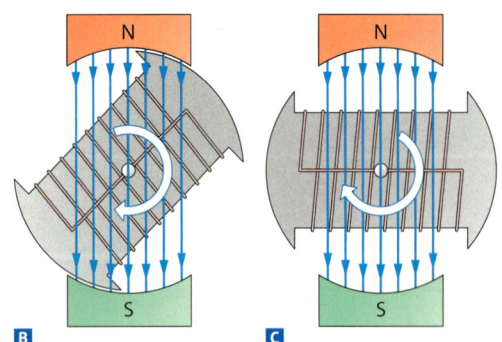

01 Generatorbetrieb

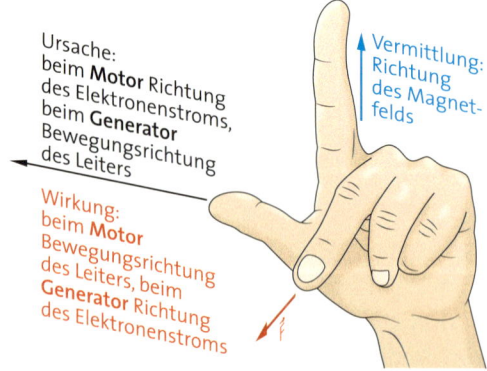

03 Drei-Finger-Regel zur Lorentzkraft (linke Hand)

PRINZIP DES GENERATORS · Im Generatorbetrieb wird der Rotor im Magnetfeld des Stators gedreht. Da sich dabei die Ausrichtung von Spule und Magnetfeld zueinander ständig ändert (▸ Bild 01), wird in der Rotorspule eine Wechselspannung induziert.

> Beim Generator dreht sich der Rotor im Magnetfeld des Stators. In der Rotorspule wird eine Wechselspannung induziert.

LORENTZKRAFT · Wir wollen die Verwandschaft von Elektromotor und Generator in einem Gedankenexperiment genauer untersuchen. Zur Vereinfachung benutzen wir statt der Rotorspule eine rotierende Leiterschleife (▸ Bild 02).

Im Fall des Motors fließt Strom durch die Leiterschleife. Auf die einzelnen Elektronen, die sich somit durch das Magnetfeld bewegen, wirkt die Lorentzkraft. Sie wird dort maximal, wo sich die Elektronen senkrecht zum äußeren Magnetfeld bewegen, also in den waagerechten Drahtabschnitten der Leiterschleife. Insgesamt wirken somit die Kräfte $\vec{F}_1$ und $\vec{F}_2$ auf die Leiterschleife und es kommt zur Drehung.

Um die Drehrichtung herauszufinden, könnten wir die Anziehung und Abstoßung betrachten, die durch die ständig wechselnde Polung der Spule bzw. Leiterschleife entsteht. Einfacher ist es, die Drehrichtung mit der Drei-Finger-Regel der linken Hand (▸ Bild 03) zu bestimmen.

Beim Generator schließen wir statt der elektrischen Quelle ein Spannungsmessgerät an. Die Abläufe sind hier genau umgekehrt zu den vorherigen: Wir drehen die Leiterschleife von Hand und üben so die Kräfte $\vec{F}_1$ und $\vec{F}_2$ aus (▸ Bild 02). Durch die Drehung der Leiterschleife bewegen sich die enthaltenen Elektronen durch das Magnetfeld. Als Folge wirkt eine Lorentzkraft auf die Elektronen und setzt sie in der Leiterschleife in Bewegung (▸ Bild 03). Eine Induktionsspannung baut sich auf, deren Polung von der Richtung abhängt, in die wir die Leiterschleife drehen.

1 ⌐ Der Motor benötigt einen Kommutator. Beim Generator wird mit und ohne Kommutator eine Spannung induziert. Erläutere.

2 ⌐ Im Experiment in ▸ Bild 02 kehren wir die Stromrichtung um. Skizziere diese neue Situation mit den dann wirkenden Kräften.

3 ⌐ Erkläre den Begriff „Nutzbremse". Recherchiere dazu im Internet.

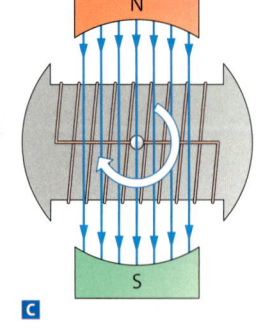

02 Drehbare Leiterschleife im Magnetfeld

MATERIAL

VERSUCHE ▸ Ein selbst gebauter Motor

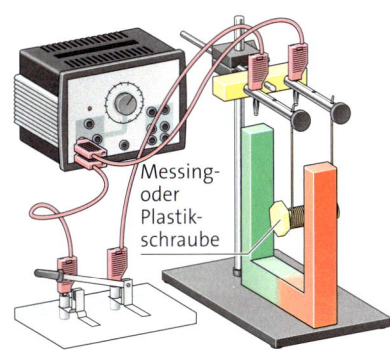

Messing- oder Plastik- schraube

Material:
Netzgerät, 3 Kabel, Schalter, 2 Krokodilklemmen, 3 m Kupferlackdraht, Schmirgelpapier, Messing- oder Plastikschraube, Hufeisenmagnet, Stativmaterial

Durchführung:
Schmirgle den Kupferlackdraht an den Enden ab. Wickle ihn um die Schraube, sodass du einen Elektromagneten erhältst. Baue anschließend den Motor wie in der Abbildung auf.

V1 Schließe und öffne den Schalter. Notiere deine Beobachtungen und erkläre sie.

V2 Wie kannst du erreichen, dass sich die Spule im Kreis dreht? Probiere es aus. Notiere dein Vorgehen.

Material A ▸ Ein einfacher Elektromotor

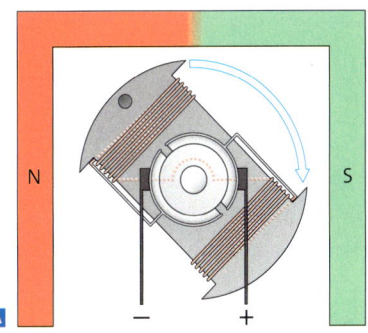
A

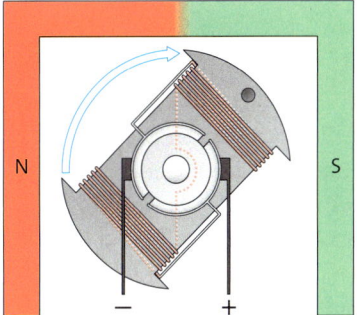
B

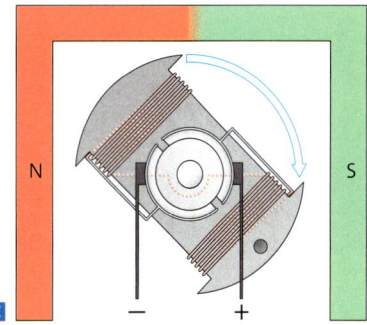
C

A1 Beschreibe den generellen Aufbau eines Elektromotors.

A2 Die ▸ Bilder A–C zeigen drei Momentaufnahmen eines sich drehenden Rotors. Ermittle jeweils die Lage der Magnetpole. Nutze dazu zwei unterschiedliche Begründungen. Erkläre dann für jede dargestellte Situation, warum sich der Rotor weiterdreht.

A3 Notiere Möglichkeiten, den Motor stärker zu machen.

Material B ▸ Ein Fahrraddynamo

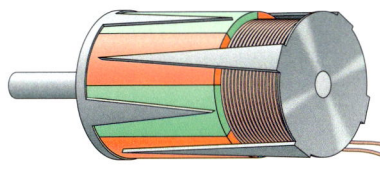

Ein Fahrraddynamo besteht aus einem drehbaren Magneten mit jeweils vier Nord- und Südpolen, einer Spule mit Eisenkern und acht magnetisierbaren Blechstreifen. Durch die Drehung des Dauermagneten wird der Eisenkern ständig ummagnetisiert.

B1 a) Jedes Mal wenn sich der Magnet um 45° weitergedreht hat, ändert sich die Richtung des magnetischen Feldes durch die Spule. Begründe.
b) In der Spule wird eine Wechselspannung induziert. Begründe dies und gib an, wie oft die Spannung bei einer kompletten Umdrehung des Magneten das Vorzeichen wechselt.
c) Skizziere den zeitlichen Verlauf der Wechselspannung für die Zeitdauer einer Umdrehung.

B2 Der Magnet wird schneller gedreht. Erläutere, wie sich die induzierte Spannung ändert.

ENERGIE EFFIZIENT NUTZEN
ENERGIE ELEKTRISCH ÜBERTRAGEN

01 „Die Batterien von meinem Gettoblaster sind immer so schnell leer!" – „Der Akku von meinem Smartphone hält den ganzen Tag." – „Wenn ich im Netz surfe, hält mein Akku keine drei Stunden!"

Elektrische Energie und Leistung

Alle elektrischen Geräte brauchen zum Betrieb ständig elektrische Energie. Diese lässt sich in Batterien oder Akkus speichern und wird den Geräten durch den elektrischen Strom zugeführt. Doch wovon hängt es ab, wie lange die Batterien oder Akkus halten?

ENERGIEÜBERTRAGUNG IM STROMKREIS · Wenn Batterien oder Akkus unterschiedlich lange halten, bedeutet das, dass die Geräte unterschiedlich viel Energie benötigen und die gespeicherte Energie daher unterschiedlich schnell an das Gerät abgegeben wird.
Als Größe zur Beschreibung des Energiebetrags ΔE, der in einer bestimmten Zeit Δt übertragen wird, haben wir bereits die Leistung P kennengelernt:

$$P = \frac{\Delta E}{\Delta t}.$$

Um genauer zu untersuchen, von welchen Größen des Stromkreises die elektrische Leistung abhängt, verwenden wir einen Stromkreis mit einem Generator und einer Glühlampe (▶ Bild 02). In den Stromkreis haben wir noch je ein Messgerät für die Stromstärke und die Spannung eingebaut. Damit die Lampe leuchtet, müssen wir kräftig kurbeln und führen dem Stromkreis dadurch Energie zu: An den Anschlüssen entsteht eine elektrische Spannung. Dadurch fließt Strom, mit dem Energie zur Lampe übertragen wird, wo sie den Stromkreis wieder verlässt.

Wenn wir schneller kurbeln, dann leuchtet die Lampe heller. Gleichzeitig nehmen sowohl die Spannung als auch die Stromstärke zu.
Diese Beobachtung lässt sich folgendermaßen erklären: Je schneller und kräftiger wir am Generator drehen, desto größer ist die Energiemenge ΔE, die in der Zeit Δt vom Generator zur Glühlampe übertragen wird. Die Leistung wird also größer. Da gleichzeitig auch die Stromstärke und die Spannung angestiegen sind, ist zu vermuten, dass sie mit der Leistung zusammenhängen. Dies untersuchen wir in weiteren Versuchen.

LEISTUNG UND STROMSTÄRKE · Wir untersuchen zuerst, wie die Leistung von der Stromstärke abhängt. Dazu verwenden wir eine Parallelschaltung aus drei baugleichen Lampen (2,5 V/1,0 A) wie in ▶ Bild 03. Dabei ist es wichtig, dass die Spannung, die beim Kurbeln am Generator erzeugt wird, möglichst konstant bei 2,5 V gehalten wird.

Zuerst ist nur eine Lampe angeschlossen. Bei einer Spannung von 2,5 V leuchtet sie hell, die Stromstärke beträgt 1 A. Nun wird die zweite Lampe hinzugeschaltet. Wir müssen jetzt viel kräftiger kurbeln, um die Spannung von 2,5 V zu halten. Die Stromstärke beträgt nun 2 A. Bei drei Lampen müssen wir noch kräftiger kurbeln und die Stromstärke beträgt dann 3 A.

Die Leistung können wir nicht direkt ablesen. Es ist aber einleuchtend, dass sie bei zwei Lampen doppelt so groß ist und bei drei Lampen dreimal so groß ist wie bei einer Lampe. Damit ist die Leistung bei konstant gehaltener Spannung proportional zur Stromstärke (▶ Tabelle 05).

LEISTUNG UND SPANNUNG · Zur Untersuchung des Zusammenhangs von Leistung und Spannung verwenden wir eine Reihenschaltung aus den drei Lampen (▶ Bild 04). Wir schließen wieder zuerst nur eine, dann zwei und schließlich drei Lampen an. Diesmal achten wird beim Kurbeln darauf, dass die Stromstärke immer konstant 1 A beträgt, und lesen jeweils die Spannung ab: Sie beträgt bei einer einzigen Lampe 2,5 V, bei zwei Lampen 5,0 V und bei drei Lampen 7,5 V. Dabei müssen wir umso schneller kurbeln, je mehr Lampen in Reihe geschaltet sind.

Wieder gilt, dass die Leistung bei zwei Lampen doppelt und bei drei Lampen dreimal so groß ist wie bei einer Lampe. Folglich ist die Leistung bei konstanter Stromstärke proportional zur Spannung (▶ Tabelle 06).

EINE GLEICHUNG FÜR DIE LEISTUNG · Die beiden Versuche zeigen:
1. Bei konstanter Spannung gilt: $P \sim I$.
2. Bei konstanter Stromstärke gilt: $P \sim U$.

Die beiden Proportionalitäten lassen sich zu einer Gleichung zusammenfassen, die in diesem Fall keine Proportionalitätskonstante enthält:

$P = U \cdot I$

Die Einheit der Leistung ist ein Watt, also gilt
$1\,W = 1\,V \cdot 1\,A$.

> Die elektrische Leistung gibt an, wie viel elektrische Energie pro Sekunde auf Geräte übertragen und dort in andere Energieformen umgewandelt wird. Es gilt:
> $P = U \cdot I$.

1) Ein Wasserkocher arbeitet mit einer Leistung von 1000 W und wird mit einer Spannung von 230 V betrieben. Berechne die Stromstärke.

Parallelschaltung		
n	U	I
1	2,5 V	1,0 A
2	2,5 V	2,0 A
3	2,5 V	3,0 A

05 Bei der Parallelschaltung ist $P \sim I$. (n: Anzahl der Lampen)

Reihenschaltung		
n	I	U
1	1,0 A	2,5 V
2	1,0 A	5,0 V
3	1,0 A	7,5 V

06 Bei der Reihenschaltung ist $P \sim U$. (n: Anzahl der Lampen)

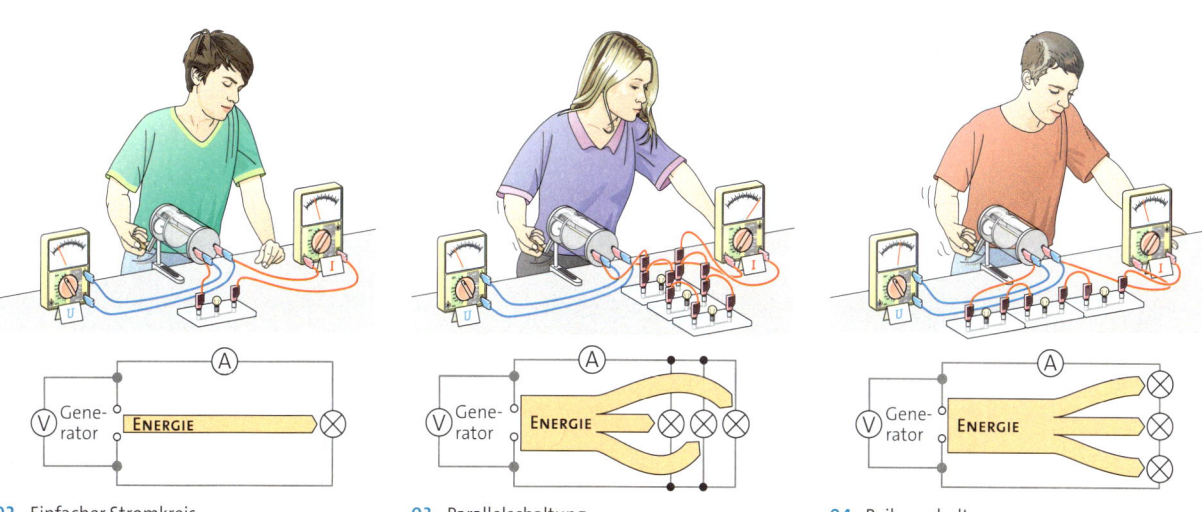

02 Einfacher Stromkreis   **03** Parallelschaltung   **04** Reihenschaltung

ENERGIE EFFIZIENT NUTZEN
ENERGIE ELEKTRISCH ÜBERTRAGEN

01 Typenschild mit Leistungsangabe

02 Auszug aus einer Stromrechnung

$P = \frac{\Delta E}{\Delta t} \mid \cdot \Delta t$

$P \cdot \Delta t = \Delta E$

03 Energieeffizienzklasse einer Energiesparlampe

LEISTUNGSANGABE BEI GERÄTEN · Wie viel Energie wird für den Betrieb eines Elektrogeräts benötigt? Dies hängt zum einen davon ab, wie lange das Gerät betrieben wird, also von der Zeitspanne Δt. Zum anderen hängt es davon ab, wie viel Energie das Gerät pro Zeit benötigt, also von der aufgenommenen Leistung P des Geräts. Für die benötigte Energie ΔE gilt mit P = U · I:

$$\Delta E = P \cdot \Delta t = U \cdot I \cdot \Delta t.$$

Die erforderliche Leistung ist meistens auf dem Typenschild eines Elektrogeräts aufgedruckt (▶ Bild 01). ▶ Tabelle 04 zeigt typische Werte für einige Haushaltsgeräte. Geräte mit großer Leistung sollte man nur bei Bedarf einsetzen.

ENERGIEEFFIZIENZKLASSEN · Elektrische Geräte sollten die zugeführte Energie möglichst gut nutzen. ▶ Tabelle 04 zeigt, dass es für viele Zwecke mehr oder weniger sparsame Geräte gibt. Die Energieeffizienzklasse gibt an, wie sparsam ein bestimmter Gerätetyp mit Energie umgeht. Bei der Neuanschaffung von Haushaltsgeräten sollte man darauf achten, Geräte mit der günstigsten Energieeffizienzklasse (A bzw. A^{+++} bei Kühl- und Gefriergeräten) zu kaufen.

DIE KILOWATTSTUNDE · In einer „Stromrechnung" wird die elektrisch übertragene Energie in der Einheit Kilowattstunde (1 kWh) abgerechnet. Was bedeutet sie?
Ein Kilowatt (1 kW) ist eine Einheit für die Leistung P. Eine Stunde (1 h) ist eine Einheit für eine Zeitspanne Δt. Also gilt:

1 kWh = 1 kW · 1 h
= 1000 W · 3600 s
= 3 600 000 W · s
= 3 600 000 $\frac{J}{s}$ · s
= 3 600 000 J

Folglich ist eine Kilowattstunde eine Einheit für die Energiemenge ΔE. Man verwendet sie hauptsächlich für elektrisch übertragene Energie. Mit einer Kilowattstunde kann man ein Gerät mit einer Leistung von 1 kW eine Stunde lang betreiben, ein Gerät mit 100 W zehn Stunden lang, ein Gerät mit 10 W hundert Stunden usw.

1) a) Eine Spielekonsole nimmt eine Leistung von 150 W auf. Berechne die benötigte Energiemenge für zehn Stunden Betrieb. Gib das Ergebnis in kJ und in kWh an.
b) Im Stand-by-Betrieb beträgt die aufgenommene Leistung der Konsole 1 W. Berechne die jährlich benötigte Energiemenge für den Stand-by-Betrieb.

2) Ein Kühlschrank der Energieeffizientklasse A^{+++} mit einer Leistungsaufnahme von 131 kWh pro Jahr kostet 160 € mehr als ein Gerät der Klasse A$^+$ mit 241 kWh pro Jahr. Ermittle, wann sich die Anschaffung des teureren Geräts bezahlt gemacht hat. Gehe von 0,25 € pro kWh aus.

Gerät	Aufgenommene Leistung
Glühlampe	40–75 W
Energiesparlampe	10–20 W
Laptop	50–70 W
Desktop-PC	400–800 W
Fernsehgerät (LCD)	30–275 W
Fernsehgerät (Plasma)	130–430 W

04 Leistungsangaben bei Haushaltsgeräten

MATERIAL

VERSUCHE ▶ Leistung und Energie bei Haushaltsgeräten

In diesem Versuch untersuchst du die aufgenommene Leistung bzw. den Energiebedarf bei euren Haushaltsgeräten.

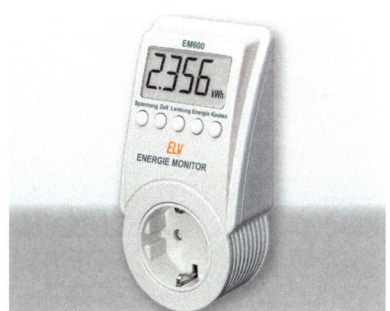

Material:
Energie-/Leistungsmessgerät, Haushaltsgeräte

Durchführung:

V1 a) Auf den meisten Haushaltsgeräten stehen Leistungsangaben. Untersuche für die ausgewählten Geräte, ob diese Angaben korrekt sind.
b) Viele Geräte haben unterschiedliche Einstellungen (z. B. Haartrockner oder Handrührer). Untersuche ihren Einfluss auf die Leistung.

V2 a) Ermittle für euren Fernseher oder Drucker, wie viel Leistung im Stand-by-Betrieb aufgenommen wird. Vergleiche diesen Messwert mit dem Wert im normalen Betrieb.
b) Gib an, wie du die Leistungsaufnahme im Stand-by-Betrieb verhindern kannst, falls sich das Gerät nicht komplett ausschalten lässt.
c) Miss den Energiebedarf eurer Waschmaschine bei unterschiedlichen Waschprogrammen. Leite daraus Empfehlungen zum Einsatz der Waschprogramme ab.
d) Diskutiert, worauf man beim Kauf neuer Elektrogeräte achten sollte.

Material A ▶ Leistung bei Haushaltsgeräten

A1 Herrn Brauns Wasserkocher hat eine Leistung von 2400 W. Damit einen Liter kaltes Wasser zum Kochen zu bringen, dauert 2 min, 45 s.
a) Berechne die aufgenommene Energiemenge in J und in kWh.
b) Herr Braun möchte Energie „sparen" und überlegt sich, seinen Kocher durch einen mit einer niedrigeren Leistung von 1800 W zu ersetzen.
Nimm dazu Stellung.

A2 Kläre die Bedeutung der Angaben auf dem Akku eines Smartphones.

Material B ▶ Leistung und Energie beim Auto

B1 Die Lichtmaschine ist ein Generator, der im fahrenden Auto zur Stromerzeugung genutzt wird. Überschüssige elektrische Energie wird in der Autobatterie gespeichert. Die Lichtmaschine eines Mittelklassewagens liefert etwa 1300 W, seine Autobatterie kann eine Ladung von 60 Ah speichern. Im Auto beträgt die Boardspannung 12 V, die Scheinwerfer benötigen je 55 W.
a) Berechne, nach welcher Zeit die Batterie nur noch 50 Ah enthält, wenn man die Scheinwerfer im Stand brennen lässt.
b) Ermittle, wie lange es dauert, bis die Batterie wieder voll geladen ist.

B2 Anfangs wurde ein Großteil der Automobile elektrisch angetrieben. Bald wurden sie aber von Fahrzeugen mit Verbrennungsmotor verdrängt – Ausnahmen blieben Straßenbahnen, Oberleitungsbusse oder auch Gabelstapler.
Erst seit den 1990er Jahren werden wieder neue Elektroautos produziert. Dabei ist v. a. die Entwicklung leistungsfähiger Batterien entscheidend. Derzeit hat ein typischer Batterieblock eine Ladekapazität von 66 Ah bei einer Spannung von 360 V und wiegt gut 300 kg.
Laut Plan der Bundesregierung sollen 2020 auf deutschen Straßen 1 Mio. Elektroautos fahren. Diese benötigen dann etwa 3 TWh an elektrischer Energie, ca. 0,5 % des bisherigen Gesamtbedarfs.
a) Überlege und recherchiere, welche Vor- und Nachteile der Elektroautos die Entwicklungen vermutlich beeinflusst haben.
b) Die deutschen Pumpspeicherkraftwerke können insgesamt etwa 37,7 GWh speichern. Vergleiche mit 1 Mio. Elektroautos.
c) Mithilfe von intelligenten Stromnetzen könnten die Akkus der Elektroautos als Pufferspeicher für das öffentliche Stromnetz genutzt werden. Erläutere diese Aussage.

ENERGIE EFFIZIENT NUTZEN
ENERGIE ELEKTRISCH ÜBERTRAGEN

01 Elektrische Zahnbürste

Der Transformator

Die zwei Zahnbürsten werden auf verschiedene Arten mit Energie versorgt. Die linke Zahnbürste nutzt zwei Batterien. Ihr Motor benötigt offenbar eine Spannung von 3 V. Die andere Zahnbürste braucht vermutlich die gleiche Spannung, ihr Ladegerät wird aber an die Steckdose mit 230 V angeschlossen. Wie kann das funktionieren?

SPANNUNGSÜBERTRAGUNG · Um diese Frage zu beantworten, sehen wir in die Ladestation und in die zugehörige Zahnbürste hinein (▶ Bild 02) Wir erkennen, dass sich in der Ladestation eine Spule befindet. Sie ist an die Steckdose mit 230 V Wechselspannung angeschlossen. In der Zahnbürste befindet sich ebenfalls eine Spule. An sie sind der Akku und der Motor angeschlossen. Anscheinend sind die beiden Spulen für die Übertragung der Spannung verantwortlich. Da der Akku über Spulen berührungsfrei mit der Betriebsspannung von 3 V versorgt wird, handelt es sich offenbar um eine Induktionsspannung. Doch wie wird die Netzspannung bei dieser Übertragung verkleinert?

SPANNUNGSVERÄNDERUNG · Zunächst klären wir, ob unsere Annahme stimmt. Dazu bauen wir nicht die Spule aus der Ladestation aus und schließen sie direkt an 230 V an – das wäre gefährlich –, sondern nutzen die Ladestation und die aus der Zahnbürste ausgebaute Spule. Tatsächlich liegen an der zweiten Spule nur 3 V an.

PRINZIP DES TRANSFORMATORS · Damit wir besser untersuchen können, wie die induzierte Spannung von den genutzten Spulen abhängt, ersetzen wir die Ladestation durch eine Experimentierspule mit Netzgerät (▶ Bild 03). Diese Primärspule stecken wir zusammen mit der Sekundärspule, die für die Spule aus der Zahnbürste steht, auf einen gemeinsamen Eisenkern.

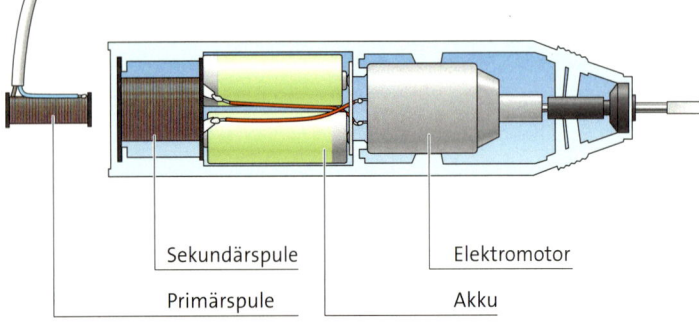

02 Aufbau der elektrischen Zahnbürste

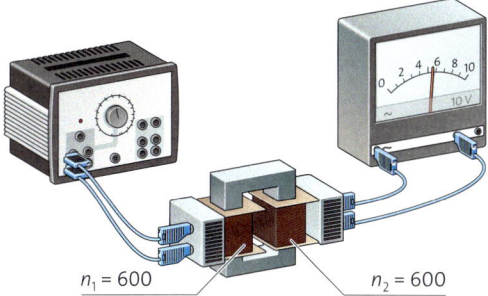

03 Aufbau eines Transformators

n_1	n_2	U_1 in V	U_2 in V	$\frac{U_1}{U_2}$	$\frac{n_1}{n_2}$
400	400	6,0	5,6	1,07	1,00
400	800	6,0	11,5	0,52	0,50
400	1600	6,0	23,1	0,26	0,25
1600	400	6,0	1,4	4,29	4,00
800	800	6,0	5,6	1,07	1,00

04 Messwerte am Transformator

05 Schaltsymbol

Eine solche Anordnung aus zwei Spulen mit einem Eisenkern nennt man **Transformator.**
An unserer Primärspule liegen 230 V Wechselspannung an. Die Frequenz der Wechselspannung beträgt 50 Hz. Der Strom in der Spule wechselt also 100-mal in der Sekunde die Richtung. Entsprechend wechselt das Magnetfeld der Primärspule ebenfalls 100-mal in der Sekunde seine Richtung. Dieses Feld bewirkt eine ständige Ummagnetisierung im gesamten Eisenkern. Der geschlossene Eisenkern verstärkt das Magnetfeld und hilft, es möglichst verlustarm auf die Sekundärspule zu übertragen (▸ Bild 06). Folglich ändert sich das Magnetfeld in der Sekundärspule genauso wie in der Primärspule. Dadurch wird in der Sekundärspule eine Wechselspannung induziert.

Im Betrieb wird also Energie von der Primär- zur Sekundärspule übertragen, obwohl die Spulen nicht direkt miteinander verbunden sind.

VERSCHIEDENE SPULEN · Den Zusammenhang zwischen den Windungszahlen und der Spannung U_2 an der Sekundärspule untersuchen wir mit verschiedenen Spulenkombinationen. Die Windungszahlen bezeichnen wir mit n_1 für die Primärspule und n_2 für die Sekundärspule.

Aus den Messwerten in ▸ Tabelle 04 können wir ablesen, dass die **Sekundärspannung U_2** im Vergleich zur **Primärspannung U_1** vergrößert oder verkleinert werden kann. Außerdem sind die Quotienten $\frac{U_1}{U_2}$ und $\frac{n_1}{n_2}$ jeweils praktisch gleich.

/// Der Wechselstrom in der Primärspule eines Transformators erzeugt ein sich ständig änderndes Magnetfeld, das in der Sekundärspule eine Wechselspannung induziert.

/// Für die Spannungen und die Windungszahlen von Primärspule und Sekundärspule eines Transformators gilt im Idealfall:
$\frac{U_1}{U_2} = \frac{n_1}{n_2}$.

1) Erläutere, wie ein Transformator aufgebaut ist. Nenne Beispiele oder Geräte, in denen Transformatoren benutzt werden.

2) Bei einem Transformator mit n_1 = 250 und n_2 = 1000 beträgt die Spannung U_1 = 230 V. Berechne U_2.

3) Begründe, warum ein Transformator nur mit Wechselspannung betrieben werden kann, nicht mit Gleichspannung.

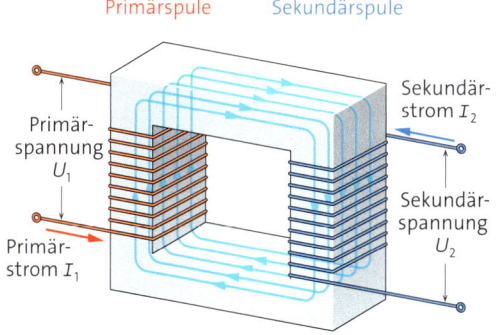

06 Prinzipieller Aufbau eines Transformators

ENERGIE EFFIZIENT NUTZEN
ENERGIE ELEKTRISCH ÜBERTRAGEN

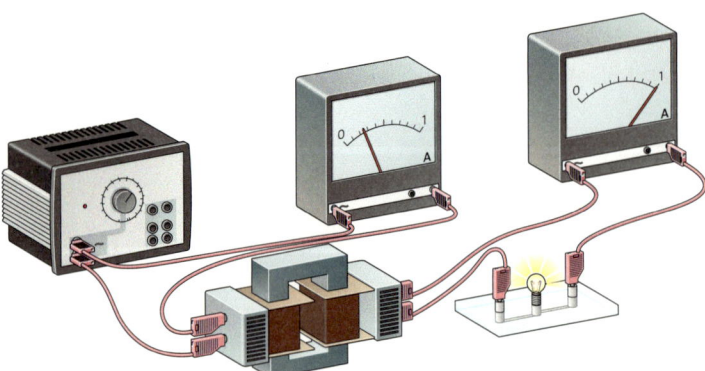

01 Primär- und Sekundärstromstärke beim belasteten Transformator

02 Induktionskochfeld: Der Topf wird heiß, nicht die Kochplatte.

03 Die große Stromstärke erhitzt die Rinne – das Wasser siedet.

Wenn wir die **Primärstromstärke I_1** und die **Sekundärstromstärke I_2** messen, dann erhalten wir $I_1 = 0{,}25$ A und $I_2 = 1{,}0$ A. Wenn wir diese Werte mit den Spannungen $U_1 = 10{,}0$ V und $U_2 = 2{,}5$ V vergleichen, dann stellen wir fest, dass sich das Verhältnis der Stromstärken genau umgekehrt zum Verhältnis der Spannungen verhält:

$$\frac{I_2}{I_1} = \frac{U_1}{U_2} = \frac{n_1}{n_2}.$$

Dies bestätigt unsere Vorüberlegungen.

> Bei einem belasteten Transformator gilt im Idealfall:
> $$\frac{I_2}{I_1} = \frac{n_1}{n_2}.$$

INDUKTIVES KOCHEN · Ein etwas ungewöhnlicher Transformator wird beim Induktionsherd genutzt (▸ Bild 02). Dieser Herd hat keine heißen Kochstellen oder offenen Gasflammen. Die Wärme entsteht vielmehr infolge einer großen Stromstärke im Topfboden selbst.
Mithilfe des Modellversuchs im ▸ Bild 03 können wir uns die Vorgänge verdeutlichen. Im Kochfeld befindet sich eine Primärspule mit vielen Windungen. Der Topfboden stellt die Sekundärspule mit einer einzigen Windung dar. Durch diese Kombination von Windungszahlen erzielt man die große Stromstärke im Topfboden, die zur Erwärmung führt.

UNERWÜNSCHTE ENERGIEABGABE · In der Realität gibt es keinen idealen Transformator. Stattdessen wird ein Teil der elektrisch zugeführten Energie in Form von Wärme abgegeben. Zum einen erwärmen sich die Drähte, zum anderen bewirkt die ständige Umkehrung des Magnetfelds eine Erwärmung des Eisenkerns. Daher wird jedes Netzteil warm.
Es wandelt auch dann elektrische Energie in thermische Energie um, wenn das Gerät auf der Sekundärseite ausgeschaltet ist. Deswegen solltest du bei nicht benötigten Netzteilen immer den Stecker ziehen!

Ist ein Gerät an der Sekundärseite eines Transformators angeschlossen, dann sagt man, der Transformator ist belastet.

BELASTETER TRANSFORMATOR · Bisher haben wir nur die Spannungen und Windungszahlen betrachtet. Ihr Verhältnis ist im Idealfall gleich. Ist an die Sekundärseite des Transformators ein Gerät angeschlossen, dann gibt die Sekundärspule genauso viel Energie ab, wie die Primärspule erhält. Das bedeutet: Die Leistungen im Primär- und im Sekundärstromkreis sind gleich:

$$P_1 = P_2 \text{ bzw. } U_1 \cdot I_1 = U_2 \cdot I_2.$$

Das heißt aber auch, dass sich mit den Spannungen auch die Stromstärken ändern. Es folgt:

$$\frac{U_1}{U_2} = \frac{I_2}{I_1}.$$

Als Beispiel betrachten wir eine Lampe (2,5 V/1,0 A), die wir über einen Transformator an eine Wechselspannung von 10,0 V anschließen (▸ Bild 01). Die Spannung muss also um einen Faktor vier verkleinert werden. Dies erreichen wir z. B. mit $n_1 = 1000$ und $n_2 = 250$.

MATERIAL

Material A ▸ Energieübertragung

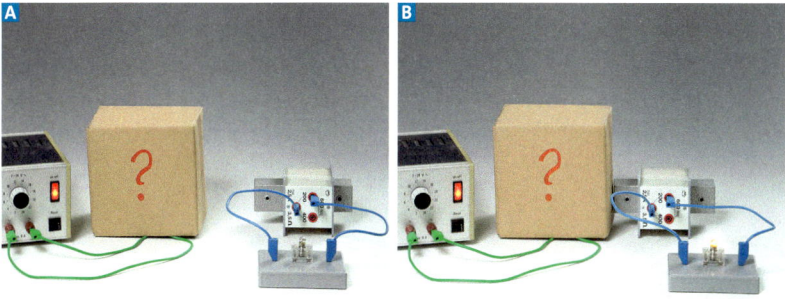

04 Was verbirgt sich unter dem Karton?

Im ▸ Bild 04 sind zwei Phasen eines Versuchs dargestellt.

A1 Beschreibe die Versuchsdurchführung und das Ergebnis.

A2 Erläutere, was sich unter dem Karton befinden muss.

Material B ▸ Transformatoren berechnen

B1 Ein Modelleisenbahn-Transformator soll eine Spannung von maximal 12 V liefern. Er wird an die Netzspannung (230 V) angeschlossen. Berechne die Windungszahl der Sekundärspule, wenn die Primärspule 1500 Windungen hat.

B2 Das Netzteil eines Notebooks soll die Netzspannung (230 V) auf 19 V herabsetzen. Es stehen ein Eisenkern und Spulen mit folgenden Windungszahlen zur Verfügung: 75, 150, 300, 600, 900, 1200, 3600, 7250. Gib mögliche Spulenkombinationen für einen geeigneten Transformator an.

B3 Zum elektrischen Schweißen benötigt man eine große Stromstärke. Dabei darf die Stromstärke in der Primärspule eines Schweißtransformators mit 60 Windungen maximal 12 A betragen.

a) Berechne die Windungszahl der Sekundärspule, wenn die Sekundärstromstärke 100 A betragen soll.

b) Bestimme die übertragene Leistung, wenn das Gerät an 400 V angeschlossen wird.

Material C ▸ Hochspannungstransformator

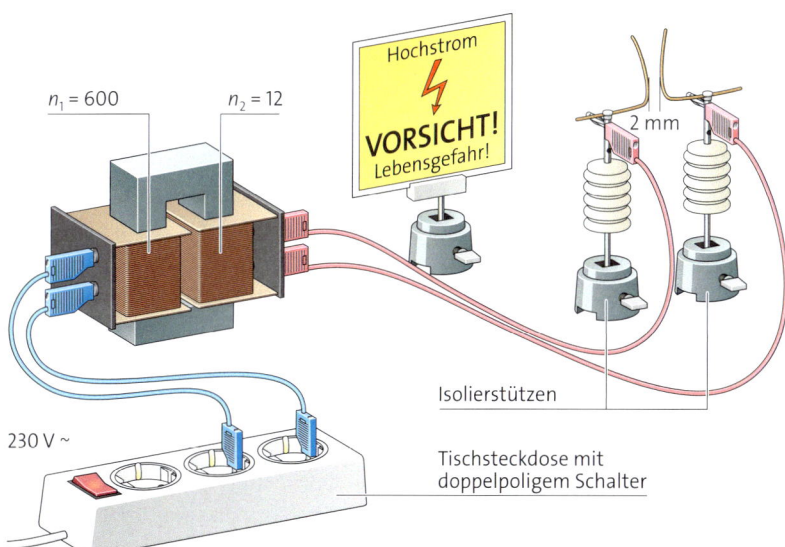

05 Achtung: Hier haben sich Fehler eingeschlichen!

C1 Im ▸ Bild 05 links haben sich mehrere Fehler eingeschlichen. Notiere die Fehler und korrigiere sie. Begründe deine Korrekturen.

C2 Beschreibe und erkläre den Ausgang des Versuchs, nachdem alle Fehler behoben worden sind.

C3 Berechne mit den Daten aus ▸ Bild 05 die zu erwartende Hochspannung.

C4 Beschreibe Maßnahmen, mit denen man die Spannung auf der Sekundärseite erhöhen kann.

ENERGIE EFFIZIENT NUTZEN
ENERGIE ELEKTRISCH ÜBERTRAGEN

BLICKPUNKT

Wechselspannung

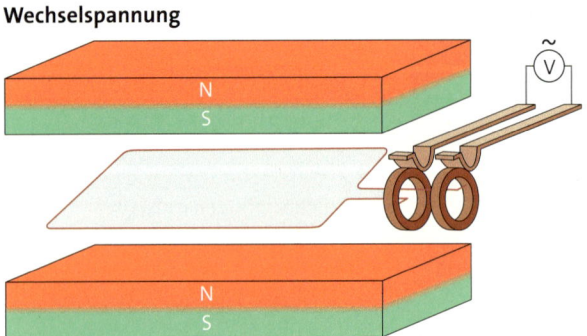

01 Prinzipieller Aufbau eines Generators

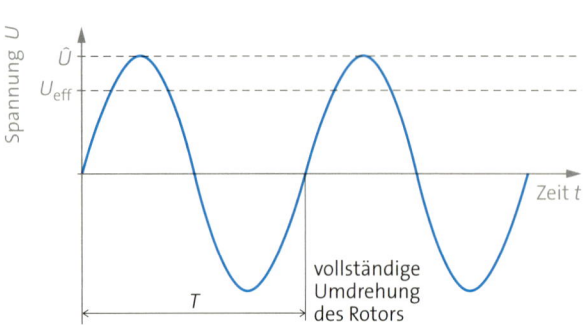

03 Verlauf einer Wechselspannung

Betreibt man den Elektromotor als Generator, dann wird eine Wechselspannung erzeugt. Dazu wird die Spannung über zwei getrennte Schleifringe abgegriffen, ein Polwender ist dann nicht erforderlich (▸ Bild 01). Wie kommt es zur Wechselspannung?

Um dies zu untersuchen, betrachten wir eine einzelne Leiterschleife, die im konstanten Magnetfeld gedreht wird. Je nachdem, wie die Leiterschleife gerade steht, umfasst sie einen unterschiedlichen Anteil des Magnetfelds. Entscheidend ist dabei der Flächenanteil der Spule, der vom Feld durchsetzt wird: die wirksame Fläche. Diese erhältst du, wenn du die Projektion der Leiterschleife auf eine Fläche senkrecht zum Magnetfeld betrachtest (▸ Bild 02). Die Spannung, die in der gedrehten Leiterschleife induziert wird, ist dabei umso größer, je stärker sich die wirksame Fläche ändert.

Steht die Leiterschleife senkrecht zum Magnetfeld, wird sie vollständig vom Feld durchsetzt (▸ Bild 02 A). Die wirksame Fläche ist dann besonders groß, ändert sich bei einer leichten Drehung aber kaum.

Steht die Leiterschleife dagegen in der gleichen Richtung wie das Magnetfeld (▸ Bild 02 C), dann treten keine Feldlinien durch ihre Fläche hindurch. Die wirksame Fläche ist gleich null, ändert sich durch die Drehung aber besonders stark.
Somit nimmt die Spannung von A nach C zu und danach wieder ab. Da es beim Wechselspannungsgenerator keinen Polwender gibt, ändert sich die Polung der induzierten Spannung nach jeder halben Drehung der Spule. Trägt man den entsprechenden Spannungsverlauf auf, erhält man für die komplette Drehung eine Sinuskurve (▸ Bild 03).

Infolge der Wechselspannung fließen die Elektronen nicht in eine Richtung, sondern bewegen sich nur leicht hin und her. In unserem Stromnetz wiederholt sich der Spannungsverlauf einer Periode 50-mal pro Sekunde. Damit ergibt sich für die Spannung die Frequenz $f = \frac{1}{T} = 50\,\frac{1}{s} = 50\,Hz$.

Vergleicht man die Wechselspannung mit einer Gleichspannung, die die gleiche Wirkung hervorruft, so zeigt sich: Nicht die Scheitelwerte $\hat{U}$ der Wechselspannung entsprechen der Gleichspannung. Stattdessen kann man zeigen, dass die Gleichspannung einer effektiven Wechselspannung U_{eff} entspricht, für die gilt:

$$U_{eff} = \frac{\hat{U}}{\sqrt{2}} \approx 0{,}7 \cdot \hat{U}.$$

In unserem Stromnetz gilt $U_{eff} = 230\,V$ und damit $\hat{U} = 325\,V$.

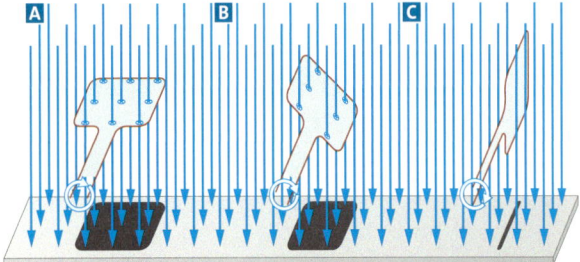

02 Die wirksame Fläche der rotierenden Leiterschleife (dunkelgrau)

1 ⌡ In den USA hat die Netzspannung eine Frequenz von 60 Hz und eine Effektivspannung von 110 V. Gib Periodendauer und die Scheitelspannung an.

Gleich- und Wechselspannung im Alltag

04 Verschiedene Spannungsarten werden benötigt.

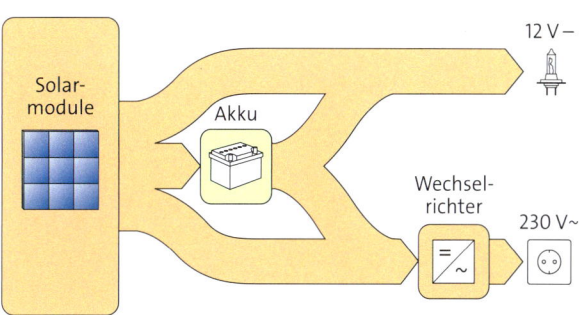

05 Solaranlage

Verschiedene Geräte – verschiedene Spannungen · Im Alltag begegnen dir Geräte, die mit unterschiedlichen Spannungsarten betrieben werden (▶ Bild 04). Gleichspannung benötigt man z. B. für batteriebetriebene Wecker oder Taschenlampen, Wechselspannung für einen Mixer oder das Handy-Netzteil. Beim Netzteil kommen sogar beide Spannungsarten vor: Es wird an eine Wechselspannung, die Netzspannung, angeschlossen, das Handy selbst wird aber mit Gleichspannung versorgt.

Warum gibt es verschiedene Spannungsarten? · Viele Elektrogeräte benötigen Gleichspannungen, weil wesentliche Bauteile, z. B. Dioden, nur damit funktionieren. Außerdem müssen viele Geräte transportabel sein und benötigen deshalb Batterien oder Akkus. Diese liefern aber nur Gleichspannungen. Entsprechend arbeiten auch die elektrischen Geräte im Auto mit Gleichspannung, da sie im Stand oder bei geringer Geschwindigkeit über die Autobatterie mit elektrischer Energie versorgt werden.

Wechselspannungen stammen aus Generatoren, z. B. von Kraftwerken. Passende Motoren, die mit Wechselspannung arbeiten, benötigen keinen Kommutator. Solche Motoren sind einfach zu konstruieren und herzustellen. Wechselspannungen können darüber hinaus durch Transformatoren einfach an die jeweiligen technischen Bedürfnisse angepasst werden. Daher arbeiten fast alle Elektrogeräte, die Motoren enthalten, mit Wechselspannung. Auch Geräte, die Induktion nutzen, z. B. der Induktionsherd, benötigen eine Wechselspannung.

Es gibt aber auch Geräte, die sich im Prinzip mit beiden Spannungsarten betreiben lassen. Häufig geht es hier um die Erzeugung von Wärme oder auch Licht: Wasserkocher, Toaster, Elektroherd oder Halogenlampe.

Nutzung unterschiedlicher Spannungen · Im günstigsten Fall sind Spannungsquellen und Geräte so aufeinander abgestimmt, dass möglichst wenig Umwandlungen zwischen Gleich- und Wechselspannung nötig sind. Schließlich erfordert jede Umwandlung zusätzliche Energie.
Im Haushalt stehen aber neben dem Wechselstrom aus der Steckdose meist nur Batterien zur Verfügung. Es finden also vielfach Umwandlungen statt, indem Spannungen heraufoder heruntertransformiert werden oder indem die Wechselspannung gleichgerichtet und geglättet wird.

Wer mithilfe von Solarzellen selbst Strom erzeugt, kann hier flexibler sein (▶ Bild 05). Der von den Solarzellen erzeugte Strom lässt sich direkt für Geräte nutzen, die mit Gleichspannung betrieben werden können, z. B. Leuchtmittel, auch wenn dies sonst nicht üblich ist.
Möchte man den von den Solarzellen erzeugten Strom für andere Geräte nutzen oder ins Stromnetz einspeisen, dann benötigt man einen Wechselrichter. Dieser wandelt den Gleichstrom in Wechselstrom um.

2) Notiere möglichst viele Geräte aus eurem Haushalt, die Transformatoren bzw. Gleichrichter enthalten. Gib dabei jeweils an, wie die Spannung geändert wird.

ENERGIE EFFIZIENT NUTZEN
ENERGIE ELEKTRISCH ÜBERTRAGEN

01 Im Umspannwerk wird die Spannung transformiert.

Transport elektrischer Energie

In unseren Fernleitungen wird elektrische Energie meist mithilfe von Wechselspannung bei bis zu 380 kV transportiert. Das ist nicht nur aufwendig, sondern auch nicht ganz ungefährlich. Warum verzichtet man nicht darauf und verwendet im gesamten Netz 230 V?

ENERGIEÜBERTRAGUNG MIT 230 V · Um diese Frage zu beantworten, bauen wir das Energieverteilungsnetz nach, und zwar zunächst einmal ohne Transformatoren (▶ Bild 02). Das Netzgerät steht für ein Kraftwerk. Die Kabel mit einem Widerstand von insgesamt 100 Ω stellen die Überlandleitungen dar. Die Glühlampe (6 V/5 A) stellt eine Lampe in einem Haus dar.

Damit die Lampe normal hell leuchtet, müssen ihr 30 W elektrische Leistung zugeführt werden. Aus Sicherheitsgründen experimentieren wir mit 50 V. Das Netzgerät liefert genug Leistung: $P = U \cdot I = 50\,V \cdot 0{,}60\,A = 30\,W$. Aber die Lampe bleibt dunkel. Bei ihr kommt offensichtlich zu wenig Leistung an. Tatsächlich messen wir nur 0,7 V, also gilt: $P = U \cdot I = 0{,}7\,V \cdot 0{,}6\,A = 0{,}42\,W$. Der Rest – fast 99 %! – muss in den Kabeln verloren gehen.

Wenn wir wie bei einer echten Überlandleitung eine Hochspannung nutzen, können wir die 30 W z. B. auch mit einer Spannung von 1000 V und einer Stromstärke von 0,03 A übertragen. Wie wirkt sich das auf die Verluste aus?

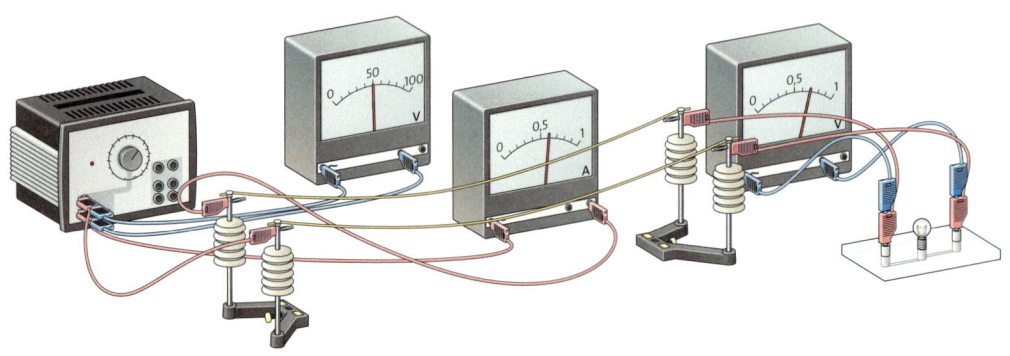

02 Modellversuch ohne Transformatoren

ENERGIE PER HOCHSPANNUNG · Wir bauen auf beiden Seiten unserer Überlandleitung gleiche Transformatoren ein (▸ Bild 04). Dadurch entstehen drei Stromkreise, von denen jeweils zwei über die Transformatoren verknüpft sind. Jetzt leuchtet die Lampe im dritten Stromkreis. Offensichtlich sind die Verluste nun kleiner!

BETRACHTUNG DER VERLUSTE · Bevor wir die Leistungswerte berechnen, sammeln wir die zugehörigen Messwerte (▸ Bild 03). Obwohl am Netzgerät nur noch 10 V eingestellt sind, liegen an der Lampe 9 V an – viel mehr als vorher! Im mittleren „Überland-Stromkreis" herrscht eine sehr hohe Spannung (1600 V), die Stromstärke hingegen ist sehr klein (0,03 A). Für die Leistungswerte in den drei Stromkreisen gilt:

$P_1 = U_1 \cdot I_1 = 10\text{ V} \cdot 5{,}5\text{ A} = 55\text{ W}$
$P_2 = U_2 \cdot I_2 = 1600\text{ V} \cdot 0{,}03\text{ A} = 48\text{ W}$
$P_3 = U_3 \cdot I_3 = 9\text{ V} \cdot 4{,}5\text{ A} = 40{,}5\text{ W}$

Auf dem Weg vom Netzgerät zur Glühlampe tritt eine **Verlustleistung** von insgesamt 14,5 W auf. Das sind 26,4 %. Vorher waren es fast 99 %. Die Verlustleistung ist kleiner, obwohl die gleichen Überlandleitungen benutzt worden sind und außerdem die Transformatoren als weitere Energiewandler eingebaut wurden.

/// Wenn man die Spannungen für den Energietransport hochtransformiert, dann sind die Verluste viel kleiner als bei einer direkten Verbindung.

DIE ROLLE DER KABEL · Ursache für die Verlustleistung P_V in den Kabeln ist die Wärmeentwicklung aufgrund des Ohm'schen Widerstands R_V. Aus den beiden Gesetzmäßigkeiten $P_V = U_V \cdot I_V$ und $U_V = R_V \cdot I_V$ folgt:

$P_V = U_V \cdot I_V = R_V \cdot I_V \cdot I_V = R_V \cdot I_V^2$.

Die Verlustleistung in den Kabeln steigt also quadratisch mit der Stromstärke: Eine doppelte Stromstärke I_V führt zur vierfachen Verlustleistung P_V. Es ist also sinnvoll, die Stromstärke in Überlandleitungen zu verringern. Um dabei die gleiche Leistung zu übertragen, braucht man hohe Spannungen – und Transformatoren.

DIE ROLLE DER TRANSFORMATOREN · Durch die Transformatoren wird Energie entwertet. Das erkennt man z.B. an den Leistungswerten vor und nach dem ersten Transformator ($P_1 = 55$ W und $P_2 = 48$ W). Wie kommt das?
In Transformatoren wird die Richtung des Magnetfelds aufgrund der Wechselspannung dauernd umgekehrt. Dadurch wird das Eisen der Kerne ständig ummagnetisiert. Diese Leistungsverluste sind aber deutlich kleiner als die Ohm'schen Verluste an den Kabeln.

Achtung!
Die Versuche in
▸ Bild 02 und ▸ Bild 04 darfst du nicht selbst durchführen!

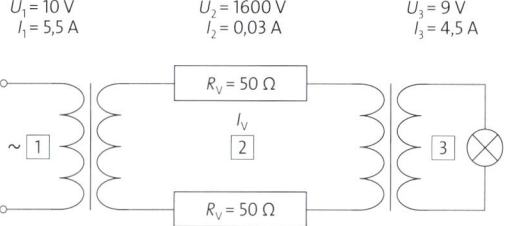

03 Schaltskizze

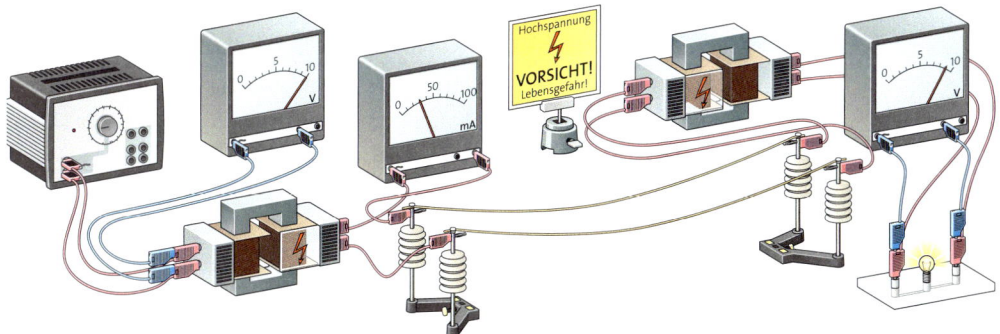

04 Modellversuch mit Transformatoren

ENERGIE EFFIZIENT NUTZEN
ENERGIE ELEKTRISCH ÜBERTRAGEN

01 Deutsches Höchstspannungsnetz

02 Aufbau eines HGÜ-Erdkabels

DAS VERTEILUNGSNETZ · Hochspannung senkt die Ohm'schen Übertragungsverluste deutlich. Deshalb ist Deutschland mit einem Hochspannungsnetz überzogen (▸ Bild 01). Da die Stromabnehmer unterschiedliche Leistungen benötigen, gibt es verschiedene Spannungsniveaus (▸ Bild 03). Außerdem spielt die zu überbrückende Entfernung eine Rolle. Für große Distanzen verwendet man die Höchstspannung von 380 kV. Dann sind die Leitungsverluste besonders gering. Als Faustregel geht man von 1 kW Verlustleistung pro Kilometer Leitung aus.

Neben den üblichen Wechselstromleitungen zeigt ▸ Bild 01 aber auch Leitungen zur Hochspannungsgleichstromübertragung, kurz **HGÜ**. HGÜ-Freileitungen werden bei besonders langen Strecken genutzt, bei denen die Verluste selbst bei 380 kV zu groß werden. Hier spielt vor allem der Stahlkern der Freileitungen eine Rolle, um den die stromführenden Aluleiter gewunden sind. Bei Wechselstrom wird dieser Kern durch die wechselnden magnetischen Felder 100-mal pro Sekunde ummagnetisiert. Gleichzeitig ändern sich auch die elektrischen Felder, die sich zwischen den Freileitungen und der Erde ausbilden – beides kostet viel Energie. Bei Gleichstrom gibt es diese Verluste nicht.

Bei Erd- oder Unterseekabeln zeigen sich die Verluste durch das ständige Ändern der Magnetfelder bereits bei deutlich kürzeren Kabeln. Denn die Kabel enthalten um den Leiterkern herum verschiedene Schichten (▸ Bild 02), die neben der mechanischen Stabilität auch der magnetischen Abschirmung dienen, sich also sehr leicht magnetisieren lassen müssen. Auch polarisierte Teilchen im Kabel müssen sich im Rhythmus des Wechselstroms ausrichten.

Allerdings ist es bei der HGÜ aufwendiger, die Spannungen zu ändern, sodass die Verwendung von HGÜ-Leitungen nur bei langen Strecken sinnvoll ist. Bei Kabeln sind dies etwa 80 km, bei Freilandleitungen ca. 600 km.

DAS EUROPÄISCHE VERBUNDNETZ · Das Verteilungsnetz endet nicht an den Landesgrenzen. Im europäischen Netz können der Ausfall von Kraftwerken sowie Schwankungen in der Produktion elektrischer Energie ausgeglichen werden: Steht z. B. an der Nordseeküste bei starkem Wind zu viel elektrische Energie zur Verfügung, kann sie mithilfe des Netzes sinnvoll verteilt werden.

1 a) Die vermehrte Nutzung von Wind- und Sonnenenergie erfordert zusätzliche HGÜ-Leitungen. Erkläre.
b) Recherchiere den Stand des Netzausbaus.

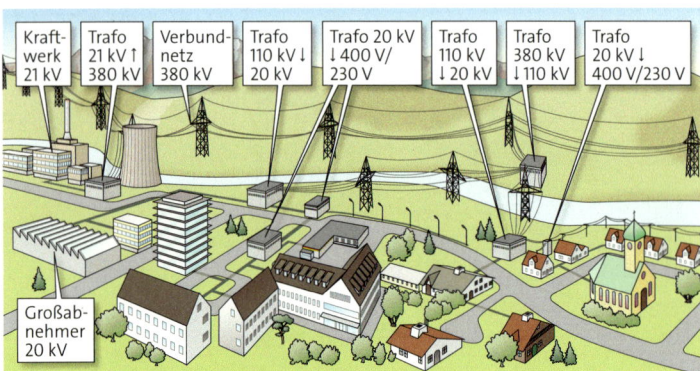

03 Spannungen bei der Energieübertragung

MATERIAL

Material A ▸ Energieübertragung mit Hochspannung

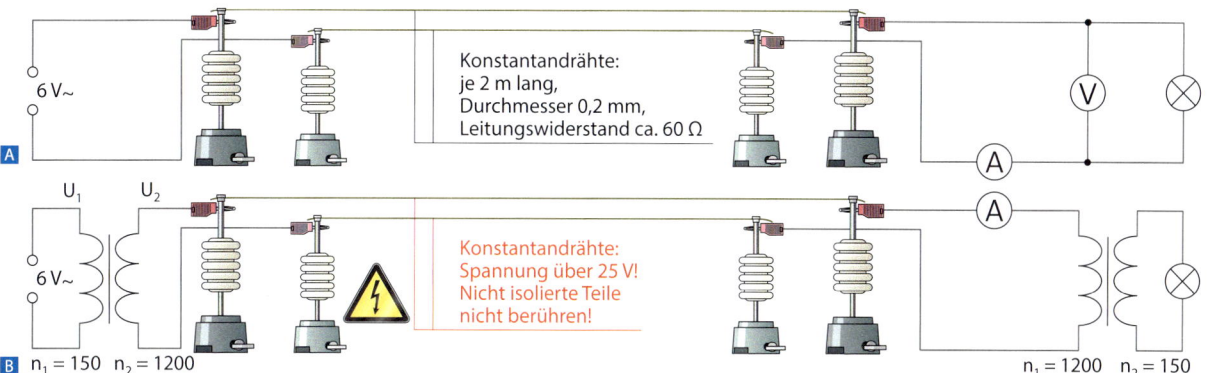

04 Energietransport **A** ohne, **B** mit Transformatoren

▸ Bild 04 zeigt zwei modellhafte Aufbauten, mit denen elektrische Energie übertragen werden kann. Die Lampe hat einen Widerstand von 12 Ω.

A1 a) Beschreibe die Unterschiede in den Aufbauten von ▸ Bild 04 A und B.
b) Erkläre, warum die Lampe beim Aufbau in ▸ Bild 04 B leuchtet, bei dem in ▸ Bild 04 A aber nicht.

A2 Berechne für ▸ Bild 04 A die Gesamtstromstärke. Bestimme die Leistungsumsätze in den Konstantandrähten und in der Lampe. Vergleiche.

A3 Ordne die folgenden Begriffe entsprechenden Orten im zweiten Aufbau zu (▸ Bild 04 B): Hochspannungsleitungen, Umspannwerk, elektrische Haushaltsgeräte, Kraftwerk.

A4 a) Im mittleren Stromkreis von ▸ Bild 04 B besteht eine Spannung von etwas weniger als 48 V. Begründe.
b) Im mittleren Stromkreis wird eine Stromstärke von 0,09 A gemessen. Berechne die Verlustleistung durch die Kabel. Ermittle auch, welche Leistung übertragen wird.

Material B ▸ Energieübertragungskette im Diagramm

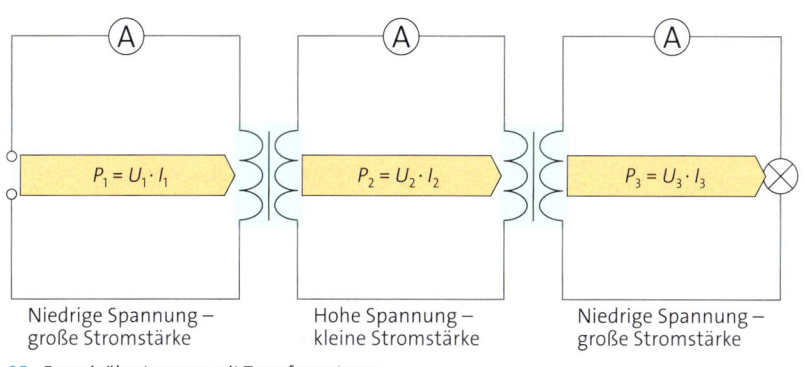

05 Energieübertragung mit Transformatoren

B1 Für die Energieübertragung mit zwei Transformatoren wurde ▸ Bild 05 angefertigt. Erstelle dazu ein Energiediagramm, in dem die Verluste berücksichtigt sind.

B2 Erstelle ein Diagramm für die Energieübertragung ohne Transformatoren (siehe Material A, ▸ Bild 04 A). Erläutere unter Verwendung beider Diagramme Vor- und Nachteile der beiden Übertragungsarten.

Material C ▸ Verteilungsnetz

C1 Pro Einwohner benötigt man im Durchschnitt eine Leistung von 1,0 kW. Berechne, wie groß die mittlere Stromstärke in einer 380-kV-Leitung ist, die eine Stadt von 30 000 Einwohnern versorgt.

C2 Informiere dich über den sogenannten Stromkrieg: T. A. EDISON gegen G. WESTINGHOUSE und N. TESLA.
a) Schreibe einen kurzen Zeitungsbericht. Erläutere dabei, warum sich Wechselstrom damals durchgesetzt hat.
b) Begründe, warum man heute mit den HGÜ-Leitungen wieder vermehrt auf eine Übertragung mit Gleichstrom setzt.

ENERGIE EFFIZIENT NUTZEN
WÄRME NUTZEN

01 Seit Jahrtausenden nutzt der Mensch Feuer, um sich zu wärmen.

Wärme

Nachts am Lagerfeuer zu sitzen ist faszinierend und gemütlich. Außerdem spendet es Wärme. Auch die Heizung in Häusern wird häufig mit Feuer betrieben. Aber was ist Wärme überhaupt?

ÜBERTRAGEN VON ENERGIE DURCH WÄRME · Das Lagerfeuer hat im Vergleich zur Umgebung und den Menschen eine hohe thermische Energie. Energieunterschiede haben die Tendenz, sich auszugleichen. Daher fließt thermische Energie vom heißen Feuer in die kältere Umgebung und kann so die Menschen wärmen.

> Wärme strömt von allein immer nur von Bereichen höherer thermischer Energie zu Bereichen niedrigerer thermischer Energie.

Ähnliche Effekte kennst du schon: Körper fallen von Orten hoher Lageenergie immer nach unten und nicht nach oben. Und bei der Diffusion in Luft oder Wasser bewegen sich die Teilchen von Orten hoher Teilchenkonzentration dorthin, wo sich weniger Teilchen dieses Stoffs befinden.

WÄRME UND TEMPERATUR · Wenn ein Körper Wärme abgibt, verliert er also thermische Energie (▶ Bild 02): Seine Temperatur nimmt ab und gleicht sich langsam der Umgebungstemperatur an. Im Teilchenmodell heißt das, dass die Geschwindigkeit der Teilchen im Durchschnitt sinkt. Nimmt ein Körper hingegen Wärme auf, steigt die Durchschnittsgeschwindigkeit seiner Teilchen und damit seine Temperatur.

> Wenn ein Körper Wärme abgibt, reduziert sich seine thermische Energie. Sie erhöht sich, wenn der Körper Wärme aufnimmt. Das ist erkennbar an seiner Temperatur.

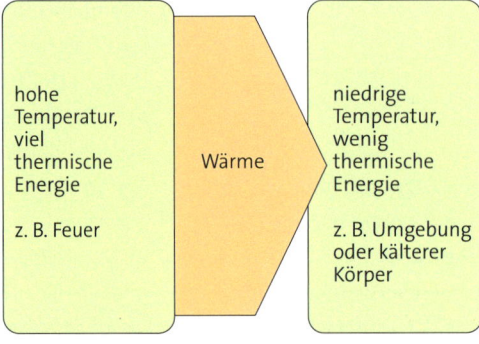

02 Ein Körper gibt Wärme an die Umgebung ab.

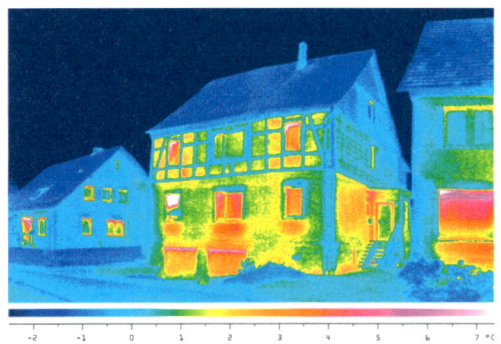

03 Wärmebild eines Hauses. Rot und Weiß bedeuten starke, Blau geringe Wärmeabgabe.

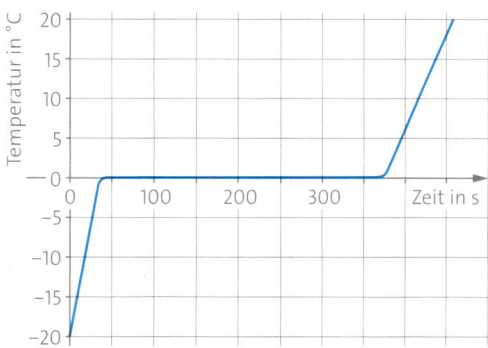

04 Trotz Energiezufuhr steigt die Temperatur des Eises zunächst nicht weiter.

WÄRMEABGABE BEDEUTET ENTWERTUNG · Wenn man die Heizung einschaltet, gibt sie Wärme ab und die Temperatur im Haus steigt. Schaltet man die Heizung ab, bleibt die Wohnung aber nicht warm. Denn das Haus gibt Wärme an die kältere Umgebung ab und die Temperatur in der Wohnung sinkt (▸ Bild 03). Die thermische Energie ist natürlich nicht verschwunden, sondern hat sich in der Umgebung verteilt. Sie ist damit nicht mehr zum Heizen nutzbar. Man sagt, die Energie wurde entwertet.

> Gibt ein Körper Wärme an seine Umgebung ab, verteilt sich seine thermische Energie. Die Energie kann nun schlechter genutzt werden. Sie wurde entwertet.

Um die Wohnung im Winter immer auf einer angenehmen Temperatur zu halten, muss die Heizung permanent laufen. So wird die abgegebene Energie ausgeglichen. Das bedeutet aber auch, dass ständig Brennstoff verbraucht werden muss. Um Brennstoff zu sparen, ist es sinnvoll, die Heizung auf eine niedrigere Temperatur einzustellen, wenn man das Haus verlässt oder nachts die meisten Räume nicht benutzt. Darüber hinaus lässt sich die Wärmeabgabe mit einer guten Isolation reduzieren.

INNERE ENERGIE · Der Brennstoff für Feuer oder Heizung, also z. B. Holz, Öl oder Kohle, hat selbst keine hohe Temperatur. Die in ihm gespeicherte thermische Energie ist also gering. Wie kann aus ihm dennoch genug Wärme fließen, um ein ganzes Haus zu heizen?

Offensichtlich ist die thermische Energie nicht die einzige Energieform, die in einem Körper steckt. Die Energie, die bei der Verbrennung eines Stoffs als Wärme abgegeben wird, stammt aus seinen chemischen Bindungen. Bei der Verbrennung des Stoffs werden diese Bindungen aufgebrochen und neue, energieärmere Bindungen geknüpft. Die Energiedifferenz wird in Form von Wärme abgegeben.

Dass Materie nicht nur thermische Energie enthält, sieht man auch bei Änderungen von Aggregatzuständen: In der Nähe des Schmelzpunkts z. B. steigt die Temperatur trotz Wärmezufuhr eine Zeit lang nicht weiter an (▸ Bild 04). Die zugeführte Wärme wird dann nicht in thermische Energie umgesetzt, sondern dient dem Aufbrechen der Bindungen zwischen den Teilchen. Das führt zum Schmelzen des Stoffs. Alle Energieformen in einem Körper bilden zusammen die innere Energie.

> Die innere Energie eines Körpers ist die Summe von thermischer Energie und Bindungsenergie.

1 Für ▸ Bild 04 gibt ein Tauchsieder 1000 J Wärme pro Sekunde ab. Schätze ab, wie viel Wärme beim Schmelzen in das Aufbrechen der Bindungen des Eises geflossen ist.

ENERGIE EFFIZIENT NUTZEN
WÄRME NUTZEN

Wir tragen die Temperaturerhöhungen in Kelvin gegen die berechnete Wärmeaufnahme auf.

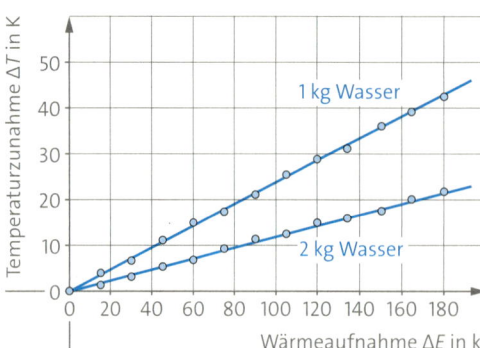

02 Temperaturzunahme von 1 kg und 2 kg Wasser in Abhängigkeit von der Wärmeaufnahme

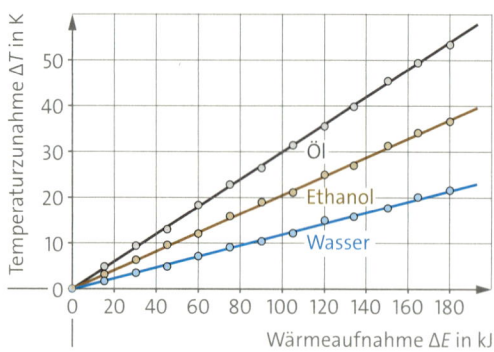

03 Temperaturzunahme von je 2 kg verschiedener Stoffe bei gleicher Wärmeaufnahme

t in s	ΔE in kJ	Temp. in °C
0	0	20
15	15	24
30	30	27
45	45	31
60	60	34
75	75	38
90	90	42
105	105	45
120	120	49
135	135	52
150	150	56
165	165	59
180	180	63

01 Erwärmung von 1 kg Wasser

SPEZIFISCHE WÄRMEKAPAZITÄT · Verhalten sich alle Körper gleich, wenn man ihnen Wärme zuführt? Wir erwärmen 1 kg Wasser mit einem Tauchsieder. Der Tauchsieder hat eine Leistung von 1000 W, d.h., er gibt pro Sekunde 1000 J Wärme ab. Daraus lässt sich für jede Zeitspanne berechnen, wie viel Wärme das Wasser aufgenommen hat. ▶ Tabelle 01 und ▶ Bild 02 und zeigen: Die Temperaturerhöhung ΔT ist proportional zur aufgenommenen Energie ΔE. Man schreibt: $\Delta E \sim \Delta T$.

Wir wiederholen den Versuch mit 2 kg Wasser und ergänzen die Werte im Diagramm. Es zeigt sich: Die doppelte Menge Wasser nimmt die doppelte Wärmemenge auf, um eine bestimmte Temperaturzunahme zu erreichen. Die Masse m und die aufgenommene, im Wasser gespeicherte Energie ΔE sind also ebenfalls proportional zueinander: $\Delta E \sim m$.

 Je größer die Masse eines Körpers ist, desto mehr Wärme muss ihm zugeführt werden, um eine bestimmte Temperaturzunahme zu erreichen.

Beide Proportionalitäten zusammen ergeben $\Delta E \sim m \cdot \Delta T$. Bezeichnet man die Proportionalitätskonstante mit c, erhält man die Gleichung $\Delta E = c \cdot m \cdot \Delta T$. Diese Gleichung gibt an, wie viel Energie in Form von Wärme zugeführt werden muss, um die Temperatur eines Körpers um einen bestimmten Wert zu erhöhen.

Diese Energie ist dann im Körper gespeichert. Die Größe c heißt spezifische Wärmekapazität und zeigt, dass das Verhältnis aus Wärmemenge ΔE, Masse m und Temperaturerhöhung ΔT konstant ist.

 Die spezifische Wärmekapazität c beschreibt die Speicherfähigkeit eines Stoffs für thermische Energie. Sie ist massenabhängig und berechnet sich als

$$c = \frac{\Delta E}{m \cdot \Delta T}.$$

Die Einheit ist $\frac{J}{kg \cdot K}$.

Für Wasser beträgt die spezifische Wärmekapazität $c_{Wasser} = 4182 \frac{J}{kg \cdot K}$. Wie ist das bei anderen Stoffen? Wir wiederholen den Versuch mit 2 kg Ethanol und 2 kg Öl und tragen die Werte in das Diagramm mit 2 kg Wasser ein (▶ Bild 03). Man sieht, dass die Stoffe unterschiedlich viel Wärme aufnehmen. Die spezifische Wärmekapazität ist also eine stoffabhängige Größe. Sie wird von der Art der Stoffteilchen und den Bindungen zwischen ihnen bestimmt.

 Wie viel Wärme ein Stoff aufnimmt, hängt von seinem Aufbau ab. Die spezifische Wärmekapazität ist also stoffabhängig.

1 Berechne die spezifische Wärmekapazität von Öl und Ethanol aus ▶ Bild 03.

MATERIAL

Material A ▸ Gletscherkalben

04 Gletscherkalben

A1 Gletscher entstehen, wenn sich Schnee an Orten sammelt, wo er aufgrund dauerhaft niedriger Temperaturen nicht schmilzt. Dies kann im Hochgebirge oder in der Arktis oder Antarktis geschehen. Durch sein Eigengewicht wird der Schnee langsam zu Eis gepresst. Diese Eismasse fließt dann langsam hangabwärts.

Gletscher enden häufig in Seen oder im Meer. Dort brechen große Stücke ab: Es bilden sich Eisberge. Dies nennt man Gletscherkalben. Berechne, wie stark sich ein Gletschersee von 1 km² Fläche und 20 m Tiefe erwärmt, wenn ein Eisblock aus 100 m Höhe hineinstürzt. Nimm an, dass der Block eine Masse von $9 \cdot 10^4$ t hat.

Material B ▸ Innere Energie

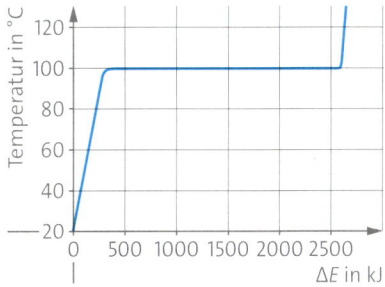

05 Verdampfen von Wasser

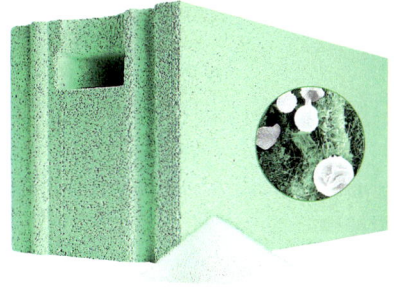

06 Bausteine als Latentwärmespeicher

Spezialwachs gefüllt sind. Dieses Wachs schmilzt, wenn die Außentemperatur hoch ist, und erstarrt, wenn sie wieder sinkt.

a) Erkläre, warum dieser Mechanismus regulierend auf die Innentemperatur des Gebäudes wirkt.

b) Nenne Voraussetzungen, die das Spezialwachs aus physikalischer und technischer Sicht erfüllen muss.

B1 Führt man 1 kg Wasser so lange Energie zu, bis es verdampft, misst man einen Temperaturverlauf wie in ▸ Bild 05. Beschreibe den Verlauf und erkläre ihn. Schätze die Energie der Bindungen von 1 kg Wasser ab.

B2 Eine moderne und energiesparende Form der Temperaturregulierung in Gebäuden sind sogenannte Latentwärmespeicher: In Wandbausteinen aus Porenbeton sind Kunststoffkapseln eingearbeitet, die mit einem

B3 Um Nutzpflanzen vor Frostschäden zu schützen, besprüht man sie – insbesondere ihre Blüten – bei Kälteeinbrüchen mit Wasser. Erkläre diese Maßnahme.

Material C ▸ Unterschiedliche Wärmekapazitäten

C1

Spezifische Wärmekapazität c	
Wasser	4182 $\frac{J}{kg \cdot K}$
Aluminium	896 $\frac{J}{kg \cdot K}$

In einem Aluminiumtopf mit 0,20 kg Masse befindet sich 1,0 kg Wasser.
a) Berechne die Energiemenge, die mindestens zugeführt werden muss, um Topf und Wasser von 20 °C auf 100 °C zu erwärmen.
b) Recherchiere den Energiegehalt einer Tafel Schokolade und vergleiche ihn mit deinem Ergebnis.

C2 Gibt es frisch gebackene Pizza, kann man die Salamipizza schon essen, während man sich an der Pizza Hawaii mit Schinken und Ananas noch den Mund verbrennt. Begründe.

C3 Für die folgenden technischen Anwendungen benötigt man Materialien mit besonders hohen oder eher niedrigen spezifischen Wärmekapazitäten. Begründe, welche Art von Stoffen man sinnvollerweise verwendet als:
a) Kühlflüssigkeit für Motoren
b) Isolierung einer Thermoskanne
c) Inhalt eines Wärmekissens

ENERGIE EFFIZIENT NUTZEN
WÄRME NUTZEN

01 Ein Verbrennungsmotor setzt Wärme in mechanische Energie um.

Wärmekraftmaschinen

Beim Autorennen geht es heiß her: Die Wagen rasen vorbei, Benzingeruch liegt in der Luft. Der Auspuff glüht. Offenbar geben die Motoren Wärme ab. Aber wie funktioniert dieser Motor?

VERBRENNUNGSMOTOR · Ein Verbrennungsmotor arbeitet je nach Bauform in mehreren Schritten, die **Takte** genannt werden:
1. Durch Ventile wird ein Brennstoff, z.B. Benzin, in den Motor eingespritzt (▸ Bild 02). Dadurch wird der Brennstoff zerstäubt und mit Luft vermischt.
2. Der Kolben komprimiert das Gasgemisch. Dieses wird dann durch einen Zündfunken zur Explosion gebracht.
3. Durch die Erwärmung dehnt sich das Gasgemisch aus und treibt den Kolben an, der über die Pleuelstange die Kurbelwelle in Drehung versetzt. So wird die Abwärtsbewegung des Kolbens in eine Drehbewegung der Welle und der Räder umgesetzt.
4. Während sich das Gas ausdehnt, kühlt es ab und wird durch Auslassventile in die Umgebung entlassen.

Nun wird der Zylinder erneut gefüllt und das Gasgemisch wieder gezündet.
Damit der Motor gleichmäßig läuft, ist er häufig aus mehreren Zylindern aufgebaut, die nacheinander gezündet werden und die Kurbelwelle immer ein Stück weiterdrehen.

WÄRMEKRAFTMASCHINEN · Verbrennungsmotoren sind sogenannte Wärmekraftmaschinen. Durch sie wird die innere Energie eines Arbeitsstoffs in mechanische Energie umgewandelt. Der Arbeitsstoff kann z.B. das Benzin in einem Verbrennungsmotor sein oder der Wasserdampf in einer Dampfmaschine. Mit Dampf wurden im letzten Jahrhundert noch viele Lokomotiven angetrieben.

Alle Wärmekraftmaschinen arbeiten nach demselben Prinzip. Bei der allgemeinen Beschreibung teilt man die Schritte allerdings etwas anders ein als beim Verbrennungsmotor:
1. Der Arbeitsstoff wird in einem Zylinder erwärmt, entweder indem er selbst verbrannt oder indem von außen Wärme zugeführt wird.

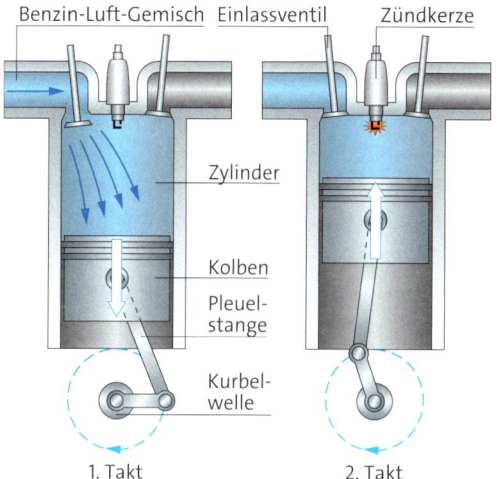
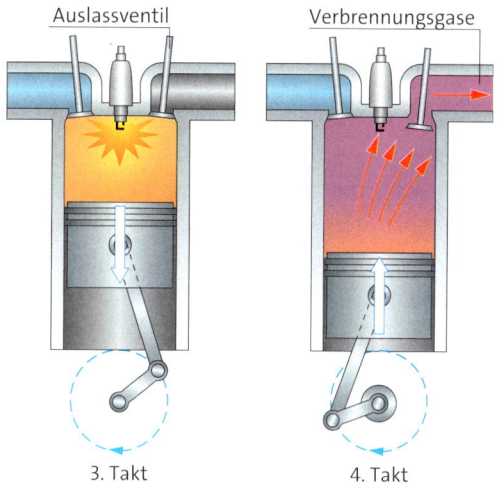

02 Schnittbild und Arbeitstakte eines Verbrennungsmotors

2. Dadurch dehnt er sich aus (Expansion).
3. Dies führt wiederum zur Abkühlung.
4. Deshalb zieht sich das Gas zusammen (Kompression).

Eine Wärmekraftmaschine benötigt also eine Temperaturdifferenz zwischen dem heißen Gas und der Umgebung, damit das expandierende Gas Wärme abgeben kann (▸ Bild 03).

 Eine Wärmekraftmaschine arbeitet in vier Schritten bzw. Takten: Erwärmen, Expansion, Abkühlen, Kompression.

EFFIZIENZ VON WÄRMEKRAFTMASCHINEN

Aus dem Auspuff des Sportwagens schlagen heiße Abgase (▸ Bild 01). Offensichtlich wird hier nicht die gesamte innere Energie des Brennstoffs in Bewegungsenergie umgesetzt. Ein Teil wird in Form von Wärme abgegeben. Sie ist dann nicht mehr mechanisch nutzbar und somit entwertet.

Nicht alle Maschinen produzieren so deutlich sichtbar Abwärme. Trotzdem gibt es immer Umwandlungen in nicht nutzbare Energie, da der Arbeitsstoff abkühlen muss, um sich wieder zusammenzuziehen. Dies kann er nur, indem er Wärme in die kältere Umgebung abgibt.

 Einer Wärmekraftmaschine ist es nicht möglich, innere Energie vollständig in mechanische Energie umzuwandeln, da sie immer Wärme an die Umgebung abgibt.

WIRKUNGSGRAD · Ein Maß dafür, wie gut eine Wärmekraftmaschine die im Brennstoff gespeicherte innere Energie in mechanische Energie umsetzt, ist der sogenannte Wirkungsgrad η. Man kann ihn bestimmen, indem man die zugeführte Energie mit der nutzbaren mechanischen Energie vergleicht und das Verhältnis bildet:

 Der Wirkungsgrad ist ein Maß für die Effizienz. Er gibt an, welcher Anteil der zugeführten Energie genutzt werden kann. Es gilt:
$$\eta = \frac{\Delta E_{nutzbar}}{\Delta E_{zugeführt}}.$$

Multipliziert man den Wert mit 100 %, gibt er die nutzbare Energie in Prozent an.

Der Wirkungsgrad besitzt als Verhältnis zweier Energien keine Einheit.

1) Begründe, warum der Wirkungsgrad immer kleiner als 1 ist.

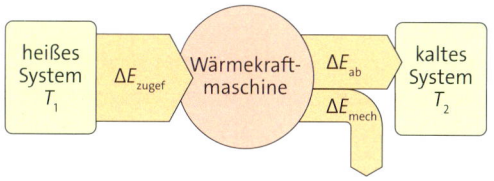

03 Energieumwandlung bei der Wärmekraftmaschine

ENERGIE EFFIZIENT NUTZEN
WÄRME NUTZEN

BLICKPUNKT

Stirlingmotor

Der Stirlingmotor ist eine vom Schotten ROBERT STIRLING im Jahre 1816 entwickelte Wärmekraftmaschine. Der erste nach ihm benannte Motor wurde 1818 als Wasserpumpe im Bergbau eingesetzt. 1843 erreichte STIRLING mit seiner Maschine eine für damalige Verhältnisse enorme Leistung von 34 kW und einem im 19. Jahrhundert nie wieder erreichten Wirkungsgrad von 18 %.

Prinzip und Vorteile · Im Stirlingmotor wird ein Gas, z. B. Luft, Helium oder Wasserstoff, in einem geschlossenen, lang gestreckten Gefäß von außen in einem Teil erhitzt, in einem anderen Teil gekühlt. Das sich aufgrund der Temperaturänderungen ausdehnende und zusammenziehende Gas treibt zwei Kolben an. Im Gegensatz zum Verbrennungsmotor wird das Gas aber weder verbrannt noch als Abgas ausgestoßen.

Heute interessiert man sich wieder für den Stirlingmotor. Der wichtigste Vorteil dieser Art von Motor ist, dass er sich im Prinzip mit jeder Wärmequelle betreiben lässt. Dies macht ihn interessant für die regenerative Energieversorgung. Außerdem genügt je nach Typ bereits eine sehr geringe Temperaturdifferenz für den Betrieb, z. B. diejenige zwischen dem menschlichen Körper und der Umgebung.

Ein weiterer Vorteil besteht darin, dass die Erwärmung von außen kontinuierlich stattfinden kann, z. B. durch eine dauerhaft brennende Flamme. So läuft der Motor leiser, verschleißärmer und erzielt bessere Abgaswerte als Verbrennungsmotoren. Für Kraftfahrzeuge ist der Stirlingmotor allerdings nicht geeignet, da sich seine Leistung schlecht regeln lässt.

Funktionsweise · Der in ▶ Bild 01 dargestellte Stirlingmotor besteht aus zwei Kolben in verbundenen Zylindern. Ein Zylinder wird möglichst stark erhitzt. Der andere Zylinder ist so konstruiert, dass er besonders gut Wärme an die Umgebung abführen kann. Das Gas im heißen Zylinder wird erwärmt (1. Takt), dehnt sich aus und treibt die Kolben nach außen (2. Takt). Die Kolben sind über ein Schwungrad so verbunden, dass der Kolben im kalten Zylinder der Bewegung des anderen folgt. D. h., das Gas kann sich nun auch in den kalten Zylinder ausdehnen und kühlt dadurch ab (3. Takt). Das abkühlende Gas zieht sich wieder zusammen und die Kolben komprimieren es in beiden Zylindern durch ihren Schwung noch weiter (4. Takt). Im heißen Zylinder dehnt sich das Gas nun wieder aus und der Prozess beginnt von vorn.

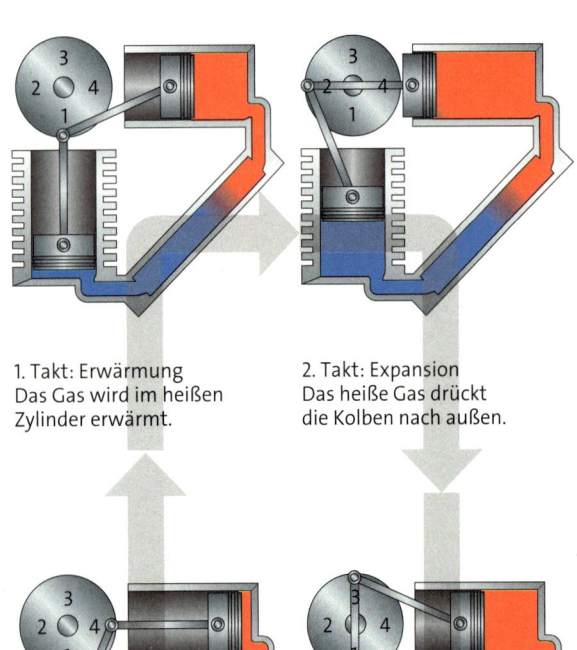

1. Takt: Erwärmung
Das Gas wird im heißen Zylinder erwärmt.

2. Takt: Expansion
Das heiße Gas drückt die Kolben nach außen.

4. Takt: Kompression
Das Gas wird stark komprimiert.

3. Takt: Abkühlung
Das Gas kühlt im kalten Zylinder ab.

01 Takte beim Stirlingmotor

1 Beschreibe, wie man die Leistung eines Stirlingmotors regeln könnte, und begründe, warum diese Methode nur schlecht in einem Fahrzeug anwendbar ist.

MATERIAL

Material A ▸ Wirkungsgrad

A1 Eine Seilwinde mit Verbrennungsmotor hebt Lasten an, z. B. Baumaterial. Dafür verbraucht sie Brennstoff. Der Wirkungsgrad η der Winde ergibt sich als Verhältnis von erreichter Lageenergie der Last zur freigesetzten Energie des Brennstoffs. Wie viel Energie ein Brennstoff freisetzt, hängt von seinem spezifischen Heizwert H ab. Er gibt die maximal nutzbare Wärmemenge $\Delta E_{\text{Wärme}}$ pro umgesetzte Brennstoffmasse m_B an.

a) Stelle die Gleichung für den Wirkungsgrad in Abhängigkeit von der Masse der Last m_L, dem Ortsfaktor g, der erreichten Höhe h, dem Heizwert H und der Masse m_B des Brennstoffs auf.

b) Berechne den Wirkungsgrad, wenn 200 kg Baumaterial von einem Benzinmotor 10 m hochgehoben werden, der dabei 1,5 g Brennstoff verbraucht. Der Heizwert von Benzin beträgt ca. 40 $\frac{\text{MJ}}{\text{kg}}$.

Material B ▸ Zweitaktmotor

Ein Zweitaktmotor ist einfacher aufgebaut als ein Viertakter: Er hat z. B. weniger aufwendig konstruierte Ventile. Dadurch ist er wesentlich leichter.

Der Zweitakter benötigt weniger Takte, da einige Arbeitsschritte gleichzeitig ablaufen: In ▸ Bild 02 A wird frisches Brennstoffgemisch in die untere Zylinderhälfte gesaugt. Gleichzeitig verdichtet der Kolben das Gemisch in der oberen Zylinderhälfte, wo es gezündet wird (▸ Bild 02 B). Das erhitzte Gas expandiert und treibt den Kolben nach unten (▸ Bild 02 C). Auf dem Weg zur untersten Stellung (▸ Bild 02 D) treibt der Kolben das frische Gemisch nach oben, wo es das Abgas aus dem Brennraum spült.

Damit sich ein Kolben im Zylinder reibungsarm bewegen kann, muss jeder Verbrennungsmotor mit Öl geschmiert werden. Ein Viertakter wird durch einen geschlossenen Ölkreislauf geschmiert, d. h., das Öl wird aus der Ölwanne zwischen Kolben und Zylinderwand hindurch gepumpt und fließt durch die untere Zylinderhälfte zurück in die Ölwanne unter dem Motor. Beim Zweitakter gleitet der Kolben an den Einlass- und Auslassöffnungen vorbei und das Brennstoffgemisch wird durch die untere Zylinderhälfte geleitet. Daher kann das Öl nicht getrennt vom Brennstoff zirkulieren. Stattdessen wird das Schmieröl dem Brennstoff zugegeben und mitverbrannt.

Durch diese Gemischschmierung können Zweitakter auch „kopfüber" betrieben werden, da keine Ölwanne unter dem Motor benötigt wird.

B1 a) Erläutere in eigenen Worten, wie ein Zweitaktmotor funktioniert.
b) Vergleiche, wie Zwei- und Viertaktmotor arbeiten.
c) Recherchiere Vor- und Nachteile des Zweitakters.
d) Zweitakter werden heute vielfach für Gartengeräte und Kleinfahrzeuge wie Mofas eingesetzt. Begründe dies.
e) Du willst einen Verbrennungsmotor in ein Modellflugzeug einbauen. Begründe, welchen Motortyp du wählst.

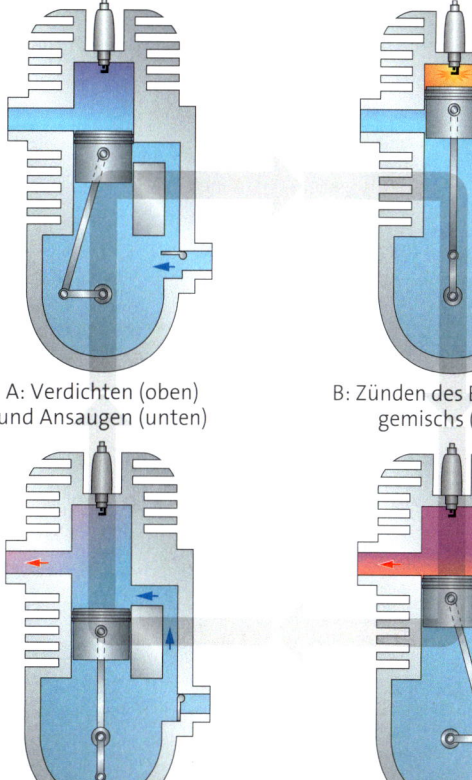

A: Verdichten (oben) und Ansaugen (unten)
B: Zünden des Brennstoffgemischs (oben)
D: Auslass des Abgases (oben)
C: Expansion des heißen Gemischs (oben)

02 Arbeitsweise eines Zweitakters

ENERGIE EFFIZIENT NUTZEN
WÄRME NUTZEN

BLICKPUNKT

Kühlschrank und Wärmepumpe

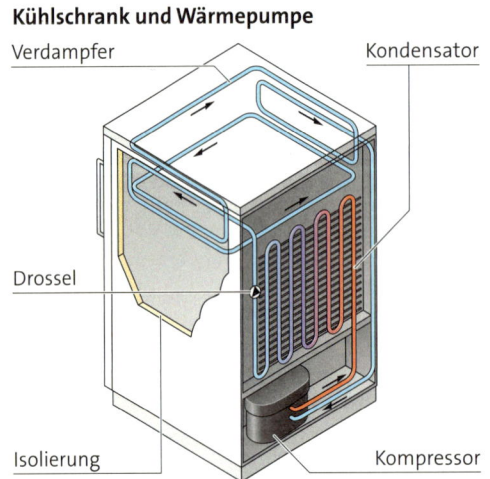

01 Kühlschrank

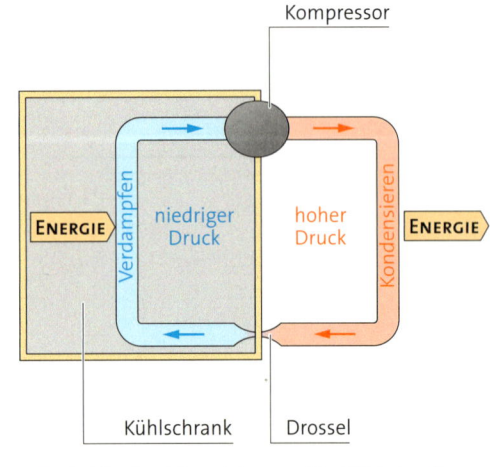

02 Kreislauf und Energietransport im Kühlschrank

Kühlschrank · Der Kühlschrank ist innen kalt und an der Rückwand warm. Offensichtlich transportiert er thermische Energie vom kalten Innenraum zum warmen Außenraum. Ungewöhnlich! Das geht nicht von allein.

In den Rohren im Inneren des Kühlschranks verdampft ein Kältemittel, z. B. Butan (▸ Bild 01). Ermöglicht das den ungewöhnlichen Energietransport?

Dazu machen wir einen Versuch mit einem Gasfeuerzeug, in dem sich flüssiges Butan befindet (▸ Bild 03). *Vorsicht:* Falls du den Versuch mit dem Feuerzeug nachmachst, dann pass auf, dass du dich nicht verbrennst!
Wenn man den Taster des Feuerzeugs drückt, ohne die Flamme zu entzünden, und das ausströmende Butangas an der Haut entlangstreichen lässt, dann spürt man, dass das Gas kalt ist. Warum ist das so?
Im Feuerzeug steht das Butan unter hohem Druck und ist deswegen flüssig. Beim Ausströmen nimmt der Druck stark ab. Unter dem geringeren Druck verdampft das Butan. Weil dazu Energie nötig ist, kühlt das Butangas stark ab.

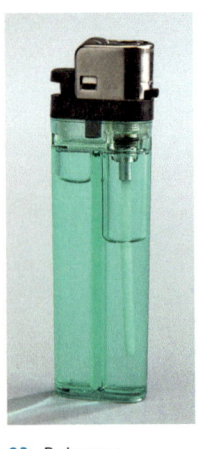

03 Butangas-Feuerzeug

Prinzip des Kühlschranks · Beim Kühlschrank lässt man das Butan nicht einfach in die Umgebung strömen, sondern führt das Gas nach dem Verdampfen wieder zurück. Das Butan durchläuft einen Kreislauf (▸ Bild 02). Die Grundidee dabei ist folgende: Man lässt das Butan in einem Rohr innerhalb des Kühlschranks verdampfen und bringt es außerhalb des Kühlschranks zum Kondensieren. Beim Verdampfen nimmt das Butan Energie aus dem Innenraum des Kühlschranks auf, beim Kondensieren gibt es diese Energie an die Umgebung ab. Es wird also Energie von innen nach außen transportiert.

Damit das Butan innen verdampft, muss der Druck dort niedrig sein. Umgekehrt muss der Druck außen hoch sein, damit das Butan kondensiert. Dafür sorgen ein Kompressor und eine Engstelle im Kreislauf, die Drossel.
Der Kompressor verflüssigt das Butan und pumpt es im Kreis. Die Energie, die er dazu benötigt, wird ihm elektrisch zugeführt. Der Kühlschrank kann mithilfe von einem Joule an elektrischer Energie drei Joule an thermischer Energie aus dem Innenraum des Kühlschranks aufnehmen und nach außen befördern.

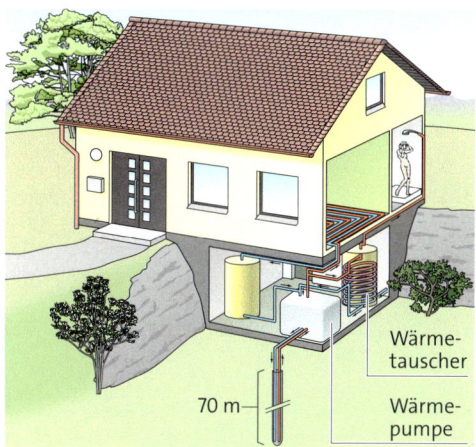

04 Heizen mit der Wärmepumpe

05 Kühlbox

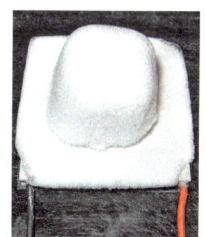

06 Thermoelement

Wärmepumpe · Die Transportmöglichkeit von thermischer Energie brachte 1852 den britischen Physiker LORD KELVIN auf eine Idee: Man könnte einen Kühlschrank auch zum Heizen verwenden! Der Verdampfer kommt in den Garten und der Kondensator ins Haus. Eine solche Anlage heißt Wärmepumpe. Durch Zuführen von einem Joule elektrischer Energie werden drei Joule an thermischer Energie aus dem Garten ins Haus befördert. Die elektrische Energie, die selbst ebenfalls in Form von Wärme im Haus abgegeben wird, führt also zu einem Vierfachen an thermisch genutzter Energie. Dieser Faktor, um den die thermisch genutzte Energie die elektrisch zugeführte Energie übertrifft, heißt **Leistungszahl** der Wärmepumpe. Typische Leistungszahlen liegen zwischen vier und fünf.

In der Praxis setzt man den Verdampfer möglichst tief in den Erdboden. Denn der Erdboden hat ab 15 m Tiefe ganzjährig eine Temperatur von 10 °C und wird von dort je 10 m zusätzlicher Tiefe um 0,3 °C wärmer. Zum Beheizen eines Einfamilienhauses bohrt man ein 20 cm breites Loch von 70 m Tiefe und versenkt darin die Erdsonde, die die thermische Energie zum Verdampfer bringt (▸ Bild 04).

In Deutschland sind derzeit über 300 000 Wärmepumpen installiert, die jährlich eine thermische Energie von 5 000 GWh bereitstellen.

Kühlbox · Für einen Ausflug im Sommer ist eine Kühlbox nützlich (▸ Bild 05). Es gibt Boxen, die mit einem elektrischen Thermoelement arbeiten (▸ Bild 06). Dieses Bauteil kann ebenfalls thermische Energie „von kalt nach warm" transportieren. Mit einer Kilowattstunde elektrisch zugeführter Energie kann man einen Liter Wasser von 25 °C auf 8 °C kühlen.

Zum Vergleich mit einem typischen Kühlschrank analysieren wir die Energieeffizienz: Um einen Liter Wasser um 1 K abzukühlen, muss man dem Wasser 4,18 kJ thermische Energie entziehen. Bei einer Abkühlung von 25 °C auf 8 °C wurde also die 17-fache Energie entzogen, das sind 71,4 kJ bzw. 0,0198 kWh. Das sind nur ca. 2 % der eingesetzten Energie von einer Kilowattstunde. Dagegen kann ein guter Kühlschrank mit einem Kilojoule an elektrisch zugeführter Energie drei Kilojoule an thermischer Energie transportieren. Eine Kühlbox kann zwar unterwegs praktisch sein, aber einen richtigen Kühlschrank nicht effizient ersetzen.

ENERGIE EFFIZIENT NUTZEN
WÄRME NUTZEN

01 Ständig verfügbares Licht und Wärme sind ein Komfort, auf den wir ungern verzichten.

Verbrennungskraftwerke

Im Winter ist es draußen dunkel und kalt, im Haus aber hell und warm. Dafür sorgen die Heizungsanlage und das Stromversorgungsnetz. Aber wo und wie werden Strom und Wärme produziert?

PRINZIP EINES VERBRENNUNGSKRAFTWERKS · Die Energieversorgung in Deutschland beruht zum großen Teil auf Kraftwerken, die die innere Energie von fossilen Energieträgern wie Kohle, Öl oder Gas in elektrischen Strom und Wärme umwandeln. Die wesentlichen Energiewandler sind dabei **Turbine** und Generator.

In der Turbine wird heißes, unter hohem Druck stehendes Gas auf die Schaufeln eines Laufrads geleitet. Das Gas treibt das Laufrad an und gibt dort einen Teil seiner Energie ab (▶ Bild 02). Dabei nimmt die Temperatur und damit auch der Druck des Gases ab.

Die Turbine treibt ihrerseits einen Generator an, der die elektrische Energie erzeugt. Während der Wirkungsgrad von Generatoren fast 100 % betragen kann, ist der Wirkungsgrad von Turbinen prinzipiell begrenzt. Das liegt daran, dass die Turbine wie alle Wärmekraftmaschinen einen großen Teil der Energie des heißen Gases nicht in nutzbare Energie umsetzen kann, sondern als Abwärme abgibt.

GASTURBINEN-KRAFTWERKE · Im einfachsten Fall treibt heißes Verbrennungsgas direkt eine Gasturbine an (▶ Bild 03 A). Dazu benötigt man leicht entzündliche gasförmige oder flüssige Brennstoffe, die beim Entzünden schnell große Mengen heißer Verbrennungsgase bilden, deren Druck ausreicht, um die Turbine anzutreiben.

Die Temperatur der Verbrennungsgase beträgt beim Eintritt in die Turbine etwa 1600 °C, beim Austritt aus der Turbine immer noch etwa 650 °C. Die Turbine ist also nicht in der Lage, die thermische Energie des Gases vollständig in mechanische Energie umzusetzen.

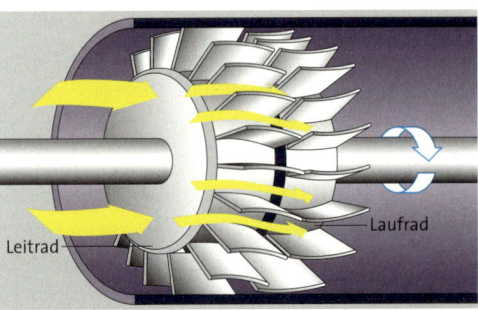

02 Die Schaufeln des festen Leitrads bewirken, dass das Gas im richtigen Winkel auf die Schaufeln des Laufrads strömt.

DAMPFTURBINEN-KRAFTWERKE · Um auch feste, langsam brennende Energieträger einsetzen zu können, muss man einen Umweg in Kauf nehmen (▸ Bild 03 B). Dazu wird mit der Verbrennungswärme zuerst Wasser verdampft. Mit dem heißen und unter hohem Druck stehenden Wasserdampf wird eine Dampfturbine angetrieben. Diese nutzt die thermische Energie des Wasserdampfs von etwa 600 °C bis zur Kondensation bei 100 °C. Auch hier ist also nicht die gesamte thermische Energie nutzbar.

Dampfturbinen eignen sich für alle festen Brennstoffe. In großen Kraftwerken werden vorwiegend Braun- und Steinkohle eingesetzt.

GAS-UND-DAMPFTURBINEN-KRAFTWERKE · Beide Turbinentypen lassen sich kombinieren. Das geschieht in Gas-und-Dampfturbinen-Kraftwerken, kurz GuD-Kraftwerken (▸ Bild 03 C). Denn nachdem das Verbrennungsgas die Gasturbine verlassen hat, ist es immer noch heiß genug, um Wasserdampf zum Betrieb einer Dampfturbine zu erzeugen. Durch den zweistufigen Vorgang arbeiten GuD-Kraftwerke mit einem insgesamt größeren Temperaturunterschied als Gas- oder Dampfkraftwerke und nutzen dadurch einen größeren Anteil der im Brennstoff enthaltenen Energie.

VOR- UND NACHTEILE · Verbrennungskraftwerke haben häufig eine große Leistung. Ihr Wirkungsgrad ist allerdings relativ gering, da sie viel Abwärme abgeben. Außerdem benötigt das Kraftwerk selbst Energie zum Betrieb von Förderbändern, Kohlemühlen, Pumpen, Elektronik usw. Der Gesamtwirkungsgrad eines Kohlekraftwerks liegt zwischen 35 % und 40 %. Mit Erdgas betriebene GuD-Kraftwerke erreichen immerhin einen Wirkungsgrad von etwa 60 %.

Allerdings sind die Vorräte an Kohle, Öl und Gas begrenzt. Eine Energieversorgung auf der Basis von fossilen Brennstoffen kann daher nicht beliebig in die Zukunft fortgesetzt werden. Auch wenn die Vorräte noch einige Zeit reichen, führt die Verwendung fossiler Energiespeicher zu einem weiteren Anstieg des Kohlenstoffdioxidgehalts in der Atmosphäre und damit zu einer Verstärkung des anthropogenen, d.h. menschengemachten Anteils am Treibhauseffekt. Dabei ist Kohle als Brennstoff noch problematischer als Erdgas, weil bei der Verbrennung von Kohle etwa dreimal so viel CO_2 entsteht wie bei der Verbrennung einer entsprechenden Menge Erdgas.

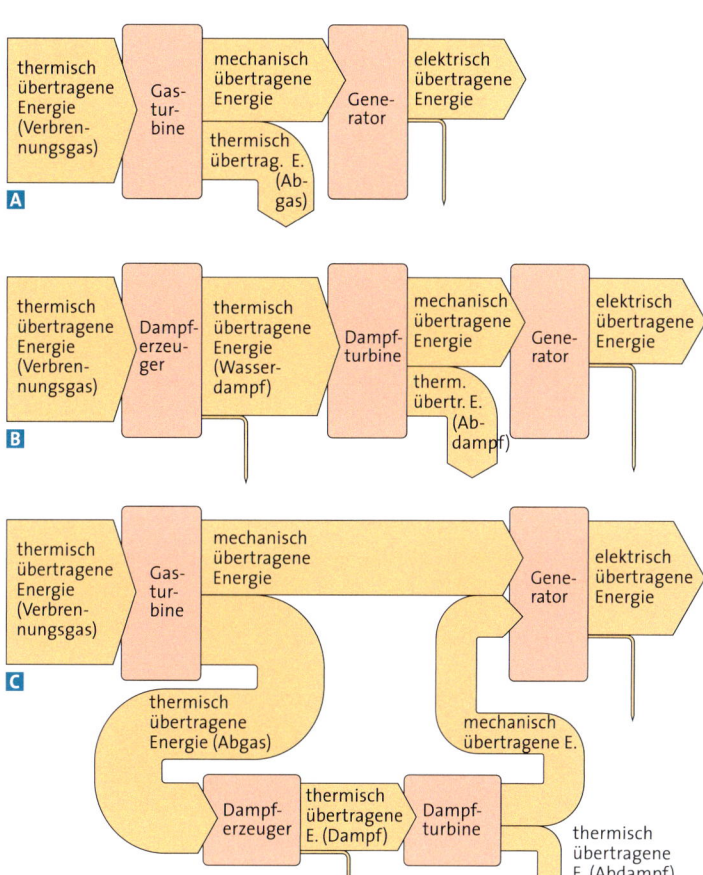

03 Energieumwandlungsketten: **A** Gasturbinen-Kraftwerk, **B** Dampfturbinen-Kraftwerk, **C** Gas-und-Dampfturbinen-Kraftwerk

1 ⌡ Verbrennungskraftwerke haben einen relativ geringen Wirkungsgrad. Begründe.

2 ⌡ Erläutere die Probleme der Verwendung fossiler Brennstoffe und nenne mögliche Alternativen.

ENERGIE EFFIZIENT NUTZEN
WÄRME NUTZEN

01 Heizkraftwerk mit Fernwärmerohren

02 Blockheizkraftwerk für ein Einfamilienhaus

KRAFT-WÄRME-KOPPLUNG · Ein großer Nachteil von Verbrennungskraftwerken ist, dass sie die zugeführte Energie nur zu etwa 40 % elektrisch abgeben. Der Rest wird thermisch über Kühltürme an die Umgebung abgeführt. Nun ist es naheliegend, die Abwärme der Kraftwerke zum Heizen zu nutzen. Dazu wird mit der Abwärme Wasser erhitzt und über ein geschlossenes Rohrsystem an die Haushalte und Fabriken geleitet (▸ Bild 01). Diese **Fernwärme** wird dann über Wärmetauscher an Heizungen und Warmwasserbereiter abgegeben. Man nennt diese kombinierte Erzeugung von elektrischer und thermischer Energie Kraft-Wärme-Kopplung.

Die Nachteile der Fernwärme sind die hohen Kosten für das Rohrleitungssystem sowie die unerwünschte Wärmeabgabe während des Transports. Dies hat zur Folge, dass Fernwärme nur in Ballungsräumen technisch und wirtschaftlich sinnvoll ist. Deutschlandweit waren im Jahr 2012 etwa 13 % aller Wohnungen an ein Fernwärmenetz angeschlossen.

Die Nachteile der Fernwärme vermeiden sogenannte **Blockheizkraftwerke** (▸ Bild 02). Es handelt sich hierbei um Minikraftwerke zur Versorgung von einem oder mehreren Gebäuden in unmittelbarer Nähe. Blockheizkraftwerke arbeiten ebenfalls nach dem Prinzip der Kraft-Wärme-Kopplung, d.h., sie geben die innere Energie des Brennstoffs zum einen Teil elektrisch und zum anderen Teil thermisch ab. Die elektrische Energie kann direkt genutzt oder in das Stromnetz eingespeist werden.

Blockheizkraftwerke bestehen in der Regel aus einem Verbrennungsmotor und einem Generator (▸ Bild 03). Mit der beim Betrieb des Motors entstehenden Abwärme wird Wasser erwärmt, dessen thermische Energie in der Heizung oder in Wärmetauschern zur Erzeugung von Warmwasser verwendet werden kann.

Blockheizkraftwerke gibt es in unterschiedlichen Größen, je nachdem, ob ein Stadtviertel, eine Schule oder nur ein Einfamilienhaus versorgt werden soll. Es gibt Ausführungen, die mit gasförmigen, flüssigen oder festen Brennstoffen betrieben werden. Durch die Kraft-Wärme-Kopplung steigt der nutzbare Anteil der zugeführten Brennstoffenergie deutlich. Je nachdem, wie viel von der Abwärme genutzt wird, steigt der Gesamtwirkungsgrad auf bis zu 90 %.

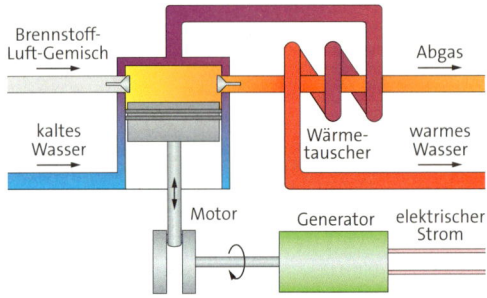

03 Schematische Darstellung eines Blockheizkraftwerks

1⌡ Nenne Möglichkeiten, die Effizienz von Fernwärmesystemen zu verbessern.

2⌡ Erläutere die Funktionsweise eines Wärmetauschers.

MATERIAL

Material A ▸ Blockheizkraftwerk

A1 Blockheizkraftwerke mit Kraft-Wärme-Kopplung erzeugen nicht nur elektrische Energie, sondern erhitzen auch Wasser, z. B. zum Heizen. Ein typisches mit Erdgas betriebenes Blockheizkraftwerk setzt beim Verbrennen etwa 12 kWh Energie pro Kilogramm Gas frei. Unter Volllast benötigt es pro Tag 1500 kg des Brennstoffs.
Ein solches Kraftwerk liefert maximal 250 kW elektrische Leistung und 425 kW nutzbare Wärmeleistung. Der Rest wird in Form von Abwärme an die Umgebung abgegeben.
a) Stelle die Energieumwandlungskette eines solchen Kraftwerks im Diagramm dar.
b) Berechne den Wirkungsgrad des Kraftwerks.

Material B ▸ Strombedarf im Haushalt

B1 In einem typischen Haushalt befinden sich einige Geräte mit einem hohen Stromverbrauch, aber auch viele kleinere elektrische Energiewandler.
a) Erstelle eine Liste von elektrischen Geräten eines typischen Haushalts.
b) Ergänze die Liste durch Schätzungen der elektrischen Leistung der Geräte. Recherchiere typische Leistungsangaben im Internet.
c) Schätze nun den täglichen Energiebedarf eines Musterhaushalts mit drei Personen ab, indem du für die Geräte mittlere Laufzeiten pro Tag annimmst.

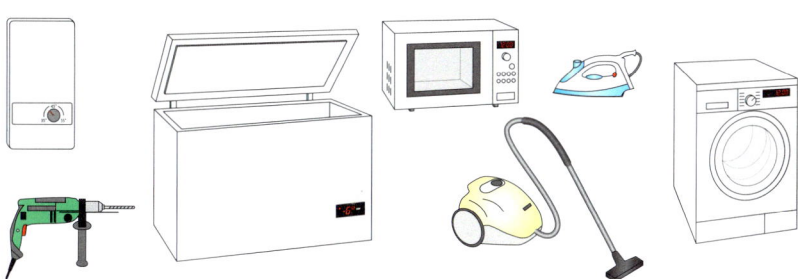

04 Elektrische Geräte im Haushalt

d) Recherchiere den mittleren elektrischen Energiebedarf eines Drei-Personen-Haushalts und vergleiche mit deinem Wert aus Aufgabenteil c).
e) Recherchiere die typische Leistung dreier verschiedener Kraftwerkstypen und schätze ab, wie viele Städte ein solches Kraftwerk jeweils mit elektrischer Energie versorgen kann.
Nimm dazu an, dass deine Heimatstadt nur aus Drei-Personen-Haushalten besteht.

Material C ▸ Modell einer Dampfturbine

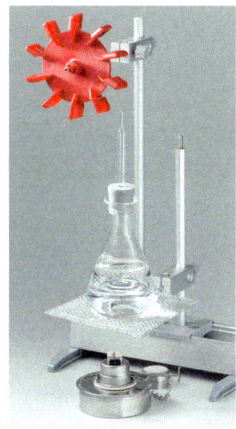

05 Dampfturbinenmodell

C1 ▸ Bild 05 zeigt ein Modell einer Dampfturbine: In einem Glaskolben wird Wasser erhitzt, bis es verdampft. Der aus dem Röhrchen ausströmende Dampf treibt ein Flügelrad an.
a) Nenne die Energieumwandlungen bei diesem Versuch.
b) Mit diesem Modell soll die Wirkungsweise einer Dampfturbine veranschaulicht werden. Beurteile, inwiefern der Aufbau als Modell einer Kraftwerksdampfturbine dienen kann. Nenne Übereinstimmungen und Unterschiede.

C2 Eine Dampfturbine nutzt die thermische Energie von Wasserdampf. Ihr Wirkungsgrad hängt also von den Temperaturen des Dampfs beim Ein- und Austritt ab.
Da die thermische Energie proportional zur Temperatur ist, kann man schreiben:
$$\eta = \frac{\Delta E_{nutzbar}}{\Delta E_{zugeführt}} = \frac{T_{Eintritt} - T_{Austritt}}{T_{Eintritt}}.$$
Direkt hinter dem Flügelrad beträgt die Temperatur der Luft etwa 80 °C. Berechne den Wirkungsgrad der Modellturbine.
Hinweis: Die Temperaturen müssen in Kelvin geschrieben werden.

ENERGIE EFFIZIENT NUTZEN
RESSOURCEN SCHONEN

01 Solar- und Windenergieanlagen werden immer wichtiger für unsere Energieversorgung.

Regenerative Energiequellen

Die weltweiten Vorräte an fossilen Energiespeichern für Verbrennungskraftwerke und auch das spaltbare Material für Kernkraftwerke sind irgendwann aufgebraucht. Wie können wir unseren Energiebedarf künftig abdecken?

NACHHALTIGE ENERGIEVERSORGUNG · Die heutige Energieversorgung ist mit erheblichen Umweltschäden verbunden. Zum Schutz unserer natürlichen Lebensgrundlagen muss die Energieversorgung nachhaltig gestaltet werden. Das heißt, sie muss aus Quellen schöpfen, die nachwachsen oder sich selbst regenerieren und dauerhaft betrieben werden können, ohne die Umwelt ernsthaft zu schädigen.

Physikalisch betrachtet, bedeutet nachhaltige Energieversorgung die Nutzung von natürlicherweise ablaufenden Vorgängen. Zum Beispiel strömt Luft von selbst aus einem Hochdruck- in ein Tiefdruckgebiet und kann zum Antrieb von Windkraftanlagen genutzt werden. Wasser fließt von selbst bergab und kann zum Antrieb von Wasserkraftwerken genutzt werden. Die Sonnenstrahlung kann zum Antrieb von Solarkraftwerken genutzt werden. Soweit Biomasse nachwächst, kann sie verbrannt werden, um Wärme zu erzeugen. Diese Art der Energieversorgung nennt man erneuerbar oder **regenerativ.**

> Energieversorgung ist nachhaltig, wenn sie die Umwelt nicht schädigt und regenerative Quellen nutzt, d. h. sich aus dauerhaft verfügbaren, natürlichen Abläufen speist.

Anhand von ▸ Bild 02 erkennt man den zunehmenden Anteil regenerativer Energiequellen an der elektrischen Energieversorgung. Den größten Anteil hat die Windenergie, gefolgt von der Energie aus Biomasse, also der Gewinnung von Brennstoffen aus Pflanzen.

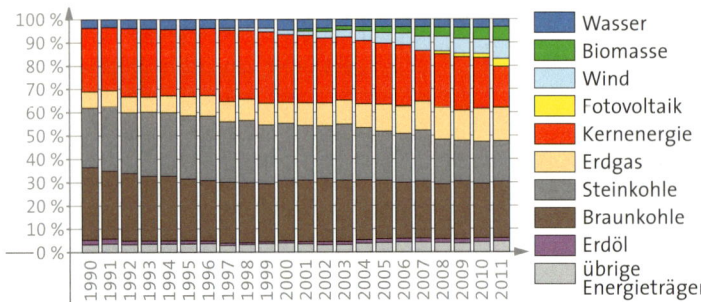

02 Anteil der Energiequellen an der elektrischen Energieversorgung in Deutschland

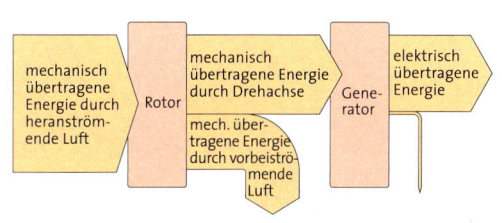

03 Energieumwandlungskette einer Windanlage

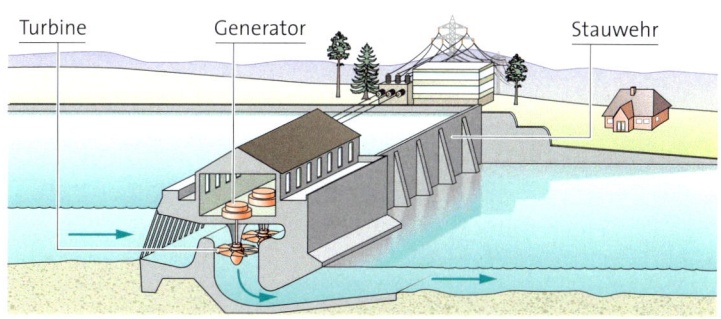

04 Schema eines Laufwasserkraftwerks

WINDKRAFTANLAGEN · Diese Anlagen nutzen den Wind zum Antrieb eines Rotors. Die strömende Luft hat Bewegungsenergie. Eine Windkraftanlage entnimmt der Luft Energie und wandelt sie in elektrisch nutzbare Energie um. Während die Luft den Rotor antreibt, wird sie selbst abgebremst. Sie darf aber nicht komplett gestoppt werden, weil sie die Windkraftanlage wieder verlassen muss. Rechnungen zeigen, dass die Leistung am höchsten ist, wenn der Rotor die Luft auf ein Drittel ihrer ursprünglichen Geschwindigkeit abbremst. Der Wirkungsgrad beträgt dann theoretisch 59 %. Tatsächlich nutzt eine Windkraftanlage etwa 50 % der Energie der heranströmenden Luft (▸ Bild 03).

SOLARENERGIEANLAGEN · Die Energie des Sonnenlichts an der Erdoberfläche beträgt im Durchschnitt ca. 1000 $\frac{kWh}{m^2}$ pro Jahr. Mithilfe von Solarzellen lässt sie sich in elektrische Energie umwandeln. Diese Technik nennt man **Fotovoltaik.** Moderne Solarzellen haben Wirkungsgrade von über 30 %. Solarzellen werden auf Hausdächern, aber auch in größeren Fotovoltaikkraftwerken eingesetzt.

Eine weitere Möglichkeit, Sonnenenergie nutzbar zu machen, ist das Erwärmen von Wasser durch **Solarthermieanlagen.** Private Anlagen auf Hausdächern liefern heißes Wasser für den Hausgebrauch oder für die Heizung. Große Solarthermiekraftwerke nutzen die Energie der Sonne auch zur Erzeugung von Wasserdampf, um damit Turbinen zur Stromerzeugung anzutreiben. Es gibt Anlagen, bei denen Spiegel das Licht auf lange Rohrleitungen werfen, in denen der Dampf zirkuliert. Bei Solarturmkraftwerken (▸ Bild 01) bündeln die Spiegel das Sonnenlicht auf einen Dampferzeuger in einem zentralen Turm.

WASSERKRAFTWERKE · Eine andere Möglichkeit der regenerativen Energiegewinnung sind Wasserkraftwerke (▸ Bild 04). Sie nutzen die Bewegungs- und Lageenergie von Wasser, z.B. wenn es aus Stauseen strömt oder beim Wechsel der Gezeiten am Meer.

VOR- UND NACHTEILE · Wind- und Solarenergie reichen im Prinzip aus, um künftig den gesamten Bedarf an elektrischer Energie zu decken. Allerdings schwanken Windstärke und Lichteinfall sehr stark. Sowohl zu wenig als auch zu viel Leistung der regenerativen Kraftwerke ist für die Stromversorgung problematisch. Daher müssen mehr Zwischenspeicher für Energie, z.B. Pumpspeicher- oder Druckluftspeicherkraftwerke, geschaffen werden. Außerdem muss das Stromnetz in der Lage sein, die schwankende Menge elektrischer Energie zu transportieren. Zudem haben Windkraftanlagen wie alle technischen Bauwerke auch negative Auswirkungen auf die Umwelt. Dazu gehören insbesondere Lärm, Schattenwurf und Verletzungsgefahr für Vögel.

1 Beschreibe, wie man mithilfe von Wasser in einem Pumpspeicherkraftwerk Energie speichern kann.

ENERGIE EFFIZIENT NUTZEN
RESSOURCEN SCHONEN

BLICKPUNKT

Vom Niedrig- zum Plusenergiehaus

01 Ein Passivhaus braucht fast keine Energie zum Heizen.

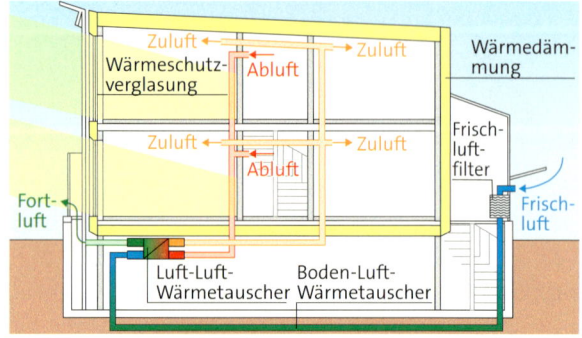

02 Prinzip eines Passivhauses

Ein durchschnittlicher Haushalt benötigt über die Hälfte der jährlich bezogenen Energie zum Heizen. Da hierzu hauptsächlich Erdöl oder Erdgas eingesetzt wird, hat die Gebäudeheizung einen erheblichen Anteil am Ausstoß von klimaschädlichem Kohlenstoffdioxid (CO_2).

Um Energie und Heizkosten zu sparen, werden heute oft Niedrigenergiehäuser gebaut. Ein solches Haus benötigt wegen seiner guten Wärmedämmung pro Jahr und Quadratmeter nur etwa 3–5 Liter Heizöl bzw. 3–5 m³ Erdgas.
Noch weniger Energie benötigen Passivhäuser (▶ Bild 01). Sie sind so gut gedämmt, dass die Energieabgabe durch Bewohner und Elektrogeräte sowie die Energieaufnahme durch Sonneneinstrahlung in der Regel ausreichen, um das Haus warm zu halten. Nur an sehr kalten Tagen muss eventuell zusätzlich geheizt werden.
Neben einer sehr guten Wärmedämmung mit Dämmstärken von 30 bis 40 cm hat ein Passivhaus eine kontrollierte Be- und Entlüftung mit Wärmetauscher (▶ Bild 02). Dabei wird die kalte Frischluft durch die warme Abluft erwärmt. Um auch die Energieabgabe durch die Fenster zu minimieren, verwendet man dreifach verglaste Fenster mit hohem Wärmedämmwert (▶ Bild 03). Damit möglichst viel Energie durch Sonneneinstrahlung in das Haus gelangt, hat ein Passivhaus nach Möglichkeit auf der Südseite große Fenster. Nach Norden werden nur wenige kleine Fenster eingebaut.
Passivhäuser sind also so konstruiert, dass sie viel Energie von der Sonne aufnehmen und wenig Energie nach außen abgeben. Damit die Räume nicht zu warm werden, muss die Sonneneinstrahlung durch eine geeignete Abschattung z. B. mit Jalousien geregelt werden. Unter Umständen ist eine Klimatisierung der Räume nötig, die allerdings zusätzlich Energie benötigt.

Die Weiterentwicklung des Passivhauses ist das Plusenergiehaus. Es ist gegenüber dem Passivhaus zusätzlich noch mit einer Fotovoltaikanlage zur Versorgung mit elektrischer Energie und mit einer solarthermischen Anlage zur Warmwasserbereitung ausgestattet. Plusenergiehäuser beziehen im jährlichen Durchschnitt mehr Energie aus der Umwelt, als sie benötigen.
Wie viel Energie ein Haus oder eine Wohnung benötigt, wird im **Energieausweis** für das Gebäude festgehalten. Dieser Ausweis ist für alle Wohngebäude, die in Deutschland vermietet, verkauft oder verpachtet werden, verpflichtend und zeigt dem Interessenten, welche Energiekosten auf ihn zukommen werden.

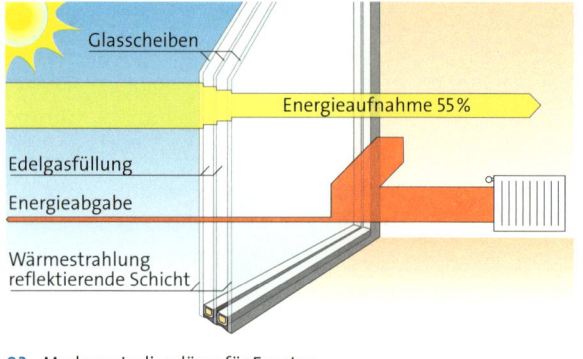

03 Moderne Isoliergläser für Fenster

MATERIAL

VERSUCHE ▸ Bestimmen der Solarkonstante

Material: Erlenmeyerkolben, Stopfen mit Loch, Thermometer, Stativ, Kerze, Waage, Wasser

04 Abschätzen der Solarkonstante

Die Leistung von Solaranlagen hängt vor allem von der Intensität der Sonneneinstrahlung ab. Die Strahlungsleistung pro Quadratmeter, die die Erde erreicht, die sogenannte **Solarkonstante,** kann man relativ leicht abschätzen.

V1 Schwärze den Boden eines Erlenmeyerkolbens über einer Kerzenflamme. Fülle den Kolben mit Wasser. Stecke das Thermometer vorsichtig durch den Stopfen und verschließe damit den Kolben. Befestige den Kolben am Stativ und richte seinen Boden so aus, dass das Sonnenlicht senkrecht darauffällt.
a) Miss die Wassertemperatur zehn Minuten lang alle zwei Minuten.
b) Bestimme die Masse des Kolbens und des Wassers und schätze die Fläche des Kolbenbodens ab.
c) Die Wärmekapazität von Wasser beträgt $4{,}2 \frac{kJ}{kg \cdot K}$, die von Glas $0{,}8 \frac{kJ}{kg \cdot K}$. Berechne nun die Strahlungsenergie ΔE, die das Wasser erwärmt hat, und daraus die Strahlungsleistung P der Sonne. Vergleiche deinen Wert mit der Solarkonstante, die oberhalb der Atmosphäre $S_E = \frac{P}{A} = 1367 \frac{W}{m^2}$ beträgt.
d) Schätze ab, wie viel Energie die Dachsolaranlage eines Einfamilienhauses täglich gewinnen kann. Recherchiere dazu den Wirkungsgrad handelsüblicher Solarzellen.

Material A ▸ Stromerzeugung und -bedarf in Deutschland

A1 Der Strombedarf in Deutschland schwankt im Laufe eines Tages. Dies gilt auch für die Stromerzeugung: Je nach Art der Energiequelle variiert die erzeugte Leistung (▸ Bild 03). Dies sorgt für Probleme bei der Stabilität des Stromnetzes: Überschüssige Energie muss entweder gespeichert oder ins Ausland verkauft werden. Tagsüber muss der Netzbetreiber teilweise sogar dafür bezahlen, dass jemand seine Energie abnimmt.
a) Analysiere und begründe den zeitlichen Verlauf von Strombedarf und Stromerzeugung jeder einzelnen Energiequelle. Gehe dabei auch auf die niedrigen Werte am 04.06.2015 ein.
b) Schätze die maximale Stromüberproduktion eines Tages in Joule ab. *Hinweis:* $\Delta E = P \cdot \Delta t$. Ein Kästchen entspricht 6 Stunden und 5 GW.

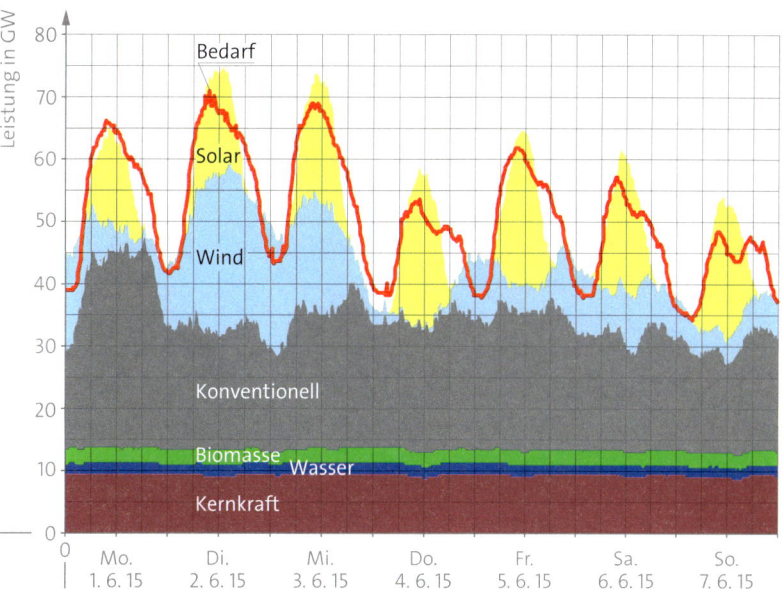

05 Stromerzeugung und Strombedarf in Deutschland im Verlauf einer Woche

c) Entwirf ein Pumpspeicherkraftwerk mit realistischen Ausmaßen im Hinblick auf Wasserfläche, Wassertiefe und Pumphöhe und berechne die damit speicherbare Energiemenge. Berechne die Zahl der nötigen Pumpspeicherkraftwerke, um die Überproduktion eines Tages zu speichern.

ENERGIE EFFIZIENT NUTZEN
RESSOURCEN SCHONEN

01 Bohrturm oder Windrad?

Die energetische Erneuerung

Bauer Schulze hat vom energetischen Umbruch gehört und plant, ein Windrad zu kaufen. Kann er damit genug Energie gewinnen und genug Geld einnehmen?

KANN SCHULZE GENUG ENERGIE GEWINNEN? · Zum Hof von Bauer Schulze gehört eine quadratische freie Fläche mit 700 m Kantenlänge. Er hat große Windräder ins Auge gefasst, die pro Stunde eine Energie von 7 500 kWh gewinnen (▸ Bild 01). Windräder müssen große Abstände voneinander haben, denn sie verwirbeln die Luft. Daher kann Bauer Schulze nur *ein* solches Windrad auf seinem Hof errichten.

Der Wind weht nicht immer. Bauer Schulze kalkuliert mit 2 000 Stunden im Jahr (▸ Bild 02). Er berechnet, dass er im Jahr die folgende Energiemenge gewinnen kann:

E = 7 500 kWh · 2 000 = 15 Millionen kWh.

Wie ein Durchschnittshaushalt mit fünf Personen braucht Bauer Schulze im Jahr 6 000 kWh an elektrischer Energie. Also kann er genug Energie für seine Familie gewinnen und noch sehr viel verkaufen.

KANN ER GENUG GELD EINNEHMEN? · Bauer Schulze muss zum Kauf des Windrads einen Kredit bei der Bank aufnehmen und berechnet, wie viel Geld ihn das pro Jahr kostet.

Er muss für das Windrad 10 Millionen Euro bezahlen. Nach 20 Jahren wird es unbrauchbar, bis dahin will er den Kredit zurückgezahlt haben. Daher will er der Bank jedes Jahr ein Zwanzigstel des Kaufpreises zurückzahlen, also 500 000 Euro. Zudem verlangt die Bank 3 % Zinsen. Also muss er pro Jahr zusätzlich 300 000 Euro an Zinsen bezahlen. Insgesamt muss er somit jedes Jahr 800 000 Euro an die Bank überweisen.

Aber kann er mit dem Windrad überhaupt so viel Geld einnehmen? Man bekommt auf dem Strommarkt 0,06 Euro je Kilowattstunde. Bauer Schulze überschlägt, wie viel er pro Jahr einnehmen kann:

15 Millionen kWh · $\frac{0{,}06 \text{ Euro}}{\text{kWh}}$ = 900 000 Euro.

Bauer Schulze freut sich. Mit dem geplanten Windrad kann er jedes Jahr einen Überschuss von 100 000 Euro erzielen.

WINDENERGIE FÜR DEUTSCHLAND? · In Deutschland werden pro Jahr 600 Milliarden kWh an elektrischer Energie benötigt. Bauer Schulze fragt sich, wie viele Windräder vom gewünschten Typ man hierfür bräuchte. Er berechnet:

$$\frac{600 \text{ Milliarden kWh}}{15 \text{ Millionen kWh}} = 40\,000.$$

Er fragt sich weiter, wie viel Fläche man für 40 000 Windräder benötigen würde. Er weiß, dass man pro Windrad eine freie Fläche von 700 m mal 700 m benötigt und berechnet:

$$A = 0{,}7 \text{ km} \cdot 0{,}7 \text{ km} \cdot 40\,000 \approx 19\,600 \text{ km}^2.$$

Bauer Schulze würde gerne wissen, welcher Prozentsatz p der deutschen Staatsfläche von 357 000 km² das ist und berechnet:

$$p = \frac{19\,600 \text{ km}^2}{357\,000 \text{ km}^2} \cdot 100\,\% = 5{,}5\,\%.$$

Bauer Schulze stellt fest, dass solche Windräder nicht nur gut für ihn sind, sie könnten im Prinzip auch Deutschland mit elektrischer Energie versorgen.

SCHULZE WÜNSCHT SICH EINE SOLARANLAGE · Bauer Schulze bemerkt, dass das geplante Windrad zwar freien Platz in seiner Umgebung benötigt, aber seine Felder nicht belegt. Daher plant er, auf seinem ganzen Land zusätzlich eine große Solaranlage zu errichten. Mit einer solchen Fotovoltaikanlage kann man die Sonnenenergie direkt in elektrische Energie umwandeln. Schulze wünscht sich eine moderne Anlage der dritten Generation (▶ Bild 03). Sie hat bereits einen Wirkungsgrad von 30 % bis 40 %. Aus einer Karte liest er ab, wie viel Energie von der Sonne auf sein Land trifft (▶ Bild 04). Auf einen Quadratmeter seiner Fläche strömt in jedem Jahr eine Sonnenenergie von 1000 kWh. Daraus berechnet er, wie viel elektrische Energie er im Jahr mit der Solaranlage gewinnen kann (▶ Bild 05). Er errechnet einen Energiegewinn von 196 Millionen kWh. Bauer Schulze freut sich, denn das ist sogar noch mehr elektrische Energie, als schon das Windrad liefert.

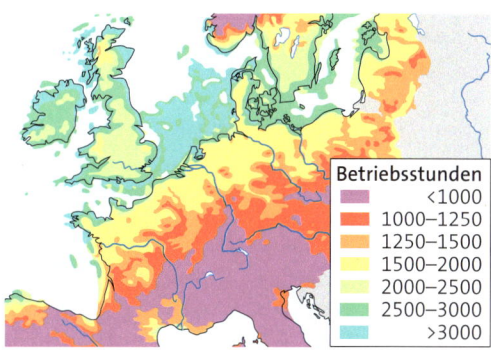

02 Windkarte

Die 19 600 km², die Bauer Schulze zur Versorgung Deutschlands mit elektrischer Energie durch Windräder bräuchte, entsprechen 58 % der Fläche Nordrhein-Westfalens.

03 Solarmodul der dritten Generation

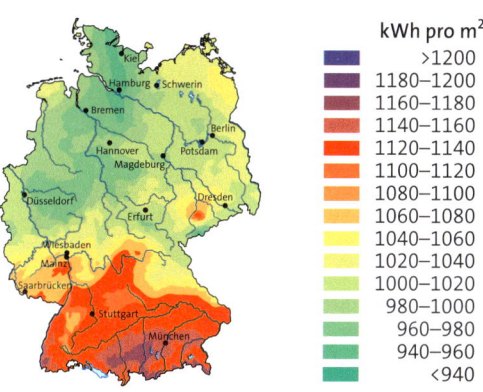

04 Sonnenkarte

Kann ich genug Energie gewinnen?
Sonnenenergie pro Jahr: 1000 kWh/m²
$E = 700$ m · 700 m · 1000 kWh/m²
$E = 490$ Millionen (Mio.) kWh
Elektrische Energie pro Jahr:
Wirkungsgrad: 0,4
$E = 490$ Mio. kWh · 0,4
$E = 196$ Mio. kWh ☺

Auf einen Quadratmeter strömt in jedem Jahr eine Energie von 1000 kWh. Man sagt, die **Energiestromstärke** beträgt 1000 kWh pro Jahr.

05 Energie bei der Solaranlage

ENERGIE EFFIZIENT NUTZEN
RESSOURCEN SCHONEN

> **Kann ich genug einnehmen?**
> Kaufpreis:
>   260 Euro/m² bis 520 Euro/m²
>   700 m · 700 m · 260 Euro/m²
>   = 127,4 Mio. Euro
>   Da brauche ich einen Kredit. ☹
> Kreditkosten im Jahr:
>   Ich rechne wie beim Windrad.
>   5 % Rückzahlung: 6,37 Mio. Euro
>   3 % Zinsen: 3,822 Mio. Euro
>   Zusammen: 10,192 Mio. Euro
> Jahreseinnahme:
>   Strombörse: 0,06 Euro/kWh
>   196 Mio. kWh · 0,06 Euro/kWh
>   = 11,76 Mio. Euro
> Jahresüberschuss:
>   11,76 Mio. Euro − 10,192 Mio. Euro
>   = 1,568 Mio. Euro ☺

01 Überschuss bei der Solaranlage

> **Reicht das für Deutschland?**
> Elektrische Energie:
>   Bedarf: 600 Milliarden (Mrd.) kWh
>   Ertrag pro Hof: 196 Mio. kWh
> Zahl der benötigten Höfe:
>   600 Mrd. kWh/196 Mio. kWh = 3061
> Benötigte Fläche:
>   3061 · 0,7 km · 0,7 km = 1500 km²
> Flächenanteil:
>   Staatsfläche: 357 000 km²
>   p % = 1500 km²/357 000 km² = 0,42 % ☺

In einem Kilogramm Wasserstoff ist eine Energie von 33 kWh gespeichert.

02 Flächen bei der Solaranlage

03 Wind-Wasserstoff-Kraftwerk

KANN BAUER SCHULZE GENUG EINNEHMEN? · Bauer Schulze berechnet den Kaufpreis für die gewünschte Solaranlage (▶ Bild 01). Er braucht einen weiteren Kredit. Da die Solaranlage wie das Windrad 20 Jahre lang funktioniert, berechnet er die jährlichen Kosten für den Kredit wie beim Windrad. Anschließend berechnet er die Jahreseinnahme und den Jahresüberschuss. Beim günstigsten Kaufpreis und dem besten Wirkungsgrad, den Bauer Schulze gefunden hat, kann er einen Überschuss von 1,568 Millionen Euro erzielen.

Zur Deckung des deutschen Jahresbedarfs an Energie mithilfe solcher Anlagen der dritten Generation bräuchte man nur eine geringe Fläche, weniger als 0,5 % des deutschen Staatsgebiets (▶ Bild 02). Allerdings sind diese Anlagen bisher nur für Länder mit hoher Sonneneinstrahlung optimiert. Also wartet Bauer Schulze ab.

ENERGIESPEICHER · Manchmal scheint weder die Sonne noch weht der Wind. Also müssen ständig ausreichende Energiereserven gespeichert werden. Dazu sind passende Speicher nötig: Kleine Energiemengen von wenigen Kilowattstunden werden in Batterien und Akkumulatoren gespeichert. Mittlere Energiemengen von einigen Millionen Kilowattstunden werden in Speicherkraftwerken aufbewahrt. Große Energiemengen von vielen Milliarden Kilowattstunden werden in Gasen gespeichert. Dafür wird mit elektrischer Energie Wasser in Wasserstoff und Sauerstoff zerlegt. Der Wasserstoff wird z.B. in Tanks aufbewahrt (▶ Bild 03). Bei Bedarf wird die im Wasserstoff gespeicherte Energie in einem Verbrennungskraftwerk wieder in elektrische Energie umgewandelt.

FAZIT · Die Natur bietet sehr viel Energie. Diese kann man mit modernen Windrädern und Solaranlagen wirtschaftlich nutzen. Man benötigt allerdings Energiespeicher, um Schwankungen in der Natur auszugleichen, und ein Verteilungsnetz, um die Energie zu den Verbrauchern zu übertragen.

MATERIAL

Material A ▸ Energiespeicher

04 Gasspeicher in Rheden

A1 Selbst in einen gefüllten Fahrradreifen kannst du noch Luft pumpen. Ähnlich wird in Rehden, Niedersachsen, in den Gasspeicher noch einmal die 300-fache Menge Gas gepumpt (▸ Bild 04). Erläutere das Prinzip.

A2 In Deutschland können 22 Milliarden Kilowattstunden an Energie durch Wasserstoffgas gespeichert werden. Vergleiche diesen Wert mit dem Bedarf an elektrischer Energie.

Material B ▸ Biodiesel

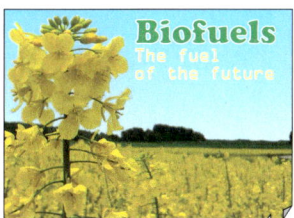 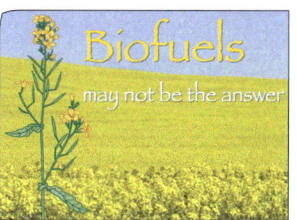
05 Biodiesel aus Raps – eine gute Alternative?

B1 Aus dem Raps, der auf einem Quadratmeter Fläche wächst, kann man ein Kilogramm Biodiesel erzeugen. Biodiesel enthält eine Energie von 10 kWh pro Kilogramm. Man könnte die Fläche aber auch anders nutzen.
a) Nenne je zwei Argumente für die beiden Plakate.
b) Vergleiche die Deckung des Energiebedarfs durch Biodiesel mit der Deckung durch Fotovoltaik. Diskutiere.

Material C ▸ Diskussion

C1 Vier Freunde diskutieren über erneuerbare Energie. Nenne möglichst je zwei Beispiele, die für bzw. gegen die genannten Argumente sprechen.

C2 Bilde dir eine eigene Meinung und begründe diese.

Material D ▸ Anschaffung einer Solaranlage

Anschaffungskosten	Laufende Kosten	Verbrauch
Solarmodule: 6 500 € Wechselrichter: 2 000 € Montage: 1 000 € Energiespeicher: 10 000 € Förderung: 3 000 €	Wartung, Reinigung, Ersatzteile …: ca. 10 Cent pro Kilowattstunde Aktueller Strompreis beim Versorger von Familie Müller: 26 ct/kWh	Durchschnittlicher Verbrauch eines Vier-Personen-Haushalts: 4500 kWh pro Jahr

06 Herr und Frau Müller haben sich eine Tabelle mit den wichtigsten Fakten erstellt.

Die vierköpfige Familie Müller will ihren Strom mit einer Fotovoltaikanlage selbst erzeugen.

D1 Rechne mithilfe der Tabelle aus, nach wie vielen Jahren sich die Anschaffung lohnen würde.

D2 Würdest du an Stelle der Müllers eine solche Anlage anschaffen? Begründe deine Entscheidung.

ENERGIE EFFIZIENT NUTZEN
RESSOURCEN SCHONEN

01 Leben mit Energie von der Sonne

Der Energiehaushalt der Erde

Ohne die Energie der Sonne gäbe es kein Leben auf der Erde. Aber wenn die Erde keine Energie abgäbe, würde sie sich immer weiter aufheizen: Auch dann wäre kein Leben möglich. Nur dank der passenden Temperatur konnte sich Leben entwickeln. Wie kommt diese Temperatur zustande?

STRAHLUNGSGLEICHGEWICHT · Damit die Erde eine konstante Temperatur behält, muss sie sich in einem Fließgleichgewicht befinden. Das bedeutet, die Erde gibt genauso viel Energie ins Weltall ab, wie sie von der Sonne erhält.
Energie kann die Erde nur durch elektromagnetische Strahlung an den Weltraum abgeben. Da sowohl die Energieaufnahme als auch die Energieabgabe durch Strahlung geschieht, spricht man von einem Strahlungsgleichgewicht.

Wie gelingt es der Erde, bei der Energieabgabe immer die passende Leistung zu erreichen? Hierfür ist die Temperatur entscheidend: Du weißt, dass z.B. ein Draht umso mehr Energie abstrahlt, je heißer er ist (▶ Bild 02). Dieser Zusammenhang gilt auch für die Erde: Je höher die Temperatur auf der Erde ist, desto größer ist die Leistung bei der Abstrahlung in den Weltraum.

LEISTUNG UND TEMPERATUR · Wir untersuchen nun den Zusammenhang zwischen Temperatur und abgegebener Leistung im Experiment. Dazu nutzen wir eine Dose und eine Glühlampe (▶ Bild 03). Die Dose steht für die Erde, die Glühlampe ist die Licht- und Wärmequelle, die anstelle der Sonne unsere Modellerde aufheizt.
Wir messen die Temperatur der Dose in Abhängigkeit von der elektrischen Leistung. ▶ Tabelle 05 zeigt die Messwerte. Du erkennst, dass die Leistung stark mit der Temperatur ansteigt: Sie hat sich verzehnfacht, während die absolute Temperatur gerade um ein Drittel gestiegen ist.

Genauere Untersuchungen zeigen, dass allgemein gilt: Wenn ein Körper durch Strahlung Energie abgibt, dann ist die abgegebene Leistung P proportional zur vierten Potenz der absoluten Temperatur T (kurz: $P \sim T^4$). Das bedeutet z.B., dass schon ein Temperaturanstieg um 19 % zu einer Verdopplung der Leistung führt!

So wie bei gleichmäßiger Bestrahlung eine doppelt so große Fläche die doppelte Energie aufnimmt, ist die Energieabgabe pro Zeit, also die abgegebene Leistung P, ebenfalls proportional zur abstrahlenden Oberfläche A (kurz: $P \sim A$).

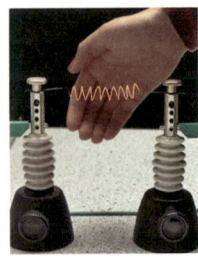

02 Die Glühwendel strahlt Energie ab.

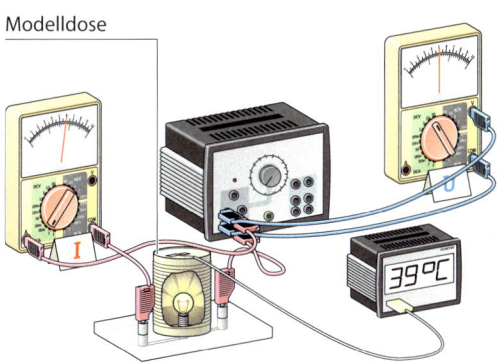

03 Modellexperiment: Energieabstrahlung der Erde

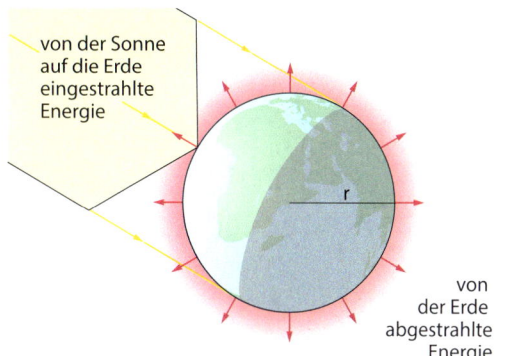

04 Energieabstrahlung der Erde

Temp. in K	in °C	P in W
312	39	3
328	55	6
367	94	15
409	136	30

05 Messwerte

Je höher die Temperatur T eines Körpers und je größer seine Oberfläche A ist, desto größer ist die abgestrahlte Leistung. Es gilt: $P \sim A \cdot T^4$.

Die Proportionalitätskonstante ist ebenso wie das Gesetz nach den Physikern JOSEF STEFAN und LUDWIG BOLTZMANN benannt und beträgt $\sigma = 5{,}67 \cdot 10^{-8} \, \frac{W}{m^2 \cdot K^4}$.

DIE TEMPERATUR AUF DER ERDE · Im Prinzip kann man damit schon die mittlere Temperatur auf der Erde berechnen:

Die gesamte Strahlungsleistung, die die Erde von der Sonne erhält, beträgt $175 \cdot 10^{15}$ W. Allerdings nimmt die Erde davon nur 70 % auf. 30 % werden direkt in den Weltraum reflektiert. Im Strahlungsgleichgewicht muss die Leistung bei der Energieabgabe also $122 \cdot 10^{15}$ W betragen.

Während die Erde nur auf der sonnenbeschienenen Seite Energie aufnimmt, gibt sie sie in alle Richtungen wieder ab (▸ Bild 04). Mit der Formel für die Oberfläche einer Kugel, $A = 4\pi r^2$, ergibt sich daraus für die von der abgestrahlten Leistung der Erde verursachte Temperatur T an der Erdoberfläche:

$$T = \sqrt[4]{\frac{P}{\sigma \cdot A}} = \sqrt[4]{\frac{P}{\sigma \cdot 4\pi r^2}}$$

$$= \sqrt[4]{\frac{1{,}22 \cdot 10^{17} \, W}{5{,}67 \cdot 10^{-8} \, \frac{W}{m^2 \cdot K^4} \cdot 4\pi \cdot (6{,}37 \cdot 10^6 \, m)^2}}$$

$$= 255 \, K = -18 \, °C$$

Das Ergebnis entspricht noch nicht der mittleren Temperatur auf der Erde. Denn diese liegt bei 15 °C. Es müssen also noch Einflüsse eine Rolle spielen, die unser einfaches Modell nicht berücksichtigt.

Der wichtigste Einflussfaktor ist die Atmosphäre. Sie sorgt dafür, dass die Energieabgabe im Strahlungsgleichgewicht gehemmt wird. Etwas Ähnliches geschieht in einem Gewächs- bzw. Treibhaus: Glasdach und Glaswände des Treibhauses schließen Wärme in ihrem Inneren ein, wodurch die Innentemperatur steigt. Deshalb spricht man beim Einfluss der Atmosphäre vom **Treibhauseffekt.** Erst durch ihn ergibt sich die lebensfreundliche Temperatur auf der Erde.

1) Im Experiment wird nur die aufgenommene Leistung gemessen, aber dann eine Aussage über die abgegebene Leistung gemacht. Erkläre, warum dies möglich ist.

2) Berechne die Leistung, die die Erde bei einer Temperatur von 15 °C eigentlich abgeben müsste.

3) a) Berechne die Temperatur auf der Erde, wenn keine Reflexion vorhanden wäre.
b) Angenommen, der Anteil der reflektierten Strahlung wird kleiner (größer), als er zurzeit ist. Welche Auswirkungen hat dies auf die Temperatur der Erde? Erläutere.

ENERGIE EFFIZIENT NUTZEN
RESSOURCEN SCHONEN

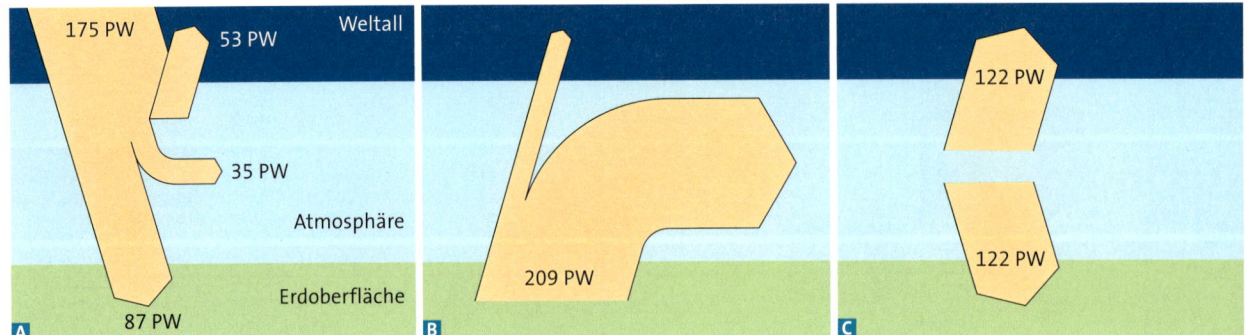

01 Energiehaushalt der Erde; 1 PW (Petawatt) = 10^{15} W

EIN MODELL FÜR DAS TREIBHAUS · Wir verbessern nun unser Modell des Energiehaushalts der Erde. Dafür untersuchen wir näher, wie die Atmosphäre durch den Treibhauseffekt die Temperatur auf der Erde beeinflusst.

Wir betrachten zunächst die Strahlung von der Sonne (▸ Bild 01 A): 30 % werden von der Atmosphäre und der Erdoberfläche reflektiert. 20 % werden von der Atmosphäre absorbiert. Nur 50 % der ursprünglichen Strahlung, also $87 \cdot 10^{15}$ W, erreichen die Erdoberfläche. Atmosphäre und Erdoberfläche nehmen zusammen $122 \cdot 10^{15}$ W auf.

Nun schauen wir auf die Energieabgabe der Erdoberfläche (▸ Bild 01 B): Nur ein sehr kleiner Teil der abgestrahlten Energie gelangt direkt ins Weltall. Fast alles wird von der Atmosphäre absorbiert.

DER TREIBHAUSEFFEKT · ▸ Bild 01 A und 01 B zeigen: Die Atmosphäre nimmt Energie von der Sonne und von der Erdoberfläche auf. Diese Energie muss sie auch wieder abgeben (▸ Bild 01 C). Einen Teil davon strahlt sie in den Weltraum, den anderen Teil gibt sie wieder an die Erdoberfläche ab. Die Erdoberfläche erhält also Energie von der Sonne und von der Atmosphäre. Diese Energie strahlt die Erdoberfläche wiederum zum großen Teil zurück in die Atmosphäre, sodass ständig viel Energie zwischen Erdoberfläche und Atmosphäre ausgetauscht wird. Diese Energie sorgt dafür, dass es mit Atmosphäre wärmer ist als ohne. So wirkt der Treibhauseffekt der Atmosphäre.

DIE VORHERSAGE DES MODELLS · Mit dem verbesserten Modell berechnen wir die mittlere Temperatur auf der Erde: Da Erdoberfläche und Atmosphäre zusammen $122 \cdot 10^{15}$ W aufnehmen, müssen sie mit derselben Leistung Energie ans Weltall zurückgeben.

Vereinfachend gehen wir nun davon aus, dass die gesamte von der Erdoberfläche ausgehende Strahlung von der Atmosphäre absorbiert wird. Die Abstrahlung an den Weltraum geschieht also komplett von der Atmosphäre aus (▸ Bild 01 C). Wir nehmen zudem an, dass die Atmosphäre mit der gleichen Leistung von $122 \cdot 10^{15}$ W zur Erdoberfläche zurückstrahlt. Die Erdoberfläche nimmt also durch die Sonneneinstrahlung und über die Atmosphäre insgesamt Energie mit folgender Leistung auf:

$$P_{ges} = 87 \cdot 10^{15}\,W + 122 \cdot 10^{15}\,W = 209 \cdot 10^{15}\,W.$$

Im Fließ- bzw. Strahlungsgleichgewicht entspricht die aufgenommene Leistung genau der abgestrahlten Leistung. Damit ergibt sich für die mittlere Temperatur:

$$T = \sqrt[4]{\frac{P_{ges}}{A \cdot \sigma}} = 292\,K = 19\,°C.$$

Du siehst: Dieses relativ einfache Modell liefert bereits eine vernünftige Vorhersage für die mittlere Temperatur der Erdoberfläche.

> Die Erde befindet sich im Strahlungsgleichgewicht. Die lebensfreundliche Temperatur auf der Erde ergibt sich durch den Treibhauseffekt der Atmosphäre.

MATERIAL

VERSUCHE ▸ Ein Modellexperiment für den Energiehaushalt der Erde

02 Ein Fließgleichgewicht

Du untersuchst den Energiehaushalt der Erde an einem Modellexperiment. Die Energie wird dabei durch Wasser veranschaulicht.

Material:
zwei Joghurtbecher, Nagel, Waschbecken

Durchführung:
Stich mit dem Nagel kurz über dem Boden mehrere Löcher in den Becher. Halte bei den Versuchen den Becher unter den Wasserhahn (▸ Bild 02). Lass das Wasser jeweils so lange laufen, bis sich im Becher eine konstante Wasserhöhe einstellt. Stelle das Wasser nur an, wenn du es brauchst!

V1 Temperatur und Leistung

a) Drehe den Wasserhahn unterschiedlich stark auf. Untersuche, wie sich dadurch die Wasserhöhe ändert.
b) Im Modell entspricht der Becher der Erde. Die Wassermenge im Becher entspricht der inneren Energie auf der Erde. Finde die Entsprechungen für die Temperatur auf der Erde und die von der Erde aufgenommene bzw. abgegebene Leistung.

V2 Gehemmter Abfluss

a) Drehe den Wasserhahn schwach auf. Halte nun einige der Löcher im Becher zu. Beobachte, was sich dadurch ändert.
b) Übertrage deine Beobachtungen auf den Energiehaushalt der Erde.

V3 Treibhauseffekt

a) Drehe den Wasserhahn schwach auf. Fange mit dem zweiten Becher einen Teil des Wassers aus dem ersten Becher auf und schütte es zurück in den ersten Becher. Wiederhole dies regelmäßig. Beobachte, was sich dadurch ändert.
b) Übertrage deine Beobachtungen auf den Energiehaushalt der Erde. Was entspricht hierbei dem zweiten Becher?

Material A ▸ Temperaturen auf der Sonne und den Planeten

A1 Die Sonne hat einen Radius von $6{,}96 \cdot 10^8$ m und eine Strahlungsleistung von $3{,}84 \cdot 10^{26}$ W. Berechne die Temperatur auf der Sonnenoberfläche mit dem Gesetz von STEFAN und BOLTZMANN.

A2 Man kennt inzwischen viele Planeten, die um fremde Sterne kreisen. Ob sich auf einem Planeten Leben entwickeln kann, hängt unter anderem davon ab, wie groß die Strahlungsleistung pro Fläche (die Solarkonstante) ist, die er vom entsprechenden Stern erhält. Im Sonnensystem ist die Solarkonstante nur auf Venus, Erde und Mars passend, damit sich Leben entwickeln könnte.
a) Venus ist $108 \cdot 10^6$ km und Mars $228 \cdot 10^6$ km von der Sonne entfernt. Berechne die Solarkonstante für Venus bzw. Mars und damit jeweils die Temperatur auf diesen Planeten.
b) Aus Messungen von Raumsonden weiß man: Die Temperatur auf der Venus beträgt 464 °C und auf dem Mars −55 °C. Vergleiche mit deinen Ergebnissen aus Teilaufgabe a). Finde mögliche Gründe für die auftretenden Abweichungen.

A3 Die Solarkonstante schwankt regelmäßig etwa alle 11 Jahre zwischen $1366\,\frac{W}{m^2}$ und $1368\,\frac{W}{m^2}$.
a) Schätze durch eine Rechnung ab, wie stark die Temperatur auf der Erde dadurch schwankt.
b) Finde mögliche Gründe für die Schwankung der Solarkonstante. Informiere dich.

Material B ▸ Treibhauseffekt

B1 a) Im Modell (▸ Bild 01) absorbiert die Atmosphäre 20 % der Strahlung von der Sonne, aber 100 % der Strahlung von der Erde. Begründe diese Annahme physikalisch.
b) In Wirklichkeit wird die Strahlung von der Erde nicht vollständig, sondern zu 90 % von der Atmosphäre absorbiert. Erkläre, welche Auswirkung dies auf die Temperatur der Erde hat.

ENERGIE EFFIZIENT NUTZEN
RESSOURCEN SCHONEN

01 Was geschieht mit dem Lebensraum der Eisbären?

Der Einfluss des Menschen

Das Eis der Arktis schmilzt. Ist das eine Folge des Klimawandels? In Europa sind die Winter doch strenger geworden. Kann es da sein, dass die mittlere Temperatur auf der Erde um mehrere Kelvin steigen soll? Stimmt das überhaupt? Wenn ja: Muss man etwas dagegen tun? Wäre es nicht schön, wenn es bei uns ein bisschen wärmer wäre?

DAS EIS DER ARKTIS SCHMILZT! · ▶ Bild 02 zeigt die minimale Ausdehnung des arktischen Eises im Sommer 2012. Die Linie zeigt den Mittelwert von 1979 bis 2010. Verglichen mit 1979 ist die Eisfläche nur noch halb so groß! Um diese Eismenge zu schmelzen, ist sehr viel Energie nötig. Schon hieran erkennt man, dass die innere Energie der Erde zugenommen hat und damit die Temperatur zumindest in der Arktis gestiegen ist.

WO STECKT DIE ENERGIE? · Wie lässt sich nachweisen, dass die mittlere Temperatur auf der Erde steigt? Mit der Temperatur nimmt die innere Energie zu. Die größten Energiespeicher auf der Erdoberfläche sind die Ozeane. Deswegen misst man seit 1955 regelmäßig die Energieänderung der Ozeane bis in eine Tiefe von 700 m. ▶ Diagramm 03 zeigt diese Messwerte. Auch wenn die Messwerte streuen, siehst du: Die dort gespeicherte Energie hat eindeutig zugenommen. Die globale Erwärmung ist eine Tatsache.

DIE URSACHE DER ERWÄRMUNG · Könnte es sein, dass z.B. eine stärkere Sonneneinstrahlung diese Erwärmung verursacht? Man hat gemessen, dass die Sonneneinstrahlung in diesem Zeitraum bis auf kleine Schwankungen konstant geblieben ist. Sie verursacht die Erwärmung also nicht. In ähnlicher Weise konnte man andere natürliche Ursachen ausschließen, sodass man sich inzwischen sicher ist: Die Menschheit verursacht die globale Erwärmung durch die Umweltbelastung bei Industrialisierung. Die Erwärmung ist ein anthropogener – vom Menschen ausgehender – Effekt.

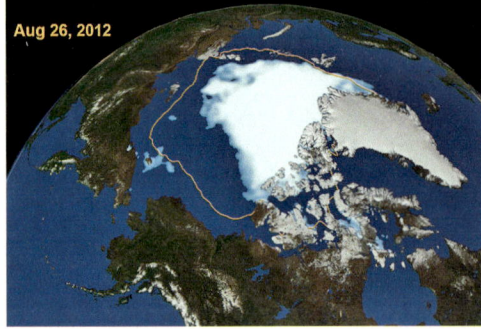

02 Die Eisfläche der Arktis war 2012 so klein wie nie zuvor.

DER ANTHROPOGENE TREIBHAUSEFFEKT ·

Wie verursacht die Industrialisierung die Erwärmung (▶ Bild 04)? Bei der Verbrennung fossiler Brennstoffe entstehen sogenannte Treibhausgase, vor allem Kohlenstoffdioxid (CO_2). Diese Gase absorbieren Infrarotstrahlung sehr gut und verstärken daher den natürlichen Treibhauseffekt durch die Atmosphäre. Man spricht dabei vom anthropogenen Treibhauseffekt.

Durch Messungen an Eisbohrkernen hat man nachgewiesen, dass CO_2-Konzentration und Temperatur eng zusammenhängen. Im ▶ Diagramm 06 siehst du, dass die beiden Messkurven seit einer halben Million Jahren praktisch parallel verlaufen. Es fällt zudem auf, dass die heutige CO_2-Konzentration mit Abstand die höchste ist! Weitere Untersuchungen haben gezeigt, dass dieser Anstieg eindeutig auf die Verbrennung fossiler Brennstoffe zurückzuführen ist.

WELCHE FOLGEN GIBT ES BISHER? ·

Die mittlere Erdtemperatur ist im 20. Jahrhundert vor allem durch anthropogene Effekte um etwa 0,6 K gestiegen. Das hört sich nach wenig an. Allerdings hat dies jetzt schon weitreichende Folgen: Durch das Abschmelzen des Festlandeises und durch die thermische Ausdehnung ist der Meeresspiegel um mehr als 15 cm gestiegen. Für Küstenländer und Inselstaaten wird dies existenzbedrohend.
Da sich mehr Energie im Klimasystem befindet, kommt es vermehrt zu extremen Wettererscheinungen (▶ Bild 05): Zum Beispiel gibt es mehr und stärkere Wirbelstürme, zum Teil an Orten, wo es zuvor noch keine gab, wie vor Brasilien oder bei den Kanarischen Inseln.
Und bei uns? Die fünf Jahre mit den höchsten Durchschnittstemperaturen in Europa zwischen 1500 und 2010 waren: 2010, 2003, 2002, 2006 und 2007. Durch die Hitze sind 2003 in Europa über 20 000 Menschen gestorben!

04 Rauchende Schlote

05 Auswirkungen eines Hurrikans

> Der anthropogene Treibhauseffekt wird vor allem durch Verbrennen fossiler Energieträger verursacht. Er führt schon jetzt zu einer globalen Erwärmung mit weitreichenden Folgen.

1 a) Das oberflächennahe Wasser der Ozeane kann wesentlich mehr Energie speichern als die gesamte Atmosphäre oder die Oberfläche der Kontinente. Erkläre.
b) Die im ▶ Diagramm 03 dargestellte Größe nennt man „Ocean heat content". Erkläre diese Bezeichnung.

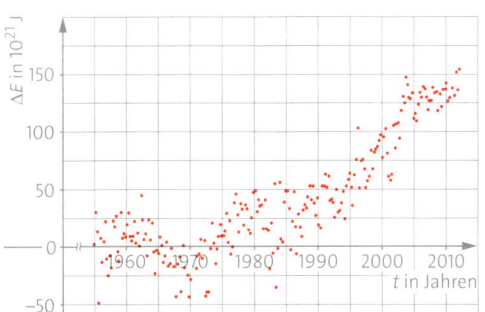

03 Änderung des „Ocean heat content" seit 1955

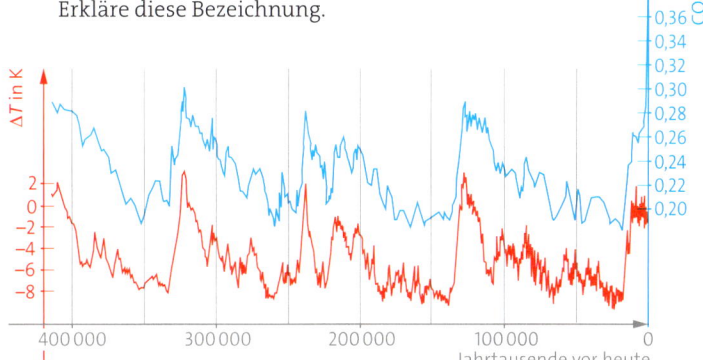

06 CO_2-Konzentration (blau) und Temperaturänderung (rot) in der Antarktis

ENERGIE EFFIZIENT NUTZEN
RESSOURCEN SCHONEN

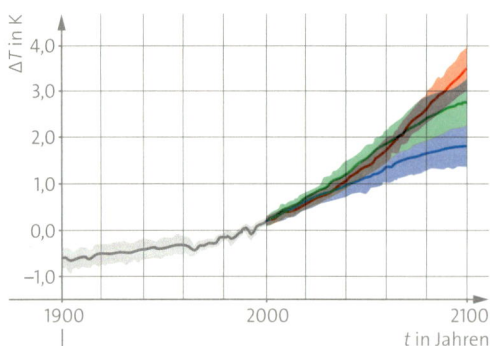

01 Entwicklung der durchschnittlichen Erdtemperatur bis 2100 für verschiedene Szenarien

IPCC: Intergovernmental Panel on Climate Change

Die Entwicklung der mittleren Erdtemperatur hängt wesentlich von der zukünftigen Abgabe von Treibhausgasen ab. Diese schätzt man u.a. aufgrund der möglichen wirtschaftlichen Entwicklungen ab und stellt dies in verschiedenen sogenannten Szenarien dar. ▸ Bild 01 zeigt zum einen die gemessene Änderung der mittleren Erdtemperatur bis 2000, zum anderen die wahrscheinliche Entwicklung bis 2100 aufgrund dieser Szenarien.

WIE GEHT ES WEITER? · Aufgrund der vorhandenen Daten und der bisher bekannten Zusammenhänge zwischen den Faktoren, die das Klima beeinflussen, versucht man, die Entwicklung des Klimas vorherzusagen. Die Berechnungen benötigen große Expertenteams aus verschiedenen Wissenschaftsbereichen und zudem äußerst leistungsfähige Computer. Als derzeit beste Modellierung gilt die des von der UNO eingerichteten IPCC (▸ Bild 01).

Du siehst, dass mit einer weiteren Steigerung um etwa 3 K zu rechnen ist. Verglichen mit der bisherigen Erwärmung um 0,6 K wird deutlich: Die heute beobachtbaren Folgen sind nur ein Vorgeschmack auf das, was kommen wird!

Zum Vergleich: Am Ende der letzten Eiszeit stieg die Temperatur um 5 K. Allerdings geschah dies über einen Zeitraum von 5000 Jahren. Bis 2100 sind es aber nicht einmal mehr 100 Jahre.

METHODE

Messwerte interpretieren

Komplexes Klima · Wovon hängt es ab, mit welcher Frequenz ein Fadenpendel schwingt? Von der Masse des Pendelkörpers? Von der Fadenlänge? Von der Amplitude? Das hast du vielleicht selbst durch Messungen untersucht und kannst die Fragen beantworten. Beim Klima der Erde ist die Situation wesentlich komplexer: Wenn sich die Temperatur auf der Erde ändert, kann das sehr viele verschiedene Ursachen haben. Anders als beim Pendel kann man diese Einflüsse zudem nicht getrennt untersuchen.
Man kann aber mithilfe von Modellen errechnen, welcher Beitrag sich aus den einzelnen Ursachen ergeben müsste. So hat man herausgefunden, dass die relativ regelmäßig wiederkehrenden Temperaturänderungen in den letzten 400 000 Jahren durch Schwankungen in der Erdbahn zustande kommen. Aufgrund solcher Modelle weiß man inzwischen, dass die globale Erwärmung nicht allein durch natürliche Ursachen zu erklären ist.

Sicherheit trotz unsicherer Messungen? · Es ist leicht, die aktuelle Temperatur mit einem Thermometer zu messen – aber die Temperatur von vor 400 000 Jahren? Man kennt sie aufgrund der Untersuchung von über 3 km tief reichenden Eisbohrkernen aus der Antarktis (▸ Bild 02). Aus deren Zusammensetzung in einer bestimmten Tiefe kann man die Temperatur zu einem entsprechenden Zeitpunkt in der Vergangenheit relativ genau bestimmen.
So wie in diesem Fall ist man bei Klimadaten häufig auf indirekte Messungen angewiesen, die für sich genommen mehr oder weniger sicher sind. Sicherheit erhält man durch den Vergleich vieler verschiedener Messmethoden und unterschiedlicher Modelle.

02 Teil eines Eisbohrkerns aus der Antarktis

MATERIAL

Material A ▶ Die globale Erwärmung und die Weltmeere

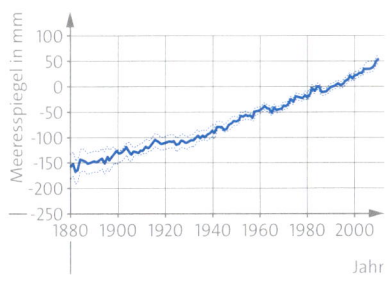

03 Anstieg des Meeresspiegels

A1 Aufgrund der Änderung des „Ocean heat content" kann man abschätzen, dass die mittlere Meerestemperatur seit 1955 um etwa 0,1 K bis 0,2 K zugenommen hat.
a) Die mittlere Temperatur auf dem Land hat im gleichen Zeitraum um etwa 0,5 K zugenommen. Ungenaue Messungen erklären den Unterschied nicht. Lena sagt: „In Physik hieß es, das hat etwas mit der Wärmekapazität und der Wärmemitführung zu tun." Erläutere.
b) Überprüfe die Abschätzung durch eine Rechnung.

A2 ▶ Diagramm 03 zeigt die Änderung des mittleren Meeresspiegels.
a) Beschreibe den Verlauf des Graphen.
b) Gib mögliche Gründe für den Anstieg des Meeresspiegels an.
c) Schätze anhand des Diagramms ab, wie stark der Meeresspiegel bis 2100 ansteigt.
d) Überlege dir, welche Folgen dieser Anstieg für Städte wie Hamburg oder Länder wie die Niederlande hat.
e) Informiere dich, in welchem Bereich die wissenschaftlichen Vorhersagen für den Anstieg des Meeresspiegels liegen.

A3 Der Klimawandel hat auch Folgen für die chemische Zusammensetzung, vor allem den Säuregehalt („acidity") der Meere. Der Text zu ▶ Bild 04 stammt aus dem Jahrbuch 2013 des Umweltprogramms der Vereinten Nationen, kurz UNEP.
a) Fasse die im Text genannten Ursachen für die veränderte chemische Zusammensetzung der Meere zusammen. Stelle den Zusammenhang zum „sea butterfly" her.
b) Überlege, welche Folgen das Verschwinden dieser Tierart für andere Tiere und den Menschen hätte.

04 „Sea butterfly – Flügelschnecke"

> The ocean has become 30 per cent more acidic in the past two centuries. This is largely because some of the CO_2 emitted to the atmosphere by human activity dissolves in ocean waters, forming carbonic acid. In addition, changes in ocean chemistry due to melting sea ice lead to calcium carbonate being less available to animals that need it to build shells and external skeletons. The "sea butterfly" is about the size of a small pea and a major food source for animals ranging from krill to whales. When placed in seawater with an acidity and carbonate concentration at levels projected for the year 2100 the shell slowly dissolves.

Material B ▶ Gletscher und das Eis in der Arktis und der Antarktis

05 Morteratsch-Gletscher **A** 1911, **B** 2011

B1 ▶ Bild 05 zeigt, dass Gebirgsgletscher genauso abschmelzen wie das Eis der Antarktis. Das Abschmelzen der Gletscher trägt zum Anstieg des Meeresspiegels bei, aber der Rückgang des arktischen Meereises nicht, obwohl dort viel mehr Eis schmilzt. Erkläre.

B2 a) Um die globale Erwärmung möglichst deutlich zu veranschaulichen, eignet sich die Arktis sehr gut. Informiere dich über die Gründe.
b) Anders als die Eismenge in der Arktis nimmt die Eismenge in der Antarktis zu.
Manche Leute sagen: „Das spricht dafür, dass es keine globale Erwärmung gibt." Informiere dich und nimm Stellung.

GRUNDWISSEN: ENERGIE EFFIZIENT NUTZEN

Elektromagnetismus

Ein stromführender Draht ist von einem **Magnetfeld** umgeben. Wickelt man ihn zur **Spule,** erhält man ein Feld, das dem eines Stabmagneten gleicht. Ein Eisenkern verstärkt das Magnetfeld der Spule.

Immer wenn sich das Magnetfeld innerhalb einer Spule ändert, entsteht eine **Induktionsspannung.** Änderungen ergeben sich, wenn:
- sich Spule und Magnet relativ zueinander bewegen
- sich die Stärke oder Richtung des Magnetfelds ändert
- sich die wirksame Fläche der Spule ändert

Je schneller die Änderungen ablaufen, desto größer ist die induzierte Spannung.
Das Vorzeichen der Spannung hängt dabei davon ab, ob das Magnetfeld zu- oder abnimmt. Dreht sich eine Spule im Magnetfeld, dann wird eine **Wechselspannung** induziert.

Elektromotor und Generator

Elektromotor und **Generator** sind im Prinzip gleich aufgebaut. Beim Elektromotor dreht sich der **Rotor** aufgrund von magnetischen Kräften zwischen ihm und dem umgebenden **Stator.** Beim Generator wird durch Drehung des Rotors im Magnetfeld des Stators eine **Wechselspannung** im Rotor induziert.

Elektrische Energie und Leistung

Durch den elektrischen Strom wird Energie von der elektrischen Quelle zum Gerät übertragen. Die pro Sekunde übertragene Energie wird durch die **elektrische Leistung P** beschrieben. Es gilt:

$$P = \frac{\Delta E}{\Delta t} = U \cdot I.$$

Auf elektrischen Geräten ist oft eine Leistungsangabe zu finden. Sie gibt an, wie viel elektrische Leistung das Gerät aufnimmt.

Für die im Zeitabschnitt Δt übertragene Energie ΔE gilt:

$$\Delta E = P \cdot \Delta t = U \cdot I \cdot \Delta t.$$

Für die übertragene elektrische Energie wird üblicherweise die Einheit 1 kWh verwendet. Es gilt: 1,0 kWh = $3,6 \cdot 10^5$ J.

Bei der Energieübertragung durch elektrischen Strom mithilfe von Kabeln wird aufgrund des Widerstands Energie in Form von Wärme abgegeben. Die **Verlustleistung P_v** beträgt:

$$P_v = R_v \cdot I_v^2.$$

Um die Verlustleistung gering zu halten, wird die Energie bei hoher Spannung und geringer Stromstärke übertragen.

Transformator

Zur **Spannungswandlung** benötigt man **Transformatoren.** Ein Transformator besteht aus zwei Spulen, die über einen Eisenkern miteinander verbunden sind. Mit ihm wird elektrische Energie ohne leitende Verbindung übertragen.

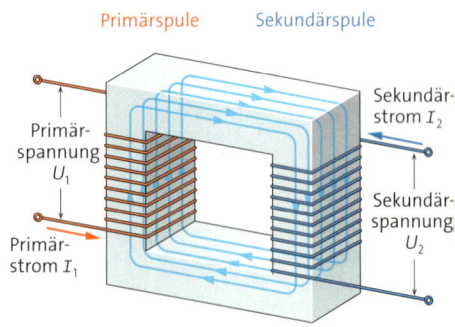

01 Aufbau eines Transformators

Ein Transformator kann nur **Wechselspannungen** verändern, keine Gleichspannungen. Für den idealen Transformator mit den Windungszahlen n_1 und n_2 gilt:

$$\frac{U_1}{U_2} = \frac{n_1}{n_2} \quad \text{und} \quad \frac{I_2}{I_1} = \frac{n_1}{n_2}.$$

Wärme und Energie

Thermische Energie wird in Form von **Wärme** übertragen. Sie fließt immer von Bereichen hoher **Temperatur** zu Bereichen niedriger Temperatur. Gibt ein Körper Wärme an seine Umgebung ab, werden die Temperaturunterschiede sehr klein. Die Energie kann dadurch schlechter genutzt werden, sie wurde entwertet.

Bei der Verbrennung eines Stoffs werden seine **chemischen Bindungen** verändert. Die dabei frei werdende Energie wird als Wärme abgegeben.
Die **innere Energie** eines Körpers ist die Summe von thermischer Energie und Bindungsenergie. Wenn ein Körper Wärme aufnimmt, erhöht sich seine innere Energie, d. h., seine Temperatur steigt oder sein Aggregatzustand ändert sich.

Spezifische Wärmekapazität

Die **spezifische Wärmekapazität** c ist eine stoffabhängige Größe. Sie beschreibt die Speicherfähigkeit des jeweiligen Stoffs für thermische Energie und berechnet sich als:
$c = \frac{\Delta E}{m \cdot \Delta T}$.
Sie hat die Einheit $\frac{J}{kg \cdot K}$.
Je größer die Masse eines Körpers ist, desto mehr Wärme muss ihm zugeführt werden, um eine bestimmte Temperaturzunahme zu erreichen.

Wärmekraftmaschine

Wärmekraftmaschinen wie Verbrennungsmotoren und Stirlingmotor nutzen die Kompression, Expansion und Abkühlung von Gasen, um mechanische Energie zu erzeugen.

Ein **Kühlschrank** ist eine umgekehrte Wärmekraftmaschine: Ein Kompressor sorgt für das Kondensieren eines Gases, das

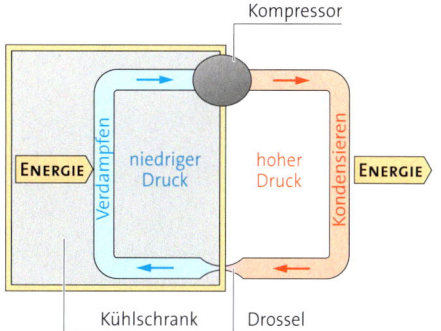

02 Energietransport im Kühlschrank

dann im Kühlschrank expandiert und abkühlt.

Energiegewinnung

Im täglichen Leben benötigen wir viel Energie. Um die Versorgung mit thermischer und elektrischer Energie zu gewährleisten, gibt es verschiedene Arten von **Kraftwerken:**
- Kernkraftwerke
- **Verbrennungskraftwerke:** Zu ihnen zählen Kohle- und Gaskraftwerke. Ihr Wirkungsgrad lässt sich verbessern, indem man durch **Kraft-Wärme-Kopplung** auch ihre Abwärme nutzt.
- **regenerativ betriebene Kraftwerke,** die Energie aus dauerhaft verfügbaren, natürlich Abläufen nutzen. Dazu gehören Solar-, Wind- und Wasserkraftwerke.

Energiegewinnung ist **nachhaltig,** wenn sie keine Umweltschäden erzeugt und regenerative Quellen nutzt.

Energiehaushalt der Erde

Die Erde befindet sich im Strahlungsgleichgewicht. Die lebensfreundlichen Temperaturen auf der Erde ergeben sich durch den **natürlichen Treibhauseffekt** der Atmosphäre. Der **anthropogene Treibhauseffekt** führt zu einer weiteren globalen Erwärmung. Er wird vor allem durch die Verbrennung fossiler Energieträger verursacht.

ÜBERPRÜFE DICH SELBST: ENERGIE EFFIZIENT NUTZEN

A ▸ Elektromagnetismus

Kann ich ...

1 beschreiben, wie das Magnetfeld eines stromdurchflossenen Leiters und einer Spule aussieht?

2 erläutern, wie ein Elektromotor funktioniert?

3 den Aufbau von Elektromotor und Generator vergleichen?

4 beschreiben, wie ein Elektromotor und ein Generator Energie umwandeln?

5 erklären, unter welchen Bedingungen eine Lorentzkraft auftritt, und die Linke-Hand-Regel anwenden?

6 beschreiben, unter welchen Bedingungen eine Induktionsspannung auftritt?

7 erläutern, wie in Generator funktioniert?

8 übertragene Energie und Leistung berechnen?

9 den Aufbau und das Funktionsprinzip eines Transformators erläutern?

10 Beispiele für die Anwendung von Transformatoren im Alltag angeben?

11 Spannungen und Stromstärken an Transformatoren berechnen?

12 die Bedeutung des Transformators für die Energieübertragung mit Hochspannung erläutern?

B ▸ Wärme und Energieversorgung

Kann ich ...

1 den Zusammenhang zwischen thermischer Energie, Wärme und Temperatur erklären?

2 benennen, welche Energieformen die innere Energie umfasst?

3 einen Versuch beschreiben, mit dem sich die spezifische Wärmekapazität eines Stoffs ermitteln lässt?

4 die Formel für die spezifische Wärmekapazität erläutern und anwenden?

5 die Funktionsweise einer Wärmekraftmaschine am Beispiel eines Viertaktmotors erläutern?

6 die Funktionsweise sowie Vor- und Nachteile verschiedener Turbinenkraftwerke erläutern und vergleichen?

7 die Technik der Kraft-Wärme-Kopplung und des Blockheizkraftwerks erklären?

8 Möglichkeiten und Schwierigkeiten der nachhaltigen Energieversorgung beschreiben?

9 erläutern, was man unter dem Treibhauseffekt versteht und warum ohne ihn kein Leben auf der Erde möglich wäre?

10 erläutern, welchen Einfluss der zusätzliche, anthropogene Treibhauseffekt auf das Klima hat?

BASISKONZEPTE

Auf dieser Seite werden Inhalte dieses Kapitels nach den Basiskonzepten Energie, System, Wechselwirkung und Struktur der Materie neu strukturiert. Andere Basiskonzepte sind möglich.

Struktur der Materie

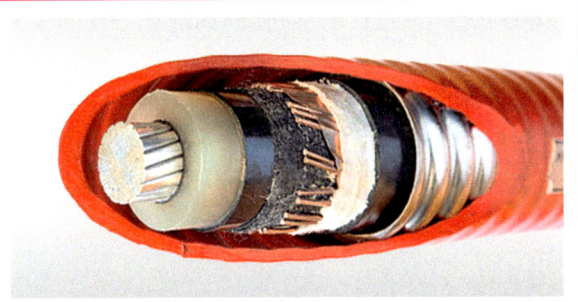

- Magnetisierbarkeit und Leitfähigkeit sind Stoffeigenschaften, die Einfluss auf den Transport elektrischer Energie haben.
- Die Wärmekapazität eines Stoffs ist abhängig von seinem inneren Aufbau.
- Der Kühlschrank nutzt die Übergänge zwischen zwei Aggregatzuständen des Kühlmittels.
- Wärmekraftmaschinen werden durch Stöße der Teilchen des expandierenden Gases gegen die Kolben oder Turbinenschaufeln angetrieben.

System

- Elektromotor, Generator und Transformator sind Systeme, die Magnetfelder nutzen, um Energie umzuwandeln.
- Wärmekraftmaschinen und Verbrennungskraftwerke sind Systeme, bei denen innere Energie in elektrische, thermische oder mechanische Energie umgewandelt wird.
- Die Erde ist ein System, das große Mengen innerer Energie in Form von Brennstoffen und Erdwärme enthält und Strahlung von der Sonne aufnimmt.

Wechselwirkung

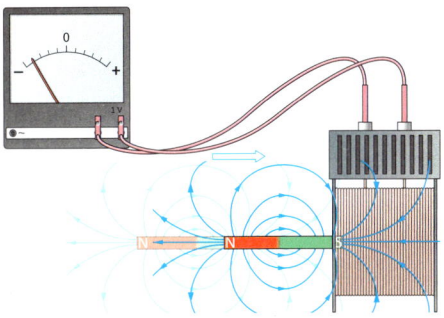

- Die Bewegung geladener Teilchen im Magnetfeld führt zu ihrer Ablenkung durch die Lorentzkraft.
- Ändert sich das Magnetfeld in einer Spule, wird eine Spannung induziert.
- Wärmekraftmaschinen funktionieren aufgrund der Wechselwirkung von expandierenden Gasen und den Bauteilen der Maschinen, z. B. Kolben oder Turbinen.

Energie

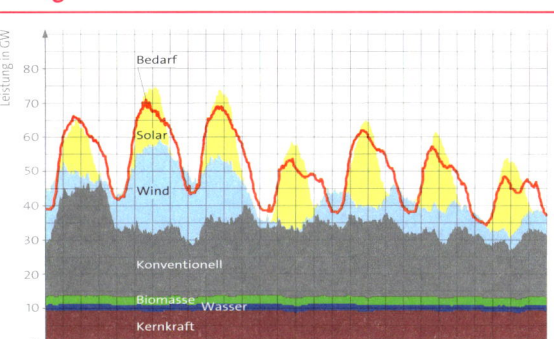

- Je größer der Wirkungsgrad von Kraftwerken, Wärmekraftmaschinen und elektrischen Geräten ist, desto weniger Energie wird entwertet.
- Nachhaltige Energieversorgung setzt voraus, dass Kraftwerke erneuerbare Energiequellen nutzen.

1 Erstelle eine Mindmap zum Verbrennungsmotor aus Sicht der vier Basiskonzepte.

BASISKONZEPTE SCHAFFEN ORDNUNG

Die vier Basiskonzepte Energie, System, Wechselwirkung und Struktur der Materie helfen, Zusammenhänge und Ähnlichkeiten zwischen einzelnen Teilgebieten der Physik zu erkennen. Sie ermöglichen außerdem unterschiedliche Blickwinkel auf ein bestimmtes Phänomen. Dadurch werden bei der Betrachtung des Phänomens unterschiedliche Schwerpunkte gesetzt.

STRUKTUR DER MATERIE

- **Aufbau**
  - Atomhülle
    - Elektronen
    - Ionisierung
  - Atomkern
    - Protonen
    - Neutronen
  - radioaktiver Zerfall

- **Eigenschaften**
  - reflektierend/lichtbrechend
  - Körperfarben
  - elektrische Leitfähigkeit
  - magnetisierbar/magnetisiert
  - Halbwertszeit
  - Wärmekapazität

- **Verhalten**
  - elektrische Ladung
    - Anziehung und Abstoßung
    - Ablenkung im Magnetfeld
  - Druck
  - Auftrieb

- **Teilchenmodell**
  - elektrischer Widerstand

- **Aggregatzustände**
  - Festkörper
  - Flüssigkeiten
  - Gase
  - Druck

ENERGIE

- **Formen**
  - **Speicherformen**
    - innere Energie
      - Kernenergie
      - chemische Energie
      - thermische Energie
    - mechanische Energie
      - Lageenergie
      - Spannenergie
      - Bewegungsenergie
  - **Transportformen**
    - Licht
    - elektrische Energie
    - Bewegungsenergie
    - Wärme

- **Speicher**
  - fossil
  - erneuerbar
  - getrennte Ladungen

- **Umwandlung**
  - Energieerhaltung
  - Energieentwertung
  - Energieumwandlungsketten

- **Übertragung**
  - im Stromkreis (Spannung als Antrieb)
  - Wärmetransport (Temperaturunterschied als Antrieb)
  - durch Strahlung
    - Wärme
    - Licht
    - Röntgenstrahlung
    - α-, β-, γ-Strahlung
  - durch Kraftwandler
  - Leistung (Tempo der Energieübertragung)

- **verantwortungsvolle Nutzung**
  - Nachhaltigkeit
  - Wirkungsgrad

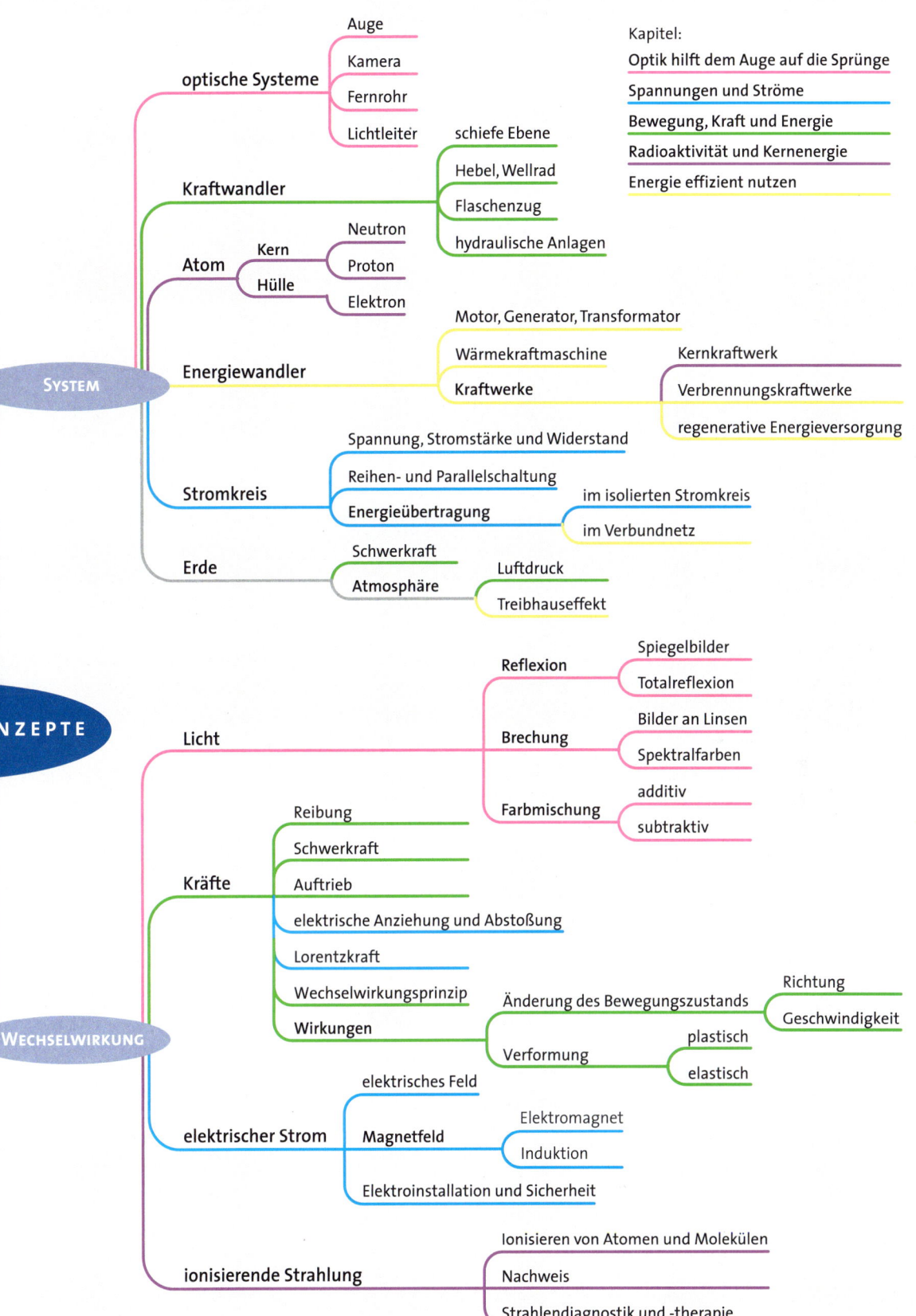

WISSEN VERNETZT

Material A ▸ Licht und Farben

01 Farbige Lichter erzeugen verschiedenfarbige Schatten.

A1 Wenn wir Farben wahrnehmen oder darstellen, spielt die Farbmischung häufig eine wichtige Rolle, z. B. wenn wir mithilfe verschiedenfarbiger Lampen farbige Schatten erzeugen (▸ Bild 01). *(System)*
a) Skizziere den Versuchsaufbau und konstruiere die Strahlengänge.
b) Erläutere an je einem Beispiel die additive und die subtraktive Farbmischung. Beschreibe Gemeinsamkeiten und Unterschiede.

A2 Von der elektromagnetischen Strahlung, die von den Radiowellen bis zur Gammastrahlung reicht, kann unser Auge nur den Wellenlängenbereich von etwa 780 nm bis 380 nm wahrnehmen. Dies entspricht dem Farbspektrum von Tiefrot bis Violett. Die Netzhaut enthält drei Arten von Sinneszellen, mit denen wir Millionen von Farben unterscheiden können: die R-, G- und B-Zapfen (▸ Bild 02).

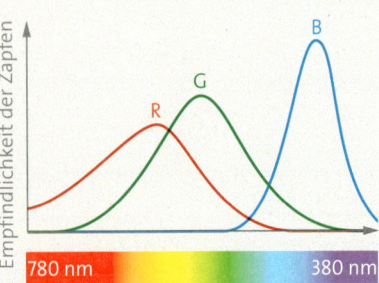

02 Farbempfindlichkeit der Zapfen

Die Farben entstehen durch additive und subtraktive Farbmischung. Der Farbeindruck wird durch die Auswertung der Informationen aller drei Zapfenarten im Gehirn erzeugt. Erkläre, wie sich die menschliche Farbwahrnehmung ändern würde, wenn die Empfindlichkeitsbereiche der Zapfen so schmal wären, dass sie sich nicht überlappen. *(System)*

A3 Das RGB-Farbmodell bei Computern und Fernsehgeräten basiert auf der menschlichen Fähigkeit zur Wahrnehmung von Mischfarben: Die Ausprägung einer Grundfarbe wird dabei als ein Zahlenwert zwischen 0 (nicht vorhanden) und 255 (in voller Stärke) kodiert.
Der in ▸ Bild 03 abgebildete Farbkreis zeigt alle Farben des RGB-Modells. Übernimm ▸ Tabelle 04 in dein Heft und trage für die jeweiligen RGB-Werte die Buchstaben für die markierten Punkte des Farbkreises ein. *(System)*

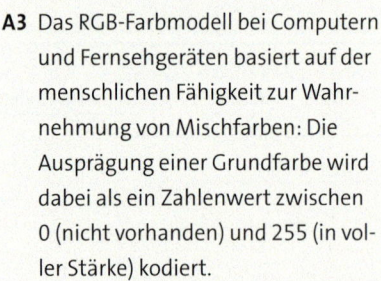

03 Farbkreis des RGB-Modells

R	G	B	Punkt
0	255	0	
255	255	255	
9	150	255	

04 Tabelle mit RGB-Farbwerten

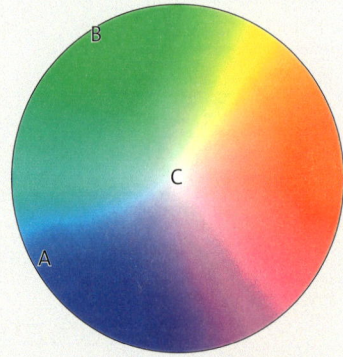

05 Lichtspektrum; **A** vor und **B** nach dem Durchgang durch eine Chlorophyll-Lösung

A4 Das Chlorophyll in Pflanzenblättern spielt bei der Fotosynthese eine wichtige Rolle. Im unteren Teil von ▸ Bild 05 siehst du ein Spektrum, das aufgenommen wurde, nachdem das ursprünglich weiße Licht eine Chlorophylllösung durchquert hatte. Der obere Teil zeigt ein Spektrum ohne Chlorophylllösung. *(Wechselwirkung, System)*
a) Erkläre durch Vergleichen der Spektren, welche Anteile des Lichts die Pflanze zur Fotosynthese nutzt.
b) Erkläre, warum chlorophyllhaltige Pflanzenblätter für Menschen grün aussehen.
c) ▸ Bild 06 zeigt die Absorption durch zwei Arten von Chlorophyll. Erkläre, welche Informationen sich aus dem Diagramm entnehmen lassen. Entscheide begründet, ob es sich beim Chlorophyll in der Lösung um Chlorophyll a oder b handelt.

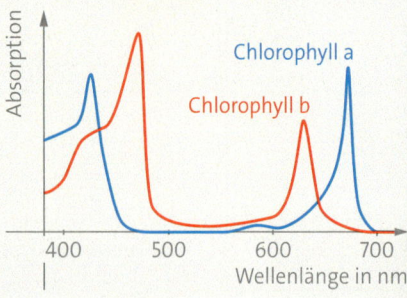

06 Absorptionsspektren von Chlorophyll

WISSEN VERNETZT

Material B ▶ Elektrische Fische

01 Zitteraal

02 Elektrozyten eines Zitterrochens

Elektrische Fische betäuben Angreifer oder Beute durch eine schnelle Abfolge von Stromstößen. Bei Salzwasserfischen wie dem Zitterrochen ist die erzeugte Spannung mäßig, die erreichbare Stromstärke mit bis zu 50 A sehr hoch. Süßwasserfische wie die Zitteraale können hohe Spannungen von bis zu 800 V liefern, die Ströme sind jedoch geringer. In beiden Fällen können die erzeugten Leistungen innerhalb einer Zeitspanne von bis zu 2 ms mehr als 1 kW betragen.

B1 Nenne mögliche Argumente dafür, dass bei elektrischen Salzwasserfischen die Nutzung hoher Ströme, bei Süßwasserfischen die Nutzung hoher Spannungen vorteilhaft ist. *(Materie)*

B2 Gib an, wie groß der maximale Stromfluss durch einen menschlichen Körper bei einem Stromschlag durch Berührung eines Zitteraals ist. Nimm an, dass der Körperwiderstand bei nasser Haut etwa 1,8 kΩ beträgt. *(System)*

Elektrische Fische besitzen spezielle elektrische Organe. Die Elektrizität wird in den sogenannten Elektrozyten erzeugt. Jede einzelne Zelle liefert eine Spannung von etwa 0,14 V. Die Zellen sind in Form von Säulen gestapelt und in Reihe hintereinandergeschaltet. Zitteraale nutzen für Stromschläge eine Säule, Zitterrochen mehrere. Im Folgenden soll davon ausgegangen werden, dass diese Säulen bei Zitterrochen parallel geschaltet sind und gleiche Spannungen liefern.

B3 Erläutere ▶ Bild 02. Ordne den Elementen des Bildes Angaben aus dem Text über elektrische Organe zu. Erläutere, warum für Zitteraale eine einzelne lange Säule, für Zitterrochen mehrere kürzere Säulen günstiger sind. *(System)*

B4 Bestimme für einen Zitteraal und für einen Zitterrochen die Anzahl der Zellen in einer Säule, wenn eine Entladung mit einer Leistung von 1 kW stattfindet. Bestimme für einen Zitterrochen die Anzahl der Säulen. Nimm dazu vereinfachend an, dass Säulen beider Tiere etwa die gleiche Stromstärke abgeben. *(Energie)*

B5 Berechne, wie hoch man mit der Energie einer Folge von 100 Stromschlägen eines Zitteraals einen Eimer mit 10 ℓ Wasser heben könnte. Vergleiche mit dem Energiegehalt einer 1,5-V-Batterie vom Typ AAA mit einer Ladekapazität von 1250 mAh. Achte auf die Einheiten. *(Energie)*

B6 Recherchiere die Gefahren durch elektrische Stromschläge. Interpretiere auf dieser Basis ▶ Bild 03. Schätze begründet ab, wie gefährlich eine Serie von 10 Stromschlägen bei der Berührung eines Zitteraals für einen Menschen ist. *(Energie, System)*

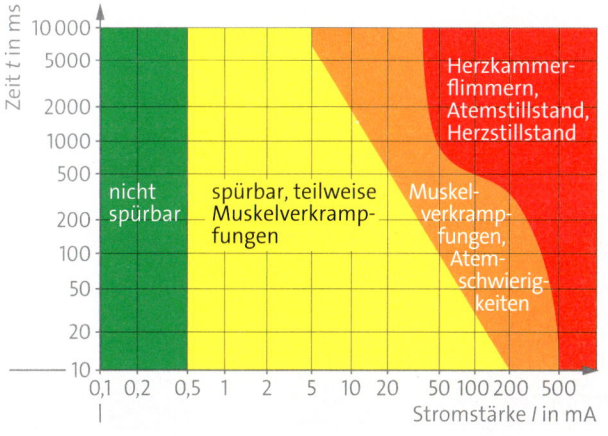

03 Gefährdung des Menschen durch Wechselstrom

WISSEN VERNETZT

Material C ▸ Heißluftballon

Fahrten mit einem Heißluftballon sind eindrucksvolle Erlebnisse. Der Ballon fliegt, weil die Luft im Inneren auf Temperaturen von ca. 70 bis 125 °C erwärmt wird. Große Heißluftballons können eine Tragkraft von mehreren Tonnen erreichen.

01 Heißluftballons in der Luft. Zum Aufsteigen muss ein Brenner die Luft im Ballon erhitzen.

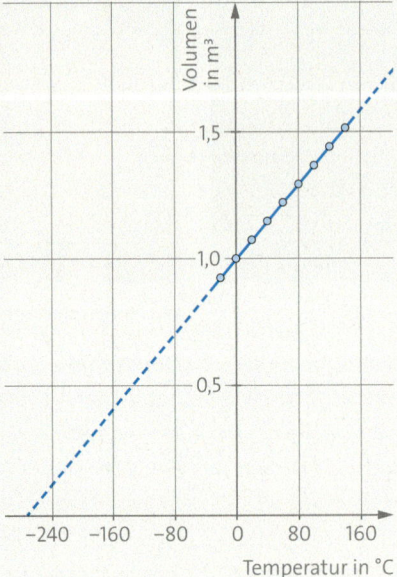

02 Volumen von Luft in Abhängigkeit von der Temperatur

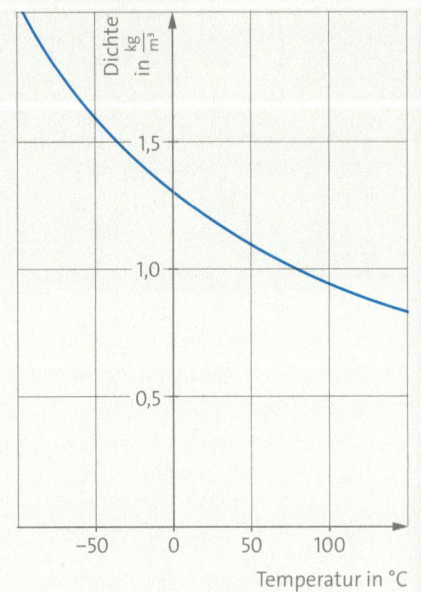

03 Dichte von Luft in Abhängigkeit von der Temperatur

C1 Beschreibe die Energieumwandlungen, die beim Betrieb eines Heißluftballons auftreten. *(Energie)*

C2 a) Beschreibe, was beim Aufheizen mit der Luft im Ballon geschieht. Erläutere die Vorgänge im Teilchenmodell und erkläre damit die ▸ Diagramme 02 und 03. *(Materie)*
b) Eine Mitschülerin betrachtet ▸ Diagramm 02. In dem Diagramm wird der gemessene Verlauf hin zu höheren und niedrigeren Temperaturen verlängert. Die Mitschülerin schließt aus dem Verlauf des Graphen, dass es einen absoluten Nullpunkt der Temperatur geben muss. Wie könnte sie argumentieren? Was könntest du dagegen einwenden?
Notiere Argumente für beide Seiten. *(Materie, Energie)*

C3 Mit dem Experiment in ▸ Bild 04 kann man die Abhängigkeit der Luftdichte von der Temperatur (▸ Bild 03) bestimmen. *(Materie)*
a) Beschreibe die Planung und die Durchführung des Experiments.
b) Erläutere, welche Größen als unabhängige, abhängige und als konstant zu haltende Variablen behandelt werden.
c) Stelle einen Zusammenhang zwischen ▸ Diagramm 02 und 03 her.

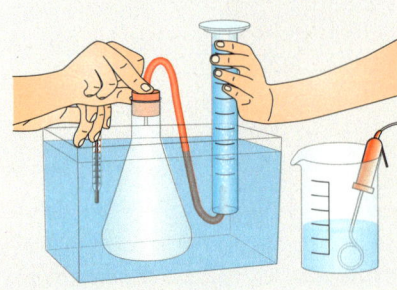

04 Messung der Luftdichte

C4 Bestimme die Größe eines Ballons, der mindestens dein eigenes Körpergewicht tragen kann. Nimm an, dass die Masse des Ballons mit Korb 100 kg beträgt. Die Temperaturdifferenz der Luft innen und außen sei 100 °C. *(System)*

C5 Bei gleicher Temperatur, gleichem Druck und gleichem Volumen ist in allen Gasen die Anzahl der jeweiligen Gasmoleküle in etwa gleich.
Was würde geschehen, wenn man einen Ballon bei gleicher Betriebstemperatur statt mit heißer Luft mit heißem Wasserdampf füllen würde? Begründe deine Meinung.
Hinweis: Luft besteht im Wesentlichen aus Stickstoff N_2 und Sauerstoff O_2. Wassermoleküle lassen sich durch die chemische Formel H_2O beschreiben. *(Materie)*

WISSEN VERNETZT

Material D ▶ Fahren auf der Autobahn

Auf ihrem Weg zur Arbeit fährt Frau Klein jeden Tag eine Strecke von 20 km über eine Autobahn. Für die restliche Strecke im Stadtverkehr braucht sie fast immer etwa 15 Minuten. Frau Klein legt großen Wert auf Sicherheit, ist umweltbewusst, möchte aber auch schnell ankommen.

D1 Frau Klein überlegt sich, um wie viel sich ihre gesamte Fahrtzeit verkürzen würde, wenn sie auf der Autobahn im Schnitt 160 $\frac{km}{h}$ statt 120 $\frac{km}{h}$ fahren würde. *(System)*
a) Berechne den Zeitunterschied in Minuten und in Prozent.
b) Frau Klein entscheidet sich dafür, maximal 120 $\frac{km}{h}$ zu fahren. Nenne hierfür mögliche Gründe.

D2 Im Berufsverkehr muss Frau Klein ihr Tempo immer wieder wegen langsamer Fahrzeuge reduzieren und dann wieder beschleunigen. ▶ Bild 01 zeigt ein typisches Weg-Zeit-Diagramm (Beschleunigungsphasen werden vernachlässigt). *(System)*
a) Schreibe eine kurze Geschichte zu Frau Kleins Fahrt.
b) Bestimme mithilfe des Diagramms die Geschwindigkeiten in den einzelnen Abschnitten und die Durchschnittsgeschwindigkeit.

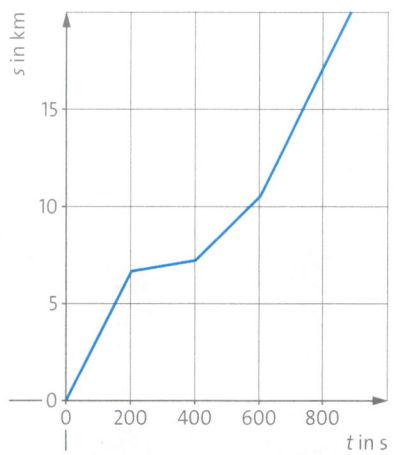

01 Weg-Zeit-Diagramm

D3 Manchmal ärgert sich Frau Klein, wenn sich zwei Lkws mit geringem Geschwindigkeitsunterschied überholen, sich also ein eigentlich unzulässiges „Elefantenrennen" liefern. *(System)*
a) Frau Klein nimmt an, dass die Lkws jeweils 16,5 m lang sind und der Sicherheitsabstand vor und hinter dem überholten Wagen 50 m beträgt. Berechne die zum Überholen erforderliche Zeit und die Strecke, wenn der schnellere Lkw 80 $\frac{km}{h}$, der langsamere 65 $\frac{km}{h}$ bzw. 78 $\frac{km}{h}$ fährt.
b) Entwickle eine Formel zur Berechnung der Überholzeit in Abhängigkeit von den Längen und der Geschwindigkeitsdifferenz zweier Fahrzeuge. Schätze damit die freie Strecke ab, die man zum Überholen auf einer Landstraße benötigt.

D4 Frau Klein beschleunigt von einer Geschwindigkeit von 100 $\frac{km}{h}$ auf 140 $\frac{km}{h}$. Schätze, um wie viel Prozent sich die Bewegungsenergie ihres Fahrzeugs dadurch erhöht. Prüfe rechnerisch. *(Energie)*

D5 Deutschland ist das einzige europäische Land ohne generelles Tempolimit auf Autobahnen. Eine Einführung ist umstritten. In der Diskussion spielen unter anderem diese Kriterien eine Rolle: Sicherheit, Umweltbelastung, Reisezeit, Verkehrsfluss, Fahrzeugbau, Marketing. *(System)*
a) Erläutere diese Kriterien in Bezug auf das Tempolimit.
b) Ordne zu, welche der Kriterien bei Befürwortern bzw. Gegnern eines Tempolimits eher betont werden dürften.

D6 Gegen ein Tempolimit wird häufig aufgrund statistischer Daten wie denen in ▶ Tabelle 02 argumentiert. Hiernach sind nur 12 % aller Verkehrstoten auf Autobahnunfälle zurückzuführen, obwohl dort etwa ein Drittel des gesamten Verkehrs abläuft. 60 % aller tödlichen Unfälle passieren hingegen auf Landstraßen, die nur 40 % des Verkehrsaufkommens aufnehmen. *(Wechselwirkung)*
a) Nenne mögliche Ursachen für diese Verteilung.
b) Gib an, welche Interessen dazu führen könnten, die Einführung eines Tempolimits zu verhindern.
c) Formuliere und begründe deinen eigenen Standpunkt.

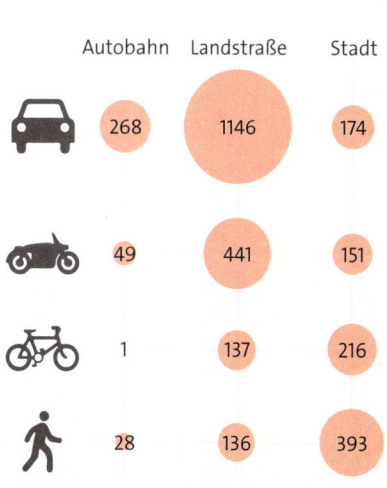

02 Verkehrstote 2013

WISSEN VERNETZT

Material E ▸ Kernkraftwerke

01 Kernkraftwerk Brokdorf an der Elbe

Eines der größten Risiken beim Betrieb von Kernkraftwerken ist der Ausfall des Kühlsystems. 2011 wurde im japanischen Fukushima aufgrund eines Tsunamis die Kühlung des Reaktors unterbrochen. Er erhitzte sich so stark, dass der Reaktorkern schmolz und daraufhin erhebliche Mengen Radioaktivität freigesetzt wurden.
Paula möchte verstehen, warum ein Ausfall des Kühlsystems so schwerwiegende Folgen hat und warum trotzdem Kernkraftwerke betrieben werden. Sie findet zum Kernkraftwerk Brokdorf (▸ Bild 01) im Internet die Angaben von ▸ Bild 02 und ▸ Tabelle 03.

E1 a) Ordne den Elementen in ▸ Bild 02 die entsprechenden Angaben in ▸ Tabelle 03 zu und beschreibe ihre Funktionsweise. *(System)*
b) Nenne den verwendeten Kernbrennstoff. *(Materie)*
c) Gib die prozentualen Anteile der verwendeten Uran-Isotope und die Anzahl der Brennstäbe an. *(System)*
d) Erläutere, wie die thermische und elektrische Leistung beim Reaktor miteinander in Beziehung stehen. Bestimme die Größe der elektrischen Leistung des Kraftwerks Brokdorf. *(Energie)*

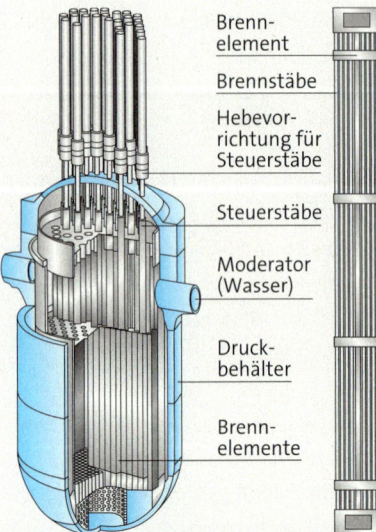

02 Reaktordruckbehälter (links) und Brennelement (Bündel von Brennstäben; rechts)

Reaktortyp Brokdorf	Druckwasser
Kernbrennstoff	UO_2/MOX
Anreicherung an ^{235}U	bis zu 4 %
Kernbrennstoffmenge	103 t
Anzahl der Brennelemente	193
Anzahl der Brennstäbe je Brennelement	236
Brennstablänge	4,83 m
Brennstabdurchmesser	10,75 mm
Anzahl der Steuerstäbe je Brennelement	20
Absorbermaterial der Steuerstäbe	In, Ag, Cd
Kühlmittel und Moderator	H_2O (Leichtes Wasser)
Druckbehälter	Stahl, 25 cm
thermische Reaktorleistung	3900 MW
Nettowirkungsgrad	36,4 %
mittlere Leistungsdichte im Reaktorkern	93,2 kW/dm³

03 Technische Daten des Kernkraftwerks

E2 Brokdorf lieferte im Jahr 2010 eine elektrische Energie von 11 360 GWh. Bewerte die Auslastung des Kraftwerks durch Vergleich mit der maximal möglichen Energieausbeute. *(Energie)*

E3 Finde heraus, wieviel elektrische Energie in deinem Haushalt in einem Jahr benötigt wird. Schätze ab, wie viele Haushalte durch das Kraftwerk Brokdorf mit elektrischer Energie versorgt werden könnten. *(Energie)*

E4 Die sogenannte Leistungsdichte eines Reaktorkerns gibt an, welche thermische Leistung in einem bestimmten Reaktorvolumen erzeugt wird. Im Kraftwerk Brokdorf beträgt die Leistungsdichte 93,2 $\frac{kW}{dm^3}$. Bestimme mit dieser Angabe das Volumen des Reaktorkerns und vergleiche es mit dem Volumen deines Klassenraums. *(Energie)*

E5 Ein Schwimmbecken für internationale Wettkämpfe ist 50 m lang, 25 m breit und 2 m tief. Um 1 Liter Wasser um 1 °C zu erwärmen, wird eine Energie von 4,2 kJ benötigt. Bestimme die erforderliche Zeit, um mit der in Brokdorf erzeugten thermischen Leistung das 20 °C warme Wasser eines solchen Beckens zum Sieden zu bringen. *(Energie)*

04 Schwimmbecken für Wettkämpfe

WISSEN VERNETZT

Material F ▶ Elektrische Energieübertragung

Elektrische Energie muss von den Kraftwerken über weite Strecken zu den Nutzern transportiert werden. Dafür werden meist Freileitungen an hohen Masten verwendet (▶ Bild 01).

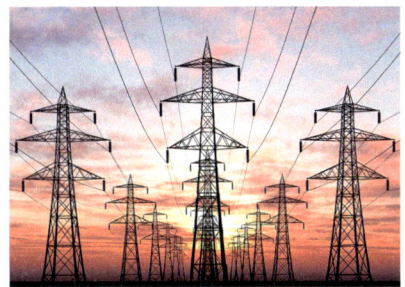

01 Ein Netz von Hochspannungsleitungen durchzieht ganz Deutschland

03 Abgeschnittenes 380-kV-Leiterseil mit Stahlkern und Aluminiummantel

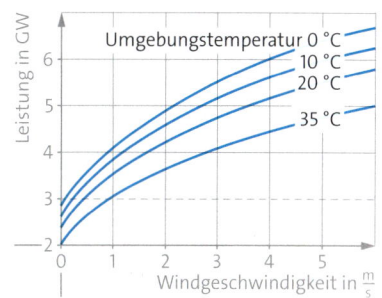

04 Maximal übertragbare Leistung in Abhängigkeit von der Windgeschwindigkeit

F1 Die Energieübertragung mit Hochspannung dient dazu, die Verlustleistung aufgrund des elektrischen Widerstands zu verringern.
a) Erläutere die Ursachen für die Verlustleistung durch die Leitungswiderstände und beschreibe die damit verbundenen Energieumwandlungen. *(Energie, System)*
b) Berechne die Stromstärken, die bei einer Übertragung der elektrischen Leistung eines Kraftwerks von 1400 MW jeweils bei einer Spannung von 230 V und bei einer Spannung von 380 kV erforderlich wären. *(System)*
c) Begründe, warum man für die Übertragung großer elektrischer Leistungen Hochspannungsleitungen wählt. *(System, Energie)*

F2 Die Materialien für Hochspannungsleiterseile müssen besondere Kriterien erfüllen:
a) In ▶ Tabelle 02 sind verschiedene Materialien aufgeführt. Wäge ihre Vor- und Nachteile für die Verwendung als Hochspannungsleitung ab. *(Materie, System, Wechselwirkung)*
b) Erläutere den Aufbau der Leiterseile, die in ▶ Bild 03 dargestellt sind. Gib an, welche Erwägungen wahrscheinlich für diesen Aufbau bestimmend waren. *(System)*
c) Typische 380-kV-Leiterseile haben einen Durchmesser von 3,2 cm, der Stahlkern allein von 0,8 cm. Schätze Masse und Widerstand eines Seilstücks von einem Kilometer Länge ab. Berücksichtige dabei die Zusammensetzung aus zwei verschiedenen Metallen. *(System, Wechselwirkung)*

d) Ermittle die zu erwartende Verlustleistung *(System)*
e) Eine Hochspannungsleitung darf nicht zu heiß werden. Sie ist deshalb für eine bestimmte Leistung, z. B. 3 GW, ausgelegt. Die tatsächliche Leistung darf aber je nach Wetter von diesem Wert abweichen. Stelle die Gründe dafür anhand von ▶ Bild 04 in eigenen Worten dar. Gib die Konsequenzen für den Transport elektrischer Energie im Jahresablauf an. *(System)*
f) Bei Hochspannungsleitungen werden oft Porzellanisolatoren verwendet. Nenne Gründe für die wellige Form der Isolatoren.
g) Welchen Abstand dürfen Hochspannungsmasten höchstens haben, wenn ein Isolator 150 kN halten kann? *(Wechselwirkung)*

Material	Silber	Kupfer	Aluminium	Stahl
spez. Widerstand in $\Omega \cdot \frac{mm^2}{m}$	0,016	0,017	0,028	0,13
Dichte in $\frac{g}{cm^3}$	10,5	8,9	2,7	7,8
Zugfestigkeit in $\frac{N}{mm^2}$	330	285	240	1960
Preis in $\frac{€}{kg}$	496,1	5,6	1,6	0,3

02 Materialeigenschaften

05 Keramikisolator für Hochspannung

TABELLENANHANG

Physikalische Größen

Größe	Symbol	Einheit	Gleichung
Aktivität		$1\,Bq = 1\,\frac{1}{s}$	
Beschleunigung	a	$1\,\frac{m}{s^2}$	$a = \frac{v}{t};\ a = \frac{\Delta v}{\Delta t}$
Bewegungsenergie	E_{Bew}	$1\,J$	$E_{Bew} = \frac{1}{2}m \cdot v^2$
Brechkraft		$1\,dpt = \frac{1}{m}$	
Dichte	ρ	$1\,\frac{g}{cm^3} = 1000\,\frac{kg}{m^3}$	$\rho = \frac{m}{V}$
Drehmoment	M	$1\,N \cdot m$	$M = r \cdot F$
Druck	p	$1\,Pa;\ 1\,bar = 100\,000\,Pa$	$p = \frac{F}{A}$
effektive Äquivalentdosis		$1\,Sv$	
elektrische Ladung	Q	$1\,C = 1\,A \cdot s$	$\Delta Q = I \cdot \Delta t$
elektrische Leistung	P	$1\,W$	$P = U \cdot I$
elektrische Spannung	U	$1\,V$	$U = R \cdot I$
elektrische Stromstärke	I	$1\,A = 1\,\frac{C}{s}$	$I = \frac{\Delta Q}{\Delta t};\ I = \frac{U}{R}$
elektrischer Widerstand	R	$1\,\Omega$	$R = \frac{U}{I}$
Energie	E	$1\,J = 1\,N \cdot m$	$\Delta E = F \cdot \Delta s$
Federkonstante	D	$1\,\frac{N}{m}$	$D = \frac{F}{s}$
Frequenz	f	$1\,Hz = 1\,\frac{1}{s}$	$f = \frac{n}{t}$
Geschwindigkeit	v	$1\,\frac{m}{s}$	$v = \frac{\Delta s}{\Delta t}$
Gravitationskraft	F_G	$1\,N$	$F_G = m \cdot g$
Kraft	F	$1\,N = 1\,\frac{kg \cdot \frac{m}{s}}{s}$	$F = m \cdot a$
Lageenergie	E_{Lage}	$1\,J$	$E_{Lage} = m \cdot g \cdot h$
Länge, Strecke	l, s	$1\,m$	
Leistung	P	$1\,W = 1\,\frac{J}{s}$	$P = \frac{\Delta E}{\Delta t}$
Masse	m	$1\,kg$	$m = \rho \cdot V$
mechanische Leistung	P	$1\,W$	$P = F \cdot v$
Ortsfaktor	g	$1\,\frac{N}{kg}$	$g = \frac{F_G}{m}$
Spannenergie	E_{Spann}	$1\,J$	$E_{Spann} = \frac{1}{2}D \cdot s^2$
spezifische Wärmekapazität	c	$1\,\frac{kJ}{kg \cdot K}$	$c = \frac{\Delta E}{m \cdot \Delta T}$
spezifischer Widerstand	ρ	$1\,\Omega \cdot \frac{mm^2}{m}$	$\rho = R \cdot \frac{A}{l}$
Temperatur	T	$1\,°C;\ 1\,K$	
Volumen	V	$1\,m^3;\ 1\,\ell = 1000\,cm^3$	
Wirkungsgrad	η		$\eta = \frac{\Delta E_{nutzbar}}{\Delta E_{zugeführt}}$
Zeit	t	$1\,s$	

Einige physikalische Konstanten und astronomische Daten

Konstante	Zahlenwerte	Konstante	Zahlenwerte
Stefan-Boltzmann-Konstante σ	$5{,}6704 \cdot 10^{-8} \frac{W}{m^2 \cdot K^4}$	Erdradius R_E	$6{,}371 \cdot 10^6$ m
Solarkonstante S_E	$1370 \frac{W}{m^2}$	Radius der Erdbahn r_E	$1{,}4960 \cdot 10^{11}$ m
Elementarladung e	$1{,}6022 \cdot 10^{-19}$ C	Mondmasse m_M	$7{,}349 \cdot 10^{22}$ kg
Masse des Protons m_p	$1{,}6726 \cdot 10^{-27}$ kg	Mondradius R_M	$1{,}738 \cdot 10^6$ m
Masse des Neutrons m_n	$1{,}6749 \cdot 10^{-27}$ kg	Radius der Mondbahn r_M	$3{,}844 \cdot 10^{-8}$ m
Lichtgeschwindigkeit c	$2{,}99792458 \cdot 10^8 \frac{m}{s}$	mittl. Ortsfaktor auf dem Mond g	$1{,}62 \frac{m}{s^2}$
mittl. Ortsfaktor auf der Erde g	$9{,}814 \frac{m}{s^2}$	Sonnenmasse m_S	$1{,}9891 \cdot 10^{30}$ kg
Erdmasse m_E	$5{,}9737 \cdot 10^{24}$ kg	Sonnenradius R_S	$6{,}9599 \cdot 10^8$ m

Dichte von Festkörpern, Flüssigkeiten und Gasen

Feste Körper	$\frac{g}{cm^3}$	Flüssigkeiten	$\frac{g}{cm^3}$	Gase	$\frac{g}{cm^3}$
Aluminium	2,70	Benzol	0,8790	Helium	0,0001780
Blei	11,34	Diethylether	0,7160	Kohlenstoffdioxid	0,0019800
Eisen (rein)	7,86	Ethanol	0,7910	Luft	0,0012930
Jenaer Glas	2,50	Glycerin	1,2600	Sauerstoff	0,0014300
Gold	19,30	Petroleum	0,8500	Stickstoff	0,0012500
Kupfer	8,93	Quecksilber	13,5500	Wasserdampf (100 °C)	0,0006000
Silber	10,51	Wasser	0,9986	Wasserstoff	0,0000899

Flüssigkeiten: 18 °C; Gase: 0 °C und 1013 hPa

Heizwert

Stoff	$\frac{MJ}{kg}$	Stoff	$\frac{MJ}{kg}$	Stoff	$\frac{MJ}{kg}$
Braunkohle (roh)	7,6 bis 11,6	Benzin	40 bis 45	Erdgas	38,2
Holz, frisch/trocken	7/15,5	Diesel, Heizöl	41 bis 44	Kohlenstoffmonoxid	10,1
Torf, trocken	15,5	Erdöl	42 bis 48	Methan	50,0
Trockenspiritus	19,0	Ethanol, Spiritus	27	Propan	46,5
Steinkohle	32,5	Methanol	20	Wasserstoff	120,0

Endprodukte gasförmig, bei Normaldruck auf 20 °C abgekühlt

TABELLENANHANG

Spezifischer Widerstand

Stoff	$\Omega \cdot \frac{mm^2}{m}$	Stoff	$\Omega \cdot \frac{mm^2}{m}$	Stoff	$\Omega \cdot \frac{mm^2}{m}$
Silber	0,016	Konstantan	0,5	Pressspan	10^{14}
Kupfer	0,017	Kohle	50 bis 100	Polystyrol	$5 \cdot 10^{18}$
Aluminium	0,028	Silicium	1200	Glas	10^{18} bis 10^{19}
Wolfram	0,049	Meerwasser	200 000	Porzellan	10^{19} bis 10^{20}
Nickel	0,07	Wasser, destilliert	10^{10}	Hartgummi	10^{19} bis 10^{21}
Eisen	0,1 bis 0,5	Marmor	10^{13} bis 10^{14}	Bernstein	$> 10^{22}$

bei 18 °C

Vorsilben für dezimale Vielfache und Teile von Einheiten

Vorsilbe	Deka (da)	Hekto (h)	Kilo (k)	Mega (M)	Giga (G)
Zahlenwert	10	100	1000	1 000 000	1 000 000 000
Potenz	10^1	10^2	10^3	10^6	10^9

Vorsilbe	Dezi (d)	Zenti (c)	Milli (m)	Mikro (µ)	Nano (n)
Zahlenwert	0,1	0,01	0,001	0,000 001	0,000 000 001
Potenz	10^{-1}	10^{-2}	10^{-3}	10^{-6}	10^{-9}

Umrechnung Energieeinheiten

	J	kWh	cal*	eV
1 J	1	$2,7777 \cdot 10^{-7}$	0,238 84	$0,6242 \cdot 10^{19}$
1 kWh	$3,6 \cdot 10^6$	1	$0,8598 \cdot 10^6$	$2,247 \cdot 10^{25}$
1 cal*	4,1868	$1,163 \cdot 10^{-6}$	1	$2,613 \cdot 10^{19}$
1 eV	$1,602 \cdot 10^{-19}$	$4,45 \cdot 10^{-26}$	$3,826 \cdot 10^{-20}$	1

1 eV ist die Energie, die ein Teilchen mit der Elementarladung $e = 1,602 \cdot 10^{-19}$ C aufnimmt, wenn es die Spannung 1 V durchläuft.

* cal ist eine nicht mehr zugelassene, aber im Zusammenhang mit Nahrungsmitteln weiterhin verwendete Einheit. Umgangssprachlich ist mit „Kalorie" oft eine Kilokalorie (kcal) gemeint.

PERIODENSYSTEM DER ELEMENTE

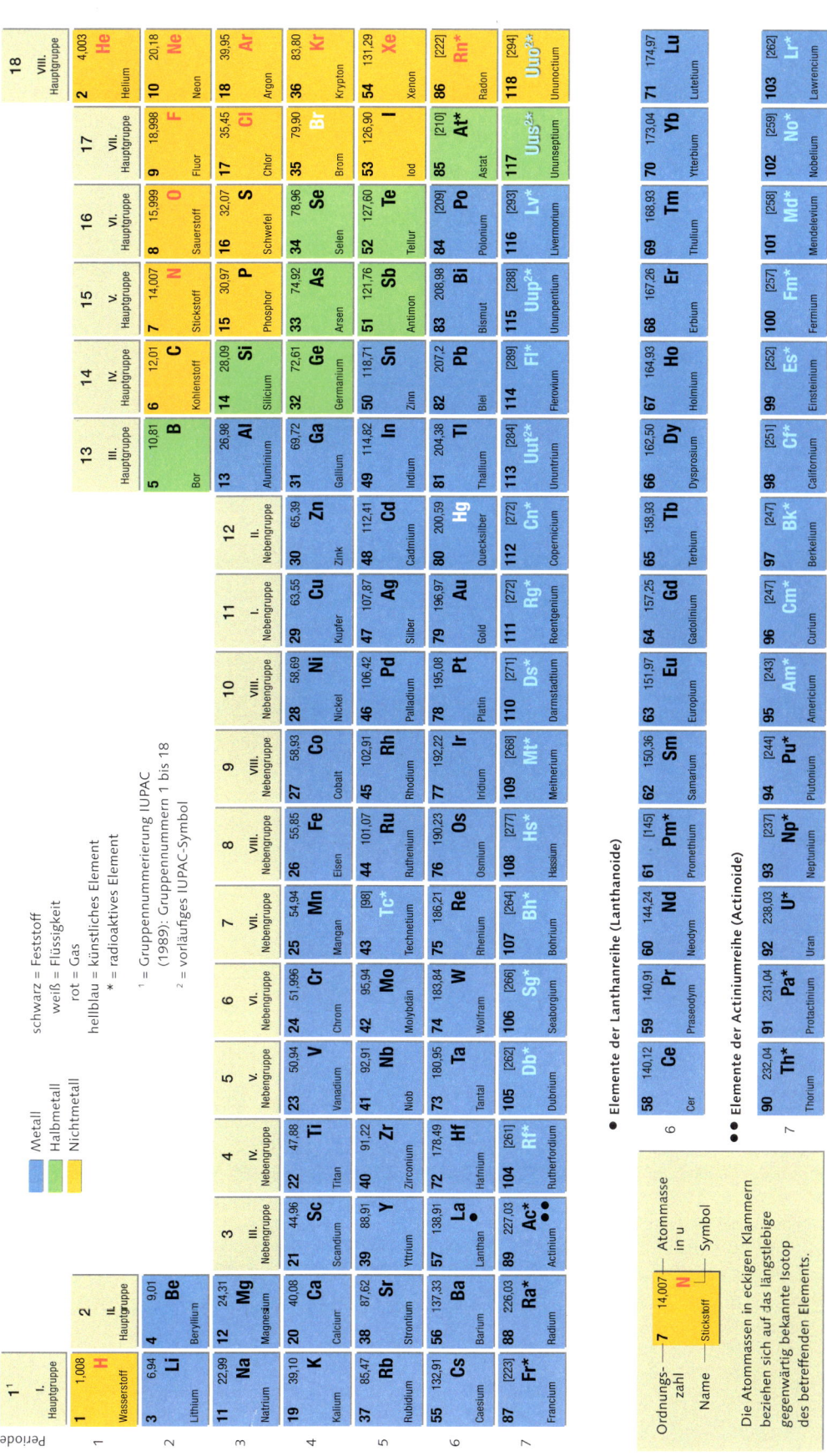

AUSZUG AUS DER NUKLIDKARTE (VEREINFACHT)

- a Jahr
- d Tag
- h Stunde
- m Minute
- s Sekunde
- ms Millisekunde
- µs Mikrosekunde

Ausschnitt aus der Nuklidkarte im Bereich der leichten Elemente

Z											
14			Si 28,0855	Si 22 / 6 ms	Si 23	Si 24 / 103 ms	Si 25 / 218 ms	Si 26 / 2,21 s			
			Al 26,981539		Al 22 / 70 ms	Al 23	Al 24 / 470 ms	Al 25 / 2,07 s	Al 26 / 7,18 s		
12		Mg 24,3050		Mg 20 / 95 ms	Mg 21 / 122,5 ms	Mg 22 / 3,86 s	Mg 23 / 11,3 s	Mg 24 / 78,99			
		Na 22,989768		Na 19	Na 20 / 446 ms	Na 21 / 22,48 s	Na 22 / 2,603 a	Na 23 / 100			
10	Ne 20,1797		Ne 16	Ne 17 / 109,2 ms	Ne 18 / 1,67 s	Ne 19 / 17,22 s	Ne 20 / 90,48	Ne 21 / 0,27	Ne 22 / 9,25		
	F 18,998403	F 15	F 16	F 17 / 64,8 s	F 18 / 109,7 m	F 19 / 100	F 20 / 11,0 s	F 21 / 4,16 s			
8	O 15,9994	O 12	O 13 / 8,58 ms	O 14 / 70,59 s	O 15 / 2,03 m	O 16 / 99,762	O 17 / 0,038	O 18 / 0,200	O 19 / 27,1 s	O 20 / 13,5 s	
	N 14,00674	N 11	N 12 / 11,0 ms	N 13 / 9,96 m	N 14 / 99,634	N 15 / 0,366	N 16 / 7,13 s	N 17 / 4,17 s	N 18 / 0,63 s	12	
6	C 12,011		C 9 / 126,5 ms	C 10 / 19,3 s	C 11 / 20,38 m	C 12 / 98,90	C 13 / 1,10	C 14 / 5730 a	C 15 / 2,45 s	C 16 / 0,747 s	C 17 / 193 ms
	B 10,811		B 8 / 770 ms	B 9	B 10 / 19,9	B 11 / 80,1	B 12 / 20,20 ms	B 13 / 17,33 ms	B 14 / 13,8 ms	B 15 / 10,4 ms	
4	Be 9,012182		Be 6	Be 7 / 53,29 d	Be 8	Be 9 / 100	Be 10 / 1,6·10⁶ a	Be 11 / 13,8 s	Be 12 / 23,6 ms	10	
	Li 6,941		Li 5	Li 6 / 7,5	Li 7 / 92,5	Li 8 / 840,3 ms	Li 9 / 178,3 ms	Li 10	Li 11 / 8,5 ms		
2	He 4,002602	He 3 / 0,000137	He 4 / 99,999863	He 5	He 6 / 806,7 ms	He 7	He 8 / 119 ms	8			
1	H 1,00794	H 1 / 99,985	H 2 / 0,015	H 3 / 12,323 a	4	6					
		n 1 / 10,25 m	2								
	1										

Ausschnitt aus der Nuklidkarte im Bereich der natürlichen Zerfallsreihen

Z	110	112	114	116	118	120	122	124	126	128
92						U 238,0289		U 218 / 1,5 ms	U 219 / ~42 µs	
						Pa 231,03588	Pa 213 / 5,3 ms	Pa 214 / 17 ms	Pa 215 / 14 ms	Pa 216 / 0,2 s	Pa 217 / 4,9 ms	Pa 218 / 0,12 ms	Pa 219 / 53 s
90					Th 232,0381	Th 210 / 9 ms	Th 211 / 37 ms	Th 212 / 30 ms	Th 213 / 0,14 s	Th 214 / 0,10 s	Th 215 / 1,2 s	Th 216 / 28 ms	Th 217 / 252 µs	Th 218 / 0,1 µs
				Ac 227,0278	Ac 207 / 22 ms	Ac 208 / 95 ms	Ac 209 / 90 ms	Ac 210 / 0,35 s	Ac 211 / 0,25 s	Ac 212 / 0,93 s	Ac 213 / 0,80 s	Ac 214 / 8,2 s	Ac 215 / 0,17 s	Ac 216 / ~0,33 ms	Ac 217 / 69 ns
88			Ra 226,0254	Ra 204 / 45 ms	Ra 205 / 0,22 s	Ra 206 / 0,24 s	Ra 207 / 1,3 s	Ra 208 / 1,3 s	Ra 209 / 4,6 s	Ra 210 / 3,7 s	Ra 211 / 13 s	Ra 212 / 13 s	Ra 213 / 2,74 m	Ra 214 / 2,46 s	Ra 215 / 1,6 s	Ra 216 / 0,18 s
		Fr	Fr 200 / 0,57 s	Fr 201 / 48 ms	Fr 202 / 0,34 s	Fr 203 / 0,55 s	Fr 204 / 1,7 s	Fr 205 / 3,9 s	Fr 206 / 15,9 s	Fr 207 / 14,8 s	Fr 208 / 58,6 s	Fr 209 / 50,0 s	Fr 210 / 3,18 m	Fr 211 / 3,10 m	Fr 212 / 20,0 m	Fr 213 / 34,6 s	Fr 214 / 5,0 ms	Fr 215 / 0,09 s
86	Rn	Rn 197 / 51 ms	Rn 198 / 64 ms	Rn 199 / 0,62 s	Rn 200 / 1,06 s	Rn 201 / 7,0 s	Rn 202 / 9,85 s	Rn 203 / 45 s	Rn 204 / 1,24 m	Rn 205 / 2,83 m	Rn 206 / 5,67 m	Rn 207 / 9,3 m	Rn 208 / 24,4 m	Rn 209 / 28,5 m	Rn 210 / 2,4 h	Rn 211 / 14,6 h	Rn 212 / 24 m	Rn 213 / 25 ms	Rn 214 / 0,27 µs
	At	At 197 / 0,35 s	At 198 / 4,2 s	At 199 / 7,2 s	At 200 / 43 s	At 201 / 1,5 m	At 202 / 184 s	At 203 / 7,4 m	At 204 / 9,2 m	At 205 / 26,2 m	At 206 / 29,4 m	At 207 / 1,8 h	At 208 / 1,63 h	At 209 / 5,4 h	At 210 / 8,3 h	At 211 / 7,22 h	At 212 / 314 ms	At 213 / 0,11 µs
84	Po	Po 196 / 5,8 s	Po 197 / 56 s	Po 198 / 1,76 m	Po 199 / 5,2 m	Po 200 / 11,5 m	Po 201 / 15,3 m	Po 202 / 44,7 m	Po 203 / 36 m	Po 204 / 3,53 h	Po 205 / 1,66 h	Po 206 / 8,8 d	Po 207 / 5,84 h	Po 208 / 2,898 a	Po 209 / 102 a	Po 210 / 138,38 d	Po 211 / 0,516 s	Po 212 / 0,3 µs
	Bi 208,98037	Bi 195 / 3,0 m	Bi 196 / 5,1 m	Bi 197 / 9,3 m	Bi 198 / 10,3 m	Bi 199 / 27 m	Bi 200 / 36,4 m	Bi 201 / 1,8 h	Bi 202 / 1,72 h	Bi 203 / 11,76 h	Bi 204 / 11,22 h	Bi 205 / 15,31 d	Bi 206 / 6,24 d	Bi 207 / 31,55 a	Bi 208 / 3,68·10⁵ a	Bi 209 / 100	Bi 210 / 5,013 d	Bi 211 / 2,17 m
82	Pb 207,2	Pb 194 / 12,0 m	Pb 195 / ~15 m	Pb 196 / 36,4 m	Pb 197 / 8 m	Pb 198 / 2,40 h	Pb 199 / 1,5 h	Pb 200 / 21,5 h	Pb 201 / 9,4 h	Pb 202 / 5,25·10⁴ a	Pb 203 / 51,9 h	Pb 204 / 1,4	Pb 205 / 1,5·10⁷ a	Pb 206 / 24,1	Pb 207 / 22,1	Pb 208 / 52,4	Pb 209 / 3,253 h	Pb 210 / 22,3 a
	Tl 204,3833	Tl 193 / 22,6 m	Tl 194 / 33 m	Tl 195 / 1,13 h	Tl 196 / 1,8 h	Tl 197 / 2,84 h	Tl 198 / 5,3 h	Tl 199 / 7,42 h	Tl 200 / 26,1 h	Tl 201 / 73,1 h	Tl 202 / 12,23 d	Tl 203 / 29,524	Tl 204 / 3,78 a	Tl 205 / 70,476	Tl 206 / 4,20 m	Tl 207 / 4,77 m	Tl 208 / 3,053 m	Tl 209 / 2,16 m
80	Hg 200,59	Hg 192 / 4,9 h	Hg 193 / 3,5 h	Hg 194 / 520 a	Hg 195 / 9,5 h	Hg 196 / 0,15	Hg 197 / 64,1 h	Hg 198 / 9,97	Hg 199 / 16,87	Hg 200 / 23,10	Hg 201 / 13,18	Hg 202 / 29,86	Hg 203 / 46,59 d	Hg 204 / 6,87	Hg 205 / 5,2 m	Hg 206 / 8,15 m	Hg 207 / 2,9 m	Hg 208 / ~42 m

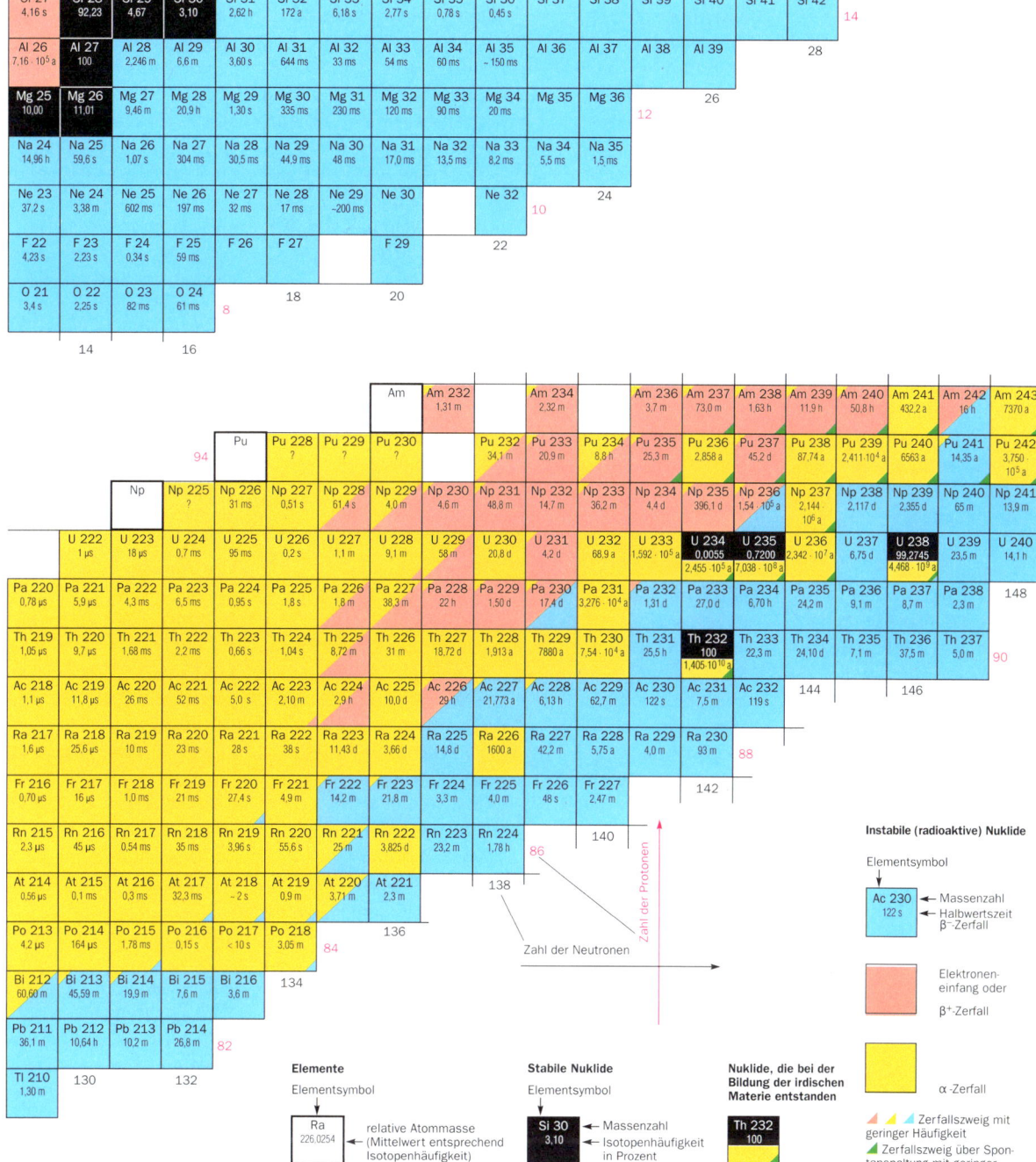

STICHWORTVERZEICHNIS

A
Abbildungsgleichung 28
Abendrot 47
Akkommodation 31, 51
Akkumulator (Akku) 73, 100
Alphastrahlung 217f., 240
Alphazerfall 221
Altersbestimmung 222f.
Altersweitsichtigkeit 32
Ampere 73
Amperemeter 76
Analogie 64
Angriffspunkt 130
Aquaplaning 162
Äquivalentdosis 228f.
Arbeit 159
Atom 59, 69f., 102, 206, 215
Atombombe 236
Atomhülle 59f., 207, 240
- Atomkern 59f., 207, 210f., 232, 234, 240
Atommodelle
- Orbitalmodell 208
- von BOHR 208
- von DALTON 208
- von DEMOKRIT 208
- von RUTHERFORD 208, 240
- von THOMSON 208
Atomrumpf 70
Auflösungsvermögen 36
Auftrieb 196ff., 201
- in Luft 197
Auge 30ff., 51
- Sehwinkel 36
Augenlinse 30f.
Ausgleichsgerade 112
Außenleiter 96f.
Autofahren 162f.

B
Balkenwaage 126
Bandgenerator 62f.
Barometer 183
Bar (bar) 183
Basiskonzepte 53, 105, 203, 243, 309, 310ff.
Batterie 100
Becquerel (Bq) 223
BECQUEREL, ANTOINE HENRI 214, 223
Beschleunigung 120, 132, 200
- Einheit 120f.
- konstante 121f.

Beta-minus-Zerfall 221
Beta-plus-Zerfall 221
Betastrahlung 217f., 240
Bewegung
- beschleunigte 120f., 132f., 154ff.
- Bezugskörper 110
- Diagramme 122
- Drehbewegung 156
- gleichförmige 110f.
- Richtung 116
- unter Wasser 198
Bewegungsänderung 125
Bewegungsenergie 160, 170f., 201
Bilder 22ff.
- reelles/virtuelles 28
Bildentstehung 22ff., 26, 50f.
- Augenlinse 30f.
- Linsen 22ff.
Bildgröße 23, 27, 37
- Berechnung 28
Bildpunktkonstruktion 26ff.
Bildschirmfarben 44
Bildweite 22f., 27, 50
- Berechnung 28
Bindungsenergie 277
blinder Fleck 30, 34
Blockheizkraftwerk 288
Brechkraft 32
Brechungswinkel 15f., 19
Brennpunkt 24
Brennpunktstrahl 26f.
Brennstoffzelle 98f.
Brennweite 24
Brille 32

C
C-14-Methode 222
Computertomografie 230
Coulomb (C) 73

D
Dampfturbinen-Kraftwerk 287
Diagramm 122, 200
- Beschleunigung-Zeit-Diagramm 121f.
- erstellen 16
- Geschwindigkeit-Zeit-Diagramm 115f., 121f.
- Vektordiagramm 117
- Weg-Zeit-Diagramm 111, 114ff., 121f.

Dichte 192f., 197, 200, 319
Dioptrie 32
Drehmoment 165, 168
Drehspulinstrument 74
Drei-Finger-Regel der linken Hand 207, 260
Druck 182f., 188f.
- in Flüssigkeiten 184, 190, 192
- Luftdruck 194
- Schweredruck 185, 192f.
- Teilchenmodell 182f., 189
- Über-/Unterdruck 184, 201
Druckwasserreaktor 235
Durchschnittsgeschwindigkeit 114f.

E
Einfallswinkel 10, 15f., 19
Einheiten 108f.
- Äquivalentdosis (Sievert) 228
- Brechkraft (Dioptrie) 32
- Druck (Pascal) 183
- elektrische Spannung (Volt) 63, 79
- elektrische Stromstärke (Ampere) 73
- elektrischer Widerstand (Ohm) 82
- Energie (Joule, Newtonmeter, Kilowattstunde) 159, 264, 320
- Frequenz (bbm, Hertz) 180, 270
- Kraft (Newton) 128
- Ladung (Coulomb) 73
- Leistung (Watt) 176, 263
- Masse (Kilogramm) 126
- mechanische Leistung (Watt) 176
- Präfixe/Vorsilben 208, 320
- Radioaktivität (Becquerel) 223
elektrisch geladen 58, 62, 64, 102
elektrisch neutral 59, 102
elektrische Energie 63, 99, 262, 272, 306
elektrische Energiequellen 98, 103
elektrische Felder 64, 102
- Elektronen 207
elektrische Feldlinien 64

elektrische Kraft 134
elektrische Ladung 58ff., 66, 68f.
- Nachweis 60
elektrische Leistung 262f.
elektrische Leitfähigkeit 70
elektrische Spannung 62f., 78ff.
- Messung 80
- Spannungswerte 79
elektrische Stromstärke 72ff., 76
elektrischer Widerstand 82f.
Elektrizität im Tierreich 89
Elektrofilter 66
Elektroinstallation 96
Elektrolyse 75
Elektromagnet 250
elektromagnetische Induktion 252ff.
Elektromagnetismus 248ff., 306
Elektromotor 98f., 258f., 306
Elektronen 59, 69f., 206ff., 240
Elektroskop 61, 69
Elektrostatik 58ff., 102
Endoskop 20
Energie 62, 105, 159, 163, 201, 203, 234, 307
- Basiskonzept 53, 105, 203, 243, 309, 310ff.
- Bewegungsenergie 170f.
- elektrische 262f., 272, 306
- Energiekontenmodell 174
- Entwertung 277
- innere 277, 307
- Kernenergie 232, 234
- Ladungstrennung 62f.
- Lageenergie 159, 170
- Solarenergie 295f.
- Spannenergie 171
- thermische 160, 276ff.
- Windenergie 294f.
Energieausweis 292
Energiebedarf 180f.
Energiebilanz 174
Energieeffizienzklassen 264
Energieentwertung 172, 277

Energieerhaltung 172, 201
Energieformen 99
- mechanische 170 f.
Energiefreisetzung, aerobe/anaerobe 181
Energiegewinnung, nachhaltige 307
Energiehaushalt der Erde 298 ff., 307
Energiequellen 236
- elektrische 98 f., 103
- regenerative 290 f., 307
- Schaltung 100
Energiespeicher 296
Energietransport 272 f.
Energieübertragung 99, 158 f., 178, 272 f., 274
Energieumwandlung 172
Energieversorgung 252
- nachhaltige 290 f.
Energieverteilungsnetz 272 ff.
Energiewandler 98
Entladung 59 f.
Erdanziehung 133, 140 ff.
Erderwärmung 299 f., 302 ff.
Erdung 96
Expansion 281 f.
Exponentialschreibweise 208

F

Farbaddition 44 f., 47
Farbcode für Festwiderstände 85
Farben 44 ff., 51
- Bildschirm 44
- Komplementärfarben 45
- in der Kunst 47
- von Licht 40 f.
- Mischungsregeln 44
Farbfilter 46
Farbkreis 45
Farbmischung
- additive 47, 51
- subtraktive 46 f., 51
Farbsubtraktion 46 f.
Farbwahrnehmung 45
Federkonstante 129
Federkraftmesser 129
Fehlerstromschutzschalter 97
Fehlsichtigkeit 32
Feldlinien 64, 248 f.
Feldlinienmodell 254

FERMI, ENRICO 236
Fernrohr 38
Fernwärme 288
Festwiderstand 85
Flaschenzug 166 f.
Flüssigkeit
- Auftrieb 196 f., 201
- Druck 184, 190, 192 f.
- Schweredruck 185, 192 f.
Fotovoltaik 291, 295
Frequenz 180, 267, 270
Fusionsreaktor 235

G

GALILEI, GALILEO 160
Galilei-Fernrohr 38
Galvanisieren 75
Gammastrahlung 217 f., 241
Gangschaltung 168
Gase
- Druck 182, 189
- Schweredruck 194
- Teilchenmodell 182
Gasturbinen-Kraftwerk 286
Gas-und-Dampfturbinen-Kraftwerk 287
Gegenstandsgröße 23
Gegenstandsweite 22 f., 27, 50
Geiger-Müller-Zählrohr 216
Generator 98 f., 252, 258 f., 306
- Prinzip 260
Geschwindigkeit 111, 200
- Änderung 120, 132
- konstante 122
- mittlere 114 f.
- momentane 115
- Umkehrpunkt 116
Getriebe 168
Gewitter 67
Gitarre 256
Gleichgewicht 146, 154 ff.
Gleichgewichtsorgan 154
Gleichspannung 271
Gleichungen
- Auftrieb 196 f.
- Abbildungsgleichung 28
- Beschleunigung 120
- Bewegungsenergie 160, 171
- Dichte 193
- Druck 189

- Einsteinformel 232
- Energieerhaltungssatz 172
- Flaschenzüge 167
- Geschwindigkeit 111, 115
- Halbwertszeit, effektive 229
- Hebelgesetz 165
- Hooke'sches Gesetz, Federkonstante 129
- Hydraulik 190
- Lageenergie 159
- Leistung 176 ff., 262 ff.
- Linsengleichung 29
- Reflexionsgesetz 10
- Schaltungen 90 ff.
- Schweredruck 193
- Spannenergie 171
- spezifische Wärmekapazität 278
- spezifischer Widerstand 84, 88
- Stefan-Boltzmann-Gesetz 299
- Stromstärke 73
- Transformator 267 f.
- Verlustleistung 273
- Wirkungsgrad 281, 289
- Zerfallsgesetz 225
Gleitreibungskraft 137 f.
Goldene Regel der Mechanik 160, 167, 201
Grenzfläche 14 f., 50
Grenzwinkel 18 f.
Größen s. physikalische Größen
Größensehen 31

H

Haftkraft 136 f., 162
HAHN, OTTO 234
Halbwertszeit 220, 222 f., 229, 241
Hebel 164 f.
Hebelgesetz 165, 201
Heizkraftwerk 288
Heizwert 319
Hertz (Hz) 267
Himmelblau 47
Hitzdrahtinstrument 74
Hochspannungsgleichstromübertragung 276
Hohlspiegel 12
Hooke'sches Gesetz 129
Hybrid-Auto 163

I

Induktion, elektromagnetische 252 ff.
Induktionsspannung 255, 306
Influenz 60, 102
Infrarotstrahlung 42, 51
innere Energie 277, 307
Ion 215
Ionisierende Strahlung 214 ff., 220, 226 ff., 240 ff.
Ionisation 215
Isobare 194
Isolator 56, 60
Isotope 212, 240

K

Kennlinie 83 f.
Kepler-Fernrohr 38
Kernenergie 232, 235 f., 241
Kernfusion 233, 235 f., 241
Kern-Hülle-Modell 206, 208
Kernkraft 211
Kernkraftwerk 234 f.
Kernreaktion 210, 233
Kernreaktor 235 f.
Kernspaltung 234, 241
Kernumwandlung 221, 232
Kernwaffen 236
Kettenreaktion 234 f., 241
Kilogramm (kg) 126
Klima 298 ff.
Komplementärfarben 45
Kompression 281 f.
Konstantan 84
Konstanten, physikalische 319
Körperfarben 46, 51
Kraft 128, 132 ff., 144, 158 ff., 188
- Auftriebskraft 196 f., 200
- beschleunigende 130
- Bewegungsänderung 132 f.
- elektrische 134
- elektromagnetische 239
- Gegenkraft 150 ff.
- Gleitreibungskraft 137 f.
- Haftkraft 136 f., 162
- Kernkraft 211
- Komponenten 146
- magnetische 134
- Messung 128 f.
- Reibungskraft 136, 200

325

STICHWORTVERZEICHNIS

- resultierende 145
- Richtung 130, 145
- Rollreibungskraft 138, 162 f.
- schwache 239
- Schwerkraft 133 f., 140 ff., 239
- starke 239
- Zerlegung 146

Kräfteaddition 145
Kräftegleichgewicht 144, 146, 151, 200
Kräfteparallelogramm 145, 200
Kraftverstärkung mit Flüssigkeit (Hydraulik) 190
Kraftwandler 164 ff., 201
Kraft-Wärme-Kopplung 288, 307
Kraftwerke 307
- Blockheizkraftwerk 288
- Dampfturbinen-Kraftwerk 287
- Gasturbinen-Kraftwerk 286
- Gas-und-Dampfturbinen-Kraftwerk 287
- Heizkraftwerk 288
- Solaranlage 291, 295 f.
- Verbrennungskraftwerk 286 f.
- Windkraftanlagen 291, 294 f.
- Wasserkraftwerk 291

Kühlschrank 284, 307
Kurzschluss 56
Kurzsichtigkeit 32

L

Lackieren 66
Ladung 58 ff.
- elektrische 58, 68 f.
- bei Leitern/Nichtleitern 60
- Nachweis 60

Ladungsausgleich 63, 67, 99
Ladungstrennung 62 f.
- in Wolken 67

Lageenergie 159, 201
Lagesinnesorgane 154 f.
Laserdrucker 61
Leistung 177 f., 201
- elektrische 262 f., 306
- von Geräten 264
- Messung 177
- mechanische 176 ff.

Leistungsbedarf 180
Leistungszahl 285
Leiter, elektrischer 56
Leitfähigkeit, elektrische 70
Lesestein 39
Leuchtdiode 99
Licht
- Ausbreitungsrichtung 28
- farbiges 40, 44, 51
- unsichtbares 42

Lichtausbreitung 18, 28, 23 f., 50
Lichtbrechung 14 f., 18, 41, 50
- an Grenzflächen 14 ff.
- bei optisch dichten/dünnen Stoffen 15, 18 f.
- und Farbe 41

Lichtleiter 18, 20
Lichtstreuung 50
Lichtweg 15, 23
- umkehrbarer 15

Linke-Faust-Regel 248 f.
Linse 22 ff., 28, 31, 37 f., 50
Linsengleichung 29
Lochkamera 22
Lorentzkraft 207, 260
Lot 10 f., 15
Luftdruck 183 f., 201
- Dichte 194

Luftwiderstand 138, 144, 162 f.
Lupe 36 f.
- Vergrößerungsfaktor 37

M

Magdeburger Halbkugeln 186
Magnet 64
- Bewegung 252 f.
- supraleitender 250
- Elektromagnet 250

Magnetfeld 64, 248 f., 306
- Elektronen 207

magnetische Feldlinien 64
magnetische Kraft 134
magnetische Wirkung 56
Manometer 183, 192
Masse 125 f., 140 f., 200
- Bestimmung 126
- Schwerkraft 140 f.
- Trägheit 124 f.

Massendefekt 232
Massenspektrometer 212
MEITNER, LISE 234
Messwerte/Messfehler 108 f., 112
Metalle
- Leitfähigkeit 70
- spezifischer Widerstand 84

Methoden
- Arbeiten mit der Nuklidkarte 221
- Bilanzieren mit dem Energiekontenmodell 174
- C-14-Methode 222
- Erstellen von Diagrammen 16
- Konstruktion von Bildpunkten 27
- Konstruktionen am Spiegel 11
- Kräfteaddition 147
- Magnetisches und elektrisches Feld 64
- Messen von physikalischen Größen 108 f.
- Messfehler 112
- Messung der elektrischen Spannung 80
- Messwerte interpretieren 304
- Präfixe und Exponentialschreibweise 208
- Proportionale Zusammenhänge erkennen 88
- Stromstärke im Experiment 76

Mikroskop 37

N

Nahpunkt 31
Netzhaut 30
Neutralleiter 96
Neutronen 211 f., 234, 240
Newton (N) 128
NEWTON, ISAAC 141
Niedrigenergiehaus 292
Nukleonen 211, 240
Nuklide 212, 221, 224, 240
– Zerfallsreihe 221
Nuklidkarte 212, 221, 322 f.
Nullrate 216, 220, 240

O

ODER-Schaltung 56
Ohm (Ω) 82
Ohm'sches Gesetz 83, 102
optisch dicht/dünn 15
optische Instrumente 20, 36 ff., 51
optische Täuschungen 35
Orbitalmodell 208
Ordnungszahl 211
Ortsfaktor 141, 200

P

Parallelschaltung 56, 90 ff., 100, 103, 263
Pascal (Pa) 183
Passivhaus 292
Periodensystem der Elemente 211, 321
Personenwaage 126
physikalische Größen 108 f., 117, 318
Plasma 235
Plattenkondensator 63
Plusenergiehaus 292
Pointillismus 47
Polarisation 60, 102
Positronen-Emissions-Tomografie (PET) 230
Potenzflaschenzug 167
Potenziometer 94
Prisma 17, 40
Proportionalität 88
Protonen 211 f., 240
Protonenzahl 211
Pupille 30

Q

Quarks 238

R

Radioaktivität 214, 223, 241
- Kernzerfall 223
- künstliche/zivilisatorische 229
- natürliche 221, 229

Radionuklidtherapie 231
Reflexion 10 f., 18 f., 50
- Konstruktion 11

Reflexionsgesetz 10
Regenbogen 40 f., 43
Regensensor 20
Reibungselektrizität 58 f., 62
Reibungskräfte 136, 200

Reihenschaltung 56, 92 f., 100, 103, 263
Rollreibungskraft 138, 162 f.
RÖNTGEN, WILHELM CONRAD 214, 226
Röntgendiagnostik 230
Röntgenstrahlung 214, 218, 226 f., 240 f.
Rückstoßprinzip 152
Ruhepuls 180
RUTHERFORD, ERNEST 206 f.

S
Sammellinse 28, 34, 50
Schaltung, elektrische 56
Schutzkontaktstecker 97
Schutzleiter 97
Schweben 198
Schweredruck 201
- und Eintauchtiefen 192 f.
- in Flüssigkeiten 185
- Gleichung 193
Schwerelosigkeit 142
Schwerkraft 133 f., 140 ff., 200
Schwimmblase 198
Schwimmen 198
Sehen 30 ff.
Sehnerv 30
Sehwinkel 31, 36 f., 51
Sensortechnik 20
Sievert (Sv) 228
Solarenergie 295 f.
Solarenergieanlage 291
Solarthermieanlage 291
Solarzelle 98 f.
Sonne 47, 210 f., 233
Spannenergie 171, 201
Spannung 78, 91, 92, 252 f., 267
- elektrische 62 f., 78 f., 102
- Gleichspannung 271
- Ladungstrennung 62 f.
- Messung 80
- Parallelschaltung 91
- Wassermodell 79
- Wechselspannung 270 f.
Spannungsmessung 80
Spannungsteiler 93 f.
Spannungsübertragung 266
Spannungswandler 306
Spektralfarben 40 f., 51

Spektrum 40, 45
spezifische Wärmekapazität 278, 307
Spiegelbild 10 f., 50
Spule 366
- Magnetfeld 249 ff.
- Induktion 252 ff., 260 ff.
- Generator 260 ff.
- Transformator 266 ff.
Sterne 233
Standardmodell 238 f.
STARK, ANTHONY 233
STIRLING, ROBERT 282
Stirlingmotor 282
Strahlenbelastung 229
- Äquivalentdosis 228 f.
Strahlendiagnostik/-therapie 230 f.
Strahlendosis 228
Strahlengang 37 f.
Strahlenmedizin 230 f.
Strahlenschäden 226 f., 241
Strahlenschutz 241
- 5-A-Regel 228
Strahlung
- Abschirmung 217
- Alphastrahlung 217 f., 240
- Betastrahlung 217 f., 240
- Durchdringungsvermögen 217 f.
- elektromagnetische 218, 226
- Gammastrahlung 217 f., 241
- Gefährdung 215
- Infrarotstrahlung 42
- ionisierende 214 ff., 220, 226 ff., 240 ff.
- kosmische 220, 229
- natürliche 220
- radioaktive 214, 240
- Röntgenstrahlung 214, 218, 226 f., 241
- Strahlenschäden 226, 241
- Strahlenschutz 241
- terrestrische 220
- Ultraviolettstrahlung 42
- Wärmestrahlung 42
- zivilisatorische 220
Strahlungsgleichgewicht 298
STRASSMANN, FRITZ 234
Streulinse 28, 50

Stromkreis 90 f., 103
- Größen 102
- unverzweigter 56, 92 f., 100
- verzweigter 56, 90 ff., 100
Stromstärke 72 ff., 76, 78, 102, 248, 262 f., 268
- elektrische 72
- Messung 74, 76
- Sicherung 96 f.
- Wärmewirkung 74 f.
- Widerstand 82, 90 f.
Struktur der Materie (Basiskonzept) 53, 105, 203, 243, 309, 310 ff.
Supernova 233
Symbolschreibweise 211, 240
System (Basiskonzept) 53, 105, 203, 243, 309, 310 ff.

T
Teilchenbeschleuniger 210, 238
Teilchenmodell
- Druck 182 f., 189
- Flüssigkeit 184
Temperatur 276 ff., 298 ff., 307
Tiefdruck 194
Totalreflexion 18 ff., 50
Totpunkt 259
Trägheit 124 f., 155 f., 200
Trägheitsprinzip 124 f., 200
Transformator 266 ff., 306
Treibhauseffekt
- anthropogener 287, 303, 307
- natürlicher 299 f., 307

U
Ultraviolettstrahlung 42, 51
Umlenkrolle 166
UND-Schaltung 56
Urkilogramm 126

V
Vektor 117, 130, 132, 144 ff., 200
Verbrennungskraftwerk 286 f., 307
Verbrennungsmotor 280 f.
Verbundnetz 274
Vergrößerungsfaktor 37
Verlustleistung 273 f., 306

Vielfachmessgerät 76, 80
Viertaktmotor 280 f.
Volt (V) 63, 79
Voltmeter 80
Vorwiderstand 94

W
Waage 126
Wärme 276 f., 307
Wärmekapazität, spezifische 278, 307
Wärmekraftmaschine 280 f., 307
Wärmepumpe 285
Wärmestrahlung 42
Wasser
- Auftrieb 193, 196 f.
- Fortbewegung 198
- spezifische Wärmekapazität 278
Wasserkraftwerk 291
Wasserstoff 233
Wasserstoffbombe 236
Watt (W) 176, 263
Wechselspannung 253, 270 f., 306
Wechselwirkung (Basiskonzept) 53, 105, 203, 243, 309, 310 ff.
Wechselwirkungsprinzip 150 f., 200, 203
Weitsichtigkeit 32
Wetter 194
Widerstand
- elektrischer 82 ff., 92 f., 102
- als Geräteschutz 94
- Spannungsteiler 94
- spezifischer 84, 88, 103, 320
- in der Technik 85
Windenergie 294 f.
Windkraftanlage 252, 291
Wirkungsgrad 179, 281, 289
Wölbspiegel 12

Z
Zählrate 216, 240
Zählrohr 216, 240
Zerfall, radioaktiver 222 f., 241
Zerfallsgesetz 225
Zerfallsreihe, radioaktive 221, 224, 241
Zerstreuungslinse 28
Zweitaktmotor 283

BILDQUELLENVERZEICHNIS

Agentur Focus, London/GUSTOIMAGES/SPL: *Titelbild* – action press: Bratic, Hasan: *280.1*; London News Pictures/Zuma Presaction press: *13.C*; REX FEATURES LTD.: *212.1*; RIO PRESS: *12.5* – ADAC, München: Reiner Pohl: *127.5 (5)*; Jan Potente: *155.6* – Adamenko; Mark: *138.3* – Agentur Focus/Alexander Semenov/SCIENCE PHOTO LIBRARY: *305.4* – Alexander Rochau: *175.D, 203.A re.* – Ansmann AG: *265.A2* – BASF, Ludwigshafen: *279.6* – Baumann, Jonas, Muhen/CH: *158.1* – Bernd Ebener/Auto Zeitung: *162.1* – Bornebusch, Jan: *95.B* – Carl Zeiss AG, Jena und Oberkochen: *39.7, 52.B* – Carmesin, Dr. Hans-Otto, Stade: *143.4, 157.V2, 157.2, 157.V5* – Conatex-Didactic, Neunkirchen: *73.3, 85.A* – Conrad Electronic SE: *94.2A* – Corbis: *209.4*; 2/picturegarden/Ocean: *13.7*; Corbis/Demotix: *120.1*; Kevin Fleming: *154.1, 214.1*; Nicolas Ferrando: *262.1*; Roger Ressmeyer: *4 re., 205* – Cornelsen Experimenta: *289.5* – Cornelsen Schulverlage GmbH: *9.2, 35.C, 65.4A, 100.2A, 177.3, 179.3, 215.4, 226.2, 242.B, 264.1* – Daimler AG, Stuttgart: *139.A, 98.1C* – ddp images/Klaus-Dietmar Gabbert: *296.3* – Demag Cranes AG, www.demagcranes.de/Erik Krueger: *250.1* – Detlef Kast/rund-ums-rad.info, Rutesheim-Perouse: *138.1* – Deutscher Verkehrssicherheitsrat e.V., Bonn: *124.1, 202.A* – Deutsches Museum, München: *186.B* – DFNS e.V.: *195.4* – digitalstock, Markgröningen: Vobelima: *57.2A*; A. Wurditsch: *30.1* – Dometic WAECO International GmbH: *285.5* – Döring, V., Hohen Neuendorf: *42.3, 183.4, 269.4A, 269.4B* – Dr. Lutz Kasper/Freiburg: *184.1A, 184.1B* – Dr. Reiner Kienle, Forchtenberg: *85.E* – ELV Elektronik AG: *265.V* – EPCOS AG, München: *85.C* – F1online: *178.1* – Fabian, Michael J.: *58.2, 58.3, 59.4A, 59.4B, 74.1C, 78.1, 99.3, 105.B, 105.D, 108.1, 108.3, 109.5, 110.2, 113.V, 114.1 (5), 145.4, 150.1C, 161.A, 169.A-B, 177.2, 182.1, 182.2A, 184.2, 184.3, 185.4A-E, 188.1, 203.D, 219.4, 225.2A, 225.2B, 225.3, 248.1, 249.4(2), 249.7A, 249.7B, 268.3, 284.3* – Feldberglicht GmbH: *257.B* – Flath, Markus: *250.2* – FLIR Systems Wilsonville/USA: *42.2* – Fotofinder: *317.5* – Fotolia: *303.4*; shock: *135.4*; am: *315.D*; aotearoa: *171.7C*; butsaya12: *171.7A*; Caroline Letrange: *175.A, 203.A li.*; Dan Race: *22.1B*; Feldberger: *187.4*; Foto: Collection X-ray part of human stockdevil: *242.C*; Foto: gitarre musik jehafo: *256.1*; Frantisek Hojdysz: *198.1*; Henry-Martin Klemt: *98.1B*; henryn0580: *272.1*; henryn0580: *309.B*; Ingo Bartussek: *43.7, 277.3*; Jörg Lantelme: *190.3*; Kara: *316.1*; Mopic: *170.1*; soniccc: *67.3*; Stefan Schurr: *191.4A*; ThKatz: *25.5*; Torsten Lorenz: *191.4B*; Torsten Märtke: *152.1*; W. Scott: *314.1* – Freizeitpark-Welt/Daniel Speer/Bochum: *142.2* – Gaa, Markus, Fotodesign, Heidelberg: *10.1, 10.3, 12.2, 12.3, 14.1A, 14.1B, 14.2, 15.A, 15.B, 18.B, 18.C, 18.A, 19.4, 22.1A, 22.2, 22.3, 23.5, 24.3A, 24.3B, 25.4, 26.2, 28.2, 28.4, 28.3, 36.1, 40.2, 41.5, 44.1, 46.2A, 46.2B, 49.V2, 52.C, 53.C, 58.1, 60.2A, 60.2B, 63.3, 82.1, 90.1(4), 110.1, 124.2, 125.3, 125.4, 126.2, 127.7, 127.6, 128.1, 131.4, 131.3, 134.1, 134.3, 136.2, 136.1, 137.5, 137.6, 139.B, 156.1, 161.V2, 199.3, 203.C, 215.3, 266.1, 271.4, 298.2* – GAP artwork cologne: *18.1* – Georg Trendel: *312.5A-B* – Glow Images/: *74.1A* – Hagedorn, Andreas, Braunschweig: *166.1(3)* – imagebroker.com: *12.4, 53.A* – imago: *20.2*; Kraehn: *164.1* – Informations-Gemeinschaft Passivhaus, Foto: Architekturbüro Wamsler: *292.1* – Interfoto/Sammlung Rauch/: *138.2* – iStockphoto, Berlin/Josef Philipp: *176.1*; Mandy Godbehear: *140.1A*; Matthew Brown: *180.1*; TebNad: *317.1*; acilo: *258.1, 308.A*; Brian McEntire: *68.1*; deimagine: *3.re., 55*; ds-webb: *303.5*; Hougaard Malan: *47.3*; Jan Oelker: *98.1A* – Leopold-Franzens-Universität Innsbruck, Institut für Experimentalphysik: *77.A1, 77.A2* – Lichtenberger, J., Fahren: *40.1* – Lourens Smak/Alamy: *274.2, 309.A* – Mahler, Fotograf, Berlin: *48.2, 169.V1, 312.1* – mauritius images, Mittenwald: Ernst Grasser: *72.1A*; Sporting Pictures: *144.1A*; Alamy: *4 li, 107, 202.c, 295.3, 304.2*; Science Source: *172.1*; STOCK4B: *180.2*; View Pictures: *192.1* – Micha Klootwijk Fotografie: *164.2* – IBM Deutschland: *206.1* – NASA: *140.1B, 142.1, 210.1, 298.1, 302.2* – NASA/ESA/Hubble Heritage (STScI/AURA)-ESA/Hubble Collaboration: *233.4, 243.A* – N-ERGIE Aktiengesellschaft, Nürnberg: *288.1* – PantherMedia/Dariusz Kuzminski: *294.1A*; stefanschurr: *178.2*; Pardall, Carl-Julian, Heidelberg: *301.2* – Paul Glogowski/TU Darmstadt: *210.2* – PEARL GmbH: *134.2* – Peter, Bernhard, Pattensen: *227.3* – Photo courtesy of National Nuclear Security Administration/Nevada Site Office: *236.2* – Phywe Systeme GmbH & Co. KG, Göttingen: *85.B, 94.2B, 44.3, 51.unt. re.* – picture-alliance: *126.3*; abaca: *116.1*; Arco Images GmbH: *313.1*; dpa/dpaweb: *233.5*; dpa: *13.6, 42.4, 149.7, 150.1A, 160.3, 173.2, 191.5, 199.5, 252.1, 297.4, 302.1, 317.3*; EUROLUFTBILD/dpa: *72.1B*; GES/Markus Gilliar: *133.4A*; JOKER: *145.3*; Süddeutsche Zeitung Photo: *146.1*; ZB: *57.2B, 301.B*; Sven Simon: *132.1, 144.1B* – Pilsak, Walter J., Waldsassen: *24.1* – Polimaster Holding GmbH, Wien: *228.1* – Rager, Bruno, Esslingen: *61.4* – REUTERS/Will Burgess: *74.1B* – Ruderverein Linden: *150.1B* – Sammlung Gesellschaft für ökologische Forschung: *305.5A, 305.5* – Schott AG, Mainz: *3.li., 7* – Shutterstock/Alexander Ishchenko: *276.1*; Andre Nantel: *316.4*; Aspen Photo: *175.C*; auremar: *175.B*; DJ Mattaar: *199.4*; Frederic Legrand – COMEO: *171.7B*; holbox: *220.1*; kravka: *130.2*; Lee Prince: *279.4*; Maleo: *203.B*; Mikael Hjerpe: *294.1B*; ninsiri: *232.1*; oliveromg: *148.1*; pefostudio5: *57.6*; Reystleen: *38.3*; Ruth Peterkin: *196.1*; sakhorn: *152.2*; Shots Studio: *214.2*; Shutterstock/Pavel L Photo and Video: *226.1*; SSSCCC: *238.1*; Stacey Newman: *89.5*; Stephan Kerkhofs: *89.3A, 313.2*; Taiga: *290.1A, 308.B li.*; Tatiana Popova: *286.1*; WDG Photo: *290.1B, 308.B re.*; Wellford Tiller: *38.1*; yuyangc: *26.1, 53.B* – Siemens AG: *5, 243.C, 244., 268.2* – Swiss Science Center Technorama, Winterthur, www.technorama.ch: *62.1, 65.4B* – Technische Universität, Berlin: *65.5A* – Testboy GmbH: *248.1* – TubeAmpDoctor, Worms: *85.D* – Uwe Moser: *72.1C* – V. Döring/Bildart, Hohenneuendorf: *34.V2* – Vaillant GmbH 2013, Remscheid: *288.2* – Wernthaler, Stefan, München: *33.4* – Wikipedia GNU/FDL: Mila Zinkove: *52.A* – Wothe/Blickwinkel: *37.4* – xpb.cc: *160.2*